Gerald Groß, Dietmar Schlegel,
Andreas Stange, Sebastian Werner

Die Baureihe V 100 der DR

Band 2: Betriebsmaschinendienst

EISENBAHN KURIER
VORBILD UND MODELL

EK-Verlag

Impressum

Titelbild
V 100 025 kam am 18. März 1967 aus dem LEW Hennigsdorf fabrikneu in den Bestand des Bw Karl-Marx-Stadt. Nur wenige Wochen nach ihrer Indienststellung entstand im April 1967 diese Aufnahme der Lok vor einem Güterzug im Bahnhof Freiberg (Sachs).

Aufnahme: Sammlung Matthias Hengst

Rückseite
Das zur Rbd Cottbus gehörende Bw Bautzen war von 1971 bis 1993 Heimatdienststelle für Loks der Baureihe 110. Am 19. Mai 1990 rückt **112 369** über die Drehscheibe fahrend, zu ihrem nächsten Dienst aus.

Aufnahme: Gerd Bembnista, Sammlung Jörg Leuthardt

ISBN 978-3-8446-6060-9

www.eisenbahn-kurier.de

Bearbeitung/Gestaltung: Sebastian Werner

Bildbearbeitung: Daniel Jennewein, Sabine Ressel, Sandra Schnellbach, Rico Schreiber

Unser Gesamtverzeichnis erhalten Sie kostenlos unter Tel. 0761-70 310 0 oder unter service@eisenbahn-kurier.de

EK-Verlag – ein Verlag der VMM Verlag + Medien Management Gruppe GmbH
Munzinger Straße 5 a – 79111 Freiburg

Inhaltsverzeichnis

△ **Bild 1 •** Das Ende der V 100 kam in der Bezeichnung der einzelnen Lokomotiven bereits im Frühjahr 1970 mit Einführung des EDV-Nummernsystem bei der Deutschen Reichsbahn. Aus der V 100 wurde die Baureihe 110. Hier werden im Bw Stralsund an **V 100 124** entsprechend die Schildersätze getauscht. Aufnahme: Fritz Witt

Vorwort

Liebe Leserinnen und Leser,

die Baureihe V 100 war bei der Deutschen Reichsbahn bekanntlich eine Art „Mädchen für alles". Ob im leichtesten Nebenbahnbetrieb oder in Doppeltraktion vor schweren Güterzügen – sie leistete vor fast allen Zuggattungen ihre Dienste. Aufgrund dieser Breite an Einsatzmöglichkeiten waren die Maschinen auch in Bahnbetriebswerken aller Reichsbahndirektionen vertreten und trug in so mancher Dienststelle wesentlich zum Traktionswechsel bei. Die Lokomotiven waren eine erfolgreiche Konstruktion – was sich auch in der Weiterentwicklung zu den Baureihen 111, 108, 112 und 114 zeigte –, robust, wirtschaftlich im Betrieb und beim Personal durchaus beliebt.

Nachdem im ersten Band zur Baureihe V 100 deren Entwicklungsgeschichte beschrieben und die verschiedenen Bauartvarianten vorgestellt wurden, erhalten Sie im zweiten Band einen umfassenden Einblick in den Betriebsmaschinendienst dieser Baureihe, der – vertreten durch die noch immer bei der DB AG im Dienst stehenden Lokomotiven der Baureihe 298 – noch gar nicht komplett abgeschlossen ist. Hinzu kommen zahlreiche Maschinen, die bis heute bei privaten Eisenbahnverkehrsunternehmen im Einsatz sind. Obwohl letztere – wie während der Erarbeitung dieses Buches von den Autoren und dem Verlag entschieden wurde –, aus Platzgründen in einem gesonderten dritten Band behandelt werden sollen, können Sie sich vorstellen, welche Fülle an Material es allein für die Auswertung des über 30 Jahre währenden Betriebsmaschinendienstes bei fast 900 Lokomotiven der Baureihe V100 nebst Varianten bei der Reichsbahn und DB AG auszuwerten galt. Umlaufpläne sichten, Lokverwendungsnachweise und Bespannungsübersichten auswerten, Beheimatungsstatistiken erstellen, Dienstpläne vergleichen sowie persönliche Erfahrungen und Berichte von Lokführern einfließen lassen, diese Masse an Informationen für jedes Bahnbetriebswerk in kompakte, informative und insbesondere lesbare Texte zu fassen, war nicht immer einfach.

Ob es uns gelungen ist, muss jede Leserin und jeder Leser für sich selbst entscheiden. Wir hoffen jedenfalls, dass es funktioniert hat! Wenn es trotz aller Kontrollen der Beheimatungswechsel vielleicht doch die eine oder andere Diskrepanz in den Statistiken geben sollte, bitten wir um Nachsicht. Auch bei der Deutschen Reichsbahn kam es vor, dass nicht alle Wechsel der Lokomotiven auf den Tag genau festgehalten wurden.

An dieser Stelle ein anderes Beispiel: Der Umbau der Baureihe 110 zur Baureihe 112 im Raw Stendal verlief zwar relativ „flüssig", allerdings fehlte hin und wieder ein Bauteil zur Fertigstellung der Loks. Diese waren jedoch grundsätzlich betriebsbereit. Da kaum eine Dienststelle auf ihre Maschinen lange verzichten konnte, wurden die „unfertigen" 112 in ihr Heimat-Bw zurückgeschickt und kamen dort weiterhin als 110 zum Einsatz. Allerdings: Ohne Lokschilder! Sie waren noch keine „richtige" 112, aber auch keine 110 mehr. Erst nach der Beendigung des Umbaus sind diese Lokomotiven auch offiziell umgezeichnet worden.

Das Ende der V 100 als Staatsbahnlok wurde mit der gesellschaftspolitischen Wende 1989/90 eingeläutet, deren (negativen) Folgen im Eisenbahnbetrieb für eine Verringerung beim Bedarf an diesen universell einsetzbaren Maschinen sorgten.

Ein solches umfassendes Thema können nicht vier Personen alleine aufarbeiten, dazu sind viele weitere helfende Hände und Köpfe vonnöten. Für ihre Zuarbeiten bedanken wir uns recht herzlich bei Gero Istel und Rainer Heinrich, die uns jeweils für ihre „Heimat-Bahnbetriebswerke" Leipzig Hbf Süd und Reichenbach (Vogtl) mit Textmaterial versorgten. Ein besonderer Dank geht an Sylvia Böhme, Gunter von Hartwig und Volker Lucas, die unsere zahlreichen Wünsche beim Scannen von Bildern „ohne Murren und Knurren" (auch sonntags) ertrugen.

Für die Bereitstellung von Bildmaterial und hilfreichen Informationen zu Lokumläufen, Dienstplänen sowie für die Beantwortung betrieblicher Fragen und beim Korrigieren der Texte usw. bedanken wir uns herzlichst bei Michael Daub, Rolf Diesler, Frank Ebermann, Manuela Fehr, Thomas Fischer, Jens-Peter Fried, Olaf Fröhlich, Henning Folz, Georg Dollwet, Helmut Hartmann, Gunter von Hartwig, Rainer Heinrich, Matthias Hengst, Gero Istel, Michael Jungfer, Dr. Winfried König, Lutz Kramer, Peter Krückels, Volkmar Kubitzki, Reinhard Lehmann, Andreas Leschniowski, Jörg Leuthardt, Volker Lucas, Markus Lohneisen, Olaf Martin, Manfred Meyer, Hartmut Michler, Matthias Nieke, Dieter Nagel, Daniela Nestler, Wolfgang Nitzsche, Frank Pilz, Detlef Radke, Hans-Dieter Rammelt, Hans-Dieter Rändler, Wilfried Rettig, Marko Rost, Matthias Röseler, Ralph Schlüter, Andreas Schöne, Martin Stams, Maik Syzmanek, Michael Uhren, Joachim Volkhardt, Edwin-Karl Vorrath, Ernst Andreas Weigert, Frank Weimer, Detlef Winkler, Fritz Witt, Guido Wranik und Michael Zinner.

Nicht zu vergessen: Unser Dank geht auch an die Damen und Herren in der Bildbearbeitung des EK-Verlags, die erneut hervorragende Arbeit geleistet haben.

Wir wünschen nun viel Spaß beim Eintauchen in die Betriebsgeschichte der Baureihe V100!

April 2024, Gerald Groß (Vienenburg)
Dietmar Schlegel (Dresden)
Andreas Stange (Zahna)
Sebastian Werner (Halle/S)

△ **Bild 2** • Mit der Baureihe V 100 sollte bei der Deutschen Reichsbahn der Traktionswandel speziell auf den Nebenbahnen beschleunigt werden. Symbolisch dafür steht diese Aufnahme der **110 451** des Bw Karl-Marx-Stadt, die im Mai 1979 bei St. Egidien der 58 3012 Vorspanndienst leistet. AUFNAHME: SAMMLUNG JÖRG LEUTHARDT

1 Entwicklung des Bestandes

Im Januar 1967 begann die Anlieferung der Baureihe V 100 vom VEB Lokomotivbau Elektrotechnische Werke „Hans Beimler“ Hennigsdorf an die Deutsche Reichsbahn. Bis 1978 wurden insgesamt 867 Maschinen geliefert. Sie war somit eine der am meisten gebauten Streckendieselloks in Deutschland und entsprechend in fast allen Bahnbetriebswerken der DR beheimatet.

Bestand zum 31. Dezember 1967

Rbd Cottbus	
Bw Görlitz:	1 × V 100
Rbd Dresden	
Bw Karl-Marx-Stadt:	4 × V 100
Bw Reichenbach (Vogtl):	6 × V 100
Rbd Halle	
Bw Halle P:	14 × V 100
Bw Halle G:	4 × V 100
Bw Leipzig Hbf Süd:	1 × V 100
Rbd Schwerin	
Bw Rostock:	8 × V 100
Bw Rostock Hafenbahn:	1 × V 100

Bestand zum 31. Dezember 1970
(ab 1. Juni 1970: Baureihe 110)

Rbd Berlin	
Bw Berlin Ostbahnhof:	6 × 110
Bw Berlin-Pankow:	3 × 110
Bw Frankfurt (Oder):	1 × 110
Bw Jüterbog:	7 × 110
Bw Seddin:	9 × 110
Bw Wustermark:	3 × 110
Rbd Cottbus	
Bw Cottbus (Est Guben):	3 × 110
Bw Görlitz:	3 × 110
Bw Zittau:	4 × 110
Rbd Dresden	
Bw Aue (Sachs):	3 × 110
Bw Dresden:	25 × 110
Bw Karl-Marx-Stadt:	23 × 110
Bw Reichenbach (Vogtl):	28 × 110
Bw Gera:	1 × 110
Rbd Erfurt	
Bw Eisenach:	10 × 110
Bw Erfurt:	10 × 110
Bw Nordhausen:	7 × 110
Bw Saalfeld:	4 × 110
Bw Weißenfels:	16 × 110
Rbd Greifswald	
Bw Neustrelitz:	10 × 110
Bw Pasewalk:	4 × 110
Bw Stralsund:	9 × 110
Rbd Halle	
Bw Halle P:	9 × 110
Bw Halle P (Est Bitterfeld):	3 × 110
Bw Halle G (Est Merseburg):	7 × 110
Bw Leipzig Hbf Süd:	31 × 110
Rbd Magdeburg	
Bw Brandenburg:	1 × 110
Bw Güsten:	10 × 110
Bw Magdeburg:	9 × 110
Bw Halberstadt:	4 × 110
Rbd Schwerin	
Bw Güstrow:	3 × 110
Bw Rostock:	8 × 110
Bw Schwerin:	4 × 110
Bw Wismar:	2 × 110

Bild 3 ▷ Die Baureihe V 100 diente bis in die achtziger Jahre hinein auch als Versuchsträger in für neue Motoren- und Getriebetypen. Aus dieser Entwicklung heraus entstand u. a. die Baureihe 112. Eine Vertreterin dieser Baureihe war **112 777** (Bw Zittau), die hier am 11. Juli 1987 mit einem Personenzug in Ebersbach (Sachs) unterwegs ist.

AUFNAHME: GUNTER VON HARTWIG

Bestand zum 31. Dezember 1975

Rbd Berlin
Bw Berlin Ostbahnhof: 11 × 110
Bw Berlin-Pankow: 7 × 110
Bw Frankfurt (Oder): 10 × 110
Bw Jüterbog: 17 × 110
Bw Seddin: 8 × 110
Bw Wustermark: 7 × 110

Rbd Cottbus
Bw Bautzen: 12 × 110
Bw Cottbus: 5 × 110
Bw Cottbus (Est Guben): 6 × 110
Bw Cottbus (Est Luckau): 9 × 110
Bw Elsterwerda: 8 × 110
Bw Görlitz: 10 × 110
Bw Hoyerswerda: 10 × 110
Bw Kamenz: 10 × 110
Bw Zittau: 12 × 110

Rbd Dresden
Bw Aue (Sachs): 31 × 110
Bw Dresden: 35 × 110
Bw Gera: 8 × 110
Bw Glauchau (Sachs): 20 × 110
Bw Karl-Marx-Stadt: 41 × 110
Bw Reichenbach (Vogtl): 48 × 110

Rbd Erfurt
Bw Eisenach: 24 × 110
Bw Erfurt: 19 × 110
Bw Meiningen: 12 × 110
Bw Nordhausen: 9 × 110
Bw Saalfeld: 22 × 110
Bw Sangerhausen: 10 × 110
Bw Weißenfels: 18 × 110

Rbd Greifswald
Bw Angermünde: 4 × 110
Bw Eberswalde: 8 × 110
Bw Heringsdorf: 6 × 110
Bw Neubrandenburg: 13 × 110
Bw Neustrelitz: 15 × 110
Bw Pasewalk: 12 × 110
Bw Stralsund: 17 × 110

Rbd Halle
Bw Falkenberg (Elster): 10 × 110
Bw Halle P: 11 × 110
Bw Halle P (Est Bitterfeld): 3 × 110
Bw Halle G (Est Merseburg): 7 × 110
Bw Leipzig Hbf Süd: 35 × 110
Bw Lutherstadt-Wittenberg: 7 × 110

Rbd Magdeburg
Bw Brandenburg: 10 × 110
Bw Güsten: 34 × 110
Bw Halberstadt: 14 × 110
Bw Haldensleben: 7 × 110
Bw Magdeburg: 19 × 110
Bw Roßlau (Elbe): 12 × 110
Bw Oebisfelde: 1 × 110
Bw Salzwedel: 8 × 110
Bw Stendal: 12 × 110

Rbd Schwerin
Bw Güstrow: 17 × 110
Bw Hagenow Land: 7 × 110
Bw Neuruppin: 5 × 110
Bw Rostock: 11 × 110
Bw Schwerin: 17 × 110
Bw Wismar: 12 × 110
Bw Wittenberge: 21 × 110

Bestand zum 31. Dezember 1979

Rbd Berlin
Bw Berlin Ostbahnhof: 11 × 110
Bw Berlin-Pankow: 9 × 110
Bw Frankfurt (Oder): 14 × 110
Bw Jüterbog: 15 × 110
Bw Seddin: 9 × 110
Bw Wustermark: 8 × 110

Rbd Cottbus
Bw Bautzen: 16 × 110
Bw Cottbus: 6 × 110
Bw Cottbus (Est Guben): 7 × 110
Bw Cottbus (Est Luckau): 9 × 110
Bw Elsterwerda: 10 × 110
Bw Görlitz: 10 × 110
Bw Hoyerswerda: 10 × 110
Bw Kamenz: 11 × 110
Bw Zittau: 11 × 110

Rbd Dresden
Bw Aue (Sachs): 39 × 110
Bw Dresden: 26 × 110
Bw Glauchau (Sachs): 26 × 110
Bw Karl-Marx-Stadt: 40 × 110
Bw Nossen: 16 × 110
Bw Reichenbach (Vogtl): 36 × 110

Rbd Erfurt
Bw Eisenach: 23 × 110
Bw Erfurt: 18 × 110
Bw Gera: 16 × 110
Bw Meiningen: 10 × 110
Bw Nordhausen: 10 × 110
Bw Saalfeld: 26 × 110
Bw Sangerhausen: 12 × 110
Bw Weißenfels: 15 × 110

Rbd Greifswald

Bw Angermünde:	4 × 110
Bw Eberswalde:	7 × 110
Bw Heringsdorf:	6 × 110
Bw Neubrandenburg:	18 × 110
Bw Neustrelitz:	17 × 110
Bw Pasewalk:	13 × 110
Bw Stralsund:	21 × 110

Rbd Halle

Bw Falkenberg (Elster):	12 × 110
Bw Halle P:	7 × 110
Bw Halle P (Est Bitterfeld)	4 × 110
Bw Halle G:	6 × 110
Bw Halle G (Est Merseburg):	7 × 110
Bw Leipzig Hbf Süd:	38 × 110
Bw Lutherstadt-Wittenberg:	7 × 110

Rbd Magdeburg

Bw Brandenburg:	13 × 110
Bw Güsten:	33 × 110
Bw Halberstadt:	16 × 110
Bw Haldensleben:	10 × 110
Bw Magdeburg:	14 × 110
Bw Roßlau (Elbe):	7 × 110
Bw Salzwedel:	8 × 110
Bw Stendal:	20 × 110

Rbd Schwerin

Bw Güstrow:	18 × 110
Bw Hagenow Land:	10 × 110
Bw Neuruppin:	8 × 110
Bw Rostock:	7 × 110
Bw Schwerin:	15 × 110
Bw Wismar:	16 × 110
Bw Wittenberge:	24 × 110

Im März 1978 endete bei der Deutschen Reichsbahn mit der Indienststellung von 110 896 die Beschaffung der Baureihe 110. Ab 1981 erhielt die DR nochmals 37 Maschinen der Baureihe 111 (Werksbezeichnung V 100.4) für den schweren Güterzugdienst auf Nebenstrecken und zehn 110^9 (Werksbezeichnung V 100.5) mit einem Antrieb für eine Graben- und Schneeräumeinheit. Damit endet im Jahr 1983 endgültig die Beschaffung von Lokomotiven der V 100-Familie für die Deutsche Reichsbahn.

Zur ökonomischen Vorhaltung und Erhöhung der Zuverlässigkeit mit gleichzeitiger Leistungserhöhung entstanden ab 1980 aus einem Teil der Baureihe 110 die Baureihen 112 (1.200 PS Motorleistung) und 114 (1.500 PS Motorleistung). Die Haupteinsatzgebiete dieser Maschinen waren neben dem Dienst auf Nebenstrecken auch der Personenzugdienst auf Hauptbahnen sowie in Doppeltraktion auch der schwere Eil- und Güterzugdienst. Alle Reichsbahndirektionen hatten folglich diese Baureihen in den meisten ihrer Bahnbetriebswerke beheimatet.

Bestand zum 31. Dezember 1984

Rbd Berlin

Bw Berlin-Ostbf:	5 × 110	
Bw Berlin-Pankow:	3 × 110	5 × 112
Bw Frankfurt (Oder):	11 × 110	14 × 112
Bw Jüterbog:	8 × 110	1 × 112
Bw Seddin:	12 × 110	
Bw Wustermark:	3 × 110	

Rbd Cottbus

Bw Bautzen:	16 × 112	
Bw Cottbus:	5 × 110	
Bw Cottbus (Est Guben):	5 × 110	
Bw Cottb. (Est Luckau):	11 × 110	
Bw Elsterwerda:	2 × 110	
Bw Görlitz:	7 × 110	
Bw Hoyerswerda:	14 × 110	
Bw Kamenz:	4 × 110	7 × 112
Bw Zittau:	10 × 112	

Rbd Dresden

Bw Aue (Sachs):	32 × 110	
Bw Dresden:	17 × 110	9 × 112
Bw Glauchau:	11 × 110	10 × 112
Bw Karl-Marx-Stadt:	20 × 110	18 × 112
Bw Nossen:	15 × 110	
Bw Reichenbach (V):	34 × 110	

Rbd Erfurt

Bw Eisenach:	12 × 110	14 × 112
Bw Erfurt:	2 × 110	16 × 112
Bw Gera:	17 × 110	
Bw Meiningen:	8 × 112	
Bw Nordhausen:	1 × 110	11 × 112
Bw Saalfeld:	8 × 110	22 × 114
Bw Sangerhausen:	14 × 112	
Bw Weißenfels:	15 × 110	

Rbd Greifswald

Bw Angermünde:	8 × 110	
Bw Eberswalde:	9 × 110	
Bw Heringsdorf:	8 × 110	
Bw Neubrandenburg:	1 × 110	7 × 112
Bw Neustrelitz:	18 × 110	1 × 112
Bw Pasewalk:	6 × 110	9 × 112
Bw Stralsund:	19 × 110	5 × 112

Rbd Halle

Bw Falkenberg (Elster):	14 × 110	1 × 111
Bw Halle P:	1 × 110	
Bw Halle P (Bitterfeld):	4 × 110	
Bw Halle G:	8 × 110	
Bw Halle G (Merseburg):	8 × 110	
Bw Leipzig Hbf Süd:	15 × 110	10 × 112
	1 × 111	3 × 114
Bw Lpz Hbf West (Zeitz):	1 × 110	6 × 112
Bw Röblingen:	1 × 110	7 × 112
	1 × 111	
Bw Lu-Wittenberg:	6 × 110	
Bw Roßlau (Elbe):	8 × 110	

Rbd Magdeburg

Bw Blankenburg (Harz):	7 × 112	
Bw Brandenburg:	10 × 110	4 × 112
Bw Güsten:	29 × 110	5 × 112
Bw Halberstadt:	8 × 110	5 × 112
Bw Haldensleben:	9 × 110	11 × 112
Bw Jerichow:	2 × 110	
Bw Magdeburg:	6 × 110	6 × 112
Bw Salzwedel:	10 × 110	
Bw Stendal:	17 × 110	

Rbd Schwerin

Bw Güstrow:	8 × 110	9 × 112
Bw Hagenow Land:	5 × 110	4 × 112
Bw Neuruppin:	6 × 110	5 × 111
Bw Rostock:	2 × 110	7 × 112
Bw Rostock-Seehafen:	1 × 112	6 × 111
Bw Schwerin:	6 × 110	13 × 112
Bw Wismar:	2 × 110	12 × 112
Bw Wittenberge:	1 × 110	1 × 112
	9 × 111	3 × 114

Bestand zum 31. Dezember 1989

Rbd Berlin

Bw Berlin Hbf:	6 × 110	
Bw Berlin-Pankow:	4 × 110	6 × 112
Bw Frankfurt (Oder):	4 × 110	20 × 112
Bw Jüterbog:	6 × 110	4 × 112
Bw Seddin:	10 × 110	2 × 112

Rbd Cottbus

Bw Bautzen:	19 × 112	
Bw Cottbus:	4 × 110	4 × 112
Bw Cottbus (EstGuben):	3 × 110	4 × 112
Bw Cottb. (Est Luckau):	8 × 110	11 × 112
Bw Görlitz:	1 × 110	9 × 112
Bw Hoyerswerda:	3 × 110	2 × 112
Bw Kamenz:	10 × 114	
Bw Zittau:	17 × 112	1 × 114

Rbd Dresden

Bw Aue (Sachs):	26 × 110	7 × 112
Bw Dresden:	1 × 110	28 × 112
Bw Glauchau:	10 × 110	13 × 112
Bw Karl-Marx-Stadt:	18 × 110	26 × 112
Bw Nossen:	10 × 110	11 × 112
Bw Reichenbach (V):	2 × 110	11 × 112

Rbd Erfurt

Bw Eisenach:	6 × 110	17 × 112
Bw Erfurt:	2 × 110	16 × 112
Bw Gera:	5 × 110	10 × 112
Bw Meiningen:	1 × 110	10 × 112
Bw Nordhausen:	2 × 110	12 × 112
Bw Saalfeld:	27 × 114	
Bw Sangerhausen:	2 × 110	11 × 112
Bw Weißenfels:	14 × 110	

Rbd Greifswald

Bw Angermünde:	2 × 110	6 × 112
Bw Eberswalde:	4 × 110	6 × 112
Bw Heringsdorf:	9 × 110	
Bw Neubrandenburg:	5 × 112	

Bw Neustrelitz:	17 × 110	
Bw Pasewalk:	6 × 112	
Bw Stralsund:	6 × 110	9 × 112

Rbd Halle

Bw Falkenberg (Elster):	7 × 110	6 × 111
Bw Halle P:	1 × 110	
Bw Halle P (Bitterfeld):	6 × 110	
Bw Halle G:	1 × 110	2 × 112
Bw Halle G (Merseburg):	5 × 110	
Bw Leipzig Hbf Süd:	3 × 110	17 × 112
	7 × 111	4 × 114
Bw Lpz Hbf West (Zeitz):	1 × 110	9 × 112
Bw Röblingen:	9 × 112	
Bw Roßlau (Elbe):	4 × 110	2 × 111
Bw Lu-Wittenberg:	11 × 110	

Rbd Magdeburg

Bw Blankenburg (Harz):	7 × 112	
Bw Brandenburg:	1 × 110	13 × 112
Bw Güsten:	15 × 110	22 × 112
Bw Halberstadt:	1 × 110	12 × 112
	9 × 114	
Bw Haldensleben:	2 × 110	18 × 112
Bw Jerichow:	3 × 110	
Bw Magdeburg:	1 × 110	9 × 112
Bw Salzwedel:	5 × 110	
Bw Stendal:	3 × 110	12 × 112
Bw Wernigerode-Westerntor:		2 × 199[8]

Rbd Schwerin

Bw Güstrow:	5 × 110	7 × 112
Bw Hagenow Land:	8 × 110	5 × 112
Bw Neuruppin:	5 × 110	5 × 112
	2 × 111	
Bw Rostock:	7 × 112	
Bw Rostock-Seehafen:	9 × 111	
Bw Schwerin:	3 × 110	10 × 112
Bw Wismar:	1 × 110	7 × 112
Bw Wittenberge:	8 × 110	8 × 112
	6 × 111	

Im Oktober 1990 wurden die Reichsbahndirektionen neu geordnet. Die acht Reichsbahndirektionen hatte man zu fünf Rbd zusammengefasst und dafür die Direktionen Cottbus, Greifswald und Magdeburg aufgelöst.

Zum 1. Januar 1992 galt der Umzeichnungsplan zur Vereinheitlichung der Baureihennummern von Reichs- und Bundesbahn. Die Baureihe 110 bekam die neue Baureihennummer 201, die 112 wurde in 202 und die 114 in 204 umbenannt. Die Maschinen der Baureihe 111 wurden als 298 bezeichnet. Der letzte Reichsbahnbestand sah am Vorabend der Zusammenführung mit der Bundesbahn zur DB AG wie folgt aus.

Bestand zum 31. Dezember 1993

Rbd Berlin

Bw Berlin-Pankow:	10 × 201	4 × 202
Bw Cottbus:	14 × 202	
Bw Hoyerswerda:	4 × 201	6 × 202
Bw Frankfurt (Oder):	2 × 201	26 × 202
Bw Jüterbog:	2 × 201	8 × 202
Bw Seddin:	2 × 202	

Rbd Dresden

Bw Aue (Sachs)	15 × 201	8 × 204
Bw Chemnitz:	9 × 201	27 × 202
	6 × 298	
Bw Dresden:	23 × 202	9 × 298
Bw Glauchau:	2 × 201	20 × 202
	6 × 298	
Bw Bautzen:	14 × 202	
Bw Görlitz:	3 × 201	
Bw Kamenz:	13 × 204	
Bw Riesa:	2 × 201	11 × 202
Bw Reichenbach (V):	12 × 201	21 × 202
Bw Zittau:	18 × 202	9 × 298

Rbd Erfurt

Bw Eisenach:	6 × 201	11 × 202
Bw Erfurt:	14 × 202	
Bw Gera:	12 × 202	
Bw Meiningen:	8 × 202	
Bw Nordhausen:	1 × 201	9 × 202
	8 × 204	
Bw Saalfeld:	16 × 204	
Bw Sangerhausen:	2 × 201	11 × 202
Bw Weißenfels:	9 × 201	

Rbd Halle

Bw Brandenburg:	12 × 202	
Bw Falkenberg (Elster):	3 × 201	3 × 298
Bw Güsten:	10 × 201	20 × 202
Bw Halberstadt:	14 × 202	10 × 204
Bw Halle G:	8 × 201	12 × 202
	6 × 298	
Bw Halle G (Merseburg):	5 × 201	
Bw Halle P:	1 × 201	
Bw Halle P (Bitterfeld):	6 × 201	
Bw Leipzig Hbf Süd:	25 × 202	1 × 204
Bw Lpz Hbf West (Zeitz):	1 × 201	9 × 202
Bw Magdeburg:	4 × 201	21 × 202
Bw Röblingen:	9 × 202	
Bw Roßlau (Elbe):	4 × 201	2 × 298
Bw Stendal:	13 × 202	
Bw Wittenberg:	15 × 201	6 × 204

Rbd Schwerin

Bw Angermünde:	2 × 201	15 × 202
Bw Neustrelitz:	31 × 201	9 × 202
Bw Neuruppin:	2 × 201	5 × 202
Bw Pasewalk:	3 × 202	
Bw Rostock:	6 × 202	
Bw Schwerin:	7 × 201	20 × 202
Bw Stralsund:	4 × 201	1 × 202
Bw Neubrandenburg:	4 × 202	
Bw Wittenberge:	2 × 201	

Bild 4 ▷ Auch diese Lokomotiven stammen aus der „V 100-Familie": Am 23. Mai 1998 stehen **298 052** (ex V 100 052, ex 110 052) und **298 129** (ex V 100 129, ex 110 129) im Betriebshof Senftenberg.

Aufnahme: Volker Lucas, Sammlung A. Zika

△ **Bild 5** • Das Bw Berlin-Lichtenberg war eine Einsatzstelle des Bw Ostbahnhof, von der auch Loks der Baureihe 110 ihre Dienste aus leisteten. Im April 1978 haben sich dort **110 865, 110 852** und **110 519** versammelt. Rechts hinter den Maschinen steht eine 01^5. AUFNAHME: GERD BEMBNISTA, SAMMLUNG JÖRG LEUTHARDT

2 Die Reichsbahndirektion Berlin

Die Beheimatung von Lokomotiven der Baureihe V 100 begann in der Rbd Berlin im Jahr 1968 im Bw Seddin, 1969 erhielt dann das Bw Jüterbog die ersten V 100, und 1970 folgten die Berliner Bahnbetriebswerke Ostbahnhof und Pankow sowie die Bahnbetriebswerke Frankfurt (O) und Wustermark.

Über die folgenden Jahrzehnte prägten die Maschinen das Bild im Personenzugdienst und leichtem Güterverkehr in und um Berlin. Die zur Baureihe 298 umgebauten Maschinen sind heute noch im Einsatz und in Seddin beheimatet.

2.1 Bw Berlin-Grunewald

Für sechs Monate beheimatete das Bw Grunewald im Jahr 1984 die 110 286. Die Lok bekam keinen eigenen Umlauf und wurde nur vor Übergaben innerhalb von Berlin (West) eingesetzt. Mit 201 856 weilte 1994 nochmals eine V 100 für einen Monat in Grunewald. Mit 201 und 202 des Betriebshofes Wustermark kamen bis 1995 Grunewalder Lokführer auch weiter mit diesen Baureihen zu Einsatzehren.

Bw Berlin-Grunewald

Lok-Nr.	vom Bw	beheimatet von – bis	zum Bw
110 286	Wustermark	19.12.83 – 20.06.84	Berlin Ostbahnhof
201 856	Bln-Pankow	04.02.94 – 15.03.94	Wustermark

Bw Berlin-Karlshorst

Lok-Nr.	vom Bw	beheimatet von – bis	zum Bw
110 233	Jüterbog	11.06.70 – 31.07.70	Berlin Ostbahnhof
110 236	Neuanlieferung	01.04.70 – 31.07.70	Berlin Ostbahnhof
110 239	Neuanlieferung	28.04.70 – 31.07.70	Berlin Ostbahnhof

2.2 Bw Berlin-Karlshorst

Fabrikneu trafen 110 236 am 1. April und 110 239 am 28. April 1970 im Bw Berlin-Karlshorst ein. Ihnen folgte am 11. Juni jenes Jahres noch die 110 233 vom Bw Jüterbog. Zum 1. August 1970 gingen alle drei 110er mit der Bildung des Groß-Bw Berlin Ostbahnhof in dessen Fahrzeugbestand über. Eingesetzt wurden die Loks in den Plänen der Baureihe 65^{10} mit Wendezügen nach Wünsdorf.

2.3 Bw Berlin Ostbahnhof

Die Berliner Bahnbetriebswerke Ostbahnhof, Karlshorst, Lichtenberg und Rummelsburg wurden zum 1. August 1970 zum Bw Ostbahnhof vereinigt. Zu diesem Zeitpunkt verfügte das Bahnbetriebswerk am ehemaligen Schlesischen Bahnhof für den Streckendienst über:

8 × Baureihe 01-Altbau,
7 × Baureihe 01^5,
12 × Baureihe 03,
9 × Baureihe 35^{10},
5 × Baureihe 65^{10},
30 × Baureihe 118.

Im Zusammenhang mit der Bildung des Groß-Bw Ostbahnhof gelangten auch 110 233, 110 236 und 110 239 vom Bw Berlin-Karlshorst in den Ostbahnhofer Bestand. Zwei der drei 110 kamen in einem Drei-Tage-Umlauf (2 × Baureihe 110 und 1 × Baureihe 65^{10}) mit Wendezügen zwischen Berlin-Schönefeld und Wünsdorf zum Einsatz.

Im Spätsommer 1970 bekam das Bw Ostbahnhof die fabrikneuen 110 254, 285 und 287 zugewiesen. Mit den nun vorhandenen sechs Loks der Baureihe 110 wurde auch der dritte Umlauftag nach Wünsdorf übernommen, hinzu kamen die Beförderung eines Eilzugpaares nach Cottbus und nach Dessau. Die bisher noch mit in dem Um-

Bild 6 ▷
Über viele Jahre waren die Baureihen 110 und 118 ein vertrautes Bild im Reisezugverkehr auf den Strecken rund um und durch Berlin. Im September 1973 stehen **110 517** und 118 298 (beide vom Bw Ostbahnhof) mit ihren Zügen im Bahnhof Flughafen Berlin-Schönefeld.

Aufnahme: ZBDR, Sammlung Andreas Stange

lauf eingesetzte 65^{10} war dadurch freigesetzt. Der Einsatz der 110 erfolgte von der Einsatzstelle in Berlin-Lichtenberg aus.

Bis Ende 1971 stieg der Bestand auf acht 110 an:

110 233	236	239	254	263
278	332	361		

Neu waren jetzt Einsätze auf dem westlichen Außenring Potsdam – Oranienburg, Reisezüge nach Werneuchen und ein Containerzugpaar Berlin Frankfurter Allee – Fürstenwalde (Spree). In diesen Umläufen wurden die Dampflokbaureihen 35^{10} und 65^{10} abgelöst. Derweil gingen die Eilzug-Leistungen nach Cottbus und Dessau an die Baureihe 118 über.

Ab 1972 leisteten Ostbahnhofer 110er ihre Dienste auch auf der „Ostbahn" von Berlin-Lichtenberg über Strausberg, Müncheberg (Mark) und Werbig nach Kietz.

Der Winterfahrplan 1972/73 sah im Plan 25 Leistungen für fünf 110er vor. Sowohl am Tag 1 als auch am Tag 2 pendelten die Loks ganztägig mit Wendezügen zwischen Flughafen Berlin-Schönefeld und Wünsdorf, wobei es in den Zeiten des Berufsverkehrs über Wünsdorf hinaus einen Durchlauf bis Baruth (Mark) gab. Am Tag 3 pendelten die 110 mit Wendezügen auf der Verbindung Potsdam Hbf – Falkensee.

Der Tag 4 sah wie folgt aus:

Ng 61171	Strausberg – Müncheberg (Mark)
P 2704	Müncheberg – Bln-Lichtenberg

Bild 7 ▷
Das Bw Ostbahnhof beheimatete nur drei Maschinen der Baureihe 112, und diese standen auch nur jeweils für kurze Zeit von dieser Dienststelle aus im Einsatz. Zu den drei Loks gehörte **112 852**, die hier am 22. März 1988 im Bw Berlin-Lichtenberg aufgenommen wurde.

Aufnahme: Volker Lucas, Sammlung A. Zika

△ **Bild 8** • Mit dem M 1040 (Berlin-Tegel – Strasbourg) für die Angehörigen der französischen Armee ist die Ostbahnhofer **110 074** im Mai 1990 in Berlin-Moabit unterwegs.
AUFNAHME: DR. WINFRIED KÖNIG

Lr 21008	Bln-Lichtenb. – Bln-Rummelsb.
Lr 10000	Bln-Rummelsb. – Bln-Lichtenb.
P 2915	Bln-Lichtenberg – Tiefensee
P 2918	Tiefensee – Bln-Lichtenberg

Anschließend kam die Lok in den Wünsdorfer Wendezugumlauf.

Dort war die 110 auch noch am Vormittag von Tag 5 im Einsatz, bespannte dann den P 2721 (Berlin-Lichtenberg – Kietz) und kehrte mit dem Leerreisezug wieder zurück nach Berlin-Lichtenberg.

Im Verlauf des Jahres 1974 stieg der Bestand auf bis zu zwölf 110 an, von denen vier Loks mit Wendezügen nach Wünsdorf und drei Maschinen zwischen Strausberg und Kietz im Einsatz waren. Diese Leistungen blieben recht lange stabil, ab 1976 kamen noch innerbezirkliche Post- und Gepäckzüge hinzu. Dies waren Züge, die nur innerhalb der Grenzen einer Reichsbahndirektion verkehrten – in diesem Fall innerhalb der Rbd Berlin.

Im Sommerfahrplan 1976 benötigten die Technologen des Bw Ostbahnhof vier 110 im Plan 15 und drei Loks dieser Baureihe im Plan 25.

<u>Dienstplan 15</u>
<u>Tag 1 (Mo-Fr)</u>

P 5929	Strausberg – Müncheberg (Mark)
P 5902	Müncheberg – Bln-Lichtenberg
Lz	Bln-Lichtenb. – Bln-Rummelsb.
Lrz 245	Bln-Rummelsb. – Bln Ostbhf.
Lz	Bln Ostbhf. – Bln-Lichtenberg
P 11909	Bln-Lichtenberg – Werneuchen
P 11910	Werneuchen – Bln-Lichtenberg
Gex 2596	Bln-Lichtenberg – Bln Ostbhf.
Gex 2399	Bln Ostbhf. – Bln-Lichtenberg
P 11216	Bln-Lichtenberg – Nauen
Lr	Nauen – Wustermark

<u>Tag 2</u>

P 11303	Nauen – Falkensee
P 11300	Falkensee – Nauen
P 11205	Nauen – Bln-Lichtenberg

Rangierdienst in Berlin Frankfurter Allee
Ab 17 Uhr ging es in den Wünsdorf-Plan.

<u>Tag 3</u>
Lok kam 8 Uhr aus dem Wünsdorf-Plan.

Ng 61109	Bln-Kaulsdorf – Strausberg

Rangierdienst in Strausberg

P 5915	Strausberg – Kietz
P 15961	Kietz – Frankfurt (O)
P 15962	Frankfurt (O) – Kietz

<u>Tag 4</u>

P 5908	Kietz – Strausberg

Anschließend: Sechs Personenzugpaare zwischen Strausberg und Müncheberg (Mark)

P 5925	Strausberg – Kietz
P 5928	Kietz – Strausberg

Der Plan 25 umfasste montags bis freitags am Tag 1 und am Tag 2 die Wendezüge auf der Relation Flughafen Berlin-Schönefeld – Wünsdorf.

<u>Tag 3</u>
Lz nach Müncheberg (Mark)

P 5906	Müncheberg (Mark) – Strausberg
Ng 61102	Strausberg – Bln-Kaulsdorf
Lz	Bln-Kaulsdorf – Bln-Wuhlheide
Üb 79166	Bln-Wuhlh. – Bln Wriezener Bf
Lz	Bln Wriezener Bf – Strausberg
P 5921	Strausberg – Kietz
Lrv	Kietz – Strausberg
Üb 79154	Strausberg – Bln Wriezener Bf

An den Wochenenden sah der Tag 3 die Bespannung des Ausflugzugpaares 3861 nach Lübbenau und 3860 ab Cottbus vor. In den Folgejahren gab es mit dem an einzelnen Tagen verkehrenden Militär-Schnellzugpaar D 1190/1191 von Berlin Ostbahnhof nach Wünsdorf für die 110 noch mal eine hochwertige Leistung zu bespannen. Der Zug war aus Weitstreckenwagen der Sowjetischen Staatsbahnen (aus der Produktion des Waggonbaus Ammendorf) gebildet.

Im Jahr 1983 übernahm die elektrische Traktion den Wendezugbetrieb nach Wünsdorf, den 110 blieben nur noch die Einsätze nach Kietz und Werneuchen. Entsprechend reduzierte sich der Bestand auf fünf Loks. Auf der Strecke nach Kietz kamen ab Mitte der achtziger Jahre verstärkt freigesetzte 118 sowie 112 des Bw Frankfurt (O) zum Einsatz und verdrängten dort die 110 des Bw Ostbahnhof.

Apropos Baureihe 112: Nicht unerwähnt bleiben soll, dass 1985 (112 286 und 112 521) und 1988 (112 852) auch Vertreterinnen dieser Baureihe im Bw Ostbahnhof beheimatet waren. Die drei Loks waren bereits vor ihrem Umbau Ostbahnhofer Maschinen, blieben anschließend aber nur noch kurze Zeit dort beheimatet. Für die wenigen Leistungen waren die vorhandenen 110 wohl ausreichend motorisiert.

Im Juni 1991 gab das Bw Ostbahnhof seine letzten 110 an das Bw Berlin-Pankow ab. Dies waren im Einzelnen:

110 005 020 023 074 122 239

2.4 Bw Berlin-Pankow

Im September 1970 erhielt das Bw Berlin-Pankow die fabrikneuen 110 255 und 110 284 zugeteilt, denen bis Jahresende noch 110 295 (04.11.) und 110 302 (08.12.) – beide ebenfalls direkt aus dem LEW Hennigsdorf kommend – folgten. Zu diesem Zeitpunkt beheimatete das Bw Pankow sieben Loks der 64, bereits 28 Vertreterinnen der Baureihe 120 sowie acht LVT-Einheiten.

Die 110 kamen von der Einsatzstelle Oranienburg aus vor Personenzügen nach Albrechtshof, Nauen und Potsdam zum Einsatz. Mit den Zugängen von 110 340 (02.03.) und 110 394 (05.12.) wurde der Bestand im Verlauf des Jahres 1971 auf sechs Loks erhöht. Kurzzeitig war in jenem Jahr auch 110 330 in Pankow beheimatet. Zu den bereits genannten Aufgaben der Pankower 110er kamen 1971 je eine Leistung nach Gransee und Templin hinzu. In dem nun viertägigen Umlauf wurden die Dampfloks der Baureihen 64 des Bw Pankow und 78 des Bw Wustermark abgelöst.

Der Plan 101 der Est Oranienburg umfasste im Sommer 1971 werktags folgende Leistungen:

Am Tag 1 pendelte die Lok mit Wendezügen zwischen Birkenwerder bzw. Albrechtshof und Potsdam Hbf. Gleiches galt für den Tag 3, hier gab es nur abweichend einen Umlauf nach Nauen.

Tag 2
Üb 74167 Hennigsdorf – Kremmen
P 3834 Kremmen – Velten
P 3833 Velten – Kremmen
P 3836 Kremmen – Hennigsdorf
P 1933 Hennigsdorf – Oranienburg
Rangieren in Oranienburg
P 1465 Oranienburg – Templin
P 1466 Templin – Oranienburg

Tag 4
P 1988 Falkensee – Oranienburg
Gex 5312 Oranienburg – Bln Ostbahnhof
Gex 5311 Bln Ostbahnhof – Oranienburg
Üb 71182 Oranienburg – Birkenwerder

Bw Berlin Ostbahnhof

Lok-Nr.	vom Bw	beheimatet von – bis	zum Bw
110 005	Frankfurt (O)	20.05.89 – 30.06.91	Berlin-Pankow
110 020	Frankfurt (O)	01.10.87 – 01.06.91	Berlin-Pankow
110 023	Frankfurt (O)	06.06.89 – 01.06.91	Berlin-Pankow
110 066	Seddin	15.12.87 – 11.04.90	umb in 112 066*
110 074	Frankfurt (O)	01.10.87 – 01.06.91	Berlin-Pankow
110 092	Frankfurt (O)	30.04.81 – 29.05.81	Wustermark
110 092	Bln-Schöneweide	16.06.84 – 01.05.85	Berlin-Pankow
110 107	Frankfurt (O)	12.10.79 – 01.06.83	Frankfurt (O)
110 120	Bln-Schöneweide	16.06.84 – 10.10.84	Berlin-Pankow
110 122	Seddin	25.04.90 – 01.06.91	Berlin-Pankow
110 128	Frankfurt (O)	13.07.80 – 12.08.83	Berlin-Pankow
110 149	Frankfurt (O)	20.02.88 – 22.03.88	Frankfurt (O)
110 233	Bln-Karlshorst	01.08.70 – 26.05.76	Wustermark
110 236	Bln-Karlshorst	01.08.70 – 06.02.77	Wustermark
110 239	Bln-Karlshorst	01.08.70 – 06.11.84	Frankfurt (O)
110 239	Frankfurt (O)	15.04.88 – 07.06.91	Berlin-Pankow
110 254	Neuanlieferung	27.09.70 – 02.07.78	Frankfurt (O)
110 254	Frankfurt (O)	01.10.78 – 27.04.81	umb in 112 254
110 263	Jüterbog	11.02.71 – 01.06.83	Frankfurt (O)
110 273	Bln-Schöneweide	16.06.84 – 04.07.84	Berlin-Pankow
110 278	Seddin	10.02.71 – 13.01.75	Frankfurt (O)
110 278	Seddin	26.03.75 – 11.06.75	Seddin
110 278	Seddin	12.08.75 – 27.08.75	Seddin
110 285	Neuanlieferung	01.09.70 – 09.02.71	Seddin
110 286	Berlin-Grunewald	21.06.84 – 11.04.85	umb in 112 286
110 287	Neuanlieferung	03.09.70 – 09.02.71	Jüterbog
110 332	Seddin	21.05.71 – 28.02.72	Jüterbog
110 358	Neuanlieferung	01.05.71 – 08.06.71	Frankfurt (O)
110 361	Neuanlieferung	01.05.71 – 29.02.72	Jüterbog
110 435	Leipzig Hbf Süd	24.03.72 – 05.04.72	Saalfeld
110 441	Neuanlieferung	29.03.72 – 05.04.72	Saalfeld
110 442	Neuanlieferung	29.03.72 – 05.04.72	Hoyerswerda
110 443	Neuanlieferung	29.03.72 – 05.04.72	Wittenberge
110 444	Neuanlieferung	28.03.72 – 05.04.72	Magdeburg
110 446	Neuanlieferung	29.03.72 – 05.04.72	Pasewalk
110 462	Neuanlieferung	29.04.72 – 10.05.72	Frankfurt (O)
110 464	Neuanlieferung	29.04.72 – 23.05.72	Neubrandenburg
110 494	Neuanlieferung	23.11.72 – 03.01.73	Frankfurt (O)
110 495	Neuanlieferung	24.11.72 – 09.01.73	Jüterbog
110 502	Neuanlieferung	30.11.72 – 05.12.72	Seddin
110 503	Neuanlieferung	30.11.72 – 05.12.72	Seddin
110 517	Neuanlieferung	24.04.73 – 13.10.79	Fko, umb 14.06.79
110 519	Neuanlieferung	24.03.73 – 10.07.80	Fko, umb 28.01.80
110 520	Neuanlieferung	28.03.73 – 05.08.80	Pkr, umb 04.03.80
110 521	Berlin-Pankow	05.01.84 – 27.08.85	umb in 112 521
110 567	Neuanlieferung	25.07.73 – 09.08.73	Lu-Wittenberg
110 569	Neuanlieferung	28.07.73 – 09.08.73	Lu-Wittenberg
110 597	Berlin-Pankow	05.01.84 – 21.12.87	Seddin
110 598	Berlin-Pankow	02.08.80 – 17.05.81	Wustermark
110 711	Frankfurt (O)	04.05.85 – 30.09.87	Frankfurt (O)
110 713	Wustermark	11.10.74 – 20.11.82	Neustrelitz
110 720	Neuanlieferung	01.10.74 – 09.10.74	Dresden
110 748	Neuanlieferung	01.12.74 – 11.10.83	umb in 112 748
110 752	Neuanlieferung	12.12.74 – 21.09.83	Wustermark
110 852	Neuanlieferung	21.08.76 – 11.03.88	umb in 112 852
110 865	Neuanlieferung	03.10.76 – 23.09.81	Jüterbog
112 286	aus Umbau	12.04.85 – 03.05.85	Frankfurt (O)
112 521	aus Umbau	27.08.85 – 25.09.85	Frankfurt (O)
112 852	aus Umbau	12.03.88 – 15.04.88	Frankfurt (O)

Fko = Frankfurt (O) Pkr = Berlin-Pankow umb = Umbau

◁ **Bild 9**
Zu den planmäßigen Einsatzstrecken der Pankower 110er gehörte die „Heidekrautbahn" nordöstlich Berlins. Am 18. Mai 1991 ist **110 884** aus Berlin-Karow kommend in Basdorf eingefahren.

Üb 72183	Birkenwerder – Oranienburg	
P 1936	Oranienburg – Hennigsdorf	
P 3337	Hennigsdorf – Gransee	
P 3338	Gransee – Oranienburg	
Üb 72180	Oranienburg – Birkenwerder	
Üb 72181	Birkenwerder – Oranienburg	

Ab Sommer 1974 gab es einen fünftägigen Umlauf in der Einsatzstelle Oranienburg, ohne dass sich am Einsatzgebiet etwas änderte. Der Bestand an 110 lag bei sieben bis acht Loks. Der Umlaufplan zum Sommerfahrplan 1976 sah folgende Leistungen vor:

Tag 1

Ce 46111	Oranienburg – Bln Frankf. Allee*
Ce 46110	Bln Frankf. Allee – Oranienburg
P 11060	Oranienburg – Nauen

*Containerbahnhof Berlin Frankfurter Allee

Anschließend bespannte die Lok den restlichen Tag Wendezüge Birkenwerder/Albrechtshof – Potsdam Hbf.

Tag 2

P 15381	Kremmen – Velten
P 15380	Velten – Kremmen
P 15383	Kremmen – Hennigsdorf
P 11071	Hennigsdorf – Oranienburg
Üb 71139	Oranienburg – Birkenwerder
Üb 71140	Birkenwerder – Oranienburg
Rangieren in Oranienburg	
P 4196	Oranienburg – Templin
P 4199	Templin – Oranienburg

Tag 3

P 4170	Oranienburg – Löwenberg (Mark)
P 4171	Löwenberg (Mark) – Oranienburg
P 11072	Oranienburg – Hennigsdorf
Lz	Hennigsdorf – Oranienburg

△ **Bild 10 • 112 382** des Bw Berlin-Pankow und eine Schwesterlokomotive verlassen mit einem Personenzug im Juni 1986 den Bahnhof Velten. Interessant ist der Wagenpark! Der vorletzte Wagen stammt der Farbgebung nach von der Leipziger S-Bahn.

AUFNAHME: DR. WINFRIED KÖNIG

Tfz-Wartung in Oranienburg

Lz	Oranienburg – Hennigsdorf
P 15392	Hennigsdorf – Kremmen
P 15393	Kremmen – Velten
P 15394	Velten – Kremmen

Tag 4

Die Lok pendelte an diesem Tag ganztägig mit Wendezügen zwischen Birkenwerder und Albrechtshof.

Tag 5

P 2319	Oranienburg – Bln Ostbahnhof
Lz	Bln-Ostbhf – Bln-Lichtenberg
Ng 64197	Bln-Lichtenberg – Bln-Pankow
Lz	Bln-Pankow – Oranienburg
P 11074	Oranienburg – Hennigsdorf
P 11075	Hennigsdorf – Oranienburg
P 11076	Oranienburg – Hennigsdorf
P 4176	Hennigsdorf – Gransee
P 4177	Gransee – Oranienburg
P 11078	Oranienburg – Hennigsdorf
P 11079	Hennigsdorf – Oranienburg

△ **Bild 11** • Mit dem P 15392 (Hennigsdorf – Neuruppin) am Haken ist **112 320** des Bw Berlin-Pankow am 5. April 1988 unterwegs in der Ortslage Velten. Es war zu dieser Zeit der einzige lokbespannte Reisezug auf dieser Strecke, da sonst nur LVT der Baureihe 171/172 zum Einsatz kamen.

Samstags und sonntags wurde die Lok vom Tag 3 zwischen Berlin-Karow und Groß Schönebeck („Heidekrautbahn“) mit einer Wendezugeinheit eingesetzt. Grund hierfür dürfte der zunehmende Ausflugsverkehr in die Schorfheide gewesen sein, denn die sonst auf der Strecke eingesetzten LVT waren an den Wochenenden restlos überfüllt. Im Jahr 1977 kamen dann auch drei 110 von der Einsatzstelle Basdorf aus zum Einsatz und lösten einen Teil der dortigen LVT auf der „Heidekrautbahn“ nach Groß Schönebeck und Liebenwalde ab.

Durch die Umzeichnung der umgebauten 110 in 112 verteilte sich 1981 der Bestand im Bw Pankow auf drei 110 und sechs 112. Dieser blieb über viele Jahre konstant.

Nach der Elektrifizierung der Strecken wurden 1984 die Leistungen von Oranienburg nach Potsdam, Albrechtshof und Nauen auf E-Loks der Baureihen 211 und 242 umgestellt. Für die drei 112 der Est Oranienburg verblieben lediglich noch Einsätze nach Templin und Rheinsberg (Mark). Im Sommer 1988 setzte Oranienburg noch eine 112 vor Personenzügen nach Rheinsberg (Mark) und vor einer Übergabe nach Hennigsdorf ein.

In Basdorf waren zu diesem Zeitpunkt sechs Loks stationiert. Neben der Beförderung von Wendezügen Berlin-Karow – Groß Schönebeck gab es auch einen Umlauftag mit Güterzügen. Darin waren der Dg 46955 (Birkenwerder – Berlin Leninallee/heute Landsberger Allee) – mit Schweinen zum dortigen Schlachthof –, der Ng 63142 (Berlin-Pankow – Basdorf – Oranienburg) sowie die Übergaben 71141/71142 (Oranienburg – Birkenwerder u. z.) enthalten. Der Reisezugplan enthielt zudem die Ng 63130/Üg 76181 von Basdorf nach Liebenwalde u. z. Nachts gab es mit dem Ng 63138/63137 auch ein Güterzugpaar nach Groß Schönebeck.

Nachdem es in den Jahren 1991 und 1992 einige Zugänge an Maschinen der Baureihe 110 (ab 01.01.1992: Baureihe 201)

Bild 12 ▷ Im Bahnhof Hennigsdorf (b Berlin) steht **110 092** am 21. Mai 1988 mit dem P 15392 zur Abfahrt bereit. Diese Lok kam im Mai 1985 vom Bw Ostbahnhof nach Pankow und blieb dort bis zu ihrer z-Stellung im August 1994 beheimatet.

Aufnahmen (3): Volker Lucas, Sammlung A. Zika

△ **Bild 13** • Am Abend des 24. Juli 1993 befördert **201 694** (Bw Berlin-Pankow) den RE 3056 (Gorzów – Berlin-Lichtenberg) bei Obersdorf auf der Ostbahn in Richtung Bundeshauptstadt. AUFNAHME: PETER KRÜCKELS

gab, befanden sich zum 31. Dezember 1992 im Bestand des Bw Pankow 13 Loks der Baureihe 201 und acht 202. Im Einzelnen:

201 005	020	023	092	120
155	233	239	367	410
665	711	856		

202 205	320	340	382	465
520	521	595		

Der Bestand an 201 in Pankow reduzierte sich bis Ende 1994 kontinuierlich. Im Dezember jenes Jahres befanden sich noch 201 213, 233, 239, 284, 665 und 886 im dortigen Betriebshof, die dann im Januar 1995 alle z-gestellt wurden.

Im Verlauf des Jahres 1995 kam der komplette 202-Bestand des Betriebshofes Frankfurt (O) dazu, damit waren jetzt 18 Loks der Baureihe 202 in Pankow beheimatet, die in zwölf Einsatztagen eingebunden waren. Eingesetzt wurden sie auf der „Heidekrautbahn", nach Kietz und Werneuchen sowie von Frankfurt (O) aus nach Eberswalde. Ende 1994 kam auch der Bestand aus Wustermark und im November 1995 die restlichen 202 des Bh Frankfurt (O) dazu. Der Bestand erhöhte sich dadurch auf 27 × Baureihe 202. Nach weiteren Zugängen aus anderen Direktionen steigerte sich der 202-Bestand in Pankow bis Ende 1996 auf ein „Allzeithoch" von 34 Maschinen.

Zum 31. Dezember 1996 waren im Bh Pankow buchmäßig beheimatet:

202 169	205	236	254	269
287	305	320	321	332
340	382	386	394	447
474	495	517	518	519
520	521	553	600	684
691	705	713	736	746
748	751	852	893	

Die Loks wurden in maximal 15 Umlauftagen eingesetzt, fuhren dabei auf der „Heidekrautbahn" grundsätzlich alle Umläufe im „Sandwich" – sprich in der Kombination Lok + Wagen + Lok.

Allerdings sank der Bedarf an 202 u. a. durch den Einsatz von Triebwagen der Baureihe 628, sodass zunehmend überzählige Lokomotiven dieser Baureihe in Pankow in langen Reihen abgestellt wurden. Im Mai 1998 wechselte der noch aktive 202-Bestand nach Cottbus, gleichzeitig wurde die Werkstatt in Pankow geschlossen. Die Berliner 202 wurden nun von der Werkstatt in Lichtenberg und später in Seddin unterhalten. Die ausgemusterten Pankower 202 fanden im Juni 1998 auf einem Schrottplatz in Rockensußra (einem Ortsteil von Ebeleben in Thüringen) ihr Ende.

Im Jahr 1995 übernahm der Bh Pankow buchmäßig den 298-Bestand aus Frankfurt (Oder) und Wustermark. Die Loks wurden aber weiterhin von ihren alten Dienststellen aus eingesetzt. Im Juni 1998 wechselten dann die letzten noch buchmäßig in Pankow beheimateten 298 – 298 055, 074, 102, 308 und 336 – zum Betriebshof Seddin.

◁ **Bild 14**
Basdorf am Nachmittag des 27. April 1997: Mit ihren Regionalbahnzügen nach bzw. von Berlin-Karow treffen sich **202 340** und **202 705** (beide vom Bh Berlin-Pankow). Wenig später ist die Einsatzzeit dieser Baureihe auf der „Heidekrautbahn" beendet, und Loks der Baureihe 219 werden diese Leistungen übernehmen.

AUFNAHME: VOLKER LUCAS, SAMMLUNG A. ZIKA

Bild 15 ▷
Pankower Loks der Baureihe 110 kamen innerhalb Berlins auch vor Übergabezügen zum Einsatz, wie hier **110 020**, die im Sommer 1991 einige Güterwagen in Berlin-Tegel aus dem Anschluss eines für den Lokomotivbau ehemals bedeutenden Unternehmens abholt.

Aufnahme: Dieter Nagel

Bw Berlin-Pankow (I)

Lok-Nr.	vom Bw	beheimatet von – bis	zum Bw
110 005	Bln Ostbahnhof	01.07.91 – 14.01.94	Wustermark
201 009	Cottbus	25.01.93 – 18.05.93	Hoyerswerda
110 020	Bln Ostbahnhof	02.06.91 – 15.01.94	Wustermark
110 023	Bln Ostbahnhof	02.06.91 – 14.01.94	Wustermark
110 039	Halle G	22.07.87 – 27.08.87	Karl-Marx-Stadt
110 074	Bln Ostbahnhof	02.06.91 – 29.10.92	umb in 298 074
110 077	Seddin	06.02.82 – 08.11.83	Angermünde
110 092	Bln Ostbahnhof	02.05.85 – 07.08.94	z, a 05.08.94
110 094	Seddin	21.05.82 – 21.11.82	Neustrelitz
110 116	Stralsund	23.09.81 – 19.11.81	Eberswalde
110 120	Bln Ostbahnhof	11.10.84 – 27.06.88	Seddin
110 120	Seddin	18.07.88 – 16.11.88	Frankfurt (O)
110 120	Frankfurt (O)	07.05.89 – 09.05.89	Seddin
201 120	Seddin	23.07.92 – 26.07.94	z, a 28.07.94
110 122	Bln Ostbahnhof	02.06.91 – 25.06.92	umb in 298 122
110 128	Bln Ostbahnhof	13.08.83 – 23.01.84	Neubrandenburg
201 155	Frankfurt (O)	30.05.92 – 04.05.93	umb in 298 155
201 213	Wustermark	11.10.94 – 22.01.95	z, a 23.01.95
201 233	Seddin	25.12.92 – 08.05.93	Wustermark
201 233	Wustermark	11.01.94 – 02.01.95	z, a 07.12.94
110 236	Wustermark	25.07.77 – 22.09.77	Wustermark
110 239	Bln Ostbahnhof	08.06.91 – 15.01.95	z, a 05.01.95
110 255	Neuanlieferung	27.09.70 – 25.05.78	Frankfurt (O)
110 273	Bln Ostbahnhof	05.07.84 – 16.06.85	Jüterbog
110 273	Frankfurt (O)	21.02.86 – 25.06.92	Reichenbach (V)
110 278	Seddin	29.04.76 – 14.05.76	Frankfurt (O)
110 284	Neuanlieferung	01.09.70 – 28.05.87	Jüterbog
201 284	Frankfurt (O)	30.08.94 – 02.01.95	z, a 23.12.94
110 295	Neuanlieferung	04.11.70 – 12.06.80	Wustermark
110 302	Neuanlieferung	08.12.70 – 31.10.80	Jüterbog
110 305	Frankfurt (O)	07.08.79 – 23.11.80	Wustermark
110 330	Neuanlieferung	17.02.71 – 27.04.71	Wustermark
110 340	Neuanlieferung	02.03.71 – 31.12.80	umz in 112 340

umz = umgezeichnet umb = Umbau z = z-gestellt
a = abgestellt

Bw Berlin-Pankow (II)

Lok-Nr.	vom Bw	beheimatet von – bis	zum Bw
110 340	Neuanlieferung	02.03.71 – 31.12.80	umz in 112 340
201 367	Wustermark	28.10.92 – 17.08.94	z, a 19.08.94
110 382	Wustermark	11.06.80 – 31.12.80	umz in 112 382
110 394	Neuanlieferung	05.12.71 – 31.07.79	Fko, umb 31.07.79
110 407	Jüterbog	02.07.80 – 31.12.80	umz in 112 407
201 410	Seddin	25.12.92 – 17.08.94	z, a 24 10.94
110 445	Neuanlieferung	30.03.72 – 06.04.72	Angermünde
110 448	Neuanlieferung	30.03.72 – 06.04.72	Magdeburg
110 463	Neuanlieferung	29.04.72 – 25.05.72	Angermünde
110 465	Wustermark	19.11.80 – 31.12.80	umz in 112 465
110 475	Neuanlieferung	17.05.72 – 25.05.72	Pasewalk
110 495	Jüterbog	01.11.80 – 31.12.80	umz in 112 495
110 496	Neuanlieferung	24.11.72 – 04.12.72	Seddin
110 507	Neuanlieferung	01.12.72 – 15.12.72	Seddin
110 520	Bln Ostbahnhof	06.08.80 – 31.12.80	umz in 112 520
110 521	Elsterwerda	03.10.79 – 04.01.84	Bln Ostbahnhof
201 566	Cottbus	16.02.93 – 11.01.94	Wustermark
110 597	Jüterbog	03.10.73 – 04.01.84	Bln Ostbahnhof
110 598	Jüterbog	20.05.77 – 01.08.80	Bln Ostbahnhof
201 665	Cottbus	16.11.92 – 15.01.95	z, a 09.01.95
201 694	Cottbus	23.05.93 – 12.10.94	z, a 24.10.94
110 710	Neuanlieferung	14.09.74 – 10.10.74	Frankfurt (O)
110 711	Neuanlieferung	14.09.74 – 10.10.74	Frankfurt (O)
201 711	Frankfurt (O)	16.06.92 – 11.01.94	Wustermark
110 719	Neuanlieferung	01.10.74 – 09.10.74	Aue (Sachs)
110 772	Eberswalde	08.07.88 – 05.08.88	Eberswalde
110 789	Luckau	17.11.89 – 26.10.90	umb in 114 789
201 856	Wustermark	16.06.92 – 03.02.94	Bln-Grunewald
110 865	Wustermark	21.07.82 – 23.01.84	Neubrandenburg
110 884	Neuanlieferung	13.01.78 – 10.07.80	Jüterbog
110 884	Frankfurt (O)	01.06.87 – 28.02.89	Seddin
110 884	Seddin	15.03.89 – 12.04.89	Frankfurt (O)
201 886	Wustermark	11.10.94 – 02.01.95	z, a 29.12.94
110 964	Neuanlieferung	27.05.83 – xx.04.84	Eisenach

Fko = Frankfurt (O)

Bw Berlin-Pankow (III)

Lok-Nr.	vom Bw	beheimatet von – bis	zum Bw
202 169	Seddin	18.10.96 – 21.05.98	Cottbus
202 205	Cottbus	11.08.92 – 12.01.94	Seddin
202 205	Seddin	18.10.96 – 25.08.97	z-Park
202 236	Frankfurt (0)	01.11.95 – 22.05.98	Cottbus
202 254	Frankfurt (0)	01.11.95 – 22.05.98	Cottbus
202 269	Wustermark	30.12.94 – 21.05.98	Cottbus
202 287	Frankfurt (0)	01.11.95 – 21.05.98	Cottbus
202 305	Frankfurt (0)	29.05.95 – 29.01.98	z-Park
112 320	aus Umbau	29.05.85 – 18.01.94	Seddin
202 320	Seddin	04.02.94 – 24.02.94	Wustermark
202 320	Wustermark	30.12.94 – 19.03.98	Cottbus
202 321	Erfurt	18.04.96 – 19.03.98	Cottbus
202 332	Frankfurt (0)	29.05.95 – 27.08.97	z-Park
112 340	umz	01.01.81 – 21.05.98	Cottbus
112 382	aus Umbau	01.01.81 – 28.08.97	z-Park
202 386	Frankfurt (0)	30.12.94 – 26.08.97	z-Park
202 394	Frankfurt (0)	01.11.95 – 22.05.98	Cottbus
112 407	umz	01.01.81 – 14.10.85	Leipzig Hbf Süd
202 447	Pasewalk	26.05.95 – 15.08.97	z-Park
112 465	umz	01.01.81 – 12.01.94	Wustermark
202 474	Frankfurt (0)	29.05.95 – 22.05.98	Cottbus
112 495	umz	01.01.81 – 24.01.84	Frankfurt (0)
202 495	Frankfurt (0)	01.11.95 – 28.02.98	z-Park
202 517	Frankfurt (0)	29.05.95 – 18.05.98	z-Park
202 518	Frankfurt (0)	29.05.95 – 22.05.98	Cottbus
202 519	Frankfurt (0)	01.11.95 – 26.08.97	z-Park
112 520	umz	01.01.81 – 18.01.94	Seddin
202 520	Wustermark	01.02.94 – 19.03.98	Cottbus
112 521	Frankfurt (0)	24.01.89 – 18.01.94	Seddin
202 521	Wustermark	01.02.94 – 24.02.94	Wustermark
202 521	Wustermark	11.11.94 – 27.08.97	z-Park
202 553	Halle G	01.06.96 – 19.03.98	Cottbus
112 595	Frankfurt (0)	13.10.90 – 12.07.93	Wustermark
112 598	Seddin	11.03.88 – 06.04.88	Seddin
202 600	Frankfurt (0)	01.11.95 – 30.03.98	z-Park

Bw Berlin-Pankow (IV)

Lok-Nr.	vom Bw	beheimatet von – bis	zum Bw
202 684	Magdeburg	21.04.96 – 08.09.97	z, a 26.08.97 unf
202 691	Frankfurt (0)	01.11.95 – 23.05.98	Cottbus
112 705	aus Umbau	01.06.85 – 30.12.88	Stendal
202 705	Frankfurt (0)	29.05.95 – 14.04.98	z-Park
202 713	Stendal	31.05.96 – 19.03.98	Cottbus
202 736	Halberstadt	31.05.96 – 30.03.98	z-Park
202 746	Wustermark	14.12.94 – 22.05.98	Cottbus
202 748	Frankfurt (0)	01.11.95 – 24.03.98	z-Park
202 751	Seddin	13.12.94 – 22.05.98	Cottbus
202 852	Frankfurt (0)	29.05.95 – 26.08.97	z-Park
202 893	Frankfurt (0)	29.05.95 – 10.09.97	z-Park
298 051	Dresden	31.10.95 – 05.01.96	Reichenbach (V)
298 052	Wustermark	01.11.95 – 16.06.97	Cottbus
298 055	Wustermark	01.11.95 – 16.06.98	Seddin
298 060	Wustermark	01.11.95 – 01.02.98	Angermünde
298 074	Frankfurt (0)	01.11.95 – 16.06.98	Seddin
298 081	Dresden	31.10.95 – 05.01.96	Reichenbach (V)
298 086	Wustermark	01.11.95 – 04.12.96	Cottbus
298 099	Wustermark	01.11.95 – 08.11.97	Cottbus
298 102	Frankfurt (0)	01.11.95 – 16.06.98	Seddin
298 110	Saalfeld	03.07.97 – 30.10.97	Seddin
298 124	Wustermark	01.11.95 – 04.12.96	Cottbus
298 150	Wustermark	01.11.95 – 03.07.97	Halle G
298 155	Wustermark	01.11.95 – 04.12.96	Cottbus
298 161	Cottbus	31.10.95 – 04.12.96	Cottbus
298 302	Cottbus	31.10.95 – 04.12.96	Cottbus
298 306	Frankfurt (0)	01.11.95 – 28.02.98	Rostock-Seehafen
298 308	Frankfurt (0)	01.11.95 – 16.06.98	Seddin
298 317	Frankfurt (0)	01.11.95 – 30.10.97	Cottbus
298 323	Leipzig Hbf Süd	01.11.95 – 04.12.96	Cottbus
298 330	Leipzig Hbf Süd	01.11.95 – 30.10.97	Seddin
298 331	Frankfurt (0)	01.11.95 – 30.10.97	Seddin
298 336	Wustermark	01.11.95 – 16.06.98	Seddin

unf = abgestellt nach Unfall

◁ **Bild 16**
Die Stadt mit dem einzigartigen Namen Müllrose befindet sich an der Strecke Cottbus – Frankfurt (O). **202 305** des Bh Berlin-Pankow fährt mit einer Regionalbahn nach Frankfurt (O) am 26. Juli 1997 in den dortigen Bahnhof ein.

Aufnahme: Volker Lucas, Sammlung A. Zika

2.5 Bw Berlin-Schöneweide

Bw Berlin-Schöneweide			
Lok-Nr.	**vom Bw**	**beheimatet von – bis**	**zum Bw**
110 092	Jüterbog	25.07.80 – 10.04.81	Frankfurt (O)
110 092	Wustermark	01.06.81 – 15.06.84	Bln Ostbahnhof
110 120	Wustermark	02.11.83 – 15.06.84	Bln Ostbahnhof
110 273	Wustermark	02.11.83 – 15.06.84	Bln Ostbahnhof
110 278	Seddin	07.07.75 – 11.08.75	Bln Ostbahnhof
110 464	Neubrandenburg	25.09.81 – 08.12.81	Neustrelitz
110 492	Neubrandenburg	25.09.81 – 15.12.81	Neubrandenburg

Das Bw Berlin-Schöneweide beheimatete nur von Juli 1980 bis Juni 1984 einige (wenige) Vertreterinnen der Baureihe 110. Lediglich 110 278 war für knapp fünf Wochen im Sommer 1975 diesem Bahnbetriebswerk zugeteilt. Allerdings: Die Einsatzstelle Königs Wusterhausen des Bw Berlin-Schöneweide besetzte ab Sommerfahrplan 1971 zwei 110 des Bw Jüterbog und löste damit zwei 64er im Personenzugdienst auf den Strecken nach Frankfurt (O) und nach Jüterbog (über Zossen) ab. Die beiden 110 erhielten einen eigenen Umlauf – Dienstplan 72 –, in dem sie einmal Frankfurt (O), zweimal Grunow (Niederlausitz), fünfmal Beeskow und einmal Jüterbog erreichten. Zwischen Königs Wusterhausen und Grunow (Niederlausitz) kamen im Dienstplan 73 zunächst weiterhin zwei Loks der Baureihe 64 zum Einsatz, deren Leistungen ab 1973 allerdings auch die 110 schrittweise übernahmen.

Bis 1974 erhöhte sich der tägliche Bedarf an 110 auf sechs Maschinen, denn es wurden die Umläufe der Baureihen 52 und 64 übernommen. Im Sommer 1974 umfasste der Dienstplan 72 sechs Umlauftage, an denen die Schöneweider Personale mit den 110 des Bw Jüterbog mit Personenzügen zweimal nach Frankfurt (O), fünfmal nach Beeskow, sechsmal nach Grunow (Niederlausitz) sowie je zweimal nach Zossen und nach Jüterbog kamen. Dazu gab es eine tägliche Nahgüterzugleistung nach Grunow (Niederlausitz) sowie eine Übergabe von Zossen nach Wünsdorf.

Anfang der achtziger Jahre übernahm das Bw Frankfurt (O) die Bespannung der Züge nach Königs Wusterhausen. In der Folge besetzte das Bw Schöneweide noch drei 110 des Bw Jüterbog und beförderte mit den Loks bis 1990 Personenzüge nach Beeskow und ein Nahgüterzugpaar nach Jüterbog, das gleichzeitig dem Tausch der Loks im Heimat-Bw diente. Zwischen Juli 1980 und Juni 1984 konnten die Technologen in Schöneweide für einige dieser Leistungen sogar auf eigene 110er zurückgreifen – wenn auch nur in einem bescheidenen Umfang.

2.6 Bw Frankfurt (O)

Ganz am östlichen Rand der Rbd Berlin liegt ca. 81 Bahnkilometer von Berlin entfernt und unmittelbar an der Grenze zu Polen die Stadt Frankfurt (Oder).

Anfang 1968 wurden aus den eigenständigen Bahnbetriebswerken Frankfurt (O) Pbf, Frankfurt (O) Rbf und Wriezen die Groß-Dienststelle Frankfurt (O) gebildet. Für den Streckendienst waren dort im Jahr 1971 folgende Baureihen vorhanden:

8 × Baureihe 03,
46 × Baureihe 52-Altbau
25 × Baureihe 52^{80},
11 × Baureihe 65^{10},
6 × Baureihe 118,
2 × Baureihe 120,
5 × Baureihe 171/172 (LVT).

Am 30. November 1970 traf in Frankfurt (O) die fabrikneue 110 305 ein, mit der zunächst Personalschulungen durchgeführt wurden. Erst Anfang August 1971 erhielt das Bw Frankfurt (O) die nächsten 110: 110 358 (vom Bw Berlin Ostbahnhof) und 110 382 (vom Bw Wustermark). Die drei Loks übernahmen schrittweise von den 65^{10} die Personenzugleistungen Erkner – Frankfurt (O).

Nachdem sich der 110er-Bestand durch die Zugänge von 110 462 (11.05.1972 vom

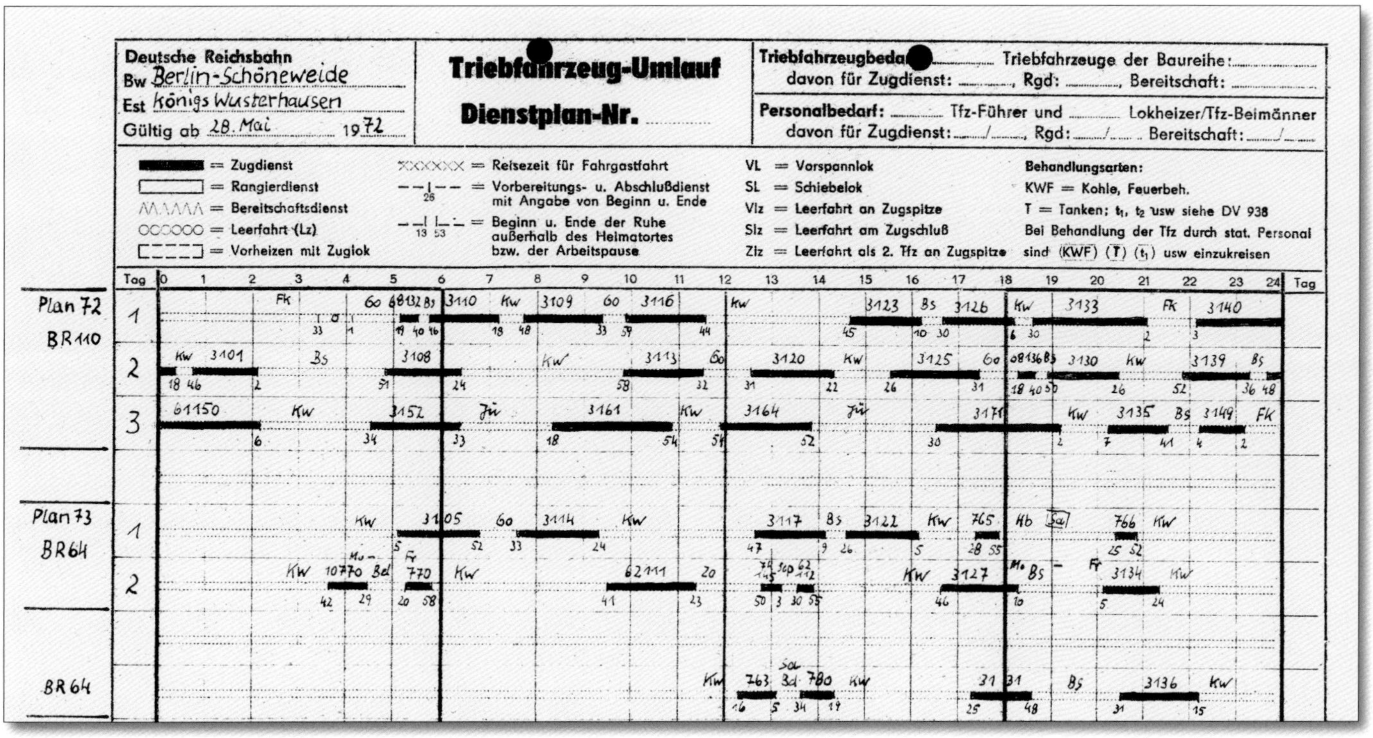

△ **Bild 17** • Auszug aus dem Umlaufplan der Einsatzstelle Königs Wusterhausen (KW) des Bw Berlin-Schöneweide aus dem Sommer 1972. Im Plan 72 kamen drei Loks der Baureihe 110 mit Güter- und Reisezügen nach Frankfurt (O) (Fk), Grunow (Go), Jüterbog (Jü) und Beeskow (Bs). Interessant sind auch die zu diesem Zeitpunkt noch mit eingesetzten Loks der Baureihe 64 in „KW".
Abbildung: Sammlung Andreas Stange

△ **Bild 17** • Das Bw Wriezen wurde bei den Eisenbahnfreunden durch die Beheimatung der „Schlepptender-89" bekannt, die auf der „Oderbruchbahn" zum Einsatz kamen. Diese Zeiten waren am 13. September 1985 längst vorbei, als sich im Bahnhof Wriezen die **110 105** (Bw Eberswalde) und **112 394** (Bw Frankfurt/O) mit ihren Personenzügen trafen. In der Frankfurter Einsatzstelle Wriezen waren seit 1976 Maschinen der Baureihe 110 stationiert. AUFNAHME: ANDREAS STANGE

Bw Ostbahnhof) und 110 474 (fabrikneu am 17.05.1972) auf fünf Maschinen erhöht hatte, wurden mit Beginn des Sommerfahrplans 1972 alle drei Umlauftage auf die Baureihe 110 umgestellt. Die Loks fuhren mit Personenzügen von Erkner nach Frankfurt (O) und mit einzelnen Durchläufen bis Guben (von 1961 bis 1990: Wilhelm-Pieck-Stadt Guben; benannt nach dem im nunmehr polnischen Teil der Stadt geborenen ersten und einzigen Staatspräsidenten der DDR). Der Umlaufplan der 110er beinhaltete auch die Pendelzüge Erkner – Fürstenwalde (Spree) sowie mit der Üb 71166 die Bedienung von Anschlüssen in Fürstenwalde (Spree).

Der Bestand an 110 im Bw Frankfurt (O) stieg im Verlauf des Jahres 1976 auf elf Loks an. So begann auch die Einsatzstelle (Est) Wriezen mit dem Einsatz dieser Baureihe und setzte die Maschinen vor Reisezügen Richtung Berlin-Lichtenberg ein.

Vom Bw Frankfurt (O) selbst kamen im Winterfahrplan 1976/77 fünf 110 zum Einsatz, die in ihren täglichen Umläufen mit Personenzügen einmal Berlin Ostbahnhof, dreizehnmal Erkner, zweimal Eisenhüttenstadt und einmal Guben erreichten.

Im Güterverkehr standen ein Nahgüterzugpaar nach Kietz sowie ein Nahgüterzug von Fürstenwalde (Spree) nach Frankfurt (O) mit Rangieren in Briesen (Mark) auf dem Dienstplan. Diese Einsätze in Frankfurt (O) und in der Est Wriezen blieben in der Folgezeit fast unverändert.

Ab dem 1. Januar 1981 befanden sich auch die ersten Lokomotiven der Baureihe 112 im Bestand des Bw Frankfurt (O), wobei die ersten Vertreterinnen dieser 1.200-PS-„V 100" bereits zuvor im hiesigen Bahnbetriebswerk beheimatet waren, allerdings erst zu diesem Stichtag umgezeichnet wurden. Zum 31. Dezember 1981 befanden sich folgende 110 und 112 im Bw Frankfurt (O):

110 005	074	149	236	594
595	600	711	853	
112 254	287	332	394	474
517	518	519		

Bis Ende 1984 erhöhte sich der Bestand bei diesen Baureihen auf 13 × 110 und 14 × 112 an. Weiterhin feste Leistungen waren die Personenzüge auf der Relation Erkner – Frankfurt (O) (– Guben), dazu kamen nun Reisezugleistungen nach Königs Wusterhausen (über Beeskow), die vom Bw Jüterbog bzw. vom Bw Berlin-Schöneweide übernommen wurden. Ebenfalls neu waren Einsätze der Baureihe 110 vom Betriebsteil Frankfurt (O) Rbf aus mit Nahgüterzügen nach Weichensdorf, die in einem Zwei-Tage-Mischplan mit der Baureihe 52/52[80] gefahren wurden. Zudem

△ **Bild 18** • Mit dem P 7937 (Erkner – Frankfurt/O) steht die Frankfurter **112 705** am 11. September 1989 abfahrtbereit in Erkner. AUFNAHME: ANTJE WOHLLEBE, SAMMLUNG ANDREAS STANGE

△ **Bild 19 • 112 254** des Bw Frankfurt (O) steht am 25. Februar 1987 mit dem P 19912 (Wriezen – Werneuchen) im Bahnhof Wriezen. Die Lok war von April 1981 bis Oktober 1995 in Frankfurt (O) beheimatet.
AUFNAHME: VOLKER LUCAS, SAMMLUNG A. ZIKA

leistete eine Lok ihre Dienste im Grenzverkehr nach Polen in Kietz.

Die Est Wriezen setzte ihrerseits sieben 112 vor Reisezügen nach Berlin und vor Güterzügen zwischen Berlin-Wuhlheide und Kietz sowie zwischen Wriezen und Eberswalde ein. Die Umläufe im Sommerfahrplan 1985:

Bw Frankfurt (O) Rbf
Dienstplan 150 (1 × 110)
Die Lok bespannte zwei Nahgüterzugpaare von Frankfurt (O) nach Dolgelin, inklusive dortigem Rangierdienst.

Einsatzstelle Kietz
Dienstplan 158 (1 × 110)
Die in diesem Plan fahrende Lok bespannte sechs Transit-Durchgangsgüterzüge (Tdg) im grenzüberschreitenden Verkehr Kietz – Kostrzyn (Polen).

Bw Frankfurt (O) Pbf
Dienstplan 168 (3 × 112)
Diese drei 112 bespannten Personenzüge auf den Relationen Frankfurt (O) – Erkner, Frankfurt (O) – Kietz sowie Kietz – Strausberg.

Dienstplan 169 (3 × 112)
In diesem Plan bespannten die Loks Personenzüge von Frankfurt (O) nach Cottbus, nach Königs Wusterhausen und nach Erkner sowie – nur montags – den D 1394 nach Berlin Ostbahnhof.

Dienstplan 176 (2 × 110)
Die beiden 110 standen im Einsatz vor Pendelzügen Erkner – Fürstenwalde (Spree), vor Übergaben Erkner – Hangelsberg und vor Anschlussbedienungen in Fürstenwalde (Spree).

Einsatzstelle Wriezen
Dienstplan 184 (3 × 112)
Neben Personenzügen zwischen Wriezen und Berlin-Lichtenberg bespannten die 112 in diesem Plan:

Ng 61105	Fredersdorf (b Berlin) – Strausberg
Ng 61110	Strausberg – Fredersdorf (b Berlin)
Dg 50106	Wriezen – Eberswalde
Dg 51587	Eberswalde – Wriezen

Dienstplan 185 (2 × 112)
In diesem Plan wurden Personenzüge Wriezen – Ahrensfelde und der Ng 64145 (Berlin-Wuhlheide – Wriezen) befördert.

Zum 31. Dezember 1989 waren im Bw Frankfurt (O) beheimatet:

110 149	159	711	896	
112 236	254	286	287	305
332	386	394	474	495
517	518	519	595	600
691	705	748	852	853

An den Einsätzen hatte sich nur wenig geändert. Im Jahr 1989 kam die Bespannung von Güterzügen von Frankfurt (O) Rbf nach Eberswalde und Ziltendorf hinzu.

Der Bedarf an den ohnehin schon nicht mehr stark vertretenen 110 sank in den Folgejahren weiter, sodass im Verlauf des Jahres 1994 die letzten 201 des Betriebshofes Frankfurt (O) abgestellt oder an andere Dienststellen abgegeben wurden:

- 201 083 am 9. Januar nach Seddin,
- 201 013 und 201 886 am 10. Januar nach Wustermark,
- 201 631 am 29. Mai nach Wustermark,
- 201 692 am 2. August abgestellt (z-Park am 07.08.),
- 201 284 am 29. August nach Pankow

Der 202-Bestand stieg im Mai 1993 durch Übernahme der Est Luckau des Bw Cottbus auf 26 Loks an, von denen 21 Maschinen für die Beförderung von Reisezügen auf den Verbindungen Frankfurt (O) – Königs Wusterhausen, Lübben – Falkenberg (Elster), Frankfurt (O) – Eberswalde, Berlin – Kietz, Berlin – Angermünde und Wriezen – Berlin-Lichtenberg (über Tiefensee) benötigt wurden. Im Juni und November 1995 ging der Frankfurter 202-Bestand zwar auf den Bh Pankow über, bis 1999 kamen jedoch die 202 weiterhin von Frankfurt (O) als Einsatzstelle des Bh Pankow (ab 1998 vom Bh Cottbus) aus zum Einsatz.

Zwischen Mai 1992 und November 1995 beheimatete Frankfurt (O) auch bis zu sechs 298, die ihre Dienste im Rangierdienst und vor Güterzügen in der „Nahbedienung“ leisteten.

△ **Bild 20** • Mit dem Wagenpark des P 5909 (Strausberg – Kietz) steht **110 711** des Bw Frankfurt (O) am 20. August 1989 in Strausberg. Die Lok wird den Zug wenig später am Bahnsteig bereitstellen.
AUFNAHME: VOLKER LUCAS, SAMMLUNG A. ZIKA

Bw Frankfurt (O) (I)

Lok-Nr.	vom Bw	beheimatet von – bis	zum Bw
110 005	Merseburg	25.05.78 – 15.03.83	Stendal
110 005	Stendal	05.05.83 – 19.05.89	Bln Ostbahnhof
201 013	Hoyerswerda	20.11.93 – 10.01.94	Wustermark
110 020	Weißenfels	11.06.86 – 30.09.87	Bln Ostbahnhof
110 023	Weißenfels	11.06.86 – 05.06.89	Bln Ostbahnhof
110 074	Neubrandenburg	24.10.78 – 30.09.87	Bln Ostbahnhof *
110 083	Hoyerswerda	28.06.90 – 09.01.94	Seddin
110 092	Seddin	22.05.78 – 14.08.79	Jüterbog
110 092	Bln-Schöneweide	11.04.81 – 29.04.81	Bln Ostbahnhof
110 107	Roßlau	24.05.78 – 11.10.79	Bln Ostbahnhof
110 107	Bln Ostbahnhof	02.06.83 – 14.08.85	Seddin
110 120	Bln-Pankow	17.11.88 – 06.05.89	Bln-Pankow
110 128	Jüterbog	01.11.73 – 12.07.80	Bln Ostbahnhof
110 146	Wustermark	25.10.85 – 28.11.85	Magdeburg
110 149	Wustermark	01.04.78 – 24.09.82	Wustermark
110 149	Wustermark	12.10.82 – 19.02.88	Bln Ostbahnhof
110 149	Bln Ostbahnhof	23.03.88 – 01.05.90	Seddin
110 155	Roßlau	16.06.78 – 21.05.81	Jüterbog
110 155	Jüterbog	18.12.90 – 29.05.92	Bln-Pankow
110 159	Neuruppin	05.12.89 – 02.01.90	Neuruppin
110 236	Wustermark	07.10.77 – 23.10.77	Wustermark
110 236	Wustermark	05.11.77 – 29.12.77	Wustermark
110 236	Wustermark	14.11.78 – 15.12.82	umb in 112 236
110 239	Bln Ostbahnhof	07.11.84 – 14.04.88	Bln Ostbahnhof
110 254	Bln Ostbahnhof	03.07.78 – 30.09.78	Bln Ostbahnhof
110 255	Bln-Pankow	26.05.78 – 23.06.78	Jüterbog
110 263	Bln Ostbahnhof	02.06.83 – 13.05.85	umb in 112 263
110 273	Jüterbog	10.08.85 – 20.02.86	Bln-Pankow
110 278	Bln Ostbahnhof	14.01.75 – 30.01.75	Seddin
110 278	Bln-Pankow	15.05.76 – 24.05.78	Halle G
110 284	Jüterbog	22.12.90 – 29.08.94	Bln-Pankow

Bw Frankfurt (O) (II)

Lok-Nr.	vom Bw	beheimatet von – bis	zum Bw
110 305	Neuanlieferung	30.11.70 – 06.08.79	Bln-Pankow[1]
110 320	Wustermark	01.04.82 – 22.04.82	Wustermark
110 358	Bln Ostbahnhof	09.06.71 – 24.05.78	Roßlau
110 382	Wustermark	05.08.71 – 31.03.78	Wustermark
110 394	Bln-Pankow	01.08.79 – 31.12.80	umz in 112 394
110 462	Bln Ostbahnhof	11.05.72 – 25.05.72	Eberswalde
110 464	Eberswalde	20.05.82 – 27.12.84	umb in 114 464
110 474	Neuanlieferung	17.05.72 – 24.05.72	Jüterbog
110 474	Jüterbog	20.05.80 – 31.12.80	umz in 112 474
110 494	Bln Ostbahnhof	04.01.73 – 21.05.78	Seddin
110 517	Bln Ostbahnhof	14.10.79 – 31.12.80	umz in 112 517
110 518	Jüterbog	15.08.79 – 31.12.80	umz in 112 518
110 519	Bln Ostbahnhof	11.07.80 – 31.12.80	umz in 112 519
110 594	Jüterbog	09.01.74 – 11.10.84	umb in 112 594
110 595	Jüterbog	09.10.74 – 18.02.83	Seddin
110 595	Seddin	26.03.83 – 30.07.86	umb in 112 595
110 600	Jüterbog	21.12.81 – .01.82	Jüterbog
201 631	Jüterbog	19.11.93 – 29.05.94	Wustermark
110 691	Wismar	23.05.82 – 31.05.86	umb in 112 691
201 692	Cottbus	17.01.93 – 07.08.94	z, a 02.08.94
110 710	Bln-Pankow	11.10.74 – 30.05.80	Jüterbog
110 711	Bln-Pankow	11.10.74 – 03.05.85	Bln Ostbahnhof
110 711	Bln Ostbahnhof	01.10.87 – 15.06.92	Bln-Pankow
110 789	Neuanlieferung	14.05.75 – 24.09.75	Luckau
110 853	Neuanlieferung	21.08.76 – 26.01.84	umb in 112 853
110 884	Jüterbog	26.11.84 – 31.05.87	Bln-Pankow
110 884	Bln-Pankow	13.04.89 – 07.05.89	Bln-Pankow
201 886	Cottbus	01.10.93 – 10.01.94	Wustermark
110 896	Wittenberge	30.12.84 – 16.03.93	z, a 17.12.92 unf

[1] Lok war von April 1976 bis Februar 1979 z-gestellt

Bild 21 ▷
Im Bahnhof Jüterbog wartet **112 599** (Bw Jüterbog) am 17. Oktober 1987 mit dem P 15258 nach Wildpark auf die Abfahrtszeit.

AUFNAHME: VOLKER LUCAS, SAMMLUNG A. ZIKA

Bw Frankfurt (O) (III)

Lok-Nr.	vom Bw	beheimatet von – bis	zum Bw
202 066	Seddin	15.06.93 – 04.06.94	Cottbus
202 207	Cottbus	22.02.94 – 30.04.95	Hoyerswerda
112 236	aus Umbau	16.12.82 – 31.10.95	Bln-Pankow
112 254	aus Umbau	28.04.81 – 31.10.95	Bln-Pankow
112 263	aus Umbau	14.05.85 – 28.10.85	Magdeburg
202 267	Cottbus	01.10.93 – 04.06.94	Cottbus
202 269	Cottbus	01.10.93 – 11.01.94	Wustermark
112 286	Bln Ostbahnhof	04.05.85 – 31.01.87	Dresden
112 286	Dresden	09.04.87 – 22.05.93	Angermünde
112 287	aus Umbau	19.05.81 – 28.08.87	Wustermark
112 287	Wustermark	16.09.87 – 31.10.95	Bln-Pankow
112 305	aus Umbau	13.07.85 – 28.05.95	Bln-Pankow
202 309	Cottbus	01.10.93 – 01.06.94	Cottbus
112 332	Jüterbog	24.09.81 – 28.05.95	Bln-Pankow
112 386	Magdeburg	28.10.85 – 29.12.94	Bln-Pankow
112 394	umz	01.01.81 – 31.10.95	Bln-Pankow
112 474	umz	01.01.81 – 28.05.95	Bln-Pankow
112 495	Bln-Pankow	25.01.84 – 31.10.95	Bln-Pankow
202 497	Cottbus	10.10.93 – 14.01.94	Neubrandenburg
112 517	umz	01.01.81 – 28.05.95	Bln-Pankow
112 518	umz	01.01.81 – 28.05.95	Bln-Pankow
112 519	umz	01.01.81 – 31.10.95	Bln-Pankow

Bw Frankfurt (O) (IV)

Lok-Nr.	vom Bw	beheimatet von – bis	zum Bw
112 521	Bln Ostbahnhof	26.09.85 – 23.01.89	Bln-Pankow
112 594	aus Umbau	13.10.84 – 14.10.85	Leipzig Hbf Süd
112 595	aus Umbau	31.07.86 – 12.10.90	Bln-Pankow
112 600	aus Umbau	20.01.83 – 31.10.95	Bln-Pankow
112 691	aus Umbau	01.06.86 – 31.10.95	Bln-Pankow
112 705	Stendal	04.01.89 – 28.05.95	Bln-Pankow
202 746	Cottbus	01.10.93 – 29.05.94	Wustermark
112 748	aus Umbau	12.10.83 – 31.10.95	Bln-Pankow
202 783	Cottbus	01.10.93 – 04.06.94	Cottbus
112 852	Bln Ostbahnhof	16.04.88 – 28.05.95	Bln-Pankow
112 853	aus Umbau	27.01.84 – 01.08.95	z, a 18.06.95
202 893	Görlitz	04.08.92 – 28.05.95	Bln-Pankow
298 074	aus Umbau	30.10.92 – 31.10.95	Bln-Pankow[1)]
298 102	Reichenbach (V)	06.10.93 – 31.10.95	Bln-Pankow
298 155	aus Umbau	05.05.93 – 20.07.94	Wustermark[2)]
298 306	Neubrandenburg	12.01.94 – 31.10.95	Bln-Pankow
298 308	Wustermark	21.07.94 – 31.10.95	Bln-Pankow
298 317	Seddin	29.05.92 – 31.10.95	Bln-Pankow
298 331	Seddin	04.08.92 – 31.10.95	Bln-Pankow

1) ex 201 074 2) ex 201 155

Bild 22 ▷
Am 25. März 1987 entstand im Bahnhof Tiefensee an der Strecke Werneuchen – Wriezen diese Aufnahme der **112 386** vom Bw Frankfurt (O).

AUFNAHME: ANDREAS STANGE

◁ **Bild 23**
Der Bahnhof Flughafen Berlin-Schönefeld im Juni 1971. Die **110 287** des Bw Jüterbog ist mit einem Personenzug eingefahren. Die Lok war erst im Februar jenes Jahres in Dienst gestellt worden und blieb bis zu ihrem Umbau zur 112 287 im Mai 1981 in Jüterbog beheimatet.

AUFNAHME: DR. WINFRIED KÖNIG

2.7 Bw Jüterbog

Jüterbog liegt ca. 63 km südlich von Berlin im heutigen Landkreis Teltow-Fläming. Eine besondere Bedeutung erlangte die Stadt für das Militär, nachdem die seit 1832 dort stationierte Artillerie-Brigade der Preußischen Armee im Jahr 1864 einen großen Schießplatz „in Betrieb" nahm. Dieser wurde ständig erweitert, hatte 1931 ein Fläche von fast 43 km^2 und blieb bis 1992 in Betrieb. Neben dem Schießplatz gab es in unmittelbarer Nähe zu Jüterbog in Altes Lager und Jüterbog-Damm zwei Militärflugplätze. Im Jahr 1897 erhielt Jüterbog Anschluss an die Königlich Preußische Militär-Eisenbahn (Berlin Militärbahnhof – Zossen Militärbf – Schießplatz Kummersdorf – Jüterbog Militärbf). Bereits seit 1841 besaß die Stadt eine Station an der Berlin-Anhaltischen Eisenbahn Berlin Anhalter Bahnhof – Halle (S). In Jüterbog trafen neben den Strecken aus Richtung Zossen, Berlin und Halle/Leipzig auch die Linien aus Falkenberg (Elster) (– Riesa – Dresden) und Potsdam (über Beelitz Stadt und Treuenbrietzen) zusammen.

Das Bw Jüterbog beheimatete 1969 für den Streckendienst: eine 01, acht 38^{10-40}, elf 52, drei 78 und acht Dieselloks der Baureihe V 180. Am 31. Mai 1969 erhielt Jüterbog die fabrikneue V 100 128 zur Beheimatung zugewiesen, der am 29. Juli desselben Jahres noch V 100 146 – ebenfalls fabrikneu – folgte. Die Loks kamen mit in den Umlaufplänen der Baureihen 38^{10-40} und 78 zum Einsatz. Am 20. November 1969 trafen auch V 100 154 und V 100 201 aus dem LEW Hennigsdorf kommend zur Beheimatung in Jüterbog ein.

Den Bestand an V 100 erhöhten im Verlauf des Jahres 1970 die fabrikneuen:

- 110 213 am 31. Januar,
- 110 224 am 1. März,
- 110 230 am 18. März,
- 110 233 am 25. März,
- 110 263 am 1. Juli.

▽ **Bild 24 • 110 631** (Bw Jüterbog) steht am offensichtlich sehr warmen 24. Mai 1988 in Jüterbog mit einem Personenzug in Richtung Potsdam zur Abfahrt bereit. Die Lok kam im März 1985 aus Görlitz nach Jüterbog und wechselte im November 1993 zum Bw Frankfurt (O). AUFNAHME: ANDREAS STANGE

Bild 25 ▷
Eine ganze „Fuhre" neuer Lkw aus Ludwigsfelde hat **110 518** am 16. März 1973 am Haken, als sie bei Berlin-Köpenick am Standort des Fotografen vorbeikam. Dabei handelt es sich für die Lok um ihre Lastprobefahrt (812 t, Ludwigsfelde – Erkner). Nach der Abnahme wird 110 518 am 28. März dem Bw Jüterbog zur Beheimatung zugewiesen.

Aufnahme: Dr. Winfried König

Bild 26 ▷
Einen typischen Nebenbahnzug befördert **110 407** des Bw Jüterbog am 16. Mai 1980 bei Ferch-Lienewitz (Strecke Wildpark – Potsdam – Beelitz Stadt – Jüterbog). Die Bespannung von Zügen auf dieser Relation gehörte für die Jüterboger 110 über Jahre zu den Planleistungen.

Aufnahme: Fritz Kleine, Sammlung Andreas Stange

Bild 27 ▷
112 599 war sowohl als 110 599 als auch in der 1.200-PS-Variante in Jüterbog beheimatet. Die Aufnahme zeigt die Maschine am 11. Januar 1990 im damaligen Potsdamer Hauptbahnhof (seit 1993: Potsdam Pirschheide).

Aufnahme: Andreas Stange

116
N 62110 (70,1) **Königs Wusterhausen—Zossen**
N 62114 (70,1) **Königs Wusterhausen—Schöneicher Plan**

Hg max **60** km/h			**Mbr 36** Tfz 110 **Last 1000 t H**		**Mbr 36** Tfz 106 **Last 800 t**		**Mbr** Tfz **Last** t	
			62110		**62114**			
1	2	3	4	5	4	5	4	5
0,1	**50**	**Königs Wusterhausen**	—	**659**	—	**910**		
		3,0						
	30	**3,5**						
8,3	**50**	Mittenwalde (Mark) Ost	**713**	**820**	—	**24**		
8,8 / 28,7		**29,7**						
	10	**30,8**						
31,1	**60**	Schöneicher Plan	—	**32**	**930**	—		
		32,2						
	10	**32,2**						
	60	**36,5**						
	30	**36,8**						
36,9		Abzw Zoa	—	**44**	—	—		
37,4 / 31,2	**60**							
32,7		Zossen	**847**	—	--	—		
	40	**32,1**						
39,1	**60**	**Wünsdorf**	—	—	—	—		

△ **Bild 28** • Auszug aus dem Buchfahrplan der Rbd Berlin 1983/84: Die Bespannung des Ng 62110 (Königs Wusterhausen – Zossen) war eine Planleistung der Jüterboger 110. Abbildung: Sammlung Lennart Fehr

Bereits bis zum Sommerfahrplan 1970 waren die 38^{10-40} und 78 aus den Umläufen des Bw Jüterbog verdrängt. Die 110 kamen nun an sechs Umlauftagen vor Reisezügen nach Berlin-Lichtenberg, Falkenberg (Elster), Teltow, Wildpark (heute: Potsdam Park Sanssouci) und Zossen zum Einsatz.

Der Umlaufplan (Dienstplan 48 für 4 × 110) im Sommer 1970:

<u>Tag 1</u>

P 831	Jüterbog – Bln-Lichtenberg
P 2294	Bln-Lichtenberg – Falkenberg (E)
P 2297	Falkenberg (E) – Jüterbog

<u>Tag 2</u>

P 3551	Jüterbog – Bln-Schöneweide
P 862	Bln-Schöneweide – Jüterbog
P 3509	Jüterbog – Teltow
P 3512	Teltow – Jüterbog
Lz	Jüterbog – Teltow

Anschließend: dreimal Pendel Teltow – Ludwigsfelde.

<u>Tag 3</u>

P 3152	Jüterbog – Königs Wusterhausen
P 3156	Königs Wusterhausen – Jüterbog
P 3655	Jüterbog – Wildpark
P 3658	Wildpark – Beelitz Stadt
P 3657	Beelitz Stadt – Wildpark
P 3660	Wildpark – Jüterbog
P 3665	Jüterbog – Wildpark
P 3666	Wildpark – Jüterbog

<u>Tag 4</u>

Ng 65153	Jüterbog – Luckenwalde
Ng 65152	Luckenwalde – Jüterbog
P 3155	Jüterbog – Zossen
Üb 74163	Zossen – Rangsdorf
Üb 74162	Rangsdorf – Zossen
P 3164	Zossen – Jüterbog

Anschließend: Zwei Zugpaare nach Zossen.

<u>Dienstplan 49 (2 × 110)</u>
<u>Tag 1</u>

P 3505	Jüterbog – Teltow
P 1418	Teltow – Ludwigsfelde
P 1425	Ludwigsfelde – Teltow
P 3516	Teltow – Jüterbog
P 3663	Jüterbog – Treuenbrietzen
P 3625	Treuenbrietzen – Seddin

<u>Tag 2</u>

Ng 65130	Seddin – Wildpark
P 3650	Wildpark – Beelitz Stadt
P 3651	Beelitz Stadt – Wildpark
P 3652	Wildpark – Jüterbog
P 3165	Jüterbog – Zossen
P 3166	Zossen – Jüterbog
P 3171	Jüterbog – Zossen
Üb 74169	Zossen – Rangsdorf
Üb 74160	Rangsdorf – Zossen
D 482	Zossen – Jüterbog

Statt des D 482 bespannten Jüterboger 110 ab Winter 1970/71 den D 481 zwischen Jüterbog und Zossen.

Zum Sommerfahrplan 1971 besetzte die Einsatzstelle Königs Wusterhausen einige 110 des Bw Jüterbog und bespannte mit ihnen Reise- und Güterzüge zwischen Zossen, Königs Wusterhausen und Frankfurt (O). Waren es anfangs zwei Loks, so erhöhte sich dies bis 1974 auf sechs Maschinen. Jüterbog selbst setzte weiter sechs 110 auf den aus den vorgenannten Umläufen bekannten Strecken ein.

Im Jahr 1974 setzte das Bw Jüterbog selbst sieben und die Est Königs Wusterhausen sechs 110 ein. An den Umläufen hatte sich nur wenig geändert, lediglich die Zugnummern der Reisezüge nach Wildpark waren jetzt fünfstellig, und für den D 481 stand der P 3458 (Zossen – Jüterbog) neu im Plan. In dessen Zugverband befand sich eine Gruppe sowjetischer Weitstreckenwagen für die Angehörigen der Roten Armee, deren Soldaten rund um Jüterbog stationiert waren.

Der Bestand an 110 im Bw Jüterbog stieg 1973 auf 13 Loks an und blieb bis 1983 konstant. Ab 1982 ging die Bespannung der Reisezüge nach Teltow und später auch der Züge nach Berlin-Lichtenberg an die E-Lok-Baureihe 242. Daraufhin reduzierte sich der 110-Bestand in Jüterbog auf acht Maschinen, gleichsam kamen ab 1983 Vertreterinnen der Baureihe 112 zur Beheimatung in das hiesige Bahnbetriebswerk. Im Durchschnitt lag der Bestand an 112 bei drei Loks.

Der Bedarf lag in Jüterbog bei vier und in Königs Wusterhausen bei drei Loks. Dass sich im Bw Jüterbog dennoch über die Jahre ein recht hoher Bestand an Maschinen der Baureihen 110 und 112 hielt, hat einen ernsten Hintergrund: Es gab

△ **Bild 29 • 110 213** – hier aufgenommen am 9. Mai 1991 in Jüterbog – kam als Neuanlieferung im Januar 1970 zum Bw Jüterbog und wechselte erst 24 Jahre später, im Mai 1994, erstmals das Heimat-Bw (zum Bh Seddin).
Aufnahme: Volker Lucas, Sammlung A. Zika

stets einen überdurchschnittlich hohen Schadbestand bei den Loks! Denn regelmäßig kam es zu Unfällen mit Militärfahrzeugen auf den vielen Bahnübergängen entlang der Strecken nach Zossen und Wildpark, die über viele Kilometer durch bzw. unmittelbar neben den Truppenübungsplätzen bzw. dem militärischen Sperrgebiet verliefen.

Zum 31. Dezember 1992 waren im Bw Jüterbog beheimatet:

201 154 213 230
202 201 255 295 378 549
599

Von diesen Loks wurden sieben Maschinen eingesetzt. Ab Mai 1993 gab es durchgehende Personenzüge nach Berlin-Schönefeld (über Zossen) zu befördern. An fünf Tagen in der Woche erbrachten die Jüterboger 201 und 202 den gesamten Reiseverkehr von Jüterbog nach Zossen und nach Wildpark (in den neunziger Jahren kurzzeitig als Potsdam Wildpark bezeichnet). An den anderen beiden Tagen leisteten die Loks ihre Dienste vor Nahgüterzügen nach Rangsdorf, Sperenberg und Treuenbrietzen.

Zum 1. Juni 1994 verlor der Betriebshof Jüterbog seine Selbstständigkeit und wurde dem Bh Seddin als Einsatzstelle zugewiesen. Entsprechend wechselten auch die zu diesem Zeitpunkt noch in Jüterbog vorhandenen Loks der Baureihen 201 und 202 – zumindest buchmäßig – in den Seddiner Fahrzeugbestand. Dies waren:

201 213 230
202 201 255 295 378 549
597 598 599

Die Maschinen kamen allerdings weiter von Jüterbog aus zum Einsatz.

Nebenbei bemerkt: Es gab eine Lok, die von der Neuanlieferung als V 100 auch mit den Baureihennummern 110, 112 und 202 durchgängig in Jüterbog beheimatet war: V 100 201.

△ **Bild 30** • Der Potsdamer Hauptbahnhof wurde über die damalige Kursbuchstrecke 185 (Wildpark – Potsdam – Beelitz Stadt – Jüterbog) von den 110 des Bw Jüterbog planmäßig angefahren. Am 17. September 1988 hat **110 631** den P 15263 vom Bahnhof Wildpark (heute: Potsdam Park Sanssouci) gebracht und wartet nun bis zur planmäßigen Abfahrtszeit.
Aufnahme: Andreas Stange

△ **Bild 31** • Mindestens 3.800 PS waren am 24. Mai 1988 mit dem Rangieren des Wagenparks des P 15707 (Zossen – Jüterbog) im Bahnhof Jüterbog beschäftigt, darunter auch die 1.000 PS der **110 155** vom hiesigen Bahnbetriebswerk. AUFNAHME: ANDREAS STANGE

Bw Jüterbog (I)

Lok-Nr.	vom Bw	beheimatet von – bis	zum Bw
110 092	Frankfurt (0)	15.08.79 – 24.07.80	Bln-Schöneweide
V100 128	Neuanlieferung	31.05.69 – 31.10.73	Frankfurt (0)
V100 146	Neuanlieferung	29.07.69 – 28.12.71	Wustermark
110 149	Seddin	.09.72 – 14.10.74	Wustermark
V100 154	Neuanlieferung	20.11.69 – 29.05.76	Seddin
110 154	Seddin	22.06.77 – 23.09.77	Seddin
110 154	Seddin	08.06.79 – 13.01.94	Wustermark
110 155	Frankfurt (0)	22.05.81 – 31.03.89	Stendal
110 155	Stendal	15.04.89 – 17.12.90	Frankfurt (0)
V100 201	Neuanlieferung	20.11.69 – 30.12.85	umb
110 213	Neuanlieferung	31.01.70 – 29.05.94	Seddin
110 224	Neuanlieferung	01.03.70 – 19.06.78	Roßlau
201 228	Seddin	27.05.93 – 09.01.94	Seddin
110 230	Neuanlieferung	18.03.70 – 27.05.78	Seddin
110 230	Seddin	18.03.79 – 30.03.90	Seddin
110 230	Seddin	24.05.90 – 29.05.94	Seddin
110 233	Neuanlieferung	25.03.70 – 10.06.70	Bln-Karlshorst
110 255	Frankfurt (0)	24.06.78 – 30.08.83	umb
110 263	Neuanlieferung	01.07.70 – 10.02.71	Bln Ostbahnhof
110 273	Bln-Pankow	17.06.85 – 09.08.85	Frankfurt (0)
110 284	Bln-Pankow	29.05.87 – 21.12.90	Frankfurt (0)
110 287	Bln Ostbahnhof	10.02.71 – 18.05.81	umb
110 295	Wustermark	02.06.85 – 21.07.89	umb
110 302	Bln-Pankow	01.11.80 – 31.03.84	Gera
110 332	Bln Ostbahnhof	01.03.72 – 23.07.81	umb
110 361	Bln Ostbahnhof	01.03.72 – 12.12.83	umb
110 407	Neuanlieferung	01.01.72 – 01.07.80	Bln-Pankow
110 410	Neuanlieferung	28.12.71 – 02.11.89	Seddin
110 465	Neustrelitz	05.10.72 – 03.11.72	Wustermark

umb = Umbau

Bw Jüterbog (II)

Lok-Nr.	vom Bw	beheimatet von – bis	zum Bw
110 474	Frankfurt (0)	25.05.72 – 19.05.80	Frankfurt (0)
110 495	Bln Ostbahnhof	10.01.73 – 31.10.80	Bln-Pankow
110 518	Neuanlieferung	28.03.73 – 14.08.79	Frankfurt (0)
110 594	Neuanlieferung	23.10.73 – 08.01.74	Frankfurt (0)
110 595	Neuanlieferung	23.10.73 – 08.10.74	Frankfurt (0)
110 597	Neuanlieferung	25.10.73 – .10.73	Bln-Pankow
110 598	Neuanlieferung	24.10.73 – 19.05.77	Bln-Pankow
110 599	Neuanlieferung	26.10.73 – 30.06.85	umb
110 600	Neuanlieferung	24.10.73 – 20.12.81	Frankfurt (0)
110 600	Frankfurt (0)	.01.82 – 19.01.83	umb
110 631	Görlitz	30.03.85 – 18.11.93	Frankfurt (0)
110 705	Wustermark	25.11.84 – 31.05.85	umb
110 710	Frankfurt (0)	31.05.80 – 12.02.85	umb
110 788	Neuanlieferung	14.05.75 – 23.05.75	Karl-Marx-Stadt
110 865	Bln Ostbahnhof	24.09.81 – 24.05.82	Wustermark
110 884	Bln-Pankow	11.07.80 – 25.11.84	Frankfurt (0)
112 201	aus Umbau	31.12.85 – 29.05.94	Seddin
112 255	aus Umbau	31.08.83 – 29.05.94	Seddin
112 295	aus Umbau	22.07.89 – 29.05.94	Seddin
202 327	Seddin	26.05.93 – 09.01.94	Seddin
202 330	Seddin	26.05.93 – 10.01.94	Seddin
112 332	aus Umbau	24.07.81 – 23.09.81	Frankfurt (0)
112 361	aus Umbau	13.12.83 – 04.06.84	Halberstadt
202 378	Haldensleben	28.05.92 – 29.05.94	Seddin
112 549	W-P-S Guben	23.05.91 – 29.05.94	Seddin
202 597	Seddin	27.05.93 – 29.05.94	Seddin
202 598	Seddin	31.05.93 – 29.05.94	Seddin
112 599	aus Umbau	01.07.85 – 29.05.94	Seddin

W-P-S Guben = Wilhelm-Pieck-Stadt Guben

2.8 Bw Seddin

Dass es in einem Ort mit gerade einmal etwas über 1.000 Einwohnern ein Bahnbetriebswerk sowie einen der größten und bedeutenden Rangierbahnhöfe in Deutschland gibt, kommt nicht allzu oft vor. In Seddin sorgte die günstige Lage des Ortes vor den (südwestlichen) Toren von Berlin für diesen Umstand. Bereits 1912 begannen dort die Arbeiten für einen Verschiebebahnhof, dessen Fertigstellung sich allerdings durch die Auswirkungen des Ersten Weltkriegs bis in die zwanziger Jahre verzögerte. Am 25. Oktober 1925 fand die offizielle Inbetriebnahme des ebenfalls neu errichteten und in unmittelbarer Nähe zum Verschiebebahnhof befindlichen Bahnbetriebswerkes Seddin statt – zunächst noch als Außenstelle des Bahnbetriebswerkes Grunewald.

Die ersten Vertreterinnen der Baureihe V 100 trafen im Juni und Juli 1968 direkt aus dem LEW Hennigsdorf kommend im Bw Seddin ein:

- V 100 075 und V 100 077 am 1. Juni,
- V 100 094 am 2. Juli,
- V 100 092 am 18. Juli.

Zu diesem Zeitpunkt beheimatete Seddin für den Streckendienst eine Lok der Baureihe 38^{10-40}, acht 52-Altbau, acht 78, 19 Dieselloks der Baureihe V180 sowie acht Altbau-Dieseltriebwagen (VT 137).

Die V 100 übernahmen schrittweise die Reisezugleistungen der Baureihe 78 auf der Verbindung Drewitz – Belzig – Dessau. Im Winter 1968/69 gab es für die V 100 einen dreitägigen Umlaufplan, den Dienstplan 61:

Tag 1	
P 3024	Belzig – Drewitz
P 3600	Drewitz – Treuenbrietzen
P 3605	Treuenbrietzen – Seddin
P 3602	Seddin – Jüterbog
P 3657	Jüterbog – Wildpark
P 3656	Wildpark – Jüterbog
P 3661	Jüterbog – Wildpark
P 5214	Wildpark – Werder (Havel)
P 5215	Werder (Havel) – Potsdam Hbf
Lz	Potsdam – Seddin
Tag 2	
Lz	Seddin – Belzig
P 3035	Belzig – Drewitz
P 1452	Drewitz – Beelitz Stadt
P 1453	Beelitz Stadt – Drewitz
P 3036	Drewitz – Belzig
P 3045	Belzig – Drewitz
P 3050	Drewitz – Belzig
P 3051	Belzig – Drewitz
Tag 3	
P 3030	Drewitz – Belzig
P 3031	Belzig – Drewitz
P 616	Drewitz – Dessau
P 633	Dessau – Drewitz
P 3044	Drewitz – Belzig
P 3047	Belzig – Drewitz
P 3053	Drewitz – Belzig

Zu diesem Zeitpunkt gab es in Seddin noch einen Plan 62 für drei Loks der Baureihe 78 mit Leistungen zwischen Belzig und Drewitz.

Im Mai 1969 erhöhte sich der V 100-Bestand im Bw Seddin durch die Zugänge der fabrikneuen V 100 121 (am 01.05.), V 100 122 (am 13.05.) und V 100 125 (am 21.05.), denen am 6. August desselben Jahres noch V 100 149 folgte. Mit den nunmehr acht V 100 wurden bis September 1969 die restlichen 78er in deren Umläufen abgelöst, dazu gab es sechs Umlauftage für die V 100. Im Sommer 1972 sah der Seddiner Dienstplan 121 (6 × 110) wie folgt aus:

△ **Bild 32** • Mit einem Nahgüterzug ist **110 077** des Bw Seddin am 16. Mai 1980 unterwegs bei Ferch-Lienewitz. Aufnahme: Fritz Kleine, Sammlung Andreas Stange

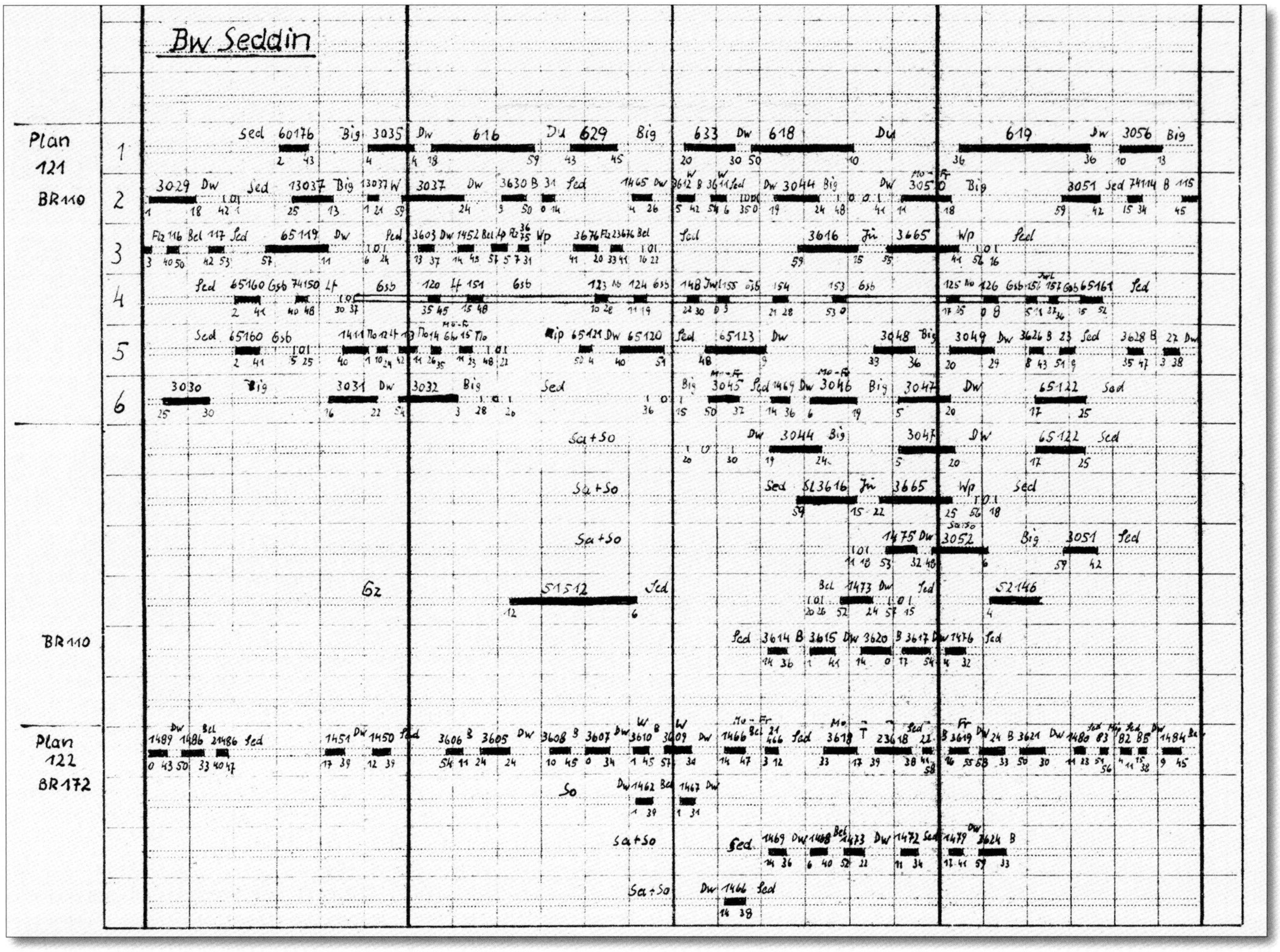

△ **Bild 33** • Der im Text beschriebene Umlaufplan für die Seddiner 110er im Sommer 1972. Die Loks bespannten Reise- und Güterzüge u. a. nach Belzig (Big), Beelitz Heilstätten (Bel), Drewitz (Dw), Dessau (Du), Ferch-Lienewitz (Flz), Wildpark (Wp) und Großbeeren (Gsb). ABBILDUNG: SAMMLUNG ANDREAS STANGE

Tag 1

Ng 60176	Seddin – Belzig
P 3035	Belzig – Drewitz
P 616	Drewitz – Dessau
P 629	Dessau – Belzig
P 633	Belzig – Drewitz
P 618	Drewitz – Dessau
P 619	Dessau – Drewitz
P 3056	Drewitz – Belzig

Tag 2

P 3029	Belzig – Drewitz
Lz	Drewitz – Seddin
Lrz 13037	Seddin – Wiesenburg (Mark)
P 3037	Wiesenburg (Mark) – Drewitz
P 3630	Drewitz – Beelitz Stadt
Üg 115	Beelitz Stadt – Ferch-Lienewitz

Tag 3

Üb 116	Ferch-Lienew. – Beelitz Heilstätten
Üb 117	Beelitz Heilstätten – Seddin
Üb 65119	Seddin – Drewitz
Lz	Drewitz – Seddin
P 3603	Seddin – Drewitz
P 1452	Drewitz – Beelitz Heilstätten
Lr	Beelitz Heilstätten – Ferch-Lienew.
P 3675	Ferch-Lienewitz – Wildpark
P 3676	Wildpark – Ferch-Lienewitz
Lr 23676	Ferch-Lienew. – Beelitz Heilstätten
Lz	Beelitz Heilstätten – Seddin
P 3616	Seddin – Jüterbog
P 3665	Jüterbog – Wildpark
Lz	Wildpark – Seddin

Tag 4

Üb 65160 Seddin – Großbeeren

Von 6 bis 21 Uhr Rangieren in Großbeeren mit mehreren Übergaben nach Ludwigsfelde*.

Üg 65161 Großbeeren – Seddin

*Bedient wurde dabei u. a. der Anschluss des VEB IFA-Automobilwerkes; ab 1978: VEB IFA-Kombinat Nutzfahrzeuge; heute: Mercedes Benz Ludwigsfelde GmbH.

Tag 5

Üg 65160 (Vsp)	Seddin – Großbeeren
Lz	Großbeeren – Ludwigsfelde

Anschließend: zweimal P-Zug nach Teltow

Lz	Teltow – Michendorf
Ng 65121	Michendorf – Drewitz
Ng 65120	Drewitz – Seddin
Ng 65123	Seddin – Drewitz

Anschließend: zwei Personenzugpendel zwischen Drewitz und Belzig.

Tag 6

Die Lok beförderte ganztägig vier Personenzugpaare zwischen Drewitz und Belzig.

An diesen Einsätzen änderte sich bis Anfang der neunziger Jahre kaum etwas – abgesehen von den Zugnummern der Personenzüge. So hießen die Leistungen Drewitz – Dessau – Drewitz viele Jahre 4200/5503 und 4204/4209, die Personenzüge Wildpark – Jüterbog erhielten fünfstellige Nummern.

Der durchschnittliche Lokbestand an 110 lag bis 1990 bei zehn Maschinen, ab August 1985 beheimatete Seddin auch eine Vertreterin der Baureihe 112: 112 598, die bereits vor dem Umbau als 110 598 im hiesigen Bahnbetriebswerk zuhause war. Einen „richtigen" 112-Bestand gab es in Seddin erst ab 1990, als zum 31. Dezember dort fünf 112er beheimatet waren (112 066, 330, 494, 597 und 598).

Ab 1992 übernahm die Baureihe 232 die Eilzüge in Richtung Dessau, die im Folgejahr – nach der Elektrifizierung der Strecke – wiederum von E-Loks abgelöst wurden. Die Verluste der zu fahrenden Leistungen bekamen in erster Linie die Maschinen der Baureihe 201 „zu spüren", die zunehmend an andere Bahnbetriebswerke abgegeben oder z-gestellt wurden. Der Baureihe 202 blieben vorerst auch nur noch Nahgüterzüge in Richtung Belzig

Bild 34 ▷
Mit der RB 5981 (Frankfurt/O – Königs Wusterhausen) ist **202 785** des Bh Seddin am 1. Oktober 1996 unterwegs bei Mixdorf.

Aufnahme: Henning Folz

und Großbeeren. Nachdem Ende Mai 1994 insgesamt acht 202 vom Bh Jüterbog buchmäßig nach Seddin wechselten – ab 1. Juni 1994 war Jüterbog eine Einsatzstelle des Bh Seddin –, wurden im August jenes Jahres die letzten beiden Seddiner 201 abgestellt bzw. abgegeben: 201 213 wechselte am 5. August nach Wustermark, 201 230 wurde am 7. August z-gestellt.

Zu diesem Zeitpunkt befanden sich 15 Loks der Baureihe 202 im Bestand des Bh Seddin, der sich bis zum 31. Dezember 1994 auf 17 Maschinen erhöhte:

202 201	205	255	265	291
293	295	327	330	378
465	494	549	573	597
598	599			

Für sie gab es einen Zehn-Tage-Umlaufplan, in dem die in der Est Jüterbog stationierten Loks Reisezüge auf den Relationen Berlin-Schönefeld – Zossen – Jüterbog und Potsdam – Jüterbog bespannten. Im Güterverkehr kamen die Seddiner 202 bis u. a. Berlin-Neukölln, Großbeeren, Trebbin, Werder (Havel) und nach Niemegk.

1996 endeten die Reisezugleistungen nach Berlin, dafür gab es – durch die Übernahme der 202 des Bh Magdeburg-Rothensee Ende 1995 – neue Einsatzgebiete im Güterverkehr von Brandenburg aus in Richtung Rathenow. Im Sommer 1996 erreichte der Bestand an 202 im Bh Seddin mit 29 Maschinen dieser Baureihe seinen Höchststand. Eingesetzt wurden sie in einem 15-Tage-Umlauf – und damit an so vielen Tagen wie nie zuvor. Bis 1998 änderte sich wenig bei den Einsätzen. Dennoch reduzierte sich der Bestand durch Wechsel in der Beheimatung, ab Anfang 1998 auch zunehmend durch z-Stellungen. Im Mai jenes Jahres wechselten die letzten noch im Betriebspark befindlichen 202 des Bh Seddin in den Regio-Betriebshof Cottbus. Dies waren im Einzelnen:

202 255	265	293	299	330
378	494	549	573	597
732				

Die Einsätze von Seddin aus hielten sich aber bis Mitte 1999. Als Ersatz verfügte der Cargo-Betriebshof Seddin dann ab Juni 1999 bis Juli 2002 im Schnitt über fünf Loks der Baureihe 204.

Bereits ab November 1997 kamen auch Vertreterinnen der Baureihe 298 nach Seddin. Bis Anfang 2000 wurden an diesem Standort 23 Loks konzentriert. Anfang 2024 waren noch 19 Maschinen in Seddin beheimatet, die ihre Dienste in Seddin, in Frankfurt (O), Berlin-Nordost, Eberswalde, Neubrandenburg, Stralsund, Rostock-Seehafen und in Wismar leisteten.

Bild 35 ▷
Die Seddiner **110 120** stand am 20. Mai 1990 im Arbeitszugdienst im Bahnhof Wildpark in Potsdam im Einsatz.

Aufnahme: Michael Zinner

Bw Seddin (I)

Lok-Nr.	vom Bw	beheimatet von – bis	zum Bw
110 055	Glauchau	14.06.80 – 18.06.80	Wustermark
110 055	Wustermark	03.10.80 – 08.09.92	umb in 298 055
110 066	Karl-Marx-Stadt	30.11.87 – 14.12.87	Bln Ostbahnhof
V100 075	Neuanlieferung	01.06.68 – 27.05.70	Magdeburg
V100 077	Neuanlieferung	01.06.68 – 05.02.82	Bln-Pankow
201 083	Frankfurt (O)	10.01.94 – 11.07.94	z, a 28.11.93
110 091	Glauchau	02.12.80 – 19.11.81	Wittenberge
V100 092	Neuanlieferung	18.07.68 – 21.05.78	Frankfurt (O)
V100 094	Neuanlieferung	02.07.68 – 20.05.82	Bln-Pankow
110 107	Frankfurt (O)	15.08.85 – 13.06.87	Nossen
110 115	Dresden	03.12.80 – 27.05.81	Halle G
110 120	Nossen	18.06.80 – 19.06.80	Wustermark
110 120	Bln-Pankow	28.06.88 – 17.07.88	Bln-Pankow
110 120	Bln-Pankow	10.05.89 – 22.07.92	Bln-Pankow
V100 121	Neuanlieferung	01.05.69 – 28.05.90	verk BKK Cottbus
V100 122	Neuanlieferung	13.05.69 – 24.04.90	Bln Ostbahnhof
V100 125	Neuanlieferung	21.05.69 – 09.06.80	Wittenberge
V100 149	Neuanlieferung	06.08.69 – .09.72	Jüterbog
110 149	Frankfurt (O)	02.05.90 – 18.05.93	Hoyerswerda
110 154	Jüterbog	30.05.76 – 21.06.77	Jüterbog
110 154	Jüterbog	24.09.77 – 07.06.79	Jüterbog
201 213	Jüterbog	30.05.94 – 05.08.94	Wustermark
110 228	Neuanlieferung	01.03.70 – 26.05.93	Jüterbog
201 228	Jüterbog	10.01.94 – 29.05.94	z, a 09.08.94
110 230	Jüterbog	28.05.78 – 17.03.79	Jüterbog
110 230	Jüterbog	31.03.90 – 23.05.90	Jüterbog
201 230	Jüterbog	30.05.94 – 07.08.94	z, a 09.08.94
110 233	Wittenberge	27.10.83 – 24.12.92	Bln-Pankow
110 236	Wustermark	09.03.77 – 30.05.77	Wustermark
110 278	Neuanlieferung	26.07.70 – 09.02.71	Bln Ostbahnhof
110 278	Frankfurt (O)	31.01.75 – 25.03.75	Bln Ostbahnhof
110 278	Bln Ostbahnhof	12.06.75 – 06.07.75	Bln-Schöneweide
110 278	Bln Ostbahnhof	28.08.75 – 28.04.76	Bln-Pankow
110 285	Bln Ostbahnhof	10.02.71 – 18.11.87	Karl-Marx-Stadt
110 305	Wustermark	21.11.81 – 12.07.85	umb in 112 305
110 320	Wustermark	16.12.84 – 28.05.85	umb in 112 320
110 330	Wustermark	18.12.84 – 03.12.90	umb in 112 330 *
110 332	Neuanlieferung	07.05.71 – 20.05.71	Bln Ostbahnhof
110 410	Jüterbog	03.11.89 – 24.12.92	Bln-Pankow
110 447	Neuanlieferung	30.03.72 – 08.04.72	Magdeburg
110 494	Frankfurt (O)	22.05.78 – 31.03.87	umb in 112 494
110 496	Bln-Pankow	05.12.72 – 03.01.73	Gera
110 502	Bln Ostbahnhof	06.12.72 – 10.01.73	Dresden
110 503	Bln Ostbahnhof	06.12.72 – 05.01.73	Karl-Marx-Stadt
110 507	Bln-Pankow	16.12.72 – 04.01.73	Gera
110 595	Frankfurt (O)	19.02.83 – 25.03.83	Frankfurt (O)
110 597	Bln Ostbahnhof	22.12.87 – 25.07.90	umb in 112 597
110 598	Wustermark	01.10.81 – 15.08.85	umb in 112 598
110 875	Neuanlieferung	18.11.76 – 03.01.77	Zittau
110 876	Neuanlieferung	17.11.76 – 04.01.77	Stendal
110 884	Bln-Pankow	01.03.89 – 14.03.89	Bln-Pankow
110 888	Neuanlieferung	11.02.78 – 30.05.92	Reichenbach (V)
112 066	aus Umbau	12.04.90 – 14.06.93	Frankfurt (O)
202 169	Meiningen	05.05.95 – 17.10.96	Bln-Pankow
202 201	Jüterbog	30.05.94 – 29.06.97	z, a 29.01.97
202 205	Bln-Pankow	13.01.94 – 17.10.96	Bln-Pankow
202 255	Jüterbog	30.05.94 – 22.05.98	Cottbus
202 265	Hoyerswerda	25.02.94 – 22.05.98	Cottbus
202 291	Cottbus	08.11.94 – 23.05.95	Meiningen
202 293	Cottbus	08.11.94 – 22.05.98	Cottbus
202 295	Jüterbog	30.05.94 – 19.03.98	Cottbus
202 299	Mg-Rothensee	18.12.95 – 22.05.98	Cottbus

* Lok war während der Beheimatung kurzzeitig in einem anderen Bw.

Bw Seddin (II)

Lok-Nr.	vom Bw	beheimatet von – bis	zum Bw
202 320	Bln-Pankow	19.01.94 – 03.02.94	Bln-Pankow
202 322	Gera	28.05.95 – 23.03.98	z-Park
202 327	Haldensleben	28.05.92 –25.05.93	Jüterbog
202 327	Jüterbog	10.01.94 – 27.04.95	Erfurt
112 330	aus Umbau	04.12.90 – 28.05.93	Jüterbog
202 330	Jüterbog	11.01.94 – 22.05.98	Cottbus
202 378	Jüterbog	30.05.94 – 22.05.98	Cottbus
202 403	Mg-Rothensee	18.12.95 – 21.09.97	z-Park
202 411	Mg-Rothensee	18.12.95 – 28.02.98	z-Park
202 417	Pasewalk	26.05.95 – 29.01.98	z-Park
202 465	Wustermark	08.11.94 – 29.06.97	z, a 18.02.97
112 494	aus Umbau	01.04.87 – 22.05.98	Cottbus
202 549	Jüterbog	30.05.94 – 22.05.98	Cottbus
202 573	Stralsund	26.06.92 – 22.05.98	Cottbus
202 595	Wustermark	17.05.95 – 29.01.98	z-Park
112 597	aus Umbau	26.07.90 – 26.05.93	Jüterbog
202 597	Jüterbog	30.05.94 – 22.05.98	Cottbus
112 598	aus Umbau	16.08.85 – 10.03.88	Bln-Pankow
112 598	Bln-Pankow	07.04.88 – 30.05.93	Jüterbog
202 598	Jüterbog	30.05.94 – 20.04.98	z-Park
202 599	Jüterbog	30.05.94 – 29.06.97	z, a 01.05.97
202 614	Stralsund	26.06.92 – 16.11.94	z, a 12.10.94 unf
202 701	Mg-Rothensee	18.12.95 – 29.01.98	z-Park
202 715	Mg-Rothensee	18.12.95 – 19.03.98	Cottbus
202 732	Mg-Rothensee	18.12.95 – 23.05.98	Cottbus
202 751	Wustermark	08.11.94 – 12.12.94	Bln-Pankow
202 776	Mg-Rothensee	18.12.95 – 22.05.97	Cottbus
202 784	Mg-Rothensee	18.12.95 – 28.02.98	z-Park
202 785	Mg-Rothensee	18.12.95 – 29.01.98	z-Park
202 788	Mg-Rothensee	18.12.95 – 29.01.98	z-Park
204 328	Halle G	30.05.99 – 10.10.01	z, a 23.07.01
204 359	Dresden	22.07.01 – 30.07.02	z, a 31.07.02
204 401	Zwickau	30.05.99 – 10.10.01	z, a 22.08.01
204 605	Magdeburg	30.05.99 – 31.03.01	Zwickau
204 639	Zwickau	27.03.01 – 30.07.02	z, a 31.07.02
204 673	Magdeburg	30.05.99 – 31.05.02	z, a 01.06.02
204 760	Halle G	30.05.99 – 10.10.01	z, a 19.07.01
298 044	Zwickau	01.11.08 – 30.09.09	z-Park
298 052	Senftenberg	28.01.00 – 11.11.07	z-Park
298 055	Bln-Pankow	17.06.98 – 31.07.08	z-Park
298 062	Halle G	01.03.05 – 20.02.06	z-Park
298 065	Saalfeld	01.03.05 – 25.02.06	z-Park
298 069	Zwickau	01.03.05 – 16.02.06	z-Park
298 074	Bln-Pankow	17.06.98 – 29.10.08	z-Park
298 079	Halle G	01.11.08 – 31.07.09	z-Park
298 080	Zwickau	01.03.05 – 04.01.09	z-Park
298 086	Senftenberg	28.01.00 – 27.11.08	z-Park
298 091	Senftenberg	28.01.00 – 14.02.09	z-Park
298 099	Senftenberg	28.01.00 – 28.02.02	Senftenberg
298 104	Dresden	17.11.08 – 16.06.09	z-Park
298 110	Bln-Pankow	31.10.97 – 31.03.00	Halle G
298 124	Senftenberg	28.01.00 – 05.02.09	z-Park
298 129	Senftenberg	28.01.00 – 09.04.07	z-Park
298 139	Rostock-Seehafen	28.02.00 – 16.11.08	z-Park
298 151	Senftenberg	22.12.08 – 17.05.09	z, a 14.05.09
298 155	Senftenberg	28.01.00 – 27.02.09	z-Park
298 161	Senftenberg	28.01.00 – 17.12.08	z-Park
298 163	Senftenberg	28.01.00 – 30.04.05	Halle G
298 302	Senftenberg	28.01.00 – 28.02.02	Senftenberg
298 302	Senftenberg	16.06.09 – 03.11.13	z-Park
298 303	Senftenberg	13.02.12 – 01.05.23	z, a 30.04.23
298 306	Rostock-Seehafen	01.04.12 – 02.12.15	z-Park

Bild 36 ▷
Als Ersatzzug für einen ausgefallenen LVT kamen am 31. Oktober 1996 die **202 494** und **202 265** als RB 5535 auf der Strecke Brandenburg Hbf – Belzig zum Einsatz. Die Aufnahme des reichlich übermotorisierten Zuges entstand beim Zwischenhalt in Golzow (b Brandenburg).

Bw Seddin (III)

Lok-Nr.	vom Bw	beheimatet von – bis	zum Bw
298 307	Senftenberg	16.02.09 –	
298 308	Bln-Pankow	17.06.98 –	
298 309	Rostock-Seehafen	01.04.12 – 02.12.15	z-Park
298 310	Rostock-Seehafen	06.02.07 –	
298 312	Rostock-Seehafen	01.04.12 –	
298 313	Halle G	01.07.07 –	
298 315	Dresden	03.02.09 – 25.08.15	z-Park
298 316	Halle G	03.07.07 – 01.08.23	z, a 31.07.23
298 317	aus Umbau	16.05.92 – 28.05.92	Frankfurt (O)[1]
298 317	Senftenberg	28.01.00 – 17.03.06	z-Park
298 317	aus z-Park	05.02.07 –	
298 318	Rostock-Seehafen	01.04.12 –	
298 319	Senftenberg	04.08.09 –	
298 320	Senftenberg	01.06.98 – 28.02.02	Senftenberg
298 320	Senftenberg	16.02.09 –	
298 321	Saalfeld	20.08.04 – 30.09.04	Saalfeld
298 321	Halle G	16.12.13 –	

[1] ex 293 017

Bw Seddin (IV)

Lok-Nr.	vom Bw	beheimatet von – bis	zum Bw
298 322	Senftenberg	14.10.08 –	
298 323	Senftenberg	28.01.00 – 28.02.02	Senftenberg
298 323	Halle G	16.12.13 – 01.11.23	z, a 31.10.23
298 324	Halle G	16.12.13 – 01.08.23	z, a 31.07.23
298 325	Saalfeld	23.04.07 –	
298 326	Halle G	14.10.13 – 01.11.23	z, a 31.10.23
298 327	Senftenberg	28.01.00 – 01.11.23	z, a 31.10.23
298 328	Halle G	20.03.06 – 01.07.23	z, a 30.06.23
298 329	Zwickau	06.11.07 –	
298 330	Bln-Pankow	31.10.97 – 01.11.23	z, a 31.10.23
298 331	aus Umbau	16.01.92 – 03.08.92	Frankfurt (O)[2]
298 331	Bln-Pankow	31.10.97 –	
298 334	aus z-Park	19.06.07 –	
298 335	Senftenberg	14.04.09 – 08.04.13	z-Park
298 336	Bln-Pankow	17.06.98 – 10.03.05	z-Park
298 336	aus z-Park	05.09.07 – 01.10.23	z, a 30.09.23
298 337	Senftenberg	28.01.00 – 10.03.05	z-Park
298 337	z-Park	10.09.07 – 01.10.23	z, a 30.09.23

[2] ex 293 031

Bild 37 ▷
Mit der RB 5253 (Potsdam Stadt – Jüterbog) verlässt die Seddiner **202 599** am 31. März 1997 den Bahnhof Beelitz Stadt. Der Lok bleiben zu diesem Zeitpunkt nur noch knapp vier Wochen bis zur Abstellung.

Aufnahmen (2): Volker Lucas, Sammlung A. Zika

◁ **Bild 38**
Die 110 des Bw Wustermark kamen planmäßig vor Reisezügen rund um Berlin zum Einsatz. Hier ist es **110 330**, die am 2. Juli 1972 am Standort des Fotografen bei Berlin-Karow vorbeikommt.

AUFNAHME:
MARTIN STERTZ,
SAMMLUNG GERO ISTEL

2.9 Bw Wustermark

Ähnlich wie Seddin hat auch Wustermark seine Bedeutung für den Eisenbahnbetrieb der Lage des Ortes vor den Toren Berlins zu verdanken. Ca. 30 km westlich der Hauptstadt entstand ab 1907 ein Verschiebebahnhof, der über Jahrzehnte einer der größten Güterbahnhöfe in Deutschland war. Bereits beim Bau der Wustermarker Bahnanlage wurden die Verkehrsströme in Ost-West- bzw. West-Ost-Richtung beachtet und durch eine Zweiteilung des Bahnhofes getrennt. Mit dem Verschiebebahnhof entstand auch das spätere Bahnbetriebswerk.

Am 30. Juli 1970 traf als erste Vertreterin ihrer Baureihe die fabrikneue 110 273 im Bw Wustermark ein. Ihr folgten im September jenes Jahres noch 110 257 und 110 286 – beide kamen ebenfalls direkt aus dem LEW Hennigsdorf.

Zu diesem Zeitpunkt befanden sich für den Streckendienst 21 Maschinen der Baureihe $52/52^{80}$, eine 64, fünf 78er und vier LVT der Baureihe 172 im Bestand des Bw Wustermark.

Die 110 273 kam zunächst mit im Umlauf der Baureihe 78 zum Einsatz, ab September 1970 leisteten dann zwei 110 ihre Dienste im eigenen Plan 137 vor Personenzügen zwischen Nauen und Albrechtshof sowie auf der Relation Hennigsdorf – Potsdam Stadt (seit 1999: Potsdam Hbf). Der Dienstplan 136 war für den Winterfahrplan 1970/71 zunächst noch für eine 78 aufgestellt worden, wurde aber bereits am 8. Oktober aufgrund der Abstellung der letzten Wustermarker 78 – 78 1030 – von einer 110 übernommen. Mit Zugang der 110 330 vom Bw Berlin-Pankow im April 1971 konnten die Technologen des Bw Wustermark den gesamten Umlauf offiziell auf die Baureihe 110 umstellen.

Durch weitere Zugänge an diesen Loks wurden die Planeinsätze bis 1975 auf fünf 110 erhöht.

Neu im Plan waren Personenzüge von Albrechtshof nach Berlin-Lichtenberg über den nördlichen Außenring.

Für den Sommerfahrplan 1977 sah der 110-Einsatz so aus:

<u>Dienstplan 136 (3 × 110)</u>
<u>Tag 1</u>
Ganztägiger Einsatz vor Personenzügen zwischen Albrechtshof und Nauen sowie ein Zugpaar Nauen – Hennigsdorf.

<u>Tag 2</u>
Zunächst zweimal mit Personenzügen Nauen – Albrechtshof u. z.
Anschließend: Rangierdienst in Nauen
Lz Nauen – Wustermark
Ng 65167 Wustermark – Hennigsdorf
Ng 65172 Hennigsdorf – Wustermark

◁ **Bild 39**
Auch die Beförderung von Gepäck- und Expressgutzügen gehörten zu den Planleistungen der Wustermarker 110. Im September 1983 erreicht **110 146** mit einem solchen Gex den Bahnhof Berlin-Springpfuhl.

AUFNAHME:
DR. WINFRIED KÖNIG

Bild 40 ▷ Erneut ist es **110 330** des Bw Wustermark, die – hier aufgenommen am 21. März 1975 – mit einem Reisezug auf dem nördlichen Berliner Außenring unterwegs ist.

Aufnahme: Dietrich Richter, Sammlung Jörg Leuthardt

Tag 3
P 11309 Nauen – Albrechtshof
P 11209 Albrechtshof – Bln-Lichtenberg
Lz Bln-Lichtenb. – Bln Frankf. Allee
Gex 2494 Bln Frankf. Allee – Bln Ostbhf.
Lz Bln Ostbhf. – Bln-Lichtenberg
Gex 2394 Bln-Lichtenberg – Bln Ostbhf.
Gex 2595 Bln Ostbhf. – Bln-Lichtenberg
P 11210 Bln-Lichtenberg – Albrechtshof
Anschließend: Drei Zugpaare Albrechtshof – Nauen und einmal nach Birkenwerder.

Dienstplan 137 (3 × 110)
Tag 1
P 11207 Wustermark – Bln-Lichtenberg
Üg 79167 Bln-Lichtenb. – Bln-Schöneweide
Üg 79168 Bln-Schönew. – Bln-Lichtenberg
P 11212 Bln-Lichtenberg – Wustermark

Tag 2
An diesem Tag wurden tagsüber Personenzüge zwischen Nauen und Albrechtshof bespannt, abends gab es dann zwei Runden nach Potsdam Hbf.

Tag 3
P 11498 Albrechtshof – Bln-Lichtenberg
P 11452 Bln-Lichtenberg – Werder (Havel)
P 11459 Werder (Havel) – Potsdam Hbf
Anschließend: Vier Personenzugpaare Potsdam Hbf – Birkenwerder und abends drei Personenzugpaare Albrechtshof – Nauen.

In diesem Zusammenhang sei kurz erläutert: In Potsdam gab es zu diesem Zeitpunkt den Hauptbahnhof, den Bahnhof Potsdam Stadt und den Bahnhof Wildpark. In den neunziger Jahren änderten sich allerdings die Bezeichnungen! Der frühere Hauptbahnhof (von 1958 bis 1960: Potsdam Süd) wurde 1994 zum Bahnhof Potsdam-Pirschheide, der Bahnhof Potsdam Stadt im Jahr 1999 zum Hauptbahnhof und die Station Wildpark über die zwischenzeitliche Bezeichnung Potsdam Wildpark zum Bahnhof Potsdam Park Sanssouci.

Bis 1980 lag der Bestand an 110 im Bw Wustermark bei durchschnittlich acht Loks, für die es sechs Umlauftage gab. Eingesetzt wurden die Maschinen weiterhin vor Reisezügen auf dem westlichen Außenring und dessen Zulaufstrecken. Diese Leistungen teilten sich die Wustermarker 110 mit den 110 der Pankower Einsatzstelle Oranienburg.

Von 1981 bis 1984 waren im Durchschnitt zehn 110 in Wustermark beheimatet, deren Leistungen im Zusammenhang mit der Elektrifizierung des westlichen Außenrings und dessen Zulaufstrecken ab 1982 größtenteils die E-Loks der Baureihen 211 und 242 übernahmen. Bis 1985 gab das Bw Wustermark alle seine 110 an andere Bahnbetriebswerke ab. Die letzten drei Vertreterinnen ihrer Baureihe in Wustermark waren:

- 110 146 (am 24.10.1985 zum Bw Frankfurt/O),
- 110 257 (am 11.06.1985 zum Bw Sangerhausen),
- 110 295 (am 01.06.1985 zum Bw Jüterbog).

Für sieben Jahre war das Bw Wustermark dann „V 100"-frei, bis 1992 kurzzeitig 201 856 (vom 01.06. bis 15.06.) und 201 367 (21.10. bis 27.10.) dort beheimatet wurden. Nachdem 112 287 im Jahr 1987 ein knapp zweiwöchiges Gastspiel in Wustermark gegeben hatte, erhielt das hiesige Bahnbetriebswerk im Juli 1993 erstmals Vertreterinnen der Baureihe 202 für eine längere Beheimatung zugewiesen (202 595 und 202 751), denen im ersten Halbjahr 1994 sechs weitere 202 folgten, von denen 202 520 allerdings nur kurz blieb. In diesem Zeitraum erhielt Wustermark auch erneut Loks der Baureihe 201.

Insgesamt zehn Maschinen trafen zwischen Januar und Mai dort ein, sodass sich zum 1. Juni 1994 folgender Bestand an 201 und 202 ergab:

201 005	013	020	023	154
566	631	711	856	886
202 269	320	465	521	595
746	751			

Für diese Loks gab es im Sommer 1994 einen Umlauf für zwei Maschinen der Baureihe 201 mit Nahgüterzügen von Wustermark nach Berlin-Grunewald, -Ruhleben und -Reinickendorf und einen Acht-Tage-Umlaufplan für die Baureihe 202, der Reisezüge Berlin-Spandau – Nauen und Potsdam – Nauen (im „Sandwich") sowie Postzüge ab Seddin und Wustermark nach Berlin Anhalter Güterbahnhof beinhaltete. In diesem Plan kamen häufig auch 201 zum Einsatz.

Allerdings währten diese Leistungen nur kurze Zeit, denn die Wustermarker 201 wurden schon ab August 1994 abgestellt oder nach Pankow abgegeben. Die letzten 201 waren im Dezember 1994 die 201 566 und 201 856. Beide wurden am 6. Dezember z-gestellt.

Nicht viel anders erging es den 202. Nachdem am 29. Dezember jenes Jahres die 202 269 und 202 320 zum Bh Pankow wechselten, blieb 202 595 als einzige Ver-

△ **Bild 41 •** In ihren letzten Einsatzjahren kamen die Lokomotiven der Baureihe 202 häufig im „Sandwich" zum Einsatz, da sie in dieser Kombination meist Triebwagen ersetzten oder es aufgrund kurzer Wendezeiten kaum noch möglich war, mit der Lok am Zielbahnhof zu umfahren. Am 24. Juli 1995 erreichen **202 595** des Bh Seddin und eine Schwesterlok den Bahnhof Wustermark. Die 202 595 war die letzte Vertreterin ihrer Baureihe im Bw Wustermark und war erst wenige Wochen vor dieser Aufnahme zum Bh Seddin gewechselt.

AUFNAHME: PETER KRÜCKELS

treterin ihrer Baureihe noch bis zum 16. Mai 1995 im Bestand des Bh Wustermark.

Ab Juli 1993 wurden auch Lokomotiven der Baureihe 298 im Bahnbetriebswerk Wustermark beheimatet, welche die 202 im Güterverkehr ablösten. Am 31. Oktober 1995 wechselten die noch in Wustermark vorhandenen neun 298 in den Fahrzeugbestand des Bh Pankow:

298 052	055	060	086	099
124	150	155	336	

Da die Baureihe 202 bei der Aufteilung des Fahrzeugparks der DB AG auf die diversen Geschäftsbereiche zur DB Regio AG kamen und dem Werk Cottbus zugeteilt wurden, standen noch bis 1998 einige dieser Lokomotiven von Wustermark – als Außenstelle von Cottbus – aus im Einsatz.

Die 298 des Bh Seddin waren derweil bis ins Jahr 2022 in Wustermark zu sehen.

Bw Wustermark (I)

Lok-Nr.	vom Bw	beheimatet von – bis	zum Bw
201 005	Bln-Pankow	15.01.94 – 12.10.94	z, a 14.10.94
201 013	Frankfurt (0)	11.01.94 – 12.10.94	z, a 13.10.94
201 020	Bln-Pankow	15.01.94 – 07.08.94	z, a 03.09.94
201 023	Bln-Pankow	15.01.94 – 07.08.94	z, a 10.09.94
110 055	Seddin	19.06.80 – 02.10.80	Seddin
110 092	Bln Ostbahnhof	30.05.81 – 31.05.81	Bln-Schöneweide
110 120	Seddin	20.06.80 – 01.11.83	Bln-Schöneweide
110 146	Jüterbog	29.12.71 – 24.10.85	Frankfurt (0)
110 149	Jüterbog	15.10.74 – 31.03.78	Frankfurt (0)
110 149	Frankfurt (0)	25.09.82 – 11.10.82	Frankfurt (0)
201 154	Jüterbog	14.01.94 – 12.10.94	z, a 14.10.94
201 213	Seddin	06.08.94 – 10.10.94	Bln-Pankow
110 233	Bln Ostbahnhof	27.05.76 – 22.10.83	Wittenberge
201 233	Bln-Pankow	09.05.93 – 10.01.94	Bln-Pankow
110 236	Bln Ostbahnhof	07.02.77 – 08.03.77	Seddin
110 236	Seddin	31.05.77 – 24.07.77	Bln-Pankow
110 236	Bln-Pankow	23.09.77 – 06.10.77	Frankfurt (0)
110 236	Frankfurt (0)	24.10.77 – 04.11.77	Frankfurt (0)
110 236	Frankfurt (0)	30.12.77 – 13.11.78	Frankfurt (0)
110 257	Neuanlieferung	24.09.70 – 11.06.85	Sangerhausen
110 273	Neuanlieferung	30.07.70 – 01.11.83	Bln-Schöneweide
110 286	Neuanlieferung	01.09.70 – 18.12.83	Bln-Grunewald
110 286	Berlin-Grunewald	01.02.84 – 20.06.84	Bln Ostbahnhof
110 295	Bln-Pankow	13.06.80 – 01.06.85	Jüterbog
110 305	Bln-Pankow	24.11.80 – 20.11.81	Seddin
110 320	Glauchau (Sachs)	25.01.80 – 31.03.82	Frankfurt (0)
110 320	Frankfurt (0)	23.04.82 – 15.12.84	Seddin
110 330	Bln-Pankow	28.04.71 – 17.12.84	Seddin
201 367	Cottbus	21.10.92 – 27.10.92	Bln-Pankow
110 382	Neuanlieferung	01.07.71 – 04.08.71	Frankfurt (0)
110 382	Frankfurt (0)	01.04.78 – 10.06.80	Bln-Pankow[1)]
110 465	Jüterbog	04.11.72 – 18.11.80	Bln-Pankow[2)]
201 566	Bln-Pankow	12.01.94 – 06.12.94	z, a 08.12.94
110 570	Neuanlieferung	28.07.73 – 09.08.73	Wittenberg
110 598	Bln Ostbahnhof	18.05.81 – 30.09.81	Seddin
201 631	Frankfurt (Oder)	30.05.94 – 16.11.94	z, a 02.11.94

[1)] Umbau am 10.06.80 [2)] Umbau am 18.11.80 a = abgestellt

Bw Wustermark (II)

Lok-Nr.	vom Bw	beheimatet von – bis	zum Bw
110 705	Stendal	01.10.81 – 24.11.84	Jüterbog
110 706	Neuanlieferung	06.09.74 – 08.10.74	Güstrow
201 711	Bln-Pankow	12.01.94 – 16.11.94	z, a 02.11.94
110 713	Neuanlieferung	18.09.74 – 10.10.74	Bln Ostbahnhof
110 717	Neuanlieferung	27.09.74 – 09.10.74	Wismar
110 718	Neuanlieferung	01.10.74 – 09.10.74	Aue (Sachs)
110 752	Bln Ostbahnhof	22.09.83 – 23.01.84	Brandenburg
201 856	Hoyerswerda	01.06.92 – 15.06.92	Bln-Pankow
201 856	Grunewald	16.03.94 – 06.12.94	z, a 08.12.94
110 865	Jüterbog	25.05.82 – 20.07.82	Bln-Pankow *
201 884	Bln-Pankow	13.07.93 – 12.10.94	z, a 11.10.94
201 886	Frankfurt (0)	11.01.94 – 10.10.94	Bln-Pankow
202 269	Frankfurt (0)	12.01.94 – 29.12.94	Bln-Pankow
112 287	Frankfurt (0)	29.08.87 – 15.09.87	Frankfurt (0)
202 320	Bln-Pankow	25.02.94 – 29.12.94	Bln-Pankow
202 465	Bln-Pankow	13.01.94 – 07.11.94	Seddin
202 520	Bln-Pankow	19.01.94 – 31.01.94	Bln-Pankow
202 521	Bln-Pankow	19.01.94 – 31.01.94	Bln-Pankow
202 521	Bln-Pankow	25.02.94 – 10.11.94	Bln-Pankow
202 595	Bln-Pankow	13.07.93 – 16.05.95	Seddin
202 746	Frankfurt (0)	30.05.94 – 13.12.94	Bln-Pankow
202 751	Cottbus	15.07.93 – 07.11.94	Seddin
298 052	Erfurt	23.12.94 – 31.10.95	Bln-Pankow
298 055	Cottbus	11.06.94 – 31.10.95	Bln-Pankow
298 060	Weißenfels	23.12.94 – 31.10.95	Bln-Pankow
298 086	Zwickau	26.07.94 – 31.10.95	Bln-Pankow
298 099	Mg-Rothensee	23.06.95 – 31.10.95	Bln-Pankow
298 110	Stralsund	06.07.94 – 25.07.94	Zwickau
298 122	Cottbus	11.06.94 – 25.07.94	Chemnitz
298 124	Chemnitz	26.07.94 – 31.10.95	Bln-Pankow
298 150	Cottbus	11.10.94 – 31.10.95	Bln-Pankow
298 155	Frankfurt (0)	21.07.94 – 31.10.95	Bln-Pankow
298 308	Neustrelitz	06.07.94 – 20.07.94	Frankfurt (0)
298 336	Mg-Rothensee	23.06.95 – 31.10.95	Bln-Pankow

* Lok war während der Beheimatung kurzzeitig in einem anderen Bw.

△ **Bild 42** • Mit einem Nahgüterzug erreichen **110 612** des Bw Bautzen und **112 397** als Zuglok am 25. Mai 1986 den Bahnhof Löbau (Sachs) und passieren dabei die Anlagen des Bw Löbau (Sachs) – einer Einsatzstelle des Bw Bautzen. AUFNAHME: ANDREAS STANGE

3 Reichsbahndirektion Cottbus

In der Rbd Cottbus waren in allen Bahnbetriebswerken Lokomotiven der Baureihe 110 beheimatet. Die ersten Maschinen wurden 1970 in den Bahnbetriebswerken Cottbus (Einsatzstelle Guben), Görlitz und Zittau stationiert. Im Jahr 1979 waren insgesamt 91 Vertreterinnen dieser Baureihe – aufgeteilt auf acht Bahnbetriebswerke – in der Rbd Cottbus vorhanden.

3.1 Bw Bautzen

Bautzen liegt 60 km östlich von Dresden an der Strecke Dresden – Görlitz. In Bautzen zweigen noch die Strecken nach Hoyerswerda sowie über Wilthen nach Bad Schandau ab. Das Bw Bautzen beheimatete am 1. Januar 1971 folgende Baureihen in der angegebenen Anzahl an Lokomotiven:

Dampfloks
4 × Baureihe 38^{10-40},
29 × Baureihe 52,
2 × Baureihe 52^{80},
12 × Baureihe 86,
Dieselloks
2 × Baureihe 101,
3 × Baureihe 102^{0},
7 × Baureihe 106.

Bild 43 ▷ Bleiben wir noch für eine Aufnahme in Löbau (Sachs): Auf der anderen Seite des dortigen Bahnbetriebswerkes befanden sich die Ein- bzw. Ausfahrtgleise aus bzw. in Richtung Großpostwitz und Niedercunnersdorf (– Ebersbach/Oberoderwitz). Im Oktober 1976 fährt die Bautzner **110 493** mit einem Personenzug aus Großpostwitz in den Löbauer Bahnhof ein.

AUFNAHME: FRANK EBERMANN

△ **Bild 44** • Am 20. April 1974 ist **110 349** des Bw Bautzen mit einem Reisezug in den Bahnhof Bautzen eingefahren. Die Lok kam drei Jahre zuvor als Neuanlieferung ins Bautzner Bahnbetriebswerk.

Aufnahme: Siegfried Brogsitter, Sammlung Dietmar Schlegel

△ **Bild 45 110 700** war von August 1974 bis Januar 1981 in Bautzen beheimatet und wechselte dann zum Bw Kamenz. Am 29. Dezember 1976 verlässt die Lok mit dem P 3856 (Zittau – Dresden) den Bahnhof Neusalza-Spremberg.

Aufnahme: Reinhard Lehmann

In der Zeit zwischen dem 7. Februar und dem 5. Mai 1971 wurden alle Bautzner Maschinen der Baureihe 38^{10-40} (pr. P 8) in den z-Park überstellt. Als Ersatz für die abgestellten Loks trafen die fabrikneuen Dieselloks 110 334 (am 02.03.1971) und 110 349 (am 01.04.1971) im Bw Bautzen ein, die sofort im ehemaligen Umlaufplan der 38^{10-40} im Reisezugdienst zum Einsatz kamen.

Mit der Übernahme von 110 352 vom Bw Hoyerswerda am 13. Oktober 1971 konnten nun vier Vertreterinnen der Baureihe 110 im Winterfahrplan 1971/72 im Plan 1 eingesetzt werden. Sie bespannten folgende Züge:

Tag 1

P 612	Bautzen – Dresden
P 823	Dresden – Zittau
P 4132	Zittau – Hirschfelde
P 830	Hirschfelde – Dresden
P 645	Dresden – Bautzen

Tag 2

P 613	Bautzen – Görlitz
P 600	Görlitz – Löbau
Lzz 626	Löbau – Görlitz
P 626	Görlitz – Bischofswerda
P 623	Bischofswerda – Görlitz
P 628	Görlitz – Bautzen
P 638	Bautzen – Bischofswerda
P 639	Bischofswerda – Bautzen

Tag 3

P 3890	Bautzen – Sebnitz
P 3891	Sebnitz – Bautzen
Lzz 827	Bautzen – Bischofswerda
P 827	Bischofswerda – Zittau
P 836	Zittau – Bischofswerda
Dstp 1797	Bischofswerda – Bautzen

Dstp = Dienstpersonenzug
Lzz = Lz zum …

◁ **Bild 46** Am 7. März 1977 präsentiert sich **110 856** auf der Drehscheibe in ihrem Heimat-Bw Bautzen. Im Gegensatz zu dem Gebäude im Hintergrund sieht die 110 nicht nur neu aus, sie war es zum Zeitpunkt dieser Aufnahme auch. Die Lok kam am 1. September 1976 fabrikneu nach Bautzen.

Aufnahme: Frank Ebermann

Bild 47 ▷
Im Jahr 1982 steht **112 381** vom Bw Bautzen in der Lokeinsatzstelle Löbau (Sachs).

Aufnahme: Siegfried Brogsitter, Slg. Dietmar Schlegel

Im Jahr 1973 trafen mit 110 493 (am 08.01. von Zittau), 110 568 (am 08.08. von Görlitz), 110 590 (am 28.09. fabrikneu vom LEW) und 110 593 (am 01.11. ebenfalls fabrikneu vom LEW) weitere vier 110 im Bw Bautzen ein.

Zum Bahnbetriebswerk Bautzen gehörten auch die Lokeinsatzstellen in Bischofswerda und Löbau (Sachs). Von letzterer aus kamen bis zum 29. September 1973 sechs Loks der Baureihe 86 und drei der Baureihe 52 zum Einsatz. Nach Beginn des Winterfahrplans 1973/74 – ab dem 30. September 1973 – wurden 110 334 und 110 593 in Löbau (Sachs) eingesetzt. Sie bespannten Personenzüge auf den Strecken Löbau (Sachs) – Oberoderwitz – Zittau sowie Löbau (Sachs) – Großpostwitz – Bautzen und leisteten Rangierdienste auf dem Löbauer Bahnhof. Durch die Stationierung der Baureihe 110 konnte der planmäßige Einsatz der 86er in Löbau (Sachs) auf vier Lokomotiven reduziert werden.

Im August 1974 trafen direkt vom LEW die fabrikneuen 110 688, 110 700 und am 21. November die 110 739 in Bautzen ein, denen am 18. Januar 1975 noch 110 765 folgte. Entsprechend waren zum 1. Februar insgesamt 13 Maschinen der Baureihe 110 in Bautzen beheimatet:

110 217	331	334	349	352
493	568	590	593	688
700	739	765		

Im Winterfahrplan 1975/76 kamen vom Bw Bautzen aus folgende Lokomotiven zum Einsatz:

Plan 1
110 331, 110 352, 110 590 und 110 700

Plan 1a
110 739 und 110 765

Lokeinsatzstelle Löbau
110 334, 110 493 und 110 688

Reserve
110 349 und 110 568

Bild 48 ▷
Mit einem Eilzug am Haken wartet die Bautzner **110 590** am 25. Oktober 1975 im Bahnhof Zittau auf Ausfahrt. Sie war eine der vier 110, die im Winter 1975/76 im Plan 1 des Bw Bautzen zum Einsatz kamen.

Aufnahme: Harald Tschirner, Sammlung Jörg Leuthardt

◁ **Bild 49**
Mit dem P 4895 (Hoyerswerda – Bautzen) erreicht **112 349** des Bw Bautzen am 25. Mai 1986 den Bahnhof Königswartha. Typisch für diese Region ist der Ortsname am Bahnhofsgebäude auch in sorbischer Sprache – in diesem Fall: Rakecy – angeschrieben.

Die in den Plänen 1 und 1a eingesetzten Maschinen bespannten Personenzüge nach Dresden, Bischofswerda, Görlitz, Hoyerswerda, Sebnitz und Zittau. Neben diesen Leistungen kamen die Loks auch vor Durchgangs- und Nahgüterzügen nach Bischofswerda, Hoyerswerda, Dresden, Görlitz, Baruth (Sachs), Spreewitz und Wilthen zum Einsatz. Die Durchgangsgüterzüge Dg 50264 (Bischofswerda – Dresden-Friedrichstadt) und Dg 49503 (Dresden-Neustadt Gbf – Görlitz) wurden mit zwei 110 bespannt.

In der Lokeinsatzstelle Löbau (Sachs) wurden ab dem Sommerfahrplan 1975 alle dort noch vorhandenen 86er durch die Baureihe 110 ersetzt. Die Dieselloks bespannten im Plan 13 von Löbau (Sachs) aus Reisezüge nach Bautzen über Großpostwitz, Görlitz, Ebersbach und Zittau sowie Nahgüterzüge nach Herrnhut und Großpostwitz.

Im September 1976 wurden dem Bw Bautzen mit 110 856, 110 857 und 110 858 erneut drei werksneue 110er zugewiesen. Am 1. Juli 1977 kam 110 708 vom Bw Gera und am 15. Dezember 1978 noch 110 459 vom Bw Elsterwerda zur Beheimatung nach Bautzen. Bis zum Dezember 1979 hatte sich der Bestand an 110 in diesem Bw auf 16 Maschinen erhöht.

Ab Januar 1980 wurden auch Bautzner 110 mit neuen, leistungsgesteigerten 1.200-

△ **Bild 50** • Ein „Bautzner Doppel" hat am 25. Juni 1987 den P 3814 (Görlitz – Dresden Hbf) zu befördern: Vorspannlok ist **110 689**, Zuglok ist **110 146**. Letztere kam erst wenige Tage zuvor von der Cottbuser Einsatzstelle Guben nach Bautzen. Die Aufnahme zeigt den Zug beim Zwischenhalt in Bautzen. Aufnahmen (2): Andreas Stange

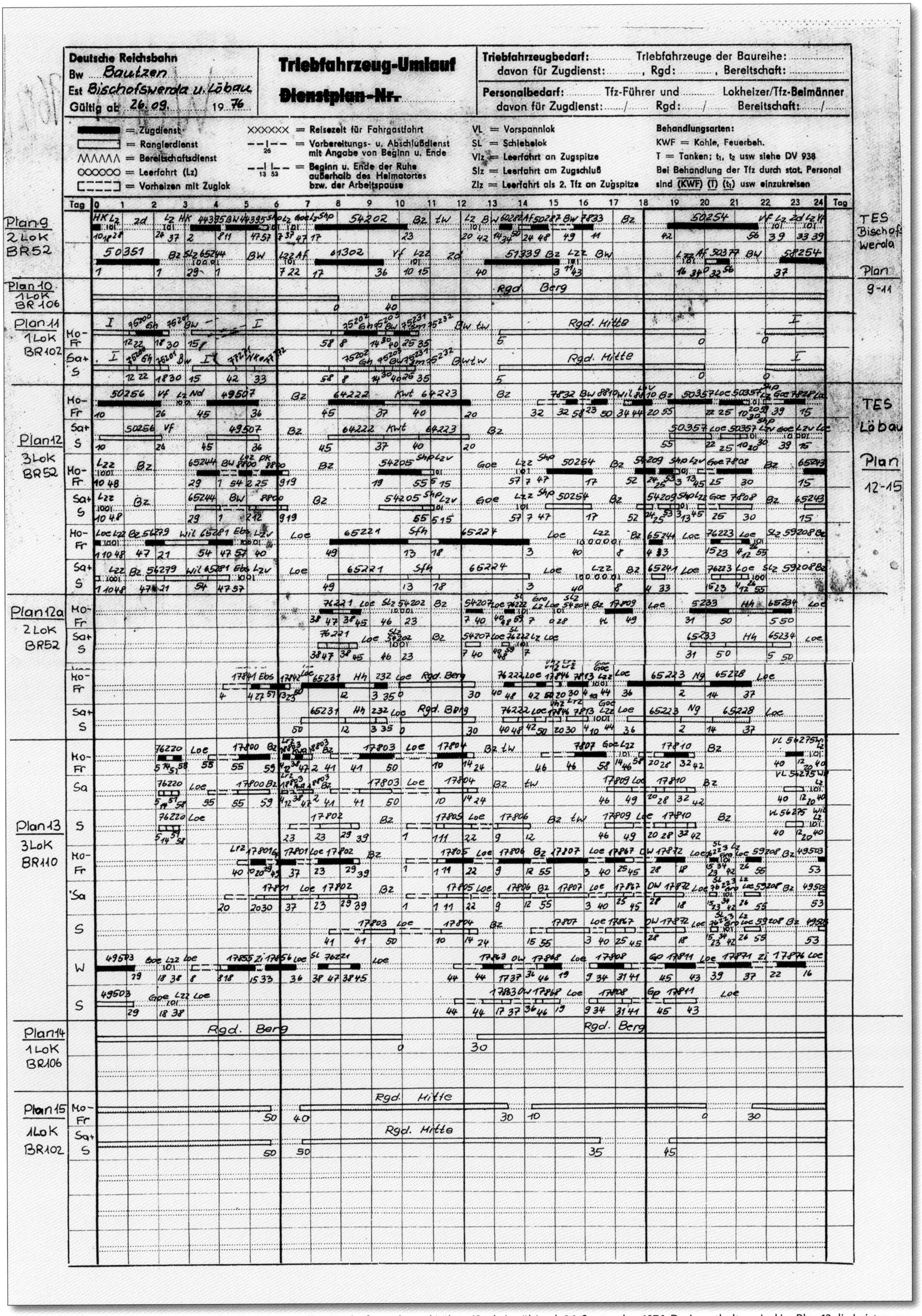

△ **Bild 51 •** Umlaufplan des Bw Bautzen für die Einsatzstellen Bischofswerda und Löbau (Sachs), gültig ab 26. September 1976. Darin enthalten sind im Plan 13 die Leistungen für drei Lokomotiven der Baureihe 110 der Est Löbau (Sachs), die größtenteils zwischen Bautzen und Löbau (Sachs) zum Einsatz kamen. ABBILDUNG: SAMMLUNG ANDREAS SCHÖNE

△ **Bild 52** • Neben zahlreichen Reisezugleistungen bespannten die 110/112 des Bw Bautzen auch einige Güterzüge. Hier ist es **112 747**, die am 14. Mai 1988 mit einer solchen Leistung in Großpostwitz einfährt. Im dortigen Bahnhof trafen die Strecken aus Wilthen und Löbau (Sachs) zusammen und führten dann gemeinsam weiter nach Bautzen.

AUFNAHME: MICHAEL ZINNER

△ **Bild 53** • In diesem Kapitel gab es bereits zwei Aufnahmen von in Löbau (Sachs) einfahrenden und mit 110/112 des Bw Bautzen bespannten Zügen. Die dritte Möglichkeit, den Löbauer Bahnhof zu erreichen und dabei das Bahnbetriebswerk zu passieren, sehen wir hier: Die Bautzner **112 334** kommt mit ihrem Reisezug – mit einem beachtenswerten Wagenpark! – aus Richtung Niedercunnersdorf eingefahren.

AUFNAHME: SIEGFRIED BROGSITTER, SAMMLUNG DIETMAR SCHLEGEL

PS-Motoren ausgerüstet. Zum Jahresende 1981 waren bereits 14 solcher Loks im Bw Bautzen beheimatet. Die noch nicht als 112 umgebauten Maschinen der Baureihe 110 gab Bautzen zwischen Januar und Dezember 1981 an die Bahnbetriebswerke Cottbus, Hoyerswerda, Kamenz, Roßlau (Elbe) und Rostock ab.

Im Oktober 1987 endete der planmäßige Einsatz von Dampflokomotiven sowohl im Bw Bautzen als auch in dessen Einsatzstellen Löbau (Sachs) und Bischofswerda. Als Ersatz für die abgestellten Dampfloks der Baureihe 52^{80} wurden zwischen September und Dezember 1987 die 112 689, 112 707, 112 747, 112 765 und 112 766 in Bautzen beheimatet und sofort in Löbau (Sachs) und Bischofswerda stationiert. Von der Einsatzstelle Bischofswerda aus kam eine, von Löbau (Sachs) aus kamen drei 112 zum Einsatz.

Am 31. Dezember 1987 waren insgesamt 20 Maschinen der Baureihe 112 im Bw Bautzen beheimatet, jedoch verringerte sich dieser Bestand durch den Rückgang des Güterverkehrs ab 1990 bis zum 31. Dezember 1991 auf 17 Loks.

Mit Gründung der DB AG zum 1. Januar 1994 wurde das Bw Bautzen dem Betriebshof Görlitz unterstellt, womit auch der Wechsel des gesamten Bautzner Lokbestandes zum „Mutter-Betriebshof" verbunden war. Dazu gehörten folgende noch in Bautzen vorhandene Vertreterinnen der Baureihe 202 (bis 31.12.91: Baureihe 112)

202 078	324	349	352	647
689	707	747	765	766
775	843	846		

Die Loks blieben aber auf ihren angestammten Strecken im Einsatz.

◁ **Bild 54**
Das Bw Bautzen am 10. August 1990. An jenem Tag waren dort **112 349**, **112 772**, 118 713 und 118 143 anzutreffen.

AUFNAHME: VOLKER LUCAS, SAMMLUNG A. ZIKA

Bw Bautzen (I)

Lok-Nr.	vom Bw	beheimatet von – bis	zum Bw
110 009	Görlitz	17.09.86 – 21.10.86	Elsterwerda
110 057	Luckau	17.11.88 – 22.11.88	W-P-S Guben
201 093	Glauchau (Sachs)	01.10.93 – 31.12.93	Görlitz
110 129	Stralsund	14.09.85 – 18.09.85	Hoyerswerda
110 146	W-P-S Guben	04.06.87 – 28.02.89	verk BKK Jänschw.[1]
110 204	Kamenz	09.09.83 – 28.09.83	Kamenz
110 204	Hoyerswerda	18.03.85 – 14.05.85	Hoyerswerda
110 217	Görlitz	16.01.75 – 06.02.75	Görlitz
110 324	Görlitz	31.07.80 – 31.12.80	umz in 112 324
110 331	Hoyerswerda	17.12.73 – 31.12.80	umz in 112 331
110 334	Neuanlieferung	02.03.71 – 26.02.79	Kamenz
110 334	Kamenz	14.03.79 – 31.12.80	umz in 112 334
110 349	Neuanlieferung	01.04.71 – 06.10.77	Elsterwerda
110 349	Elsterwerda	21.10.77 – 31.12.80	umz in 112 349
110 352	Hoyerswerda	13.10.71 – 06.02.72	W-P-S Guben
110 352	W-P-S Guben	20.02.72 – 23.07.73	Görlitz
110 352	Görlitz	07.08.73 – 13.09.76	Cottbus
110 362	Stralsund	16.09.85 – 29.09.85	Hoyerswerda
110 362	Hoyerswerda	25.10.87 – 30.08.88	umb in 112 362
110 381	Rostock	16.01.79 – 26.02.79	Kamenz
110 383	Elsterwerda	10.04.80 – 31.12.80	umz in 112 383
110 418	Stralsund	14.02.80 – 31.12.80	umz in 112 418
110 433	Zittau	01.07.80 – 31.12.80	umz in 112 433
110 455	Hoyerswerda	15.08.80 – 31.12.80	umz in 112 455
110 459	Elsterwerda	15.12.78 – 26.03.82	umb in 112 459
110 493	Zittau	08.01.73 – 07.04.81	Kamenz
110 566	Kamenz	08.09.81 – 22.09.81	Kamenz
110 568	Görlitz	08.08.73 – 23.12.81	Görlitz
110 590	Neuanlieferung	28.09.73 – 12.09.76	Görlitz
110 593	Neuanlieferung	01.11.73 – 22.01.82	Görlitz
110 609	Hoyerswerda	25.06.87 – 03.12.87	Angermünde
110 612	Görlitz	09.09.85 – 10.11.87	Görlitz
110 612	Görlitz	05.12.87 – 24.05.89	umb in 114 612
110 688	Neuanlieferung	03.08.74 – 25.11.81	Hoyerswerda
110 689	Stendal	16.06.86 – 30.11.87	umb in 112 689
110 700	Neuanlieferung	20.08.74 – 07.01.81	Kamenz*
110 708	Gera	01.07.77 – 14.08.80	Hoyerswerda
110 739	Neuanlieferung	21.11.74 – 30.06.80	Zittau
110 765	Neuanlieferung	18.01.75 – 28.04.80	Hoyerswerda
110 775	Cottbus	10.09.80 – 26.09.80	Cottbus
110 779	Zittau	20.07.79 – 09.08.80	Görlitz*
110 784	Halle P	21.05.75 – 24.09.75	Luckau
110 856	Neuanlieferung	01.09.76 – 18.02.81	W-P-S Guben
110 857	Neuanlieferung	04.09.76 – 17.09.81	Roßlau (Elbe)*
110 858	Neuanlieferung	08.09.76 – 25.01.81	Rostock
202 078	Chemnitz	31.05.92 – 31.12.93	Görlitz
202 166	Chemnitz	17.06.92 – 20.05.93	Dresden
112 242	aus Umbau	17.02.81 – 31.12.87	Güsten
112 316	Halle G	31.05.86 – 27.01.87	Luckau
112 316	Luckau	30.05.87 – 02.10.91	Nossen
112 324	umz	01.01.81 – 31.12.93	Görlitz
112 331	umz	01.01.81 – 01.06.92	Aue (Sachs)
112 334	umz	01.01.81 – 04.09.87	Zittau*
112 349	umz	01.01.81 – 31.12.93	Görlitz
112 352	Elsterwerda	25.11.81 – 27.12.83	Hoyerswerda
112 352	Hoyerswerda	21.08.84 – 31.01.87	Dresden
112 352	Dresden	25.02.87 – 31.12.93	Görlitz
112 362	aus Umbau	31.08.88 – 19.12.88	Pasewalk
112 368	aus Umbau	13.03.81 – 03.05.89	Aue (Sachs)

[1] verkauft an das Braunkohlenkombinat Jänschwalde umb = Umbau

umz = Umzeichnung in … W-P-S Guben = Wilhelm-Pieck-Stadt Guben

* Lok war während der Beheimatung kurzzeitig in einem anderen Bw.

△ **Bild 55** • Mit dem P 4895 (Hoyerswerda – Bautzen) erreicht **112 389** des Bw Bautzen am 31. Januar 1987 den Haltepunkt Cölln.

△ **Bild 56** • Ebenfalls an der Strecke Hoyerswerda – Bautzen befindet sich der Bahnhof Kleinwelka, in den die Bautzner **112 331** am 15. November 1986 mit einem Reisezug einfährt.

Aufnahmen (2): Andreas Stange

Bw Bautzen (II)

Lok-Nr.	vom Bw	beheimatet von – bis	zum Bw
112 369	aus Umbau	21.01.82 – 29.05.84	Elsterwerda
112 369	Elsterwerda	14.06.84 – 30.05.92	Zittau
112 381	aus Umbau	18.02.81 – 02.06.92	Aue (Sachs)
112 383	umz	01.01.81 – 06.05.81	Elsterwerda
112 383	Elsterwerda	06.06.81 – 02.07.81	Elsterwerda
112 383	Elsterwerda	16.07.81 – 21.07.86	Zittau
112 383	Zittau	03.10.86 – 23.10.87	Hoyerswerda
112 383	Zittau	12.10.90 – 03.06.91	Glauchau (Sachs)
112 389	Elsterwerda	24.12.81 – 03.06.82	Hoyerswerda
112 389	Hoyerswerda	16.06.82 – 30.03.83	Zittau
112 389	Zittau	29.04.83 – 09.07.86	Zittau
112 389	Zittau	26.11.86 – 30.05.92	Zittau
112 397	aus Umbau	03.01.81 – 30.04.87	Zittau
112 397	Zittau	22.05.87 – 18.01.88	Gera
112 418	umz	01.01.81 – 11.09.87	Hoyerswerda
112 433	umz	01.01.81 – 16.06.92	Zittau
112 455	umz	01.01.81 – 29.04.88	Hoyerswerda
112 459	aus Umbau	27.03.82 – 30.05.92	Zittau
112 615	Görlitz	08.06.90 – 15.03.92	Nossen
112 647	aus Umbau	16.12.87 – 31.12.93	Görlitz
112 657	aus Umbau	20.04.88 – 05.10.90	Hoyerswerda
112 689	aus Umbau	01.12.87 – 31.12.93	Görlitz
112 700	Kamenz	01.06.85 – 06.06.85	Görlitz
112 707	aus Umbau	29.12.87 – 31.12.93	Görlitz
112 747	Halberstadt	09.09.87 – 31.12.93	Görlitz
112 765	Hoyerswerda	12.09.87 – 31.12.93	Görlitz
112 766	aus Umbau	01.12.87 – 31.12.93	Görlitz
112 772	aus Umbau	16.12.88 – 20.05.93	Dresden
202 775	Aue (Sachs)	04.06.92 – 31.12.93	Görlitz
112 795	aus Umbau	01.01.88 – 05.10.90	Hoyerswerda
202 843	Görlitz	31.05.92 – 31.12.93	Görlitz
202 846	Görlitz	02.06.92 – 31.12.93	Görlitz

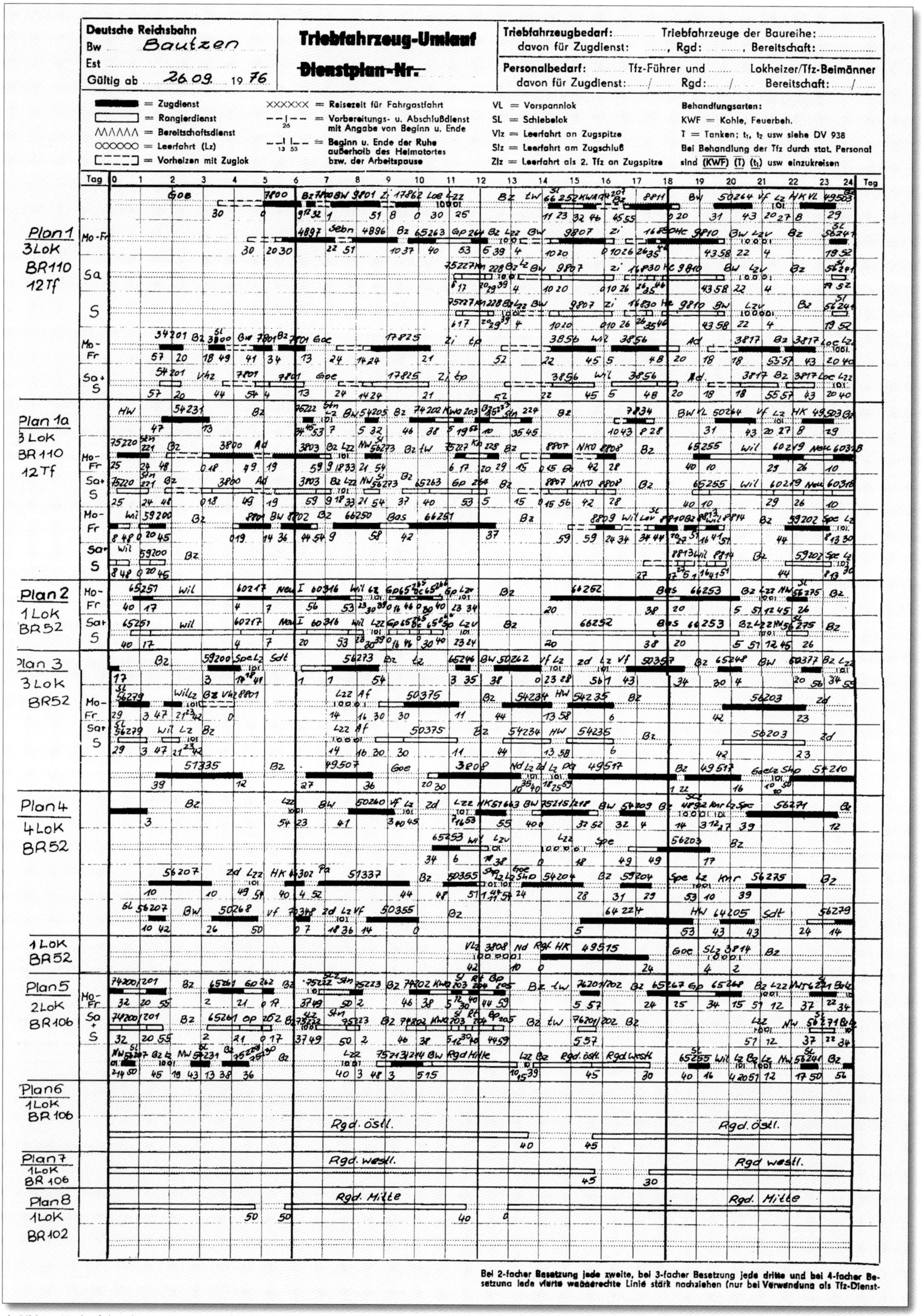

△ **Bild 57** • Umlaufplan des Bw Bautzen, gültig ab 26. September 1976. Darin eingezeichnet sind u. a. die Pläne 1 und 10 (für je 3 × 110). Die Loks kamen mit Reise- und Güterzügen u. a. nach Hoyerswerda, Görlitz, Zittau, Kleinwelka und Arnsdorf (b Dresden).

ABBILDUNG: SAMMLUNG DIETMAR SCHLEGEL

Bild 58 ▷
112 324 gehörte unter dieser Loknummer von Januar 1981 bis Dezember 1993 zum Bestand des Bw Bautzen. Die Aufnahme vom 27. Januar 1990 zeigt sie mit einem Personenzug im Bahnhof Hoyerswerda.

Bild 59 ▷
Nachdem es bereits Aufnahmen von in Löbau (Sachs) einfahrenden und mit 110 bzw. 112 bespannten Zügen gab, auf denen die Einsatzstelle Löbau des Bw Bautzen immer am Rand „angerissen" wurde, bietet sich hier ein Blick auf den Löbauer Lokschuppen. Dort wartete am 23. Februar 1987 die **110 689** auf ihren nächsten Einsatz, während im Heizhaus die 65 1057 vor sich hinräuchert.

Bild 60 ▷
Die Bautzner **112 369** erreicht am 4. Oktober 1991 mit einem Personenzug den an der Verbindung Bautzen – Hoyerswerda gelegenen Bahnhof Neschwitz (Sachs), der mit sowjetischer Signaltechnik (EZMG) ausgerüstet ist.

Aufnahmen (3):
Volker Lucas, Sammlung A. Zika

△ **Bild 61** • Im Rahmen einer Sonderfahrt auf der Waldeisenbahn Muskau kam es am 7. Mai 1977 bei Weißwasser (Oberlausitz) zur „fahrenden Kreuzung" des mit 99 3301 bespannten Sonderzuges und eines von **110 352** des Bw Cottbus beförderten Personenzuges. Aufnahme: Matthias Nieke

3.2 Bw Cottbus

Cottbus ist die zweitgrößte Stadt in Brandenburg und ein wichtiger Eisenbahnknoten im südwestlichen Teil dieses Bundeslandes. Es führen bzw. führten folgende Strecken nach und durch Cottbus:

- Görlitz – Spremberg – Berlin,
- Dresden – Senftenberg – Guben – Frankfurt (Oder),
- Leipzig/Halle – Falkenberg (Elster) – Cottbus,
- Frankfurt (Oder) – Grunow – Cottbus,
- Cottbus – Forst (Lausitz) – Sagan (Zagan).

Das Bw Cottbus gehörte zu den großen Dienststellen bei der Deutschen Reichsbahn. Zu diesem Bahnbetriebswerk gehörten die Lokeinsatzstellen Guben (ab 01.01.1969) und Luckau (ab 01.09.1967). Am 30. Juni 1970 waren in Cottbus und seinen beiden Einsatzstellen folgende Lokomotivbaureihen beheimatet:

Bw Cottbus
4 × Baureihe 03
5 × Baureihe 52
11 × Baureihe 52^{80}
1 × Baureihe 101
3 × Baureihe102
6 × Baureihe 106
18 × Baureihe 118
35 × Baureihe 120
11 × Baureihe VT 171
4 × Baureihe VT 172
2 × Baureihe VT 173 (VT 4.12)

Einsatzstelle Guben
4 × Baureihe 38^{10-40}
6 × Baureihe 52
8 × Baureihe 52^{80}

Einsatzstelle Luckau
7 × Baureihe 106
8 × Baureihe VT 172

◁ **Bild 62**
Am 5. Mai 1973 steht die Cottbuser **110 499** im Bahnhof Senftenberg. Die Lok wurde erst ein halbes Jahr zuvor in Dienst gestellt.

Aufnahme: Frank Ebermann

Bild 63 ▷ **110 554** – hier aufgenommen am 7. Oktober 1973 in Cottbus – kam im Juli jenes Jahres als Neuanlieferung zum Bw Cottbus. Nach einem kurzen Gastspiel in Haldensleben im Frühjahr 1975 blieb sie bis zu ihrem Umbau zur 112 554 eine Cottbuser Maschine. Auffallend: Der 7. Oktober war der Nationalfeiertag in der DDR, aber weder an dieser Lok noch im Umfeld ist der obligatorische Fahnenschmuck zu sehen!

In der Zeit vom 1. April bis zum 1. November 1970 trafen die fabrikneuen Maschinen 110 242, 110 264 und 110 296 im Bahnbetriebswerk Cottbus ein. Alle drei Lokomotiven wurden sogleich der Einsatzstelle Guben zugeteilt, wo sie die Personenzug-Dampfloks der Baureihe 38^{10-40} (pr. P 8) ablösten. Zum Einsatz kamen die neuen Dieselloks vor Reisezügen auf den Strecken Frankfurt (O) – Guben – Cottbus und Guben – Forst (Lausitz) – Weißwasser (Oberlausitz).

Im Herbst 1972 erhielt Cottbus mit 110 497 und 110 499 zwei weitere Vertreterinnen der Baureihe 110 zugewiesen. Sie standen fortan im Plan 3 zusammen mit drei Loks der Baureihe 118 im Personenzugdienst vor Zügen nach Falkenberg (Elster), Frankfurt (O), Königs Wusterhausen, Forst (Lausitz) und Riesa im Einsatz.

△ **Bild 64** • Am 28. März 1974 entstand in Cottbus diese Aufnahme der **110 548**. Die Lok kam im Juni 1973 direkt aus dem LEW Hennigsdorf zum Bw Cottbus. AUFNAHMEN (2): DIETRICH RICHTER, SAMMLUNG JÖRG LEUTHARDT

Bild 65 ▷ Kleine Diesellokparade am 19. September 1982 im Bw Cottbus mit den dort beheimateten **110 499** und **110 824** sowie 118 161 und 118 102.

AUFNAHME: OLAF FRÖHLICH

△ **Bild 66** • Von Oktober 1987 bis Januar 1990 befand sich **110 009** im Bestand des Bw Cottbus und war zugleich die 110 mit der niedrigsten Betriebsnummer in dieser Dienststelle. Am Vormittag des 8. Januar 1989 fährt sie mit einem Bauzug in den Bahnhof Cottbus ein. AUFNAHME: ANDREAS STANGE

Zwischen dem 25. April 1974 und dem 5. Dezember 1975 übernahm das Bw Cottbus weitere 15 Maschinen der Baureihe 110, von denen elf in der Lokeinsatzstelle Luckau stationiert wurden. Dort lösten sie mit Beginn des Winterfahrplans 1975/76 alle LVT der Baureihe 172 im Reisezugdienst und die Baureihe 106 im Güterzugdienst auf der ehemaligen Niederlausitzer Eisenbahn Falkenberg (Elster) – Herzberg Stadt – Uckro – Luckau – Lübben – Beeskow ab.

In der Est Guben wurde der Bestand auf sechs 110 aufgestockt, davon waren täglich vier im Einsatz. In Cottbus leisteten zwei 110 im Plan 5 ihre Dienste. Sie bespannten Personenzüge nach Falkenberg (Elster), Forst (Lausitz) und Priestewitz. Am 1. Januar 1976 waren insgesamt 23 Vertreterinnen der Baureihe 110 im Bw Cottbus und seinen Einsatzstellen beheimatet. Im Winterfahrplan 1982/ 83 kamen täglich 14 Maschinen in folgenden Plänen zum Einsatz:

Bw Cottbus
Plan 4: 1 × Baureihe 110 + 3 × BR 118
Plan 5: 2 × Baureihe 110

Einsatzstelle Luckau
Plan 1: 3 × Baureihe 110
Plan 2: 3 × Baureihe 110
Plan 3: 2 × Baureihe 110 (Herzberg)

Einsatzstelle Guben
Plan 1: 3 × Baureihe 110

Mit der Aufnahme des elektrischen Zugbetriebs auf den Strecken Doberlug-Kirchhain – Cottbus (09.12.1989), Senftenberg – Cottbus (26.05.1990) und Guben – Cottbus (15.12.1990) verloren die Cottbuser und Gubener 110 und 112 ihre Einsatzgebiete. Von Cottbus aus kam noch eine Lok nach Forst (Lausitz) und eine von Guben aus nach Weißwasser (Oberlausitz) zum Einsatz.

Ab 1990 war Luckau die wichtigste Einsatzstelle für die Baureihen 110 und 112. Am 31. Dezember 1991 waren in Luckau folgende Maschinen stationiert:

110 009	367	692	694	
112 057	667	370	473	497
700	724	731	780	

Mit Gründung der DB AG zum 1. Januar 1994 wurde das Bw Cottbus – wie alle Bahnbetriebswerke – in einen Betriebshof (Bh) umgewandelt.

Durch die Sperrung des Streckenabschnitts Luckau – Uckro am 28. Februar 1995 und die Einstellung des Reiseverkehrs auf den Verbindungen Beeskow – Lübben Süd und Uckro – Herzberg (Elster) Stadt am 27. Mai 1995 hatten die Cottbuser Maschinen der Baureihen 201 und 202 ihre Haupteinsatzgebiete verloren.

Im Juni 1994 gab der Bh Frankfurt (O) vier 202 nach Cottbus ab. Am 5. Oktober 1995 fand die 202-Beheimatung im Betriebshof Hoyerswerda ihr Ende, woraufhin alle zwölf in Hoyerswerda beheimateten Loks dieser Baureihe zum Bh Cottbus wechselten.

Zwischen 1992 und 1997 waren auch einige Maschinen der Baureihe 298 in Cottbus stationiert. Im Dezember 1997 wurden sie alle zum Betriebshof Senftenberg abgegeben.

Im Mai 1998 übernahm der Bh Cottbus von Berlin-Pankow und Seddin insgesamt 14 Loks der Baureihe 202, deren technische Unterhaltung in Cottbus stattfand. Jedoch wurden die Maschinen weiterhin von der Nahverkehrs-Lokleitstelle in Berlin-Lichtenberg aus eingesetzt und bespannten Reisezüge im Raum Berlin, Seddin sowie Cottbus. Am 24. Mai 1998 benötigte der Bh Cottbus planmäßig nur noch fünf 202, von denen jeweils eine in Angermünde und Berlin-Grunewald von DB Cargo genutzt wurde. Die drei anderen Loks besetzte der Bh Seddin.

Zum Winterfahrplan 1998/99 steigerte sich der Planbedarf noch einmal auf elf Maschinen. Sie kamen als „Sandwich" mit zwei 2 × 202 zwischen Berlin-Lichtenberg und Tiefensee sowie zwischen Cottbus und Forst (Lausitz) zum Einsatz.

Am 29. Mai 1999 endete der planmäßige Einsatz der Baureihe 202 – und damit die 29 Jahre währende Epoche der V 100 – im Bw bzw. Bh Cottbus.

Bw Cottbus (I)

Lok-Nr.	vom Bw	beheimatet von – bis	zum Bw
110 009	Hoyerswerda	01.10.87 – 16.01.90	Hoyerswerda
201 009	Luckau	01.01.92 – 24.01.93	Bln-Pankow
110 045	Leipzig Hbf Süd	25.11.86 – 22.11.88	Luckau
110 083	Lu-Wittenberg	16.06.87 – 16.01.90	Hoyerswerda
110 129	Luckau	21.01.86 – 15.04.86	Luckau
110 129	Luckau	23.12.86 – 14.06.87	W-P-S. Guben
110 146	Haldensleben	25.06.86 – 14.07.86	W-P-S Guben
110 204	Luckau	.05.87 – 27.12.89	Görlitz*
110 207	Zittau	21.07.73 – 06.08.73	Zittau
110 214	Görlitz	11.06.85 – 19.10.89	umb in 112 214
110 217	Kamenz	19.02.85 – 16.09.86	Luckau
110 264	Hoyerswerda	10.07.82 – 19.08.82	W-P-S Guben
110 264	W-P-S Guben	29.09.82 – 14.09.84	umb in 112 264
110 351	Neuanlieferung	01.04.71 – 25.05.74	W-P-S Guben
110 352	Bautzen	14.09.76 – 08.10.79	Elsterwerda[1]
110 362	Görlitz	07.06.86 – 07.06.86	W-P-S Guben
110 362	W-P-S Guben	18.12.86 – 24.03.87	Hoyerswerda
110 367	Senftenberg	26.05.74 – 04.06.74	W-P-S Guben
201 367	Luckau	01.01.92 – 20.10.92	Wustermark
110 368	Senftenberg	31.05.75 – 02.06.75	W-P-S Guben
110 369	Hoyerswerda	01.06.75 – 13.08.75	Luckau
110 427	Luckau	28.01.76 – 29.01.76	W-P-S Guben
110 427	W-P-S Guben	14.02.76 – 28.02.76	Luckau
110 427	Luckau	24.11.82 – 28.02.87	umb in 112 427
110 433	Neuanlieferung	01.03.72 – 02.03.72	W-P-S Guben
110 455	Hoyerswerda	24.07.73 – 05.08.73	Hoyerswerda
110 493	Kamenz	31.10.84 – .05.87	Luckau*
110 497	Neuanlieferung	01.12.72 – 12.02.75	Luckau
110 497	Luckau	02.03.75 – 22.04.75	Luckau
110 497	Luckau	07.12.85 – 22.12.86	Luckau
110 499	Neuanlieferung	23.11.72 – 28.02.75	Luckau
110 499	Luckau	24.04.75 – 28.05.75	Luckau
110 499	Elsterwerda	13.10.79 – 26.07.84	umb in 112 499
110 530	Neuanlieferung	19.04.73 – 27.04.73	Kamenz
110 530	Zittau	08.06.76 – 17.11.76	Luckau
110 530	W-P-S Guben	26.01.77 – 20.10.77	Elsterwerda
110 548	Neuanlieferung	14.06.73 – 22.05.75	Luckau
110 548	Hoyerswerda	24.02.82 – 20.05.82	Elsterwerda
110 554	Neuanlieferung	11.07.73 – 13.03.75	Haldensleben
110 554	Haldensleben	26.03.75 – 07.05.75	Luckau
110 554	Luckau	29.02.76 – 30.06.76	Luckau
110 566	Neuanlieferung	25.07.73 – 07.08.73	Elsterwerda
110 566	W-P-S Guben	30.11.88 – 15.02.93	Bln-Pankow
110 615	Luckau	25.08.83 – 30.08.85	umb in 112 615
110 658	Hoyerswerda	04.12.87 – 30.11.88	umb in 112 658
110 665	Neuanlieferung	25.05.74 – 28.08.75	Luckau
201 665	Cottbus	01.01.92 – 15.11.92	Bln-Pankow
110 669	Neuanlieferung	01.06.74 – 04.09.75	Luckau
110 669	Luckau	26.09.75 – 28.02.76	Luckau
110 669	Luckau	01.07.76 – 28.04.77	W-P-S Guben
110 669	Hoyerswerda	07.06.86 – 22.12.88	Heringsdorf
110 692	W-P-S Guben	23.05.90 – 14.06.90	W-P-S Guben
201 692	Luckau	01.01.92 – 16.01.93	Frankfurt (0)
110 694	Luckau	31.12.85 – 01.01.86	W-P-S Guben
201 694	Luckau	01.01.92 – 22.05.93	Bln-Pankow
110 767	Neuanlieferung	08.02.75 – 21.11.77	Luckau
110 767	Luckau	27.02.78 – 19.02.79	Güstrow
110 767	Neuruppin	28.03.79 – 23.03.89	Sangerhausen*
110 775	Neuanlieferung	25.02.75 – 01.01.79	Neuruppin
110 775	Neuruppin	08.02.79 – 09.09.80	Bautzen
110 775	Bautzen	27.09.80 – 16.10.80	Luckau
110 777	Luckau	07.05.75 – 19.04.82	Hoyerswerda
110 777	Hoyerswerda	08.05.82 – 23.11.82	Luckau

umb = Umbau [1] Umbau 08.10.79 * Lok war kurzzeitig in einem anderen Bw.

Bw Cottbus (II)

Lok-Nr.	vom Bw	beheimatet von – bis	zum Bw
110 779	Neuanlieferung	17.04.75 – 13.11.78	Luckau
110 779	Görlitz	23.03.85 – 29.03.85	Rostock
110 780	Neuanlieferung	19.04.75 – 06.05.75	Leipzig Hbf Süd
110 780	Leipzig Hbf Süd	21.05.75 – 27.05.77	Luckau
110 782	Leipzig Hbf Süd	21.05.75 – 14.03.78	W-P-S Guben
110 782	W-P-S Guben	17.05.78 – 29.02.80	z, a 16.01.80 unf
110 784	Luckau	28.05.77 – 05.04.79	W-P-S Guben
110 824	Neuanlieferung	02.08.75 – 24.08.83	Luckau
110 856	Hoyerswerda	07.06.86 – 07.06.86	W-P-S Guben
110 858	Kamenz	01.08.84 – 03.09.84	Luckau*
110 886	Falkenberg (Elster)	30.05.87 – 30.09.93	Frankfurt (0)
111 012	Rostock-Seehafen	08.12.88 – 21.03.89	Rostock-Seehafen
202 057	Luckau	01.01.92 – 23.09.92	Hoyerswerda
202 066	Frankfurt (0)	05.06.94 – 31.08.99	z-Park
112 160	Görlitz	01.10.90 – 22.07.91	Haldensleben
202 169	Bln-Pankow	22.05.98 – 14.01.01	z-Park
202 205	Aue (Sachs)	01.06.92 – 10.08.92	Bln-Pankow
202 207	Chemnitz	14.02.94 – 21.02.94	Frankfurt (0)
202 207	Hoyerswerda	05.10.95 – 31.08.99	z-Park
112 214	aus Umbau	20.10.89 – 28.05.95	Hoyerswerda
202 214	Hoyerswerda	30.09.95 – 29.07.98	z-Park
202 235	Hoyerswerda	05.10.95 – 23.04.97	z, a 23.04.97
202 236	Bln-Pankow	23.05.98 – 28.02.99	z-Park
202 254	Bln-Pankow	23.05.98 – 30.04.99	z-Park
202 255	Seddin	23.05.98 – 30.01.99	z-Park
202 264	Hoyerswerda	05.10.95 – 06.05.97	Görlitz
202 265	Seddin	23.05.98 – 14.01.01	z-Park
202 267	Luckau	01.01.92 – 30.09.93	Frankfurt (0)
202 267	Frankfurt (0)	05.06.94 – 06.05.97	Görlitz
202 269	Chemnitz	23.06.92 – 30.09.93	Frankfurt (0)
202 269	Bln-Pankow	22.05.98 – 31.08.99	z-Park
202 271	Hoyerswerda	05.10.95 – 14.01.01	z-Park
202 287	Bln-Pankow	22.05.98 – 30.04.99	z-Park
202 291	Leipzig Hbf Süd	10.02.94 – 07.11.94	Seddin
202 293	Leipzig Hbf Süd	10.02.94 – 07.11.94	Seddin
202 293	Seddin	23.05.98 – 30.05.00	z-Park
202 295	Seddin	20.03.98 – 29.10.98	z-Park
202 299	Seddin	23.05.98 – 29.09.98	z-Park
202 301	Halle G	08.02.94 – 08.06.95	Meiningen
202 309	Halle G	29.05.92 – 30.09.93	Frankfurt (0)
202 309	Frankfurt (0)	02.06.94 – 06.05.95	Meiningen
202 320	Bln-Pankow	20.03.98 – 31.05.98	z-Park
202 321	Bln-Pankow	20.03.98 – 31.05.98	z-Park
202 330	Seddin	23.05.98 – 30.10.00	z-Park
202 340	Bln-Pankow	22.05.98 – 28.02.99	z-Park
202 370	Luckau	01.01.92 – 06.05.97	Görlitz
202 378	Seddin	23.05.98 – 31.08.99	z-Park
202 387	Hoyerswerda	05.10.95 – 30.01.99	z-Park
202 394	Bln-Pankow	23.05.98 – 06.07.98	z-Park
202 396	Hoyerswerda	05.10.95 – 29.01.98	z-Park
202 422	Hoyerswerda	05.10.95 – 14.07.97	z-Park
202 422	aus z-Stellung	23.09.97 – 29.01.98	z-Park
112 427	Luckau	.12.87 – 06.05.97	Görlitz
202 455	Hoyerswerda	05.10.95 – 12.06.97	z, a 13.03.97
202 473	Luckau	01.01.92 – 30.01.99	z-Park
202 474	Bln-Pankow	23.05.98 – 30.01.99	z-Park
202 488	W-P-S Guben	01.01.92 – 31.08.99	z-Park
202 494	Seddin	23.05.98 – 14.01.01	z-Park
202 497	Luckau	01.01.92 – 09.10.93	Frankfurt (0)
202 507	Erfurt	07.05.95 – 29.01.98	z-Park
202 518	Bln-Pankow	23.05.98 – 28.02.99	z-Park

a = abgestellt unf = Unfall

△ **Bild 67** • Der Bahnhof Weißwasser (Oberlausitz) am 12. April 1991: Die Cottbuser **112 427** holt sich den Wagenpark eines Reisezuges aus der Abstellung und wird mit diesem als P 5845 nach Rietschen fahren. Aufnahme: Andreas Stange

Bw Cottbus (III)

Lok-Nr.	vom Bw	beheimatet von – bis	zum Bw
202 520	Bln-Pankow	20.03.98 – 14.01.01	z-gestellt
202 525	Halle G	28.05.92 – 19.10.94	Hoyerswerda
112 530	W-P-S Guben	17.02.89 – 28.05.95	Hoyerswerda
202 530	Hoyerswerda	05.10.95 – 06.05.97	Görlitz
202 549	Seddin	23.05.98 – 30.01.99	z-gestellt
202 553	Bln-Pankow	20.03.98 – 31.05.98	z-gestellt
202 573	Seddin	23.05.98 – 14.01.01	z-gestellt
202 597	Seddin	23.05.98 – 30.04.99	z-gestellt
202 647	Görlitz	24.02.94 – 29.07.98	z-gestellt
202 657	Hoyerswerda	30.09.95 – 29.07.98	z-gestellt
202 658	Görlitz	29.05.92 – 06.05.97	Görlitz
202 691	Bln-Pankow	24.05.98 – 28.02.99	z-gestellt
202 700	Luckau	01.01.92 – 29.01.98	z-gestellt
112 708	W-P-S Guben	29.11.88 – 31.08.99	z-gestellt
202 713	Bln-Pankow	20.03.98 – 29.09.98	z-gestellt
202 714	Hoyerswerda	05.10.95 – 29.01.98	z-gestellt
202 715	Seddin	20.03.98 – 30.01.99	z-gestellt
202 724	Luckau	01.01.92 – 29.09.98	z-gestellt
202 731	Luckau	01.01.92 – 28.05.95	Hoyerswerda
202 731	Hoyerswerda	05.10.95 – 29.06.97	z, a 26.05.97
202 732	Seddin	24.05.98 – 06.07.98	z-gestellt
202 733	Dresden	27.05.92 – 29.07.98	z-gestellt
202 746	Luckau	01.01.92 – 30.09.93	Frankfurt (O)
202 746	Bln-Pankow	23.05.98 – 15.01.01	+
202 751	Dresden	27.05.92 – 14.07.93	Wustermark
202 751	Bln-Pankow	23.05.98 – 27.05.00	Görlitz
202 776	Seddin	23.05.98 – 30.01.99	z-gestellt
202 780	Luckau	01.01.92 – 29.01.98	z-gestellt
202 783	Luckau	01.01.92 – 30.09.93	Frankfurt (O)

Bw Cottbus (IV)

Lok-Nr.	vom Bw	beheimatet von – bis	zum Bw
202 783	Frankfurt (O)	05.06.94 – 28.02.99	z-gestellt
202 787	Zwickau	16.02.94 – 28.05.95	Hoyerswerda
202 787	Hoyerswerda	30.09.95 – 31.08.99	z-gestellt
202 795	Meiningen	22.06.95 – 29.07.98	z-gestellt
202 824	Hoyerswerda	30.09.95 – 29.01.98	z-gestellt
112 831	W-P-S Guben	16.03.91 – 24.07.91	Meiningen
202 866	Zwickau	16.02.94 –25.02.94	Hoyerswerda
202 866	Hoyerswerda	30.09.95 – 29.06.97	z-gestellt
298 052	Bln-Pankow	17.06.97 – 22.12.97	Senftenberg
298 055	aus Umbau	09.09.92 – 10.06.94	Wustermark
298 086	Bln-Pankow	05.12.96 – 22.12.97	Senftenberg
298 091	Reichenbach (V)	22.08.97 – 22.12.97	Senftenberg
298 099	Bln-Pankow	09.11.97 – 22.12.97	Senftenberg
298 122	aus Umbau	26.06.92 – 10.06.94	Wustermark
298 124	Bln-Pankow	05.12.96 – 22.12.97	Senftenberg
298 129	Stralsund	06.08.97 – 22.12.97	Senftenberg
298 150	Mg-Rothensee	30.09.94 – 10.10.94	Wustermark
298 155	Bln-Pankow	05.12.96 – 23.12.97	Senftenberg
298 161	Halle G	30.09.94 – 30.10.95	Bln-Pankow
298 161	Bln-Pankow	05.12.96 – 22.12.97	Senftenberg
298 163	Reichenbach (V)	28.07.97 – 22.12.97	Senftenberg
298 302	Mg-Rothensee	30.09.94 – 30.10.95	Bln-Pankow
298 302	Bln-Pankow	05.12.96 – 22.12.97	Senftenberg
298 317	Bln-Pankow	31.10.97 – 22.12.97	Senftenberg
298 320	Rostock-Seehafen	12.11.97 – 09.01.98	Senftenberg
298 323	Bln-Pankow	05.12.96 – 23.12.97	Senftenberg
298 327	Reichenbach (V)	26.08.97 – 23.12.97	Senftenberg
298 337	Halle G	28.06.97 – 22.12.97	Senftenberg

3.2.1 Bw Cottbus – Einsatzstelle Wilhelm-Pieck-Stadt Guben

Guben ist eine Kleinstadt in der Niederlausitz, an der Neiße und unmittelbar an der polnischen Grenze gelegen. Von 1961 bis 1990 trug Guben den Namenszusatz „Wilhelm-Pieck-Stadt“, da der erste (und einzige) Ministerpräsident der DDR – Wilhelm Pieck (1876 – 1960) – in der Stadt geboren wurde.

Mit Wirkung vom 1. Januar 1969 wurde das Bw Guben eine Einsatzstelle des Bw Cottbus. In der Zeit vom 1. Juli bis zum 1. November 1970 trafen die fabrikneuen 110 242, 110 264 und 110 296 in Guben ein. Sie unterstanden zwar buchmäßig dem Bw Cottbus, allerdings gab es in der Einsatzstelle immer einen Fahrzeugbestand, der in der eigenen Werkstatt auch technisch unterhalten wurde. Die Gubener 110 kamen auf den Strecken Cottbus – Guben – Frankfurt (O) und Guben – Forst (Lausitz) – Weißwasser (Oberlausitz) zum Einsatz.

Am 31. Dezember 1975 sah der Bestand in Guben wie folgt aus:

110 242 264 296 351 367
368

△ **Bild 68 • 110 875** der Cottbuser Einsatzstelle in Guben und **110 694** sind am 9. September 1988 mit einem Güterzug unterwegs bei Jänschwalde (Strecke Cottbus – Guben). AUFNAHME: ANDREAS STANGE

Ab 1988 wurden in Guben auch Maschinen der Baureihe 112 stationiert, was zur Reduzierung des 110-Bestandes führte. Zum 31. Dezember 1989 gehörten noch folgende 110 und 112 zum Gubener Fahrzeugbestand:

110 086 692 694
112 488 549 724 831

Zum 31. Dezember 1993 wurde die Est Guben geschlossen. Zu diesem Zeitpunkt befanden sich dort keine Loks der Baureihen 110 oder 112 mehr.

Die letzte Gubener 110 – 110 692 – wechselte im August 1991 nach Luckau, während 112 488 als letzte 112 die Est Guben am 31. Dezember jenes Jahres zum „Mutter-Bw“ Cottbus verließ.

Bw Cottbus, Einsatzstelle Wilhelm-Pieck-Stadt Guben (I)

Lok-Nr.	vom Bw	beheimatet von – bis	zum Bw
110 057	Bautzen	23.11.88 – 30.11.88	Luckau
110 086	Angermünde	11.04.89 – 11.06.90	Reichenbach (V)
110 129	Cottbus	15.06.87 – 06.04.88	Angermünde
110 146	Cottbus	15.07.86 – 03.06.87	Bautzen
110 214	Zittau	09.06.82 – 23.09.82	Hoyerswerda
110 214	Hoyerswerda	01.12.82 – 17.05.83	Hoyerswerda
110 242	Neuanlieferung	01.07.70 – 16.02.81	umb in 112 242*
110 264	Neuanlieferung	07.07.70 – 05.07.82	Hoyerswerda
110 264	Cottbus	20.08.82 – 28.09.82	Cottbus
110 296	Neuanlieferung	01.11.70 – 17.05.79	Magdeburg
110 351	Cottbus	26.05.74 – 08.06.79	Elsterwerda[1]
110 352	Bautzen	07.02.72 – 19.02.72	Bautzen
110 362	Cottbus	08.06.86 – 17.12.86	Cottbus
110 367	Cottbus	05.06.74 – 28.01.88	Luckau
110 367	Luckau	18.06.89 – 17.11.89	Luckau
110 368	Cottbus	03.06.75 – 06.12.77	Elsterwerda
110 368	Elsterwerda	13.06.79 – 19.08.79	Hoyerswerda
110 369	Görlitz	04.09.79 – 12.09.79	Zittau
110 391	Eberswalde	11.04.89 – 26.04.89	Eberswalde
110 427	Cottbus	30.01.76 – 13.02.76	Cottbus
110 433	Cottbus	03.03.72 – 13.04.72	Zittau
110 497	Luckau	04.11.82 – 06.11.85	Luckau
110 530	Luckau	14.01.77 – 25.01.77	Cottbus
110 530	Elsterwerda	25.05.79 – 31.12.80	umz in 112 530
110 566	Kamenz	22.09.84 – 29.11.88	Cottbus
110 609	Luckau	25.10.86 – 01.12.86	Hoyerswerda
110 658	Görlitz	21.06.85 – 21.01.87	Hoyerswerda
110 669	Cottbus	29.04.77 – 18.07.83	Hoyerswerda

* Lok war während der Beheimatung kurzzeitig in einem anderen Bw.
[1] Umbau am 08.06.79 umz = Umzeichnung

Bw Cottbus, Einsatzstelle Wilhelm-Pieck-Stadt Guben (II)

Lok-Nr.	vom Bw	beheimatet von – bis	zum Bw
110 670	Zittau	20.01.80 – 17.06.85	umb in 112 670
110 692	Erfurt	18.06.86 – 22.05.90	Cottbus
110 692	Cottbus	15.06.90 – 20.08.91	Luckau
110 694	Cottbus	02.01.86 – 28.06.90	Luckau
110 782	Cottbus	15.03.78 – 16.05.78	Cottbus
110 784	Cottbus	06.04.79 – 26.05.80	Neustrelitz
110 784	Neustrelitz	18.06.80 – 31.08.84	Kamenz[2]
110 789	Luckau	20.04.79 – 29.05.79	Luckau
110 824	Luckau	01.09.87 – 03.10.88	umb in 112 824
110 831	Hoyerswerda	01.04.88 – 21.06.88	umb in 112 831
110 856	Bautzen	19.02.81 – 03.06.84	Luckau*
110 856	Luckau	02.08.84 – 22.04.86	Lu-Wittenberg
110 856	Cottbus	08.06.86 – 05.07.88	Hoyerswerda
110 875	Hoyerswerda	03.09.87 – 04.05.89	Aue (Sachs)
110 960	umz	. .78 – 13.09.81	ums Gerät Obw WPG[3]
112 488	Stendal	18.04.89 – 31.12.91	Cottbus
112 530	Görlitz	06.04.88 – 13.10.88	Luckau
112 530	Luckau	13.01.89 – 16.02.89	Cottbus
112 549	Luckau	28.11.88 – 04.01.89	Luckau
112 549	Luckau	05.04.89 – 22.05.91	Jüterbog
112 658	aus Umbau	03.12.88 – 04.04.89	Görlitz
112 708	Luckau	13.10.88 – 28.11.88	Cottbus
112 724	Hoyerswerda	01.04.88 – 27.05.88	Kamenz
112 724	Kamenz	30.07.88 – 16.05.91	Luckau
112 824	aus Umbau	04.10.88 – 27.10.88	Luckau
112 831	aus Umbau	22.06.88 – 15.03.91	Cottbus

[2] Umbau am 31.08.84
[3] 110 960 (Grabenräumlok) als Gerät umgesetzt zum Oberbauwerk W-P-S Guben

◁ **Bild 69**
Am 6. Oktober 1975 kam es in Groß Leuthen-Gröditsch (Strecke Beeskow – Luckau) zum Zusammentreffen von **110 497** der Cottbuser Einsatzstelle Luckau und dem VT 173 002.

Aufnahme: Siegfried Brogsitter, Sammlung Dietmar Schlegel

3.2.2 Bw Cottbus – Einsatzstelle Luckau

Zum 1. September 1967 wurde das Bw Luckau zu einer Einsatzstelle des Bw Cottbus degradiert, behielt aber weiterhin die eigene Lokunterhaltung und einen eigenen Fahrzeugbestand. Im Jahr 1974 waren elf Maschinen der Baureihe 110 in Luckau stationiert. Sie kamen auf den Strecken der ehemaligen Niederlausitzer Eisenbahn Falkenberg (Elster) – Herzberg (Elster) Stadt – Luckau – Lübben – Beeskow zum Einsatz. Jahrelange Stammleistungen der Luckauer 110er waren die Personenzüge P 5703 (Luckau – Elsterwerda), P 5704 (Elsterwerda – Baruth/Mark), P 5707 (Lübben – Luckau – Uckro – Elsterwerda – Frauenhain) und P 5708 (Frauenhain – Elsterwerda – Uckro – Luckau).

Am 31. Dezember 1975 waren in der Cottbuser Lokeinsatzstelle Luckau folgende 110 stationiert:

110 427	497	499	548	554
665	730	734	784	785
789				

Abweichend von ihrem sonstigen Einsatzgebiet übernahmen die 110 der Est Luckau

▽ **Bild 70** • Im Jahr 1977 ist **110 789** vom Bw Cottbus (Lokeinsatzstelle Luckau) mit dem Personenzug P 5703 (Luckau – Elsterwerda) in den Bahnhof Doberlug-Kirchhain eingefahren.
Aufnahme: Sammlung Matthias Hengst

aufgrund der fortschreitenden Streckenelektrifizierung im Winterfahrplan 1981/82 kurzzeitig vom Bw Elsterwerda die Beförderung der Gex-Züge 2670/2673 und 2678/2679 zwischen Uckro und Berlin Ostbahnhof. Doch zum Sommerfahrplan 1982 entfielen diese Leistungen schon wieder, da die Oberleitung bereits bis Rangsdorf hing.

Bereits 1981 wurden der Est Luckau auch Maschinen der Baureihe 112 zugewiesen. Aus dem Bw Elsterwerda kommend trafen 112 351 (am 26.09.1981) und 112 398 (am 24.09.1981) ein. Sie erhielten allerdings keinen gesonderten Umlaufplan, sondern kamen mit in den Dienstplänen der Baureihe 110 zum Einsatz. Beide Loks verließen im Verlauf des Jahres 1982 die Est Luckau. In der Folge teilten sich 110 und 112 gemeinsam die Leistungen der Einsatzstelle. Am 31. Dezember 1991 wechselten alle Luckauer Loks zum Bw Cottbus.

△ **Bild 71** • Blick über die Drehscheibe der Einsatzstelle Luckau am 20. Februar 1993. Der SKL Typ „Schöneweide" wird flankiert von **202 780** und **202 733**. Die 202 780 gehörte von 1977 (noch als 110 780) bis 1991 zum festen Bestand in Luckau, wechselte dann – wie alle noch in Luckau vorhandenen Fahrzeuge – zum Bw Cottbus. Währendessen war 202 733 nie eine „Luckauerin", sondern innerhalb der Rbd Cottbus von Mai 1992 bis Juli 1998 nur in Cottbus selbst beheimatet. Aufnahme: Gunter von Hartwig

Bw Cottbus, Einsatzstelle Luckau (I)

Lok-Nr.	vom Bw	beheimatet von – bis	zum Bw
110 009	Hoyerswerda	16.02.90 – 31.12.91	Cottbus
110 013	Bitterfeld	07.06.89 – 03.07.90	Hoyerswerda
110 045	Cottbus	23.11.88 – 06.06.89	Bitterfeld
110 057	Falkenberg (E)	01.11.88 – 16.11.88	Bautzen
110 057	W-P-S Guben	01.12.88 – 31.05.89	umb in 112 057
110 129	Hoyerswerda	21.11.85 – 20.01.86	Cottbus
110 129	Cottbus	16.04.86 – 22.12.86	Cottbus
110 204	Görlitz	16.09.85 – .05.87	Cottbus
110 217	Cottbus	17.09.86 – 30.03.89	Haldensleben
110 367	W-P-S Guben	29.01.88 – 17.06.89	W-P-S Guben
110 367	W-P-S Guben	18.11.89 – 31.12.91	Cottbus*
110 369	Cottbus	14.08.75 – 07.10.75	Elsterwerda
110 427	Hoyerswerda	05.12.75 – 27.01.76	Cottbus
110 427	Cottbus	29.02.76 – 23.11.82	Cottbus
110 493	Cottbus	.05.87 – 29.04.88	Schwerin
110 497	Cottbus	13.02.75 – 01.03.75	Cottbus
110 497	Cottbus	23.04.75 – 03.11.82	W-P-S Guben
110 497	W-P-S Guben	07.11.85 – 06.12.85	Cottbus
110 497	Cottbus	23.12.86 – 19.03.87	umb in 112 497
110 499	Cottbus	01.03.75 – 23.04.75	Cottbus
110 499	Cottbus	29.05.75 – 06.11.75	Görlitz
110 499	Görlitz	01.12.75 – 16.03.76	Elsterwerda
110 530	Cottbus	18.11.76 – 13.01.77	W-P-S Guben
110 548	Cottbus	23.05.75 – 02.12.79	Elsterwerda
110 554	Cottbus	08.05.75 – 28.02.76	Cottbus
110 554	Cottbus	01.07.76 – 22.11.85	umb in 112 554
110 566	Kamenz	12.04.77 – 15.05.77	Kamenz
110 609	Görlitz	10.04.85 – 24.10.86	W-P-S Guben
110 615	Zittau	03.10.82 – 24.08.83	Cottbus
110 665	Cottbus	29.08.75 – 31.12.91	Cottbus
110 669	Cottbus	05.09.75 – 25.09.75	Cottbus
110 669	Cottbus	29.02.76 – 30.06.76	Cottbus
110 692	W-P-S Guben	21.08.91 – 31.12.91	Cottbus
110 694	Zittau	22.08.83 – 19.10.83	Elsterwerda*
110 694	Elsterwerda	21.12.83 – 30.12.85	Cottbus
110 694	W-P-S Guben	29.06.90 – 31.12.91	Cottbus
110 730	Hoyerswerda	20.09.75 – 20.12.85	umb in 112 730

* Lok war während der Beheimatung kurzzeitig in einem anderen Bw.
umb = Umbau

Bw Cottbus, Einsatzstelle Luckau (II)

Lok-Nr.	vom Bw	beheimatet von – bis	zum Bw
110 734	Görlitz	24.09.75 – 24.10.81	Kamenz
110 734	Kamenz	11.02.82 – 19.04.89	Güsten
110 767	Cottbus	22.11.77 – 26.02.78	Cottbus
110 775	Cottbus	17.10.80 – 27.10.88	umb in 112 775
110 777	Neuanlieferung	16.04.75 – 06.05.75	Cottbus
110 777	Cottbus	24.11.82 – 17.08.83	umb in 112 777
110 779	Cottbus	14.11.78 – 14.03.79	Zittau
110 780	Cottbus	28.05.77 – 09.01.89	umb in 112 780
110 784	Bautzen	25.09.75 – 27.05.77	Cottbus
110 785	Zittau	19.09.75 – 30.03.85	umb in 112 785
110 789	Frankfurt (O)	25.09.75 – 19.04.79	W-P-S Guben
110 789	W-P-S Guben	30.05.79 – 16.11.89	Bln-Pankow
110 824	Cottbus	25.08.83 – 31.08.87	W-P-S Guben
110 856	W-P-S Guben	04.06.84 – 01.08.84	W-P-S Guben
110 858	Cottbus	03.09.84 – 20.05.85	Falkenberg (E)
112 057	aus Umbau	01.06.89 – 31.12.91	Cottbus
112 267	Haldensleben	11.08.89 – 31.12.91	Cottbus
112 316	Bautzen	28.01.87 – 29.05.87	Bautzen
112 351	Elsterwerda	26.09.81 – 02.10.82	Zittau
112 370	Kamenz	08.04.89 – 31.12.91	Cottbus
112 398	Elsterwerda	24.09.81 – 19.05.82	Zittau
112 427	aus Umbau	01.03.87 – .12.87	Cottbus
112 473	Görlitz	05.04.89 – 31.12.91	Cottbus
112 497	Stendal	07.04.87 – 31.12.91	Cottbus
112 530	W-P-S Guben	14.10.88 – 12.01.89	W-P-S Guben
112 532	Elsterwerda	27.01.82 – 20.05.82	Wismar
112 549	Röblingen a.S.	28.11.85 – 27.11.88	W-P-S Guben
112 549	W-P-S Guben	05.01.89 – 04.04.89	W-P-S Guben
112 700	Görlitz	06.12.88 – 31.12.91	Cottbus
112 708	Görlitz	27.04.88 – 12.10.88	W-P-S Guben
112 724	W-P-S Guben	17.05.91 – 31.12.91	Cottbus
112 730	aus Umbau	21.12.85 – 12.09.87	Hoyerswerda
112 730	Hoyerswerda	01.10.87 – 28.07.89	Haldensleben
112 731	Kamenz	09.03.89 – 31.12.91	Cottbus
112 746	aus Umbau	22.05.86 – 31.12.91	Cottbus
112 775	aus Umbau	28.10.88 – 06.12.88	Görlitz
112 780	aus Umbau	10.01.89 – 31.12.91	Cottbus
112 783	aus Umbau	29.12.88 – 31.12.91	Cottbus
112 824	W-P-S Guben	28.10.88 – 20.08.91	Hoyerswerda

△ **Bild 72** • Im September 1977 fährt **110 521** (Bw Elsterwerda) mit einem Personenzug aus Dresden in den Bahnhof Prösen-Wainsdorf (zwischen Großenhain und Elsterwerda) ein. AUFNAHME: PETER KLIMPEL, SLG. DIETMAR SCHLEGEL

3.3 Bw Elsterwerda

Die Stadt Elsterwerda liegt 57 km nördlich von Dresden im Land Brandenburg. Es verlaufen zwei Eisenbahnstrecken durch Elsterwerda: Dresden – Doberlug-Kirchhain – Berlin und Dessau – Lutherstadt Wittenberg – Falkenberg (Elster) – Hoyerswerda – Kohlfurt (Węgliniec), eine weitere Strecke zweigt nach Riesa ab.

Das Bahnbetriebswerk Elsterwerda beheimatete am 5. Januar 1973 acht Maschinen der Baureihe 35^{10}, 15 der Baureihe 52, sechs Vertreterinnen der Baureihe 52^{80} und zwei der Baureihe 106. Im April und Mai 1973 erhielt Elsterwerda die 110 500 und 110 521 zugewiesen, sodass ab dem Sommerfahrplan 1973 im Plan 1 eine 110 und drei 35^{10} im Personenzugdienst zwischen Dresden und Berlin zum Einsatz kamen. Nachdem im August desselben Jahres auch 110 566 im Bw Elsterwerda beheimatet wurde, teilten die dortigen Loktechnologen zum Winterfahrplan 1973/74 den Einsatzplan. Im Plan 1 liefen drei 110 nach Dresden, Berlin und Riesa, während der Dienstplan 1a nunmehr allein für zwei 35^{10} vorgesehen war.

Im Verlauf der Jahre 1975 und 1976 trafen weitere Lokomotiven der Baureihe 110 in Elsterwerda ein, was wiederum den Planeinsatz der Dampflokbaureihe 35^{10} in dieser Dienststelle zum Sommerfahrplan 1974 beendete.

Ab dem 26. Mai 1974 kamen fünf 110 planmäßig im Dienstplan 1 zum Einsatz. Sie bespannten nun alle vom Bw Elsterwerda zu fahrenden Personenzüge zwischen Dresden und Berlin sowie vier Reisezugpaare zwischen Elsterwerda-Biehla und Riesa. In der Zeit vom 11. Januar 1975 bis zum 29. März trafen noch 110 369, 110 424, 110 499 und 110 762 in Elsterwerda ein. Zum 31. Dezember 1976 waren nun zehn Vertreterinnen der Baureihe 110 in Elsterwerda beheimatet:

110 369	424	499	500	521
566	653	656	670	762

Bei Ausfall einer Großdiesellok der Baureihe 132 übernahmen im Güterzugdienst zwei 110 in Doppeltraktion deren Leistungen. Mit der Aufnahme der elektrischen Zugförderung auf dem Abschnitt Radebeul West – Elsterwerda am 30. September 1979 endete der Einsatz der Elsterwerdaer 110 auf der Relation nach Dresden.

Am 27. September 1981 wurde zwischen Elsterwerda und Uckro der elektrische Zugbetrieb aufgenommen, wodurch ein Großteil der Elsterwerdaer 110er ihre Planleistungen verloren. Zwischen Dezember 1980 und Januar 1982 gab das Bw Elsterwerda sechs 110 an die Bahnbetriebswerke Bautzen, Kamenz und Cottbus (Est Luckau) ab. In Elsterwerda blieben lediglich 110 424 und 110 688 beheimatet, die vor Personenzügen zwischen Elsterwerda-Biehla und Riesa zum Einsatz kamen.

Ab Februar 1985 wurden in Elsterwerda auch Maschinen der Baureihe 118^{1} beheimatet, die wiederum die noch beiden vorhandenen 110 in deren Dienstplänen ablösten. Als Folge wechselten 110 424 am 9. Februar 1985 zum Bw Güsten und 110 688 am 12. April 1985 zum Bw Brandenburg.

◁ **Bild 73**
Am 28. Juni 1975 ist **110 670** des Bw Elsterwerda mit einem Personenzug von Berlin nach Dresden unterwegs bei Niederau.

AUFNAHME: SAMMLUNG MATTHIAS HENGST

△ **Bild 74** • Zu den planmäßigen Leistungen der Elsterwerdaer 110er gehörte die Beförderung von Personenzügen von Elsterwerda-Biehla nach Riesa. Mit einem solchen Zug kam **110 500** am 28. März 1978 in die Stadt an der Elbe und wurde im dortigen Bahnhof beim Umsetzen fotografiert. Ganz rechts am Bildrand ist die Elbebrücke an der Ausfahrt in Richtung Dresden und Elsterwerda zu erkennen. Aufnahme: Frank Ebermann

▽ **Bild 75** • In ihrem Heimat-Bw Elsterwerda wartet **110 688** am 18. September 1982 auf den nächsten Einsatz. Zu diesem Zeitpunkt gab es bereits nur noch zwei Loks der Baureihe 110 in dieser Dienststelle. Die hier zu sehende 110 688 und 110 424. Aufnahme Olaf Fröhlich

◁ **Bild 76**
110 762 des Bw Elsterwerda steht am 26. Juni 1976 im Gleisvorfeld des Bahnhofs Riesa. Im Hintergrund ist das dortige Stahlwerk zu sehen. Apropos Stahlwerk: Der 110 762 war kein langes Lokleben vergönnt. Nach einem Unfall wurde sie im September 1977 abgestellt.

Aufnahme: Frank Ebermann

Bw Elsterwerda (I)

Lok-Nr.	vom Bw	beheimatet von – bis	zum Bw
110 009	Bautzen	22.10.86 – 20.11.86	Hoyerswerda
110 217	Zittau	11.11.82 – 02.05.83	Zittau*
110 217	Hoyerswerda	06.09.84 – 24.10.84	Kamenz
110 349	Bautzen	07.10.77 – 20.10.77	Bautzen
110 351	W-P-S Guben	09.06.79 – 31.12.80	umz in 112 351
110 352	Cottbus	09.10.79 – 31.12.80	umz in 112 352
110 368	W-P-S Guben	07.12.77 – 12.06.79	W-P-S Guben
110 369	Luckau	08.10.75 – 23.07.79	Görlitz*
110 383	Kamenz	16.01.80 – 09.04.80	Bautzen
110 389	Kamenz	12.02.80 – 31.12.80	umz in 112 389
110 398	Magdeburg	18.05.79 – 31.12.80	umz in 112 398
110 424	Görlitz	29.03.76 – 20.02.79	Güsten*
110 424	Güsten	06.04.79 – 21.09.79	Hoyerswerda
110 424	Zittau	04.10.82 – 09.02.85	Güsten
110 442	Görlitz	30.12.78 – 16.01.79	Görlitz
110 442	Görlitz	14.07.79 – 31.12.80	umz in 112 442
110 459	Zittau	24.09.77 – 14.12.78	Bautzen
110 499	Luckau	17.03.76 – 12.10.79	Cottbus
110 500	Hoyerswerda	09.04.73 – 22.11.79	Kamenz
110 509	Kamenz	21.11.79 – 15.09.80	Kamenz
110 509	Kamenz	09.10.80 – 31.12.80	umz in 112 509
110 521	Görlitz	05.05.73 – 02.10.79	Bln-Pankow
110 530	Cottbus	21.10.77 – 24.05.79	W-P-S Guben

* Lok war während der Beheimatung kurzzeitig in einem anderen Bw.
umz = Umzeichnung W-P-S Guben = Wilhelm-Pieck-Stadt Guben

Bw Elsterwerda (II)

Lok-Nr.	vom Bw	beheimatet von – bis	zum Bw
110 532	Hoyerswerda	19.09.79 – 31.12.80	umz in 112 532
110 548	Luckau	03.12.79 – 25.01.80	Hoyerswerda
110 548	Cottbus	21.05.82 – 08.11.82	umb in 112 548
110 566	Cottbus	08.08.73 – 23.09.76	Kamenz
110 566	Kamenz	19.10.76 – 30.03.77	Kamenz
110 653	Neuanlieferung	04.03.74 – 20.01.80	Kamenz
110 656	Neuanlieferung	01.05.74 – 12.02.80	Kamenz
110 670	Neuanlieferung	31.05.74 – 02.01.80	Zittau
110 688	Hoyerswerda	06.02.82 – 12.04.85	Brandenburg
110 694	Luckau	20.10.83 – 20.12.83	Luckau
110 762	Neuanlieferung	11.01.75 – 30.04.78	z, a 03.09.77 unf
110 826	Hoyerswerda	30.05.84 – 13.06.84	Hoyerswerda
110 858	Rostock	07.02.81 – 20.02.81	Kamenz
112 351	umz	01.01.81 – 25.09.81	Luckau
112 352	umz	01.01.81 – 24.11.81	Bautzen
112 369	Bautzen	30.05.84 – 13.06.84	Bautzen
112 383	Bautzen	07.05.81 – 05.06.81	Bautzen
112 383	Bautzen	03.07.81 – 15.07.81	Bautzen
112 389	umz	01.01.81 – 23.12.81	Bautzen
112 398	umz	01.01.81 – 23.09.81	Luckau
112 442	umz	01.01.81 – 30.09.82	Zittau
112 509	umz	01.01.81 – 22.05.82	Wismar
112 530	umz	01.01.81 – 02.07.82	Zittau
112 532	umz	01.01.81 – 26.01.82	Luckau

a = abgestellt unf = Unfall umz = Umzeichnung

◁ **Bild 77**
Einen Personenzug nach Dresden hat die Elsterwerdaer **110 670** am Haken, als sie am 9. September 1977 zwischen Doberlug-Kirchhain und Elsterwerda am Standort der Fotografen vorbeikam.

Aufnahme: Peter Klimpel, Sammlung Dietmar Schlegel

3.4 Bw Görlitz

Görlitz, Grenzstadt zu Polen und an der Lausitzer Neiße gelegen, hat heute rund 56.000 Einwohner und gehört zu den schönsten Städten in Deutschland. Durch Görlitz verlaufen die Eisenbahnstrecken Dresden – Bautzen – Görlitz (Zgorzelec) – Breslau (Wrocław) und Berlin – Cottbus – Görlitz (Zgorzelec) – Hirschberg (Jelena Góra), zudem zweigen dort noch die Strecken nach Zittau und nach Weißenberg (Betrieb wurde am 22.05.1993 eingestellt) ab.

Am 1. Januar 1970 waren im Bahnbetriebswerk Görlitz folgende Baureihen beheimatet:

9 × Baureihe 03
11 × Baureihe 52
4 × Baureihe 52^{80}
3 × Baureihe 92^{29}
2 × Baureihe 92^{64}
2 × Baureihe $V\,15^{20}$
4 × Baureihe V 60
1 × Baureihe $V\,180^{1}$
7 × Baureihe $V\,180^{2}$

Im November 1967 weilte V 100 041 vom Bw Merseburg kommend im Raw Karl-Marx-Stadt. Dort wurde die Lokomotive (einseitig) mit einer automatischen Mittelpufferkupplung ausgerüstet. Am 22. Dezember 1967 kam diese V 100 zum Bw Görlitz, wo sie zu Versuchszwecken in der VES-M-Abteilung Schlauroth zum Einsatz kam.

Erst zwischen dem 18. April und dem 22. Mai 1970 bekam das Bw Görlitz die ersten Vertreterinnen der Baureihe 110 zugeteilt. Frisch aus dem LEW Hennigsdorf kamen 110 217, 110 237 und 110 240 zur Behei-

△ **Bild 78** • Im Juni 1970 verlässt **110 240** des Bw Görlitz mit einem Personenzug nach Weißenberg (Sachs) den Bahnhof Königshain-Hochstein. Aufnahme: Siegfried Brogsitter, Sammlung Dietmar Schlegel

△ **Bild 79** • Am 30. September 1972 hat **110 324** (Bw Görlitz) mit dem P 3813 den letzten Personenzug vor der Einstellung des Reiseverkehrs von Görlitz nach Weißenberg (Sachs) gebracht. Der Zug wurde von zahlreichen Weißenberger Einwohnern empfangen, und auch die „allgegenwärtige Staatsmacht" war selbstverständlich vor Ort. Aufnahme: Peter Klimpel, Sammlung Dietmar Schlegel

Bild 80 ▷ Die Görlitzer **110 324** und **110 367** des Bw Senftenberg erreichen am 28. März 1974 gemeinsam mit einem Personenzug den Bahnhof Cottbus. Die Vorspannleistung wird einer Vermeidung einer Lz-Fahrt gedient haben. Rechts im Heizstand steht 52 2167.

Aufnahme: Dietrich Richter, Sammlung Jörg Leuthardt

△ **Bild 81** • Mit einem Güterzug nach Horka ist **110 631** des Bw Görlitz im Sommer 1975 unterwegs bei Schlauroth.

matung nach Görlitz. Zum einen ersetzten die 110er mit Beginn des Sommerfahrplans 1970 die Dampfloks der Baureihen 92^{29} und 92^{64} auf der Strecke Görlitz – Königshain-Hochstein – Weißenberg (Sachs), zum anderen bespannten sie bis 1972 die Personenzüge P 624/P 641 nach Dresden.

Im Februar 1971 traf mit 110 324 die fünfte 110 in Görlitz ein. Der Bestand verringerte sich am 28. Dezember jenes Jahres durch den Wechsel der 110 041 zum Bw Halle P wieder auf vier Loks.

Mit dem Fahrplanwechsel am 1. Oktober 1972 wurde der Eisenbahnverkehr zwischen Weißenberg (Sachs) und Königshain-Hochstein eingestellt. Die Görlitzer 110 324 bespannte am 30. September 1972 mit dem Zugpaar P 3813/3814 den letzten Zug von Görlitz nach Weißenberg (Sachs) und wieder zurück nach Görlitz.

In der Zeit vom 3. Juli bis zum 22. Dezember 1973 trafen mit 110 558, 110 568, 110 609, 110 612 und 110 631 weitere fabrikneue 110 in Görlitz ein. Zum 1. Januar 1974 waren acht Loks dieser Baureihe in Görlitz stationiert, für den täglichen Plandienst wurden fünf Maschinen benötigt. Im Sommerfahrplan 1982 kamen im Plan 5 fünf 110er vor Reisezügen (je ein Zugpaar) auf den Strecken Görlitz – Cottbus, Cottbus – Falkenberg (Elster), Görlitz – Hoyerswerda – Falkenberg (Elster) und Görlitz – Zittau zum Einsatz, während auf dem Reststück der „Görlitzer Kreisbahn" (Görlitz – Königshain-Hochstein) montags bis freitags sieben und an den Wochenenden vier Zugpaare von 110ern bespannt wurden. Eine weitere Leistung der Görlitzer Maschinen war die so genannte Oberlausitzrunde: P 16805 (Görlitz – Zittau) und P 17822 (Zittau – Großschönau/Sachs – Eibau – Ebersbach/Sachs – Löbau/Sachs – Görlitz).

Ab 1985 wurden auch Maschinen der Baureihe 110 des Bw Görlitz mit leistungsgesteigerten Motoren (883 kW/1.200 PS) ausgerüstet, welche anschließend unter

△ **Bild 82** • Im Jahr 1978 fährt die Görlitzer **110 237** mit einem Güterzug in den Rangierbahnhof Schlauroth bei Görlitz ein.

Aufnahmen (2): Siegfried Brogsitter, Sammlung Dietmar Schlegel

△ **Bild 83** • Bereits im Juni 1971 entstand diese Aufnahme der **110 237** in ihrem Heimat-Bw Görlitz. Die Lok gehörte zu den ersten drei Maschinen ihrer Baureihe, welche dem hiesigen Bahnbetriebswerk zur Beheimatung zugewiesen wurden. Dafür, dass 110 237 erst knapp 14 Monate im Einsatz war, sah sie zum Zeitpunkt der Aufnahme bereits sehr „mitgenommen" aus …

Aufnahme: Ralf Ludwig, Sammlung Jörg Leuthardt

Beibehaltung ihrer alten Ordnungsnummern die Baureihenbezeichnung 112 erhielten. Zum 1. Januar 1986 sah der Görlitzer 110/112-Bestand wie folgt aus:

110	362				
112	264	530	615	670	700
	708	784	785		

Am 22. Mai 1993 war der letzte Betriebstag zwischen Görlitz und Königshain-Hochstein. An diesem Tag bespannten die görlitzer 201 007 und 202 459 (Bh Zittau) die letzten Züge auf dieser Strecke.

Zum 31. Dezember 1993 waren in Görlitz nur noch 201 007, 201 025 und 201 093 beheimatet, die Vertreterinnen der Baureihe 202 (ex 112) hatten – bis auf 202 423 (ex 112 423) – alle die Beheimatung gewechselt.

Allerdings: Mit der Gründung der DB AG zum 1. Januar 1994 wurde das Bw Görlitz in einen Betriebshof (Bh) umgewandelt, dem fortan auch die ehemaligen Bahnbetriebswerke Bautzen und Zittau unterstanden. Von beiden Dienststellen übernahm der Bh Görlitz insgesamt 31 Maschinen der Baureihe 202, so dass der Görlitzer 202-Bestand innerhalb einer „juristischen Sekunde" von einer Lok auf 32 anstieg. Im Einzelnen handelte es sich um folgende Loks:

202 078	324	331	349	351
352	369	389	390	398
423	433	442	459	479
500	563	568	647	689
703	707	747	765	766
775	777	791	804	827
843	846			

Die drei noch verbliebenen 201 wechselten zum 3. Februar 1994 gemeinsam zum

Bild 84 ▷ Bis zur Einstellung des Reisezugverkehrs zwischen Görlitz und Weißenberg (Sachs) im September 1972 gehörte die Beförderung von Personenzügen zu den Planleistungen der Görlitzer 110. Im Mai 1972 steht **110 237** für die Rückfahrt nach Görlitz in Weißenberg (Sachs) bereit.

Aufnahme: Peter Klimpel, Slg. Dietmar Schlegel

◁ **Bild 85**
110 784 gehörte nur kurze Zeit – Ende März bis Mitte Oktober 1985 – unter dieser Nummer zum Bestand des Bw Görlitz. Denn „formal" wäre sie bereits eine Lok der Baureihe 112. Bereits ohne 110-Lokschilder steht sie hier am 8. September 1985 in Falkenberg (Elster) unt Bf. Am 19. Oktober jenes Jahres wird die Lok zur 112 784 umgezeichnet.

Bh Zwickau, sodass in Görlitz dann ausschließlich Vertreterinnen der Baureihe 202 beheimatet waren. Die Maschinen kamen zunächst weiterhin von Bautzen und Zittau aus auf ihren angestammten Strecken in der Oberlausitz zum Einsatz. Doch durch die Einstellung des Eisenbahnverkehrs auf der Strecke Bautzen – Großpostwitz – Cunewalde – Löbau (Sachs) am 31. Mai 1997 und dem Einsatz der Baureihe 219 auf den Strecken Görlitz – Zittau und Löbau – Herrnhut – Zittau wurden die Leistungen der Baureihe 202 stark eingeschränkt. Im Jahr 1999 gab der Bh Görlitz sechs 202 an den Betriebshof Dresden ab.

Zum 1. Januar 2000 waren im Bh Görlitz noch 22 Loks der Baureihe 202 beheimatet:

202 166	240	405	407	425
427	430	454	459	490
500	523	535	562	637
646	651	679	703	744
777	804			

Die Maschinen leisteten ihre Dienste auf den Strecken Löbau (Sachs) – Ebersbach (Sachs), Zittau – Großschönau (Sachs) – Eibau und Bautzen – Wilthen – Bad Schandau.

Mit Beginn des Sommerfahrplans am 10. Juni 2001 wurden die auf der Verbindung Bautzen – Wilthen – Bad Schandau eingesetzten 202 durch Loks der Baureihe 219 ersetzt, während zwischen Zittau und Großschönau (Sachs) modernisierte „Ferkeltaxen" der Baureihe 772 zum Einsatz kamen. Aus diesem Grund überstellte der Bh Görlitz zwischen dem 27. Mai und dem 30. Juli 2001 insgesamt elf nicht mehr benötigte 202 in den z-Park.

Ab dem 10. Juni 2001 lag der Bedarf an 202 im Bh Görlitz bei nur noch drei Loks, die planmäßig vor Nahverkehrszügen auf der Verbindung Görlitz – Löbau (Sachs) – Ebersbach (Sachs) – Eibau sowie bei Reserveleistungen auf der Strecke Görlitz – Zittau – Großschönau (Sachs) eingesetzt wurden. Entsprechend kam es im Jahr 2001 durch zahlreiche z-Stellungen zu einer weiteren „Ausdünnung" des Bestandes (in Klammern: Tag der z-Stellung):

- 202 735 und 202 817 (10.06.),
- 202 310, 311, 374, 416 und 882 (13.06.),
- 202 832 und 202 844 (26.06.),
- 202 544 (30.07.),

◁ **Bild 86**
Ebenfalls in Falkenberg (Elster), allerdings auf dem oberen Bahnhof, entstand am 25. Oktober 1983 diese Aufnahme der Görlitzer **110 612**. Sie hat den P 5963 (Falkenberg/E – Cottbus) am Haken.

- 202 791 (17.08.),
- 202 885 (05.09.).

Während im Normalfall eine Lok erst z-gestellt und anschließend ausgemustert wird, war dies u. a. bei 202 311 (ausgemustert bereits am 09.06.2001), 202 374 (ausgemustert am 10.06.2001), 202 416 (ausgemustert am 09.06.2001), 202 544 (ausgemustert am 01.06.2001), 202 844 und 202 882 (jeweils ausgemustert am 10.06.2001) nicht der Fall.

Mit den restlichen noch im Bh Görlitz vorhandenen 202 wurden bis zum 15. September 2001 die täglichen Planleistungen erbracht. An jenem Tag – dem letzten Tag des Sommerfahrplans 2001 – kamen mit den Görlitzern 202 535, 202 646, 202 672 und 202 751 letztmalig Maschinen der Baureihe 202 bei der DB AG planmäßig zum Einsatz. Drei Tage später – am 18. September – wurden auch diese Loks z-gestellt und damit das Kapitel der Einsatzgeschichte des Plandienstes der Baureihe 112/202 bei der DB AG beendet.

△ **Bild 87** • Während ab Anfang der neunziger Jahre in anderen Bahnbetriebswerken (bzw. ab 1994: Betriebshöfen) auch die Baureihe 202 aufgrund der Leistungseinbußen im Reise- und Güterverkehr abgestellt und ausgemustert wurde, entwickelte sich der Betriebshof Görlitz noch einmal zu einer 202-Hochburg. Am 8. August 1997 verlässt **202 267** mit einer Regionalbahn den Bahnhof Dresden-Neustadt.

AUFNAHMEN (3): VOLKER LUCAS, SAMMLUNG A. ZIKA

Bw Görlitz (I)

Lok-Nr.	vom Bw	beheimatet von – bis	zum Bw
201 007	Chemnitz	19.08.92 – 03.02.94	Zwickau
110 009	Lu-Wittenberg	15.06.86 – 16.09.86	Bautzen
201 025	Reichenbach (V)	22.12.93 – 03.02.94	Zwickau
110 039	Karl-Marx-Stadt	22.12.91 – 13.10.93	z, a 01.08.91
110 041	Merseburg	22.12.67 – 15.07.69	Halle P (VES-M)
110 041	Halle P	24.09.70 – 28.12.71	Halle P
201 093	Bautzen	01.01.94 – 03.02.94	Zwickau
110 139	Falkenberg (Elster)	31.05.87 – 24.11.89	Zittau
110 204	Hoyerswerda	23.05.85 – 15.09.85	Luckau
110 204	Cottbus	28.12.89 – 17.07.91	Zittau
110 207	Zittau	28.09.82 – 08.09.83	umb in 112 207
110 214	Zittau	16.09.83 – 10.06.85	Cottbus*
110 217	Neuanlieferung	22.05.70 – 02.02.73	Zittau*
110 217	Zittau	17.02.73 – 15.01.75	Bautzen
110 217	Bautzen	07.02.75 – 21.03.75	Zittau
110 237	Neuanlieferung	18.04.70 – 18.09.81	Wittenberge
110 240	Neuanlieferung	23.04.70 – 25.09.82	Hoyerswerda
110 324	Neuanlieferung	02.02.71 – 30.07.80	Bautzen[1)]
110 352	Bautzen	24.07.73 – 06.08.73	Bautzen
110 362	Hoyerswerda	09.12.85 – 06.06.86	Cottbus
110 369	Elsterwerda	24.07.79 – 03.09.79	W-P-S Guben
110 369	Zittau	21.09.79 – 20.01.82	umb in 112 369
110 424	Hoyerswerda	05.06.75 – 28.03.76	Elsterwerda
110 442	Hoyerswerda	04.12.75 – 29.12.78	Elsterwerda*
110 442	Elsterwerda	17.01.79 – 13.07.79	Elsterwerda[2)]
110 499	Luckau	07.11.75 – 30.11.75	Luckau
110 509	Neuanlieferung	01.12.72 – 23.01.73	Kamenz
110 521	Neuanlieferung	31.03.73 – 04.05.73	Elsterwerda*
110 558	Neuanlieferung	03.07.73 – 04.01.74	Zittau
110 568	Neuanlieferung	28.07.73 – 07.08.73	Bautzen
110 568	Bautzen	24.12.81 – 27.09.82	umb in 112 568
110 590	Bautzen	13.09.76 – 31.05.80	Schwerin
110 593	Bautzen	23.01.82 – 25.01.82	Zittau
110 609	Neuanlieferung	21.11.73 – 09.04.85	Luckau*

* Lok war während der Beheimatung kurzzeitig in einem anderen Bw. umb = Umbau
a = abgestellt [1)] Umbau 30.07.80 [2)] Umbau 13.07.79

Bw Görlitz (II)

Lok-Nr.	vom Bw	beheimatet von – bis	zum Bw
110 612	Neuanlieferung	23.11.73 –08.09.85	Bautzen
110 612	Bautzen	11.11.87 – 04.12.87	Bautzen
110 631	Neuanlieferung	22.12.73 – 29.03.85	Jüterbog
110 632	Zittau	05.07.82 – 04.02.83	Hoyerswerda
110 632	Hoyerswerda	23.02.83 – 20.04.83	umb in 112 632
110 658	Hoyerswerda	03.07.80 – 20.06.85	W-P-S Guben*
110 734	Neuanlieferung	02.11.74 – 23.09.75	Luckau
110 739	Zittau	21.06.82 – 23.06.82	Hoyerswerda
110 740	Neuanlieferung	19.11.74 – 01.04.85	Zittau
110 750	Neuanlieferung	07.12.74 – 21.02.80	Stralsund
110 779	Bautzen	10.08.80 – 22.03.85	Cottbus
110 784	Kamenz	28.03.85 – 19.10.85	umz in 112 784
110 875	Zittau	29.04.83 – 11.09.84	Hoyerswerda
202 078	Bautzen	01.01.94 – 28.02.99	z-Park
112 160	Brandenburg	20.10.88 – 30.09.90	Cottbus
202 166	Chemnitz	25.05.98 – 04.04.00	z-Park
202 231	Chemnitz	25.05.98 – 31.10.99	z-Park
202 240	Chemnitz	25.05.98 – 21.12.00	z-Park
112 264	umz	22.11.85 – 30.09.90	Hoyerswerda
202 264	Cottbus	07.05.97 – 31.08.99	z-Park
202 267	Cottbus	07.05.97 – 28.02.99	z-Park
202 310	Chemnitz	31.05.00 – 13.06.01	z, a 14.06.01
202 311	Chemnitz	31.05.00 – 13.06.01	z, a 09.06.01
202 313	Leipzig Hbf Süd	24.09.95 – 26.02.98	z-Park
202 317	Leipzig Hbf Süd	24.09.95 – 03.01.96	Chemnitz
202 324	Bautzen	01.01.94 – 24.05.98	z-Park
202 331	Zittau	01.01.94 – 29.05.94	Reichenbach (V)
112 334	Zittau	06.06.89 – 01.08.89	Zittau
202 342	Chemnitz	05.11.00 – 21.12.00	z, a 11.12.00
202 348	Gera	25.05.95 – 11.06.96	z, a 10.06.96
202 349	Bautzen	01.01.94 – 16.06.98	z-Park
202 351	Zittau	01.01.94 – 31.08.99	z-Park
202 352	Bautzen	01.01.94 – 10.07.94	Reichenbach (V)
202 369	Zittau	01.01.94 – 17.06.98	z-Park

umz = Umzeichnung W-P-S Guben = Wilhelm-Pieck-Stadt Guben

◁ **Bild 88**
202 349 des Bh Görlitz erreicht am 2. Mai 1998 mit einem Personenzug aus Zittau den Bahnhof Mittelherwigsdorf (Sachs).

Aufnahme:
Volker Lucas,
Sammlung A. Zika

Bw Görlitz (III)

Lok-Nr.	vom Bw	beheimatet von – bis	zum Bw
202 370	Cottbus	07.05.97 – 06.12.98	z-Park
202 374	Chemnitz	01.10.00 – 13.06.01	z, a 10.06.01
202 389	Zittau	01.01.94 – 11.06.96	z, a 10.06.96
202 390	Zittau	01.01.94 – 29.09.95	Magdeburg
202 398	Zittau	01.01.94 – 29.09.95	Magdeburg
202 405	Chemnitz	25.05.98 – 21.12.00	z-Park
202 407	Leipzig Hbf Süd	03.07.98 – 21.12.00	z-Park
202 416	Chemnitz	17.11.00 – 13.06.01	z, a 09.06.01
112 423	Karl-Marx-Stadt	04.05.89 – 26.06.98	z-Park
202 425	Leipzig Hbf Süd	26.02.99 – 21.12.00	z-Park
202 427	Cottbus	07.05.97 – 29.04.00	z-Park
202 430	Chemnitz	25.05.98 – 21.12.00	z, a 01.10.00
202 433	Zittau	01.01.94 – 15.06.98	z-Park
112 442	Zittau	08.03.84 – 17.04.84	Zittau
202 442	Zittau	01.01.94 – 29.09.95	Magdeburg
202 446	Leipzig Hbf Süd	26.02.99 – 30.11.99	Dresden
202 446	Dresden	05.11.00 – 21.12.00	z, a 11.12.00
202 454	Leipzig Hbf Süd	25.02.99 – 10.01.01	z, a 04.01.01
202 459	Zittau	01.01.94 – 22.12.00	z-Park
112 473	Stendal	30.12.88 – 04.04.89	Luckau
202 479	Zittau	01.01.94 – 25.05.98	z-Park
202 486	Leipzig Hbf Süd	03.07.98 – 22.02.99	Dresden
112 488	Wismar	02.06.86 – 03.06.86	Kamenz
202 490	Leipzig Hbf Süd	25.02.99 – 31.08.99	z-Park
202 490	aus z-Stellung	01.11.99 – 21.12.00	z-Park
202 500	Zittau	01.01.94 – 30.09.00	z-Park
202 523	Neustrelitz	30.05.99 – 21.12.00	z, a 01.10.00
202 528	Dresden	23.02.99 – 30.11.99	Dresden
112 530	Hoyerswerda	12.04.84 – 10.07.84	Zittau
112 530	Zittau	29.05.85 – 05.04.88	W-P-S Guben*
202 530	Cottbus	07.05.97 – 18.06.98	z-Park
202 530	aus z-Stellung	18.07.98 – 06.08.98	z-Park
202 533	Stendal	22.09.95 – 16.06.97	z-Park
202 535	Leipzig Hbf Süd	26.02.99 – 18.09.01	z, a 15.09.01
202 544	Chemnitz	31.05.00 – 30.07.01	z, a 01.06.01
202 562	Chemnitz	01.09.99 – 21.12.00	z-Park
202 563	Zittau	01.01.94 – 24.06.98	z-Park
202 568	Zittau	01.01.94 – 11.06.96	z, a 10.06.96
202 586	Chemnitz	01.09.99 – 30.11.99	Dresden
202 594	Chemnitz	31.05.00 – 16.09.01	z, a 16.08.01
112 615	aus Umbau	31.08.85 – 07.06.90	Bautzen
202 625	Chemnitz	01.10.00 – 21.12.00	z, a 06.09.00
202 635	Dresden	29.07.96 – 09.08.96	z, a 08.08.96
202 637	Leipzig Hbf Süd	25.02.99 – 31.08.99	z-Park
202 637	aus z-Stellung	01.11.99 – 29.04.00	z-Park
202 646	Leipzig Hbf Süd	26.02.99 – 18.09.01	z, a 15.09.01
202 647	Bautzen	01.01.94 – 23.02.94	Cottbus
202 651	Neustrelitz	30.05.99 – 21.12.00	z, a 25.05.00

* Lok war während der Beheimatung kurzzeitig in einem anderen Bw. umb = Umbau
a = abgestellt 1) Umbau 30.07.80 2) Umbau 13.07.79

Bw Görlitz (IV)

Lok-Nr.	vom Bw	beheimatet von – bis	zum Bw
112 658	W-P-S Guben	05.04.89 – 28.05.92	Cottbus
202 658	Cottbus	07.05.97 – 22.02.99	Dresden
112 663	Kamenz	07.05.89 – 03.06.91	Glauchau (Sachs)
112 670	aus Umbau	18.06.85 – 31.10.88	Zittau
202 672	Dresden	20.11.00 – 18.09.01	z, a 15.09.01
202 679	Chemnitz	01.09.99 – 21.12.00	z-Park
202 689	Bautzen	01.01.94 – 11.06.96	z-Park
202 689	aus z-Stellung	14.06.96 – 03.07.97	z-Park
112 700	Bautzen	07.06.85 – 05.12.88	Luckau
202 703	Zittau	01.01.94 – 21.12.00	z-Park
112 706	Neuruppin	01.06.86 – 29.11.88	Haldensleben
202 707	Bautzen	01.01.94 – 30.05.96	z, a 26.05.96
112 708	Kamenz	01.03.85 – 26.04.88	Luckau
202 722	Rostock	01.09.99 – 30.11.99	Dresden
202 722	Dresden	20.11.00 – 10.01.01	z, a 31.12.00
202 725	Leipzig Hbf Süd	03.07.98 – 22.02.99	Dresden
202 728	Gera	25.05.95 – 14.01.99	z-Park
202 735	Chemnitz	17.11.00 – 10.06.01	z, a 10.06.01
202 744	Dresden	22.02.99 – 31.07.99	z-Park
202 744	aus z-Stellung	01.11.99 – 21.12.00	z-Park
202 747	Bautzen	01.01.94 – 11.06.97	z-Park
202 751	Cottbus	28.05.00 – 18.09.01	z, a 18.09.01
202 764	Chemnitz	01.10.00 – 27.05.01	z, a 14.05.01
202 765	Bautzen	01.01.94 – 31.05.97	z-Park
202 766	Bautzen	01.01.94 – 22.12.94	Riesa
112 775	Luckau	07.12.88 – 01.06.91	Aue (Sachs)
202 775	Bautzen	01.01.94 – 22.02.99	Dresden
202 777	Zittau	01.01.94 – 21.12.00	z-Park
202 781	Dresden	20.11.00 – 10.01.01	z, a 31.12.00
112 784	umz	19.10.85 – 07.07.88	Magdeburg
112 785	aus Umbau	31.03.85 – 17.10.88	Magdeburg
202 791	Zittau	01.01.94 – 09.01.94	Chemnitz
202 791	Chemnitz	01.10.00 – 17.08.01	z, a 16.08.01
202 804	Zittau	01.01.94 – 31.07.99	z-Park
202 804	aus z-Stellung	01.11.99 – 21.12.00	z-Park
202 811	Chemnitz	31.05.00 – 21.12.00	z, a 11.12.00
202 816	Dresden	22.02.99 – 31.08.99	z-Park
202 817	Chemnitz	17.11.00 – 10.06.01	z, a 10.06.01
202 827	Zittau	01.01.94 – 22.06.98	z-Park
202 832	Dresden	20.11.00 – 26.06.01	z, a 26.06.01
202 836	Dresden	22.06.92 – 25.09.92	Dresden
112 843	aus Umbau	26.03.88 – 30.05.92	Bautzen
202 843	Bautzen	01.01.94 – 31.05.97	z-Park
202 843	aus z-Stellung	01.12.97 – 14.01.99	z-Park
202 844	Dresden	20.11.00 – 26.06.01	z, a 10.06.01
112 846	Stendal	20.04.88 – 01.06.92	Bautzen
202 846	Bautzen	01.01.94 – 31.05.97	z-Park
202 882	Chemnitz	01.10.00 – 13.06.01	z, a 10.06.01
202 885	Chemnitz	17.11.00 – 05.09.01	z, a 04.09.01
112 893	Magdeburg	13.07.88 – 03.08.92	Frankfurt (O)

Bild 89 ▷
„Diesel vor Dampf" – so ist es offiziell vorgeschrieben. Entsprechend leistete die Görlitzer **110 590** am 17. Oktober 1977 der 03 2172 Vorspanndienst am P 3809 (Dresden Hbf – Görlitz). Die Aufnahme zeigt den Zug beim vierminütigen Zwischenhalt in Bautzen. Am selben Bahnsteig gegenüber steht **110 708** des Bw Bautzen.

AUFNAHME: JOACHIM VOLKHARDT

Bild 90 ▷
Mit einer leider unbekannt gebliebenen 52^{80} am Haken verlässt **110 609** des Bw Görlitz im Juli 1982 den Güterbahnhof in Schlauroth.

Bild 91 ▷
Nach der Einstellung des Reisezugverkehrs bis Weißenberg (Sachs) endeten die Züge ab dem Winterfahrplan 1972/73 bereits in Königshain-Hochstein. Im März 1981 wartet dort **110 740** (Bw Görlitz) auf die Abfahrtszeit für die Rückfahrt nach Görlitz.

AUFNAHMEN (2): SIEGFRIED BROGSITTER, SLG. DIETMAR SCHLEGEL

◁ **Bild 92**
Im Mai 1975 wurde **110 442** des Bw Hoyerswerda mit dem P 6404 (Falkenberg/E – Görlitz) in Charlottenhof (Oberlausitz) aus dem Führerstand der 132 154 (Bw Falkenberg/Elster) fotografiert.

Aufnahme: Peter Klimpel, Sammlung Dietmar Schlegel

3.5 Bw Hoyerswerda

Hoyerswerda liegt ca. 60 km nordöstlich von Dresden an der Strecke Dessau – Falkenberg (Elster) – Horka – Kohlfurt (Węgliniec). In Hoyerswerda zweig(t)en noch die Strecken nach Bautzen und Spremberg ab (am 31. Mai 2002 stillgelegt). Unmittelbar mit der städtebaulichen Entwicklung ist ab 1955 die Entstehung des Braunkohleveredelungswerks in Schwarze Pumpe (ab 1. April 1958: VEB Kombinat Schwarze Pumpe) verbunden, für dessen Werktätige Hoyerswerda – nach Eisenhüttenstadt (vom 7. Mai 1953 bis zum 13. November 1961: Stalinstadt) – zur „Zweiten sozialistischen Wohnstadt" ausgebaut wurde. Entsprechend stieg die Einwohnerzahl von knapp 10.000 im Jahr 1956 auf über 71.000 Menschen im Jahr 1981. Neben einem umfangreichen Güterverkehr spielte im Bahnbetrieb in Hoyerswerda auch der Personenverkehr (speziell der Berufsverkehr) eine große Rolle.

Am 1. Juli 1970 waren folgende Lokomotivbaureihen im Bw Hoyerswerda beheimatet:

△ **Bild 93** • Am 26. April 1986 hat **110 707** (Bw Hoyerswerda) einen Personenzug aus Falkenberg (Elster) nach Hoyerswerda gebracht. Die Lok kam als Neuanlieferung im September 1974 zum Bw Hoyerswerda und blieb dort bis Dezember 1987 beheimatet. Aufnahme: Volker Lucas, Sammlung A. Zika

△ **Bild 94** • Im Winter 1986/1987 gab es einige Zeit eisige Temperaturen und Schnee: Am 31. Januar 1987 stellt **110 831** vom Bw Hoyerswerda den Personenzug nach Horka im Hoyerswerdaer Bahnhof bereit. Aufnahme: Andreas Stange

7 × Baureihe 35^{10}
14 × Baureihe 52
12 × Baureihe 52^{80}
6 × Baureihe 101
1 × Baureihe 102
3 × Baureihe 106
6 × Baureihe 171 (LVT)

Am 1. April 1971 traf die fabrikneue 110 352 in Hoyerswerda ein, für die ab dem Sommerfahrplan 1971 ein eintägiger Umlauf (Plan 2) bestand. In diesem bespannte sie Personenzüge nach Horka und Senftenberg sowie einen Leerwagenzug (Lgo) nach Spreewitz.

Aus Kamenz kam am 7. Juli 1971 zudem die 110 369 nach Hoyerswerda. Bereits im Oktober 1971 gab das Bw Hoyerswerda die 110 352 nach Bautzen ab, sodass ab dem 13. Oktober jenes Jahres nur noch eine 110 in Hoyerswerda beheimatet war.

Zwischen dem 27. Januar und dem 6. April 1972 trafen die werksneuen 110 424, 110 427 und 110 455 sowie 110 442 vom Bw Berlin Ostbahnhof zur Beheimatung in Hoyerswerda ein. Mit Beginn des Sommerfahrplans 1972 (am 28.05.) kamen vier 110 im Dienstplan 2 zum Einsatz. Sie übernahmen dabei zwei Umlauftage der Baureihe 35^{10} und einen Plantag eines LVT der Baureihe 171^{0}. Der Umlauf sah wie folgt aus:

<u>Tag 1</u>	
P 2701	Hoyerswerda – Wilthen
P 1793	Wilthen – Bautzen
P 3892	Bautzen – Bad Schandau
P 2704	Bad Schandau – Hoyerswerda
P 2709	Hoyerswerda – Bautzen
P 2708	Bautzen – Hoyerswerda
<u>Tag 2</u>	
Lgo 10682	Hoyerswerda – Horka
P 682	Horka – Senftenberg
Lz	Senftenberg – Lübbenau
Dg 59116	Lübbenau – Großräschen
Lz	Großräschen – Senftenberg
P 695	Senftenberg – Horka
P 696	Horka – Hoyerswerda
<u>Tag 3</u>	
P 660	Hoyerswerda – Falkenberg (E)
P 659	Falkenberg (E) – Horka
P 688	Horka – Hoyerswerda
P 664	Hoyerswerda- Falkenberg (E)
P 671	Falkenberg (E) – Hoyerswerda
<u>Tag 4</u>	
D 352	Hoyerswerda – Leipzig (bis Riesa)
D 319	Leipzig – Hoyerswerda (ab Riesa)
P 672	Hoyerswerda – Falkenberg (E)
P 653	Falkenberg (E) – Hoyerswerda

Am 30. März 1973 traf 110 500 in Hoyerswerda ein, die kurz zuvor, vom 11. bis zum 18. März 1973, auf der Leipziger Frühjahrsmesse als „500." Lokomotive der Baureihe 110 ausgestellt worden war – was allerdings nur nummernmäßig der Realität entsprach. Bereits am 8. April gab man sie nach Elsterwerda ab. Als Ersatz bekam das Bw Hoyerswerda die werksneue 110 532 zugeteilt.

Ab dem 26. Mai 1974 kamen im Plan 2 fünf Maschinen der Baureihe 110 zum Einsatz. Sie übernahmen von der Baureihe 35^{10} den folgenden Umlauf:

P 6402	Hoyerswerda – Falkenberg (E)
P 6405	Falkenberg (E) – Görlitz
P 6406	Görlitz – Hoyerswerda

Für den Winterfahrplan 1974/75 (gültig ab 29. September 1974) stellte das Bw Hoyerswerda für den Reisezugdienst folgende Pläne auf:

Plan 1:	3 × Baureihe 35^{10}
Plan 2:	5 × Baureihe 110
Plan 3:	4 × Baureihe 171^{0}

Zwischen dem 1. Mai und dem 29. Oktober 1974 kamen direkt aus dem LEW Hennigsdorf 110 658, 707, 724, 725, 730 und 731

◁ **Bild 95**
Am 3. Mai 1975 hat **110 369** (Bw Hoyerswerda) den P 4891 aus ihrer Heimatstadt nach Bautzen befördert, wo nach der Ankunft des Zuges diese Aufnahme entstand.

Aufnahme: Dietrich Richter, Sammlung Jörg Leuthardt

zum Bw Hoyerswerda. Bis Anfang November 1974 übernahmen diese Loks schrittweise alle Leistungen der Baureihe 35^{10}. Für die Bespannung der Schnellzugpaare D 880/885 und D 884/881 (Hoyerswerda – Leipzig – Hoyerswerda) wurden vier 110 jeweils in Doppeltraktion eingesetzt. Feste Pärchen bildeten dabei 110 724 und 110 730 sowie 110 725 und 110 731. Ab dem Sommerfahrplan 1975 übernahmen Vertreterinnen der Baureihe 132 diese Leistungen.

Am 31. Mai 1980 endete im Bw Hoyerswerda der Einsatz von Leichtverbrennungs-Triebwagen der Baureihe 171^{0}. Die von den LVT gefahrenen Leistungen nach Horka, Kohlfurt (Węgliniec) und nach Cottbus (über Spremberg) wurden von der Baureihe 110 übernommen. Zum Einsatz kamen zwei Wendezugeinheiten, gebildet aus einem Steuerwagen der Bauart Gotha (Baujahr 1952) und Lowa-E5-Wagen. Ab dem Sommerfahrplan 1982 leisteten im Plan 1 vier und im Plan 2 drei 110er ihre Dienste.

Durch die Elektrifizierung der Strecken Falkenberg (Elster) – Ruhland – Senftenberg im Jahr 1987 und Hohenbocka – Knappenrode im Jahr 1988 entfielen fortan die Leistungen nach Falkenberg (Elster). Am 31. Dezember 1989 waren im Bw Hoyerswerda noch drei 110 und zwei 112 beheimatet:

110 653	739	856
112 455	714	

Mit der Gründung der DB AG zum 1. Januar 1994 wurde das Bw Hoyerswerda in einen Betriebshof umgewandelt und zum 4. Oktober 1995 zu einer Einsatzstelle des Bh Cottbus degradiert. In diesem Zusammenhang wechselten alle zu diesem Zeitpunkt in Hoyerswerda noch beheimateten 202 (ex Baureihe 112) buchmäßig zum Bh Cottbus. Im Einzelnen waren dies:

202 207	214	235	264	271
387	396	422	455	530
714	731			

△ **Bild 96** • Der Cottbuser Bahnhof am 14. September 1985: Mit einem Personenzug nach Hoyerswerda – dessen Laufweg über Spremberg führt – steht **110 831** vom Bw Hoyerswerda zur Abfahrt bereit. Aufnahme: Andreas Stange

Bw Hoyerswerda (I)

Lok-Nr.	vom Bw	beheimatet von – bis	zum Bw
110 009	Elsterwerda	21.11.86 – 30.09.87	Cottbus
110 009	Cottbus	17.01.90 – 15.02.90	Luckau
201 009	Bln-Pankow	19.05.93 – 07.08.94	z, a 05.08.94
110 013	Luckau	04.07.90 – 19.11.93	Frankfurt (O)[1]
110 083	Cottbus	17.01.90 – 27.06.90	Frankfurt (O)
110 129	Bautzen	19.09.85 – 20.11.85	Luckau
201 149	Seddin	19.05.93 – 07.08.94	z, a 05.08.94
110 204	Kamenz	22.02.84 – 17.03.85	Bautzen
110 204	Bautzen	15.05.85 – 22.05.85	Görlitz
110 214	W-P-S Guben	24.09.82 – 30.11.82	W-P-S Guben
110 214	W-P-S Guben	18.05.83 – 22.06.83	Zittau
110 217	Kamenz	27.04.84 – 05.09.84	Elsterwerda
110 240	Görlitz	26.09.82 – 02.12.83	Kamenz
110 264	W-P-S Guben	06.07.82 – 09.07.82	Cottbus
110 331	Bautzen	13.10.73 – 16.12.73	Bautzen
110 352	Neuanlieferung	01.04.71 – 12.10.71	Bautzen
110 362	Bautzen	30.09.85 – 08.12.85	Görlitz*
110 362	Cottbus	25.03.87 – 24.10.87	Bautzen
110 368	W-P-S Guben	20.08.79 – 08.11.79	Zittau
110 369	Kamenz	07.07.71 – 20.12.74	Zittau*
110 369	Zittau	03.01.75 – 31.05.75	Cottbus
110 424	Neuanlieferung	27.01.72 – 04.06.75	Görlitz*
110 424	Elsterwerda	22.09.79 – 02.01.80	Kamenz
110 427	Neuanlieferung	01.02.72 – 04.12.75	Luckau
110 442	Bln Ostbahnhof	06.04.72 – 03.12.75	Görlitz*
110 455	Neuanlieferung	31.03.72 – 23.07.73	Cottbus
110 455	Cottbus	06.08.73 – 14.08.80	Bautzen[2]
110 500	Neuanlieferung	30.03.73 – 08.04.73	Elsterwerda
110 532	Neuanlieferung	20.04.73 – 18.09.79	Elsterwerda[3]
110 548	Elsterwerda	26.01.80 – 23.02.82	Cottbus
110 609	W-P-S Guben	02.12.86 – 24.06.87	Bautzen
110 632	Görlitz	05.02.83 – 22.02.83	Görlitz
110 653	Kamenz	15.08.84 – 11.05.88	Kamenz
110 653	Kamenz	18.10.88 – 23.05.94	z, ausg. 13.04.94 unf
110 656	Kamenz	02.07.84 – 14.08.84	Kamenz
110 656	Kamenz	21.09.84 – 11.04.85	Nossen
110 658	Neuanlieferung	01.05.74 – 02.07.80	Görlitz*
110 658	W-P-S Guben	21.01.87 – 03.12.87	Cottbus
110 669	W-P-S Guben	19.07.83 – 06.06.86	Cottbus
110 688	Bautzen	26.11.81 – 21.01.82	Kamenz
110 688	Kamenz	04.02.82 – 05.02.82	Elsterwerda
110 707	Neuanlieferung	14.09.74 – 28.12.87	umb in 112 707
110 708	Senftenberg	31.05.75 – 04.04.77	Gera
110 708	Bautzen	15.08.80 – 31.05.84	umb in 112 708
110 724	Neuanlieferung	12.10.74 – 27.03.84	umb in 112 724 *
110 725	Neuanlieferung	18.10.74 – 31.01.85	Falkenberg (Elster)*
110 730	Neuanlieferung	29.10.74 – 19.09.75	Luckau
110 731	Neuanlieferung	29.10.74 – 14.11.86	umb in 112 731
110 739	Görlitz	24.06.82 – 12.10.94	z, a 13.10.94
110 746	Kamenz	02.04.84 – 21.05.86	umb in 112 746
110 765	Bautzen	29.04.80 – 11.02.81	Kamenz
110 765	Kamenz	10.03.81 – 25.05.87	umb in 112 765
110 777	Cottbus	20.04.82 – 07.05.82	Cottbus
110 826	Neuanlieferung	21.08.75 – 29.05.84	Elsterwerda
110 826	Elsterwerda	14.06.84 – 18.04.89	Salzwedel
110 831	Neuanlieferung	26.08.75 – 31.03.88	W-P-S Guben*
110 856	Lu-Wittenberg	31.05.86 – 06.06.86	Cottbus
110 856	W-P-S Guben	06.07.88 – 31.05.92	Wustermark
110 875	Görlitz	12.09.84 – 02.09.87	W-P-S Guben
110 892	Neuanlieferung	21.02.78 – 27.04.88	Stralsund

zr = Zurückstellung aus Reserve
[1] zr 2/92-10/93   [2] Umbau 14.08.80   [3] Umbau 18.09.79   ausg. = ausgemustert
unf = Unfall   * Lok war während der Beheimatung kurzzeitig in einem anderen Bw.

△ **Bild 97** • Am 2. Oktober 1971 verlässt **110 383** des Bw Kamenz mit einem Personenzug nach Arnsdorf (b Dresden) den Bahnhof Pulsnitz.
Aufnahme: Siegfried Brogsitter, Sammlung Dietmar Schlegel

Die Lokomotiven blieben aber weiterhin von Hoyerswerda aus auf ihren angestammten Strecken im Einsatz und bespannten Personenzüge nach Bautzen, Horka, Görlitz, Niesky und Kohlfurt (Węgliniec) sowie Nahgüterzüge nach Hohenbocka, Knappenrode und Horka.

Die Reisezugleistungen übernahmen ab 1996 Maschinen der Baureihe 219 vom Bh Görlitz, während die Nahgüterzüge ab Dezember 1997 von der Baureihe 298 des Bh Senftenberg gefahren wurden. Damit war die Einsatzzeit der Baureihe 202 in Hoyerswerda endgültig beendet.

Bw Hoyerswerda (II)

Lok-Nr.	vom Bw	beheimatet von – bis	zum Bw
202 057	Cottbus	24.09.92 – 24.06.93	Wismar
202 207	Frankfurt (O)	01.05.95 – 04.10.95	Cottbus
202 214	Cottbus	29.05.95 – 29.09.95	Cottbus
202 235	Halle G	29.05.92 – 04.10.95	Cottbus
112 264	Görlitz	01.10.90 – 04.10.95	Cottbus
202 265	Magdeburg	07.02.94 – 24.02.94	Seddin
202 271	Halberstadt	08.02.94 – 04.10.95	Cottbus
112 307	Leipzig Hbf Süd	13.06.86 – 26.05.88	Zittau
112 352	Bautzen	28.12.83 – 20.08.84	Bautzen
112 383	Bautzen	24.10.87 – 16.04.88	Zittau*
202 387	Stendal	08.02.94 – 04.10.95	Cottbus
112 389	Bautzen	04.06.82 – 15.06.82	Bautzen
202 396	Stendal	08.02.94 – 04.10.95	Cottbus
112 418	Bautzen	12.09.87 – 11.12.88	z, a 03.12.88 unf
202 422	Meiningen	10.06.95 – 04.10.95	Cottbus
112 455	Bautzen	30.04.88 – 04.10.95	Cottbus
202 525	Cottbus	20.10.94 – 20.06.95	Meiningen
112 530	Zittau	16.02.84 – 11.04.84	Görlitz
202 530	Cottbus	29.05.95 – 04.10.95	Cottbus
112 657	Bautzen	06.10.90 – 29.09.95	Cottbus
112 714	Kamenz	20.04.89 – 04.10.95	Cottbus
112 724	aus Umbau	28.03.84 – 03.04.84	Kamenz
112 724	Kamenz	06.02.85 – 31.03.88	W-P-S Guben
112 730	Luckau	13.09.87 – 30.09.87	Luckau
202 731	Cottbus	29.05.95 – 04.10.95	Cottbus
112 765	aus Umbau	26.05.87 – 11.09.87	Bautzen
202 787	Cottbus	29.05.95 – 29.09.95	Cottbus
112 795	Bautzen	06.10.90 – 24.07.91	Meiningen
112 824	Luckau	21.08.91 – 29.09.95	Cottbus
202 866	Cottbus	26.02.94 – 29.09.95	Cottbus

△ **Bild 98** • Mit einem Personenzug nach Arnsdorf (b Dresden) wartet die Kamenzer **110 388** am 2. Oktober 1971 im Bahnhof der Lessingstadt Kamenz. Die Lok kam erst drei Monate zuvor werksneu zum Bw Kamenz.

△ **Bild 99** • Blick in das Bw Kamenz am 4. Mai 1972: Auf der Drehscheibe präsentiert sich **110 389**.

Aufnahmen (2): Siegfried Brogsitter, Sammlung Dietmar Schlegel

3.6 Bw Kamenz (Sachs)

Kamenz (Sachs) – die Geburtsstadt des Dichters und Aufklärers Gotthold Ephraim Lessing – liegt an der Strecke Arnsdorf (b Dresden) – Senftenberg – Lübbenau. In Kamenz zweigte noch bis zum 19. Dezember 1969 eine Strecke über Elstra nach Bischofswerda ab, wo sie in die Strecke Görlitz – Dresden einmündete. Im Bahnbetriebswerk Kamenz waren am 1. Juli 1970 sechs Neubauloks der Baureihe 65^{10}, 28 Vertreterinnen der Baureihe 52 und eine Diesellok der Baureihe 106 beheimatet. Zum dortigen Bw gehörte noch die Lokeinsatzstelle Königsbrück, wo im Juni 1971 vier Loks der Baureihe 52 stationiert waren, die auf der Strecke Dresden – Königsbrück – Straßgräbchen-Bernsdorf zum Einsatz kamen.

Am 16. Juni 1971 traf vom Bw Senftenberg kommend die 110 369 für Personalschulungsfahrten im Bw Kamenz ein. Sie wurde bereits am 6. Juli jenes Jahres nach Hoyerswerda abgegeben. Zwischen dem 30. Juni und dem 1. Dezember 1971 kamen die werksneuen 110 381, 383, 388, 390 und 397 sowie 110 389 vom Bw Dresden zur Beheimatung nach Kamenz. Sie lösten bis Ende September 1971 alle Maschinen der Baureihe 65^{10} im Reisezugdienst ab. Fünf 110er kamen im Plan 1 im Personenzugdienst auf der Strecke Arnsdorf (b Dresden) – Kamenz – Senftenberg – Lübbenau zum Einsatz.

Am 24. Januar 1973 traf mit 110 509 aus Görlitz die siebente 110 im Bw Kamenz ein, woraufhin im Februar 1973 die 110 397 zur Kamenzer Einsatzstelle Königsbrück umgesetzt wurde, wo sie eine dort stationierte 52-Altbau im Reisezugdienst ablöste. In der Zeit vom 5. Januar bis zum 7. Dezember 1974 bekam das Bw Kamenz drei weiter 110 zugeteilt: 110 616 (vom Bw Leipzig Hbf Süd) sowie direkt vom LEW Hennigsdorf die 110 703 und 110 746. Im Januar 1975 kamen sieben Loks der Baureihe 110 in folgenden Dienstplänen zum Einsatz:

Bw Kamenz, Plan 1
110 390, 509, 616, 703 und 110 746

Est Königsbrück, Plan 10
110 389 und 110 397

Im Plan 1 fuhren die Kamenzer 110 fast alle Personenzüge zwischen Arnsdorf (b Dresden) und Lübbenau. Einige Loks in diesem Plan wurden von Personal des Bw Senftenberg (Lokeinsatzstelle Lübbenau) besetzt. Weitere Leistungen waren die Bespannung von zwei Zugpaaren nach Cottbus. Die in der Einsatzstelle Königsbrück stationierten 110 kamen im Reisezugdienst zwischen Dresden und Straßgräbchen-Bernsdorf zum Einsatz.

In der Zeit von Mai 1977 bis April 1981 tauschte das Bw Kamenz einen Teil seiner Maschinen der Baureihe 110 aus. Es wurden folgende Loks abgegeben:

- 110 383 am 15.01.1980 nach Elsterwerda,
- 110 388 am 31.05.1980 nach Pasewalk,
- 110 389 am 11.02.1980 nach Elsterwerda,
- 110 509 am 20.11.1979 nach Elsterwerda.

Dem Bw Kamenz wurden in diesem Zeitraum folgende 110 neu zugeteilt:

- 110 493 am 08.04.1981 von Bautzen,
- 110 500 am 23.11.1979 von Elsterwerda,
- 110 566 am 16.05.1977 von Luckau,
- 110 653 am 21.01.1980 von Elsterwerda,
- 110 656 am 13.02.1980 von Elsterwerda.

Zum Stichtag 1. Januar 1982 waren insgesamt elf Vertreterinnen der Baureihe 110 in Kamenz beheimatet:

110 390	493	500	566	616
653	656	700	734	746
858				

Zwischen März 1984 und Mai 1985 beheimatete das Bw Kamenz auch sechs 112:

112 240	442	499	700	708
724				

Sie kamen mit in den Plänen der Baureihe 110 zum Einsatz.

Ab Januar 1985 wurden dem Bw Kamenz einige 110 mit einem leistungsgesteigerten Motor (1.100 kW/1.400 PS) zur Beheimatung zugeteilt. Die Loks erhielten im Zusammenhang mit ihrer Modernisierung zwar eine neue Baureihennummer (114), behielten allerdings ihre alten Ordnungsnummern. Am 1. Juli 1985 waren zehn 114 in Kamenz beheimatet:

114 282	366	399	469	605
616	686	698	710	723

Diese Maschinen übernahmen alle Leistungen der Baureihe 110 und lösten zugleich die Dampfloks der Baureihe 52^{80} im Nahgüterzugdienst ab. Im Sommerfahrplan 1985 – gültig ab 2. Juni – kamen acht 114er in folgenden Plänen zum Einsatz:

Bw Kamenz, Plan 1
114 366, 399, 469, 723 und 114 710

Est Königsbrück, Plan 10
114 282, 114 616 und 114 686

Die Lokumläufe sahen wie folgt aus:

△ **Bild 100** • Altdöbern befindet sich an der Strecke Dresden – Kamenz – Senftenberg – Lübbenau (Spreewald), zwischen Senftenberg und Calau (Niederlausitz). Am 20. April 1974 verlässt **110 509** mit einem Personenzug den dortigen Bahnhof. AUFNAHME: SIEGFRIED BROGSITTER, SAMMLUNG DIETMAR SCHLEGEL

Plan 1, Tag 1

P 6801	Lübbenau – Kamenz
P 6805	Kamenz – Arnsdorf (b Dresden)
P 4802	Arnsdorf (b Dresden) – Lübbenau
P 4807	Lübbenau – Kamenz

Tag 2

P 6821	Kamenz – Arnsdorf (b Dresden)
P 6812	Arnsdorf (b Dresden) – Wiederitz
P 6813	Wiederitz – Arnsdorf (b Dresden)
P 6802	Arnsdorf (b Dresden) – Lübbenau
P 6807	Lübbenau – Arnsdorf (b Dresden)
P 6822	Arnsdorf (b Dresden) – Kamenz
P 4804	Kamenz – Cottbus
P 6989	Cottbus – Arnsdorf (b Dresden)
P 4809	Arnsdorf (b Dresden) – Kamenz

Tag 3

P 6823	Kamenz – Arnsdorf (b Dresden)
P 6980	Arnsdorf (b Dresden) – Cottbus
P 7967	Cottbus – Forst (Lausitz)
P 7968	Forst (Lausitz) – Cottbus
P 6985	Cottbus – Arnsdorf (b Dresden)
P 6806	Arnsdorf (b Dresden) – Lübbenau

Tag 4

P 6803	Lübbenau – Arnsdorf (b Dresden)
P 6804	Arnsdorf (b Dresden) – Kamenz
P 6814	Kamenz – Senftenberg
P 6805	Senftenberg – Arnsdorf (b Dresd.)
P 4804	Arnsdorf (b Dresden) – Kamenz
P 4807	Kamenz – Arnsdorf (b Dresden)
P 6824	Arnsdorf (b Dresden) – Kamenz
P 6818	Kamenz – Lübbenau

Tag 5 (Plan 1a)

P 6810	Kamenz – Lübbenau
P 6805	Lübbenau – Kamenz
P 4803	Kamenz – Arnsdorf (b Dresden)
P 6986	Arnsdorf (b Dresden) – Cottbus
P 6987	Cottbus – Arnsdorf (b Dresden)
P 6826	Arnsdorf (b Dresden) – Kamenz

Est Königsbrück, Plan 10
Tag 1

N 19800	Königsbrück – Straßgräb.-Bernsd.
P 4857	Straßgräb.-Bernsd. – Dresden Hbf
Lz	Dresden Hbf – Dresden-Neustadt
P 13913	DD-Neustadt – Arnsdorf (b Dresd.)
P 13914	Arnsdorf (b Dresd.) – Dresden Hbf
P 4802	Dresden Hbf – Arnsdorf (b Dresd.)
P 4803	Arnsdorf (b Dresd.) – Dresden Hbf
P 4858	Dresden Hbf – Straßgräb.-Bernsd.
P 4867	Straßgräb.-Bernsd. – DD-Neustadt
P 4868	DD-Neustadt – Straßgräb.-Bernsd.
P 19809	Straßgräb.-Bernsd. – Königsbrück

Bild 101 ▷ Der „Pulk" an Fotografen wird sich am 23. Mai 1987 nicht versammelt haben, um die Ausfahrt der **114 710** (Bw Kamenz) aus dem Kamenzer Stadttunnel aufzunehmen, die mit einem Personenzug aus Richtung Dresden in den Bahnhof der Lessingstadt einfährt. An jenem Tag gab es eine Sternfahrt mit drei Dampfzügen zum Abschied der Baureihe 52 im Bw Kamenz.

AUFNAHME: FRANK EBERMANN

◁ **Bild 102**
Im Dresdner Hauptbahnhof steht am 19. Juni 1985 die **114 686** (Bw Kamenz) abfahrbereit mit dem P 4858 nach Straßgräbchen-Bernsdorf.

Aufnahme: Reinhard Lehmann

Tag 2

N 66212	Königsbrück – Straßgräb.-Bernsd.
N 66213	Straßgräb.-Bernsd. – Königsbrück
P 4853	Königsbrück – Dresden Hbf
P 4852	Dresden Hbf – Straßgräb.-Bernsd.
P 19805	Straßgr.-Bernsd. – DD-Klotzsche
Lz	DD-Klotzsche – DD-Grenzstraße
P 13964	Dresden-Grenzstr. – Dresden Hbf
P 4866	Dresden Hbf – Kamenz

Tag 3

P 4853	Königsbrück – Dresden Hbf
Lz	Dresden Hbf – DD-Altstadt Gbf
N 57886	DD-Altstadt Gbf – DD-Grenzstr.
Lz	DD-Grenzstraße – Königsbrück
P 19803	Königsbrück – DD-Klotzsche
P 19804	DD-Klotzsche – Königsbrück
P 4865	Königsbrück – Dresden-Neustadt
P 4864	DD-Neustadt – Straßgr.-Bernsd.
P 19807	Straßgr.-Bernsd. – DD-Klotzsche
P 19808	DD-Klotzsche – Königsbrück

Zum 1. Januar 1992 galt der Umzeichnungsplan zur Vereinheitlichung der Baureihennummern von Reichs- und Bundesbahn. Die Baureihe 114 bekam darin die neue Baureihennummer 204.

Mit der Gründung der DB AG zum 1. Januar 1994 verlor das Bw Kamenz seine Selbstständigkeit und wurde dem Betriebshof Dresden als Einsatzstelle zugeordnet. Damit wechselten die elf zu jenem Stichtag noch in Kamenz vorhandenen 204 buchmäßig zum „Mutter-Betriebshof“:

204 252	261	282	298	485
616	626	641	671	686
698	710	723		

Bw Kamenz (Sachs) (I)

Lok-Nr.	vom Bw	beheimatet von – bis	zum Bw
110 204	Zittau	07.03.83 – 08.09.83	Bautzen
110 204	Bautzen	29.09.83 – 21.02.84	Hoyerswerda
110 217	Zittau	02.01.84 – 26.04.84	Hoyerswerda
110 217	Elsterwerda	25.10.84 – 18.02.85	Cottbus
110 240	Hoyerswerda	03.12.83 – 16.02.84	umb in 112 240
110 334	Bautzen	27.02.79 – 13.03.79	Bautzen
110 368	Zittau	10.10.80 – 12.03.81	umb in 112 368
110 369	Senftenberg	16.06.71 – 06.07.71	Hoyerswerda
110 381	Neuanlieferung	30.06.71 – 02.01.79	Neuruppin
110 381	Bautzen	27.02.79 – 17.02.81	umb in 112 381
110 383	Neuanlieferung	01.07.71 – 15.01.80	Elsterwerda, umb 15.01.80
110 388	Neuanlieferung	01.07.71 – 31.05.80	Pasewalk, umb 31.05.80*
110 389	Dresden	25.08.71 – 11.02.80	Elsterwerda, umb 11.02.80
110 390	Neuanlieferung	28.07.71 – 16.06.82	umb in 112 390
110 397	Neuanlieferung	01.12.71 – 02.01.81	umb in 112 397*
110 424	Hoyerswerda	03.01.80 – 07.02.80	Zittau
110 424	Zittau	25.11.80 – 23.12.80	Zittau
110 493	Bautzen	08.04.81 – 30.10.84	Cottbus
110 500	Elsterwerda	23.11.79 – 19.05.81	Zittau
110 500	Zittau	03.06.81 – 28.01.84	umb in 112 500
110 509	Görlitz	24.01.73 – 20.11.79	Elsterwerda, umb 13.11.79
110 509	Elsterwerda	16.09.80 – 08.10.80	Elsterwerda
110 530	Cottbus	28.04.73 – 22.05.73	Zittau
110 566	Elsterwerda	24.09.76 – 18.10.76	Elsterwerda
110 566	Elsterwerda	31.03.77 – 11.04.77	Luckau
110 566	Luckau	16.05.77 – 07.09.81	Bautzen
110 566	Bautzen	23.09.81 – 21.09.84	W-P-S Guben*
110 593	Zittau	16.06.82 – 10.11.84	Stralsund
110 616	Leipzig Hbf Süd	05.01.74 – 25.01.85	umb in 114 616
110 653	Elsterwerda	21.01.80 – 14.08.84	Hoyerswerda
110 653	Hoyerswerda	12.05.88 – 17.10.88	Hoyerswerda
110 656	Elsterwerda	13.02.80 – 01.07.84	Hoyerswerda
110 656	Hoyerswerda	15.08.84 – 20.09.84	Cottbus
110 688	Hoyerswerda	22.01.82 – 03.02.82	Hoyerswerda
110 700	Bautzen	08.01.81 – 21.03.84	umb in 112 700

* Lok war während der Beheimatung kurzzeitig in einem anderen Bw. umb = Umbau

Bild 103 ▷
112 663 gehörte für exakt drei Jahre – von Mai 1986 bis Mai 1989 – zum Bestand des Bw Kamenz. Am 26. Mai 1986 ist sie mit einem Personenzug im Bahnhof Hohenbocka (seit Ende der neunziger Jahre: Hosena) an der Strecke Dresden – Kamenz – Senftenberg – Lübbenau (Spreewald) eingefahren. Am selben Bahnsteig gegenüber steht ein für diese Region typischer Ganzzug aus offenen Güterwaggons für den Transport der Braunkohle.

Aufnahme: Andreas Stange

Bw Kamenz (Sachs) (II)

Lok-Nr.	vom Bw	beheimatet von – bis	zum Bw
110 703	Neuanlieferung	20.08.74 – 24.02.83	umb in 112 703
110 734	Luckau	25.10.81 – 10.02.82	Luckau
110 746	Neuanlieferung	07.12.74 – 01.04.84	Hoyerswerda
110 765	Hoyerswerda	12.02.81 – 09.03.81	Hoyerswerda
110 784	W-P-S Guben	01.09.84 – 27.03.85	Görlitz
110 858	Elsterwerda	21.02.81 – 31.07.84	Cottbus
112 240	aus Umbau	17.02.84 – 28.02.85	Zittau
112 370	Stralsund	30.05.86 – 07.04.89	Luckau
112 442	Zittau	29.11.84 – 29.01.85	Zittau
112 488	Görlitz	04.06.86 – 02.04.89	Stendal
112 499	aus Umbau	26.07.84 – 29.01.85	Dresden
112 500	aus Umbau	29.01.84 – 26.02.85	Zittau
112 663	Magdeburg	06.05.86 – 06.05.89	Görlitz
112 700	aus Umbau	22.03.84 – 31.05.85	Bautzen
112 708	Stendal	18.06.84 – 28.02.85	Görlitz
112 714	aus Umbau	01.05.86 – 19.04.89	Hoyerswerda
112 724	Hoyerswerda	04.04.84 – 05.02.85	Hoyerswerda
112 724	W-P-S Guben	28.05.88 – 29.07.88	W-P-S Guben
112 731	aus Umbau	15.11.86 – 08.03.89	Luckau
114 252	Saalfeld	13.04.89 – 31.12.93	Dresden
204 261	Saalfeld	18.06.92 – 31.12.93	Dresden
114 282	aus Umbau	26.01.85 – 31.12.93	Dresden
114 298	Saalfeld	25.04.89 – 30.11.89	Zittau
114 298	Zittau	15.01.90 – 31.12.93	Dresden
114 366	aus Umbau	01.02.85 – 04.06.86	Stendal
114 399	aus Umbau	22.02.85 – 05.05.86	Stendal
114 469	aus Umbau	27.02.85 – 04.06.86	Stendal
204 485	Saalfeld	26.06.92 – 31.12.93	Dresden
114 592	Saalfeld	24.10.85 – 07.11.85	Saalfeld
114 605	aus Umbau	28.02.85 – 05.05.86	Stendal
114 616	aus Umbau	26.01.85 – 31.12.93	Dresden
114 626	Saalfeld	07.03.89 – 31.12.93	Dresden
114 641	Saalfeld	12.04.89 – 31.12.93	Dresden
114 671	Saalfeld	06.03.89 – 31.12.93	Dresden
114 686	aus Umbau	27.02.85 – 31.12.93	Dresden
114 698	aus Umbau	30.01.85 – 31.12.93	Dresden
114 710	aus Umbau	13.02.85 – 31.12.93	Dresden
114 723	aus Umbau	13.02.85 – 31.12.93	Dresden

3.7 Bw Senftenberg

Wenn Eisenbahnfreunde den Namen „Senftenberg" hören, denken viele sofort an die einstmals im dortigen Bahnbetriebswerk beheimateten Kohlenstaub-52. Die Stadt liegt ca. 40 km südwestlich von Cottbus, im Süden des Bundeslandes Brandenburg. Die Region rund um Senftenberg war über Jahrzehnte von der Braunkohlenförderung sowie der Verarbeitung der Braunkohle zu Briketts und deren Verstromung geprägt.

Am 1. Juli 1970 gab es im dortigen Bahnbetriebswerk folgende Lokomotiven:

4 × Baureihe 38^{10-40}
25 × Baureihe 52^{9} (Kohlenstaub)
5 × Baureihe 55^{25}
1 × Baureihe 106

Am 28. Mai 1971 trafen die fabrikneuen 110 367, 110 368 und 110 369 zur Beheimatung im Bw Senftenberg ein und lösten ab dem Sommerfahrplan 1971 die Dampfloks der Baureihe 38^{10-40} im Reisezugdienst ab. Zwei 110 kamen im Dienstplan 1 vor Personenzügen auf den Strecken Cottbus – Ruhland – Priestewitz und Kamenz – Senftenberg – Lübbenau zum Einsatz.

Am 15. Juni 1971 musste das Bw Senftenberg zwar die 110 369 nach Kamenz abgegeben, allerdings: Bei Ausfall einer Senftenberger 110 stellte das Bw Kamenz die entsprechende Ersatzlok.

Im Mai 1974 wechelte 110 367 zum Bw Cottbus, als Ersatz traf am 14. September 1974 die 110 708 in Senftenberg ein. Am 30. Mai 1975 wurden 110 368 nach Cottbus und 110 708 nach Hoyerswerda abgegeben.

Die bis dahin von den Senftenberger 110 gefahrenen Leistungen übernahmen zum 1. Juni 1975 die Maschinen dieser Baureihe aus den Bahnbetriebswerken Cottbus und Kamenz. Anschließend blieb das Bw Senftenberg 22 Jahre ohne Beheimatung einer 110 oder einer ihrer „Nachfolgebaureihen".

Dies änderte sich erst im Dezember 1997, nachdem zum 1. Januar 1997 die Zuständigkeiten bei der Aufteilung der Triebfahrzeuge auf die einzelnen Werksbereiche bei der DB AG neu geordnet wurden. Der (wiedereröffnete) Betriebshof Senftenberg gehört ab dem Dezember 1997 zu DB Cargo. Dadurch wechselten am 23. und 24. Dezember 1997 insgesamt 14 Vertreterinnen der Baureihe 298 von Cottbus nach Senftenberg, so dass zum 1. Januar 1998 folgende Bestand in Senftenberg vorhanden war:

298 052	086	091	099	124	129	155	161
163	302	317	323	327	337		

Sie bespannten Güterzüge nach Horka und Hoyerswerda, kamen in Doppeltraktion aber auch vor Schotterzügen nach Straßgräbchen-Bernsdorf zum Einsatz. Zwischen Januar 2000 und August 2009 wurden 19 Loks der Baureihe 298 zum Bh Seddin abgegeben. Als letzte verließen 298 303 (am 12.02.2012 nach Seddin) und 298 326 (am 31.03.2012 zum Bh Halle G) den Bh Senftenberg.

△ **Bild 104 • 298 086** und **298 124** warten am 2. April 1999 im heimischen Bh Senftenberg auf ihre nächsten Einsätze.

Bw Senftenberg

Lok-Nr.	vom Bw	beheimatet von – bis	zum Bw
110 367	Neuanlieferung	28.05.71 – 25.05.74	Cottbus
110 368	Neuanlieferung	28.05.71 – 30.05.75	Cottbus
110 369	Neuanlieferung	28.05.71 – 15.06.71	Kamenz
110 708	Neuanlieferung	14.09.74 – 30.05.75	Hoyerswerda
298 052	Cottbus	23.12.97 – 27.01.00	Seddin
298 054	Rostock-Seehafen	01.08.02 – 31.07.08	z-Park
298 058	Halle G	06.03.03 – 31.07.08	z-Park
298 081	Zwickau	01.04.03 – 03.08.05	z-Park
298 086	Cottbus	23.12.97 – 27.01.00	Seddin
298 091	Cottbus	23.12.97 – 27.01.00	Seddin
298 099	Cottbus	23.12.97 – 27.01.00	Seddin
298 099	Seddin	01.03.02 – 12.01.06	z-Park
298 124	Cottbus	23.12.97 – 27.01.00	Seddin
298 129	Cottbus	23.12.97 – 27.01.00	Seddin
298 139	Dresden	06.01.98 – 31.03.98	Reichenbach (V)
298 151	Zwickau	01.04.03 – 21.12.08	Seddin
298 155	Cottbus	24.12.97 – 27.01.00	Seddin
298 161	Cottbus	23.12.97 – 27.01.00	Seddin
298 163	Cottbus	23.12.97 – 27.01.00	Seddin
298 302	Cottbus	23.12.97 – 27.01.00	Seddin
298 302	Seddin	01.03.02 – 15.06.09	Seddin
298 303	Dresden	15.06.03 – 18.11.04	Dresden
298 303	Dresden	15.12.04 – 17.03.06	z-Park
298 303	Zwickau	05.02.07 – 12.02.12	Seddin
298 304	Dresden	15.06.03 – 24.03.09	z-Park
298 307	Rostock-Seehafen	21.12.06 – 15.02.09	Seddin
298 317	Cottbus	23.12.97 – 27.01.00	Senftenberg
298 319	Mg-Rothensee	02.01.06 – 03.08.09	Seddin
298 320	Cottbus	10.01.98 – 31.05.98	Seddin
298 320	Seddin	01.03.02 – 15.02.09	Seddin*
298 322	Halle G	01.04.03 – 13.10.08	Seddin
298 323	Cottbus	24.12.97 – 27.01.00	Seddin
298 323	Seddin	01.03.02 – 27.09.07	Dresden
298 326	Halle G	12.09.07 – 31.03.12	Halle G
298 327	Cottbus	24.12.97 – 27.01.00	Seddin
298 335	Halle G	19.08.05 – 13.04.09	Seddin
298 337	Cottbus	24.12.97 – 27.01.00	Seddin

* Lok war während der Beheimatung kurzzeitig in einem anderen Bw.
Mg-Rothensee = Magdeburg-Rothensee   DH = Dresden

◁ **Bild 105**
Die Senftenberger **298 304** hatte es am 12. September 2006 nach Großkorbetha verschlagen, wo sie mit einem Ganzzug aus Gaskesselwagen „zugange" ist.

Aufnahmen (2): Volker Lucas, Sammlung A. Zika

Bild 106 ▷
Am 24. Januar 1970 wurde **110 204** werksneu an das Bw Zittau ausgeliefert. Nur wenige Tage später entstand im Februar jenes Jahres diese Aufnahme der Lok im Bahnhof Görlitz.

3.8 Bw Zittau

Zittau, die südöstlichste Stadt Sachsens, ist ein wichtiger Eisenbahnknotenpunkt, zugleich Schnittpunkt der Strecken Zittau – Bischofswerda – Dresden, Zittau – Görlitz, Zittau – Reichenberg (Liberec), Zittau – Großschönau – Varnsdorf und der Ausgangspunkt der Schmalspurbahn in die Kurorte Oybin und Jonsdorf.

Das Bahnbetriebswerk Zittau beheimatete am 31. Dezember 1969 folgende Lokomotivbaureihen:

10 × Baureihe $38^{10\text{-}40}$
11 × Baureihe 52
9 × Baureihe 86
2 × Baureihe 94
11 × Baureihe $99^{73\text{-}76}$
1 × Baureihe 99^{45}
4 × Baureihe V 15
1 × Baureihe V 60
4 × Baureihe VT 2.09.0

Zwischen dem 24. Januar und dem 3. Februar 1970 trafen die fabrikneuen Maschinen 110 204, 110 207, 110 214 und 110 215 in Zittau ein. Sie übernahmen sofort die bis dahin von Loks der Baureihe $38^{10\text{-}40}$ gefahrenen Eil- und Personenzugleistungen nach Dresden und Görlitz. Im Dienstplan 1 kamen die vier 110 und im Plan 1a noch eine Lok der Baureihe $38^{10\text{-}40}$ zum Einsatz.

Im April 1972 erhielt das Bw Zittau mit 110 433 (aus Guben) und 110 459 (werksneu) zwei weitere 110 zugewiesen. Mit Beginn des Sommerfahrplans 1972 kamen fünf Loks planmäßig im Dienstplan 1 zum Einsatz, deren Umlauf wie folgt aussah:

Tag 1

E 362[1]	Zittau – Görlitz
E 363[2]	Görlitz – Zittau
E 396	Zittau – Dresden
P 829	Dresden – Zittau

[1] E 362 weiter nach Berlin, [2] E 363 aus Berlin

Tag 2

P 822	Zittau – Bischofswerda
Leig 5597	Bischofswerda – Zittau
P 812	Zittau – Ebersbach (Sachs)
P 2565	Ebersbach (Sachs) – Zittau
P 4108	Zittau – Görlitz
E 365[3]	Görlitz – Zittau

Leig = leichter Güterzug
[3] E 365 aus Berlin

Tag 3

Ng 65280	Zittau – Großschönau (Sachs)
Ng 65283	Großschönau (Sachs) – Zittau
P 825	Zittau – Dresden
E 395	Dresden – Zittau
E 366[4]	Zittau – Görlitz
P 630	Görlitz – Eibau
P 647	Eibau – Görlitz
E 367[5]	Görlitz – Zittau

[4] E 366 weiter nach Berlin
[5] E 367 aus Berlin

Bild 107 ▷
„Na, da stümmt doch was nüch!" Offenbar gab es an der erst wenige Tage zuvor in Dienst gestellten **110 214** des Bw Zittau – hier aufgenommen im Februar 1970 mit einem Reisezug nach Zittau im Bahnhof Gersdorf (bei Görlitz) – ein Problem, was das Lokpersonal dazu bewegte, selbst nach der Ursache zu schauen. Die Lok kam am 3. Februar 1970 vom LEW Hennigsdorf nach Zittau.

Aufnahmen (2): Slg. Dietmar Schlegel

△ **Bild 108** • Mit einem Eilzug aus Dresden fährt **110 207** des Bw Zittau am 4. Mai 1972 durch Wilthen.

△ **Bild 109** • Am 17. Juni 1973 verlässt die Zittauer **110 204** mit einem noch aus sächsischen Abteilwagen gebildeten Personenzug den Bahnhof Löbau (Sachs). Der betagte Wagenpark will so gar nicht zu der erst dreieinhalb Jahre in Dienst stehenden modernen Diesellok passen. Da wirkt die Zugbildung nebenan mit der sächs. XIV HT (Baureihe 75^5) doch weitaus „authentischer". AUFNAHMEN (2): SIEGFRIED BROGSITTER, SAMMLUNG DIETMAR SCHLEGEL

Tag 4

P 4100	Zittau – Görlitz
P 4105	Görlitz – Zittau
E 394	Zittau – Dresden (Vsp)
E 395	Dresden – Zittau (Vsp)
P 2528	Zittau – Löbau
P 3591	Löbau – Zittau

Vsp = Vorspannlok

Tag 5

E 392	Zittau – Dresden
E 393	Dresden – Zittau
P 2574*	Zittau – Eibau
P 2571*	Eibau – Zittau

* jeweils über Großschönau

Mit der Abstellung von 38 3860 am 3. Oktober 1972 endete in Bw Zittau die Beheimatung der Baureihe 38^{10-40}. Als Ersatz traf am 23. November 1972 die werksneue 110 493 in Zittau ein. Zwischen dem 3. Februar 1973 und dem 26. Juli 1974 kamen in Form von 110 217, 530, 615, 632 und 694 noch fünf weitere 110 nach Zittau. Am 1. Juli 1975 waren folgende elf Loks dieser Baureihe im hiesigen Bw beheimatet:

110 204	207	214	215	217
433	459	530	615	632
694				

Bis zum Herbst 1975 lösten die 110 die Baureihe 86 des Bw Zittau im Plandienst ab. Die Dieselloks bespannten im Raum Zittau und Löbau (Sachs) nun fast alle Reisezüge. Im Oktober 1975 traf 118 203 – eine

△ **Bild 110** • Blick in das Bw Zittau am 11. März 1977: Vom ASF „27" – einem jener unentbehrlichen Helfer in einem Bw – wird **110 632** auf die Drehscheibe gezogen. Die Lok kam im Januar 1974 als Neuanlieferung nach Zittau und wechselte im Juli 1982 zum Bw Görlitz. AUFNAHME: FRANK EBERMANN

Bild 111 ▷
Zwei Zittauer Maschinen standen am 10. Juni 1984 im Bahnhof Zittau nebeneinander: **112 703** und **112 398**. Letztere kam im Mai 1982 aus Luckau zum Bw Bautzen, die 112 703 im Februar 1983 direkt vom Umbau aus dem Raw Stendal. Beide Loks werden zum 31. Dezember 1993 buchmäßig in den Bestand des Bw bzw. Bh Görlitz wechseln.

der drei mit einer Glasfaserkanzel ausgerüsteten Maschinen der Baureihe 118 – in Zittau ein, bis Juni 1976 folgten noch 118 232, 118 259 und 118 325. Diese vier Loks übernahmen ab dem Sommerfahrplan 1976 von den 110 alle Eilzugleistungen nach Dresden und Görlitz.

Mit Beginn des Sommerfahrplans 1977 endeten die Planeinsätze der LVT-Baureihe 171^0 im Bw Zittau. Deren Leistungen wurden von der Baureihe 110 übernommen, sodass ab diesem Zeitpunkt acht 110 planmäßig zum Einsatz kamen.

Im Jahr 1982 begann in Zittau die Beheimatung von Loks der Baureihe 112. Am 31. Dezember 1987 waren dort insgesamt 14 dieser Maschinen beheimatet. In dem vom 29. Mai 1988 bis zum 28. Mai 1989 gültigen Jahresfahrplan 1988/89 benötigte das Bw Zittau zehn 112 für den Plandienst. Sie leisteten ihre Dienste in folgenden Plänen:

Plan 2a: 2 × 112
Die beiden Loks bespannten Personenzüge nach Löbau, Görlitz, Ebersbach (Sachs) und Nahgüterzüge nach Großschönau (Sachs).

Plan 3: 4 × 112
Die vier in diesem Plan eingesetzten 112 bespannten Personenzüge nach Bischofswerda, Eibau, Löbau und Görlitz.

Mit Gründung der DB AG zum 1. Januar 1994 wurde das Bw Zittau dem Betriebshof Görlitz unterstellt. In diesem Zusammenhang wechselten die noch in Zittau beheimateten 202 (vormals Baureihe 112) alle buchmäßig in den Görlitzer Fahrzeugbestand.

Im Einzelnen waren dies:

202 331	351	369	389	390
398	433	442	459	479
500	563	568	703	777
791	804	827		

Die Loks blieben aber auf ihren angestammten Strecken im Einsatz.

Bild 112 ▷
Ebenfalls zwei Zittauer Maschinen sind auf dieser Aufnahme zu sehen: Am 30. Januar 1987 kam es im Zittauer Bahnhof zum Zusammentreffen der **112 568** und 52 8183. Beide Loks sind bis heute erhaltengeblieben: Die 112 bei einer Privatbahn, die 52^{80} im Eisenbahnmuseum in Schwarzenberg.

Aufnahmen (2): Volker Lucas, Sammlung A. Zika

△ **Bild 113 • 201 202** kam erst zum Ende ihres „Lokomotivlebens" in den Bestand des Bw Zittau und war dort auch nur ein Jahr – von Oktober 1992 bis Oktober 1993 – beheimatet. Ob sie noch vor planmäßigen Zügen zum Einsatz kam? Immerhin diente sie am 16. Januar 1993 im Zittauer Bahnbetriebswerk für die Warmwasserversorgung. Dem Heizkessel der Lok sei Dank!

AUFNAHME: VOLKER LUCAS, SAMMLUNG A. ZIKA

Bw Zittau (I)

Lok-Nr.	vom Bw	beheimatet von – bis	zum Bw
201 012	Glauchau (Sachs)	11.02.92 – 13.10.93	z, zr 11.02.92
201 018	Reichenbach (V)	04.09.92 – 31.01.93	Dresd., zr 9/92-2/93
201 022	Reichenbach (V)	04.09.92 – 02.02.93	Dresd., zr 9/92-2/93
201 022	Dresden	01.04.93 – 31.05.93	Dresden
201 047	Glauchau (Sachs)	16.01.92 – 18.09.92	umb in 298 047
201 071	Glauchau (Sachs)	16.01.92 – 09.07.92	umb in 298 071
110 072	Glauchau (Sachs)	10.07.91 – 06.08.92	umb in 298 072
201 079	Reichenbach (V)	04.09.92 – 29.07.93	umb in 298 079
201 080	Glauchau (Sachs)	16.01.92 – 18.12.92	umb in 298 080
201 086	Reichenbach (V)	11.02.92 – 13.05.93	umb in 298 086
110 088	Glauchau (Sachs)	24.12.91 – 24.06.92	umb in 298 088
201 091	Reichenbach (V)	07.01.92 – 10.12.92	umb in 298 091
201 093	Glauchau (Sachs)	22.05.93 – 27.06.93	Glauchau (Sachs)
201 104	Reichenbach (V)	04.09.92 – 16.06.93	umb in 298 104
201 124	Reichenbach (V)	11.02.92 – 24.05.93	umb in 298 124
201 130	Reichenbach (V)	21.01.92 – 25.06.93	umb in 298 130
201 135	Dresden	08.09.92 – 05.07.93	umb in 298 135
110 139	Görlitz	25.11.89 – 12.06.90	Aue (Sachs)
110 139	Aue (Sachs)	07.08.90 – 30.07.93	umb in 298 139
201 202	Reichenbach (V)	03.10.92 – 13.10.93	z, zr 04.10.92
110 204	Neuanlieferung	24.01.70 – 06.03.83	Kamenz*
110 204	Görlitz	18.07.91 – 13.10.93	z, zr 11.02.92
110 207	Neuanlieferung	29.01.70 – 20.07.73	Cottbus
110 207	Cottbus	07.08.73 – 27.09.82	Görlitz
110 214	Neuanlieferung	02.02.70 – 08.06.82	W-P-S Guben
110 214	Hoyerswerda	23.06.83 – 15.09.83	Görlitz
110 215	Neuanlieferung	03.02.70 – 24.05.77	Aue (Sachs)
110 217	Görlitz	03.02.73 – 16.02.73	Görlitz
110 217	Görlitz	22.03.75 – 10.11.82	Elsterwerda
110 217	Elsterwerda	03.05.83 – 01.01.84	Kamenz
110 226	Aue (Sachs)	28.06.91 – 13.10.93	z, zr 11.02.92
110 227	Aue (Sachs)	28.06.91 – 13.10.93	z, zr 11.02.92
201 259	Glauchau (Sachs)	22.05.93 – 28.06.93	Glauchau (Sachs)
110 368	Hoyerswerda	09.11.79 – 09.10.80	Kamenz
110 369	Hoyerswerda	21.12.74 – 02.01.75	Hoyerswerda
110 369	W-P-S Guben	13.09.79 – 20.09.79	Görlitz

zr = Zurückstellung aus Reserve umb = Umbau
* Lok war während der Beheimatung kurzzeitig in einem anderen Bw.

Bw Zittau (II)

Lok-Nr.	vom Bw	beheimatet von – bis	zum Bw
110 424	Kamenz	08.02.80 – 24.11.80	Kamenz
110 424	Kamenz	24.12.80 – 03.10.82	Elsterwerda
110 433	W-P-S Guben	14.04.72 – 30.06.80	Bautz., umb 23.06.80
110 459	Neuanlieferung	29.04.72 – 23.09.77	Elsterwerda
110 493	Neuanlieferung	23.11.72 – 07.01.73	Bautzen
110 500	Kamenz	20.05.81 – 02.06.81	Kamenz
110 530	Kamenz	23.05.73 – 07.06.76	Cottbus*
201 552	Reichenbach (V)	16.09.92 – 13.10.93	z, zr 16.09.92
110 558	Görlitz	05.01.74 – 31.03.82	umb in 112 558
201 583	Reichenbach (V)	16.09.92 – 13.10.93	z, zr 16.09.92
201 588	Reichenbach (V)	16.09.92 – 13.10.93	z, zr 16.09.92
110 593	Görlitz	26.01.82 – 15.06.82	Kamenz
110 615	Neuanlieferung	30.11.73 – 02.10.82	Luckau
110 632	Neuanlieferung	10.01.74 – 04.07.82	Görlitz
110 634	Aue (Sachs)	28.06.91 – 13.10.93	z, zr 11.02.92
110 670	Elsterwerda	03.01.80 – 19.01.80	W-P-S Guben
110 694	Neuanlieferung	26.07.74 – 21.08.83	Luckau
110 739	Bautzen	01.07.80 – 20.06.82	Görlitz
110 740	Görlitz	02.04.85 – 19.05.85	Falkenberg (E)
201 757	Reichenbach (V)	16.09.92 – 13.10.93	z, zr 16.09.92
110 779	Luckau	15.03.79 – 19.07.79	Bautzen*
110 785	Halle P	21.05.75 – 18.09.75	Luckau
110 875	Seddin	04.01.77 – 28.04.83	Görlitz
112 207	aus Umbau	09.09.83 – 23.11.90	Glauchau (Sachs)*
112 240	Kamenz	01.03.85 – 07.06.91	Karl-Marx-Stadt
112 269	Hagenow Land	02.06.86 – 07.06.91	Karl-Marx-Stadt
112 307	Hoyerswerda	27.05.88 – 07.06.91	Karl-Marx-Stadt
202 331	Aue (Sachs)	21.05.93 – 31.12.93	Görlitz
112 334	Bautzen	05.09.87 – 05.06.89	Görlitz
112 334	Görlitz	02.08.89 – 07.06.91	Karl-Marx-Stadt
112 351	Luckau	03.10.82 – 31.12.93	Görlitz
202 369	Bautzen	31.05.92 – 31.12.93	Görlitz
112 383	Bautzen	22.07.86 – 02.10.86	Bautzen
112 383	Hoyerswerda	17.04.88 – 11.10.90	Bautzen
112 389	Bautzen	31.03.83 – 28.04.83	Bautzen
112 389	Bautzen	10.07.86 – 25.11.86	Bautzen
202 389	Bautzen	31.05.92 – 31.12.93	Görlitz
112 390	aus Umbau	17.06.82 – 31.12.93	Görlitz
112 397	Bautzen	01.05.87 – 21.05.87	Bautzen
112 398	Luckau	20.05.82 – 31.12.93	Görlitz
202 433	Bautzen	17.06.92 – 31.12.93	Görlitz
112 442	Elsterwerda	01.10.82 – 07.03.84	Görlitz*
112 442	Görlitz	18.04.84 – 28.11.84	Kamenz
112 442	Kamenz	30.01.85 – 31.12.93	Görlitz*
202 459	Bautzen	31.05.92 – 31.12.93	Görlitz
112 479	Haldensleben	22.08.85 – 06.12.87	Nossen
202 479	Aue (Sachs)	21.05.93 – 31.12.93	Görlitz
112 500	Kamenz	27.02.85 – 31.12.93	Görlitz*
112 530	Elsterwerda	03.07.82 – 15.02.84	Hoyerswerda
112 530	Görlitz	11.07.84 – 28.05.85	Görlitz
112 548	aus Umbau	09.11.82 – 04.09.87	Halberstadt*
112 558	aus Umbau	01.04.82 – 20.08.85	Haldensleben
112 563	Haldensleben	28.04.89 – 31.12.93	Görlitz
112 568	aus Umbau	28.09.82 – 31.12.93	Görlitz
112 632	aus Umbau	21.04.83 – 29.04.92	Reichenbach (V)
112 670	Görlitz	01.11.88 – 19.04.89	Haldensleben
112 703	aus Umbau	25.02.83 – 31.12.93	Görlitz
112 777	aus Umbau	18.08.83 – 31.12.93	Görlitz
202 791	Aue (Sachs)	21.05.93 – 31.12.93	Görlitz
112 804	Wittenberge	02.06.86 – 31.12.93	Görlitz
202 827	Aue (Sachs)	21.05.93 – 31.12.93	Görlitz
114 298	Kamenz	01.12.89 – 14.01.90	Kamenz

4. Reichsbahndirektion Dresden

In der Rbd Dresden begann die Beheimatung von Lokomotiven der Baureihe V 100 im Jahr 1967 in den Bahnbetriebswerken Karl-Marx-Stadt Hbf (Lokeinsatzstelle Freiberg/Sachs) und Reichenbach (Vogtl). Im Juli 1977 befanden sich insgesamt 187 Maschinen dieser Baureihe in den Beständen der Bahnbetriebswerke dieser Direktion. Hochburgen waren Aue (Sachs), Karl-Marx-Stadt und Reichenbach (Vogtl).

△ **Bild 114** • Am 25. Mai 1974 ist **110 629** vom Bw Aue mit einem Personenzug in den unteren Bahnhof von Eibenstock eingefahren. AUFNAHME: SAMMLUNG MATTHIAS HENGST

4.1 Bw Aue (Sachs)

Aue (Sachs) liegt 26 km südlich von Zwickau mitten im Erzgebirge und hatte 1988 ca. 26.660 Einwohner – Stand 30. Juni 2022 waren es als Große Kreisstadt Aue-Bad Schlema noch ca. 19.940.

Durch Aue führten zwei Eisenbahnstrecken: Zwickau – Aue – Schwarzenberg – Johanngeorgenstadt und Chemnitz – Aue – Adorf. Während erstgenannte Verbindung noch in Betrieb ist, endete letztere aufgrund des Baus der Talsperre Eibenstock seit 1975 in Blauenthal bzw. für den Güterverkehr in Wolfsgrün. Am 31. Dezember 1997 ist auch der Abschnitt Aue – Blauenthal offiziell stillgelegt worden. Aufgrund des enormen Güterverkehrs gab es in Aue einen entsprechend großen Güterbahnhof, von dem heute nichts mehr geblieben ist. Auch der Personenbahnhof ist im Rahmen der Modernisierung auf das für den täglichen Betrieb allernotwendigste zurückgebaut worden.

Dem Bahnbetriebswerk Aue – dessen Anlagen Anfang der 2000er-Jahre komplett abgerissen wurden – unterstanden einst die Lokeinsatzstellen Schwarzenberg, Eibenstock, Annaberg-Buchholz und die Schmalspurbahn-Lokbahnhöfe Oberwiesenthal, Jöhstadt, Kirchberg (Sachs), Schönheide Mitte, Oberrittersgrün und Thum.

Im Bw Aue waren am 1. Juli 1969 folgende Lokomotivbaureihen beheimatet:

2 × Baureihe 52
18 × Baureihe 58
41 × Baureihe 86
4 × Baureihe $94^{20\text{-}21}$
18 × Baureihe $99^{51\text{-}60}$
14 × Baureihe $99^{77\text{-}79}$
4 × Baureihe V 15
5 × Baureihe V 60

Mit einem Bestand von 106 Lokomotiven gehörte das Bw Aue mit zu den größeren Bahnbetriebswerken bei der Deutschen Reichsbahn.

Bild 115 ▷
Im November 1974 fotografierte Günter Meyer aus dem Führerstand der 58 1791 die **110 696** des Bw Aue, die als Vorspannlok vor 86 1245 mit dem P 3603 (Leipzig – Johanngeorgenstadt) bei Breitenbrunn (Erzgeb) unterwegs war.

AUFNAHME: GÜNTER MEYER, SAMMLUNG MANFRED MEYER

△ **Bild 116•** Der Traktionswechsel im Bw Aue ist in vollem Gange: Im September 1974 stehen 58 2095 und **110 681** im Auer Güterbahnhof.
AUFNAHME: GÜNTER MEYER, SAMMLUNG MANFRED MEYER

Als erste V 100 trafen am 7. August 1969 die V 100 074 (vom Bw Karl-Marx-Stadt) und V 100 102 (vom Bw Karl-Marx-Stadt) in Aue ein, denen am 4. September 1969 noch V 100 047 – aus Dresden kommend – folgte. Alle drei Maschinen kamen mit Beginn des Winterfahrplans 1969/70, gültig ab dem 28. September 1969, im Plan 04 vor Reisezügen nach Karl-Marx-Stadt, Johanngeorgenstadt, Zwickau und Werdau zum Einsatz.

Am 29. Mai 1970 gab das Bw Aue die 110 102 nach Dresden ab, als Ersatz traf im November 1970 die fabrikneue 110 298 ein. Zwischen dem 6. Oktober 1972 und dem 22. Dezember 1973 kamen mit 110 048 (Bw Karl-Marx-Stadt) und 110 091 (Bw Reichenbach), 110 564 (Bw Halle P) sowie den werksneuen 110 611, 110 618, 110 620 und 110 629 noch sieben weitere 110 nach Aue. Somit waren dort zum 1. Januar 1974 zehn Maschinen dieser Baureihe beheimatet.

Im Winterfahrplan 1973/74 war die Baureihe 86 mit 36 (!) Vertreterinnen im Bestand des Bw Aue – davon 23 im planmäßigen Einsatz – die dominierende Baureihe im Reise- und Nahgüterzugdienst dieser Dienststelle. Demgegenüber kamen von den zehn 110 täglich nur fünf zum Einsatz. Im Jahr 1974 erhöhte sich die Anzahl der in Aue beheimateten 110 allerdings auf 22 Maschinen. Direkt vom LEW Hennigsdorf erhielt das Bw:

- 110 659 am 1. Mai,
- 110 661 am 9. Mai,
- 110 677 am 21. Juni,
- 110 681 am 29. Juni,
- 110 690 am 20. Juli,
- 110 695 und 110 696 am 3. August,
- 110 702 und 110 704 am 24. August,
- 110 756 am 18. Dezember,
- 110 757 und 110 758 am 21. Dezember.

Hinzu kamen am 10. Oktober jenes Jahres die 110 718 vom Bw Wustermark und 110 719 vom Bw Berlin-Pankow.

Zur Ablösung der Dampflokomotiven im Bw Aue wurden dieser Dienststelle auch 1975 weitere zehn Loks der Baureihe 110 zugewiesen. Neben der 110 073 vom Bw Reichenbach (Vogtl) waren dies die

▽ **Bild 117 •** In Bärenstein (Kr Annaberg) endete die Strecke durch das Zschopautal aus Karl-Marx-Stadt, die bis zum Ende des Zweiten Weltkrieges und seit 1993 wieder bis Weipert (Vejprty) führt(e). Im Jahr 1975 kam **110 611** (Bw Aue) mit einem Güterzug in den unmittelbar an der Grenze zur ČSSR gelegenen Bahnhof.
AUFNAHME: SCHRAMM, SAMMLUNG ANDREAS STANGE

Bild 118 ▷ Am 15. September 1976 leistet **110 850** einer Maschine der Baureihe 86 Vorspanndienst an einem Güterzug nach Johanngeorgenstadt. Ob sich der Fotograf damals ob der Diesellok geärgert hat? Immerhin: Die Lok ist fabrikneu. Sie kam erst am 20. August aus dem LEW Hennigsdorf zum Bw Aue. Die Aufnahme entstand an der „Glück-Auf-Schranke" in Aue.

Aufnahme: Wolfgang Nitzsche

werksneuen 110 773, 776, 781, 791, 796, 821, 822, 827 und 110 829. An Abgängen waren im Verlauf jenes Jahres die 110 048 und 110 091 zu verzeichnen. Sie wurden im September 1975 nach Glauchau (Sachs) abgegeben. Zum 31. Dezember 1975 waren somit 31 Maschinen der Baureihe 110 in Aue beheimatet. Davon kamen 21 planmäßig zum Einsatz.

Von der Baureihe 86 waren zu diesem Zeitpunkt noch 18 Exemplare im Bestand des Bw Aue, von denen täglich elf Lokomotiven für den Plandienst benötigt wurden. Für den Sommerfahrplan 1976 stellten die Technologen des hiesigen Bahnbetriebswerkes folgende Dienstpläne für den Strecken- und Rangierdienst auf:

Plan 1	3 × Baureihe 110
Plan 2:	3 × Baureihe 110
Plan 3:	3 × Baureihe 110
Plan 4:	3 × Baureihe 110
Plan 5:	3 × Baureihe 110
Plan 6:	3 × Baureihe 110
Plan 8:	4 × Baureihe 106
Plan 9:	4 × Baureihe 58
Plan 10:	4 × Baureihe 110
Plan 20:	2 × Baureihe 110

(Plan 20 für Schönheide Ost)

Est Annaberg-Buchholz

Plan 22:	4 × Baureihe 110
Plan 23:	1 × Baureihe 50 (vom Bw KMS)
Plan 26:	1 × Baureihe 106
Plan 27:	3 × Baureihe 86
Plan 24:	2 × Baureihe 99^{51-60}
Plan 25:	3 × Baureihe 99^{77-79}
Plan 31:	1 × Baureihe 118 (vom Bw KMS)

(KMS = Karl-Marx-Stadt)

Interessant ist der Einsatz von vier 110 in Doppeltraktion im Plan 10. Zum Einsatz kamen die Pärchen 110 718 + 110 719 und 110 757 + 110 761 im Güterzugdienst zwischen Aue und Werdau. Der Lokumlauf sah wie folgt aus:

Ng 66623	Aue – Zwickau
Üg 72905	Zwickau – Zwickau-Pöhlau
Üg 72906	Zwickau-Pöhlau – Zwickau
Dg 54305	Zwickau – Aue
Ng 66622	Aue – Zwickau
Dg 54313	Zwickau – Aue
Lz	Aue – Werdau
Dg 51623	Werdau – Aue
Lz	Aue – Niederschlema
Ng 66324	Niederschlema – Zwickau
Üb 72907	Zwickau – Zwickau-Pöhlau
Üb 72908	Zwickau-Pöhlau – Zwickau
Dg 59324	Zwickau – Aue
Dg 54308	Aue – Zwickau
Lgo 58370	Zwickau – Hartenstein
Lz	Hartenstein – Aue

Zwischen dem 23. Juli und dem 14. September 1976 trafen sieben weitere 110 in Aue ein: 110 844, 845, 849, 850, 851, 860 und 861. Diese Maschinen lösten noch im Sommerfahrplan 1976 die Dampfloks der Baureihe 86 in den Plänen 5 und 6 ab.

Ab Juni 1976 bekamen die 110er Konkurrenz „im eigenen Haus" durch die 2.000 PS starken Diesellokomotiven der Baureihe 118. Das Alter der Dampfloks der Baureihe 58 sowie fehlende Ausbesse-

▽ **Bild 119** • Am 10. Juli 1982 fährt **110 681** (Bw Aue) mit einem Nahgüterzug in den Bahnhof Annaberg-Buchholz ein.

Aufnahme: Frank Ebermann

◁ **Bild 120**
Am 16. Juni 1978 verlässt **110 761** von der Lokeinsatzstelle Annaberg-Buchholz des Bw Aue mit einem Personenzug nach Flöha den Bahnhof Wolkenstein.

Aufnahme: Siegfried Brogsitter, Sammlung Dietmar Schlegel

△ **Bild 121** • Im April 1979 entstand dieses Gruppenfoto vor **110 861** im Bw Aue. Der zweite Herr von rechts ist der bekannte Eisenbahnfotograf Günter Meyer. Aufnahme: Sammlung Manfred Meyer

rungskapazitäten im Raw Meiningen zwangen die DR zum Handeln, um die betagten G 12 zu ersetzen. Zum Fahrplanwechsel am 26. September 1976 standen dem Bw Aue bereits neun 118er zur Verfügung: 118 111, 122, 129, 149, 207, 276, 299, 350 und 370. Durch den Einsatz dieser Loks wurden die letzten 58er in Aue und die im Plan 10 eingesetzten vier 110er „mit einem Schlag" ersetzt. Die freigesetzten Maschinen der Baureihe 110 lösten nun wiederum in der Lokeinsatzstelle Annaberg-Buchholz die dort stationierten Tenderlokomotiven der Baureihe 86 ab.

Zwischen dem 29. Oktober 1976 und dem 15. Dezember 1977 gab es im Bw Aue mit 110 873, 879, 880 und 881 noch einmal vier Neuzugänge direkt vom Herstellerwerk. An Abgängen waren mit 110 564 und 110 659 (beide zum Bw Güs-trow), 110 761 (zum Bw Glauchau/Sachs) sowie 110 821 und 110 822 (beide zum Bw Reichenbach/Vogtl) fünf Maschinen zu verzeichnen.

Am 1. Januar 1979 waren insgesamt 35 Maschinen der Baureihe 110 in Aue beheimatet:

110 611	618	620	629	661
681	690	695	696	718
719	756	758	761	770
771	773	776	781	791
796	827	829	844	845
849	850	851	860	861
873	878	879	880	881

Davon wurden 26 Loks täglich für den Plandienst benötigt. Im Sommerfahrplan kamen sie in folgenden Plänen zum Einsatz:

Plan 1 (3 × 110)
In diesem Plan bespannten die Loks Personenzüge nach Karl-Marx-Stadt, Blauenthal, Johanngeorgenstadt und Zwickau.

Plan 2 (3 × 110)
Die in diesem Umlaufplan eingesetzten 110er beförderten Personenzüge nach Karl-Marx-Stadt, Johanngeorgenstadt, Zwickau, Werdau und Wünschendorf (Elster). Interessant war in diesem Plan der Umlauf Dg 59380 (Aue – Werdau), P 18626 (Werdau – Wünschendorf/Elster) und P 9625 (Wünschendorf/Elster – Johanngeorgenstadt). Im Güterzugdienst kamen die Loks vor Nahgüterzügen nach Schlema und vor Durchgangsgüterzügen nach Werdau zum Einsatz.

Plan 3 (3 × 110)
Hier standen Personenzüge nach Karl-Marx-Stadt, Blauenthal, Annaberg-Buchholz, Johanngeorgenstadt, Zwickau und Werdau im Plan. Im Güterzugdienst kamen die darin eingesetzten 110er vor Durchgangsgüterzügen nach Werdau, im Nahgüterzugdienst nach Schlema und Schwarzenberg zum Einsatz.

Plan 4 (3 × 110)
Auch in diesem Plan leisteten die Loks ihre Dienste vor Personenzügen nach Karl-Marx-Stadt, Johanngeorgenstadt, Annaberg-Buchholz, Zwickau und Werdau. Im Güterzugdienst bespannten sie Nahgüterzüge nach Karl-Marx-Stadt, Johanngeorgenstadt und Schwarzenberg.

Plan 5 (3 × 110)
Personenzüge nach Johanngeorgenstadt, Karl-Marx-Stadt, Blauenthal und Zwickau sowie Nahgüterzüge nach Annaberg-

Bild 122 ▷
Nicht ganz ungefährlich war das Fotografieren entlang der Strecken rund um Aue, befanden sich doch in dieser Region zahlreiche Schächte der Wismut, die Uran förderten und deshalb unter besonderer Beobachtung der „Organe" standen. Im September 1978 sind **110 718** (Bw Aue) und eine Schwesterlok unterwegs zwischen Zwickau und Aue und sie haben soeben den Schlemaer Tunnel verlassen.

Aufnahme: Dieter Wünschmann

Buchholz, Karl-Marx-Stadt und Schwarzenberg wurden von den drei Loks im Plan 5 bespannt.

Plan 6 (2 × 110 + 1 × 118.2)
In diesem „Mischplan" wurden Personenzüge nach Johanngeorgenstadt, Karl-Marx-Stadt und Zwickau bespannt. Im Güterzugdienst kamen die Loks vor Nahgüterzügen nach Johanngeorgenstadt und vor Durchgangsgüterzügen nach Werdau zum Einsatz.

Plan 20 (2 × 110), Est Schönheide Ost
Die beiden 110 der Est Schönheide beförderten Personenzüge zwischen Schönheide Ost und Muldenberg sowie nach Schöneck (Vogtl). Im Güterzugdienst kamen sie vor Nahgüterzügen nach Muldenberg, Zwotental, Klingenthal, Falkenstein (Vogtl), Reichenbach (Vogtl) und Schönheide Süd. Durch den Bau der Talsperre Eibenstock (1974-1987) wurde die Strecke Karl-Marx-Stadt – Aue – Muldenberg – Adorf (Vogtl) zwischen Blauenthal bzw. Wolfsgrün und Schönheide Ost unterbrochen. Die Wartung der in Schönheide Ost stationierten Maschinen erfolgte deshalb in der zum Bw Reichenbach (Vogtl) gehörenden Lokeinsatzstelle Falkenstein (Vogtl).

Plan 21 (3 × 110), Est Annaberg-Buchholz
Die Einsatzstelle Annaberg-Buchholz setzte in diesem Plan drei Loks der Baureihe 110 vor Personenzügen nach Flöha, Karl-Marx-Stadt, Bärenstein, Cranzahl, Scharfenstein, Wolkenstein und auf der Strecke Schlettau (Erzgeb) – Crottendorf ob Bf ein. Auf letzterer bespannten die Maschinen auch Nahgüterzüge.

Plan 22 (3 × 110), Est Annaberg-Buchholz
In diesem Plan bespannten die Annaberger 110 Personenzüge nach Flöha, Bärenstein, Cranzahl und Zschopau. Im Nahgüterzugdienst fuhren sie nach Wilischthal und Schwarzenberg.

Zwischen Juni 1979 und September 1980 erhielt das Bw Aue weitere 110 zugewiesen: 110 064, 110 067 und 110 277 (alle vom Bw Reichenbach/Vogtl), 110 079 (vom Bw Karl-Marx-Stadt) sowie 110 850 (vom Bw Neustrelitz). Zum 1. Januar 1981 war mit 42 Maschinen eine beachtliche Anzahl an Vertreterinnen der Baureihe 110 in Aue beheimatet.

Ab 1981 leisteten die 110 des Bw Aue ihre Dienste auch vor Personenzügen von Karl-Marx-Stadt aus nach Döbeln und nach Mittweida.

△ **Bild 123**• Weitaus sicherer war das Fotografieren aus größerer Entfernung. Am 10. Juni 1984 schiebt eine 110 des Bw Aue einen Ganzzug – Zuglok ist eine 118 – bei Lauter (Sachs) nach. Aufnahme: Gunter von Hartwig

△ **Bild 124 • 110 849** vom Bw Aue verlässt mit einem Personenzug in Richtung Zwickau den Bahnhof Lauter (Sachs). Die Lok kam im August 1976 als Neuanlieferung nach Aue und blieb dort bis zu ihrem Umbau zur 112 849 im Mai 1988. AUFNAHME: GUNTER VON HARTWIG

Ab 1991 beheimatete das Bw Aue auch Maschinen der Baureihe 119 (ab 1.1.1992: Baureihe 219), die zunehmend Leistungen der 201/202 und 228 (bis 31.12.1991: Baureihe 118) im Reise- und Güterzugdienst auf den Strecken Zwickau – Aue – Johanngeorgenstadt und Aue – Chemnitz (bis 30. Juni 1990: Karl-Marx-Stadt) übernahmen.

Die daraufhin nicht mehr benötigten 202 wurden in den Folgejahren an andere Bahnbetriebswerke abgegeben. Die letzten Vertreterinnen verließen im Juni 1993 das Bw Aue: 202 316 und 202 381 am 7. Juni zum Bw Schwerin sowie 202 786 am 2. Juni zum Bw Chemnitz. Zu diesem Zeitpunkt erhielt Aue erstmals auch Loks der Baureihe 204 – die 1.400-PS-Umbauvariante der 110 – zugewiesen.

Am 31. Dezember 1993 wurde das Bw Aue im Zuge der Bahnreform als selbstständige Dienststelle aufgelöst und zum 1. Januar 1994 als Einsatzstelle dem nunmehrigen Betriebshof Zwickau unterstellt. Damit wechselten alle noch in Aue beheimateten Maschinen aus der „V 100-Familie“ buchmäßig in den Zwickauer Fahrzeugbestand:

201 095	211	259	508	514
551	618	745	770	773
828	829	833	878	881
204 223	274	359	448	482
805	862			

Sie blieben aber noch auf ihren angestammten Strecken im Einsatz.

Nachdem von Oktober 1982 bis Mai 1983 bereits 112 661 als erste Vertreterin der 1.200-PS-Variante der Baureihe 110 in Aue beheimatet war, erhielt das hiesige Bw ab 1985 auch Loks der Baureihe 112 zur längeren Beheimatung zugewiesen – wobei einige der Maschinen bereits vor dem Umbau von Aue aus im Einsatz standen. Die leistungsstärkeren Loks lösten die 110 in deren Plänen ab – wenn auch nicht vollständig.

▽ **Bild 125•** Winter im Erzgebirge: Am 20. Dezember 1986 ist die **110 878** (Bw Aue) mit einem Personenzug aus Flöha im Bahnhof Annaberg-Buchholz Süd – einem von vier Bahnstationen der Stadt – eingefahren und wird nach einem kurzen Halt ihre Fahrt nach Cranzahl fortsetzen. Die Lok war von Dezember 1977 bis Januar 1992 ohne Unterbrechung in Aue beheimatet.

Bild 126 ▷
Die drei Aufnahmen auf dieser Seite sind den 110 bzw. 112 des Bw Aue im Güterzugdienst gewidmet. Am 18. September 1985 entstand in Zwickau diese Aufnahme der **112 776** mit einem Leerwagenpark aus Fal-zz-Waggons, die für den Erztransport genutzt wurden.

Bild 127 ▷
Im Bahnhof Aue (Sachs) warteten **110 508** und eine Schwesterlok am 11. Oktober 1987 mit ihrem Zug auf die Weiterfahrt. Sie dienten in diesem Fall als Schiebeloks. Zuglok war 118 711.

Aufnahmen (3): Andreas Stange

Bild 128 ▷
Am 4. März 1987 war noch Winter im Erzgebirge – was für diese Region keine Besonderheit darstellte. Aus Richtung Zwickau kommend hat **110 773** mit einem kurzen Nahgüterzug den Bahnhof Lauter (Sachs) erreicht.

Aufnahme: Gunter von Hartwig

Bw Aue (Sachs) (I)

Lok-Nr.	vom Bw	beheimatet von – bis	zum Bw
110 007	Röblingen a.S.	12.11.87 – 29.01.88	Karl-Marx-Stadt
110 012	Bitterfeld	30.05.87 – 04.06.87	Falkenberg (E)
110 021	Glauchau (Sachs)	01.09.86 – 27.11.86	Wittenberge
V100 047	Dresden	04.09.69 – 22.12.77	Karl-Marx-Stadt
110 047	Karl-Marx-Stadt	04.01.78 – 30.09.78	Reichenbach (V)
110 047	Reichenbach (V)	01.10.79 – 19.05.82	Glauchau (Sachs)
110 048	Karl-Marx-Stadt	06.10.72 – 20.07.73	Reichenbach (V)
110 048	Reichenbach (V)	08.08.73 – 09.09.73	Reichenbach (V)
110 048	Reichenbach (V)	30.09.73 – 27.09.75	Glauchau (Sachs)
110 054	Reichenbach (V)	05.05.72 – 19.05.72	Reichenbach (V)
110 064	Reichenbach (V)	01.06.80 – 30.06.82	Reichenbach (V)
110 064	Reichenbach (V)	25.01.84 – 27.05.86	Karl-Marx-Stadt
110 067	Reichenbach (V)	01.06.80 – 22.05.82	Karl-Marx-Stadt
110 069	Glauchau (Sachs)	01.03.85 – 27.05.86	Karl-Marx-Stadt*
110 072	Reichenbach (V)	12.08.70 – 31.07.74	Glauchau (Sachs)
110 072	Glauchau (Sachs)	15.01.85 – 05.09.86	Glauchau (Sachs)
110 073	Reichenbach (V)	01.11.75 – 24.09.77	Reichenbach (V)
110 073	Glauchau (Sachs)	28.11.83 – 26.01.84	Glauchau (Sachs)
V100 074	Karl-Marx-Stadt	07.08.69 – 29.05.70	Reichenbach (V)
110 079	Karl-Marx-Stadt	29.09.79 – 27.02.83	Dresden
110 080	Karl-Marx-Stadt	05.05.88 – 12.05.88	Glauchau (Sachs)
110 088	Reichenbach (V)	04.06.71 – 05.08.71	Reichenbach (V)
110 091	Reichenbach (V)	13.10.73 – 27.09.75	Glauchau (Sachs)*
110 093	Karl-Marx-Stadt	17.01.90 – 08.01.92	Glauchau (Sachs)
110 095	Reichenbach (V)	19.07.90 – 08.01.92	Glauchau (Sachs)
201 095	Glauchau (Sachs)	20.05.93 – 31.12.93	Zwickau
V100 102	Karl-Marx-Stadt	07.08.69 – 29.05.70	Dresden
110 102	Glauchau (Sachs)	28.11.83 – 20.01.84	Karl-Marx-Stadt
110 104	Reichenbach (V)	15.12.86 – 06.06.91	Reichenbach (V)
110 139	Zittau	13.06.90 – 06.08.90	Zittau
110 144	Dresden	17.04.87 – 06.07.88	Nordhausen
110 144	Nordhausen	21.07.88 – 26.02.90	umb in 112 144
110 163	Falkenberg (E)	03.12.86 – 10.12.86	Karl-Marx-Stadt
110 202	Reichenbach (V)	11.05.90 – 06.06.91	Reichenbach (V)
110 205	Reichenbach (V)	01.10.88 – 30.09.89	umb in 112 205
110 211	Reichenbach (V)	15.06.86 – 12.12.86	Reichenbach (V)
110 211	Reichenbach (V)	01.06.87 – 07.06.91	Glauchau (Sachs)
201 211	Glauchau (Sachs)	03.06.92 – 31.12.93	Zwickau
110 215	Zittau	25.05.77 – 17.06.78	Magdeburg
110 226	Reichenbach (V)	01.06.87 – 01.05.89	Karl-Marx-Stadt
110 226	Karl-Marx-Stadt	10.05.90 – 27.06.91	Zittau
110 227	Reichenbach (V)	01.06.87 – 27.06.91	Zittau
110 259	Reichenbach (V)	01.06.87 – 23.09.92	Glauchau (Sachs)
201 259	Glauchau (Sachs)	09.11.93 – 31.12.93	Zwickau
110 277	Karl-Marx-Stadt	01.06.80 – 07.09.80	Reichenbach (V)
110 277	Reichenbach (V)	30.09.80 – 08.06.81	Glauchau (Sachs)
110 298	Neuanlieferung	26.11.70 – 01.12.72	Reichenbach (V)
110 298	Reichenbach (V)	04.02.73 – 10.01.75	Glauchau (Sachs)*
110 395	Güsten	19.05.77 – 31.05.77	Güsten
110 430	Magdeburg	19.05.77 – 24.09.77	Reichenbach (V)
110 496	Reichenbach (V)	06.11.83 – 30.11.84	Aue (Sachs)[1]
110 496	Aue (Sachs)	01.12.84 – 20.09.85	umz in 112 496
110 508	Karl-Marx-Stadt	29.05.86 – 15.01.87	Nossen
110 508	Nossen	28.01.87 – 04.01.93	Reichenbach (V)
201 508	Reichenbach (V)	20.01.93 – 31.12.93	Zwickau, zr 11.06.93
110 514	Reichenbach (V)	01.06.87 – 30.08.87	Glauchau (Sachs)*
110 514	Reichenbach (V)	10.10.87 – 06.06.90	Reichenbach (V)
201 514	Reichenbach (V)	31.05.92 – 31.12.93	Zwickau
110 550	Karl-Marx-Stadt	25.10.85 – 30.06.89	umb in 112 550
110 551	Dresden	24.04.86 – 30.04.90	Reichenbach (V)
201 551	Reichenbach (V)	31.05.92 – 31.12.93	Zwickau

* Lok war während der Beheimatung kurzzeitig in einem anderen Bw. umb = Umbau

[1] Umbau am 30.11.84 zr = Zurückstellung aus Reserve

Bw Aue (Sachs) (II)

Lok-Nr.	vom Bw	beheimatet von – bis	zum Bw
110 552	Dresden	31.03.84 – 27.05.90	Reichenbach (V)
110 564	Halle P	09.08.73 – 29.05.75	Reichenbach (V)
110 564	Reichenbach (V)	01.11.75 – 24.06.76	Reichenbach (V)*
110 564	Reichenbach (V)	22.07.76 – 23.08.76	Güstrow
110 588	Karl-Marx-Stadt	28.05.86 – 30.06.90	Reichenbach (V)
110 611	Neuanlieferung	23.11.73 – 06.07.90	umb in 112 611
110 617	Reichenbach (V)	01.06.87 – 31.08.88	umb in 112 617
110 618	Neuanlieferung	06.12.73 – 31.12.93	Zwickau
110 620	Neuanlieferung	06.12.73 – 25.11.83	umb in 112 620 *
110 623	Karl-Marx-Stadt	20.01.84 – 25.11.86	umb in 112 623
110 629	Neuanlieferung	20.12.73 – 13.12.85	umb in 112 629 *
110 634	Reichenbach (V)	11.06.90 – 27.06.91	Zittau
110 659	Neuanlieferung	01.05.74 – 24.06.76	Reichenbach (V)
110 659	Reichenbach (V)	22.07.76 – 23.08.76	Güstrow
110 661	Neuanlieferung	09.05.74 – 28.10.82	umb in 112 661
110 677	Neuanlieferung	21.06.74 – 20.08.76	Reichenbach (V)
110 681	Neuanlieferung	29.06.74 – 25.10.83	umb in 112 681
110 690	Neuanlieferung	20.07.74 – 24.10.85	umb in 112 690
110 695	Neuanlieferung	03.08.74 – 29.10.85	umb in 112 695
110 696	Neuanlieferung	03.08.74 – 13.08.85	umb in 112 696
110 702	Neuanlieferung	24.08.74 – 01.09.74	Reichenbach (V)
110 704	Neuanlieferung	24.08.74 – 29.08.74	Karl-Marx-Stadt
110 718	Wustermark	10.10.74 – 23.02.83	Karl-Marx-Stadt
110 719	Bln-Pankow	10.10.74 – 13.02.81	Nossen
110 743	Karl-Marx-Stadt	13.02.87 – 25.02.88	umb in 112 743
110 745	Reichenbach (V)	26.05.90 – 14.11.91	Glauchau (Sachs)
201 745	Glauchau (Sachs)	28.05.92 – 31.12.93	Zwickau
110 756	Neuanlieferung	18.12.74 – 11.02.77	Glauchau (Sachs)
110 756	Glauchau (Sachs)	18.05.77 – 30.05.92	Reichenbach (V)
110 757	Neuanlieferung	21.12.74 – 19.08.76	Reichenbach (V)
110 758	Neuanlieferung	21.12.74 – 13.09.83	umb in 114 758
110 761	Neuanlieferung	11.01.75 – 09.02.77	Glauchau (Sachs)
110 761	Glauchau (Sachs)	18.05.77 – 05.06.85	Glauchau (Sachs)
110 770	Neuanlieferung	01.02.75 – 31.12.93	Zwickau
110 771	Neuanlieferung	01.02.75 – 08.02.82	Stendal
110 771	Stendal	01.03.82 – 26.02.87	umb in 112 771
110 773	Neuanlieferung	08.02.75 – 31.12.93	Zwickau
110 776	Neuanlieferung	12.04.75 – 29.03.85	umb in 112 776
110 781	Neuanlieferung	19.04.75 – 30.11.85	umb in 112 781
110 791	Neuanlieferung	22.05.75 – 23.10.86	umb in 112 791
110 796	Neuanlieferung	01.06.75 – 30.03.84	umb in 112 796
110 821	Neuanlieferung	01.08.75 – 20.05.77	Reichenbach (V)
110 821	Reichenbach (V)	26.09.77 – 27.04.78	z, a 03.04.78 unf
110 822	Neuanlieferung	01.08.75 – 20.05.77	Reichenbach (V)
110 822	Reichenbach (V)	26.09.77 – 30.09.78	Reichenbach (V)
110 822	Reichenbach (V)	30.09.79 – 31.05.84	umb in 112 822
110 827	Neuanlieferung	20.08.75 – 25.08.86	umb in 112 827
110 828	Reichenbach (V)	13.12.83 – 31.12.93	Zwickau
110 829	Neuanlieferung	20.08.75 – 22.09.83	Reichenbach (V)
110 829	Reichenbach (V)	06.11.83 – 16.03.86	Karl-Marx-Stadt
110 829	Karl-Marx-Stadt	30.01.88 – 31.12.93	Zwickau
201 833	Reichenbach (V)	24.08.92 – 31.12.93	Zwickau
110 844	Neuanlieferung	23.07.76 – 21.01.88	umb in 112 844
110 845	Neuanlieferung	28.07.76 – 13.02.90	umb in 114 845
110 848	Neuruppin	01.06.88 – 26.02.89	umb in 114 848
110 849	Neuanlieferung	20.08.76 – 18.05.88	umb in 112 849
110 850	Neuanlieferung	20.08.76 – 31.05.79	Neustrelitz
110 850	Neustrelitz	.06.79 – 14.01.88	umb in 112 850
110 851	Neuanlieferung	26.08.76 – 30.05.92	Reichenbach (V)
110 860	Neuanlieferung	14.09.76 – 17.04.89	umb in 114 860
110 861	Neuanlieferung	14.09.76 – 31.05.90	umb in 199 861
110 873	Neuanlieferung	29.10.76 – 19.05.83	Nossen
201 873	Nossen	10.06.93 – 31.07.93	Nossen

a = abgestellt unf = Unfall

Bild 129 ▷ Kleine 112-Lokparade im Bw Aue am 19. Mai 1991 (v. l. n. r.): **112 479**, **112 786**, **112 205** und **112 827**. Noch tragen die Lokomotiven ihre DR-Nummern …

AUFNAHME: ANDREAS STANGE

Bw Aue (III)

Lok-Nr.	vom Bw	beheimatet von – bis	zum Bw
110 875	W-P-S Guben	05.05.89 – 27.05.92	Reichenbach (V)
110 878	Neuanlieferung	13.12.77 – 08.01.92	Glauchau (Sachs)
201 878	Glauchau (Sachs)	28.05.92 – 31.12.93	Zwickau
110 879	Neuanlieferung	13.12.77 – 18.10.90	umb in 199 879
110 880	Neuanlieferung	15.12.77 – 25.11.83	umb in 112 880
110 881	Neuanlieferung	15.12.77 – 31.12.93	Zwickau
110 883	Leipzig Hbf Süd	16.02.87 – 09.03.87	Leipzig Hbf Süd
110 891	Karl-Marx-Stadt	28.01.88 – 30.10.90	umb in 199 891
112 205	aus Umbau	01.10.89 – 31.05.92	Cottbus
202 316	Nossen	22.06.92 – 14.02.93	Dresden
202 316	Dresden	06.04.93 – 07.06.93	Schwerin
202 331	Bautzen	02.06.92 – 20.05.93	Zittau
112 368	Bautzen	04.05.89 – 25.05.93	Chemnitz
202 381	Bautzen	03.06.92 – 07.06.93	Schwerin
112 479	Nossen	30.05.89 – 20.05.93	Zittau
112 496	umz	20.09.85 – 30.05.87	Reichenbach (V)
112 550	aus Umbau	01.07.89 – 04.10.91	Nossen
112 556	Reichenbach (V)	07.02.87 – 16.04.87	Dresden
112 571	Haldensleben	04.03.89 – 31.05.93	Chemnitz
112 611	aus Umbau	06.07.90 – 30.05.93	Chemnitz
112 617	aus Umbau	01.09.88 – 28.05.89	Glauchau (Sachs)
112 623	Magdeburg	01.12.86 – 31.05.87	Reichenbach (V)
112 629	aus Umbau	14.12.85 – 05.06.86	Dresden
W-P-S Guben = Wilhelm-Pieck-Stadt Guben			umz = Umzeichnung

Bw Aue (IV)

Lok-Nr.	vom Bw	beheimatet von – bis	zum Bw
112 629	Reichenbach (V)	17.03.90 – 07.06.93	Schwerin
112 661	aus Umbau	29.10.82 – 26.05.83	Karl-Marx-Stadt
112 690	aus Umbau	25.10.85 – 30.05.87	Reichenbach (V)
112 695	aus Umbau	30.10.85 – 31.05.86	Karl-Marx-Stadt
112 696	aus Umbau	14.08.85 – 30.05.87	Reichenbach (V)
112 735	Dresden	07.04.90 – 30.05.93	Chemnitz
112 743	Reichenbach (V)	14.03.88 – 29.05.89	Nossen
112 771	aus Umbau	27.02.87 – 30.05.87	Reichenbach (V)
112 775	Görlitz	02.06.91 – 03.06.92	Bautzen
112 776	aus Umbau	30.03.85 – 30.05.87	Reichenbach (V)
112 781	aus Umbau	01.12.85 – 30.05.87	Reichenbach (V)
112 786	Nossen	26.05.90 – 02.06.93	Chemnitz
112 791	aus Umbau	24.10.86 – 20.05.93	Zittau
112 827	Stendal	03.09.86 – 20.05.93	Zittau
112 850	aus Umbau	15.01.88 – 05.04.89	Dresden
204 223	Nordhausen	26.05.93 – 31.12.93	Zwickau
204 274	Saalefeld	09.06.93 – 31.12.93	Zwickau
204 359	Nordhausen	26.05.93 – 31.12.93	Zwickau
204 448	Saalfeld	01.06.93 – 31.12.93	Zwickau
204 482	Nordhausen	26.05.93 – 31.12.93	Zwickau
204 805	Saalfeld	29.05.93 – 31.12.93	Zwickau
204 862	Nordhausen	26.05.93 – 31.12.93	Zwickau
298 163	Chemnitz	15.10.92 – 21.11.92	Reichenbach (V)

Bild 130 ▷ Am 1. März 1992 sah die Loknummernwelt schon ganz anders aus, und die Baureihe 202 war in der Unterzahl. Flankiert von 219 077 (ganz links) und 219 165 (ganz rechts) genießen **202 827**, **202 791** und **202 368** die Sonntagsruhe im Bw Aue. Während sich hinter 202 827 und 202 791 noch jeweils ein „U-Boot" versteckt, steht hinter 202 368 eine Lok der Baureihe 228 (ex BR 118).

AUFNAHME: VOLKER LUCAS,, SLG. A. ZIKA

△ **Bild 131** • Die „Müglitztalbahn" Heidenau – Altenberg (Erzgeb) gehörte zu den langjährigen Stammstrecken der Dresdner 110er. Am 24. Mai 1974 fährt **110 243** mit einem Personenzug in den Bahnhof Glashütte (Sachs) ein und kreuzt **110 626** auf dem Nebengleis. AUFNAHME: MATTHIAS NIEKE

4.2 Bw Dresden

Durch die Zusammenlegung der Bahnbetriebswerke Dresden-Altstadt und Dresden-Friedrichstadt entstand am 1. Januar 1967 das Bw Dresden als eine der größten Dienststellen der Deutschen Reichsbahn. Das Bahnbetriebswerk beheimatete zum 1. Januar 1968 folgende Lokbaureihen:

5 × Baureihe 01-Altbau,
4 × Baureihe 03,
4 × Baureihe 22,
8 × Baureihe 23^{10},
7 × Baureihe 38^{10-40},
17 × Baureihe 50-Altbau,
28 × Baureihe 58,
24 × Baureihe 58^{30},
4 × Baureihe 65^{10},
10 × Baureihe V 15,
35 × Baureihe V 60,
11 × Baureihe V 180^{0},
10 × Baureihe V 180^{1},
8 × Baureihe V 180^{2}.

Um den Traktionswechsel in Dresden zu beschleunigen, sollten dem hiesigen Bw vorrangig Diesellokomotiven zugewiesen

◁ **Bild 132**
Im August 1971 hat **110 143** (Bw Dresden) mit einem Containerzug den Dresdner Hauptbahnhof passiert und ist nun in Richtung Dresden-Friedrichstadt zum dortigen Güterbahnhof unterwegs.

AUFNAHME: DIETER WÜNSCHMANN, SAMMLUNG REINHARD LEHMANN

Bild 133 ▷
Im Winter 1968/69 steht die im November 1968 in Dienst gestellte **V 100 102** (Bw Dresden) abfahrbereit mit einem Personenzug nach Heidenau im 754 m hochgelegenen Bahnhof Altenberg (Erzgeb).

Aufnahme: Wolfgang Nitzsche

werden. Nachdem am 4. Juli 1967 mit einer Karl-Marx-Städter V 100 als Vorspann vor einer Lok der Baureihe 86 des Bw Pirna eine Probefahrt auf der topografisch äußerst anspruchsvollen Müglitztalbahn von Heidenau nach Altenberg (Erzgeb) stattfand, erhielt das Bw Dresden ab April 1968 die ersten V 100 zur Beheimatung zugewiesen. Zwischen dem 2. April und dem 31. Mai 1968 trafen die werksneuen V 100 047, V 100 048 (beide am 02.04.), V 100 064 (am 31.05.), V 100 068, V 100 069 (beide am 25.05.), V 100 073 (am 29.05.) und V 100 074 (am 31.05.) in Dresden ein.

Die V 100 047 und V 100 048 kamen noch im April 1968 im neugebildeten Plan 6a vor Reisezügen nach Bad Schandau und Meißen zum Einsatz.

Ab dem Sommerfahrplan 1968 setzte das Dresdner Bahnbetriebswerk zwei V 100 planmäßig im Dienstplan 9 vor Personenzügen nach Pirna, Schöna und mit dem P 649/610 nach Löbau (Sachs) ein. Es stellte sich aber heraus, dass die V 100 bei diesen Leistungen überfordert waren, sodass ab dem Winterfahrplan 1968/69 die Maschinen der Baureihe V 180 diese Leistungen übernahmen.

Ab dem 14. Juni 1968 nutzte das Bw Pirna in der Lokeinsatzstelle Altenberg (Erzgeb) eine Dresdner V 100 und beförderte mit ihr Personen- und Nahgüterzüge auf der Müglitztalbahn zwischen Heidenau und Altenberg (Erzgeb). Zuvor waren diese Züge noch eine planmäßige Leistung der Baureihe 86.

Mit dem Beginn des Winterfahrplans 1968/69 am 29. September 1968 leisteten im Dresdner Plan 8 vier Vertreterinnen der Baureihe V 100 ihre Dienste und bespannten die folgenden Züge:

Bild 134 ▷
Am 4. April 1977 ist **110 280** des Bw Dresden mit einem Post- und Güterexpresszug nach Dresden unterwegs bei Weinböhla. Von diesem Standort am Posten 6 entstanden auch zahlreiche Aufnahmen von Dresdner Altbau-01 mit ihren Schnellzügen.

Aufnahme: Detlef Winkler

◁ **Bild 135**
Im August 1972 fahren **110 235** und **110 165** des Bw Dresden mit einem leeren Uranerz-Ganzzug durch den Dresdner Hauptbahnhof nach Pirna-Rottwerndorf.

Aufnahme: Frank Ebermann

◁ **Bild 136**
110 783 (Bw Dresden) verlässt am 3. September 1975 mit einem Personenzug in Richtung Arnsdorf (b Dresden) den Haltepunkt Dresden-Industriegelände. Beachtenswert ist der Wagenpark des Zuges!

◁ **Bild 137**
„Heikle Fracht" hatte die **110 783** dann ein halbes Jahr später am Haken: Mit einem beladenen Uranerz-Ganzzug aus Pirna-Rottwerndorf passiert sie am 2. März 1976 den Standort des Fotografen in Dresden-Strehlen.

Aufnahmen (2):
Joachim Volkhardt

E 395 Dresden – Zittau
E 398 Zittau – Dresden
E 391 Dresden-Neustadt – Zittau
P 830 Zittau – Dresden
P 605 Dresden – Bischofswerda
P 606 Bischofswerda – Dresden
P 905 Dresden – Großenhain (Cottb. Bf)
P 900 Großenhain (Cottb. Bf) – Dresden
P 2806 Dresden – Altenberg (Erzgeb)
P 2865 Altenberg (Erzgeb) – Dresden

Weitere Leistungen waren u. a. auch die Beförderung von Personenzügen zwischen Dresden und Pirna.

In der Zeit vom 16. August bis zum 26. November 1968 trafen mit V 100 050, 080, 081, 088 und 102 fünf weitere V 100 im Bw Dresden ein.

Am 1. Oktober 1968 verlor das Bw Pirna seine Selbstständigkeit und wurde als Einsatzstelle dem Bw Dresden unterstellt. Die nunmehrige Est Pirna löste ab dem 29. September 1968 die bis dahin im Plan 5a eingesetzte Dampflok der Baureihe 50 im Lokbahnhof Altenberg (Erzgeb) durch V 100 088 ab. Die Lok übernahm nun die Beförderung der Personenzüge P 2809 (Altenberg/Erzgeb – Dresden-Neustadt) und P 2820 (Dresden-Neustadt – Altenberg/Erzgeb) sowie von Nahgüterzügen von Heidenau nach Altenberg (Erzegb), Glashütte (Sachs) und Köttewitz. Damit wurden mit Beginn des Winterfahrplans 1968/69 alle planmäßigen Züge auf der Müglitztalbahn von Maschinen der Baureihe V 100 gefahren. Zum 31. Dezember 1968 waren in Bw Dresden 13 × V 100 beheimatet:

V 100	042	047	048	050	064
	068	069	073	074	080
	081	088	102		

Ab März 1969 kamen mit der dritten Lieferserie (Betriebsnummern 104 bis 171) folgende V 100 aus dem VEB LEW „Hans Beimler" Hennigsdorf nach Dresden:

- V 100 104 am 29. April,
- V 100 114 am 19. April,
- V 100 117 und V 100 120 am 1. Mai,
- V 100 130 am 19. Juni,
- V 100 135 am 26. Juni,
- V 100 142 und V 100 143 am 22. Juli,
- V 100 151 am 31. Dezember,
- V 100 166 am 18. Dezember,
- V 100 167 und V 100 169 am 20. Dezember.

Hinzu kamen V 100 115 (31.05.) aus Karl-Marx-Stadt, V 100 147 (am 27.09.) und V 100 165 (am 24.12.) beide aus Reichenbach (Vogtl).

Mit dem Eintreffen der Loks des dritten Bauloses gab das Bw Dresden im Verlauf des Jahres 1969 ab …

△ **Bild 138** • Im August 1976 erreicht die Dresdner **110 787** mit einem Personenzug von Bad Schandau nach Sebnitz (Sachs) den Bahnhof Rathmannsdorf (Kr Pirna). Aufnahme: Siegfried Brogsitter, Sammlung Dietmar Schlegel

△ **Bild 139** • In Heidenau zweigt die Müglitztalbahn auf die Hauptbahn Dresden – Pirna ein. Bei Strecken-km 0 fährt **112 635** des Bw Dresden am 30. August 1986 mit einem Güterzug von der Müglitztalbahn kommend in Heidenau ein. Aufnahme: Volker Lucas, Sammlung A. Zika

▽ **Bild 140** • Vor dem Lokschuppen der Dresdner Einsatzstelle in Altenberg (Erzgeb) hat sich **112 672** in Positur gestellt. Die Aufnahme entstand im Winter 1984/85. Aufnahme: Wolgang Nitzsche

△ **Bild 141** • Abendstimmung am 29. Oktober 1987 im Bahnhof Dresden-Neustadt mit **112 629**.

Aufnahme: Volker Lucas, Sammlung A. Zika

... zum Bw Aue:
V 100 047;

... zum Bw Karl-Marx-Stadt:
V 100 048, 064, 074, 081 und 102;

... zum Bw Reichenbach (Vogtl):
V 100 050, 068 und 069.

Mit dem Beginn des Sommerfahrplans 1969 standen dem Dresdner Bahnbetriebswerk 14 Loks der Baureihe V 100 zur Verfügung, der tägliche Bedarf lag bei zwölf Maschinen. Im Plan 9 kamen sechs V 100 vor Reisezügen nach Zittau, Bischofswerda, Pirna, Altenberg (Erzgeb), Bad Schandau und Meißen zum Einsatz. Der Lokbahnhof Altenberg (Erzgeb) setzte eine V 100 nach Heidenau und Pirna ein. Neu war der Einsatz von drei V 100 im Plan 30 der Est Pirna, wo eine Lok der Baureihe 50 und zwei der Baureihe 86 vor Reise- und Nahgüterzügen nach Dresden, Altenberg (Erzgeb) und Neustadt (Sachs) abgelöst wurden.

In der Lokeinsatzstelle Bad Schandau lösten je zwei V 100 und V 180 die bis dahin dort eingesetzten Loks der Baureihe 50 ab. Die V 100 bespannten Züge nach Sebnitz und Neukirch West (Lausitz), während die V 180 im Transitverkehr nach Děčín zum Einsatz kamen.

Am 1. Januar 1970 waren in der Lokeinsatzstelle Pirna und in den Lokbahnhöfen Arnsdorf und Neustadt (Sachs) noch 15 Dampfloks der Baureihe 86 stationiert. Die 86er leisteten ihre Dienste auf den Strecken Pirna – Gottleuba, Pirna – Neustadt (Sachs) und Dürrröhrsdorf – Arnsdorf. Das Bw Dresden wollte die Baureihe 86 in diesen Einsatzstellen so schnell wie möglich durch moderne Triebfahrzeuge der Baureihe 110 ersetzen. Dafür trafen zwischen dem 31. März und dem 1. Dezember 1970 die fabrikneuen 110 231, 235, 243, 269, 280, 300 und 306 sowie aus dem Bw Aue (Sachs) die 110 102 zur Beheimatung in Dresden ein. Bis zum Jahresende 1970 lösten die 110er mit Unterstützung der LVT der Baureihe 171 die Baureihe 86 in der Est Pirna ab. Gleichzeitig verloren die Dresdner 110 durch die Aufnahme des elektrischen Vorort-Verkehrs von Dresden nach Meißen Triebischtal am 18. Dezember 1970 die Leistungen nach Meißen.

Am 31. Dezember 1971 waren im Bw Dresden 26 Maschinen der Baureihe 110 beheimatet:

110 042	054	085	102	104
114	115	117	120	130
135	142	143	147	151
165	166	167	169	231
235	243	269	280	300
306				

Davon wurden im Winterfahrplan 1971/72 im Plandienst täglich 16 Loks benötigt.

Ab dem Sommerfahrplan 1972 kamen im Dresdner Plan 10 vier 110 zum Einsatz. Sie bespannten das Eilzugpaar E 391/394 (Dresden – Zittau – Dresden), den E 397 (Dresden – Zittau), den P 820 (Zittau – Dresden) und Personenzüge nach Arnsdorf (b Dresden), Altenberg (Erzgeb) und Schöna. Neu war in diesem Plan die Be-

◁ **Bild 142**
Planmäßig gab es für die Personaleinsatzstelle Sebnitz der Dresdner Einsatzstelle in Pirna Reisezugleistungen mit Loks der Baureihe 112 nach Hoyerswerda. Am 15. November 1986 steht **112 796** des Bw Dresden mit dem P 4895 (Hoyerswerda – Bautzen – Bad Schandau) – gebildet aus „Reko-Donnerbüchsen" – im Bahnhof Hoyerswerda.

Aufnahme: Andreas Stange

spannung von Uranerz-Ganzzügen der SDAG Wismut (Sowjetisch-Deutsche Aktiengesellschaft) zwischen Pirna-Rottwerndorf und Dresden bzw. Freital-Potschappel. Die Züge wurden dann in Dresden oder Freital-Potschappel von E-Loks der Baureihe 242 übernommen, um sie weiter nach Mosel oder Werdau zu befördern. Je nach Last wurden diese Züge auch mit zwei 110er gefahren.

Ab 1974 wurden im Dienstplan 12 die nur freitags und sonntags verkehrenden Eilzüge E 944/947 von Dresden nach Magdeburg u. z. von Dresdner 110 (oder 118) bespannt. Bis Roßlau (Elbe) besetzten Dresdner Personale die Lok, ab Roßlau (Elbe) bis Magdeburg übernahmen dann Roßlauer Personale.

Zwischen dem 20. Juni 1973 und 1. November 1974 trafen noch einmal acht fabrikneue 110 im Bw Dresden ein: 110 550, 551, 552, 587, 626, 693, 733 und 735.

Im Sommerfahrplan 1975 kamen im Plan 12 fünf Loks der Baureihe 110 in Dresden zum Einsatz, zwei davon wurden von Personal der zum Bw Karl-Marx-Stadt gehörenden Einsatzstelle Freiberg (Sachs) besetzt. Neu in diesem Plan war die Bespannung der Post- und Güterexpresszüge Gex 2670 (Dresden – Berlin Ostbahnhof) und Gex 2673 (Berlin Ostbahnhof – Dresden). Diese Leistungen wurde bis zum Frühjahr 1976 von 110ern gefahren.

Im Sommerfahrplan 1975 leisteten die Dresdner 110 in folgenden Plänen ihre Dienste:

Bw Dresden
Plan 12: 5 × Baureihe 110
Plan 13: 3 × Baureihe 110

△ **Bild 143** • Im Vorfeld des Dresdner Hauptbahnhofes wartet **110 142** des Bw Dresden am 26. April 1986 auf ihren nächsten Einsatz. Die Lok wechselt im Juli jenes Jahres zum Bw Reichenbach (Vogtl).

Der Plan 13 wurde auch als „Brückendienst" bezeichnet. Die in diesem Plan eingesetzten Lokomotiven bespannten Übergabegüterzüge zwischen den Dresdner Güterbahnhöfen und kamen im Schiebedienst Dresden-Neustadt – Dresden-Klotzsche bei schweren Reise- und Güterzügen zum Einsatz.

Lokeinsatzstelle Pirna
Plan 31: 4 × Baureihe 110
Plan 32: 3 × Baureihe 110

Lokbahnhof Altenberg:	1 × BR 110
Einsatzstelle Bad Schandau:	3 × BR 110
Lokbahnhof Arnsdorf:	1 × BR 110
Lokbahnhof Neustadt (Sachs):	1 × BR 110

Von den 37 Maschinen der Baureihe, die am 1. Juli 1975 in Dresden beheimatet waren, wurden 21 täglich für den Plandienst benötigt.

Am 25. Mai 1976 begann der elektrische Zugbetrieb auf der 48,6 km langen Elbtalstrecke Dresden – Bad Schandau – Schöna. Mit Beginn des Sommerfahrplans am 30. Mai 1976 wurden alle Personenzüge auf dieser Strecke mit Elektrolokomotiven der Baureihe 242 gefahren, dadurch entfielen für die 110 und 118 die dortigen Leistungen im Personenzugdienst nach Pirna, Bad Schandau und Schöna.

Bereits ab dem Sommerfahrplan 1975 besetzten Nossener Personale Dresdner 110. Nach dem Umbau der Werkstatt im

Bild 144 ▷ Von der Ostseite des Dresdner Hauptbahnhofes fuhren u. a. die Züge nach Altenberg (Erzgeb) ab. Mit dem P 16763 steht **112 503** (Bw Dresden) am 5. Mai 1990 zur Abfahrt bereit. Planmäßg geht es 9:56 Uhr los in Richtung Altenberg (Erzgeb).

Aufnahmen (2): Volker Lucas, Sammlung A. Zika

Bild 145
In der Einsatzstelle Pirna des Betriebshofes Dresden haben sich am 19. April 1998 die **204 359**, 346 405, **202 703** und **204 299** versammelt.

Aufnahme: Hans-Dieter Rändler

Bw Nossen begann dort ab Herbst 1976 auch die technische Unterhaltung der Baureihe 110. In diesem Zusammenhang wechselten im September/Oktober 1976 die 110 120, 131, 147, 151, 165, 167 und 169 in der Beheimatung von Dresden nach Nossen.

Am 31. Dezember 1976 waren im Bw Dresden noch 27 Loks der Baureihe 110 beheimatet. Der Planbedarf lag in den Jahren 1977 bis 1990 – je nach Fahrplanabschnitt – zwischen 14 und 18 Maschinen. Der Schwerpunkt des 110er-Einsatzes lag im Raum Pirna und in Bad Schandau, wo sie den gesamten Zugverkehr auf den Strecken Heidenau – Altenberg (Erzgeb), Pirna – Neustadt (Sachs) und Bad Schandau – Neukirch (Lausitz) abwickelten. Als vorletzte Serienlok wurde 110 895 am 9. März 1978 beim Bw Dresden in Dienst gestellt.

Das Dresdner Bw setzte 1979 im Plan 25 vier 110 vor Personenzügen nach Altenberg (Erzgeb), Heidenau, Bischofswerda und Zittau (P 3855/3858) ein. Im Güterzugdienst bespannten sie Nah- und Durchgangszüge nach Heidenau, Glashütte (Sachs) und Uranerz-Ganzzüge zwischen Dresden und Pirna-Rottwerndorf.

Ab 1983 wurden auch Dresdner 110 mit leistungsgesteigerten 1.200-PS-Motoren ausgerüstet und nach dem Umbau in die Baureihe 112 umgezeichnet. Die zunehmende Zuweisung von Loks dieser Baureihe sorgte binnen kurzer Zeit für eine Reduzierung des Bestandes an 110 im Bw Dresden. Am 31. Dezember 1986 waren dort bereits 24 Vertreterinnen der Baureihe 112, aber nur noch eine 110 beheimatet:

110	117					
112	498	499	503	561	562	
	579	589	621	629	633	
	635	672	677	702	718	
	719	720	733	735	744	
	751	796	811	822		

Ab 1993 begann die Beheimatung der mit einem hydrodynamischen Wendegetriebe ausgerüsteten Baureihe 298 im Bahnbetriebswerk Dresden. Die Maschinen kamen als sogenannte „Schlepploks“ im Rangierbahnhof Dresden-Friedrichstadt zum Einsatz, wo sie die Großdieselloks der Baureihe 220 (ex Baureihe 120) ablösten. Ein weiteres Einsatzgebiet war die Bespannung von Rangier- und Nahgüterzügen nach Bischofswerda, Pirna, Coswig, Köttewitz und Freiberg (Sachs).

Mit der Gründung der DB AG zum 1. Januar 1994 wurde das Bw Dresden in einen Betriebshof umgewandelt, dem fortan auch das ehemalige Bw Kamenz unterstand. Von dort übernahm der Bh Dresden 13 Maschinen der Baureihe 204. Zum 1. Januar 1995 befanden sich 16 × Baureihe 202, 12 × Baureihe 204 und 11 × Baureihe 298 im Bestand des Bh Dresden.

Bild 146
Mit dem Funkrufnamen „Ralf 16“ versehen, ist **298 142** des Bh Dresden am 1. Juni 1994 im Güterbahnhof Dresden-Friedrichstadt im Einsatz. Die Lok entstand im Juni 1993 aus der 110 142 und war anschließend bis Dezember 1997 im Bestand des Dresdner Betriebshofes.

Aufnahme: Reinhard Lehmann

Bild 147 ▷
Die Baureihe 298 war die letzte „V 100-Variante" im Bestand des Betriebshofes Dresden. Hier ist es **298 151**, die am 22. Juli 1996 mit einem Güterzug aus Richtung Dresden Hbf kommend nach Dresden-Friedrichstadt unterwegs ist.

Auf der Strecke Pirna – Neustadt (Sachs) – Arnsdorf (b Dresden) wurden die Dresdner 202 ab 1992 von LVT der Baureihe 772 verdrängt, zwischen Bad Schandau und Bautzen über Neukirch (Lausitz) übernahmen ab 1997 Loks der Baureihe 202 vom Bh Görlitz die Leistungen im Reisezugverkehr. Den Dresdner 202 und 204 verblieben ab 1999 nur noch Leistungen auf den Strecken Dresden – Altenberg (Erzgeb), Dresden – Königsbrück und Arnsdorf (b Dresden) – Kamenz. Durch den Überbestand bei diesen beiden Baureihen gelangten zahlreiche Loks in den z-Park oder wurden an andere Dienststellen abgegeben.

Ab dem Jahr 2001 kamen auf den genannten Strecken die Triebwagen der Baureihe 642 zum Einsatz. Nachdem daraufhin die letzten Vertreterinnen der Baureihe 204 die Beheimatung wechselten oder z-gestellt wurden, verblieben im Dresdner Fahrzeugbestand nur noch die Lokomotiven der Baureihe 298, die weiterhin Verwendung im Rangier- und Übergabedienst fanden.

Die letzten 298 leisteten ihre Dienst noch bis ins Jahr 2012. Am 31. März jenes Jahres verließen mit 298 321 und 298 323 die letzten Maschinen aus der „V 100-Familie" den Bh Dresden und wechselte buchmäßig zum Bh Halle G.

Bild 148 ▷
Das Einsatzgebiet der Dresdner 298 reichte bis weit über die ehemaligen Direktionsgrenzen hinaus. Am 28. November 2000 kam **298 304** mit einem kurzen Güterzug nach Bernburg.

Aufnahmen (2): Volker Lucas, Sammlung A. Zika

Bw Dresden (I)

Lok-Nr.	vom Bw	beheimatet von – bis	zum Bw
110 012	Falkenberg (E)	07.07.87 – 26.01.88	Glauchau (Sachs)
110 018	Falkenberg (E)	07.07.87 – 28.06.90	Reichenbach (V)*
201 018	Zittau	01.02.93 – 31.03.93	Nossen
110 021	Nossen	20.10.91 – 13.10.93	z, zr 11.02.92
201 022	Zittau	03.02.93 – 31.03.93	Zittau
201 022	Zittau	01.06.93 – 13.10.93	z, zr 01.06.93
110 025	Karl-Marx-Stadt	19.07.76 – 06.08.76	Karl-Marx-Stadt
110 025	Nossen	20.10.91 – 18.05.92	Nossen
V100 042	Reichenbach (V)	28.09.68 – 03.03.69	Reichenbach (V)
110 042	Reichenbach (V)	20.12.71 – 03.01.72	Reichenbach (V)
110 044	Nossen	25.02.88 – 13.04.88	Nossen
110 045	Karl-Marx-Stadt	04.02.72 – 24.03.72	Reichenbach (V)
V100 047	Neuanlieferung	02.04.68 – 03.09.69	Aue (Sachs)
V100 048	Neuanlieferung	02.04.68 – 02.10.69	Karl-Marx-Stadt
110 048	Nossen	20.10.91 – 18.05.92	Nossen, zr 2/92-8/93
V100 050	Neuanlieferung	16.08.68 – 23.12.69	Reichenbach (V)
110 054	Karl-Marx-Stadt	13.12.71 – 24.03.72	Reichenbach (V)
V100 064	Neuanlieferung	31.05.68 – 22.04.69	Karl-Marx-Stadt
110 066	Reichenbach (V)	21.05.87 – 31.05.87	Nossen
V100 068	Neuanlieferung	25.05.68 – 24.07.69	Reichenbach (V)
V100 069	Neuanlieferung	25.05.68 – 30.06.69	Reichenbach (V)
110 069	Karl-Marx-Stadt	06.06.75 – 26.05.76	Glauchau (Sachs)
V100 073	Neuanlieferung	29.05.68 – 16.01.70	Reichenbach (V)
201 073	Chemnitz	01.01.95 – 11.01.95	z, a 30.04.95
V100 074	Neuanlieferung	31.05.68 – 24.07.69	Karl-Marx-Stadt
V100 078	Karl-Marx-Stadt	23.01.69 – 23.12.69	Reichenbach (V)
110 079	Karl-Marx-Stadt	28.06.78 – 28.07.78	Karl-Marx-Stadt
110 079	Aue (Sachs)	28.02.83 – 20.06.83	Reichenbach (V)
V100 080	Rostock	23.10.68 – 13.09.69	Karl-Marx-Stadt
V100 081	Karl-Marx-Stadt	28.09.68 – 13.09.69	Karl-Marx-Stadt
110 081	Karl-Marx-Stadt	09.12.91 – 28.07.92	umb in 298 081
110 085	Karl-Marx-Stadt	17.12.71 – 03.05.72	Karl-Marx-Stadt
V100 088	Karl-Marx-Stadt	28.09.68 – 04.02.70	Reichenbach (V)
110 093	Karl-Marx-Stadt	31.05.75 – 26.06.75	Glauchau (Sachs)
V100 096	Karl-Marx-Stadt	25.01.69 – 03.01.70	Reichenbach (V)
V100 102	Neuanlieferung	26.11.68 – 25.07.69	Karl-Marx-Stadt
V100 102	Aue (Sachs)	30.05.70 – 03.04.73	Karl-Marx-Stadt
110 102	Karl-Marx-Stadt	19.02.84 – 03.03.84	Karl-Marx-Stadt
110 103	Gera	17.03.74 – 26.05.74	Glauchau (Sachs)
V100 104	Neuanlieferung	29.04.69 – 20.09.72	Güstrow*
110 104	Güstrow	08.10.72 – 30.07.74	Glauchau (Sachs)
110 104	Glauchau (Sachs)	24.08.74 – 10.01.75	Glauchau (Sachs)
V100 114	Neuanlieferung	19.04.69 – 14.07.78	Riesa
110 114	Riesa	01.10.78 – 29.05.81	Stendal
V100 115	Karl-Marx-Stadt	31.05.69 – 02.12.80	Seddin
V100 117	Neuanlieferung	01.05.69 – 27.05.81	Reichenbach (V)
110 117	Reichenbach (V)	20.06.83 – 26.09.86	Glauchau (Sachs)
110 117	Glauchau (Sachs)	21.10.86 – 31.01.87	Reichenbach (V)
V100 120	Neuanlieferung	01.05.69 – 09.09.73	Reichenbach (V)
110 120	Reichenbach (V)	25.05.74 – 09.06.75	Riesa*
110 120	Riesa	.01.76 – 05.10.76	Nossen
V100 130	Neuanlieferung	19.06.69 – 24.09.76	Nossen
V100 135	Neuanlieferung	26.06.69 – 26.06.73	Gera
201 135	Nossen	15.02.92 – 07.09.92	Zittau
V100 142	Neuanlieferung	22.07.69 – 21.12.77	Wittenberge
110 142	Wittenberge	05.01.78 – 17.07.86	Reichenbach (V)
V100 143	Neuanlieferung	22.07.69 – 02.05.77	Reichenbach (V)
110 144	Eisenach	06.02.87 – 16.04.87	Aue (Sachs)
V100 147	Reichenbach (V)	27.09.69 – 25.09.76	Nossen
V100 151	Neuanlieferung	31.12.69 – 24.09.76	Nossen
110 162	Nossen	01.12.76 – 12.06.77	Nossen

* Lok war während der Beheimatung kurzzeitig in einem anderen Bw.

zr = Zurückstellung aus Reserve umb = Umbau a = abgestellt

Bw Dresden (II)

Lok-Nr.	vom Bw	beheimatet von – bis	zum Bw
V100 165	Reichenbach (V)	24.12.69 – 29.01.70	Halle P
110 165	Halle P	02.03.70 – 24.09.76	Nossen
V100 166	Neuanlieferung	18.12.69 – 06.04.85	Nossen*
V100 167	Neuanlieferung	20.12.69 – 24.09.76	Nossen
110 168	Karl-Marx-Stadt	04.04.73 – 25.09.76	Nossen
V100 169	Neuanlieferung	20.12.69 – 18.10.75	Gera*
110 169	Gera	21.11.75 – 24.09.76	Nossen
V100 170	Neuanlieferung	31.12.69 – 16.01.70	Reichenbach (V)
110 170	Nossen	28.06.78 – 01.08.78	Nossen
110 170	Nossen	20.05.82 – 06.12.86	Reichenbach (V)
110 216	Nossen	05.03.88 – .03.88	Nossen
110 231	Neuanlieferung	21.03.70 – 23.12.85	Reichenbach (V)
110 235	Neuanlieferung	07.04.70 – 21.04.77	Karl-Marx-Stadt
110 235	Nossen	20.05.82 – 08.03.83	Stendal
110 243	Neuanlieferung	30.09.70 – 25.04.72	Riesa
110 243	Riesa	24.05.72 – 29.05.81	Stendal
110 250	Reichenbach (V)	26.01.72 – 16.02.72	Reichenbach (V)
110 250	Reichenbach (V)	28.05.81 – 27.04.83	umb in 112 250
110 259	Glauchau (Sachs)	08.09.83 – 04.04.85	Karl-Marx-Stadt
110 269	Neuanlieferung	01.09.70 – 18.06.78	Magdeburg
110 280	Neuanlieferung	30.07.70 – 12.12.81	Reichenbach (V)
110 280	Reichenbach (V)	27.12.81 – 27.04.82	umb in 112 280
110 300	Neuanlieferung	30.11.70 – 12.02.81	Nossen
110 304	Erfurt	25.04.87 – 12.05.87	Erfurt
110 306	Neuanlieferung	01.12.70 – 18.07.78	z, a 04.05.77 unf
110 389	Neuanlieferung	23.07.71 – 24.08.71	Kamenz
110 393	Karl-Marx-Stadt	30.05.79 – 03.07.84	Karl-Marx-Stadt
110 452	Glauchau (Sachs)	25.05.74 – 24.11.76	Nossen
110 502	Seddin	11.01.73 – 17.06.81	umb in 112 502
110 550	Neuanlieferung	20.06.73 – 18.05.81	Nossen
110 550	Nossen	06.06.81 – 15.12.84	Karl-Marx-Stadt
110 551	Neuanlieferung	23.06.73 – 23.04.86	Aue (Sachs)
110 552	Neuanlieferung	20.06.73 – 30.03.84	Aue (Sachs)
110 583	Reichenbach (V)	22.09.73 – 24.09.73	Karl-Marx-Stadt
110 583	Karl-Marx-Stadt	29.12.82 – 28.11.86	Reichenbach (V)
110 585	Karl-Marx-Stadt	23.09.73 – 09.03.83	umb in 112 585 *
110 586	Reichenbach (V)	22.09.73 – 03.08.83	umb in 112 586
110 587	Neuanlieferung	22.09.73 – 19.12.84	Karl-Marx-Stadt
110 588	Karl-Marx-Stadt	29.03.83 – 14.02.84	Karl-Marx-Stadt
110 589	Karl-Marx-Stadt	29.09.84 – 04.09.85	umz in 112 589
110 591	Karl-Marx-Stadt	19.07.76 – 05.08.76	Karl-Marx-Stadt
110 626	Neuanlieferung	20.12.73 – 23.01.85	umb in 114 626
110 635	Karl-Marx-Stadt	15.05.84 – 02.10.85	umz in 112 635
110 693	Neuanlieferung	26.07.74 – 26.05.78	Glauchau (Sachs)*
110 693	Glauchau (Sachs)	05.08.81 – 02.10.84	Karl-Marx-Stadt
110 704	Karl-Marx-Stadt	26.05.83 – 14.01.86	Stralsund
110 720	Bln-Ostbahnhof	10.10.74 – 26.05.86	umb in 112 720 *
110 733	Neuanlieferung	01.11.74 – 24.04.86	umb in 112 733
110 735	Neuanlieferung	01.11.74 – 30.08.86	umb in 112 735
110 751	Wismar	05.05.82 – 21.08.86	umb in 112 751
110 761	Glauchau (Sachs)	03.07.87 – 23.08.87	Nossen
110 778	Leipzig Hbf Süd	22.05.75 – 28.05.84	Karl-Marx-Stadt
110 783	Halle P	22.05.75 – 24.05.78	Nossen
110 786	Leipzig Hbf Süd	22.05.75 – 08.01.85	Nossen
110 787	Halle P	22.05.75 – 01.11.82	Karl-Marx-Stadt
110 812	Neuanlieferung	02.08.75 – 29.05.78	Brandenburg
110 891	Neuanlieferung	30.03.78 – 02.08.84	Karl-Marx-Stadt
110 895	Neuanlieferung	09.03.78 – 30.09.84	Karl-Marx-Stadt
110 969	Güstrow	11.01.88 – . .88	verk ČSD

unf = Unfall umz = Umzeichnung verk = verkauft

ČSD = Tschechoslowakische Staatsbahnen

Bw Dresden (III)

Lok-Nr.	vom Bw	beheimatet von – bis	zum Bw
112 063	Güsten	15.02.89 – 26.05.95	Zwickau
202 063	Reichenbach (V)	16.05.96 – 22.12.98	z-Park
112 098	aus Umbau	29.03.89 – 26.05.95	Zwickau
112 144	aus Umbau	27.02.90 – 30.12.94	Chemnitz
202 144	Chemnitz	31.12.95 – 23.03.97	z-Park
112 152	aus Umbau	01.03.88 – 30.09.90	Karl-Marx-Stadt
112 162	Nossen	10.10.91 – 30.11.93	Chemnitz
202 166	Bautzen	21.05.93 – 24.05.95	Reichenbach (V)
112 167	Nossen	02.11.91 – 26.05.95	Zwickau
202 240	Nossen	14.06.92 – 27.05.95	Reichenbach (V)
202 245	Riesa	30.09.95 – 04.07.96	Chemnitz
202 245	Chemnitz	01.08.96 – 11.04.97	z-Park
202 248	Riesa	01.10.95 – 13.05.96	z, a 13.05.96
202 268	Riesa	30.09.95 – 31.08.99	z-Park
112 286	Frankfurt (O)	01.02.87 – 08.04.87	Frankfurt (O)
112 290	Röblingen a.S.	26.05.89 – 12.12.90	Nossen
112 293	Leipzig Hbf Süd	25.04.87 – 19.05.87	Leipzig Hbf Süd
202 307	Chemnitz	31.12.95 – 22.04.97	Reichenbach (V)
202 316	Aue (Sachs)	15.02.93 – 05.04.93	Aue (Sachs)
202 331	Chemnitz	01.10.99 – 29.04.00	z, a 18.10.99
202 342	Chemnitz	01.10.99 – 04.11.00	Görlitz
112 352	Bautzen	01.02.87 – 24.02.87	Bautzen
202 352	Reichenbach (V)	19.04.96 – 01.06.98	z-Park
202 374	Riesa	30.09.95 – 22.02.99	Chemnitz
112 405	Nossen	29.07.87 – 26.05.95	Zwickau
202 405	Reichenbach (V)	19.04.96 – 30.09.96	Chemnitz
202 446	Görlitz	01.12.99 – 04.11.00	Görlitz
202 486	Görlitz	23.02.99 – 31.12.99	z-Park
112 498	aus Umbau	01.02.84 – 09.10.91	Nossen
202 498	Riesa	30.09.95 – 13.06.97	z-Park
112 499	Kamenz	30.01.85 – 03.01.90	Reichenbach (V)
112 499	Reichenbach (V)	10.06.91 – 30.05.92	Glauchau (Sachs)
112 502	aus Umbau	18.06.81 – 06.08.81	Glauchau (Sachs)
112 503	aus Umbau	26.09.84 – 01.11.91	Nossen
202 503	Riesa	30.09.95 – 30.12.95	Chemnitz
202 516	Chemnitz	30.05.98 – 31.08.99	z-Park
202 528	Riesa	30.09.95 – 21.02.99	Görlitz
202 528	Görlitz	01.12.99 – 21.12.00	z-Park
202 550	Riesa	30.09.95 – 22.02.99	Chemnitz
202 550	Chemnitz	01.12.99 – 30.09.00	z-Park
112 556	Aue (Sachs)	17.04.87 – 26.01.88	Karl-Marx-Stadt
112 561	aus Umbau	21.12.85 – 19.09.91	Nossen
202 561	Nossen	25.05.92 – 15.08.92	Nossen
202 561	Riesa	30.09.95 – 22.04.96	z, a 10.04.96
112 562	aus Umbau	12.06.86 – 30.05.92	Glauchau (Sachs)
112 579	Reichenbach (V)	19.12.86 – 29.09.91	Nossen
202 579	Riesa	30.09.95 – 30.12.95	Chemnitz
112 585	Karl-Marx-Stadt	15.05.87 – 30.12.94	Chemnitz
112 586	aus Umbau	04.08.83 – 08.09.83	Karl-Marx-Stadt
202 586	Görlitz	01.12.99 – 21.12.00	z-Park
112 587	Karl-Marx-Stadt	26.05.88 – 22.09.88	Glauchau (Sachs)
112 587	Nossen	17.09.91 – 26.05.95	Zwickau
112 589	umz	05.09.85 – 15.11.88	Karl-Marx-Stadt
202 615	Riesa	30.09.95 – 31.08.99	z-Park
112 617	Nossen	02.11.91 – 24.05.95	Reichenbach (V)
112 621	aus Umbau	05.12.84 – 30.09.91	Nossen
202 621	Riesa	30.09.95 – 19.06.97	z-Park
112 629	Aue (Sachs)	06.06.86 – 30.05.88	Reichenbach (V)
112 633	aus Umbau	30.06.84 – 15.11.88	Karl-Marx-Stadt
112 633	Reichenbach (V)	12.06.91 – 30.05.92	Glauchau (Sachs)
112 635	umz	02.10.85 – 19.09.91	Nossen
202 635	Riesa	30.09.95 – 28.07.96	Görlitz
112 656	Nossen	21.09.91 – 29.05.94	Reichenbach (V)
202 658	Görlitz	23.02.99 – 31.08.99	z-Park

△ **Bild 149** • Mit dem zunehmenden Einsatz moderner Triebzüge verblieb den Dresdner 202 am Ende ihrer Einsatzzeit u. a. nur noch die Strecke Heidenau – Altenberg (Erzgeb). Am 3. April 1999 sind **202 516** und **202 849** bei Mühlbach (b Pirna) unterwegs in Richtung Altenberg (Erzgeb). Aufnahme: Volker Lucas, Slg. A. Zika

Bw Dresden (IV)

Lok-Nr.	vom Bw	beheimatet von – bis	zum Bw
202 658	aus z-Park	01.11.99 – 31.12.99	z-Park
112 667	Brandenburg	26.10.88 – 26.05.95	Zwickau
112 672	aus Umbau	19.07.84 – 14.09.91	Nossen
202 672	Riesa	30.09.95 – 19.11.00	Görlitz
112 677	Reichenbach (V)	12.12.86 – 19.04.88	Glauchau (Sachs)
112 693	Karl-Marx-Stadt	29.05.90 – 29.05.94	Reichenbach (V)
112 702	Reichenbach (V)	25.07.86 – 16.03.89	Reichenbach (V)
112 718	aus Umbau	18.04.86 – 23.09.88	Nossen
112 719	aus Umbau	31.03.84 – 15.02.94	Zwickau
202 719	Chemnitz	25.11.98 – 14.01.99	z-Park
112 720	aus Umbau	27.05.86 – 19.09.91	Nossen
202 722	Görlitz	01.12.99 – 19.11.00	Görlitz
202 725	Görlitz	23.02.99 – 29.04.00	z, a 18.10.99
112 733	aus Umbau	25.04.86 – 26.05.92	Cottbus
112 735	aus Umbau	31.08.86 – 06.04.90	Aue (Sachs)
112 743	Nossen	21.09.91 – 27.05.95	Reichenbach (V)
112 744	aus Umbau	27.03.85 – 01.11.91	Nossen
202 744	Riesa	30.09.95 – 21.02.99	Görlitz
112 751	Stendal	08.09.86 – 26.05.92	Cottbus
202 766	Riesa	30.09.95 – 22.04.96	z, a 01.04.96
112 771	Nossen	28.09.91 – 30.12.94	Chemnitz
202 772	Bautzen	21.05.93 – 31.05.95	Reichenbach (V)
202 775	Görlitz	23.02.99 – 31.08.99	z-Park
202 781	Chemnitz	01.12.99 – 19.11.00	Görlitz
202 786	Reichenbach (V)	06.04.96 – 31.07.99	z-Park
112 788	aus Umbau	11.12.84 – 19.11.85	Nossen
112 796	aus Umbau	31.03.84 – 31.05.92	Glauchau (Sachs)*
112 806	Stendal	08.11.88 – 27.05.95	Reichenbach (V)
112 811	Haldensleben	14.07.86 – 30.05.88	Reichenbach (V)
112 816	Nossen	01.10.91 – 24.05.95	Riesa
202 816	Riesa	30.09.95 – 21.02.99	Görlitz
112 822	Stendal	20.06.84 – 19.10.88	Stendal
202 832	Leipzig Hbf Süd	24.02.99 – 19.11.00	Görlitz
112 836	aus Umbau	01.11.88 – 28.09.90	Karl-Marx-Stadt
202 836	Chemnitz	26.02.92 – 21.06.92	Görlitz
202 836	Görlitz	26.09.92 – 31.05.95	Reichenbach (V)
112 844	aus Umbau	22.01.88 – 26.05.95	Zwickau
202 844	Chemnitz	23.02.99 – 19.11.00	Görlitz
112 849	aus Umbau	19.05.88 – 27.05.95	Reichenbach (V)
202 849	Chemnitz	23.02.99 – 31.07.99	z-Park
112 850	Aue (Sachs)	06.04.89 – 30.12.94	Chemnitz

△ **Bild 150** • Maschinen der Baureihe 114 hatte das Bw Dresden bis zum Ende der Deutschen Reichsbahn nicht in seinem Bestand. Erst mit Gründung der DB AG zum 1. Januar 1994 und der damit verbundenen Neustrukturierung der Dienststellen kam die nunmehrige Baureihe 204 zumindest buchmäßig zum Betriebshof Dresden. Die mit 1.400 PS durchaus leistungsstarken Lokomotiven wurden sowohl im Reise- als auch im Güterverkehr eingesetzt. Hier hat die Dresdner **204 710** am 22. Oktober 1999 einen Güterzug nach Nossen gebracht. Die Lok war im September 1974 als 110 710 im Bw Frankfurt (O) in Dienst gestellt worden, erhielt im Februar 1985 einen neuen Motor und wurde daraufhin in die Baureihe 114 – ab 1. Januar 1992: Baureihe 204 – eingereiht.

Bw Dresden (V)

Lok-Nr.	vom Bw	beheimatet von – bis	zum Bw
204 223	Zwickau	27.05.95 – 26.11.01	z, a 01.04.01
204 252	Kamenz	01.01.94 – 15.08.01	z, a 02.05.01
204 261	Kamenz	01.01.94 – 10.10.01	z, a 21.09.01
204 274	Zwickau	27.05.95 – 26.11.01	z, a 21.09.01
204 282	Kamenz	01.01.94 – 10.10.01	z, a 21.09.01
204 298	Kamenz	01.01.94 – 29.05.94	Zwickau
204 298	Zwickau	27.05.95 – 04.11.00	Zwickau
204 359	Zwickau	27.05.95 – 21.07.01	Seddin
204 448	Zwickau	27.05.95 – 26.11.01	z, a 08.10.01
204 482	Zwickau	27.05.95 – 26.11.01	z, a 13.10.01
204 485	Kamenz	01.01.94 – 29.11.02	z, a 30.11.02
204 616	Kamenz	01.01.94 – 01.01.02	z, a 21.12.01
204 626	Kamenz	01.01.94 – 14.03.99	Zwickau
204 641	Kamenz	01.01.94 – 31.05.03	Leipzig Hbf Süd
204 671	Kamenz	01.01.94 – 31.05.03	Leipzig Hbf Süd
204 686	Kamenz	01.01.94 – 10.07.01	z, a 11.07.01
204 698	Kamenz	01.01.94 – 29.11.02	z, a 30.11.02
204 710	Kamenz	01.01.94 – 20.10.02	z, a 21.10.02
204 723	Kamenz	01.01.94 – 25.10.01	z, a 30.11.01
204 805	Zwickau	27.05.95 – 23.05.98	Reichenbach (V)
204 805	Zwickau	01.08.01 – 31.05.03	Leipzig Hbf Süd
204 858	Lu-Wittenberg	26.05.95 – 30.11.00	Zwickau
204 862	Zwickau	01.06.95 – 24.05.98	Reichenbach (V)

◁ **Bild 151**
Im Reisezugdienst bespannten die 204 des Betriebshofes Dresden u. a. auch Personenzüge zwischen Pirna und Sebnitz (Sachs) sowie zwischen Arnsdorf (b Dresden) und Dürrröhrsdorf. Am 6. April 1997 trafen sich in Dürrröhrsdorf **204 282** und **204 482** mit ihren Zügen.

◁ **Bild 152**
Einige 204 blieben auch nach der „Übernahme" des Bw Kamenz durch den Bh Dresden weiterhin in der nunmehrigen Einsatzstelle stationiert. Und so war es am 2. Mai 1998 möglich, dort **204 698**, **204 641** und **204 252** zu fotografieren.

Aufnahmen (5):
Volker Lucas,
Sammlung A. Zika

Bild 153 ▷
Bevor die Lokomotiven der Baureihe 298 zum Bw Dresden kamen, oblag der schwere Rangierdienst im Güterbahnhof Dresden-Friedrichstadt zum Großteil der Baureihe 120. Am 16. Oktober 1993 entstand dort diese Aufnahme der **298 135**, die vor einer „Taigatrommel" und neben einer „Knödelpresse" Aufstellung genommen hat.

Bw Dresden (IV)

Lok-Nr.	vom Bw	beheimatet von – bis	zum Bw
298 044	aus Umbau[1]	01.09.93 – 14.04.97	Reichenbach (V)
298 047	Reichenbach (V)	18.06.96 – 19.08.03	Zwickau
298 047	Zwickau	14.12.03 – 31.10.08	z-Park
298 048	aus Umbau[2]	10.08.93 – 14.04.97	Reichenbach (V)
298 050	aus Umbau[3]	16.07.93 – 30.11.00	Zwickau
298 051	Zwickau	14.06.94 – 30.10.95	Bln-Pankow
298 051	Halle G	01.06.02 – 18.08.05	z-Park
298 072	Reichenbach (V)	16.10.98 – 08.03.07	z-Park
298 079	aus Umbau[4]	30.07.93 – 02.07.02	Halle G
298 081	Chemnitz	25.05.95 – 30.10.95	Bln-Pankow
298 088	Zwickau	25.09.99 – 11.11.07	z-Park
298 104	Reichenbach (V)	11.10.97 – 16.11.08	Seddin
298 122	Reichenbach (V)	09.06.97 – 30.04.99	Zwickau
298 130	aus Umbau	26.06.93 – 02.03.94	verk Maxhütte[5]

[1] ex 201 044 [2] ex 201 048 [3] ex 201 050 [4] ex 201 079
[5] Dort als Nr. 24 im Einsatz.

Bw Dresden (IV)

Lok-Nr.	vom Bw	beheimatet von – bis	zum Bw
298 135	aus Umbau	06.07.93 – 02.03.94	verk Maxhütte[6]
298 139	aus Umbau[7]	31.07.93 – 05.01.98	Senftenberg
298 142	aus Umbau[8]	29.06.93 – 19.12.97	Leipzig Hbf Süd
298 151	aus Umbau[9]	23.07.93 – 09.07.98	Reichenbach (V)
298 303	Zwickau	25.09.99 – 14.06.03	Senftenberg
298 303	Senftenberg	19.11.04 – 14.12.04	Senftenberg
298 304	Reichenbach (V)	12.09.97 – 14.06.03	Senftenberg
298 309	aus Umbau[10]	12.12.91 – 11.05.97	Rostock
298 311	Reichenbach (V)	01.12.97 – 14.06.03	Halle G
298 314	Zwickau	30.05.94 – 29.11.95	Reichenbach (V)
298 314	Reichenbach (V)	31.05.96 – 14.06.03	Halle G
298 315	Halle G	25.10.07 – 02.02.09	Seddin
298 321	Saalfeld	01.07.07 – 31.03.12	Halle G
298 323	Senftenberg	28.09.07 – 31.03.12	Halle G

[6] Dort als Nr. 25 im Einsatz. [7] ex 201 139 [8] ex 201 142 [9] ex 201 151
[10] ex 293 009

Bild 154 ▷
Obwohl die Steigung aus dem Elbtal hinauf bis Dresden-Klotzsche durchaus beachtlich und lang ist, hätte es **298 314** sicherlich alleine geschafft, diesen Güterzug über diesen Abschnitt zu befördern. Entsprechend läuft das „U-Boot" am Zugschluss wohl mehr zur Vermeidung einer Leerfahrt mit. Die Aufnahme entstand am Haltepunkt Dresden-Industriegelände.

△ **Bild 155 •** Die **V 100 026** gehört zu den sieben Maschinen ihrer Baureihe aus dem Bw Karl-Marx-Stadt, die im Frühjahr 1967 im damals noch eigenständigen Bw Freiberg (Sachs) zwar stationiert, aber nicht offiziell dorthin umbeheimatet wurden. Die Aufnahme der Lok entstand zu dieser Zeit im Bahnhof Freiberg (Sachs).

AUFNAHME: SAMMLUNG MATTHIAS HENGST

4.3 Bw Freiberg (Sachs)

Die Stadt Freiberg (Sachs) liegt etwa in der Mitte des Freistaates Sachsen an der Eisenbahnstrecke Dresden – Chemnitz – Zwickau. In Freiberg (Sachs) zweigten noch die Strecken Holzhau – Hermsdorf-Rehefeld, nach Brand-Erbisdorf und Nossen ab, auf denen auch das Einsatzgebiet der Freiberger Lokomotiven lag. Das Bw Freiberg (Sachs) beheimatete am 1. Januar 1967 insgesamt 14 Maschinen der Baureihe 86.

Am 1. März 1967 traf dort die werksneue V 100 017 ein, womit die Ablösung der 86er ihren Anfang nahm. Zwischen dem 18. März und dem 16. April 1967 kamen vom Bw Karl-Marx-Stadt Hbf noch V 100 020, 021, 025, 026, 030, 034 und 042 zur Stationierung nach Freiberg (Sachs).

Allerdings wurde das hiesige Bahnbetriebswerk bereits zum 1. Juli 1967 als selbstständige Dienststelle aufgelöst und in eine Einsatzstelle des Bw Karl-Marx-Stadt Hbf umgewandelt. Aus diesem Grund wechselten diese sieben V 100 offiziell schon nicht mehr in den Freiberger Lokbestand.

Somit trug als einzige Vertreterin ihrer Baureihe lediglich die V 100 017 den Stempel „Bw Freiberg (Sachs)“ im Betriebsbuch. Und das ist in der Masse dieser Loks ja auch ein Alleinstellungsmerkmal!

Bw Freiberg (Sachs)

Lok-Nr.	vom Bw	beheimatet von – bis	zum Bw
V100 017	Neuanlieferung	01.03.67 – 30.06.67	Karl-Marx-Stadt Hbf

4.4 Bw Gera

Das Bw Gera gehörte bis zum 31. Dezember 1975 zur Rbd Dresden, ab 1. Januar 1976 dann zur Rbd Erfurt. Es soll dennoch „in Gänze“ im Kapitel der Dresdner Reichsbahndirektion behandelt werden.

Gera ist eine kreisfreie Stadt mit ca. 96.000 Einwohnern und liegt im Osten des Freistaates Thüringen. Durch Gera verlaufen die Strecken Glauchau (Sachs) – Jena – Weimar – Erfurt und Leipzig – Zeitz – Triptis – Saalfeld, zudem zweigt noch die Strecke nach Weischlitz über Greiz und Plauen (Vogtl) unt Bf ab. Am 1. Juli 1970 beheimatete das Bw folgende Lokomotivbaureihen:

6 × Baureihe 35^{10},
5 × Baureihe 44,
4 × Baureihe 58,
26 × Baureihe 58^{30},
1 × Baureihe 65^{10},
4 × Baureihe 101^{1},
3 × Baureihe 102,
8 × Baureihe 106,
9 × Baureihe 118^{0}.

Am 23. September 1970 traf als erste Vertreterin ihrer Baureihe die 110 244 werksneu aus dem LEW Hennigsdorf kommend zur Beheimatung in Gera ein. Die Lok kam im Plan 02 mit drei Dampflokomotiven der Baureihe 35^{10} zum Einsatz und blieb anderthalb Jahre eine „Einzelkämpferin“. Denn erst im März 1972 erhielt Gera mit den fabrikneuen 110 451 und 110 452 zwei weitere Loks dieser Baureihe zugewiesen.

Für die drei 110 wurde von den Technologen des Bw Gera für den Sommerfahrplan 1972 ein entsprechend dreitägiger Umlaufplan (Plan 02a) aufgestellt, der wie folgt aussah:

Plan 02a
Tag 1

P 1357	Gera – Zeitz
P 1331	Zeitz – Weißenfels
P 1366	Weißenfels – Gera
P 2170	Gera – Wünschendorf (E)
Slz 2171	Wünschendorf (E) – Gera
Üa 77977	Gera – Bad Köstritz
Lz	Bad Köstritz – Krossen (E)
P 1352	Krossen (E) – Gera

Bild 156 ▷
Am 3. April 1983 ist **110 614** vom Bw Gera mit einem Güterzug in den unteren Bahnhof von Zeulenroda eingefahren.

Tag 2

Dg 53604*	Gera – Triptis
Lz	Triptis – Wünschendorf (E)
P 2200	Wünschendorf (E) – Weida
P 2271	Weida – Gera
P 2156	Gera – Wünschendorf (E)
P 2153	Wünschendorf (E) – Gera
Lr 22153	Gera – Wünschendorf (E)
P 2155	Wünschendorf (E) – Gera
Üg 77371	Gera – Gera Süd
Üg 76948	Gera Süd – Zwötzen
Üg 76949	Zwötzen – Gera Süd
Lz	Gera Süd – Gera
P 2180	Gera – Wünschendorf (E)
P 2179	Wünschendorf (E) – Gera
Ng 67370	Gera – Wünschendorf (E)
P 2246	Wünschend. (E) – Zeulenr. unt Bf
Lz	Zeulenroda unt Bf – Gera

Tag 3

P 2321	Gera – Ronneburg
Slz	Ronneburg – Gera
P 2425	Gera – Glauchau (Sachs)
P 2454	Glauchau (Sachs) – Gera
Lz	Gera – Gera Süd
Dg 55361*	Gera-Süd – Ronneburg
Rangierdienst in Ronneburg (Thür)	
Lz	Ronneburg – Gera Süd
Dg 55363*	Gera Süd – Ronneburg
Lz	Ronneburg – Gera Süd
Dg 55365*	Gera Süd – Ronneburg
Üb 76991	Ronneburg – Gera Süd
Üb 76990	Gera Süd – Ronneburg
P 2310	Ronneburg – Gera
Üb 76965	Gera – Gera Süd
Dg 55369*	Gera Süd – Ronneburg
Lz	Ronneburg – Gera Süd
Dg 55373*	Gera Süd – Ronneburg
Dstp 22321	Ronneburg – Gera

* Schiebelok
Slz = Schlusslok zum Zug
Dstp = Dienstpersonenzug

Im Jahr 1973 kamen zwischen dem 4. Januar und dem 23. November die 110 496 und 110 507 (beide vom Bw Seddin) sowie die fabrikneuen 110 613 und 110 614 zur Beheimatung nach Gera.

Am 31. Dezember 1973 gab das Bw Gera die 110 451 und 110 452 nach Glauchau (Sachs) ab. Den Bestand an 110 in Gera erhöhten dann in der Zeit vom 5. Februar 1974 bis zum 1. Februar 1975 die Zugänge der werksneuen 110 640, 110 655, 110 727, 110 728 und 110 769.

Bild 157 ▷
Neben der Göltzschtalbrücke ist die Elstertalbrücke eines der beeindruckendsten Eisenbahnbrückenbauwerke in Deutschland. Am 7. Mai 1988 hat die Geraer **110 577** (Est Greiz) mit einem Personenzug nach Weischlitz die kleinere der beiden Backsteinbrücken durchfahren.

Aufnahmen (2): Matthias Hengst

△ **Bild 158** • Vor dem Lokschuppen in ihrem Heimat-Bw Gera präsentiert sich am 1. August 1973 die **110 507**.

AUFNAHME: MANFRED WEISBROD, SAMMLUNG MATTHIAS HENGST

△ **Bild 159** • Am 16. September 1986 steht **110 639** (Bw Gera) mit einem Personenzug im Bahnhof Gera. Sie wird im Oktober 1991 zur 114 639 umgebaut, dann aber nicht mehr nach Gera zurückkommen. AUFNAHME: ANDREAS STANGE

Die Maschinen der Baureihe 110 lösten ab dem Sommerfahrplan 1975 die Dampfloks der Baureihe 35^{10} im Plan 03 ab. In dem zum Bw Gera gehörenden Lokbahnhof Eisenberg übernahmen die 110 bereits ab dem Frühjahr 1974 die Leistungen der dort stationierten 58^{30}.

Von der Geraer Personaleinsatzstelle Weida aus kamen ab dem Winterfahrplan 1974/75 zwei 110er in Doppeltraktion vor Güterzügen nach Zeitz, Zeulenroda und Mehltheuer zum Einsatz – meist war es das Pärchen 110 727 + 110 728. Im Jahr 1976 wurden sie durch eine Lok der Baureihe 118^{2-3} ersetzt.

Am 1. Januar 1976 übernahm das Bw Gera vom Bw Reichenbach (Vogtl) die Einsatzstelle Greiz und damit die acht dort vorhandenen 110: 110 253, 304, 321, 507, 555, 560, 575 und 577. Zum 1. Januar 1976 waren somit 16 Maschinen der Baureihe 110 in Gera beheimatet.

110 253	288	304	321	507
555	560	575	577	613
614	640	655	727	728
769				

Im Sommerfahrplan 1976 kamen zwölf 110 planmäßig zum Einsatz:

Plan 03 (5 × BR 110)

In diesem bespannten die Loks Personenzüge nach Glauchau (Sachs), Zeitz, Weißenfels, Jena West und Ronneburg (Thür). Im Güterzugdienst kamen sie vor Nahgüterzügen nach Ronneburg (Thür), Wünschendorf (Elster), Gera Süd, Krossen (Elster) und Schmirchau bei Ronneburg (Thür) zum Einsatz.

◁ **Bild 160**
110 640 des Bw Gera ist im Juni 1976 mit einem Personenzug unterwegs bei Meerane (Strecke Gera – Gößnitz – Glauchau/Sachs). Die Lok kam im Februar 1974 als Neuanlieferung nach Gera und wurde im Juli 1984 zur 112 640 umgebaut.

AUFNAHME: WOLFGANG ZIEMERT, SAMMLUNG JÖRG LEUTHARDT

Plan 10, Est Eisenberg (1 × BR 110)
Die 110 leistete ihre Dienste vor Personen- und Nahgüterzügen auf der Strecke Eisenberg (Thür) – Krossen (Elster).

Plan 11, Est Greiz (6 × BR 110)
Die sechs in der Est Greiz stationierten 110 bespannten Personenzüge nach Gera, Weischlitz, Werdau, Wünschendorf (Elster), Mehltheuer und Zeulenroda unt Bf. Im Güterzugdienst kamen sie mit Nahgüterzügen nach Neumark (Sachs), Wünschendorf (Elster), Plauen (Vogtl) unt Bf und nach Rentzschmühle.

Ab 1982 wurden Geraer 110 mit 1.200-PS-Motoren ausgerüstet und daraufhin der Baureihe 112 zugeordnet. Die erste 112 im hiesigen Bahnbetriebswerk war 112 484, die zum Stichtag der Umzeichnung der leistungsgesteigerten 110 in 112 – zum 1. Januar 1981 – in Gera beheimatet war.

Am 1. Januar 1987 sah der Bestand an 110 und 112 wie folgt aus:

110 222	577	639	668	738
795	816	820	839	
112 322	348	409	515	527
565	728	842		

Mit Gründung der DB AG zum 1. Januar 1994 wurde das Bw Gera in einen Betriebshof umgewandelt. Ein Jahr später, am 1. Januar 1995, waren dort noch eine 201 (201 839) und 14 Loks der Baureihe 202 beheimatet. Die letzte verbliebene 201 wurde am 11. Juni jenes Jahres z-gestellt.

△ **Bild 161** An der Elstertalbahn liegt zwischen Greiz und Weischlitz der Haltepunkt Rentzschmühle, der hier am 26. September 1982 von der Geraer **110 613** mit einem Personenzug aus Richtung Greiz kommend erreicht wird. Links zweigt der Anschluss in den Steinbruch (Diabasbruch) Rentzschmühle ab.

Aufnahme: Gunter von Hartwig

Im Mai 1995 wurden die Leistungen auf der Strecke Krossen (Elster) – Eisenberg (Thür) von Maschinen der Baureihe 219 übernommen, gleichsam auch die Bespannung der Züge nach Wünschendorf (Elster), Werdau, Glauchau (Sachs) sowie die Leistungen zwischen Greiz und Weischlitz.

Die dadurch in Gera freigewordenen 202 wechselten im Jahr 1999 alle zum Betriebshof Erfurt.

Im Einzelnen waren dies:

- 202 384 und 202 385 am 14. März,
- 202 309, 202 379, 202 527 und 202 543 am 31. August.

Bild 162 ▷ Bei Kilometer 26,5 der Strecke Werdau – Wünschendorf – Mehltheuer ist **110 560** des Bw Gera mit einem Personenzug im Sommer 1980 unterwegs bei Wünschendorf.

Aufnahmen: Jürgen Lehmann, Sammlung Jörg Leuthardt

◁ **Bild 163**
110 222 sonnt sich am 19. Mai 1990 vor dem heimatlichen Lokschuppen im Bw Gera. Die Lok war von Februar 1985 bis August 1994 in Gera beheimatet, wobei sie im November/Dezember 1988 kurzzeitig für knapp drei Wochen ein Gastspiel im Bw Eisenach gegeben hat.

Aufnahme: Hartmut Michler

Bw Gera (I)

Lok-Nr.	vom Bw	beheimatet von – bis	zum Bw
110 044	Karl-Marx-Stadt	15.03.73 – 28.03.73	Karl-Marx-Stadt
110 051	Weißenfels	08.12.78 – 22.12.78	Sangerhausen
110 069	Reichenbach (V)	04.07.73 – 28.09.73	Karl-Marx-Stadt
110 103	Karl-Marx-Stadt	12.01.74 – 16.03.74	Dresden
110 135	Dresden	27.06.73 – 28.06.73	Reichenbach (V)
110 169	Dresden	17.10.75 – 20.11.75	Dresden
110 205	Stendal	18.06.85 – 05.02.86	Erfurt
110 220	Saalfeld	23.03.83 – 24.05.83	Saalfeld
110 222	Weißenfels	28.02.85 – 24.11.88	Eisenach
110 222	Eisenach	12.12.88 – 11.08.94	Weißenfels
110 244	Neuanlieferung	23.09.70 – 31.12.73	Glauchau (Sachs)
110 253	Reichenbach (V)	01.01.76 – 15.11.82	umb in 112 253
110 274	Weißenfels	22.09.77 – 25.05.78	Erfurt
110 277	Güsten	05.04.77 – 01.07.77	Karl-Marx-Stadt
110 288	Reichenbach (V)	24.12.75 – 15.12.77	Weißenfels
110 288	Weißenfels	06.01.78 – 12.06.84	umb in 112 288
110 302	Jüterbog	01.04.84 – 04.05.84	Halberstadt
110 304	Reichenbach (V)	01.01.76 – 22.12.86	Erfurt
110 321	Reichenbach (V)	01.01.76 – 26.10.79	Weißenfels
110 322	Erfurt	14.08.85 – 03.12.85	umz in 112 322
110 323	Karl-Marx-Stadt	28.03.73 – 27.04.73	Reichenbach (V)
110 347	Erfurt	07.03.81 – 09.06.83	Saalfeld
110 347	Saalfeld	01.07.83 – 10.10.83	umb in 112 347
110 422	Haldensleben	17.06.85 – 19.06.86	umb in 112 422
110 451	Neuanlieferung	31.03.72 – 31.12.73	Glauchau (Sachs)
110 452	Neuanlieferung	31.03.72 – 31.12.73	Glauchau (Sachs)
110 484	Eisenach	25.12.80 – 31.12.80	umz in 112 484
110 485	Erfurt	27.05.82 – 23.01.85	umb in 114 485
110 496	Seddin	04.01.73 – 25.09.75	Glauchau (Sachs)
110 507	Seddin	05.01.73 – 01.04.75	Reichenbach (V)
110 507	Reichenbach (V)	01.01.76 – 17.02.82	umb in 112 507
110 515	Saalfeld	29.05.76 – 23.09.76	Saalfeld
110 527	Nordhausen	08.12.84 – 15.11.85	umb in 112 527
110 555	Reichenbach (V)	01.01.76 – 24.04.85	umb in 112 555
110 560	Reichenbach (V)	01.01.76 – 15.08.84	umb in 112 560
110 575	Reichenbach (V)	01.01.76 – 17.03.83	umb in 112 575
110 577	Reichenbach (V)	01.01.76 – 17.01.93	Eisenach
110 604	Hagenow Land	04.05.82 – 09.08.85	Erfurt
110 605	Meiningen	22.03.84 – 27.02.85	umb in 114 605
110 613	Neuanlieferung	23.11.73 – 13.06.85	umb in 112 613
110 614	Neuanlieferung	23.11.73 – 30.07.85	umb in 112 614
110 639	Weißenfels	28.04.84 – 30.10.91	umb in 114 639
110 640	Neuanlieferung	05.02.74 – 31.07.84	umb in 112 640
110 655	Neuanlieferung	09.03.74 – 15.03.84	umb in 112 655
110 668	Saalfeld	01.11.84 – 20.03.89	Saalfeld

umb = Umbau umz = Umzeichnung

Bw Gera (II)

Lok-Nr.	vom Bw	beheimatet von – bis	zum Bw
110 727	Neuanlieferung	25.10.74 – 23.05.84	umb in 112 727
110 728	Neuanlieferung	22.10.74 – 24.02.86	umb in 112 728
110 738	Eisenach	14.03.85 – 02.05.88	umb in 112 738
110 769	Neuanlieferung	01.02.75 – 13.11.84	umb in 114 769
110 795	Meiningen	27.09.84 – 31.12.87	umb in 112 795
110 816	Meiningen	22.03.84 – 27.10.88	umb in 112 816
110 820	Güstrow	04.05.82 – 07.12.90	umb in 114 820
110 839	Nordhausen	10.02.83 – 11.06.95	z, a 14.06.95
112 294	Eisenach	10.05.88 – 22.05.95	Meiningen
202 294	Saalfeld	06.03.99 – 14.12.00	z-Park
112 299	Erfurt	15.08.85 – 05.03.86	Nordhausen
202 302	Saalfeld	06.03.99 – 30.05.00	z-Park
202 309	Saalfeld	06.03.99 – 31.08.99	Erfurt
202 319	Nordhausen	02.06.94 – 13.05.95	Meiningen
112 322	umz	04.12.85 – 27.05.95	Seddin
202 334	Saalfeld	06.03.99 – 14.12.00	z-Park
202 335	Saalfeld	06.03.99 – 30.08.00	z-Park
202 347	Pasewalk	21.03.95 – 08.05.95	Meiningen
112 348	Erfurt	29.12.86 – 24.05.95	Görlitz
202 379	Saalfeld	06.03.99 – 31.08.99	Erfurt
202 384	Eisenach	25.06.92 – 22.05.95	Meiningen
202 384	Saalfeld	06.03.99 – 14.03.99	Erfurt
202 385	Saalfeld	06.03.99 – 14.03.99	Erfurt
112 397	Bautzen	19.01.88 – 24.05.95	Erfurt
112 409	Magdeburg	16.10.86 – 24.05.95	Erfurt
112 422	aus Umbau	20.06.86 – 19.10.86	Eisenach
112 435	Nordhausen	13.12.90 – 24.05.95	Erfurt
112 484	umz	01.01.81 – 05.01.81	Eisenach
202 487	Saalfeld	06.03.99 – 31.08.99	z-Park
112 515	Erfurt	13.08.85 – 24.05.95	Erfurt
202 525	Saalfeld	06.03.99 – 14.12.00	z-Park
112 527	aus Umbau	16.11.85 – 22.05.95	Meiningen
202 527	Saalfeld	06.03.99 – 31.08.99	Erfurt
202 543	Saalfeld	06.03.99 – 31.08.99	Erfurt
112 555	aus Umbau	25.04.85 – 13.08.85	Erfurt
202 559	Eisenach	22.04.92 – 24.05.95	Chemnitz
112 565	Erfurt	17.08.85 – 24.05.95	Erfurt
202 565	Saalfeld	06.03.99 – 30.08.00	z-Park
112 613	aus Umbau	14.06.85 – 15.08.85	Erfurt
112 614	aus Umbau	31.07.85 – 16.08.85	Erfurt
202 654	Rostock	01.01.95 – 24.05.95	Erfurt
112 728	aus Umbau	25.02.86 – 24.05.95	Görlitz
202 738	Saalfeld	06.03.99 – 30.05.00	z-Park
112 816	aus Umbau	28.10.88 – 28.09.89	Nossen
112 842	Nordhausen	06.03.86 – 23.05.90	Nordhausen

a = abgestellt am …

Bild 164 ▷
Am 18. August 1975 hat **110 044** des Bw Glauchau (Sachs) den P 3613 (Glauchau/Sachs – Rochlitz/Sachs) am Haken, als sie bei Wechselburg am Standort des Fotografen vorbeikam.

Aufnahme: Sammlung Jörg Leuthardt

4.5. Bw Glauchau (Sachs)

Glauchau (Sachs) liegt an der seit 1965 elektrifizierten Hauptstrecke Dresden – Chemnitz – Zwickau – Werdau. Von Glauchau (Sachs) zweigen noch die Strecken nach Gera (über Gößnitz) sowie die seit dem Jahr 2000 nicht mehr betriebene „Muldentalbahn" nach Großbothen (über Rochlitz) ab. Zum Bw Glauchau gehörten die Lokeinsatzstellen Rochlitz (Sachs), Oelsnitz (Erzgeb) und Stollberg (Sachs). Am 1. Juli 1972 waren für den Streckendienst folgende Dampflokbaureihen im Glauchauer Bahnbetriebswerk beheimatet:

19 × Baureihe 58^{30},
19 × Baureihe 86.

Im Januar 1974 – nach dem Umbau der Werkstatt im Bw Glauchau – begann dort die technische Unterhaltung der Diesellokbaureihen 106 und 110. Zwischen dem 1. Januar 1974 und dem 28. September 1975 trafen insgesamt 22 Vertreterinnen der Baureihe 110 aus den Bahnbetriebswerken Reichenbach (Vogtl), Karl-Marx-Stadt, Dresden, Gera und Aue (Sachs) zur Beheimatung in Glauchau ein, von denen am 30. September 1975 noch 21 im Glauchauer Lokbestand waren:

110 034*	044	045	048	055
066	068	071	072	081
089	091	093	103	104
152	298	320	342	451
496				

*Lok war nach einem Unfall seit dem 30. August 1974 bereits abgestellt.

Bis zum Herbst 1975 lösten die 110 die letzten Dampfloks der Baureihe 86 im Bw Glauchau ab.

Die Loks bespannten nun fast alle Züge auf der „Muldentalbahn" nach Rochlitz (Sachs) und Großbothen sowie auf den Strecken Rochlitz (Sachs) – Waldheim und

Bild 165 ▷
Die Strecke St. Egidien – Stollberg (Sachs) gehörte zum Einsatzgebiet der Glauchauer Einsatzstelle Oelsnitz (Erzgeb). Zu den dort stationierten Loks der Baureihe 110 gehörte u. a. auch **110 055**, die hier im April 1978 mit einem Personenzug bei Lichtenstein (Sachs) unterwegs ist.

Aufnahme: Wolfgang Ziemert Sammlung Jörg Leuthardt

△ **Bild 166 •** Im Jahr 1976 entstand diese Aufnahme der **110 104** des Bw Glauchau beim Umsetzen im Bahnhof Rochlitz (Sachs).
AUFNAHME: MATTHIAS HENGST

△ **Bild 167 •** Die Glauchauer **110 081** ist im Jahr 1983 bei Lastau mit einem Sandzug von Colditz nach Glauchau (Sachs) unterwegs. Diese Leistung war zuvor und auch später eine der letzten „großen" Aufgaben der 50^{35} des Bw Glauchau (Sachs). Deren Klänge dürften die Schafe etwas mehr aus der Ruhe gebracht haben …
AUFNAHME: MANFRED WEISBROD, SAMMLUNG MATTHIAS HENGST

△ **Bild 168 •** Gleich mit zwei Rangierern ist **112 429** (Bw Glauchau/Sachs) besetzt, als sie am 22. August 1987 im Bahnhof Penig für Rangierarbeiten genutzt wurde.
AUFNAHME: MATTHIAS HENGST

Rochlitz (Sachs) – Wechselburg – Karl-Marx-Stadt. Die Glauchauer Lokeinsatzstelle in Rochlitz (Sachs) setzte dafür planmäßig neun 110 ein. Vom Bw Glauchau selbst und der Einsatzstelle in Oelsnitz (Erzgeb) kamen sieben 110 mit ihren Leistungen nach Stollberg (Sachs), Wüstenbrand und Gößnitz.

Die Lokumläufe des Bw Glauchau sahen im Sommerfahrplan 1976 wie folgt aus:

<u>Plan 1, Bw Glauchau (4 × BR 110)</u>
In diesem Plan wurden Personenzüge nach Rochlitz (Sachs), Stollberg (Sachs), St. Egidien, Penig, Gößnitz und Güterzüge nach Penig/Rochlitz (Sachs) sowie nach Großbothen gefahren.

<u>Plan 2, Bw Glauchau (1 × BR 110)</u>
Die 110 bespannte Personenzüge nach Stollberg (Sachs), St. Egidien, Wüstenbrand sowie Nahgüterzüge zwischen Oelsnitz (Erzgeb) und Stollberg (Sachs).

<u>Plan 3, Est Oelsnitz (2 × BR 110)</u>
Die beiden Oelsnitzer 110er beförderten Personenzüge nach Glauchau (Sachs), Stollberg (Sachs), Wüstenbrand, St. Egidien und Nahgüterzüge nach Stollberg (Sachs).

<u>Plan 4, Est Rochlitz (4 × BR 110)</u>
Die vier in der Est Rochlitz stationierten 110er leisteten ihre Dienste vor Personenzügen nach Leipzig, Glauchau (Sachs), Waldheim, Narsdorf und Karl-Marx-Stadt sowie vor Güterzügen nach Glauchau (Sachs) und Colditz.

<u>Plan 5, Est Rochlitz (5 × BR 110)</u>
In diesem Plan bespannten fünf 110er Personenzüge nach Karl-Marx-Stadt, Penig, Großbothen, Glauchau (Sachs) und Waldheim sowie Nahgüterzüge nach Colditz, Penig, Waldheim und Großbothen. Im Plan 5 wurden außerdem die Durchgangsgüterzüge (Sandzüge) Dg 56351 (Rochlitz/Sachs – Zwickau), Dg 58354 (Zwickau – Colditz), Dg 56355 (Colditz – Zwickau) und Dg 58352 (Zwickau – Rochlitz/Sachs) von zwei 110 in Doppeltraktion gefahren. Vormals waren dies Leistungen der Baureihe 50^{35}.

Ab Mai 1980 wurden Lokomotiven der Baureihe 118^{6} im Bw Glauchau beheimatet, die ab 1981 einige Leistungen der 110 – darunter auch die Sandzüge von Colditz nach Zwickau – übernahmen.

Von den 110 des Glauchauer Bahnbetriebswerkes wurden nur zwei Maschinen (110 277 im April 1983 und 110 342 bereits im Mai 1982) mit leistungsgesteigerten

1.200-PS-Motoren ausgerüstet. Als 112 342 kam die ehemalige 110 342 am 29. Mai 1982 vom Umbau im Raw Stendal gleich wieder nach Glauchau (Sachs) zurück. Das hiesige Bw erhielt ab 1981 zunehmend Vertreterinnen dieser Baureihe zugewiesen, was zur Folge hatte, dass der Bestand an 110 abnahm.

Zum 31. Dezember 1985 waren je zehn 110 und 112 in Glauchau (Sachs) „Zuhause“:

110 021	042	044	047	071
073	078	088	089	761
112 300	311	429	452	576
620	625	681	687	880

Von den insgesamt 20 Maschinen kamen im Sommerfahrplan 1985 planmäßig 13 Loks in folgenden Plänen zum Einsatz:

Bw Glauchau:	Plan 4 (4 × 112)
Est Rochlitz:	Plan 5 (3 × 112)
Est Rochlitz:	Plan 6 (3 × 112)
Est Oelsnitz:	Plan 7 (3 × 110)

Der Bedarf an Lokomotiven der Baureihe 110 sank in den Folgejahren, speziell nach 1990 durch den Rückgang des Güterverkehrs und der Übernahme von Reisezugleistungen durch Triebwagen (erst LVT, dann 628). Die noch in Glauchau (Sachs) vorhandenen 110 (ab 01.01.1992: Baureihe 201) wurden z-gestellt oder an andere Bahnbetriebswerke abgegeben:

- 201 012 am 10. Februar 1992 nach Zittau,
- 201 042 und 201 089 am 14. November 1993 z-gestellt,
- 201 047, 201 071 und 201 080 am 15. Januar 1992 nach Zittau,
- 110 072 am 9. Juli 1991 nach Zittau,
- 201 073 und 201 101 am 31. Dezember 1993 nach Zwickau,
- 110 088 am 23. Dezember 1991 nach Zittau,
- 201 093 am 30. September 1993 nach Bautzen,
- 201 095 am 19. Mai 1993 nach Aue,
- 201 211 am 2. Juni 1992 nach Aue,
- 201 259 am 8. November 1993 nach Aue,
- 201 745 und 201 878 am 27. Mai 1992 nach Aue.

Ab Januar 1994 war Glauchau (Sachs) entsprechend „201-frei“.

Im Verlauf des Jahres 1992 trafen noch fünf Loks der Baureihe 298 zur Beheimatung im Bw Glauchau ein.

△ **Bild 169** • Auch bei der Deutschen Reichsbahn reichte auf den Nebenbahnen ab und zu ein Reisezugwagen aus, um den Platzbedarf für die Fahrgäste zu decken. Immerhin wurde der obligatorische Packwagen mitgenommen! Am 11. Oktober 1987 wurde die Glauchauer **110 101** mit dem Zwei-Wagen-Zug in Penig aufgenommen.

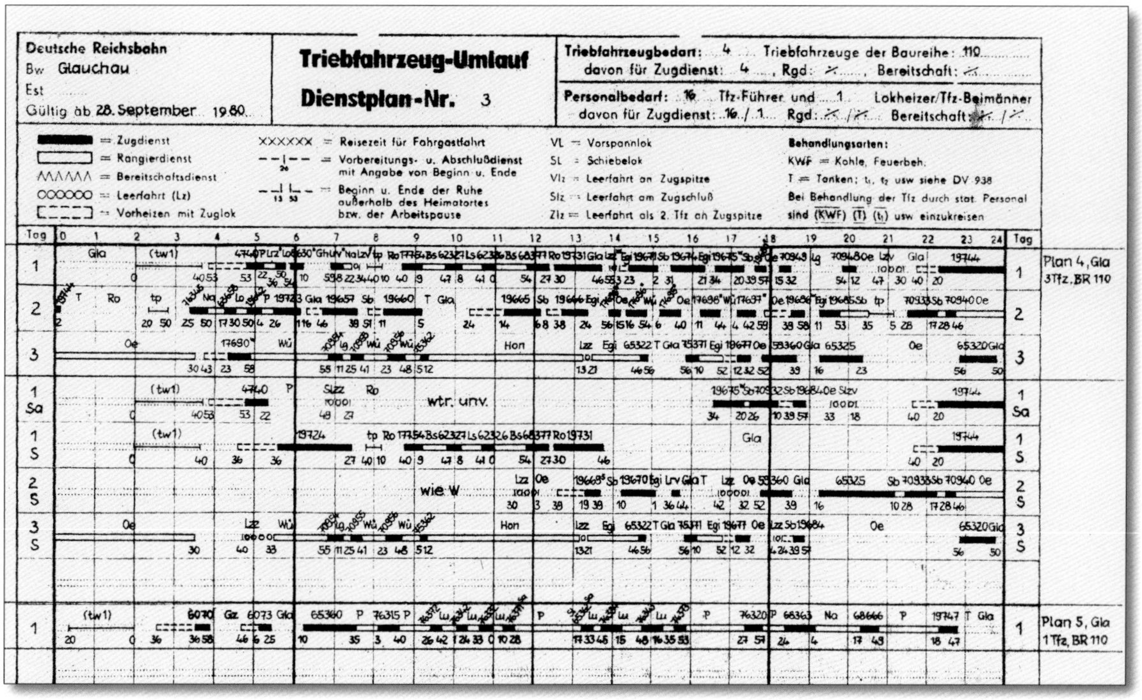

Bild 170 ▷ Umlaufplan des Bw Glauchau (Sachs), gültig ab 28. September 1980. Die Loks im Plan 4 kamen u. a. nach Rochlitz, Oelsnitz, St. Egidien, Wüstenbrand und Narsdorf, die einzelne 110 im Plan 5 war mehrheitlich mit Nahgüter- und Übergabezügen zwischen Glauchau, Penig und Narsdorf unterwegs.

Abbildung: Slg. Dietmar Schlegel

△ **Bild 171** • Dieses Motiv darf nicht fehlen: Zwei Glauchauer 110 befördern am 10. September 1988 einen Personenzug über die Muldebrücke in Rochlitz (Sachs). AUFNAHME: GUNTER VON HARTWIG

Mit Gründung der DB AG zum 1. Januar 1994 wurde das Glauchauer Bahnbetriebswerk dem Betriebshof Zwickau unterstellt. Damit wechselten folgende 201, 202 und 289 in den Zwickauer Fahrzeugbestand:

201 073	101			
202 300	311	383	452	499
620	633	727		
298 047	069	071	072	086
088				

Zum selben Stichtag (31.12.1993) wurden von Glauchau (Sachs) zum Bh Chemnitz buchmäßig umbeheimatet:

202 452	562	576	586	652
663	677	681	687	796
880				

Sie standen aber weiterhin von Rochlitz (Sachs) aus im Einsatz. Allerdings gingen diese Leistungen ab 1995 auf Triebwagen der Baureihe 772 und 628 über.

Bw Glauchau (Sachs) (I)

Lok-Nr.	vom Bw	beheimatet von – bis	zum Bw
110 012	Dresden	27.01.88 – 10.02.92	Zittau
110 021	Karl-Marx-Stadt	20.05.83 – 31.08.86	Aue (Sachs)*
110 021	Wittenberge	14.01.87 – 16.06.89	Nossen
110 025	Karl-Marx-Stadt	04.12.80 – 17.12.80	Karl-Marx-Stadt
110 026	Karl-Marx-Stadt	10.04.81 – 22.04.81	Karl-Marx-Stadt
110 034	Reichenbach (V)	21.05.74 – 20.10.75	z, a 30.08.74 unf
110 042	Reichenbach (V)	25.09.76 – 27.11.86	Wittenberge
110 042	Wittenberge	12.01.87 – 14.11.93	z, zr 13.01.93
110 044	Karl-Marx-Stadt	11.01.74 – 09.10.86	Nossen
110 045	Karl-Marx-Stadt	17.05.74 – 25.06.84	Leipzig Hbf Süd*
110 047	Aue (Sachs)	20.05.82 – 15.01.92	Zittau*
110 048	Aue (Sachs)	28.09.75 – 08.12.83	Karl-Marx-Stadt
110 050	Reichenbach (V)	29.05.81 – 25.09.81	Reichenbach (V)
110 055	Karl-Marx-Stadt	01.09.74 – 13.06.80	Seddin
110 066	Karl-Marx-Stadt	01.03.74 – 29.06.84	Nossen*
110 068	Karl-Marx-Stadt	14.01.74 – 06.05.81	Brandenburg*
110 069	Dresden	27.05.76 – 28.02.85	Aue (Sachs)
110 071	Karl-Marx-Stadt	03.01.74 – 15.01.92	Zittau*
110 072	Aue (Sachs)	01.08.74 – 14.01.85	Aue (Sachs)*
110 072	Aue (Sachs)	06.09.86 – 04.05.87	Karl-Marx-Stadt
110 072	Karl-Marx-Stadt	01.11.87 – 09.07.91	Zittau
110 073	Reichenbach (V)	26.05.79 – 27.11.83	Aue (Sachs)
110 073	Aue (Sachs)	27.01.84 – 31.12.93	Zwickau
110 078	Reichenbach (V)	26.05.79 – 16.02.87	Karl-Marx-Stadt*
110 079	Nossen	12.09.76 – 24.09.76	Karl-Marx-Stadt
110 080	Reichenbach (V)	20.08.87 – 31.03.88	Karl-Marx-Stadt
110 080	Aue (Sachs)	13.05.88 – 15.01.92	Zittau
110 081	Karl-Marx-Stadt	11.01.74 – 06.01.84	Reichenbach (V)
110 088	Reichenbach (V)	25.09.76 – 21.08.79	Karl-Marx-Stadt
110 088	Karl-Marx-Stadt	29.09.79 – 23.12.91	Zittau*
110 089	Karl-Marx-Stadt	28.01.74 – 14.11.93	z,zr 27.04.93
110 091	Aue (Sachs)	28.09.75 – 01.12.80	Seddin
110 093	Dresden	27.06.75 – 22.03.83	Güsten*
110 093	Güsten	02.05.83 – 02.11.83	Reichenbach (V)
201 093	Aue (Sachs)	09.01.92 – 05.01.93	Reichenbach (V)
201 093	Reichenbach (V)	23.01.93 – 21.05.93	Zittau

* Lok war während der Beheimatung kurzzeitig in einem anderen Bw. a = abgestellt
unf = Unfall zr = Zurückstellung aus Reserve

Bw Glauchau (Sachs) (II)

Lok-Nr.	vom Bw	beheimatet von – bis	zum Bw
201 093	Zittau	28.06.93 – 30.09.93	Bautzen
110 095	Reichenbach (V)	26.05.79 – 22.06.82	Karl-Marx-Stadt
110 095	Karl-Marx-Stadt	20.05.83 – 03.11.83	Reichenbach (V)
201 095	Aue (Sachs)	09.01.92 – 19.05.93	Aue (Sachs)
110 101	Karl-Marx-Stadt	20.05.83 – 02.11.83	Reichenbach (V)
110 101	Reichenbach (V)	19.09.86 – 31.12.93	Zwickau
110 102	Karl-Marx-Stadt	18.12.80 – 27.11.83	Aue (Sachs)
110 102	Karl-Marx-Stadt	04.05.85 – 05.07.85	Stendal
110 102	Stendal	05.08.85 – 17.10.85	Reichenbach (V)
110 103	Dresden	27.05.74 – 18.07.78	z, a 03.06.76 unf
110 104	Dresden	31.07.74 – 23.08.74	Dresden
110 104	Dresden	11.01.75 – 24.09.77	Nossen
110 117	Dresden	27.09.86 – 20.10.86	Dresden
110 151	Nossen	10.10.86 – 05.11.86	Nossen
110 152	Reichenbach (V)	31.08.74 – 17.02.81	Nossen
110 211	Aue (Sachs)	08.06.91 – 02.06.92	Aue (Sachs)
110 244	Gera	01.01.74 – 31.10.74	z, a 30.08.74 unf
110 259	Weißenfels	21.07.83 – 07.09.83	Dresden
201 259	Aue (Sachs)	24.09.92 – 21.05.93	Zittau
201 259	Zittau	29.06.93 – 08.11.93	Aue (Sachs)
110 269	Riesa	28.09.78 – 22.02.79	Wismar
110 277	Aue (Sachs)	09.06.81 – 27.04.83	umb in 112 277
110 298	Aue (Sachs)	11.01.75 – 28.05.80	Nossen
110 320	Karl-Marx-Stadt	08.01.74 – 24.01.80	Wustermark
110 323	Reichenbach (V)	26.05.78 – 18.02.81	Nossen
110 342	Karl-Marx-Stadt	03.01.74 – 28.05.82	umb in 112 342
110 451	Reichenbach (V)	01.01.74 – 12.03.82	Reichenbach (V)
110 452	Gera	01.01.74 – 24.05.74	Dresden
110 496	Gera	26.09.75 – 18.02.81	Nossen
110 504	Reichenbach (V)	18.04.86 – 03.09.86	Karl-Marx-Stadt
110 514	Aue (Sachs)	31.08.87 – 30.09.87	Reichenbach (V)
110 693	Dresden	27.05.78 – 04.08.81	Dresden
110 745	Aue (Sachs)	15.11.91 – 27.05.92	Aue (Sachs)
110 756	Aue (Sachs)	12.02.77 – 17.05.77	Aue (Sachs)
110 761	Aue (Sachs)	10.02.77 – 17.05.77	Aue (Sachs)
110 761	Aue (Sachs)	06.06.85 – 15.03.87	Nossen
110 761	Nossen	29.03.87 – 02.07.87	Dresden
201 878	Aue (Sachs)	09.01.92 – 27.05.92	Aue (Sachs)

Bw Glauchau (Sachs) (III)			
Lok-Nr.	vom Bw	beheimatet von – bis	zum Bw
112 207	Zittau	24.11.90 – 31.12.93	Zwickau
202 240	Chemnitz	11.02.92 – 13.03.92	Nossen
112 300	aus Umbau	20.09.83 – 15.03.87	Nossen
112 300	Nossen	29.03.87 – 31.12.93	Zwickau
112 311	aus Umbau	15.10.83 – 31.12.93	Zwickau
112 342	aus Umbau	29.05.82 – 24.05.83	Karl-Marx-Stadt
112 383	Bautzen	04.06.91 – 31.12.93	Zwickau
112 429	aus Umbau	28.09.83 – 12.10.90	Nossen
112 430	aus Umbau	12.03.82 – 19.05.83	Karl-Marx-Stadt
112 452	aus Umbau	18.06.82 – 31.12.93	Chemnitz
202 499	Dresden	31.05.92 – 31.12.93	Zwickau
112 502	Dresden	07.08.81 – 24.05.83	Karl-Marx-Stadt
112 516	aus Umbau	24.09.82 – 18.05.83	Karl-Marx-Stadt
202 562	Dresden	31.05.92 – 31.12.93	Chemnitz
112 576	aus Umbau	18.10.83 – 31.12.93	Chemnitz
202 586	Chemnitz	14.03.92 – 31.12.93	Chemnitz
112 587	Dresden	23.09.88 – 29.05.90	Nossen
112 617	Aue (Sachs)	29.05.89 – 05.06.90	Nossen
112 620	aus Umbau	26.11.83 – 31.12.93	Zwickau
112 625	aus Umbau	15.11.83 – 31.12.93	Chemnitz
202 633	Dresden	31.05.92 – 31.12.93	Zwickau
112 663	Görlitz	04.06.91 – 31.12.93	Chemnitz
112 677	Dresden	20.04.88 – 31.12.93	Chemnitz
112 681	aus Umbau	26.10.83 – 31.12.93	Chemnitz
112 687	aus Umbau	07.09.83 – 31.12.93	Chemnitz
112 727	Meiningen	30.11.91 – 31.12.93	Zwickau
202 786	Chemnitz	10.10.93 – 31.12.93	Chemnitz
202 796	Dresden	01.06.92 – 31.12.93	Zwickau
112 880	aus Umbau	26.11.83 – 31.12.93	Chemnitz
298 047	aus Umbau	19.09.92 – 31.12.93	Zwickau, ex 201 047
298 069	Chemnitz	10.11.92 – 31.12.93	Zwickau
298 071	Chemnitz	11.08.92 – 31.12.93	Zwickau
298 072	Chemnitz	25.08.92 – 31.12.93	Zwickau
298 086	aus Umbau	14.05.93 – 31.12.93	Zwickau, ex 201 086
298 088	Chemnitz	31.07.92 – 31.12.93	Zwickau

4.6 Bw Karl-Marx-Stadt

(bis Mai 1953 und ab Juni 1990: Chemnitz)

Chemnitz war seit Ende des 19. Jahrhunderts eine wichtige Industriestadt und weithin als „Sächsisches Manchester“ bekannt. Verbunden mit der industriellen Entwicklung der Stadt und der Region entstand fast gleichzeitig der bedeutendste Eisenbahnknotenpunkt in Mittelsachsen, denn in Chemnitz trafen folgende Strecken aufeinander:

- Dresden – Freiberg (Sachs) – Chemnitz – Zwickau – Werdau,
- (Chemnitz –) Flöha – Pockau-Lengefeld – Reitzenhain,
- Chemnitz – Geithain – Leipzig,
- Chemnitz – Döbeln – Riesa,
- Chemnitz – Aue (Sachs) – Adorf (Vogtl),
- (Chemnitz –) Wittgensdorf ob Bf – Limbach – Oberfrohna,
- Chemnitz – Wechselburg – Rochlitz (Sachs),
- Chemnitz – Stollberg (Sachs),
- (Chemnitz –) Niederwiesa – Hainichen – Roßwein,
- (Chemnitz –) Flöha – Annaberg-Buchholz – Weipert.

Am 10. Mai 1953 wurde Chemnitz anlässlich des 70. Jahrestages des Todes von Karl-Marx in Karl-Marx-Stadt umbenannt, was mit der starken Arbeiterbewegung in der Stadt begründet wurde. In Karl-Marx-Stadt befanden sich zwei Bahnbetriebswerke: das Bw Karl-Marx-Stadt Hauptbahnhof und das Bw Karl-Marx-Stadt-Hilbersdorf. Im Bw Hauptbahnhof waren am 1. Januar 1967 folgende Baureihen beheimatet:

9 × Baureihe 22
8 × Baureihe V 15
21 × Baureihe V 60
5 × Baureihe V 180[1]
11 × Baureihe V 180[2]
2 × Baureihe E 11
36 × Baureihe E 42

Bild 172 ▷
Im Sommer 1968 fährt **V 100 021** mit einem Personenzug aus Freiberg (Sachs) kommend in den Bahnhof Brand-Erbisdorf ein. Die Lok gehörte zu den Maschinen der Baureihe V 100 des Bw Karl-Marx-Stadt, die von der Einsatzstelle Freiberg (Sachs) aus zum Einsatz kamen.

Aufnahme: Slg. Matthias Hengst

◁ **Bild 173**
Im Jahr 1968 entstand diese Aufnahme der **V 100 081** des Bw Karl-Marx-Stadt auf der Drehscheibe in der Lokeinsatzstelle Freiberg (Sachs). Im Gegensatz zum „Mutter-Bw" gab es im Frühjahr 1968 in Freiberg bereits genug ausgebildetes Personal, um die neuen Lokomotiven auch einsetzen zu können!

Ab dem Winterfahrplan 1966/67 war die Strecke Dresden – Freiberg (Sachs) – Karl-Marx-Stadt – Zwickau – Werdau durchgehend elektrifiziert. Für den schweren Reisezugdienst auf den nicht elektrifizierten Strecken standen dem Bw Karl-Marx-Stadt Hbf insgesamt 14 Maschinen der Baureihe V 180 zur Verfügung, die bis Mai 1967 die letzten Dampfloks der Baureihe 22 im Plandienst ablösten.

Für den Nebenbahndienst wurden dem Bahnbetriebswerk ab März 1967 Dieselloks der Baureihe V 100 zugewiesen, wobei die ersten Vertreterinnen zwischen dem 18. März und dem 16. April 1967 fabrikneu in Karl-Marx-Stadt eintrafen. Dies waren im Einzelnen: V 100 020, 021, 025, 026, 030, 034 und 042.

Die Lokomotiven übernahm allerdings das bis dahin noch selbständige Bw Freiberg (Sachs), das mit ihnen Personen- und Güterzüge auf den Strecken Freiberg (Sachs) – Nossen, Nossen – Riesa, Freiberg (Sachs) – Hermsdorf-Rehefeld und Freiberg (Sachs) – Langenau (Sachs)/Großhartmannsdorf bespannte.

Am 1. Juni 1967 wurde das Bw Freiberg (Sachs) als selbständige Dienststelle aufgelöst und in eine Einsatzstelle des Bw Karl-Marx-Stadt Hbf umgewandelt. Die bereits am 1. März 1967 an das Bw Freiberg (Sachs) werksneu gelieferte V 100 017 wurde am 19. Juli 1967 an das Bw Rostock abgegeben. Die in Freiberg (Sachs) eingesetzten Maschinen dienten auch zur Personalausbildung.

Die im März und April 1967 ausgelieferten V 100 besaßen übrigens noch keinen Heizkessel, wurden aber bis Herbst 1967

◁ **Bild 174**
Alltag im Bahnhof Brand-Erbisdorf im Jahr 1968. Dort steht **V 100 057** (Bw Karl-Marx-Stadt) mit einem Personenzug, den sie aus Freiberg (Sachs) gebracht hat. An dessen Schluss ist eine weitere V 100 zu erkennen. In Brand-Erbisdorf zweigt die Strecken nach Langenau (Sachs) ab, die Strecke von Freiberg (Sachs) führt nach Großhartmannsdorf weiter.

Aufnahmen (2): Sammlung Matthias Hengst

damit ausgerüstet. Im Verlauf des Jahres 1967 wurden V 100 020 (am 11.04.), V 100 030 (am 23.10.) und V 100 034 (am 19.10.) zum Bw Reichenbach (Vogtl) abgegeben.

Zum 1. Januar 1968 wurde aus den ehemaligen Bahnbetriebswerken Karl-Marx-Stadt Hbf, Karl-Marx-Stadt-Hilbersdorf, Freiberg (Sachs) und Pockau-Lengefeld das neue Groß-Bw Karl-Marx-Stadt gegründet. Zu diesem Zeitpunkt befanden sich vier V 100 in dessen Lokbestand, die auf die Est Freiberg (Sachs) (V 100 021, V 100 025 und V 100 042) sowie auf den Lokbahnhof Hainichen (V 100 026) verteilt waren.

Ab April 1967 kam mit den Betriebsnummern V 100 044 bis V 100 103 das zweite Baulos dieser Baureihe an die DR zur Auslieferung. Von April bis Anfang August 1968 trafen nahezu jede Woche fabrikneue V 100 aus dem VEB Lokomotivbau „Hans Beimler" Hennigsdorf in Karl-Marx-Stadt ein.

Immerhin 23 Neuanlieferungen waren in dem genannten Zeitraum zu verzeichnen, sodass sich zum 31. August 1968 folgender Bestand „aufgebaut" hatte:

V 100 021	025	026	044	045
054	055	056	057	058
066	067	071	072	078
079	081	085	088	089
091	093	096	101	103

Dieser Zugang an V 100 traf die Technologen des Bw Karl-Marx-Stadt allerdings vollkommen unvorbereitet und ohne Ankündigung durch die Hauptverwaltung der Maschinenwirtschaft (HvM) der DR. Denn im Frühjahr 1968 standen in Karl-Marx-Stadt noch gar nicht genügend ausgebildete Diesellokführer für die Nutzung der Lokomotiven zur Verfügung, und so standen die Maschinen Wochen und Monate ungenutzt im dortigen Bahnbetriebswerk abgestellt herum. Das war selbstverständlich Anlass genug, um in der damaligen Presse sehr kritisch auf diesen Missstand der „ungenutzten Grundmittel" einzugehen.

△ **Bild 175** • Das waren noch Winter! Im Januar 1970 steckt **V 100 056** des Bw Karl-Marx-Stadt bei Himmelsfürst (zwischen Brand-Erbisdorf und Langenau/Sachs) in einer Schneewehe fest. Der tapfere Lokführer versucht mit einem Kehrblech, seine V 100 vom gröbsten Schnee zu befreien … Aufnahme: Sammlung Marko Rost

Bild 176 ▷ Der Betriebsteil 1 des Groß-Bw Karl-Marx-Stadt war das ehemalige Bw Karl-Marx-Stadt Hbf. Dort entstand 1972 diese Aufnahme der **110 026** und **110 321** vor bzw. in ihrem heimatlichen Lokschuppen.

Aufnahme: Reinhard Lehmann

△ **Bild 177** • Es ist an der Umlaufkante der **110 080** vom Bw Karl-Marx-Stadt (Est Freiberg/Sachs) von Günter Meyer angeschrieben worden: „30.5.1975 Letzter Personenzug Freiberg – Halsbrücke". Abfahrbereit steht der Zug hier im Bahnhof Freiberg (Sachs). Aufnahme: Günter Meyer, Sammlung Manfred Meyer

△ **Bild 178** • Im Juli 1977 ist **110 058** vom Bw Karl-Marx-Stadt mit einem Personenzug nach Freiberg (Sachs) abfahrbereit im Bahnhof Holzhau. Die Station ist zugleich die Endstation der Strecke aus Freiberg (Sachs). Aufnahme: Sammlung Matthias Hengst

Ab Mai 1968 kamen V 100 044, 045, 054, 055, 056, 057 und 058 von der Est Freiberg (Sachs) aus zum Einsatz, da es dort bereits entsprechendes Diesellokpersonal gab. Mit diesen Loks wurden in der Einsatzstelle die Dampfloks der Baureihe 86 abgelöst.

Ab Mitte Juli 1968 waren dann auch in Karl-Marx-Stadt so viele Lokführer ausgebildet, dass ab dem 15. Juli jenes Jahres sieben V 100 im Betriebsteil 1 (ehemals Bw Hauptbahnhof) und im Lokbahnhof Limbach eingesetzt werden konnten. Die Lokumläufe sahen wie folgt aus (KMS = Karl-Marx-Stadt):

<u>Plan 10, Betriebsteil 1, (2 × V 100)</u>

<u>Tag 1</u>

Lz	Bw – KMS-Hilbersdorf
Ng 9078	KMS-Hilbersd. – KMS-Küchwald
Lz	KMS-Küchwald – KMS Hbf
P 3271	Karl-Marx-Stadt Hbf – Rochlitz
Dg 7688	Rochlitz – KMS-Küchwald
Lz	KMS-Küchwald – KMS Hbf
P 1784	Karl-Marx-Stadt Hbf – Zwönitz
P 1789	Zwönitz – Karl-Marx-Stadt Hbf

<u>Tag 2</u>

P 2348	KMS Hbf – Stollberg (Sachs)
P 2331	Stollberg (Sachs) – KMS Hbf
P 1786	Karl-Marx-Stadt Hbf – Einsiedel
Lzv	Einsiedel – Karl-Marx-Stadt Hbf
P 3467	Karl-Marx-Stadt Hbf – Mittweida
Üg 16015	Mittweida – Erlau (Sachs)
Üg 16016	Erlau (Sachs) – Mittweida
Lzz	Mittweida – Karl-Marx-Stadt Hbf
P 2621	Karl-Marx-Stadt Hbf – Cossen
Slz 7066	Cossen – Karl-Marx-Stadt Hbf

<u>Plan 11, Betriebsteil 1 (4 × V 100)</u>

<u>Tag 1</u>

P 2330	KMS Hbf – Stollberg (Sachs)
P 2333	Stollberg (Sachs) – KMS Hbf
P 2332	KMS Hbf – Stollberg (Sachs)
P 2335	Stollberg (Sachs) – KMS Hbf

9:30 Uhr bis 12:00 Uhr Tanken

◁ **Bild 179** Berbersdorf (Strecke Niederwiesa – Roßwein) ist bei den Eisenbahnfreunden durch den dortigen Steinbruch bekannt geworden, dessen Bedienung in den achtziger Jahren durch 50^{35} des Bw Karl-Marx-Stadt erfolgte. So auch am 30. August 1983 durch 50 3698, die von **110 621** aus demselben Bw mit einem Personenzug passiert wird.

Aufnahme: Peter Kristandt, Sammlung Jörg Leuthardt

Bild 180 ▷
In Pockau-Lengefeld befand sich eine Einsatzstelle des Groß-Bw Karl-Marx-Stadt, deren Loks vornehmlich im Reisezugdienst zwischen Flöha und Marienberg (Sachs) bzw. Neuhausen (Erzgeb) eingesetzt wurden. Am 8. Juni 1975 steht **110 423** mit einem Personenzug nach Marienberg (Sachs) im Bahnhof Pockau-Lengefeld.

AUFNAHME: DIETRICH RICHTER, SAMMLUNG JÖRG LEUTHARDT

Dg 5593	Karl-Marx-Stadt – Flöha
P 1444	Flöha – Scharfenstein
P 1443	Scharfenstein – Flöha
P 1420	Flöha – Wolkenstein
Lz	Wolkenstein – Wilischthal
Üg	Wilischthal – Scharfenstein
Üg	Scharfenstein – Wilischthal
Lz	Wilischthal – Scharfenstein
P 1449	Scharfenstein – Flöha

<u>Tag 2</u>

Lz	Flöha – Karl-Marx-Stadt Hbf
P 2601	Karl-Marx-Stadt Hbf – Geithain
Lz	Geithain – Cossen
P 2624	Cossen – Karl-Marx-Stadt Hbf
P 3461	Karl-Marx-Stadt Hbf – Mittweida
Üg	Mittweida – Altmittweida
Üg	Altmittweida – Mittweida
P 3466	Mittweida – Karl-Marx-Stadt Hbf
P 2393	Karl-Marx-Stadt Hbf – Hainichen
Slz 2396	Hainichen – Niederwiesa
Lz	Niederwiesa – Flöha
Dg 5592	Flöha – Karl-Marx-Stadt Hbf
P 2623	Karl-Marx-Stadt Hbf – Narsdorf

<u>Tag 3</u>

P 2600	Narsdorf – Karl-Marx-Stadt Hbf
Lz	KMS Hbf – KMS-Hilbersdorf
Dg 9384	KMS-Hilbersdorf – Waldheim
11 bis 14 Uhr Rangieren in Waldheim	
Dg 9385	Waldheim – KMS-Küchwald
20:30 bis 2:15 Uhr Rangieren in Küchwald	

<u>Tag 4</u>

Lz	KMS-Küchwald – KMS Hbf
P 3411	Karl-Marx-Stadt Hbf – Riesa
P 3414	Riesa – Karl-Marx-Stadt Hbf
12 Uhr bis 14 Uhr Tanken	
P 3279	KMS Hbf – Wechselburg
P 3282	Wechselburg – KMS Hbf
Lz	KMS Hbf – KMS-Hilbersdorf
Dg 9507	KMS-Hilbersdorf – Waldheim
Dg 9508	Waldheim – KMS-Hilbersdorf
Lz	KMS-Hilbersdorf – KMS Hbf

△ **Bild 181 • 112 591** der Est Pockau-Lengefeld hat mit ihrem Personenzug nach Marienberg (Sachs) am 1. Juni 1985 im Bahnhof Hetzdorf Ausfahrt auf „Hp 1". AUFNAHME: GUNTER VON HARTWIG

In den Plänen 10 und 11 des Bw Karl-Marx-Stadt verdrängten die V 100 die Dampflokomotiven der Baureihen 75^5 und 86 aus dem Personen- und Nahgüterzugdienst im Großraum Karl-Marx-Stadt. Die von der Karl-Marx-Städter Außenstelle Lokbahnhof Limbach aus eingesetzte 75 573 wurde am 15. Juli 1968 durch die V 100 071 abgelöst.

<u>Plan 12, Est Limbach (1 × V 100)</u>

Nach zwei Personenzugpendeln (P 3747/3748 und P 3707/3708) zwischen Oberfrohna und Wittgensdorf ob Bf beförderte die V 100 den P 3709 (Oberfrohna – Karl-Marx-Stadt Hbf), um anschließend von 8 bis 10 Uhr ihre Kraftstoffvorräte zu ergänzen. Vollgetankt ging es dann mit dem P 3726 von Karl-Marx-Stadt Hbf zurück nach Oberfrohna. Nach weiteren zwei Personenzugpendeln Oberfrohna – Wittgensdorf ob Bf (P 3727/3732 und P 3735/3736) wurde mit dem P 3739 von Oberfrohna erneut nach Karl-Marx-Stadt Hbf gefahren. Dort angekommen fuhr die Lok Lz nach Hilbersdorf, um den Dg 9358 an den Haken zu nehmen und diesen als Tagesabschluss nach Oberfrohna zu befördern.

△ **Bild 182** • „Bremse in Ordnung" wird am 9. September 1985 vom anderen Ende des Zuges signalisiert, allerdings bleibt der dortige Eisenbahner vom Lokführer auf **110 770** des Bw Karl-Marx-Stadt noch unbeachtet. Die Aufnahme entstand an einem der Außenbahnsteige neben der Bahnhofshalle in Karl-Marx-Stadt Hbf.

Aufnahme: Jörg Baumgärtel, Sammlung Jörg Leuthardt

In der Lokeinsatzstelle Freiberg (Sachs) kamen planmäßig neun V 100 zum Einsatz. Die Loks bespannten Reise- und Güterzüge auf den von Freiberg (Sachs) ausgehenden Strecken nach Hermsdorf-Rehefeld, Halsbrücke und Langenau (Sachs)/ Großhartmannsdorf. Auf den Strecken Freiberg (Sachs) – Nossen und Nossen – Riesa leisteten die Freiberger V 100 ausschließlich vor Reisezügen ihre Dienste.

Zwischen dem 11. April und dem 27. September 1968 gab das Bw Karl-Marx-Stadt die V 100 042 und V 100 095 nach Reichenbach (Vogtl) sowie V 100 081 und V 100 088 nach Dresden ab. Am 31. Dezember 1968 waren 23 Vertreterinnen der Baureihe V 100 in Karl-Marx-Stadt beheimatet, von denen täglich 18 für den Streckendienst benötigt wurden. Im August 1969 wechselte V 100 102 zum Bw Aue (Sachs).

In der Zeit von Dezember 1970 bis Dezember 1972 trafen noch einmal acht Maschinen der Baureihe 110 im Bw Karl-Marx-Stadt ein: 110 320, 321, 323, 342, 393, 423, 436 und 498. Zum Bestand des Bahnbetriebswerkes gehörten im Herbst 1972 u. a. auch noch 15 Dampflokomotiven der Baureihe 86, die von der Einsatzstelle Pockau-Lengefeld und vom Betriebsteil Hilbersdorf eingesetzt wurden. Doch bereits zum Sommerfahrplan 1973 fand in Pockau-Lengefeld die Ablösung der dort stationierten 86er durch Loks der Baureihe 110 statt. Auch die im Plan 21 des Bw Karl-Marx-Stadt – Betriebsteil Hilbersdorf – eingesetzten fünf 86er wurden bis Ende des Sommerfahrplans 1973 ebenfalls durch Dieselloks der Baureihe 110 ersetzt.

Zwischen dem 21. Dezember 1972 und dem 12. November 1974 trafen noch einmal 16 fabrikneue 110 aus dem LEW Hennigsdorf in Karl-Marx-Stadt ein:

110 508, 516, 533, 584, 585, 588, 589, 591, 623, 624, 633, 634, 635, 636, 672 und 737.

Diesen Zugängen standen in der Zeit von Januar bis August 1974 folgende Abgaben nach Dresden, Glauchau (Sachs) und Reichenbach (Vogtl) gegenüber:

110 044, 045, 055, 066, 068, 071, 089, 093, 103, 320, 321 und 342.

Somit ergab sich zum 31. Dezember 1974 ein Bestand von 41 Lokomotiven der Baureihe 110 in Karl-Marx-Stadt.

Mit Beginn des Sommerfahrplans 1975 am 1. Juni jenes Jahres wurde der Lokeinsatz in der Est Freiberg (Sachs) von neun auf sieben 110er reduziert. Der Grund dafür war der Wegfall von Personenzugleistungen zwischen Nossen und Leipzig sowie die Einstellung des Reiseverkehrs zwischen Freiberg (Sachs) und Halsbrücke. Am 30. Mai 1975 hatte 110 080 die (zweifelhafte) Ehre, die letzten Personenzüge auf dieser Strecke zu bespannen. Durch die Beheimatung von Loks der Baureihe 110 im Bw Nossen entfielen ab dem 30. Mai 1976 für die Freiberger 110 auch die Reisezugleistungen nach Riesa (drei Zugpaare).

Zum Bestand des Bw Karl-Marx-Stadt gehörten im Jahr 1976 auch noch 20 Dampflokomotiven der Baureihe 50, von denen im Plan 26 (Betriebsteil KMS-Hilbersdorf) zwei Maschinen und im Plan 66 (Est Pockau-Lengefeld) eine Lok zum Einsatz kamen. Mit Beginn des Winterfahrplans 1976/77 übernahmen in Pockau-Lengefeld zwei 110er in Doppeltraktion – 110 508 + 110 516 – die Leistungen der dortigen „Fuffziger". Das 110-Doppel bespannte täglich vier Paare Durchgangsgüterzüge auf der Relation Pockau-Lengefeld – Karl-Marx-Stadt-Hilbersdorf: Dg 64318/64321, Dg 64326/64323, Dg 64322/64327 und Dg 64324/64319.

Am 25. September 1977 wurde der Reisezugverkehr auf der Strecke Freiberg (Sachs) – Nossen eingestellt, was zur Folge hatte, dass in der Est Freiberg (Sachs) nur noch fünf 110er benötigt wurden.

Im Jahr 1979 waren 40 Vertreterinnen der Baureihe 110 im Bw Karl-Marx-Stadt

Bild 183 ▷ Die Ortschaft mit dem posierlichen Namen Bienenmühle liegt an der Strecke Freiberg (Sachs) – Holzhau und besaß einstmals sogar ein eigenes Bahnbetriebswerk! Am 5. Juli 1986 ist **110 048** der Est Freiberg (Sachs) mit einem Personenzug in der Ortslage Bienenmühle unterwegs.

beheimatet – der tägliche Bedarf lag bei 30 Maschinen. Sie kamen in folgenden Dienstplänen zum Einsatz:

Plan 12, BT Glösaer Straße (3 × 110)
Die Loks aus dem Betriebsteil Glösaer Straße bespannten Personenzüge nach Mittweida, Döbeln, Leipzig Bayerischer Bahnhof, Wechselburg und Glauchau (Sachs).

Plan 13, BT Glösaer Straße (3 × 110)
Die im Plan 13 des Betriebsteils Glösaer Straße eingesetzten drei 110 kamen vor Personenzügen nach Rochlitz (Sachs), Mittweida, Döbeln und Stollberg (Sachs) sowie vor Nahgüterzügen nach Karl-Marx-Stadt-Hilbersdorf und Karl-Marx-Stadt-Küchwald (Heizkraftwerk Nord) zum Einsatz.

Plan 14, BT Glösaer Straße (3 × 110)
Im Plan 14 leisteten drei 110 ihre Dienste vor Reisezügen nach Riesa, Leipzig, Mittweida und Hainichen sowie vor Güterzügen nach Karl-Marx-Stadt-Küchwald, Mittweida, Karl-Marx-Stadt-Hilbersdorf und Markersdorf.

Plan 15, BT Glösaer Straße (3 × 110)
In diesem Plan bespannten die Loks Personenzüge nach Roßwein, Hainichen und Einsiedel. Im Plan 15 kamen Personale vom Lokbahnhof Hainichen zum Einsatz.

Plan 16, Est Limbach (1 × 110)
Die Limbacher 110 beförderte Reisezüge auf der Strecke Oberfrohna – Wittgensdorf ob Bf sowie Nahgüterzüge nach Karl-Marx-Stadt-Hilbersdorf, nach Karl-Marx-Stadt-Küchwald und Narsdorf.

Plan 17, BT Glösaer Straße (2 × 110)
Die beiden 110er bespannten Personenzüge nach Hainichen, Roßwein, Stollberg (Sachs) und Cranzahl.

Plan 51, Est Freiberg (5 × 110)
Die fünf Freiberger 110 bewältigten den gesamten Zugverkehr auf den Strecken Freiberg (Sachs) – Holzhau sowie Freiberg

Bild 184 ▷ Die Karl-Marx-Städter 110 kamen planmäßig auch nach Aue (Sachs). Dort entstand in den Nachtstunden des 16. September 1986 diese Aufnahme der **110 085**, die mit dem Wagenpark des P 18611 den ersten Zug des Tages (Aue ab 3:10 Uhr) in die damalige Bezirkshauptstadt Karl-Marx-Stadt am Haken hat.

Aufnahmen (2): Andreas Stange

△ **Bild 185 • 112 586** und eine Schwesterlok aus dem Bw Karl-Marx-Stadt sind am 7. September 1984 mit dem P 17764 (Karl-Marx-Stadt – Rochlitz/Sachs) unterwegs bei Schweizerthal-Diethensdorf.

AUFNAHME: GUNTER VON HARTWIG

(Sachs) – Langenau (Sachs) und beförderten Nahgüterzüge nach Großschirma und Nossen.

Plan 61, Est Pockau-Lengefeld (3 × 110)
Die drei Maschinen standen im Einsatz vor Personenzügen nach Flöha und Marienberg (Sachs) sowie vor Güterzügen nach Karl-Marx-Stadt-Hilbersdorf, Marienberg (Sachs) und Neuhausen (Erzgeb).

Plan 62, Est Pockau-Lengefeld (4 × 110)
In diesem Plan wurden Personenzüge nach Flöha, Neuhausen (Erzgeb), Scharfenstein und Annaberg-Buchholz gefahren. Im Güterzugdienst bespannten die Loks in Doppeltraktion Durchgangsgüterzüge nach Karl-Marx-Stadt-Hilbersdorf.

Plan 63, Est Pockau-Lengefeld (3 × 110)
Die drei 110er im Plan 63 bespannten Personenzüge nach Flöha, Marienberg (Sachs), Neuhausen (Erzgeb) und Annaberg-Buchholz sowie Güterzüge nach Neuhausen (Erzgeb), Olbernhau und Marienberg-Gelobtland.

Im Jahr 1982 begann im Bw Karl-Marx-Stadt bei einigen Maschinen der Baureihe 110 die Ausrüstung mit 1.200-PS-Motoren. Diese Loks erhielten daraufhin die Baureihenbezeichnung 112. Das „Kräfteverhältnis“ zwischen 110 und 112 im Bestand des hiesigen Bahnbetriebswerkes änderte sich sehr schnell zu Gunsten der 112. Am 31. Dezember 1986 waren in Karl-Marx-Stadt beheimatet:

110 048	056	058	064	067
069	080	081	085	152
163	504	587	693	743
757	778	829	891	895
112 250	271	277	315	342
346	416	423	430	502
516	578	581	585	586
591	624	661	695	764
787	866			

Die Loks der Baureihe 112 fanden vorrangig in der Lokeinsatzstelle Pockau-Lengefeld Verwendung.

Bis Anfang der neunziger Jahre gab es kaum Veränderungen beim Einsatz der Loks der Baureihen 110 und 112.

Von Juni 1992 bis Mai 1997 beheimatete das Bw bzw. ab 1. Januar 1994 der Betriebshof (Bh) Chemnitz auch insgesamt 13 Maschinen der Baureihe 298. Die Loks – von denen manche nur wenige Wochen bzw. nur einige Monate in Chemnitz blieben – kamen im Güterzugdienst nach Chemnitz-Küchwald und Chemnitz-Hilbersdorf zum Einsatz. Im Jahr 1997 wurden die letzten noch in Chemnitz vorhandenen 298 nach Rostock (298 085) und nach Reichenbach (Vogtl) (298 122, 304 und 311) abgegeben.

Durch den Einsatz von Triebwagen der Baureihe 772 ab 1994 auf den Strecken nach Neuhausen (Erzgeb), Oberfrohna, Wittgensdorf und Rochlitz (Sachs) sowie die Bespannung von Güterzügen noch Pockau-Lengefeld und Marienberg (Sachs)

◁ **Bild 186**
Am 25. Juni 1994 – ein Samstag – herrschte Wochenendruhe im Bh Chemnitz. In einer kleinen „V 100-Parade“ präsentierten sich an diesem Tag (v.l.n.r.) **201 888, 202 277, 201 756, 202 624** und **202 589.**

Bild 187 ▷
Das Bw bzw. der Betriebshof Chemnitz beheimatete zwischen 1992 und 1997 auch Lokomotiven der Baureihe 298. Zu den Chemnitzer 298 gehörte von August 1992 bis Dezember 1994 auch **298 058,** hier aufgenommen am 18. Februar 1994.

durch 232 wurden einige 202 in Chemnitz arbeitslos und zur Est Freiberg (Sachs) umgesetzt. Dies wiederum sorgte für die Abstellung der dort stationierten 201, und so „wanderten" folgende Loks in den z-Park:

- 201 024, 201 025 und 201 259 am 2. Januar 1995,
- 201 101, 745, 756, 770, 813, 829, 887 und 888 am 11. Januar 1995.

Der ab Mai 1999 gültige Lokumlauf des Bh Chemnitz sah den Einsatz von immerhin noch 14 Loks der Baureihe 202 auf den Strecken Chemnitz – Stollberg (Sachs), Flöha – Marienberg (Sachs)/Neuhausen (Erzgeb) und Freiberg (Sachs) – Holzhau vor. Die einstige Einsatzstrecke der 110 von Freiberg (Sachs) nach Langenau (Sachs) war am 19. Juni 1998 stillgelegt worden, so dass die Freiberger 202 nur noch bis Holzhau fuhren. Damit war am 27. Mai 2000 allerdings auch Schluss. Die Strecke wurde von der RP-Eisenbahn GmbH gepachtet, es fanden Sanierungsarbeiten statt und ab November 2000 nahm die Freiberger Eisenbahngesellschaft mbH den Reiseverkehr mit RegioShuttle RS 1 von Stadler wieder auf.

Die Leistungen nach Marienberg (Sachs)/ Neuhausen (Erzgeb), Stollberg (Sachs) und von Niederwiesa nach Hainichen übernahmen ab 1999/2000 Triebwagen der Baureihe 628. Entsprechend endete im September 2000 der planmäßige Einsatz der Baureihe 202 in Chemnitz. Die letzten 202 wechselten im November jenes Jahres nach Görlitz: 202 416, 735, 817 und 885. Es blieben lediglich noch 202 661 und 201 690 als „eiserne Reserve" bis zum 21. Dezember 2000 in Chemnitz.

Doch damit war das Kapitel „Baureihe 202" in Chemnitz noch nicht ganz beendet: Im Juni 2002 kamen 202 646, 202 781 und 202 885 aus dem z-Park zurück und waren bis zu ihren erneuten z-Stellungen im November 2002 (202 885) bzw. im März 2005 (202 781) wieder im hiesigen Betriebshof beheimatet. Sogar bis zum 17. Juni 2014 gehörte 202 646 offiziell zum dortigen Fahrzeugbestand. Auf jenen Tag ist die z-Stellung der Lok datiert, allerdings wurde sie bereits Anfang Januar 2013 abgestellt.

Bild 188 ▷
Bis Mai 1998 verkehrten noch Personenzüge (bzw. Regionalbahnen) von Freiberg (Sachs) nach Brand-Erbisdorf. Am 19. Mai 1998 steht **202 167** mit einer Regionalbahn abfahrbereit im Bahnhof Brand-Erbisdorf.

Aufnahmen (3): Volker Lucas, Sammlung A. Zika

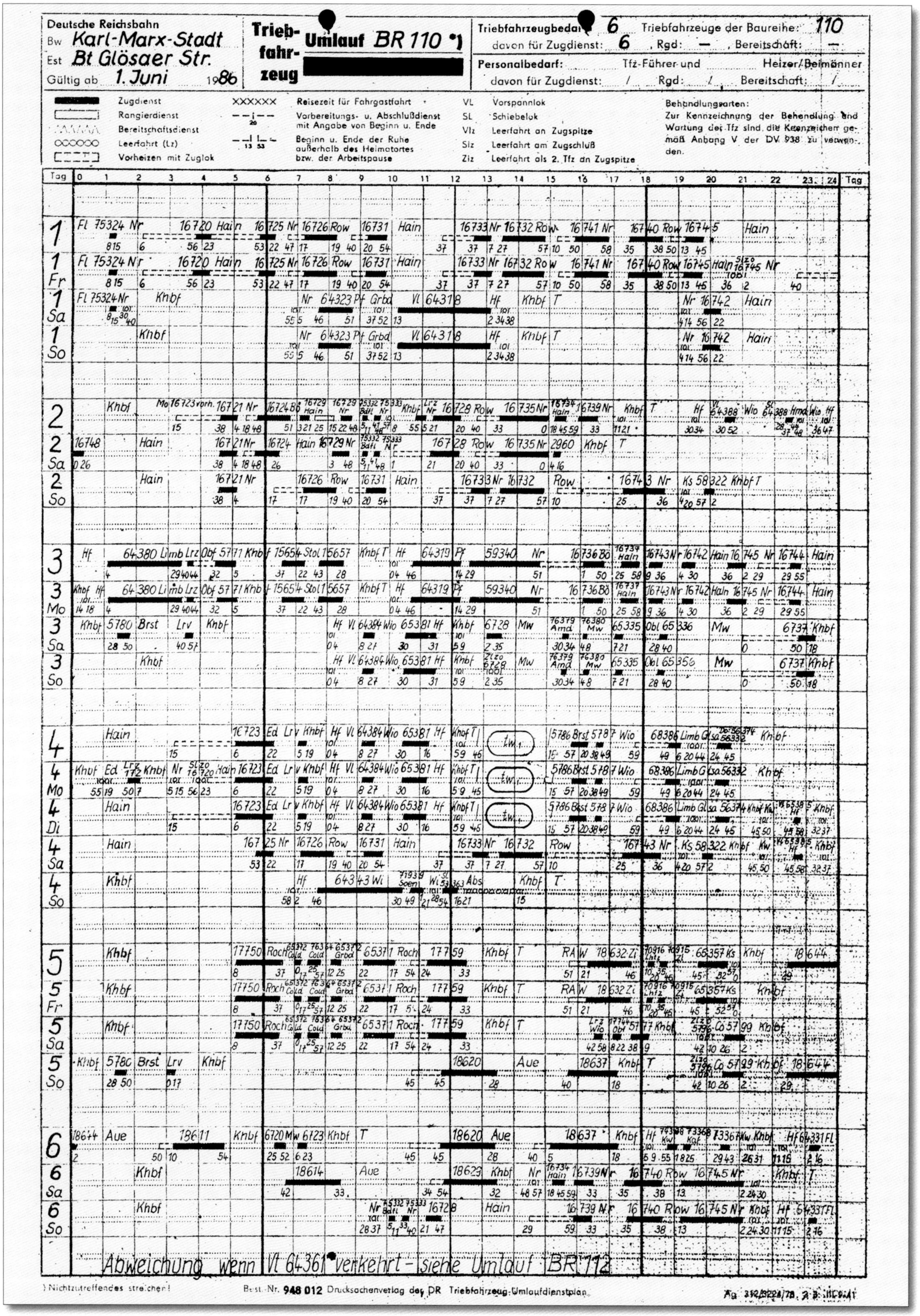

△ **Bild 189** • Umlaufplan des Bw Karl-Marx-Stadt für die Baureihe 110 im Betriebsteil Glösaer Straße, gültig ab 1. Juni 1986. Die Maschinen kamen mit Personen-, Nahgüter- und Übergabezügen u. a. nach Hainichen, Flöha, Roßwein, Niederwiesa, Limbach-Oberfrohna und Wittgensdorf ob Bf.

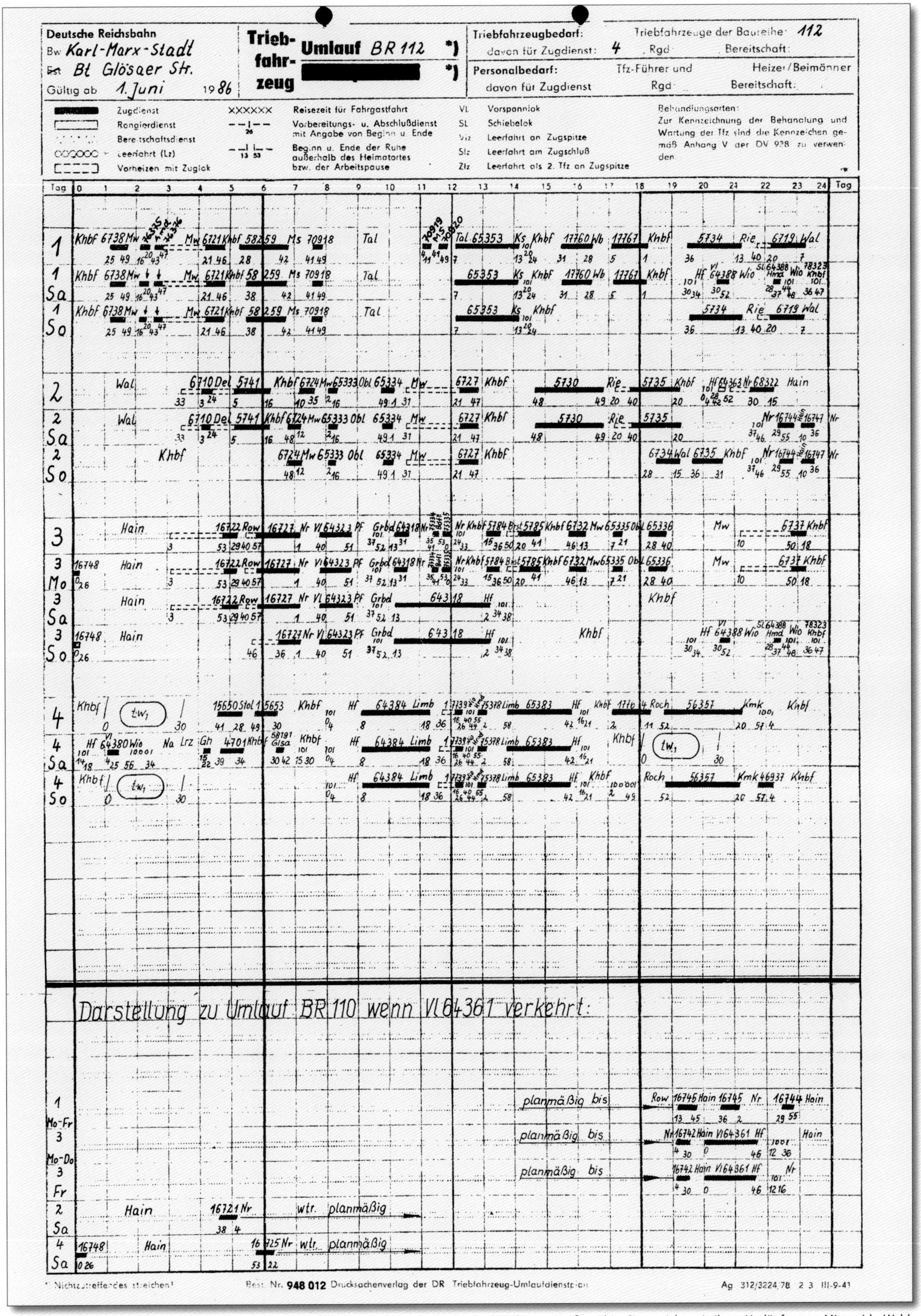

△ **Bild 190** • Ebenfalls ab dem 1. Juni 1986 war dieser Plan für die Loks der Baureihe 112 des BT Glösaer Straße gültig. Sie erreichten in ihren Umläufen u. a. Mittweida, Waldheim, Thalheim, Riesa, Pockau-Lengefeld und Grünhainichen-Borstendorf.

ABBILDUNGEN (2): SAMMLUNG GERO ISTEL

Bw Karl-Marx-Stadt/Chemnitz (I)

Lok-Nr.	vom Bw	beheimatet von – bis	zum Bw
V100 018	Reichenbach (V)	05.04.67 – 11.05.67	Halle P
V100 018	Halle P	10.06.67 – 18.07.67	Halle P
110 018	Bitterfeld	29.05.87 – 05.06.87	Falkenberg (E)
V100 019	Reichenbach (V)	27.05.67 – 04.06.67	Rostock
V100 020	Neuanlieferung	30.03.67 – 11.04.67	Reichenbach (V)
110 020	Reichenbach (V)	30.05.81 – 26.11.81	Meiningen
V100 021	Neuanlieferung	18.03.67 – 31.12.67	KMS-Hilbersdorf
V100 021	KMS-Hilbersdorf	01.01.68 – 19.05.83	Glauchau (Sachs)*
110 021	Nossen	02.09.89 – 07.06.90	Nossen
V100 022	Reichenbach (V)	11.09.69 – 26.09.69	Reichenbach (V)
V100 023	Reichenbach (V)	04.01.69 – 06.02.69	Reichenbach (V)
110 024	Reichenbach (V)	25.05.88 – 02.01.95	z, a 21.12.94 *
V100 025	Neuanlieferung	18.03.67 – 18.07.76	Dresden
110 025	Dresden	07.08.76 – 03.12.80	Glauchau (Sachs)
110 025	Glauchau (Sachs)	18.12.80 – 18.03.82	Reichenbach (V)
201 025	Zwickau	30.05.94 – 02.01.95	z, a 31.12.94
V100 026	Neuanlieferung	22.03.67 – 06.11.67	Reichenbach (V)
V100 026	Reichenbach (V)	27.11.67 – 31.12.67	KMS-Hilbersdorf
V100 026	KMS-Hilbersdorf	01.01.68 – 09.04.81	Glauchau (Sachs)
110 026	Glauchau (Sachs)	23.04.81 – 30.11.81	Neustrelitz
V100 029	Neuanlieferung	24.03.67 – 05.04.67	Reichenbach (V)
V100 030	Neuanlieferung	01.04.67 – 23.10.67	Reichenbach (V)
V100 034	Neuanlieferung	01.04.67 – 19.10.67	Reichenbach (V)
V100 042	Neuanlieferung	16.04.67 – 11.04.68	Reichenbach (V)
110 039	Bln-Pankow	28.08.87 – 21.12.91	Görlitz*
110 043	Halle G	25.05.88 – 14.11.88	Neustrelitz
V100 044	Neuanlieferung	02.04.68 – 14.03.73	Gera
110 044	Gera	29.03.73 – 10.01.74	Glauchau (Sachs)
V100 045	Neuanlieferung	02.04.68 – 03.02.72	Dresden
110 045	Reichenbach (V)	12.04.72 – 16.05.74	Glauchau (Sachs)
110 047	Aue (Sachs)	23.12.77 – 03.01.78	Aue (Sachs)
V100 048	Dresden	03.10.69 – .09.70	Reichenbach (V)
110 048	Reichenbach (V)	09.10.70 – 13.07.71	Dresden
110 048	Dresden	27.08.71 – 05.10.72	Aue (Sachs)
110 048	Glauchau (Sachs)	09.12.83 – 18.08.85	Stendal
110 048	Stendal	04.09.85 – 04.12.87	Reichenbach (V)
V100 054	Neuanlieferung	27.04.68 – 12.12.71	Dresden
110 054	Reichenbach (V)	03.06.72 – 21.09.84	Wittenberge*
V100 055	Neuanlieferung	30.04.68 – 31.08.74	Glauchau (Sachs)
V100 056	Neuanlieferung	30.04.68 – 08.07.85	Stendal
110 056	Stendal	01.08.85 – 16.10.87	verk HKW KMS Nord
V100 057	Neuanlieferung	03.05.68 – 01.06.81	Halle G*
V100 058	Neuanlieferung	30.04.68 – 26.08.92	umb in 298 058
V100 064	Dresden	23.04.69 – 09.06.69	Reichenbach (V)
110 064	Aue (Sachs)	28.05.86 – 18.12.94	z, a 15.12.94 *
V100 066	Neuanlieferung	25.05.68 – 28.02.74	Glauchau (Sachs)
110 066	Nossen	05.06.87 – 29.11.87	Seddin
V100 067	Neuanlieferung	25.05.68 – 16.09.69	Reichenbach (V)
110 067	Aue (Sachs)	23.05.82 – 18.08.85	Stendal
110 067	Stendal	04.09.85 – 16.10.87	verk HKW KMS Nord
110 068	Wismar	04.10.72 – 13.01.74	Glauchau (Sachs)
110 069	Gera	29.09.73 – 05.06.75	Dresden
110 069	Aue (Sachs)	28.05.86 – 25.09.92	umb in 298 069
V100 071	Neuanlieferung	29.05.68 – 02.01.74	Glauchau (Sachs)
V100 072	Neuanlieferung	29.05.68 – 28.05.70	Reichenbach (V)*
110 072	Glauchau (Sachs)	05.05.87 – 31.10.87	Glauchau (Sachs)
201 073	Zwickau	30.05.94 – 31.12.94	Dresden
V100 074	Dresden	25.07.69 – 06.08.69	Aue (Sachs)
110 077	Eberswalde	28.05.88 – 08.09.94	z, a 01.09.94
V100 078	Neuanlieferung	09.06.68 – 22.01.69	Dresden
110 078	Glauchau (Sachs)	17.02.87 – 30.03.89	umb in 112 078

* Lok war während der Beheimatung kurzzeitig in einem anderen Bw. a = abgestellt
KMS = Karl-Marx-Stadt verk = verkauft HKW = Heizkraftwerk umb = Umbau

Bw Karl-Marx-Stadt/Chemnitz (II)

Lok-Nr.	vom Bw	beheimatet von – bis	zum Bw
V100 079	Neuanlieferung	02.06.68 – 10.06.76	Nossen
110 079	Glauchau (Sachs)	25.09.76 – 27.06.78	Dresden
110 079	Dresden	29.07.78 – 28.09.79	Aue (Sachs)
110 079	Reichenbach (V)	06.06.88 – 15.06.89	Reichenbach (V)
V100 080	Dresden	14.09.69 – 09.08.87	Reichenbach (V)*
110 080	Glauchau (Sachs)	01.04.88 – 04.05.88	Aue (Sachs)
V100 081	Neuanlieferung	28.06.68 – 27.09.68	Dresden
V100 081	Dresden	14.09.69 – 10.06.70	Reichenbach (V)
110 081	Reichenbach (V)	26.09.70 – 17.09.72	Wittenberge
110 081	Wittenberge	04.10.72 – 10.01.74	Glauchau (Sachs)
110 081	Reichenbach (V)	01.06.86 – 08.12.91	Dresden*
V100 085	Neuanlieferung	28.06.68 – 16.12.71	Dresden
110 085	Dresden	04.05.72 – 11.12.81	Reichenbach (V)*
110 085	Reichenbach (V)	24.12.81 – 10.10.85	Nossen
110 085	Nossen	27.10.85 – 11.06.92	umb in 298 085
110 087	Nossen	22.05.90 – 28.08.94	z, a 30.08.94 unf
V100 088	Neuanlieferung	30.06.68 – 27.09.68	Dresden
110 088	Glauchau (Sachs)	22.08.79 – 28.09.79	Glauchau (Sachs)
V100 089	Neuanlieferung	28.06.68 – 27.01.74	Glauchau (Sachs)
V100 091	Neuanlieferung	30.06.68 – 07.09.73	Reichenbach (V)*
110 091	Reichenbach (V)	14.03.87 – 07.04.87	Reichenbach (V)
V100 093	Neuanlieferung	02.07.68 – 30.05.75	Dresden
110 093	Falkenberg (E)	31.05.88 – 16.01.90	Aue (Sachs)
201 093	Zwickau	30.05.94 – 08.11.94	z, a 11/94
V100 095	Neuanlieferung	23.07.68 – 25.07.68	Reichenbach (V)
110 095	Glauchau (Sachs)	23.06.82 – 19.05.83	Glauchau (Sachs)
201 095	Zwickau	30.05.94 – 17.07.94	z-Park
201 095	aus z-Park	27.10.94 – 02.01.95	z, a 31.12.94
V100 096	Neuanlieferung	31.07.68 – 24.01.69	Dresden
110 096	Reichenbach (V)	26.09.70 – 22.09.84	Wittenberge*
V100 101	Neuanlieferung	01.08.68 – 19.05.83	Glauchau (Sachs)*
201 101	Zwickau	30.05.94 – 11.01.95	z, a 10.01.95
V100 102	Dresden	26.07.69 – 06.08.69	Aue (Sachs)
110 102	Dresden	04.04.73 – 17.12.80	Glauchau (Sachs)
110 102	Aue (Sachs)	21.01.84 – 18.02.84	Dresden
110 102	Dresden	04.03.84 – 03.05.85	Glauchau (Sachs)
110 102	Reichenbach (V)	25.05.88 – 24.06.92	umb in 298 102
V100 103	Neuanlieferung	01.08.68 – 11.01.74	Gera
110 104	Nossen	14.12.81 – 22.06.82	Nossen
110 104	Nossen	25.09.82 – 15.04.83	Nossen
V100 115	Neuanlieferung	25.04.69 – 30.05.69	Dresden
110 125	Reichenbach (V)	10.06.87 – 15.11.88	Eberswalde
110 130	Reichenbach (V)	13.03.87 – 07.04.87	Reichenbach (V)
110 140	Roßlau (Elbe)	30.05.87 – 04.06.87	Falkenberg (E)
110 145	Nossen	22.05.90 – 02.06.94	z,a 08.06.94
110 147	Nossen	18.07.90 – 02.06.94	z, a 02.06.94
110 152	Reichenbach (V)	01.06.86 – 29.02.88	umb in 112 152
110 159	Leipzig Hbf Süd	10.08.88 – 22.08.88	Leipzig Hbf Süd
110 163	Aue (Sachs)	11.12.86 – 04.01.90	Nossen
110 163	Nossen	22.05.90 – 20.08.92	umb in 298 163
110 168	Leipzig Hbf Süd	31.03.73 – 03.04.73	Dresden
110 216	Nossen	22.05.90 – 02.06.94	z, a 06.06.94
110 226	Aue (Sachs)	02.05.89 – 09.05.90	Aue (Sachs)
110 235	Dresden	22.04.77 – 27.05.79	Nossen
110 259	Dresden	05.04.85 – 23.10.85	Reichenbach (V)
201 259	Zwickau	30.05.94 – 02.01.95	z, a 31.12.94
110 277	Gera	02.07.77 – 15.08.79	Nossen
110 277	Nossen	17.11.79 – 31.05.80	Aue (Sachs)
110 285	Seddin	19.11.87 – 02.01.95	z, a 22.12.94
110 311	Leipzig Hbf Süd	12.01.71 – 30.05.75	Reichenbach (V)
110 320	Neuanlieferung	31.12.70 – 07.01.74	Glauchau (Sachs)
110 321	Neuanlieferung	05.01.71 – 30.05.75	Reichenbach (V)

unf = Unfall

Bw Karl-Marx-Stadt/Chemnitz (III)

Lok-Nr.	vom Bw	beheimatet von – bis	zum Bw
110 323	Neuanlieferung	02.02.71 – 27.03.73	Gera
110 342	Neuanlieferung	23.03.71 – 02.01.74	Glauchau (Sachs)
110 393	Neuanlieferung	04.12.71 – 29.05.79	Dresden
110 393	Dresden	04.07.84 – 31.05.86	Reichenbach (V)
110 423	Neuanlieferung	27.02.72 – 26.10.82	umb in 112 423
110 436	Neuanlieferung	01.03.72 – 29.04.82	umb in 112 436
110 492	Angermünde	26.05.89 – 30.10.91	umb in 114 492
110 498	Neuanlieferung	20.12.72 – 31.01.84	umb in 112 498
110 503	Seddin	06.01.73 – 25.09.84	umb in 112 503
110 504	Glauchau (Sachs)	04.09.86 – 24.09.87	umb in 112 504
110 508	Neuanlieferung	21.12.72 – 20.12.77	Wittenberge
110 508	Wittenberge	05.01.78 – 28.05.86	Aue (Sachs)
110 516	Neuanlieferung	17.03.73 – 23.09.82	umb in 112 516
110 533	Neuanlieferung	28.04.73 – 26.06.84	umb in 112 533
110 550	Dresden	16.12.84 – 24.10.85	Aue (Sachs)
110 578	Reichenbach (V)	25.10.85 – 17.03.86	umb in 112 578
110 583	Dresden	25.09.73 – 28.12.82	Dresden
110 584	Neuanlieferung	21.09.73 – 07.08.83	Angermünde
110 585	Neuanlieferung	21.09.73 – 22.09.73	Dresden
110 587	Dresden	20.12.84 – 30.04.87	umb in 112 587
110 588	Neuanlieferung	26.09.73 – 28.03.83	Dresden*
110 588	Dresden	15.02.84 – 27.05.86	Aue (Sachs)
110 589	Neuanlieferung	28.09.73 – 28.09.84	Dresd., umb 28.09.84
110 591	Neuanlieferung	26.09.73 – 18.07.76	Dresden
110 591	Dresden	06.08.76 – 24.05.84	umb in 112 591 *
110 617	Blankenburg (H)	24.07.84 – 31.05.86	Reichenbach (V)
110 621	Halle P	08.01.74 – 04.12.84	umb in 112 621
110 622	Halle P	08.01.74 – 30.06.83	umb in 115 622
110 623	Neuanlieferung	11.12.73 – 19.01.84	Aue (Sachs)
110 624	Neuanlieferung	11.12.73 – 28.07.83	umb in 112 624
110 625	Leipzig Hbf Süd	10.01.74 – 15.11.83	umb in 112 625
110 633	Neuanlieferung	30.12.73 – 15.08.79	Nossen
110 633	Nossen	19.11.79 – 29.06.84	umb in 112 633
110 634	Neuanlieferung	30.12.73 – 14.04.83	Angermünde
110 635	Neuanlieferung	10.01.74 – 14.05.84	Dresd., umb 14.05.84*
110 636	Neuanlieferung	17.01.74 – 05.01.79	Wittenberge
110 672	Neuanlieferung	01.06.74 – 15.08.79	Nossen
110 672	Nossen	20.11.79 – 18.07.84	umb in 112 672
110 693	Dresden	03.10.84 – 17.12.87	umb in 112 693
110 704	Aue (Sachs)	30.08.74 – 25.05.83	Dresden
110 718	Aue (Sachs)	24.02.83 – 17.04.86	umb in 112 718 *
110 737	Neuanlieferung	12.11.74 – 26.08.83	Stralsund
110 743	Neuanlieferung	29.11.74 – 12.02.87	Aue (Sachs)
110 744	Neuanlieferung	29.11.74 – 26.03.85	umb in 112 744
110 745	Wittenberge	05.05.82 – 31.05.86	Reichenbach (V)
201 745	Zwickau	30.05.94 – 11.01.95	z, a 10.01.95
201 756	Reichenbach (V)	30.05.94 – 11.01.95	z, a 10.01.95
110 757	Reichenbach (V)	17.03.86 – 30.09.87	Reichenbach (V)
201 770	Zwickau	30.05.94 – 11.01.95	z, a 10.01.95
110 778	Dresden	29.05.84 – 19.03.87	umb in 112 778
110 787	Dresden	02.11.82 – 23.12.82	umb in 112 787
110 788	Jüterbog	24.05.75 – 15.08.79	Nossen
110 788	Nossen	20.11.79 – 10.12.84	umb in 112 788
110 813	Eberswalde	28.05.88 – 11.01.95	z, a 10.01.95
110 829	Aue (Sachs)	17.03.86 – 29.01.88	Aue (Sachs)
201 829	Zwickau	30.05.94 – 11.01.95	z, a 10.01.95
110 866	Neuanlieferung	12.10.76 – 30.06.83	umb in 112 866
201 873	Reichenbach (V)	01.06.94 – 02.06.94	z, a 10.01.95
201 878	Zwickau	30.05.94 – 20.09.94	z, a 14.09.94
201 887	Reichenbach (V)	30.05.94 – 11.01.95	z, a 10.01.95
201 888	Reichenbach (V)	30.05.94 – 11.01.95	z, a 10.01.95
110 891	Dresden	03.08.84 – 27.01.88	Aue (Sachs)
110 895	Dresden	01.10.84 – 15.06.92	Reichenbach (V)

Bw Karl-Marx-Stadt/Chemnitz (IV)

Lok-Nr.	vom Bw	beheimatet von – bis	zum Bw
110 970	Nossen	30.08.85 – .12.86	ums gerät obw[1]
112 078	aus Umbau	31.03.89 – 30.05.92	Bautzen
202 098	Reichenbach (V)	11.12.97 – 31.08.99	z-Park
202 114	Stendal	27.09.95 – 26.02.98	z, a 11/97
202 144	Dresden	31.12.94 – 30.12.95	Dresden
112 152	Dresden	01.10.90 – 26.02.98	z, a 12/97
202 162	Dresden	01.12.93 – 26.02.98	z, a 12/97
112 166	Nossen	03.06.91 – 16.06.92	Bautzen
202 166	Reichenbach (V)	20.01.98 – 24.05.98	Görlitz
202 167	Zwickau	30.09.95 – 14.01.99	z-Park
202 207	Zwickau	10.01.94 – 13.02.94	Cottbus
202 231	Reichenbach (V)	11.12.97 – 24.05.98	Görlitz
112 240	Zittau	08.06.91 – 10.02.92	Glauchau (Sachs)
202 240	Reichenbach (V)	06.02.98 – 24.05.98	Görlitz
202 245	Dresden	05.07.96 – 31.07.96	Dresden
112 250	aus Umbau	28.04.83 – 19.05.87	Reichenbach (V)
202 250	Zwickau	30.09.95 – 26.02.98	z, a 01/98
112 269	Zittau	08.06.91 – 22.06.92	Cottbus
202 270	Stendal	19.11.95 – 26.02.98	z, a 12/97
112 271	Reichenbach (V)	01.06.86 – 31.05.93	Halberstadt
112 277	aus Umbau	28.04.83 – 30.08.90	Reichenbach (V)
202 277	Reichenbach (V)	19.05.93 – 29.09.95	Magdeburg
202 288	Zwickau	25.09.94 – 22.04.96	z, a 01.04.96
112 290	Nossen	03.06.91 – 14.01.99	z-Park
202 300	Zwickau	10.01.94 – 02.08.94	Reichenbach (V)
202 300	Reichenbach (V)	25.09.94 – 30.05.96	z, a 31.05.96
112 307	Zittau	08.06.91 – 30.12.95	Dresden
202 310	Leipzig Hbf Süd	01.09.99 – 30.05.00	Görlitz
202 311	Zwickau	10.01.94 – 30.05.00	Görlitz
112 315	aus Umbau	14.12.82 – 30.09.90	Reichenbach (V)
202 315	Zwickau	30.09.95 – 30.12.95	Reichenbach (V)
202 317	Görlitz	04.01.96 – 14.01.99	z, a 12/97
202 331	Reichenbach (V)	11.12.97 – 30.09.99	Dresden
112 334	Zittau	08.06.91 – 31.05.93	Angermünde
112 342	Glauchau (Sachs)	25.05.83 – 30.09.99	Dresden
112 346	aus Umbau	28.07.83 – 29.04.96	z, a 25.04.96
202 368	Aue (Sachs)	26.05.93 – 29.05.94	Reichenbach (V)
202 368	Reichenbach (V)	13.02.98 – 18.02.98	z-Park
202 374	Dresden	23.02.99 – 30.09.00	Görlitz
202 383	Zwickau	10.01.94 – 29.09.95	Magdeburg
202 405	Dresden	01.10.96 – 24.05.98	Görlitz
112 416	aus Umbau	31.03.83 – 05.10.90	Reichenbach (V)
202 416	Reichenbach (V)	11.12.97 – 16.11.00	Görlitz
112 423	aus Umbau	27.10.82 – 03.05.89	Bautzen
202 429	Nossen	22.05.93 – 11.06.96	z, a 13.06.96
112 430	Glauchau (Sachs)	20.05.83 – 24.05.98	Görlitz
202 436	Reichenbach (V)	13.02.98 – 31.03.98	z-Park
202 451	Reichenbach (V)	11.12.97 – 14.01.99	z, a 11/98
202 452	Glauchau (Sachs)	01.01.94 – 09.01.94	Zwickau
202 452	Zwickau	30.09.95 – 26.02.98	z, a 12/97
202 499	Zwickau	10.01.94 – 29.09.95	Magdeburg
112 502	Glauchau (Sachs)	25.05.83 – 26.02.98	z, a 01/98
202 503	Dresden	31.12.95 – 28.02.98	z, a 02/98
112 504	aus Umbau	25.09.87 – 30.12.95	Reichenbach (V)
112 516	Glauchau (Sachs)	19.05.83 – 30.09.90	Reichenbach (V)
112 516	Reichenbach (V)	21.11.91 – 29.05.98	Dresden
202 534	Reichenbach (V)	31.12.95 – 19.06.97	z, a 07/97
202 544	Leipzig Hbf Süd	01.09.99 – 30.05.00	Görlitz
202 550	Dresden	23.02.99 – 30.11.99	Dresden
112 556	Dresden	27.01.88 – 30.09.90	Reichenbach (V)
202 556	Zwickau	25.09.94 – 29.10.95	z, a 27.10.95

[1] Lok (Grabenräumlok) als Gerät zum Oberbauwerk umgesetzt.

△ **Bild 191 • 202 844** kam im September 1995 vom Betriebshof Zwickau zum Bh Chemnitz und stand dort noch bis Februar 1999 in Diensten, bis sie zum Bh Dresden wechselte. Die Aufnahme zeigt die Lok mit einer RB am 23. September 1997 bei Königsbrück. AUFNAHME: VOLKER LUCAS, SAMMLUNG A. ZIKA

Bw Karl-Marx-Stadt/Chemnitz (V)

Lok-Nr.	vom Bw	beheimatet von – bis	zum Bw
202 559	Gera	25.05.95 – 26.02.98	z, a 12/97
202 560	Reichenbach (V)	31.12.95 – 09.06.97	z, a 07/97
202 562	Glauchau (Sachs)	01.01.94 – 09.01.94	Zwickau
202 562	Reichenbach (V)	05.02.98 – 31.08.99	Görlitz
112 564	Wittenberge	19.11.87 – 30.05.96	z, a 31.05.96
202 571	Aue (Sachs)	01.06.93 – 26.02.98	z, a 11/97
202 574	Zwickau	30.09.95 – 26.02.98	z, a 12/97
202 576	Glauchau (Sachs)	01.01.94 – 09.01.94	Zwickau
202 576	Reichenbach (V)	10.06.97 – 25.11.97	z, a 11/97
112 578	aus Umbau	18.03.86 – 28.02.98	z, a 01/98
202 579	Dresden	31.12.95 – 13.05.96	z, a 03.05.96
112 581	aus Umbau	01.05.86 – 28.02.98	z, a 02/98
112 585	aus Umbau	10.03.83 – 14.05.87	Dresden
202 585	Dresden	31.12.94 – 30.05.97	z, a 07/97
112 586	Dresden	09.09.83 – 13.03.92	Glauchau (Sachs)
202 586	Glauchau (Sachs)	01.01.94 – 09.01.94	Zwickau
202 586	Reichenbach (V)	10.06.97 – 31.08.99	Görlitz
112 587	aus Umbau	01.05.87 – 25.05.88	Dresden
202 587	Reichenbach (V)	11.12.97 – 14.01.99	z-Park
112 589	Dresden	16.11.88 – 08.04.98	z-Park
202 589	aus z-Park	21.05.98 – 25.05.98	z-Park
112 591	aus Umbau	25.05.84 – 26.02.98	z, a 11/97
202 593	Zwickau	30.09.95 – 01.06.97	z, a 05/97
202 594	Leipzig Hbf Süd	01.08.99 – 30.05.00	Görlitz
112 601	Nordhausen	26.11.91 – 30.12.95	Reichenbach (V)
202 611	Aue (Sachs)	31.05.93 – 09.08.96	z, a 13.06.96
202 617	Reichenbach (V)	11.12.97 – 20.05.98	z, a 05/98
202 620	Zwickau	10.01.94 – 30.05.96	z, a 31.05.96
112 623	Reichenbach (V)	21.11.91 – 11.06.96	z, a 13.06.96
112 624	aus Umbau	29.07.83 – 22.05.97	z, a 06/97
202 625	Glauchau (Sachs)	01.01.94 – 30.09.00	Görlitz
202 632	Reichenbach (V)	10.06.97 – 18.05.98	z, a 05/98
112 633	Dresden	16.11.88 – 30.09.90	Reichenbach (V)
202 633	Reichenbach (V)	12.02.98 – 13.08.98	z-Park
202 646	aus z-Park	15.06.02 – 17.06.14	z, a 03.01.13
202 655	Halle G	28.09.95 – 26.02.98	z, a 01/98

Bw Karl-Marx-Stadt/Chemnitz (VI)

Lok-Nr.	vom Bw	beheimatet von – bis	zum Bw
112 661	Aue (Sachs)	27.05.83 – 21.12.00	z-Park
202 663	Glauchau (Sachs)	01.01.94 – 09.01.94	Zwickau
202 667	Reichenbach (V)	31.12.95 – 31.05.97	z, a 06/97
202 677	Glauchau (Sachs)	01.01.94 – 09.06.97	z-Park
202 679	Leipzig Hbf Süd	30.05.99 – 31.08.99	Görlitz
202 681	Glauchau (Sachs)	01.01.94 – 09.06.96	z, a 31.05.96
202 687	Glauchau (Sachs)	01.01.94 – 20.05.98	z, a 05/98
202 690	Reichenbach (V)	06.02.98 – 21.12.00	z-Park
112 693	aus Umbau	18.12.87 – 28.05.90	Dresden
202 693	Reichenbach (V)	11.12.97 – 20.05.98	z, a 05/98
112 695	Aue (Sachs)	01.06.86 – 31.05.87	Reichenbach (V)
202 718	Zwickau	30.09.95 – 19.03.98	z-Park
202 718	aus z-Park	31.05.98 – 02.06.98	z, a 02/98
202 719	Reichenbach (V)	05.02.98 – 24.11.98	Dresden
202 727	Zwickau	10.01.94 – 26.02.98	z, a 12/97
202 735	Aue (Sachs)	31.05.93 – 16.11.00	Görlitz
202 743	Reichenbach (V)	16.05.96 – 21.12.00	z, a 13.07.00
112 764	aus Umbau	04.08.83 – 30.09.00	Görlitz
202 771	Dresden	31.12.94 – 14.01.99	z, a 01/98
202 772	Reichenbach (V)	13.02.98 – 03.04.98	z-Park
112 778	Stendal	03.04.87 – 21.12.00	z-Park
202 781	Reichenbach (V)	11.12.97 – 30.11.99	Dresden
202 781	aus z-Park	15.06.02 – 30.03.05	z, WID Erzgeb.-Bahn
202 786	Aue (Sachs)	03.06.93 – 09.10.93	Glauchau (Sachs)
202 786	Glauchau (Sachs)	01.01.94 – 09.01.94	Zwickau
112 787	aus Umbau	24.12.82 – 20.11.91	Reichenbach (V)
202 791	Görlitz	10.01.94 – 30.09.00	Görlitz
202 796	Zwickau	25.09.94 – 20.05.97	z, a 05/97
202 811	Reichenbach (V)	10.06.97 – 30.05.00	Görlitz
202 817	Rostock	10.01.00 – 16.11.00	Görlitz
202 819	Leipzig Hbf Süd	24.02.99 – 31.08.99	z-Park
202 825	Leipzig Hbf Süd	01.09.99 – 29.04.00	z-Park
112 836	Dresden	29.09.90 – 25.02.92	Dresden
202 841	Leipzig Hbf Süd	24.02.99 – 21.12.00	z-Park
202 844	Zwickau	30.09.95 – 22.02.99	Dresden
202 849	Reichenbach (V)	11.12.97 – 22.02.99	Dresden
202 850	Dresden	31.12.94 – 11.04.97	z, a 03/97
112 866	aus Umbau	01.07.83 – 20.11.91	Reichenbach (V)
202 880	Glauchau (Sachs)	01.01.94 – 09.01.94	Zwickau
202 880	Reichenbach (V)	16.05.96 – 28.08.97	z, a 09/97
202 882	Magdeburg	30.05.99 – 30.09.00	Görlitz
202 885	Rostock	10.01.00 – 16.11.00	Görlitz
202 885	aus z-Park	15.06.02 – 11.11.02	z, WID
114 492	aus Umbau	31.10.91 – 27.11.91	Nordhausen
298 058	aus Umbau	27.08.92 – 30.12.94	Zwickau, ex 201 058
298 069	aus Umbau	26.09.92 – 09.11.92	Glauchau (Sachs)[1]
298 071	aus Umbau	10.07.92 – 10.08.92	Glauchau (Sachs)[2]
298 072	aus Umbau	07.08.92 – 24.08.92	Glauchau (Sachs)[3]
298 081	aus Umbau	29.07.92 – 24.05.95	Dresden, ex 201 081
298 085	aus Umbau	12.06.92 – 29.05.97	Rostock, ex 201 085
298 088	aus Umbau	25.06.92 – 30.07.92	Glauchau (Sachs)[4]
298 102	aus Umbau	25.06.92 – 10.10.92	Reichenbach (V)[5]
298 122	Wustermark	26.07.94 – 05.02.97	Reichenbach (V)
298 124	aus Umbau	25.05.93 – 25.07.94	Wustermark[6]
298 163	aus Umbau	21.08.92 – 14.10.92	Aue (Sachs)[7]
298 304	aus Umbau	28.04.93 – 05.02.97	Reichenbach (V)[8]
298 311	aus Umbau	23.04.93 – 05.02.97	Reichenbach (V)[9]

WID Erzgeb.-Bahn = Wiederinbetriebnahme bei der Erzgebirgsbahn
WID = Wiederinbetriebnahme [1] ex 201 069 [2] ex 201 071 [3] ex 201 072
[4] ex 201 088 [5] ex 201 102 [6] ex 201 124 [7] ex 201 163
[8] ex 293 004 [9] ex 293 011

△ **Bild 192** • Von September 1976 bis April 1989 gehörte **110 167** zum Bestand des Bw Nossen und war nach ihrem Umbau zur 112 167 noch bis November 1991 von dieser Dienststelle aus im Einsatz. Hier steht sie im Jahr 1982 in ihrem Heimat-Bw. AUFNAHME: MANFRED WEISBROD, SAMMLUNG MATTHIAS HENGST

4.7 Bw Nossen

(Text übernommen aus EK-Buch „Das Bw Nossen – Chronik einer 100-jährigen Dienststelle für Regel- und Schmalspurlokomotiven")

Das in seinen Ausmaßen eher kleine Bw Nossen befindet sich an der Strecke (Leipzig –) Borsdorf – Döbeln – Dresden zwischen Döbeln und Meißen. In Nossen zweig(t)en noch die Nebenbahnen nach Freiberg (Sachs) und nach Riesa ab.

Mit Beginn des Sommerfahrplans 1975, am 1. Juni, besetzten Nossener Personale drei Dieselloks der Baureihe 110 des Bw Dresden. In der zum Bw Riesa gehörenden Lokeinsatzstelle Döbeln kam ebenfalls eine 110 vom Bw Dresden zum Einsatz. Alle vier Maschinen wurden im Nossener Dienstplan 01 eingesetzt und lösten dort die Baureihe 35[10] ab, die bis dahin Reisezüge von Dresden über Döbeln nach Leipzig bespannte. Der Lokumlauf im Sommer 1975 sah folgendermaßen aus:

Plan 01, 4 × Baureihe 110

Tag 1

P 7762	Dresden – Großbothen
P 8746	Großbothen – Leipzig
P 4725	Leipzig – Dresden-Neustadt
Lz	Dresden-Neustadt – Dresden Hbf
P 7776	Dresden Hbf – Meißen
E 1776	Meißen – Leipzig

Tag 2

P 4721	Leipzig – Meißen
P 4724	Meißen – Leipzig
P 4753	Leipzig – Rochlitz
P 4752	Rochlitz – Leipzig
P 4737	Leipzig – Nossen

Tag 3

P 4730	Nossen – Leipzig
P 4733	Leipzig – Meißen
P 4734	Meißen – Leipzig
P 7713	Leipzig – Trebsen
P 7712	Trebsen – Leipzig
E 1777	Leipzig – Dresden

Planloks waren 110 130, 166 und 243.

Tag 4 (Personal Döbeln)

P 7770	Dresden – Meißen
E 1770	Meißen – Leipzig
P 4727	Leipzig – Dresden
P 7791	Dresden – Pirna
P 7796	Pirna – Dresden

Planlok war 110 452.

Die Wartung und Unterhaltung der Loks erfolgte zunächst noch im Bw Dresden, wobei der dortige Triebfahrzeug-Dienstleiter gewährleisten musste, dass die Maschinen nach planmäßigen Fristen und Bedarfsunterhaltungen zum erstmöglichen Termin wieder nach Nossen und Döbeln zurückkamen. In Dresden sowie im Bw Leipzig Hbf Süd wurden die Lokomotiven während der Einsatzpausen betankt.

Ab dem Sommerfahrplan 1976 setzte das Bw Nossen zwei weitere 110 aus Dresden ein, welche die Personenzüge P 7763 (Döbeln – Dresden), P 7774 (Dresden-Neustadt – Leisnig) und das Zugpaar P 4802/4803 (Dresden – Arnsdorf – Dresden), die bis zum 29. Mai 1976 von einer Nossener 35[10] bespannt wurden, übernahmen. Eine weitere 110 – besetzt von Personal des Bw Riesa – beförderte in ihrem Umlauf den P 3940 (Nossen – Elsterwerda) bis Gröditz, fuhr dann Lz nach Elsterwerda-Biehla und war dann vor den Personenzügen …

… P 9343 (Elsterwerda-Biehla – Riesa),
… P 15765/15768 (Riesa – Nossen – Riesa),
… P 15769/15772 (Riesa – Nossen – Riesa),
… P 15773 (Riesa – Nossen),
… P 16715 (Nossen – Freiberg/Sachs)
… und dem Nahgüterzug 63304 (Freiberg/Sachs – Nossen) im Einsatz.

Bis zum Fahrplanwechsel am 29. Mai 1976 waren diese Züge noch von 110 der zum Bw Karl-Marx-Stadt gehörenden Lokeinsatzstelle Freiberg (Sachs) bespannt worden. Im Sommerfahrplan 1976 leisteten vom Bw Nossen aus 110 139, 147, 166, 168, 235 und 300 ihre Dienste, während 110 452 noch immer Planlok in der Riesaer Lokeinsatzstelle Döbeln war.

Ab Herbst 1976, nach dem Umbau der Werkstatt im Bw Nossen, begann dort die technische Unterhaltung der Baureihe 110.

◁ **Bild 193**
Die Nossener **110 151** ist am 10. Februar 1979 mit dem P 4802 (Dresden – Lübbenau) unterwegs bei Dresden-Klotzsche.

Aufnahme: Frank Ebermann

Damit verbunden war eine Aufstockung des Nossener 110er-Bestandes. Zwischen dem 25. September und dem 25. November 1976 trafen aus den Bahnbetriebswerken Dresden und Reichenbach (Vogtl) folgende Lokomotiven dieser Baureihe zur Beheimatung in Nossen ein:

- am 25. September: 110 130, 135, 151, 162, 165, 167, 169 und 170,
- am 26. September: 110 147 und 110 168,
- am 6. Oktober: 110 120,
- am 5. November: 110 202,
- am 25. November: 110 452.

Am 1. Dezember 1976 waren im Bw Nossen 13 Maschinen der Baureihe 110 beheimatet, von denen täglich acht für den Plandienst benötigt wurden, von denen wiederum zwei Loks mit Personalen des Bw Riesa aus dessen Einsatzstelle Döbeln besetzt waren. Auch diese beiden Maschinen sollen hier – da offiziell im Bestand des Bw Nossen – mit ihren Umläufen aufgeführt werden:

<u>Bw Nossen</u>

Plan 01:	3 × Baureihe 110
Plan 02:	2 × Baureihe 110
Plan 02 a:	1 × Baureihe 110

<u>Bw Riesa mit Einsatzstelle Döbeln</u>

Riesa:	1 × Baureihe 110
Döbeln, Plan 03:	1 × Baureihe 110

Der Triebfahrzeugumlaufplan von Döbeln sah ab 26. September 1976 folgendermaßen aus:

P 6713	Riesa – Döbeln
Lvz	Döbeln – Leisnig
P 7765	Leisnig – Nossen
P 7764	Nossen – Döbeln
P 5745	Döbeln – Mittweida
P 6729	Mittweida – Karl-Marx-Stadt
P 5732	Karl-Marx-Stadt – Riesa
Ng 62352	Riesa – Wülknitz
Ng 62353	Wülknitz – Riesa

Die Laufleistungen der Nossener 110er waren mit über 9.000 km bei 500 bis 600 Einsatzstunden beachtlich.

◁ **Bild 194**
Blick ins Bw Nossen am 13. März 1983. Zu diesem Zeitpunkt teilten sich noch (bzw. wieder) die Dampf- und Dieselloks die Leistungen. Neben **110 298** waren an jenem Tag auch 50 1298 und 50 3657 im Bw anzutreffen. Auf dem Transportwagen steht eine 99^{77-79} der „Lößnitzgrundbahn" oder der „Weißeritztalbahn", deren technische Unterhaltung in Nossen stattfand.

Aufnahme: Rainer Heinrich

Am 21. Mai 1977 traf 110 143 aus Reichenbach (Vogtl) und am 25. September desselben Jahres noch 110 104 aus Glauchau (Sachs) in Nossen ein. Damit waren am 1. Oktober 1977 insgesamt 15 Loks der Baureihe 110 im hiesigen Bw beheimatet. Mit Abstellung der 35 1106 am 21. Mai 1977 gingen alle Nossener Reisezugleistungen auf die Baureihe 110 über. Damit war der Traktionswechsel im Personenverkehr des Bw Nossen abgeschlossen.

Die Nossener 110er hatten ein weites Einsatzgebiet. Sie bespannten Reisezüge auf den Strecken …

… Dresden – Nossen – Döbeln – Leipzig,
… Dresden – Arnsdorf – Bischofswerda,
… Nossen – Riesa,
… Riesa – Elsterwerda-Biehla,
… Leipzig – Rochlitz,
… Riesa – Karl-Marx-Stadt.

Mit Nahgüterzügen kamen sie nach Freiberg (Sachs) und Weißig (b. Großenhain).

Zur Versorgung der Diesellokomotiven mit Kraftstoff ist 1977 im Bw Nossen eine Tankanlage errichtet worden, die im Spätherbst jenes Jahres in Betrieb genommen wurde. Das Betanken der 110 geschah nun entweder in Nossen oder während der Einsatzpausen im Bw Leipzig Hbf Süd.

Am 25. September 1977 – mit Beginn des Winterfahrplans 1977/78 – endete die Besetzung einer Nossener 110 durch Personal des Bw Riesa. Mit 110 783 traf am 25. Mai 1978 aus Dresden eine weitere 110 zur Beheimatung in Nossen ein, sodass sich im Herbst 1978 bereits 16 Vertreterinnen dieser Baureihe im hiesigen Lokbestand befanden.

Von diesen wurden sieben Loks in folgenden Dienstplänen eingesetzt:

<u>Plan 01 (4 × 110)</u>
110 135, 110 147, 110 167 und 110 151

<u>Plan 02 (4 × 110)</u>
110 120, 110 162 und 110 452

Als achte Lok wurde die Nossener 110 165 oft in der zum Bw Riesa gehörenden Lokeinsatzstelle Döbeln eingesetzt.

Die 110 des Bw Nossen bespannten im Winterfahrplan 1978/79 in zwei Dienstplänen folgende Züge:

<u>Plan 01 (4 × 110)</u>

<u>Tag 1</u>

Hilfszugbereitschaft	
P 4724	Nossen – Leipzig
P 4753	Leipzig – Rochlitz
P 4752	Rochlitz – Leipzig
E 1777	Leipzig – Dresden-Neustadt
Lz	DD-Neustadt – Dresden Hbf

<u>Tag 2</u>

P 7770	Dresden Hbf – Meißen
E 1770	Meißen – Leipzig
P 4725	Leipzig – Dresden-Neustadt
P 7774	Dresden-Neustadt – Leisnig
P 7777	Leisnig – Döbeln
Dg 56663 (Sl)	Döbeln – Karl-Marx-Stadt
Lz	Karl-Marx-Stadt – Döbeln

<u>Tag 3</u>

P 7763	Döbeln – Dresden Hbf
P 4802	Dresden Hbf – Arnsdorf
P 4803	Arnsdorf – Dresden Hbf
P 7776	Dresden Hbf – Meißen
E 1776	Meißen – Leipzig

<u>Tag 4</u>

P 4721	Leipzig – Meißen
P 4724	Meißen – Nossen
Hilfszugbereitschaft	

<u>Plan 02 (4 × 110)</u>

<u>Tag 1</u>

P 3940	Nossen – Elsterwerda-Biehla
P 3943	Elsterwerda-Biehla – Riesa
Üg 73347	Riesa – Weißig
Üg 73346	Weißig – Riesa
Üg 73314	Riesa – Rohrwerk Zeithain
Üg 73315	Rohrwerk Zeithain – Riesa
P 15769	Riesa – Nossen
P 4727	Nossen – Dresden Hbf
P 13933	Dresden Hbf – Arnsdorf
P 13934	Arnsdorf – Dresden-Neustadt
Lz	DD-Neustadt – Dresden Hbf
P 3827	Dresden Hbf – Bischofswerda
P 3828	Bischofswerda – Dresden Hbf

<u>Tag 2</u>

P 7762	Dresden Hbf – Großbothen
P 9738	Großbothen – Leipzig
P 4727	Leipzig – Nossen
P 15772	Nossen – Riesa
P 15773	Riesa – Nossen
Ng 62305	Nossen – Freiberg
Vl	Freiberg – Nossen

<u>Tag 3</u>

P 4730	Nossen – Leipzig
P 4733	Leipzig – Meißen
P 4736	Meißen – Leipzig
P 4737	Leipzig – Nossen

<u>Tag 4</u>

P 15762	Nossen – Riesa
P 15765	Riesa – Nossen
P 15768	Nossen – Riesa
Slz P 3946	Riesa – Gröditz
P 3943	Gröditz – Riesa
P 15771	Riesa – Nossen
P 15774	Nossen – Riesa
P 15777	Riesa – Nossen

Sl = Schiebelok
Vl = Vorspannlok
Slz = Schlusslok zum P 3946

Weil die Maschinen im Dienstplan 02 nahezu pausenlos im Einsatz waren und deshalb kein Zeitraum für eine Inspektion bzw. Wartung blieb, wurde diese „operativ“ mit dem Einsatz einer Ersatzlok geregelt.

Um Dieselkraftstoff einzusparen, endeten ab Sommerfahrplan 1979 der P 7763 sowie der E 1777 aus Leipzig kommend in Meißen, und die „Gegenzüge“ P 7762 und E 1770 (nach Leipzig) begannen nicht mehr in Dresden, sondern in Meißen. Dadurch kamen die Nossener 110er ab dem 27. Mai 1979 nur noch zweimal am Tag nach Dresden. Im Plan 01 bespannten sie die Züge P 4727 (Leipzig – Döbeln – Dresden Hbf), als Rückleistung den E 1776 (Dresden Hbf – Döbeln – Leipzig). Zwischen diesen beiden Leistungen betrug die Wendezeit in Dresden lediglich 25 Minuten. Im Plan 03 fuhren die 110 des Bw Nossen mit dem P 4725 (Leipzig – Dresden-Neustadt) nach Dresden und bespannten als Rückleistung den P 7774 (Dresden-Neustadt – Leisnig). Die Leistungen in Richtung Arnsdorf und Bischofswerda entfielen. Als Ersatz dafür übernahmen Lokführer des Bw Nossen mit Beginn des Sommerfahrplans 1979 die bisher von Döbelner Personal auf einer „eigenen 110“ gefahrenen Dienste.

Am 28. Februar 1979 wurde 110 143 an das Bw Rostock abgegeben, ihr Ersatz traf in Form der 110 235 am 26. Mai 1979 aus Karl-Marx-Stadt ein. Im Juni jenes Jahres waren noch immer 16 Maschinen der Baureihe 110 im Bw Nossen beheimatet, woran sich bis Juni 1980 auch nichts änderte.

Mit Beginn des Sommerfahrplans 1980 kamen keine Nossener 110er mehr planmäßig nach Dresden. Hintergrund war, dass sämtliche Reisezüge zwischen Döbeln und Dresden bereits in Meißen endeten – und entsprechend in der Gegenrichtung auch dort begannen. Fahrgäste in Richtung Dresden mussten fortan umsteigen und die mit Elloks der Baureihe 242 bespannten S-Bahn-Züge (Meißen-Triebischtal – Dresden) nutzen. Dadurch wurden in Nossen weniger Dieselloks benötigt, woraufhin 110 120 am 17. Juni 1980 nach Seddin „abwanderte“.

Im Februar 1981 kam für das Bw Nossen das (vorläufige) „Dampf-Aus“. Als Ersatz für die abgestellten Dampfloks trafen im selben Monat folgende 110er in Nossen ein:

- 110 300 am 13. Februar aus Dresden,
- 110 719 am 14. Februar aus Aue (Sachs),
- 110 323 und 110 496 am 19. Februar aus dem Bw Glauchau (Sachs).

Im Dienstplan 04 übernahmen ab dem 23. Februar 1981 vier Maschinen der Baureihe 110 in Doppeltraktion Güterzugleis-

△ **Bild 195**• Parade der Baureihe 110 am 12. Mai 1985 im Bw Nossen (v. l. n. r.): **110 130, 110 165, 110 104, 110 066** und **110 166.**

△ **Bild 196** • Am 21. Oktober 1989 steht **112 162** des Bw Nossen mit dem P 7766 nach Großbothen im Nossener Bahnhof bereit.

AUFNAHMEN (2): A. LESCHNIOWSKI

tungen, die bis dato von zwei Loks der Baureihe 50 bespannt wurden. Der Umlauf:

<u>Dienstplan 04 (4 × 110)</u>

<u>Tag 1</u>

Ng 61350	Nossen – Döbeln
Ng 62322	Döbeln – Großbothen
Ng 62323	Großbothen – Döbeln
Ng 61350	Döbeln – Nossen
Lz	Nossen – Riesa
Ng 62311	Riesa – Nossen
Ng 62310	Nossen – Riesa
Üg 73149	Riesa – Weißig
Üg 73148	Weißig – Riesa
Ng 62313	Riesa – Nossen

<u>Tag 2</u>

Ng 62308	Nossen – Riesa
Ng 62309	Riesa – Nossen
Ng 62303	Nossen – Freiberg
Ng 62302	Freiberg – Nossen
Ng 61348	Nossen – Döbeln
P 7768	Döbeln – Großbothen
P 7773	Großbothen – Döbeln
Üg 72363	Döbeln – Döbeln Ost
Üg 72364	Döbeln Ost – Döbeln
Ng 61347	Döbeln – Nossen

Die Zuglasten am Tag 2 im Dienstplan 02 waren nicht so hoch, aus diesem Grund wurde ab dem Sommerfahrplan 1981 nur noch am Tag 1 in Doppeltraktion gefahren.

Am 31. Mai 1981 befanden sich 20 Vertreterinnen der Baureihe 110 in der Beheimatungsliste des Bw Nossen:

110 104	130	135	147	151
152	162	165	167	168
169	202	235	298	300
323	452	496	719	783

Von diesen Loks wurden im Sommer 1981 für den täglichen Betrieb in vier Plänen (01 bis 04) je drei Maschinen benötigt.

Von der Triebfahrzeug-Wirtschaftsstelle des Bw Nossen liegen die Laufleistungen der 110er in der Zeit vom 2. September bis zum 2. Oktober 1981 vor:

Loknummer	Einsatzstunden	Laufleistung
110 130	445	6.045 km
110 135	502	7.247 km
110 147	508	7.447 km
110 151	435	7.383 km
110 152	128	2.207 km
110 162	519	8.949 km
110 165	162	2.837 km
110 167	576	8.275 km
110 168	140	1.566 km
110 169	183	2.916 km
110 202	455	6.369 km
110 235	190	2.737 km
110 298	87	1.563 km
110 300	437	7.491 km
110 323	356	5.606 km
110 452	437	7.968 km
110 496	101	1.667 km
110 719	274	4.298 km
110 783	450	8.076 km

Im Dezember 1981 galt es erneut, Dieselkraftstoff einzusparen. Aus diesem Grund veranlasste die Rbd Dresden den erneuten Einsatz von Dampflokomotiven, so auch vom Bw Nossen aus.

Ab 1. Dezember 1981 fuhren wieder zwei 50^{35-37} im Dienstplan 04 und lösten die drei dort eingesetzten 110er ab. Ab dem 15. März 1982 kam noch eine dritte Reko-50 in diesem Dienstplan zum Einsatz und übernahm von einer weiteren 110 die Personenzugleistungen nach Großbothen, Elsterwerda-Biehla und Riesa. Das Bw Nossen konnte dadurch den Einsatz der Baureihe 110 von zwölf auf acht Maschinen reduzieren.

In der Zeit zwischen dem 25. November 1981 und dem 21. September 1983 wurden sieben 110er an folgende Bahnbetriebswerke abgegeben:

- 110 168 am 24. November 1981 zum Bw Nordhausen,
- 110 169 am 24. November 1981 nach Gotha,
- 110 170 und 110 235 am 19. Mai 1982 zum Bw Dresden,
- 110 452 am 17. Juni 1982 zum Umbau ins Raw Stendal,
- 110 300 am 19. September 1983 zum Umbau ins Raw Stendal,
- 110 496 am 21. September 1983 zum Bw Reichenbach (Vogtl).

Als Neuzugang kam 110 873 vom Bw Aue (Sachs) am 20. Mai 1983 zum Bw Nossen.

Bild 197 ▷
Am 30. Juni 1993 ist **202 635** des Bw Nossen in der Ortslage Eula mit einem Güterzug von Nossen unterwegs in Richtung Meißen. Mit dem Zug wird eine Schmalspurdampflok der Baureihe 99^{77-79} überführt.

Aufnahme: Marco Heyde

Im Sommerfahrplan 1983 benötigte das Bw Nossen täglich neun 110er für den Plandienst. Jeweils freitags und sonntags bespannten zwei weitere Loks dieser Baureihe in Doppeltraktion die Züge P 15768 (Nossen – Riesa), E 944 (Dresden – Dessau) ab Riesa, E 947 (Dessau – Dresden) bis Riesa und den P 15777 (Riesa – Nossen). Von September 1983 bis zum 16. Februar 1985 wurde dieser Umlauf von der Neubaudampflok 35 1113 gefahren, dann übernahm bis zum 30. Mai 1986 wieder ein 110-Doppel diese Leistung. Der Umlauf sah wie folgt aus (E 944/947 Dresden – Köthen – Dresden):

P 15768	Nossen – Riesa
E 944	Riesa – Dessau – Köthen
E 947	Köthen – Dessau – Riesa
Lz	Riesa – Nossen

Im Bw Nossen wurden auch Maschinen der Baureihe 110 mit leistungsgesteigerten Motoren (883 kW/1.200 PS) beheimatet. Als erste Nossener 110 erhielt 110 323 am 30. Mai 1985 einen solchen Motor. Zwischen Februar 1985 und November 1988 erhielt Nossen sieben 112er zugeteilt:

- 112 405 am 1. Februar 1985 aus Eisenach,
- 112 436 am 30. November 1988 aus Haldensleben,
- 112 479 am 7. Dezember 1987 aus Zittau,
- 112 574 am 26. Juli 1985 vom Umbau aus dem Raw Stendal,
- 112 593 am 24. April 1985 vom Umbau.

Im Verlauf des Jahres 1985 wurden 110 298 (am 11. Januar) zum Umbau und 110 783 (am 29. April) nach Stralsund abgegeben. Der Verlust dieser Loks wurde mit den Zugängen von 110 044 (von Glauchau), 050 (von Reichenbach/Vogtl), 145 (von Eisenach) und 166 (von Dresden) zwischen November 1985 und November 1987 wieder „wettgemacht".

Ab September 1988 kamen jeweils sechs 112er und 110er planmäßig vom Bw Nossen aus zum Einsatz.

Plan 01 mit 112 323, 112 479 und 112 574:
In diesem Plan wurden Personenzüge nach Leipzig, Meißen, Rochlitz und Großbothen bespannt.

Plan 02 mit 112 593, 112 786 und 112 788:
Im Plan 02 beförderten zwei Loks Personenzüge auf den Strecken Meißen – Leipzig und Nossen – Riesa, während die dritte Lok mit Personenzügen auf der Strecke Riesa – Döbeln – Karl-Marx-Stadt unterwegs war.

Plan 03 mit 110 044 + 135, 110 151 + 165 und 110 145 + 167:
In diesem Plan kamen sechs 110er in Doppeltraktion vor Güterzügen nach Döbeln, Großbothen, Riesa, Weißig und Meißen zum Einsatz. Im Reisezugdienst bespannten die Loks (selbstverständlich einzeln) Züge nach Riesa, Meißen und Leipzig.

Eine einzelne Lok wurde von Personal der zum Bahnbetriebswerk Riesa gehörenden Lokeinsatzstelle Döbeln besetzt.

In der Zeit von November 1988 bis Januar 1990 wurden die Nossener 110 162, 166, 167 und 656 im Raw Stendal mit 1.200-PS-Motoren ausgerüstet, infolgedessen sie zur Baureihe 112 wechselten. Die Lokomotiven erhielten dann auch einen eigenen Umlaufplan.

Nachdem 112 788 am 18. November 1988 zum Bw Brandenburg und 112 479 am 29. Mai 1989 nach Aue (Sachs) abgegeben wurden, befanden sich im Dezember 1990 noch zehn Vertreterinnen dieser Baureihe im Bestand des Bw Nossen.

Mit 110 104 (im Mai 1986) und 110 202 (am 27. September 1989) verließen zwei 110er das Nossener Bahnbetriebswerk. Sie kamen zum Bw Reichenbach (Vogtl). Den Bestand an 110ern in Nossen erhöhten 110 021 (am 17. Juni 1989 aus Glauchau) sowie 110 025 (am 30. Mai 1990) und 110 048 (am 14. Juni 1990), beide aus Reichenbach(Vogtl) kommend. Am 1. Januar 1991 waren folgende Vertreterinnen der Baureihe 110 im Bw Nossen beheimatet:

110 021	025	044	048	050
135	142	151	165	170
873				

Mit Aufnahme des elektrischen Zugbetriebes auf der Strecke Riesa – Döbeln – Chemnitz im Jahr 1991 endete der Einsatz Nossener 110er in der zum Bw Riesa gehörenden Lokeinsatzstelle Döbeln.

Ab 29. September 1991 kamen neun Loks der Baureihe 112 im Plan 01 des Bw Nossen vor Personenzügen nach Leipzig, Meißen, Großbothen, Döbeln, Rochlitz, Leisnig und Riesa zum Einsatz, im Güterzugdienst zwischen Nossen und Meißen wurden zwei Nahgüterzugpaare bespannt. Durch den Rückgang des Güterverkehrs ab 1990 setzte das Bw Nossen ab Herbst 1991 seine Loks der Baureihe 110 nur noch als Reserve- oder Sonderzugloks ein.

Ab dem Sommerfahrplan 1992 verkehrten auf der Strecke Dresden – Döbeln – Leipzig acht Eilzugpaare, bespannt mit

Diesellokomotiven der Baureihe 219. Durch die Einführung dieser Eilzüge endeten die ab Meißen eingesetzten Personenzüge nun alle in Großbothen, wodurch keine Nossener 202 mehr nach Leipzig kamen. Dem allgemein gesunkenen Bedarf fielen zuerst die Maschinen der nunmehrigen Baureihe 201 „zum Opfer".

Einige 201 wurden noch in die Baureihe 298 umgebaut, so z. B. 201 044, 201 142 und 201 151. Auch 201 048 und 201 050 erhielten im Werk Stendal einen solchen Umbau und verließen die dortigen Hallen als 298 048 und 298 050.

Mit 201 025, 201 170 und 201 873 gab das Bw Nossen Ende September 1993 seine drei letzten 201 nach Riesa ab.

Zwischen dem 23. und 30. September 1993 wurden auch alle im Bw Nossen noch beheimateten Loks der Baureihe 202 buchmäßig an das Bw Riesa überstellt. zum letzten Bestand gehörten:

202 498 550 561 579 615 621 635 672
720 744

Die Loks kamen aber weiterhin von Nossen aus auf den Strecken Meißen – Großbothen und Nossen – Riesa zum Einsatz.

Bw Nossen (I)

Lok-Nr.	vom Bw	beheimatet von – bis	zum Bw
201 018	Zittau	01.04.93 – 30.09.93	Riesa
110 021	Glauchau (Sachs)	17.06.89 – 01.09.89	Karl-Marx-Stadt
110 021	Karl-Marx-Stadt	08.06.90 – 19.10.91	Dresden
110 024	Falkenberg (E)	28.09.87 – 05.12.87	Reichenbach (V)
110 025	Reichenbach (V)	30.05.90 – 19.10.91	Dresden
201 025	Dresden	19.05.92 – 26.09.93	Riesa
110 044	Glauchau (Sachs)	10.10.86 – 24.02.88	Dresden
110 044	Dresden	14.04.88 – 31.08.93	umb in 298 044
110 048	Reichenbach (V)	14.06.90 – 19.10.91	Dresden
201 048	Dresden	19.05.92 – 09.08.93	umb in 298 048
110 050	Reichenbach (V)	29.06.90 – 15.07.93	umb in 298 050
110 066	Glauchau (Sachs)	30.06.84 – 31.05.86	Reichenbach (V)
110 066	Dresden	01.06.87 – 04.06.87	Karl-Marx-Stadt
110 079	Karl-Marx-Stadt	11.06.76 – 11.09.76	Glauchau (Sachs)
110 085	Karl-Marx-Stadt	11.10.85 – 26.10.85	Karl-Marx-Stadt
110 087	Angermünde	27.05.88 – 21.05.90	Karl-Marx-Stadt
110 104	Glauchau (Sachs)	25.09.77 – 13.12.81	Karl-Marx-Stadt
110 104	Karl-Marx-Stadt	23.06.82 – 24.09.82	Karl-Marx-Stadt
110 104	Karl-Marx-Stadt	16.04.83 – 31.05.86	Reichenbach (V)
110 107	Seddin	14.06.87 – 11.11.87	Nordhausen
110 120	Dresden	06.10.76 – 17.06.80	Seddin
110 130	Dresden	25.09.76 – 22.09.83	Güstrow
110 130	Güstrow	07.10.83 – 23.08.85	Reichenbach (V)
110 130	Reichenbach (V)	29.05.90 – 25.06.90	Reichenbach (V)
110 135	Reichenbach (V)	25.09.76 – 14.02.92	Dresden*
110 142	Reichenbach (V)	29.05.90 – 28.06.93	umb in 298 142
110 143	Reichenbach (V)	21.05.77 – 28.02.79	Rostock
110 145	Eisenach	14.11.87 – 21.05.90	Karl-Marx-Stadt
110 147	Dresden	26.09.76 – 17.07.90	Karl-Marx-Stadt
110 151	Dresden	25.09.76 – 09.10.86	Glauchau (Sachs)
110 151	Glauchau (Sachs)	06.11.86 – 22.07.93	umb in 298 151
110 152	Glauchau (Sachs)	18.02.81 – 13.12.81	Reichenbach (V)
110 152	Reichenbach (V)	01.01.82 – 12.09.83	Reichenbach (V)
110 162	Reichenbach (V)	25.09.76 – 30.11.76	Dresden
110 162	Dresden	13.06.77 – 20.02.89	umb in 112 162

* Lok war während der Beheimatung kurzzeitig in einem anderen Bw.
umb = Umbau

Bw Nossen (II)

Lok-Nr.	vom Bw	beheimatet von – bis	zum Bw
110 163	Karl-Marx-Stadt	05.01.90 – 21.05.90	Karl-Marx-Stadt
110 165	Dresden	25.09.76 – 04.06.92	Reichenbach (V)
110 166	Dresden	07.04.85 – 29.01.90	umb in 112 166
110 167	Dresden	25.09.76 – 30.04.89	umb in 112 167
110 168	Dresden	26.09.76 – 24.11.81	Nordhausen
110 169	Dresden	25.09.76 – 24.11.81	Eisenach
110 170	Reichenbach (V)	25.09.76 – 27.06.78	Dresden
110 170	Dresden	02.08.78 – 19.05.82	Dresden
110 170	Reichenbach (V)	30.05.90 – 30.09.93	Riesa, zr 03.02.93
110 202	Reichenbach (V)	05.11.76 – 27.09.89	Reichenbach (V)
110 216	Eisenach	14.11.87 – 04.03.88	Dresden
110 216	Dresden	.03.88 – 21.05.90	Karl-Marx-Stadt
110 235	Karl-Marx-Stadt	28.05.79 – 19.05.82	Dresden
110 277	Karl-Marx-Stadt	16.08.79 – 16.11.79	Karl-Marx-Stadt
110 298	Glauchau (Sachs)	29.05.80 – 11.01.85	umb in 114 298
110 300	Dresden	13.02.81 – 19.09.83	umb in 112 300
110 323	Glauchau (Sachs)	19.02.81 – 30.05.85	umb in 112 323
110 452	Dresden	25.11.76 – 17.06.82	umb in 112 452
110 496	Glauchau (Sachs)	19.02.81 – 21.09.83	Reichenbach (V)
110 508	Aue (Sachs)	16.01.87 – 27.01.87	Aue (Sachs)
110 550	Dresden	19.05.81 – 05.06.81	Dresden
110 583	Reichenbach (V)	.01.90 – 31.01.90	Reichenbach (V)
110 633	Karl-Marx-Stadt	16.08.79 – 18.11.79	Karl-Marx-Stadt
110 656	Cottbus	12.04.85 – 29.11.88	umb in 112 656
110 672	Karl-Marx-Stadt	16.08.79 – 19.11.79	Karl-Marx-Stadt
110 719	Aue (Sachs)	14.02.81 – 30.03.84	umb in 112 719
110 761	Glauchau (Sachs)	16.03.87 – 28.03.87	Glauchau (Sachs)
110 761	Dresden	24.08.87 – 11.11.87	Eisenach
110 783	Dresden	25.05.78 – 29.04.85	Stralsund
110 786	Dresden	09.01.85 – 29.04.85	umb in 112 786
110 788	Karl-Marx-Stadt	16.08.79 – 19.11.79	Karl-Marx-Stadt
110 873	Aue (Sachs)	20.05.83 – 09.06.93	Aue (Sachs)
201 873	Aue (Sachs)	01.08.93 – 26.09.93	Riesa
110 970	Neuanlieferung	02.08.83 – 29.08.85	Karl-Marx-Stadt
112 162	aus Umbau	21.02.89 – 09.10.91	Dresden
112 166	aus Umbau	30.01.90 – 02.06.91	Karl-Marx-Stadt
112 167	aus Umbau	01.05.89 – 01.11.91	Dresden
202 240	Glauchau (Sachs)	14.03.92 – 13.06.92	Dresden
112 290	Dresden	13.12.90 – 02.06.91	Karl-Marx-Stadt
112 300	Glauchau (Sachs)	16.03.87 – 28.03.87	Glauchau (Sachs)
112 316	Bautzen	03.10.91 – 21.06.92	Aue (Sachs)
112 323	aus Umbau	31.05.85 – 31.05.90	Reichenbach (V)
112 405	Eisenach	01.02.85 – 28.07.87	Dresden
112 429	Glauchau (Sachs)	13.10.90 – 21.05.93	Chemnitz
112 436	Haldensleben	30.11.88 – 31.05.90	Reichenbach (V)
112 479	Zittau	07.12.87 – 29.05.89	Aue (Sachs)
112 498	Dresden	10.10.91 – 26.09.93	Riesa
112 503	Dresden	02.11.91 – 26.09.93	Riesa
112 550	Aue (Sachs)	05.10.91 – 26.09.93	Riesa
112 561	Dresden	20.09.91 – 24.05.92	Dresden
202 561	Dresden	16.08.92 – 26.09.93	Riesa
112 574	aus Umbau	26.07.85 – 31.05.90	Reichenbach (V)
112 579	Dresden	30.09.91 – 26.09.93	Riesa
112 587	Glauchau (Sachs)	30.05.90 – 16.09.91	Dresden
112 593	aus Umbau	24.04.85 – 29.07.88	Stendal
112 593	Stendal	11.08.88 – 02.06.90	Reichenbach (V)
202 615	Bautzen	16.03.92 – 26.09.93	Riesa
112 617	Glauchau (Sachs)	06.06.90 – 01.11.91	Dresden
112 621	Dresden	01.10.91 – 26.09.93	Riesa
112 635	Dresden	20.09.91 – 26.09.93	Riesa

zr = Rückstellung aus Reserve

Bild 198 ▷
In „Gesellschaft" mit LVT 172 145 (Bw Reichenbach/Vogtl) und 86 1147 (Bw Aue/Sachs) steht die Reichenbacher **110 152** am 9. September 1972 abfahrbereit mit dem P 4031 nach Falkenstein (Vogtl) im Bahnhof Muldenberg.

Aufnahme: Günter Meyer, Sammlung Manfred Meyer

4.8 Bw Reichenbach (Vogtl)

Text: Rainer Heinrich

Das Bw Reichenbach (Vogtl) gehörte neben den Bahnbetriebswerken Halle P und Karl-Marx-Stadt Hbf zu den ersten Dienststellen, die mit Loks der Baureihe V 100 versorgt wurden. Im Frühjahr 1967 trafen fabrikneu ein:

- V 100 019 am 3. März,
- V 100 018 und V 100 023 am 8. März,
- V 100 022 am 13. März,
- V 100 020 am 1. April,
- V 100 029 am 5. April.

Nur kurze Zeit blieben V 100 018 und V 100 019 in Reichenbach, sie wechselten bereits am 5. April (V 100 018) bzw. am 26. Mai (V 100 019) zum Bw Karl-Marx-Stadt.

Der planmäßige Einsatz der Loks in den Dienstplänen des Bw Reichenbach (Vogtl) begann zum Sommerfahrplan 1967. Allerdings wurden die zur Verfügung stehenden vier Maschinen anfangs nicht von Reichenbach, sondern von den Einsatzstellen in Falkenstein (Vogtl) (V 100 022) und Hirschberg/Schleiz (V 100 020 und 029) aus eingesetzt, während V 100 023 als Reservelok diente.

Mit der V 100 in dem damals noch zum Bw Adorf (Vogtl) gehörenden Lokbahnhof Schleiz wurden die letzten beiden Reichenbacher Dampfloks 86 313 und 86 870 in deren Plänen abgelöst. Sie standen bis dahin auf den Nebenbahnen nach Hirschberg (Saale) und Schleiz im Einsatz. Auf beiden Strecken teilten sich bereits seit September 1964 die LVT-Triebwagen des Bw Reichenbach und die 86er die Aufgaben im Reise- und Güterzugdienst. Auf der Strecke Schönberg (Vogtl) – Hirschberg (Saale) kam es ab Sommerfahrplan 1967 sogar zum Wegfall der Triebwagenleistung, und die V 100 übernahm den Gesamtverkehr.

Die Leistungen der Reichenbacher V 100 blieben in den ersten zwei Jahren eher bescheiden, was auch daran lag, dass die ersten V 100 ohne Heizkessel geliefert wurden, sodass die Loks vorwiegend im Güterzugdienst Verwendung fanden. Erst nach dem Einbau der Heizkessel konnten die Maschinen auch während der kühleren Monate vor Reisezügen eingesetzt werden.

Für den Betrieb standen maximal sieben Maschinen zur Verfügung. In die Umläufe der Falkensteiner V 100 gesellte sich ab Sommerfahrplan 1968 auch eine Reichenbacher V 100. Beide Loks ersetzten die bis dahin zwischen Reichenbach (Vogtl) und Falkenstein (Vogtl) eingesetz-

Bild 199 ▷
Anlässlich des Plauener Spitzenfestes fand am 22. und 23. Juni 1974 am Bahnsteig 1 des neuen Plauener oberen Bahnhofes eine Fahrzeugausstellung statt. Das Bw Reichenbach war mit der ersten Lok der Baureihe 132 und der (fast) fabrikneuen **110 555** (Inbetriebnahme 30.08.73) vertreten.

Aufnahme: Bernd Koller, Sammlung Rainer Heinrich

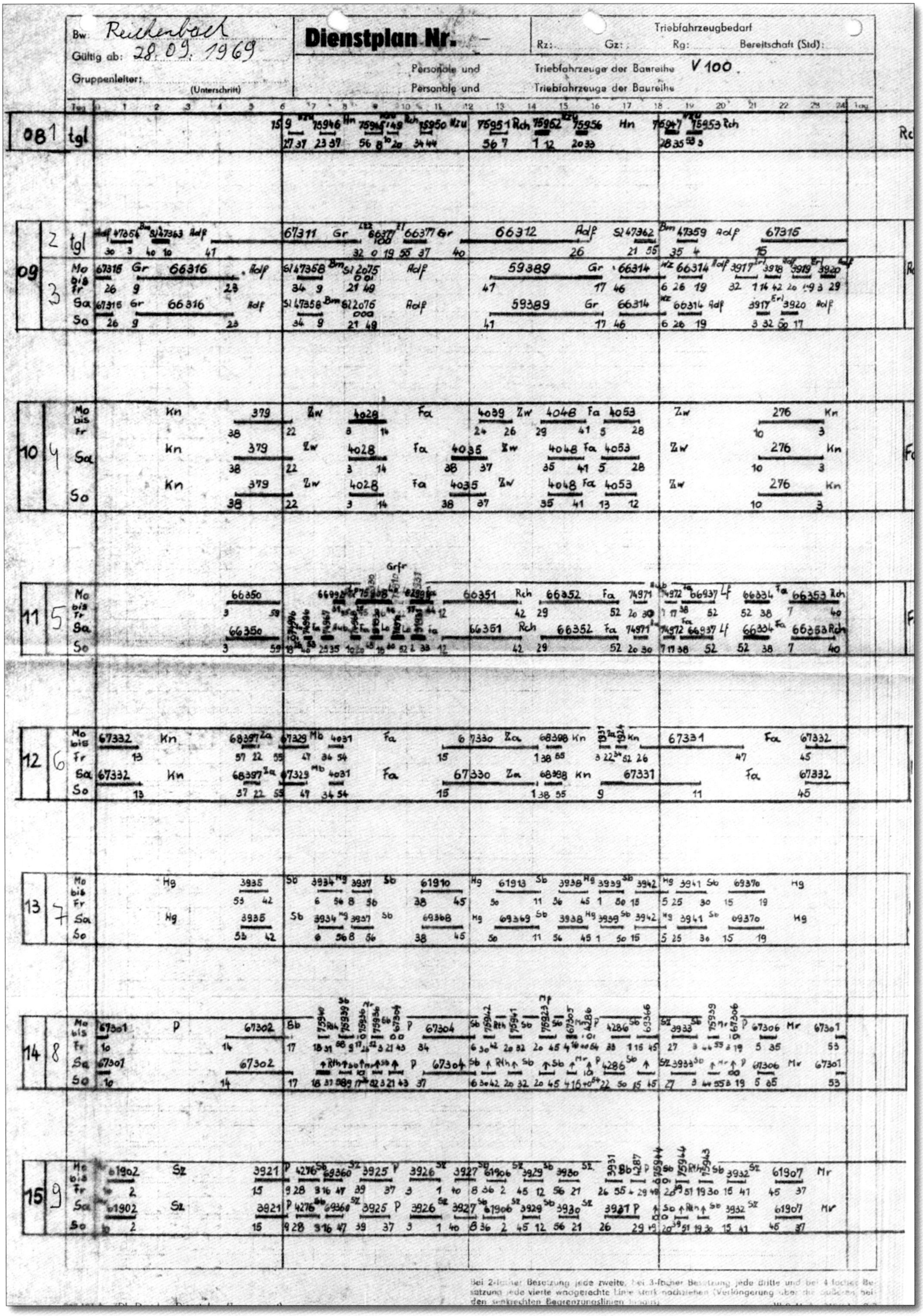

△ **Bild 200 •** Umlaufplan des Bw Reichenbach (Vogtl) für die Lokomotiven der Baureihe V 100, gültig ab 28. September 1969. Die Maschinen kamen zu dieser Zeit mit Reise- und Güterzügen u. a. von den Einsatzstellen in Adorf und Falkenstein (Vogtl) im gesamten Vogtland zum Einsatz. Abbildung: Sammlung Dietmar Schlegel

△ **Bild 201 • 110 067** gehörte von 1969 bis 1980 zum Bw Reichenbach und lief mehrere Fahrplanabschnitte in den Umlaufplänen der TE Falkenstein (Vogtl), wo am 11. August 1973 diese Aufnahme entstand. Von Falkenstein aus kamen 25 Jahre lang die meisten Reichenbacher V 100 zum Einsatz. Zeitweise wurden bis zu zehn Lokomotiven in den Plänen benötigt. AUFNAHME: WILFRIED RETTIG

△ **Bild 202** • Am 3. Juli 1979 wartet **110 047** – die selbst nur von Oktober 1978 bis September 1979 in Reichenbach beheimatet war – mit einem Nahgüterzug auf die Abfahrt nach Muldenberg. Im Hintergrund steht 99 590 für die Bespannung des Rückbauzuges der Schmalspurgleise bereit. AUFNAHME: RAINER HEINRICH

ten G 12 (Baureihe 58) im Güterzugdienst. Durch den gemeinsamen Umlauf konnte die V 100 im Bw Reichenbach täglich getauscht werden. Bei Ausfall der Diesellok schickte das Bw Zwickau eine 58 als Ersatz.

Erst in der zweiten Jahreshälfte 1969 verdoppelte sich der Reichenbacher V 100-Bestand auf 15 Maschinen. Ab 28. September 1969 fuhren die Loks auch nach Adorf, Werdau und Zwickau. Unterhaltungswerkstatt blieb die TU-Gruppe in Reichenbach.

Im Winterfahrplan 1969/70 war im Reichenbacher Umlauf 08 eine einzelne V 100 mit Übergabeleistungen nach Netzschkau (drei Zugpaare) und Herlasgrün (zwei Zugpaare) täglich von 5:30 Uhr bis 20 Uhr beschäftigt. Zwei V 100 liefen in Adorf im Umlaufplan 09 zwischen Greiz und Bad Brambach sowie nach Erlbach, während die Est Falkenstein (Vogtl) drei V 100 in den Umläufen 10, 11 und 12 zwischen Zwickau und Klingenthal sowie nach Reichenbach (Vogtl) einsetzte. Je eine V 100 wurde von den Personaleinsatzstellen Hirschberg (Umlauf 13, Hirschberg/Saale – Schönberg), Mehltheuer (Umlauf 14, Plauen – Reuth/Mühltroff) und Schleiz (Umlauf 15, Plauen – Schleiz/Reuth) besetzt.

So richtig „in Fahrt" kam der Reichenbacher V 100-Einsatz aber erst nach der Bildung des Groß-Bw Reichenbach (Vogtl) ab dem Sommerfahrplan 1970, als zum 1. Juli 1970 die Bahnbetriebswerke Zwickau und Reichenbach (Vogtl) mitsamt deren Einsatzstellen zusammengeschlossen wurden. Zum 30. Mai jenes Jahres standen bereits 25 Maschinen der nunmehrigen Baureihe 110 zur Verfügung, die für eine weitere Reduzierung bzw. Ablösung der Baureihen 58, 86 und 94^{20-21} in den Einsatzstellen Adorf, Falkenstein, Werdau, Zwickau und Plauen sorgten. Auch in der Est Greiz begann ab September 1970 der Diesellokeinsatz mit Reichenbacher 110. Allgemein war das Einsatzgebiet der 110 (und später auch der 112) des Groß-Bw Reichenbach weit gestreut und zog sich über den gesamten westsächsischen-vogtländischen Raum.

Ausgerechnet im „Mutter-Haus" in Reichenbach (Vogtl) wurden die V 100 bzw. 110 nur in einem relativ kurzen Zeitraum von elf Jahren (von Mai 1968 bis September 1979) in den Dienstplänen benötigt. Denn auf den Hauptstrecken leisteten Großdiesselloks und Elektroloks ihre Dienste, und den Nebenbahnbetrieb wickelten die Einsatzstellen ab. Dem Triebfahrzeugeinsatz (Technologie) des Bw Reichenbach zugeordnet waren auch die Personal-Einsatzstellen Schleiz, Hirschberg und Plauen/Mehltheuer. Dabei nahm letztere eine Sonderstellung ein, weil die Lokomotiven im Plauener Plan zu wechselnden Fahrplanabschnitten von den Einsatzstellen Adorf, Werdau oder dem Bw Reichenbach selbst kamen. Da die Umlaufpläne für die drei Personal-Einsatzstellen unter der Regie der „Mutterdienststelle" angefertigt wurden, erscheinen in der Triebfahrzeugeinsatz-Bilanz auch nach 1980 in jedem Fahrplanabschnitt für das Bw Reichenbach noch drei 110 im Zugdienst, obwohl Reichenbach selbst keine 110er-Pläne mehr hatte. Damit gemeint sind die Dieselloks in Plauen (Plan 401), Schleiz (Plan 701) und Hirschberg (Plan 702).

Im Lokumlauf 005 – bis 1972 Umlauf 08 – liefen die 110 des Bw Reichenbach (Vogtl). Zusätzlich gab es ab Sommerfahrplan 1974 ein Sondertriebfahrzeug der Baureihe 110 im Verkehr Plauen (Vogtl) – Hof. Zwickauer Personal besetzte von 1970 bis zum 13. Februar 1972 zwei Reichenbacher 110, die ausschließlich auf der Industriebahn Zwickau – Crossen – Mosel (ZCM, „Objekt 101" – Uranerzwäsche der Wismut in Crossen) verkehrten. Ab 14. Februar 1972 übernahm das Bw Reichenbach (Vogtl) diese Leistung selbst und stockte den Plan auf drei 110 auf. Von den drei Umlauftagen bespannte die 110 am Tag 1 Reise- und Güterzüge zwischen Reichenbach (Vogtl) und Plauen (Vogtl). Von 6 bis 19 Uhr kam die Lok vor Übergaben zwischen Reichenbach (Vogtl), Netzschkau und Herlasgrün zum Einsatz, dazwischen bediente sie die Zweiggleisanlagen in Reichenbach ob Bf. Am Abend von Tag 1 fuhr die 110 mit dem P 743 von Reichenbach nach Zwickau und war dort – am Tag 2 – 24 Stunden auf der Industriebahn tätig. Nach einer Lz-Fahrt, montags bis freitags mit dem P 744, kehrte die Lok gegen 22 Uhr nach Reichenbach zurück und heizte den Wagenzug des D 144 am Bahnsteig mit Dampf vor. Am Tag 3 begann der Dienst für die 110 um 4 Uhr mit dem Nahgüterzug 66350 (Reichenbach/Vogtl – Falkenstein/Vogtl). Die Lok blieb den ganzen Tag im Vogtland und bediente von Falkenstein aus mit Übergaben die Bahnhöfe Muldenberg, Hammerbrücke und nachmittags die Auerbacher Bahnhöfe sowie den Bf Lengenfeld (Vogtl). Mit dem Nahgüterzug 66353, Falkenstein (Vogtl) ab 22:15 Uhr, kehrte die Lok nach Reichenbach (Vogtl) zurück und begann wieder mit dem Umlauftag 1.

Auch im Sommerfahrplan 1973 bestand annähernd der gleiche Lokumlauf. Im Winterfahrplan 1973/74 gab es erste Änderungen: Der Plan 005 wurde auf vier 110 aufgestockt. Die Leistung auf der Zwickauer Industriebahn ZCM entfiel und wurde von der Est Zwickau wieder selbst gefahren. Alle vier Reichenbacher 110 waren ausschließlich im Vogtland unterwegs, da zum 30. September 1973 in der Est Falkenstein (Vogtl) der LVT-Einsatz endete. Auf der damaligen KBS 444 (Herlasgrün – Falkenstein/Vogtl) verkehrten alle Reisezüge lokbespannt mit der Baureihe 110. Neu war der erstmalige Durchlauf bis Klingenthal.

Eine „Standardleistung“ über viele Jahre war das Nachtzugpaar P 18669/18650 (Reichenbach/Vogtl ab 23:58 Uhr, Klingenthal an 1:50 Uhr/ab 3:10 Uhr, Falkenstein/Vogtl an 4:17 Uhr), das zum Sommerfahrplan 1975 bis Herlasgrün verlängert wurde. Neu war am Tag 4 die Verwendung der 110 als Rangierlok an der Bahnsteiganlage in Reichenbach ob Bf, sowohl vormittags als auch 18 bis 22 Uhr.

△ **Bild 203** • Mit den fabrikneuen **V 100 022** und **V 100 018** wurden im März 1967 vom Bw Reichenbach aus Personalschulungsfahrten durchgeführt. Im Bahnhof Netzschkau warten beide Maschinen auf die Weiterfahrt über die damals noch eingleisige Strecke nach Plauen. Aufnahme: Bernd Koller, Sammlung Rainer Heinrich

△ **Bild 204** • Die letzten Altbau-50 der TE Zwickau liefen bis September 1977 im Güterzugplan nach Falkenstein. Von Zwickau bis Voigtsgrün kam dabei eine Vorspannlok aus dem Werdauer 110er-Plan zum Einsatz. Am 7. September 1976 hat **110 042** ihren Vorspanndienst beendet und kehrt nun „Lz" nach Zwickau zurück, während 50 1459 die Fahrt ins Vogtland fortsetzt. Aufnahme: Rainer Heinrich

◁ **Bild 205**
Winter im Vogtland! Die Reichenbacher **110 834** fährt im Winter 1979 mit einem Personenzug in Zwotental ein.

Aufnahme: Wilfried Rettig

Bild 206 ▷
110 022 – fabrikneu an das Bw Reichenbach geliefert – verbrachte ihr gesamtes „Lokleben“ von 1967 bis 1992 im Bw Reichenbach. Am 28. August 1976 rangiert sie einen Lokzug mit den Dresdner Museumsfahrzeuen 19 017, 74 1230, 78 009 und 62 015 im Bahnhof Werdau, um die Ausstellungsstücke anlässlich des Streckenjubiläums „100 Jahre Werdau – Weida“ auf dem Bahnhof zu positionieren.

Am Nachmittag war die 110 als Vorspannlok für den Dg 54379 nach Plauen (Vogtl) unterwegs und kam mit dem P 7672 zurück nach Reichenbach (Vogtl). Die anderen beiden Plantage mit Übergaben Netzschkau – Herlasgrün und Güterzugdienste im Raum Falkenstein (Vogtl), Auerbach, Lengenfeld und Muldenberg blieben im Wesentlichen bestehen.

Im Winter 1973/74 setzte das Groß-Bw täglich 27 Maschinen der Baureihe 110 ein:

Bw Reichenbach:	4 × 110
P-Est Schleiz:	1 × 110
P-Est Hirschberg:	1 × 110
Est Adorf:	5 × 110
Est Falkenstein:	7 × 110
P-Est Plauen/Mehltheuer:	1 × 110
Est Greiz:	3 × 110
Est Werdau:	3 × 110
Est Zeulenroda ob Bf:	1 × 110
Est Zwickau:	1 × 110

Im Sommerfahrplan 1974 enthielt die Triebfahrzeugbilanz des Bw Reichenbach (Vogtl) wieder drei 110 – zuzüglich einer 110 als Sonderlok für den „kleinen Grenzverkehr“ zwischen Plauen ob Bf und Hof. Eingespart wurde der Tag 4. Der Umlaufplan für die Sonderlok bestand vom 26. Mai 1974 bis zum 24. September 1977 auf Grundlage des 1972 zwischen der Bundesrepublik und der DDR abgeschlossenen Verkehrsvertrags. Zunächst verkehr-

△ **Bild 207** • Zu Reichsbahnzeiten pendelten auf der damaligen Kursbuchstrecke 444 (Falkenstein/Vogtl – Herlasgrün) Reko-Wagenzüge mit Lokomotiven aus dem Falkensteiner 110er-Umlauf. Am 3. April 1981 wechselt **110 211** in Herlasgrün an das Zugende für die Rückfahrt nach Falkenstein.
Aufnahmen (2): Rainer Heinrich

△ **Bild 208** • In Greiz entstand im Jahr 1975 diese Aufnahme der **110 555** und **110 563** des Bw Reichenbach (Vogtl). Rechts am Rand ist noch 172 157 zu sehen. Aufnahme: Jürgen Lehmann, Sammlung Jörg Leuthardt

△ **Bild 209** • Im „kleinen Grenzverkehr" zwischen Plauen und Hof kamen zu verschiedenen Fahrplanabschnitten auch Bundesbahn-Silberlinge zum Einsatz. Im Frühjahr 1989 steht **110 576** (Bw Reichenbach/Vogtl) zur Fahrt nach Plauen in Hof abfahrbereit. Aufnahme: Markus Lohneisen

ten diese Züge jeweils mittwochs, samstags und sonntags. Der Verkehrstag Mittwoch kam schon 1975 wieder zum Wegfall. Zunächst teilte sich die 110 die Züge noch mit einer 118, doch mit dem Einsatzende der Baureihe 118 im Bw Reichenbach im September 1974 übernahm die 110 beide Zugläufe. Der Reichenbacher Plan 005 mit den drei 110 + der „Sonder-110" blieb bis Mai 1976 bestehen. Den „kleinen Grenzverkehr" übernahm im September 1977 eine Großdiesellok der Baureihe 132.

Mit dem Ende des Sommerfahrplans 1975 reduzierte das Bw Reichenbach (Vogtl) auch den LVT-Einsatz. Der dafür eingesetzte Triebwagen aus dem Greizer Umlauf fuhr bis September 1975 von Montag bis Freitag zum Schichtwechsel (Stunde 21) als Personaltriebwagen in der Relation Plauen – Reichenbach – Zwickau – Reichenbach. Nach dessen Wegfall übernahm die Reichenbacher 110 vom Tag 3 die Bespannung des Dienstpersonenzuges 14665/14666, Ankunft in Reichenbach (Vogtl) war 22:44 Uhr.

Im Sommerfahrplan 1976 und Winterfahrplan 1976/77 liefen im Reichenbacher 110-Plan wieder vier Loks. Wie schon 1972/73 kam davon eine Lok am Tag 4 in Zwickau auf der Industriebahn zum Einsatz. Auch die Brückenbergbahn zum Sammelbahnhof Pöhlau war mit zwei Zugpaaren (Üb 72905/72906 und Üb 72907/72908) enthalten. Zwischen beiden Güterzugleistungen rangierte die 110 von 10 bis 12 Uhr in der Reisezugwagen-Abstellanlage Zwickau als Zusatzlok. Mit dem Dienstpersonenzug 14666 fuhr die 110 in den späten Abendstunden zurück nach Reichenbach (Vogtl).

Einen drastischen Rückgang von vier auf eine 110 verzeichnete der Umlaufplan 005 im Sommerfahrplan 1977, während in Zwickau der 110-Einsatz von zwei auf vier Loks verdoppelt wurde. In der Est Falkenstein (Vogtl) liefen zu den sechs planmäßigen 110 sogar zusätzlich zwei 110-Sonderloks. Der eintägige Reichenbacher 110-Umlauf war ein „alter Bekannter": Nachtzug P 18669/18650 (Reichenbach/Vogtl – Klingenthal u. z.), Ng 66355 (Reichenbach/Vogtl – Falkenstein/Vogtl), anschließend von 10 bis 16 Uhr Übergabefahrten Muldenberg – Auerbach – Lengenfeld, bevor zwei Reisezugpaare zwischen Herlasgrün und Klingenthal wieder den Kreis zum Nachtzug P 18669 schlossen.

Am 1. Januar 1978 befanden sich neben 42 Vertreterinnen der Baureihe 110 auch 33 Großdieselloks der Baureihe 132 und fünf der Baureihe 131 im Bestand des Groß-Bw Reichenbach (Vogtl). Das Ende des 110-Einsatzes in den Reichenbacher Plänen war absehbar. Für den Winterfahrplan 1977/78 – gültig ab 25. September 1977 – wurde noch einmal der Plan 005 mit zwei 110 für die „Falkensteiner Schiene" aufgestellt. Zu neuen herausragenden Bespannungen kam es aber nicht mehr. Ein Jahr später setzte die Einsatzstelle Falkenstein (Vogtl) eine siebente 110 im Zugdienst ein und übernahm weitere Reichenbacher Leistungen.

Im Sommerfahrplan 1979 enthielt der Plan 005 erstmals nur noch ausschließlich Güterzugleistungen für eine 110. Kern des Lokumlaufes waren die zwei täglich verkehrenden Ng 66349/66350, Ng 66353/66352 zwischen Reichenbach (Vogtl) und Falkenstein (Vogtl). In denselben Umlauf wechselte am 30. September 1979 eine Reichenbacher 132 im Plan 004. Damit endete der Einsatz der Baureihe 110 in den Reichenbacher Plänen endgültig. Den Überbestand an 110 in Reichenbach (Vogtl) begegneten die Technologen im Sommerfahrplan 1979 mit einer DL-Bereitschaft (2 × 110 Sonderlok). Dieses Pärchen kam täglich vor planmäßig verkehrenden Sand-Ganzzügen von Glauchau (Sachs) über Reichenbach (Vogtl) nach Auerbach zum Einsatz. Die Gag 56352 und 56355 sowie der dazugehörige Leerzug verkehrten vorwiegend in den Nachtstunden. Im Winterfahrplan 1980/81 stellte das Bw Reichenbach (Vogtl) mit 110 020 und 022 letztmalig zwei Sonder-Triebfahrzeuge der Baureihe 110.

Mit Bildung der DB AG zum 1. Januar 1994 kam es bekanntlich zu Neustrukturierungen im Triebfahrzeugeinsatz und ab 1997 auch in der Zuordnung der Lokomotiven auf die neu geschaffenen Geschäftsbereiche. Besonders betroffen von dieser Umstrukturierung waren Beheimatung und Einsatz der Baureihen 201 und 202 im Bereich Reichenbach/Zwickau. Bis November 1997 setzte der nunmehrige Betriebshof Reichenbach (Vogtl) die Baureihe 202 in komplexen Laufplänen mit bis zu 18 Lokomotiven ein, wobei diese Triebfahrzeug-Umlaufpläne wechselweise den Eintrag Bh Reichenbach oder Bh Zwickau trugen. Umlaufbedingt fuhren auf den Loko-

Bild 210 ▷
Zum Fahrplanwechsel am 31. Mai 1987 begann das Bw Reichenbach mit dem Planeinsatz der Baureihe 112 in den Umlaufplänen der TE Falkenstein. Zu den leistungsstarken Maschinen mit 1.200-PS-Motoren gehörte auch **112 781**, die hier am 13. Mai 1991 vor einem Personenzug aus Zwickau den Bahnhof Lengenfeld in Richtung Falkenstein verlässt.

Aufnahme: Rainer Heinrich

motiven Triebfahrzeugführer der Personaleinsatzstellen Reichenbach (Vogtl), Plauen (Vogtl), Adorf, Falkenstein (Vogtl), Werdau, Zwickau, Glauchau (Sachs) und Gera.

Nach Abschluss der Streckensanierung verkehrten noch bis zum 22. November 1997 lokbespannte Reisezüge von Zwickau und Reichenbach (Vogtl) über Falkenstein (Vogtl) nach Klingenthal, bevor die private Vogtlandbahn auf dieser Relation den gesamten Personenverkehr übernahm. Damit verabschiedete sich die Baureihe 202 des Bh Reichenbach (Vogtl) nach genau 30 Jahren endgültig von den vogtländischen Eisenbahnstrecken. Am letzten Betriebstag waren 202 231, 368, 587 und 743 im Einsatz. Mit dem Rückzug der Baureihe 202 wurde auch die Einsatzstelle Falkenstein (Vogtl) endgültig geschlossen.

Ab 1998 wechselte der Großteil der Nahverkehrsleistungen in Westsachsen – sofern sie nicht bereits privatisiert waren – von der Baureihe 202 auf die Triebwagen der Baureihen 628, 642 oder auf lokbespannte Züge mit den Baureihen 219 und 232. Nur aufgrund der Sperrung der Elstertalbahn zwischen Greiz und Wünschendorf (Elster) infolge Oberbauarbeiten kam die Baureihe 202 für wenige Wochen noch einmal zurück ins Vogtland: Auf dem Abschnitt Weischlitz – Greiz verkehrten von Juni bis September 1998 zwei „Sandwich"-Züge mit je 2 × 202 und einem Bm-Reisezugwagen. Die Lokomotiven stellte allerdings der Bh Chemnitz, weil der Bh Reichenbach (Vogtl) selbst seit März 1998 keine eigenen 202 mehr im Bestand hatte. Zum Planwechsel am 26. September 1998 endete auch dieser letzte planmäßige 202-Einsatz im Vogtland.

△ **Bild 211** • Der Bahnhof Schönberg (Vogtl) am km 133,49 der Bahnlinie Leipzig – Hof war Betriebsmittelpunkt und Abzweigbahnhof für die Nebenbahnen nach Schleiz und Hirschberg (Saale). Mehrmals täglich begegneten sich dort aufgrund der Umsteigebeziehungen drei Reisezüge. Am 23. Mai 1992 sind **202 690**, **201 833** und **202 866** die dazugehörigen Zugloks.
Aufnahme: Lutz Kramer

Die drei ehemaligen Lokbahnhöfe Plauen (Vogtl), Schleiz und Hirschberg (Saale) wurden mit dem Traktionswechsel als Einsatzstellen geschlossen und in der Struktur des Groß-Bw Reichenbach (Vogtl) nur noch als Personaleinsatzstelle (P-Est) geführt. Die dort ihre Dienste leistenden V 100/110 gehörten buchmäßig zum Bw Reichenbach (Vogtl) oder wurden – wie im Plauener Umlaufplan, der keine eigene Lok besaß – von wechselnden Einsatzstellen, ab 1980 „Betriebsteilen", gestellt.

Die in Hirschberg und Schleiz eingesetzten 110 blieben teilweise über viele Jahre immer dieselben Maschinen und führten auf ihrer Einsatzstrecke einen regelrechten Inselbetrieb.

Die Lokbahnhöfe Plauen (Vogtl) und Mehltheuer gehörten zunächst noch zum Bw Adorf, wurden 1967 geschlossen und als P-Est weitergeführt. Ab 1. Januar 1969 übernahm das Bw Reichenbach (Vogtl) in Vorbereitung der Bildung des Groß-Bw die operative Betriebsführung des Lokeinsatzes im „Noch-Bw" Adorf. Mit dieser Maßnahme kam auch der Lokeinsatz in Plauen (Vogtl) und Mehltheuer unter die Regie des Bw Reichenbach (Vogtl).

Nach Schleiz und Hirschberg (Saale) lief ab dem 28. September 1969 im Umlauf 14 eine weitere V 100 in der P-Est Mehltheuer zwischen Plauen (Vogtl) und Reuth/Mühltroff. Wegen der Verzögerung bei der Lieferung von weiteren V 60 und

△ **Bild 212** • Ab Sommerfahrplan 1992 kam die Lok für die Züge auf der Strecke Schönberg – Hirschberg aus dem Laufplan 70 (5 × Baureihe 201). Dass am 20. Juni 1992 mit **202 323** keine 201 vor der RB 8638 im Einsatz war, lag an der Disposition des Lokleiters im Bw Reichenbach (Vogtl). Die Aufnahme zeigt Lok und Zug in Hirschberg.

Aufnahme: Rainer Heinrich

◁ **Bild 213**
Eines der bekanntesten Motive entlang der Einsatzstrecken der Reichenbacher V 100 war die Überfahrt über die Bleilochtalsperre im Verlauf der Strecke Saalburg (Saale) – Schönberg (Vogtl). Am 11. April 1993 überquert **201 132** mit dem N 69521 (Schleiz – Saalburg) die Talsperre.

Aufnahme: Henning Folz

V 100 an das Bw Reichenbach (Vogtl) musste in der Est Plauen (Voglt) ob Bf im Winterfahrplan 1969/70 immer noch eine Adorfer 86er aushelfen. Die Leistungen der zuletzt eingesetzten 86 147 wechselten erst am 30. Mai 1970 auf eine 110.

Der Plauener 110-Umlauf endete mit dem Beginn des Sommerfahrplan 1973. Übrig blieb nur die 110 in Mehltheuer. Hauptaufgabe der Plauener 110 war der Güterzugdienst nach Mehltheuer, Schönberg und Schleiz. Zweimal täglich wurden vom Bahnhof Schönberg aus die Ladegleise im Bahnhof Reuth bedient. Zehn Jahre später, im Sommerfahrplan 1982 und im Winterfahrplan 1982/83, hatte Plauen noch einmal eine eigene 110 im Streckendienst, die wieder im gleichen Umlauf zum Einsatz kam. Die 110 in Mehltheuer hatte 18 Jahre lang einen eigenen Umlaufplan und wurde immer mit Plauener Personal besetzt. Dementsprechend lagen Dienstanfang und Dienstende für die Lokführer in Plauen, woran auch die wechselnde Bereitstellung der 110 für diesen Umlauf nichts änderte.

Haupteinsatzgebiet der 110 in Mehltheuer war die damalige KBS 541 (Mehltheuer – Weida – Werdau) im Streckenabschnitt Mehltheuer – Zeulenroda – Wünschendorf und auf der „Stadtbahn“ Zeulenroda unt Bf – Zeulenroda ob Bf. Die Leistungen teilte sich die 110 von 1969 bis 1974 mit einer Dampflok der Baureihe

Bild 214 ▷
Kurz vor Auflösung der P-Est Schleiz gelang dort am 31. Dezember 1993 diese gemeinsame Aufstellung der **201 851** und **201 756**. Beide Loks waren am 31. Mai 1992 vom Bw Aue (Sachs) nach Reichenbach (Vogtl) gewechselt.

Aufnahme: Friedemann Schüler

50 vom Lokbahnhof Zeulenroda der Est Greiz des Bw Reichenbach (Vogtl). Nach Einstellung des Reiseverkehrs am 28. September 1974 zwischen den beiden Zeulenrodaer Bahnhöfen fuhr die Mehltheuer-110 auch Reisezüge bis Gera. Ab dem 1. Oktober 1978 bespannte die Lok täglich den P 3077 von Mehltheuer (sonntags ab Wünschendorf/Elster) nach Werdau und von dort den P 6646 nach Plauen ob Bf (an 23:50 Uhr). Dieser „Ringumlauf" hielt sich ohne wesentliche Änderungen fünf Jahre bis zum Mai 1987.

Als der Betriebsteil (BT) Adorf wieder für die 110 in Mehltheuer zuständig war, kam die Lok aus dem Adorfer Umlauf 205 und wechselte täglich in Plauen (Vogtl) ob Bf nach Ankunft des P 6696 aus Werdau. Für zwei Winterfahrplanabschnitte (1980/81 und 1981/82) ist für Plauen zusätzlich eine zweite Adorfer 110 bekannt, die als Vorheiz-Triebfahrzeug Verwendung fand.

Ab dem Sommerfahrplan 1987 entfiel der 110-Umlauf in Mehltheuer. Neu war der Triebfahrzeugumlauf 635 mit 3 × 110 der P-Est Schleiz. Die drei Lokomotiven teilten sich die Bespannungsaufgaben im Zugdienst auf den Nebenbahnen westlich von Plauen (Vogtl) wie folgt:

Tag 1: Reisezüge und Pmg zwischen Schleiz und Saalburg.
Tag 2: Reise- und Güterzüge auf der Strecke Schönberg – Hirschberg.
Tag 3: Reise- und Güterzüge zwischen Plauen ob Bf und Schleiz.

Bei diesem Lokeinsatz blieb es im Wesentlichen bis Mai 1992. Dann änderte sich der Lokumlauf für den Einsatz der Baureihen 201/202 im Großraum Plauen (Vogtl) dahingehend, dass jetzt täglich eine Lok aus dem neuen Laufplan 70 (5 × 201) zwischen Stunde 19 und 24 das Heimat-Bw Reichenbach zum Tanken, Loktausch oder zur Reparatur anlief. Die tägliche Einbindung des Umlaufes in das Heimat-Bw war u. a. bedingt durch die Schließung der Werkstatt in Adorf. Zum selben Zeitpunkt übernahm eine 201 ehemalige V 60-Leistungen nach Weischlitz, Plauen unt Bf und Plauen-Chrieschwitz mit Bedienung zahlreicher Anschlüsse. Eine weitere 201 pendelte mit drei mit Nahverkehrszugpaaren zwischen Plauen ob Bf und Hof. Diese Leistungen waren Bestandteile des letzten großen Umlaufplans der Reichenbacher 202, der zum Sommerfahrplan 1992 entstand und für fünf Loks dieser Baureihe erstellt wurde. Dabei kamen die darin eingesetzten Maschinen wie folgt zum Einsatz:

Tag 1 (Laufleistung: 186 km)
- Schleiz – Saalburg

Tag 2 (Laufleistung: 187 km)
- Schleiz – Plauen ob Bf – Plauen unt Bf
- Plauen-Chrieschwitz – Plauen ob Bf – Zwickau – Reichenbach (Vogtl)

Tag 3 (Laufleistung 169 km)
- Plauen ob Bf – Reuth
- Schönberg – Hirschberg (Saale)
- Schleiz – Saalburg – Plauen ob Bf

Tag 4 (Laufleistung: 397 km)
- Plauen ob Bf – Hirschberg (Saale) – Schönberg
- Schleiz – Plauen ob Bf

Tag 5 (Laufleistung 334 km)
- Plauen ob Bf – Hof
- Plauen ob Bf – Schleiz

Die 20 Lokführer der P-Est Plauen (Vogtl) besetzten die Dienste der Laufplantage 2 bis 5. Dies hatte – mit geringen Änderungen – bis Mitte der neunziger Jahre Bestand.

Schleiz und Hirschberg waren – wie bereits geschrieben – ab Mai 1967 neben Falkenstein (Vogtl) die ersten Einsatzorte der Reichenbacher V 100 im Streckendienst. Die damalige KBS 473 (Schönberg/Vogtl – Hirschberg/Saale) lag zu DDR-Zeiten ab dem Bahnhof Göttengrün-Gefell im Grenzsperrgebiet zur Bundesrepublik. Die auf der Strecke pendelnde 110 hatte werktags vier, an Wochenenden fünf Reisezugpaare zu befördern – bei jeweils 30 Minuten Wendezeit. Die wenigen Güterwagen für die Lederfabrik und einen Kohlehändler in Hirschberg (Saale) wurden den vier Güterzügen mit Personenbeförderung (Gmp) mitgegeben. Die Waggons holte die Hirschberger 110 meist selbst im „Zugbildungsbahnhof" Mehltheuer ab.

Ab dem Sommerfahrplan 1974 fuhr die 110 zum Tanken und Wasser nehmen täglich nach Schleiz (an 9:36 Uhr, ab 10:01 Uhr), denn die Tankstelle in Hirschberg wurde außer Betrieb genommen. Diese Maßnahme änderte sich auch nicht nach der Einbindung der Hirschberger Lok in den schon erwähnten Drei-Tage-Umlauf mit den beiden Schleizer 110 zum Sommerfahrplan 1987. Die Loks aus dem Hirschberger und Saalburger Umlauf teilten sich jetzt die Bespannungsaufgaben. Der Wechsel der Lokomotiven fand beim täglichen Tankaufenthalt im Bahnhof Schleiz statt. Nach der Ankunft des letzten Zuges in Hirschberg (Gmp 69369, an 21:57 Uhr) übernachtete die 110 im dortigen Lokschuppen, um am nächsten Morgen den Frühzug (P 18600, Hirschberg ab 5 Uhr) für die Schichtarbeiter nach Schönberg zu befördern.

Ab 1992 kam die Lok für die Hirschberger Züge aus dem Laufplan 70 (5 × 201) des Bw Reichenbach (Vogtl) und war mit

△ **Bild 215** • Im Bahnhof Adorf (Vogtl) kam es am 23. September 1989 zum Nebeneinander von **110 124** (Bw Reichenbach/Vogtl) und 132 092. Die 110 hat an diesem Tag die Beförderung des P 5669 (Plauen/V ob Bf – Bad Brambach) in ihrem Umlaufplan. AUFNAHME: VOLKER LUCAS, SAMMLUNG A. ZIKA

Plauener Lokpersonal besetzt. In Plauen (Vogtl) übernachtete die 201 im dortigen Lokschuppen. Kennzeichnend für die Strecke Schönberg (Vogtl) – Hirschberg (Saale) war, dass über viele Jahre dieselbe Stammlok dort im Einsatz stand:

- 110 828: 28. September 1975 bis Sommer 1983
- 110 579: Sommer 1983 bis Sommer 1986
- 110 868: Sommer 1986 bis Sommer 1990

Die Strecke Schönberg (Vogtl) – Hirschberg (Saale) gehörte zu den letzten planmäßigen Einsatzgebieten der Reichenbacher 201. Zum 1. Janur 1994 befanden sich noch elf Loks der Baureihe 201 im Bestand des Bh Reichenbach (Vogtl).

Am 28. Mai 1994 bespannte 201 895 die letzten Reisezüge zwischen Schönberg (Vogtl) und Hirschberg (Saale), am Folgetag wurde der Personenverkehr eingestellt. Im Güterverkehr wurde noch der Anschluss eines Unternehmens der Holzverarbeitung zwischen Göttengrün-Gefell und Hirschberg (Saale) weiter bedient. Bis zum 1. Juni 1996 verkehrte dazu der Güterzug Ng 69531 (Schönberg/Vogtl ab 9:50 Uhr) mit einer 201 bzw. 202, dann übernahmen private EVU diese Leistung.

Der ehemalige Lokbahnhof Schleiz war mit Beginn der Diesellokstationierung 1967 bis zur Umstellung auf Triebwagenverkehr am 2. Juni 1996 der Mittelpunkt des V 100/110-Einsatzes auf den Nebenbahnen nach Saalburg, Schönberg (Vogtl) und Hirschberg (Saale). Im zweiständigen Lokschuppen waren von 1967 bis 1977 eine V 100/110 und dann zwei 110 stationiert. Während der letzten zehn Betriebsjahre liefen drei 110 im Schleizer Umlauf 635.

Erste Schleizer Planlok der Baureihe V 100 war V 100 020, die ab dem 24. Mai 1967 in Schleiz zum Einsatz kam. Mit einer nur wenige Tage dauernden Unterbrechung – 1979 beim Bw Aue – gehörte die Lok über 14 Jahre zum Bestand des Bw Reichenbach (Vogtl) und leistete dabei vorwiegend im Schleizer Plan ihren Dienst. Hauptaufgabe der Schleizer 110 war über Jahre der Reise- und Güterzugdienst zwischen Plauen ob Bf und Schleiz. Den Reisezugdienst auf der Strecke Schönberg (Vogtl) – Schleiz teilte sich die 110 fast 26 Jahre lang mit einem LVT aus dem Gutenfürster Umlauf. Als der Triebwagen ab 1977 nur noch früh und spätabends verkehrte, pendelte die 110 täglich mit sieben Reisezugpaaren, eins davon als Pmg, über die Strecke. Zwei Züge liefen durch bis Plauen ob Bf.

Eine planmäßige Güterzugleistung bestand nachts zwischen Schleiz und Mehltheuer und zurück (Ng 61907/61901). Mit der Einstellung des elektrischen Zugbetriebes zwischen Schleiz und Saalburg Ende Mai 1969 änderte sich zunächst nichts am Schleizer 110-Umlauf, weil eine LVT-Einheit den kompletten Reisezugdienst übernahm. Lediglich mit einem Nahgüterzugpaar kam die Schleizer 110 jetzt täglich auch einmal nach Saalburg. Im Februar 1972 schleppte 110 304 die Triebwagen ET 188 521, 188 511 und zwei Beiwagen nach über zwei Jahren Abstell-

▽ **Bild 216** • Auf dem Gelände der Einsatzstelle Falkenstein (Vogtl) befand sich dieser markante Wasserturm, der aufgrund seiner Anschrift auch gerne als Fotomotiv genutzt wurde. Am 31. März 1997 passiert **202 656** mit einer „Ein-Wagen-RB" das Bauwerk, welches 2015 abgerissen wurde. AUFNAHME: RAINER HEINRICH

Bild 217 ▷
Der erste Deutsche im Weltall war bekanntlich Sigmund Jähn, der in Morgenröthe-Rautenkranz das Licht der Welt erblickte. Nach dessen Weltraumflug wurde 1979 in diesem Ort eine ständige Ausstellung zum Thema Raumfahrt eingerichtet, aus der sich nach 1990 die „Deutsche Raumfahrtausstellung" entwickelte. Als Blickfang dient eine MIG 21F-13, wie sie Jähn als Jagdflieger selbst geflogen ist. Am 10. September 1991 passiert **202 781** des Bw Reichenbach (Vogtl) mit ihrem Güterzug in Mindestlänge die Station Morgenröthe-Rautenkranz und den einstrahligen Abfangjäger.

Aufnahme: Rainer Heinrich

zeit im Saalburger Lokschuppen ins Bw Reichenbach (Vogtl).

Mit Beginn des Sommerfahrplans 1977 endete der Triebwageneinsatz auf der Strecke Schleiz – Saalburg, und Schleiz erhielt planmäßig eine zweite 110 für den Einsatz lokbespannter Züge auf dieser Verbindung. Der zweitägige Umlaufplan 701 wechselte täglich im Zugdienst zwischen der KBS 474 und 475. Der Loktausch fand zwischen den Zügen P 16696/16697 in Schleiz statt.

Der Schleizer 110-Umlauf änderte sich erst, als zum Sommerfahrplan 1987 die Hirschberger Lok als dritte 110 in den Schleizer Umlauf 635 integriert wurde.

Ab dem Sommerfahrplan 1992 endete der Inselbetrieb der drei 110er im Schleizer Umlauf. Das Bw Reichenbach (Vogtl) stellte einen neuen Dieselplan für 5 × 201 auf, in dem neben Hirschberg (Saale) auch der Umlauf für die Schleizer und die Saalburger Lok enthalten war. Während die Strecke Schleiz – Saalburg ihre Lok behielt, wurden alle Reisezüge von Schleiz bis Plauen ob Bf durchgefahren, und der Bahnhof Schönberg (Vogtl) war somit nur noch eine Zwischenstation. Besetzt wurden die Lokomotiven von Triebfahrzeugführern der Personaleinsatzstellen Schleiz (eine Lok) und Plauen (vier Loks).

Nach Einstellung des Reiseverkehrs auf der Hirschberger Strecke Ende Mai 1994 kam es ab dem Sommerfahrplan 1994 zur weiteren Ausdünnung des Zugangebotes auf der Strecke Plauen (Vogtl) – Schönberg (Vogtl) – Schleiz. Während montags bis freitags alle Züge mit der Baureihe 201 gefahren wurden, kamen z. B. 1995 am Wochenende die Nahverkehrszüge mit den Regensburger 218 und Reichenbacher 232 mit Adorfer Personal von Plauen (Vogtl) bis Schleiz.

Zwischen Schleiz und Saalburg leistete ab dem Sommerfahrplan 1994 planmäßig eine 202 ihre Dienste. Von dieser Baureihe hatte der Bh Reichenbach (Vogtl) ab dem 30. Mai 1994 wieder fünf Maschinen im Bestand. Ein Jahr später waren die Schleizer und Saalburger Loks im Umlaufplan 73 (für 18 × 202) des Bh Reichenbach zu finden. Zum Planwechsel am 1. Juni 1996 beförderte die Reichenbacher 202 416 die letzten Nahverkehrszüge zwischen Schleiz und Saalburg. Noch für zwei Jahre verkehrten Triebwagen der Baureihe 771 des Bh Nordhausen im Auftrag von DB Regio Thüringen auf der Verbindung Plauen (Vogtl) ob Bf – Schleiz, denn übernahm die Vogtlandbahn die Leistungen.

Bild 218 ▷
Im Arbeitszugdienst war **201 165** des Bw Reichenbach (Vogtl) am 30. März 1995 im Bahnhof Schönberg tätig.

Aufnahme: Henning Folz

Bw Reichenbach (Vogtl) (I)

Lok-Nr.	vom Bw	beheimatet von – bis	zum Bw
V100 018	Neuanlieferung	01.03.67 – 04.04.67	KMS-Hilbersdorf
110 018	Dresden	29.06.90 – 03.09.92	Zittau
V100 019	Neuanlieferung	01.03.67 – 26.05.67	KMS-Hilbersdorf
V100 020	KMS-Hilbersdorf	12.04.67 – 29.05.81	Karl-Marx-Stadt*
V100 022	Neuanlieferung	01.03.67 – 10.09.69	Karl-Marx-Stadt
V100 022	Karl-Marx-Stadt	27.09.69 – 03.09.92	Zittau
V100 023	Neuanlieferung	03.03.67 – 03.01.69	Karl-Marx-Stadt
V100 023	Karl-Marx-Stadt	07.02.69 – 30.05.80	Saalfeld
110 024	Nossen	06.12.87 – 24.05.88	Karl-Marx-Stadt
110 025	Karl-Marx-Stadt	19.03.82 – 22.09.83	Güstrow
110 025	Güstrow	07.10.83 – 29.05.90	Nossen
201 025	Riesa	01.12.93 – 21.12.93	Görlitz
V100 026	Karl-Marx-Stadt	07.11.67 – 26.11.67	KMS-Hilbersdorf
V100 029	KMS-Hilbersdorf	06.04.67 – 30.05.80	Weißenfels
V100 030	KMS-Hilbersdorf	24.10.67 – 13.01.69	Rostock
V100 034	KMS-Hilbersdorf	20.10.67 – 20.05.74	Glauchau (Sachs)*
V100 042	Karl-Marx-Stadt	12.04.68 – 27.09.68	Dresden
V100 042	Dresden	04.03.69 – 19.12.71	Dresden
110 042	Dresden	04.01.72 – 24.09.76	Glauchau (Sachs)
110 045	Dresden	25.03.72 – 11.04.72	Karl-Marx-Stadt
110 047	Aue (Sachs)	01.10.78 – 30.09.79	Aue (Sachs)
110 048	Karl-Marx-Stadt	.09.70 – 08.10.70	Karl-Marx-Stadt
110 048	Karl-Marx-Stadt	14.07.71 – 26.08.71	Karl-Marx-Stadt
110 048	Aue (Sachs)	21.07.73 – 07.08.73	Aue (Sachs)
110 048	Aue (Sachs)	10.09.73 – 29.09.73	Aue (Sachs)
110 048	Karl-Marx-Stadt	05.12.87 – 13.06.90	Nossen
V100 050	Dresden	24.12.69 – 28.05.81	Glauchau (Sachs)
110 050	Glauchau (Sachs)	26.09.81 – 28.06.90	Nossen
110 054	Dresden	25.03.72 – 04.05.72	Aue (Sachs)
110 054	Aue (Sachs)	20.05.72 – 02.06.72	Karl-Marx-Stadt
V100 064	Karl-Marx-Stadt	10.06.69 – 31.05.80	Aue (Sachs)*
110 064	Aue (Sachs)	01.07.82 – 24.01.84	Aue (Sachs)
110 066	Nossen	01.06.86 – 20.05.87	Dresden
V100 067	Karl-Marx-Stadt	17.09.69 – 31.05.80	Aue (Sachs)
V100 068	Dresden	25.07.69 – 28.09.72	Wismar
V100 069	Dresden	01.07.69 – 03.07.73	Gera
110 072	Karl-Marx-Stadt	29.05.70 – 11.08.70	Aue (Sachs)
110 073	Dresden	17.01.70 – 31.10.75	Aue (Sachs)
110 073	Aue (Sachs)	25.09.77 – 25.05.79	Glauchau (Sachs)
110 074	Aue (Sachs)	30.05.70 – 19.06.78	Magdeburg*
V100 078	Dresden	24.12.69 – 25.05.79	Glauchau (Sachs)
110 079	Dresden	21.06.83 – 05.06.88	Karl-Marx-Stadt
110 079	Karl-Marx-Stadt	16.06.89 – 03.09.92	Zittau
110 080	Karl-Marx-Stadt	10.08.87 – 19.08.87	Glauchau (Sachs)
110 081	Karl-Marx-Stadt	11.06.70 – 25.09.70	Karl-Marx-Stadt
110 081	Glauchau (Sachs)	07.01.84 – 31.05.86	Karl-Marx-Stadt
110 085	Karl-Marx-Stadt	12.12.81 – 23.12.81	Karl-Marx-Stadt
110 086	W-P-S Guben	12.06.90 – 10.02.92	Zittau
110 088	Dresden	05.02.70 – 03.06.71	Aue (Sachs)
110 088	Aue (Sachs)	06.08.71 – 24.09.76	Glauchau (Sachs)
110 091	Karl-Marx-Stadt	08.09.73 – 12.10.73	Aue (Sachs)
110 091	Wittenberge	25.09.82 – 13.03.87	Karl-Marx-Stadt
110 091	Karl-Marx-Stadt	08.04.87 – 06.01.92	Zittau
110 093	Glauchau (Sachs)	03.11.83 – 25.06.84	Falkenberg (E)
201 093	Glauchau (Sachs)	06.01.93 – 22.01.93	Glauchau (Sachs)
V100 095	Karl-Marx-Stadt	26.07.68 – 16.05.76	Neustrelitz
110 095	Neustrelitz	22.07.76 – 25.05.79	Glauchau (Sachs)
110 095	Glauchau (Sachs)	04.11.83 – 18.07.90	Aue (Sachs)
110 096	Dresden	04.01.70 – 25.09.70	Karl-Marx-Stadt
110 101	Glauchau (Sachs)	03.11.83 – 18.09.86	Glauchau (Sachs)
110 102	Glauchau (Sachs)	18.10.85 – 24.05.88	Karl-Marx-Stadt

KMS = Karl-Marx-Stadt   WPS-Guben = Wilhelm-Pieck-Stadt Guben

* Lok war während der Beheimatung kurzzeitig in einem anderen Bw.

Bw Reichenbach (Vogtl) (II)

Lok-Nr.	vom Bw	beheimatet von – bis	zum Bw
110 104	Nossen	01.06.86 – 14.12.86	Aue (Sachs)
110 104	Aue (Sachs)	07.06.91 – 03.09.92	Zittau
110 117	Dresden	28.05.81 – 19.06.83	Dresden
110 117	Dresden	01.02.87 – 12.07.90	verk BKK Cottbus
201 118	Weißenfels	30.05.92 – 30.05.96	z, a 31.05.96
110 120	Dresden	10.09.73 – 24.05.74	Dresden
110 124	Angermünde	14.06.89 – 10.02.92	Zittau
110 125	Wittenberge	04.11.82 – 09.06.87	Karl-Marx-Stadt
110 130	Nossen	24.08.85 – 12.03.87	Karl-Marx-Stadt
110 130	Karl-Marx-Stadt	08.04.87 – 28.05.90	Nossen
110 130	Nossen	29.06.90 – 20.01.92	Zittau
201 132	Weißenfels	30.05.92 – 09.04.97	z-Park
201 132	aus z-Park	24.04.97 – 19.02.98	z, a 28.02.98
110 135	Gera	29.06.73 – 24.09.76	Nossen
110 142	Dresden	18.07.86 – 28.05.90	Nossen
110 143	Dresden	03.05.77 – 20.05.77	Nossen
V100 147	Neuanlieferung	01.08.69 – 26.09.69	Dresden
V100 152	Neuanlieferung	20.11.69 – 30.08.74	Glauchau (Sachs)
110 152	Nossen	14.12.81 – 31.12.81	Nossen
110 152	Nossen	13.09.83 – 31.05.86	Karl-Marx-Stadt
V100 162	Neuanlieferung	04.12.69 – 24.09.76	Nossen
V100 165	Neuanlieferung	13.12.69 – 23.12.69	Dresden
201 165	Nossen	05.06.92 – 09.04.97	z-Park
201 165	aus z-Park	24.04.97 – 21.03.98	z, a 20.05.98
110 170	Dresden	17.01.70 – 24.09.76	Nossen
110 170	Dresden	07.12.86 – 29.05.90	Nossen
V100 202	Neuanlieferung	31.12.69 – 04.11.76	Nossen
110 202	Nossen	28.09.89 – 10.05.90	Aue (Sachs)
110 202	Aue (Sachs)	07.06.91 – 03.10.92	Zittau
110 205	Weißenfels	28.05.88 – 30.09.88	Aue (Sachs)
110 211	Neuanlieferung	31.01.70 – 14.06.86	Aue (Sachs)
110 211	Aue (Sachs)	13.12.86 – 31.05.87	Aue (Sachs)
110 226	Neuanlieferung	01.03.70 – 31.05.87	Aue (Sachs)
110 227	Neuanlieferung	01.03.70 – 31.05.87	Aue (Sachs)
110 231	Dresden	24.12.85 – 16.05.89	umb in 112 231
110 250	Neuanlieferung	27.09.70 – 25.01.72	Dresden
110 250	Dresden	17.02.72 – 27.05.81	Dresden
110 253	Neuanlieferung	27.09.70 – 31.12.75	Gera
110 259	Karl-Marx-Stadt	24.10.85 – 31.05.87	Aue (Sachs)
110 271	Neuanlieferung	01.09.70 – 29.11.85	umb in 112 271
201 273	Bln-Pankow	26.06.92 – 18.06.95	z-Park
110 277	Aue (Sachs)	08.09.80 – 29.09.80	Aue (Sachs)
110 280	Dresden	13.12.81 – 26.12.81	Dresden
110 288	Neuanlieferung	01.09.70 – 23.12.75	Gera
110 298	Aue (Sachs)	02.12.72 – 03.02.73	Aue (Sachs)
110 304	Neuanlieferung	08.12.70 – 31.12.75	Gera
110 311	Karl-Marx-Stadt	31.05.75 – 12.03.76	Halle P
110 311	Halle P	20.04.76 – 16.05.76	Neustrelitz
110 311	Neustrelitz	21.07.76 – 01.06.78	Magdeburg
110 311	Magdeburg	.06.78 – 14.10.83	umb in 112 311
110 321	Karl-Marx-Stadt	31.05.75 – 31.12.75	Gera
110 323	Gera	28.04.73 – 25.05.78	Glauchau (Sachs)
110 393	Karl-Marx-Stadt	01.06.86 – 25.05.92	Weißenfels*
110 430	Aue (Sachs)	25.09.77 – 11.03.82	umb in 112 430
110 451	Glauchau (Sachs)	13.03.82 – 25.04.89	umb in 112 451
110 496	Nossen	22.09.83 – 05.11.83	Aue (Sachs)
110 504	Leipzig Hbf Süd	06.01.73 – 17.04.86	Glauchau (Sachs)
110 507	Gera	02.04.75 – 31.12.75	Gera
201 508	Aue (Sachs)	05.01.93 – 19.01.93	Aue (Sachs)
110 514	Neuanlieferung	17.03.73 – 31.05.87	Aue (Sachs)
110 514	Glauchau (Sachs)	01.10.87 – 09.10.87	Aue (Sachs)
110 514	Aue (Sachs)	07.06.90 – 30.05.92	Aue (Sachs)

a = abgestellt   verk BKK = verkauft an Braunkohlenkombinat   umb = Umbau

Bw Reichenbach (Vogtl) (III)			
Lok-Nr.	vom Bw	beheimatet von – bis	zum Bw
110 551	Aue (Sachs)	01.05.90 – 30.05.92	Aue (Sachs)
110 552	Aue (Sachs)	28.05.90 – 15.09.92	Zittau
110 555	Neuanlieferung	31.08.73 – 31.12.75	Gera
110 556	Neuanlieferung	30.06.73 – 06.08.86	umb in 112 556
110 560	Halle P	09.08.73 – 31.12.75	Gera
110 561	Leipzig Hbf Süd	09.08.73 – 20.12.85	umb in 112 561
110 562	Leipzig Hbf Süd	09.08.73 – 11.06.86	umb in 112 562
110 563	Leipzig Hbf Süd	09.08.73 – 30.06.86	umb in 112 563
110 564	Aue (Sachs)	30.05.75 – 31.10.75	Aue (Sachs)
110 564	Aue (Sachs)	25.06.76 – 21.07.76	Aue (Sachs)
110 574	Neuanlieferung	31.08.73 – 25.07.85	umb in 112 574*
110 575	Neuanlieferung	25.08.73 – 31.12.75	Gera
110 576	Neuanlieferung	25.08.73 – 17.10.83	umb in 112 576
110 577	Neuanlieferung	25.08.73 – 31.12.75	Gera
110 578	Neuanlieferung	31.08.73 – 24.10.85	Karl-Marx-Stadt
110 579	Neuanlieferung	31.08.73 – 16.09.86	umb in 112 579*
110 581	Neuanlieferung	08.09.73 – 30.04.86	umb in 112 581
110 583	Neuanlieferung	21.09.73 – 21.09.73	Dresden
110 583	Dresden	29.11.86 – .01.90	Nossen
110 583	Nossen	01.02.90 – 15.09.92	Zittau
110 586	Neuanlieferung	21.09.73 – 21.09.73	Dresden
110 588	Aue (Sachs)	01.07.90 – 15.09.92	Zittau
110 604	Erfurt	16.02.90 – 25.05.92	Weißenfels
110 617	Karl-Marx-Stadt	01.06.86 – 31.05.87	Aue (Sachs)
110 634	Angermünde	01.06.89 – 10.06.90	Aue (Sachs)
110 659	Aue (Sachs)	25.06.76 – 21.07.76	Aue (Sachs)
110 677	Aue (Sachs)	21.08.76 – 26.09.86	umb in 112 677
110 687	Neuanlieferung	11.07.74 – 06.09.83	umb in 112 687
110 702	Aue (Sachs)	02.09.74 – 12.02.86	umb in 112 702
110 745	Karl-Marx-Stadt	01.06.86 – 25.05.90	Aue (Sachs)
201 756	Aue (Sachs)	31.05.92 – 29.05.94	Chemnitz
110 757	Aue (Sachs)	20.08.76 – 16.03.86	Karl-Marx-Stadt
110 757	Karl-Marx-Stadt	01.10.87 – 15.09.92	Zittau
110 821	Aue (Sachs)	21.05.77 – 25.09.77	Aue (Sachs)
110 822	Aue (Sachs)	21.05.77 – 25.09.77	Aue (Sachs)
110 822	Aue (Sachs)	01.10.78 – 29.09.79	Aue (Sachs)
110 828	Neuanlieferung	20.08.75 – 12.12.83	Aue (Sachs)
110 829	Aue (Sachs)	23.09.83 – 05.11.83	Aue (Sachs)
110 833	Neuanlieferung	04.09.75 – 23.08.92	Aue (Sachs)
110 834	Neuanlieferung	11.09.75 – 31.01.82	Stendal
110 834	Stendal	21.04.82 – 21.09.89	umb in 114 834
110 835	Neuanlieferung	11.09.75 – 24.06.88	umb in 112 835
201 851	Aue (Sachs)	31.05.92 – 09.06.96	z, a 10.06.96
110 868	Neuanlieferung	13.10.76 – 09.04.97	z-Park
201 868	aus z-Park	24.04.97 – 10.04.98	z-Park
201 868	aus z-Park	01.05.98 – 20.05.98	z, a 20.05.98
110 869	Neuanlieferung	13.10.76 – 18.12.91	umb in 114 869
201 873	Riesa	16.02.94 – 31.05.94	Chemnitz
110 874	Neuanlieferung	09.11.76 – 29.11.90	umb in 199 874
201 875	Aue (Sachs)	28.05.92 – 02.02.98	z, a 10.03.98
201 887	Leipzig Hbf Süd	29.05.92 – 29.05.94	Chemnitz
201 888	Seddin	31.05.92 – 29.05.94	Chemnitz
201 895	Chemnitz	16.06.92 – 29.04.96	z, a 30.04.96
202 063	Zwickau	30.09.95 – 15.05.96	Dresden
202 098	Zwickau	30.09.95 – 10.12.97	Chemnitz
202 166	Dresden	25.05.95 – 19.01.98	Chemnitz
112 231	aus Umbau	17.05.89 – 26.01.94	Zwickau
202 231	Zwickau	30.09.95 – 10.12.97	Chemnitz
202 240	Dresden	28.05.95 – 05.02.98	Chemnitz
112 250	Karl-Marx-Stadt	20.05.87 – 26.01.94	Zwickau
112 271	aus Umbau	30.11.85 – 31.05.86	Karl-Marx-Stadt
112 277	Karl-Marx-Stadt	31.08.90 – 18.05.93	Chemnitz
202 300	Chemnitz	03.08.94 – 24.09.94	Chemnitz

Bw Reichenbach (Vogtl) (IV)			
Lok-Nr.	vom Bw	beheimatet von – bis	zum Bw
202 307	Dresden	23.04.97 – 20.01.98	z-Park
112 315	Karl-Marx-Stadt	01.10.90 – 26.01.94	Zwickau
202 315	Chemnitz	31.12.95 – 03.03.96	z, a 01.03.96
112 323	Nossen	01.06.90 – 26.01.94	Zwickau
202 323	Zwickau	30.09.95 – 26.02.98	z-Park
202 331	Görlitz	30.05.94 – 10.12.97	Chemnitz
202 352	Görlitz	11.07.94 – 18.04.96	Dresden
202 368	Chemnitz	30.05.94 – 12.02.98	Chemnitz
202 405	Zwickau	30.09.95 – 18.04.96	Dresden
112 416	Karl-Marx-Stadt	06.10.90 – 26.01.94	Zwickau
202 416	Zwickau	30.09.95 – 10.12.97	Chemnitz
112 436	Nossen	01.06.90 – 26.01.94	Zwickau
202 436	Zwickau	30.09.95 – 12.02.98	Chemnitz
112 451	aus Umbau	25.04.89 – 26.01.94	Zwickau
202 451	Zwickau	30.09.95 – 10.12.97	Chemnitz
112 496	Aue (Sachs)	31.05.87 – 26.01.94	Zwickau
112 499	Dresden	04.01.90 – 09.06.91	Dresden
202 504	Chemnitz	31.12.95 – 03.03.96	z, a 01.03.96
112 516	Karl-Marx-Stadt	01.10.90 – 20.11.91	Karl-Marx-Stadt
202 534	Zwickau	30.09.95 – 30.12.95	Chemnitz
202 537	Zwickau	30.09.95 – 03.03.96	z, a 01.03.96
112 556	aus Umbau	07.08.86 – 06.02.87	Aue (Sachs)
112 556	Karl-Marx-Stadt	01.10.90 – 26.01.94	Zwickau
112 560	Meiningen	21.12.91 – 26.01.94	Zwickau
202 560	Zwickau	30.09.95 – 30.12.95	Chemnitz
202 562	Zwickau	30.09.95 – 04.02.98	Chemnitz
112 574	Nossen	01.06.90 – 26.01.94	Zwickau
202 576	Zwickau	30.09.95 – 09.06.97	Chemnitz
112 579	aus Umbau	17.09.86 – 18.12.86	Dresden
202 586	Zwickau	30.09.95 – 09.06.97	Chemnitz
202 587	Zwickau	30.09.95 – 10.12.97	Chemnitz
112 593	Nossen	03.06.90 – 26.01.94	Zwickau
202 601	Chemnitz	31.12.95 – 03.03.96	z, a 01.03.96
202 617	Dresden	25.05.95 – 10.12.97	Chemnitz
112 623	Aue (Sachs)	01.06.87 – 20.11.91	Karl-Marx-Stadt
112 629	Dresden	31.05.88 – 16.03.90	Aue (Sachs)
202 632	Zittau	30.04.92 – 26.01.94	Zwickau
202 632	Zwickau	30.09.95 – 09.06.97	Chemnitz
112 633	Karl-Marx-Stadt	01.10.90 – 11.06.91	Dresden
202 633	Zwickau	30.09.95 – 11.02.98	Chemnitz
202 656	Dresden	30.05.94 – 26.02.98	z-Park
202 663	Zwickau	30.09.95 – 29.05.97	z-Park
202 667	Zwickau	30.09.95 – 30.12.95	Chemnitz
112 677	Stendal	14.10.86 – 11.12.86	Dresden
112 690	Aue (Sachs)	31.05.87 – 26.01.94	Zwickau
202 690	Zwickau	30.09.95 – 05.02.98	Chemnitz
202 693	Dresden	30.05.94 – 14.12.97	Chemnitz
112 695	Karl-Marx-Stadt	01.06.87 – 23.01.89	Brandenburg
112 696	Aue (Sachs)	31.05.87 – 28.02.89	Haldensleben
112 702	aus Umbau	13.02.86 – 24.07.86	Dresden
112 702	Dresden	17.03.89 – 26.01.94	Zwickau
202 702	Zwickau	30.09.95 – 03.03.96	z, a 01.03.96
112 718	Nossen	01.06.90 – 26.01.94	Zwickau
202 719	Zwickau	30.09.95 – 04.02.98	Chemnitz
112 743	aus Umbau	26.02.88 – 13.03.88	Aue (Sachs)
202 743	Dresden	28.05.95 – 15.05.96	Chemnitz
112 771	Aue (Sachs)	31.05.87 – 29.05.90	Nossen
202 772	Dresden	01.06.95 – 12.02.98	Chemnitz
112 776	Aue (Sachs)	31.05.87 – 17.02.89	Brandenburg
112 781	Aue (Sachs)	31.05.87 – 26.01.94	Zwickau
202 781	Zwickau	30.09.95 – 10.12.97	Chemnitz
202 786	Zwickau	30.09.95 – 05.04.96	Dresden
112 787	Karl-Marx-Stadt	21.11.91 – 26.01.94	Zwickau
202 806	Dresden	28.05.95 – 26.02.98	z-Park

◁ **Bild 219**
Ab 1992 beheimatete das Bw Reichenbach (Vogtl) auch Lokomotiven der Baureihe 298, die im Güterzugdienst zum Einsatz kamen. Hier dient **298 163** an einem Güterzug nach Zwickau als Schiebelok, aufgenommen am 10. September 1996 in Reichenbach oberer Bahnhof.

Aufnahme: St. Führlich, Sammlung Rainer Heinrich

Bw Reichenbach (Vogtl) (V)

Lok-Nr.	vom Bw	beheimatet von – bis	zum Bw
112 811	Dresden	31.05.88 – 26.01.94	Zwickau
202 811	Zwickau	30.09.95 – 09.06.97	Chemnitz
112 835	aus Umbau	25.06.88 – 26.01.94	Zwickau
202 836	Dresden	01.06.95 – 16.10.95	z, a 16.10.95 unf
202 849	Dresden	28.05.95 – 10.12.97	Chemnitz
112 866	Karl-Marx-Stadt	21.11.91 – 26.01.94	Zwickau
202 880	Zwickau	30.09.95 – 15.05.96	Chemnitz
204 401	Erfurt	09.01.98 – 26.10.98	Zwickau
204 584	Erfurt	10.01.98 – 26.10.98	Zwickau
204 638	Erfurt	09.01.98 – 26.10.98	Zwickau
204 639	Erfurt	14.01.98 – 26.10.98	Zwickau
204 650	Erfurt	09.01.98 – 26.10.98	Zwickau
204 660	Erfurt	10.01.98 – 26.10.98	Zwickau
204 805	Dresden	24.05.98 – 27.10.98	Zwickau
204 834	Erfurt	09.01.98 – 26.10.98	Zwickau
204 845	Erfurt	16.01.98 – 26.10.98	Zwickau
204 848	Erfurt	09.01.98 – 26.10.98	Zwickau
204 857	Erfurt	09.01.98 – 26.10.98	Zwickau
204 862	Dresden	25.05.98 – 26.10.98	Zwickau
298 044	Dresden	15.04.97 – 26.10.98	Zwickau
298 047	Zwickau	30.09.95 – 17.06.96	Dresden
298 048	Dresden	15.04.97 – 26.10.98	Zwickau
298 051	Erfurt	15.01.93 – 26.01.94	Zwickau
298 051	Bln-Pankow	06.01.96 – 27.09.98	Halle G

unf = Unfall

Bw Reichenbach (Vogtl) (VI)

Lok-Nr.	vom Bw	beheimatet von – bis	zum Bw
298 058	Zwickau	30.09.95 – 26.10.98	Zwickau
298 069	Zwickau	30.09.95 – 26.10.98	Zwickau
298 071	Zwickau	30.09.95 – 26.10.98	Zwickau
298 072	Zwickau	30.09.95 – 15.10.98	Dresden
298 080	aus Umbau	19.12.92 – 26.01.94	Zwickau, ex 201 080
298 080	Zwickau	30.09.95 – 28.02.05	Seddin
298 081	Bln-Pankow	06.01.96 – 26.10.98	Zwickau
298 088	Zwickau	30.09.95 – 26.10.98	Zwickau
298 091	aus Umbau	11.12.92 – 26.01.94	Zwickau, ex 201 091
298 091	Zwickau	30.09.95 – 21.08.97	Cottbus
298 094	aus Umbau	18.11.92 – 26.01.94	Zwickau, ex 201 094
298 094	Zwickau	30.09.95 – 26.10.98	Zwickau
298 102	Chemnitz	11.10.92 – 05.10.93	Frankfurt (0)
298 104	aus Umbau	17.06.93 – 26.01.94	Zwickau, ex 201 104
298 104	Zwickau	30.09.95 – 10.10.97	Dresden
298 122	Chemnitz	06.02.97 – 08.06.97	Dresden
298 139	Senftenberg	01.04.98 – 26.10.98	Zwickau
298 151	Dresden	10.07.98 – 26.10.98	Zwickau
298 163	Aue (Sachs)	22.11.92 – 26.01.94	Zwickau
298 163	Zwickau	30.09.95 – 27.07.97	Cottbus
298 303	aus Umbau	30.10.92 – 26.01.94	Zwickau, ex 293 003
298 303	Zwickau	30.09.95 – 26.10.98	Zwickau
298 304	Chemnitz	06.02.97 – 11.09.97	Dresden
298 311	Chemnitz	06.02.97 – 30.11.97	Dresden
298 314	aus Umbau	17.10.92 – 26.01.94	Zwickau, ex 293 014
298 314	Dresden	30.11.95 – 30.05.96	Dresden
298 327	Erfurt	03.07.97 – 25.08.97	Cottbus

◁ **Bild 220**
Blick in die Einsatzstelle Plauen ob Bf des Bh Reichenbach (Vogtl) am 8. April 1994 mit der dort abgestellten **201 851**. Die Lok leistete noch bis Juni 1996 ihre Dienste und wurde dann z-gestellt.

Aufnahme: Rainer Heinrich

4.9 Bw Riesa

Zwischen 1972 und 1978 beheimatete das Bw Riesa immer nur kurzfristig einige Loks der Baureihe 110. Erst im September und Oktober 1993 erhielt Riesa durch die buchmäßige Übernahme der Fahrzeuge des Bahnbetriebswerks Nossen einen größeren Bestand an 201 und 202.

Die Loks kamen u. a. zwischen Riesa und Nossen sowie zwischen Meißen und Großbothen zum Einsatz. Während drei der vier von Nossen übernommenen 201 noch im Verlauf des Jahres 1993 z-gestellt wurden, wechselte 201 873 am 15. Februar 1994 zum Bh Reichenbach (Vogtl). Im September 1995 wurden dann – bis auf 202 720 – alle im Bh Riesa vorhandenen 202 an den Betriebshof Dresden abgegeben. Nur 202 720 wechselte nach Magdeburg.

Bw Riesa

Lok-Nr.	vom Bw	beheimatet von – bis	zum Bw
201 018	Nossen	01.10.93 – 13.10.93	z, a 07.09.92
201 025	Nossen	27.09.93 – 30.11.93	Reichenbach (V)
110 114	Dresden	15.07.78 – 30.09.78	Dresden
110 120	Dresden	10.06.75 – .01.76	Dresden
201 170	Nossen	01.10.93 – 13.10.93	z ,a 11.02.93
110 243	Dresden	26.04.72 – 23.05.72	Dresden
110 269	Magdeburg	15.07.78 – 27.09.78	Glauchau (Sachs)
201 873	Nossen	27.09.93 – 15.02.94	Reichenbach (V)
202 245	Nordhausen	27.05.94 – 29.09.95	Dresden
202 248	Magdeburg	22.09.95 – 30.09.95	Dresden
202 268	Nordhausen	27.05.94 – 29.09.95	Dresden
202 374	Nordhausen	27.05.94 – 29.09.95	Dresden
202 498	Nossen	27.09.93 – 29.09.95	Dresden
202 503	Nossen	27.09.93 – 29.09.95	Dresden
202 528	Nordhausen	27.05.94 – 29.09.95	Dresden
202 550	Nossen	27.09.93 – 29.09.95	Dresden
202 561	Nossen	27.09.93 – 29.09.95	Dresden
202 579	Nossen	27.09.93 – 29.09.95	Dresden
202 615	Nossen	27.09.93 – 29.09.95	Dresden
202 621	Nossen	27.09.93 – 29.09.95	Dresden
202 635	Nossen	27.09.93 – 29.09.95	Dresden
202 672	Nossen	27.09.93 – 29.09.95	Dresden
202 720	Nossen	27.09.93 – 29.09.95	Magdeburg
202 744	Nossen	27.09.93 – 29.09.95	Dresden
202 766	Görlitz	23.12.94 – 29.09.95	Dresden
202 816	Dresden	25.05.95 – 29.09.95	Dresden

4.10 Bh Zwickau

Der neu gegründete Betriebshof Zwickau übernahm im Januar 1994 von den Bahnbetriebswerken Aue (Sachs), Glauchau (Sachs) und Reichenbach (Vogtl) 17 Maschinen der Baureihe 201, 30 der Baureihe 202, sieben der Baureihe 204 und 14 der Baureihe 298.

Am 2. April 1994 trafen vom Bh Görlitz kommend noch 201 007, 201 025 und 201 093 in Zwickau ein. Zwischen dem 3. Februar und dem 29. Mai 1994 wurden folgende 201 in den z-Park überstellt:

201 211, 508, 514, 551, 618, 773, 828, 833 und 881.

Am 29. Mai 1994 wechselten die in Zwickau noch vorhandenen 201 zum Bh Chemnitz. Der letzte Bestand war:

201 007	025	073	093	095
101	259	745	770	829
878				

Die vom Bw Glauchau (Sachs) übernommenen 202 207, 300, 311, 383, 499, 620 und 727 wurden bereits am 9. Januar 1994 an den Bh Chemnitz abgegeben.

Im Mai 1995 wechselten alle Zwickauer Maschinen der Baureihen 202 (26 Loks), 204 (7 Loks) und 298 (13 Loks) zu den Betriebshöfen Chemnitz, Dresden, Magdeburg und Reichenbach (Vogtl). Die Verteilung im Einzelnen:

Zum Bh Chemnitz:

202 167	207	250	288	315
556	574	587	718	727
796	844			

Bild 221 ▷
Vom Bh Nordhausen kam im Mai 1994 die **202 528** zum Bh Riesa. Hier steht sie am 23. Oktober 1995 mit einer Regionalbahn nach Riesa im Bahnhof Nossen.

Aufnahme: Volker Lucas, Sammlung A. Zika

◁ **Bild 222**
Die Lokomotiven der Baureihe 110 bzw. 112 wurden in den Bahnbetriebswerken häufig für die Bespannung der Hilfszüge genutzt – so auch in Zwickau. Am 9. Mai 1998 steht **202 416** vor dem Zwickauer Hilfszug im dortigen Bahnhof.

Zum Bh Dresden:

204 223	274	359	448	482
805	862			

Zum Bh Magdeburg:

202 496	835

Zum Bh Reichenbach (Vogtl):

202 063	093	231	323	405
416	436	451	534	537
560	562	576	586	587
632	633	663	667	690
702	719	781	786	811
880				
298 047	058	069	071	072
080	088	091	094	104
110	163	303		

Mit der Aufteilung der Lokomotiven und Betriebshöfe auf die Geschäftsbereiche Fern-, Nah- und Ladungsverkehr kam der Bh Zwickau zum GB Ladungsverkehr und übernahm im Oktober 1998 vom Bh Reichenbach (Vogtl) wieder jeweils zwölf Loks der Baureihen 204 und 298. Die Maschinen bespannten von Zwickau aus Übergabegüterzüge nach Glauchau (Sachs) und nach Mosel zum dortigen VW-Werk. Weitere Aufgaben war der Rangierdienst in Zwickau und Glauchau (Sachs). Die 204 298, 626, 638, 660, 845, 857, 858 und 862 wurden zwischen August 2001 und März 2002 in den z-Park überstellt, während 204 639 nach Seddin und 204 650 sowie 204 848 nach Saalfeld abgegeben wurden. Als letzte 204 verließen 204 605 und 204 607 am 31. Mai 2003 den Bh Zwickau und wechselten zum Bh Leipzig Hbf Süd.

Von den Lokomotiven der Baureihe 298 wurden in der Zeit vom 14. Dezember 2002 bis zum 5. November 2007 die 298 047 (zum Bh Dresden), 298 058 (nach Halle G), 298 069, 298 080, 298 329 (alle nach Seddin), 298 071 (nach Saalfeld), 298 081 und 298 151 (beide nach Senftenberg) umbeheimatet.

Derweil „wanderten“ 298 048, 050, 094 und 122 zwischen dem 3. Mai 2007 und dem 2. September 2009 in den z-Park.

△ **Bild 223** • (Abschieds-)Parade der Baureihe 204 im Betriebshof Zwickau am 20. Juni 2001. An jenem Tag wurden in Positur gestellt (v. l. n. r.): **204 638, 204 607, 204 298, 204 857, 204 845, 204 858** und **204 605**.

Aufnahmen (2): Rainer Heinrich

Bild 224 ▷
Die Gemeinde Gauern hatte bis Mai 1999 einen Bahnanschluss über die Strecke Werdau – Wünschendorf (Elster). Am 16. Mai 1994 ist unweit des Ortes die Zwickauer **202 811** mit ihrer Regionalbahn unterwegs.

Aufnahme: Gero Istel

Bw Zwickau (I)

Lok-Nr.	vom Bw	beheimatet von – bis	zum Bw
201 007	Görlitz	04.02.94 – 29.05.94	Chemnitz
201 025	Görlitz	04.02.94 – 29.05.94	Chemnitz
201 073	Glauchau (Sachs)	01.01.94 – 29.05.94	Chemnitz
201 093	Görlitz	04.02.94 – 29.05.94	Chemnitz
201 095	Aue (Sachs)	01.01.94 – 29.05.94	Chemnitz
201 101	Glauchau (Sachs)	01.01.94 – 29.05.94	Chemnitz
201 211	Aue (Sachs)	01.01.94 – 29.05.94	z, a 29.05.94
201 259	Aue (Sachs)	01.01.94 – 29.05.94	Chemnitz
201 508	Aue (Sachs)	01.01.94 – 29.05.94	z, zr
201 514	Aue (Sachs)	01.01.94 – 03.02.94	z-Park
201 551	Aue (Sachs)	01.01.94 – 03.02.94	z-Park
201 618	Aue (Sachs)	01.01.94 – 29.05.94	z-Park
201 745	Aue (Sachs)	01.01.94 – 29.05.94	Chemnitz
201 770	Aue (Sachs)	01.01.94 – 29.05.94	Chemnitz
201 773	Aue (Sachs)	01.01.94 – 03.02.94	z-Park
201 828	Aue (Sachs)	01.01.94 – 29.05.94	z, a 29.05.94
201 829	Aue (Sachs)	01.01.94 – 29.05.94	Chemnitz
201 833	Aue (Sachs)	01.01.94 – 30.03.94	z, a 30.03.94
201 878	Aue (Sachs)	01.01.94 – 29.05.94	Chemnitz
201 881	Aue (Sachs)	01.01.94 – 29.05.94	z, a 02.12.94
202 063	Dresden	27.05.95 – 29.09.95	Reichenbach (V)
202 098	Dresden	27.05.95 – 29.09.95	Reichenbach (V)
202 167	Dresden	27.05.95 – 29.09.95	Chemnitz
202 207	Glauchau (Sachs)	01.01.94 – 09.01.94	Chemnitz
202 231	Reichenbach (V)	27.01.94 – 29.09.95	Reichenbach (V)
202 250	Reichenbach (V)	27.01.94 – 29.09.95	Chemnitz
202 288	Nordhausen	01.06.94 – 24.09.94	Chemnitz
202 300	Glauchau (Sachs)	01.01.94 – 09.01.94	Chemnitz
202 311	Glauchau (Sachs)	01.01.94 – 09.01.94	Chemnitz
202 315	Reichenbach (V)	27.01.94 – 29.09.95	Chemnitz
202 323	Reichenbach (V)	27.01.94 – 29.09.95	Reichenbach (V)
202 383	Glauchau (Sachs)	01.01.94 – 09.01.94	Chemnitz
202 405	Dresden	27.05.95 – 29.09.95	Reichenbach (V)

a = abgestellt   zr = Zurückstellung aus Reserve

Bw Zwickau (II)

Lok-Nr.	vom Bw	beheimatet von – bis	zum Bw
202 416	Reichenbach (V)	27.01.94 – 29.09.95	Reichenbach (V)
202 436	Reichenbach (V)	27.01.94 – 29.09.95	Reichenbach (V)
202 451	Reichenbach (V)	27.01.94 – 29.09.95	Reichenbach (V)
202 452	Chemnitz	10.01.94 – 29.09.95	Chemnitz
202 496	Reichenbach (V)	27.01.94 – 29.09.95	Magdeburg
202 499	Glauchau (Sachs)	01.01.94 – 09.01.94	Chemnitz
202 534	Halberstadt	27.09.95 – 29.09.95	Reichenbach (V)
202 537	Halberstadt	27.09.95 – 29.09.95	Reichenbach (V)
202 556	Reichenbach (V)	27.01.94 – 24.09.94	Chemnitz
202 560	Reichenbach (V)	27.01.94 – 29.09.95	Reichenbach (V)
202 562	Chemnitz	10.01.94 – 29.09.95	Reichenbach (V)
202 574	Reichenbach (V)	27.01.94 – 29.09.95	Chemnitz
202 576	Chemnitz	10.01.94 – 29.09.95	Reichenbach (V)
202 586	Chemnitz	10.01.94 – 29.09.95	Reichenbach (V)
202 587	Dresden	27.05.95 – 29.09.95	Reichenbach (V)
202 593	Reichenbach (V)	27.01.94 – 29.09.95	Chemnitz
202 620	Glauchau (Sachs)	01.01.94 – 09.01.94	Chemnitz
202 632	Reichenbach (V)	27.01.94 – 29.09.95	Reichenbach (V)
202 633	Glauchau (Sachs)	01.01.94 – 29.09.95	Reichenbach (V)
202 663	Chemnitz	10.01.94 – 29.09.95	Reichenbach (V)
202 667	Dresden	27.05.95 – 29.09.95	Reichenbach (V)
202 690	Reichenbach (V)	27.01.94 – 29.09.95	Reichenbach (V)
202 702	Reichenbach (V)	27.01.94 – 29.09.95	Reichenbach (V)
202 718	Reichenbach (V)	27.01.94 – 29.09.95	Chemnitz
202 719	Dresden	16.02.94 – 29.09.95	Reichenbach (V)
202 727	Glauchau (Sachs)	01.01.94 – 09.01.94	Chemnitz
202 781	Reichenbach (V)	27.01.94 – 29.09.95	Reichenbach (V)
202 786	Chemnitz	10.01.94 – 29.09.95	Reichenbach (V)
202 787	Reichenbach (V)	27.01.94 – 15.02.94	Cottbus
202 796	Glauchau (Sachs)	01.01.94 – 24.09.94	Chemnitz
202 811	Reichenbach (V)	27.01.94 – 29.09.95	Reichenbach (V)
202 835	Reichenbach (V)	27.01.94 – 29.09.95	Magdeburg
202 844	Dresden	27.05.95 – 29.09.95	Chemnitz
202 866	Reichenbach (V)	27.01.94 – 15.02.94	Cottbus
202 880	Chemnitz	10.01.94 – 29.09.95	Reichenbach (V)

△ **Bild 225 • 204 626** des Betriebshofes Zwickau stand am 14. Februar 2000 mit einem kurzen Güterzug im Bahnhof Freiberg (Sachs). Die Lok wurde im Dezember 1973 als 110 626 in Dienst gestellt, im Januar 1985 mit einem leistungsstärkeren Motor ausgerüstet und daraufhin in die Baureihe 114 eingereiht.

AUFNAHME: VOLKER LUCAS, SAMMLUNG A. ZIKA

Bw Zwickau (III)

Lok-Nr.	vom Bw	beheimatet von – bis	zum Bw
204 223	Aue (Sachs)	01.01.94 – 26.05.95	Dresden
204 274	Aue (Sachs)	01.01.94 – 26.05.95	Dresden
204 298	Dresden	30.05.94 – 26.05.95	Dresden
204 298	Dresden	05.11.00 – 18.03.02	z, a 11.03.02
204 359	Aue (Sachs)	01.01.94 – 26.05.95	Dresden
204 401	Reichenbach (V)	27.10.98 – 29.05.99	Seddin
204 448	Aue (Sachs)	01.01.94 – 26.05.95	Dresden
204 482	Aue (Sachs)	01.01.94 – 26.05.95	Dresden
204 584	Reichenbach (V)	27.10.98 – 29.05.99	Saalfeld
204 605	Seddin	01.04.01 – 31.05.03	Leipzig Hbf Süd
204 607	Saalfeld	01.03.01 – 31.05.03	Leipzig Hbf Süd
204 626	Dresden	15.03.99 – 20.09.01	z, a 21.09.01
204 638	Reichenbach (V)	27.10.98 – 15.08.01	z, a 02.05.01
204 639	Reichenbach (V)	27.10.98 – 26.03.01	Seddin
204 650	Reichenbach (V)	27.10.98 – 28.02.01	Saalfeld
204 660	Reichenbach (V)	27.10.98 – 25.08.01	z, a 02.05.01
204 803	Saalfeld	01.03.01 – 31.05.03	Leipzig Hbf Süd
204 805	Aue (Sachs)	01.01.94 – 26.05.95	Dresden
204 805	Reichenbach (V)	28.10.98 – 31.07.01	Dresden
204 805	Leipzig Hbf Süd	01.01.04 – 29.02.04	Leipzig Hbf Süd
204 834	Reichenbach (V)	27.10.98 – 29.05.99	Saalfeld
204 845	Reichenbach (V)	27.10.98 – 10.10.01	z, a 21.09.01
204 848	Reichenbach (V)	27.10.98 – 28.02.01	Saalfeld
204 857	Reichenbach (V)	27.10.98 – 26.11.01	z, a 12.07.01
204 858	Dresden	01.12.00 – 26.11.01	z, a 21.09.01
204 862	Aue (Sachs)	01.01.94 – 31.05.95	Dresden
204 862	Reichenbach (V)	27.10.98 – 10.10.01	z, a 21.09.01
298 044	Reichenbach (V)	27.10.98 – 31.10.08	Seddin
298 047	Glauchau (Sachs)	01.01.94 – 29.09.95	Reichenbach (V)

Bw Zwickau (IV)

Lok-Nr.	vom Bw	beheimatet von – bis	zum Bw
298 047	Dresden	20.08.03 – 13.12.03	Dresden
298 048	Reichenbach (V)	27.10.98 – 02.07.09	z-gestellt
298 050	Dresden	01.12.00 – 08.03.09	z-gestellt
298 051	Reichenbach (V)	27.01.94 – 13.06.94	Dresden
298 058	Chemnitz	31.12.94 – 29.09.95	Reichenbach (V)
298 058	Reichenbach (V)	27.10.98 – 14.12.02	Halle G
298 069	Glauchau (Sachs)	01.01.94 – 29.09.95	Reichenbach (V)
298 069	Reichenbach (V)	27.10.98 – 28.02.05	Seddin
298 071	Glauchau (Sachs)	01.01.94 – 29.09.95	Reichenbach (V)
298 071	Reichenbach (V)	27.10.98 – 31.07.02	Saalfeld
298 072	Glauchau (Sachs)	01.01.94 – 29.09.95	Reichenbach (V)
298 080	Reichenbach (V)	27.01.94 – 29.09.95	Reichenbach (V)
298 080	Reichenbach (V)	27.10.98 – 01.03.05	Seddin
298 081	Reichenbach (V)	27.10.98 – 31.03.03	Senftenberg
298 086	Glauchau (Sachs)	01.01.94 – 25.07.94	Wustermark
298 088	Glauchau (Sachs)	01.01.94 – 29.09.95	Reichenbach (V)
298 088	Reichenbach (V)	27.10.98 – 24.09.99	Dresden
298 091	Reichenbach (V)	27.01.94 – 29.09.95	Reichenbach (V)
298 094	Reichenbach (V)	27.01.94 – 29.09.95	Reichenbach (V)
298 094	Reichenbach (V)	27.10.98 – 03.05.07	z-gestellt
298 104	Reichenbach (V)	27.01.94 – 29.09.95	Reichenbach (V)
298 110	Wustermark	26.07.94 – 07.08.95	Saalfeld
298 122	Dresden	01.05.99 – 01.08.08	z-Park
298 139	Reichenbach (V)	27.10.98 – 29.05.99	Rostock-Seehafen
298 151	Reichenbach (V)	27.10.98 – 31.03.03	Senftenberg
298 163	Reichenbach (V)	27.01.94 – 29.09.95	Reichenbach (V)
298 303	Reichenbach (V)	27.01.94 – 29.09.95	Reichenbach (V)
298 303	Reichenbach (V)	27.10.98 – 24.09.99	Dresden
298 314	Reichenbach (V)	27.01.94 – 29.05.94	Dresden
298 329	Magd.-Rothensee	15.06.03 – 05.11.07	Seddin

5 Reichsbahndirektion Erfurt

Im Frühjahr 1968 begann im Bw Weißenfels die Beheimatung der Baureihe V 100 in der Rbd Erfurt. Bis 1973 erhielten auch (fast) alle weiteren Bahnbetriebswerke der Direktion V 100 zugewiesen – mit Ausnahme von Arnstadt und Probstzella. Die Loks kamen auf fast allen Nebenbahnen und teilweise auch auf Hauptbahnen über viele Jahre zum Einsatz und lösten in ihren Dienststellen die Dampflokomotiven der Baureihen 38^{10-40}, 41, 58, 65^{10} und 86 ab.

Das Bw Gera kam erst 1976 von der Rbd Dresden zur Rbd Erfurt und wird im Kapitel zur Rbd Dresden beschrieben.

5.1 Bw Eisenach

Zum Jahreswechsel 1969/1970 beheimatete das Bw Eisenach 16 „Jumbos“ der Baureihe 44, 18 Vertreterinnen der Baureihe 118 und 11 Exemplare der Baureihe 120, während in der späteren Eisenacher Einsatzstelle in Gotha noch elf 38^{10-40}, fünf 58, sieben 93 und 13 LVT-Paare stationiert waren.

Erste 110 in Eisenach war 110 208, die dort fabrikneu am 29. Januar 1970 eintraf. Bis Ende jenes Jahres folgten noch:

- 110 216 am 12. März vom Bw Leipzig Hbf Süd,
- 110 232 am 25. März direkt vom LEW Hennigsdorf,
- 110 260 und 110 261 am 29. Juni direkt vom LEW Hennigsdorf,
- 110 282 am 1. August direkt vom LEW Hennigsdorf,
- 110 292 am 1. September direkt vom LEW Hennigsdorf
- 110 245 am 23. September direkt vom LEW Hennigsdorf,
- 110 249, 110 251 und 110 252 am 1. Oktober direkt vom LEW Hennigsdorf,
- 110 297 am 24. November direkt vom LEW Hennigsdorf.

Entsprechend waren zum 31. Dezember 1970 zwölf 110 im Bw Eisenach beheimatet.

Erstes Einsatzgebiet der Loks waren Personenzüge Eisenach – Gerstungen (über Förtha). Auch das Bw Gotha (bis 31.03.1974 eigenständiges Bw, dann Einsatzstelle von Eisenach) setzte nun Loks der Baureihe 110 vor Personenzügen Eisenach – Erfurt sowie Gotha – Leinefelde/ Bad Langensalza ein.

Durch weitere Zugänge waren Ende 1971 bereits 21 Maschinen der Baureihe 110 im Bw Eisenach beheimatet. Auch die Eisenacher Einsatzstelle in Vacha erhielt Loks dieser Baureihe und setzte sie auf den Strecken Bad Salzungen – Dorndorf – Vacha und Dorndorf – Kaltennordheim ein. Der längste Umlauf einer 110 der Est Vacha führte über Meiningen hinaus bis Sonneberg.

Ende 1973 wurde im Bw Eisenach mit 24 Maschinen der Höchstbestand an 110ern erreicht, der sich in dieser Höhe bis 1980 hielt. Alleine neun dieser Loks setzte die Est Gotha vor Personenzügen nach Leinefelde, Bad Langensalza, Erfurt, Friedrichroda, Ebeleben (über Mühlhausen/Thür) und vor Nahgüterzügen nach Ohrdruf ein. Dazu kamen noch des Gex-Paar 2692/2693 (Erfurt – Mühlhausen/Thür – Erfurt) sowie das Containerzugpaar 46401/46402 (Gotha – Mühlhausen/Thür – Gotha). Den Containerzug übernahmen ab 1975 allerdings Loks der Baureihe 120.

Das Bw Eisenach selbst und dessen Est Vacha setzten je fünf 110 planmäßig auf den angestammten Strecken ein.

Im Sommer 1975 lag in der Einsatzstelle Gotha der tägliche Bedarf an 110 bei elf Loks. Der dortige Plan 601 für fünf 110 sah die Bespannung von Personenzügen nach Arnstadt, Leinefelde, Erfurt und Eisenach, des Gex 2692/2693 und des Gex 2605 (Eisenach – Erfurt) sowie von Nahgüterzügen nach Fröttstädt und Ohrdruf vor.

Der Dienstplan 602 für zwei 110 wurde für die Personaleinsatzstelle in Mühlhausen (Thür) erstellt. Der Tag 1 beinhaltete das Zugpaar E 692/695 (Erfurt – Leinefel-

△ **Bild 226** • Die **110 002**[II] gehörte von November 1984 bis zu ihrer z-Stellung im März 1995 zum Bestand des Bw Eisenach. Die Nummer bekam die Lok in Zweitbesetzung. Hier steht sie mit einem Gex nach Erfurt am 30. März 1985 im Bahnhof Zella-Mehlis. AUFNAHME: U. WALLUHN, SAMMLUNG ANDREAS STANGE

◁ **Bild 227**
Der Gex war ein gern fotografierter Zug! Im Juli 1971 rollt die Eisenacher **110 245** aus Erfurt kommend in Suhl in Richtung des dortigen Bahnhofes.

AUFNAHME:
DR. WINFRIED KÖNIG

◁ **Bild 228**
Noch einmal **110 002**^{II} des Bw Eisenach: Am 24. Januar 1988 rangiert sie mit einem Packwagen im Gothaer Bahnhof.

◁ **Bild 229**
Am 16. Oktober 1989 fährt **110 118** des Bw Eisenach mit einem Güterzug durch den Bahnhof Wernshausen in Richtung Meiningen.

AUFNAHMEN (2):
ANDREAS STANGE

de – Erfurt) und Personenzüge von Mühlhausen (Thür) nach Gotha und Erfurt, während am Tag 2 der Gesamtverkehr auf der Strecke Mühlhausen (Thür) – Schlotheim zu absolvieren war.

Im Plan 603 der Est Gotha (für 4 × Baureihe 110) bespannten die darin eingesetzten Lokomotiven Personenzüge nach Erfurt, Eisenach, Leinefelde und Teistungen sowie Nahgüterzüge nach Gräfenroda und Ohrdruf.

Die Eisenacher Einsatzstelle in Vacha benötigte im Winter 1977/78 im Dienstplan 551 sechs 110. Die Lok am Tag 1 bespannte ausschließlich Personenzüge. Zunächst ging es von Vacha nach Bad Salzungen, dann weiter nach Sonneberg, gefolgt von einem Pendel Sonneberg – Themar – Sonneberg. Die Rückleistung brachte die Lok bis Eisenach, von dort ging es zurück nach Bad Salzungen, wo drei Pendel nach Vacha den Tagesabschluss bildeten. Der Tag 2 wurde mit der Beförderung von vier Personenzugpaaren auf der Strecke nach Kaltennordheim verbracht. Am Tag 3 standen zwei Personenzugpaare Bad Salzungen – Kaltennordheim und Pendelzüge zwischen Bad Salzungen, Dorndorf (Rhön) und Vacha im Plan. Mit dem Nahgüterzugpaar Ng 64402/64403 (Vacha – Kaltennordheim – Vacha) gab es am Tag 4 etwas Abwechslung am Zughaken, dann hieß es wieder, Personenzüge nach Vacha zu befördern. Auch am Tag 5 standen Pendelfahrten Bad Salzungen – Dorndorf (Rhön) – Vacha auf dem Programm, zudem Rangierdienst in Bad Salzungen, eine Runde nach Kaltennordheim und ein Leerreisezug nach Meiningen. Dort begann Tag 6 mit der Beförderung des P 7028 nach Bad Salzungen, gefolgt von Übergaben nach Immelborn und Wernshausen mit Bedienung diverser Anschlüsse.

△ **Bild 230** • Am 10. Oktober 1984 entstand in Fröttstädt (zwischen Gotha und Eisenach) diese Aufnahme der **112 344** des Bw Eisenach.

Bereits Ende der siebziger Jahre bekam das Bw Eisenach umgebaute 110 mit 1.200-PS-Motoren. Die Loks wurden zum 1. Januar 1981 in die Baureihe 112 umgezeichnet. Zu diesem Stichtag sah der 110/112-Bestand in Eisenach wie folgt aus:

110 232	249	252	260	261
282	538			
112 317	318	344	384	400
405	409	417	428	454
466	477	487	544	

Am 6. Januar 1981 kam noch 112 484 vom Bw Gera zur Beheimatung nach Eisenach. Die Baureihe 112 kam von Gotha (sieben Loks) und Mühlhausen (drei Loks) aus zum Einsatz vor Personenzügen nach Leinefelde, Fröttstädt und Arnstadt. Währenddessen setzte die Est Vacha die Baureihe 110 weiter größtenteils vor Personenzügen nach Bad Salzungen, Kaltennordheim und Vacha ein. Allerdings erhielt diese Einsatzstelle ab 1981 die Bespannung des Gex 2603 von Bad Salzungen über Schmalkalden, Zella-Mehlis und Gräfenroda nach Gotha zugeteilt. Die Höchstlast des Zuges betrug 150 t. Diese interessante Leistung gab es bis 1992.

Das Bw Eisenach selbst ersetzte die Baureihe 110 durch Großdieselloks der Baureihe 132.

Mit 17 × Baureihe 112 wurde Ende 1987 in Eisenach der Höchstbestand erreicht. Von den Loks kamen elf Maschinen von

Bild 231 ▷ Am selben Tag kam die Eisenacher **112 544** mit einem Güterzug aus Richtung Gotha durch den Bahnhof Fröttstädt gefahren.

Aufnahmen (2): Ullrich Walluhn, Sammlung Andreas Stange

Gotha aus zum Einsatz. Der 110-Bestand blieb derweil bei sieben Loks, von denen vier in der Est Vacha stationiert waren.

Nur eine kurze Episode war der Einsatz von Vertreterinnen der Baureihe 114 im Bw Eisenach. Zwischen September 1989 und April 1991 wurden insgesamt vier 114 von der Est Gotha aus eingesetzt.

Bis 1993 änderte sich nur wenig an den Einsätzen der Baureihen 110 (ab 01.01.1992: Baureihe 201) und 112 (ab 01.01.1992: Baureihe 202) des Bw Eisenach, dann ging der 201-Bestand auf zwei Loks zurück. Der Vier-Tage-Umlauf der Baureihe 201 in der Est Vacha musste mit 202 aufgefüllt werden. In Gotha war die Baureihe 202 noch mit 13 Loks vertreten, von denen aber nur sechs Maschinen planmäßig benötigt wurden.

Zum 1. Juni 1995 ist der nunmehrige Betriebshof Eisenach zu einer Einsatzstelle des Bh Erfurt degradiert worden. Entsprechend wechselten (fast) alle Eisenacher Triebfahrzeuge Ende Mai in den Bestand dieser Dienststelle, darunter noch folgende 202:

202 237	428	466	477	484
487	497	575	648	738

Die ebenfalls noch im Mai 1995 in Eisenach vorhandene 112 553 wurde zum Bh Halle G umbeheimatet.

Die letzten beiden Vertreterinnen der Baureihe 201 im Betriebshof Eisenach waren 201 002 und 201 053. Sie wurden am 4. Januar (201 053) bzw. am 5. Februar 1995 (201 002) abgestellt und „wanderten" anschließend in den z-Park.

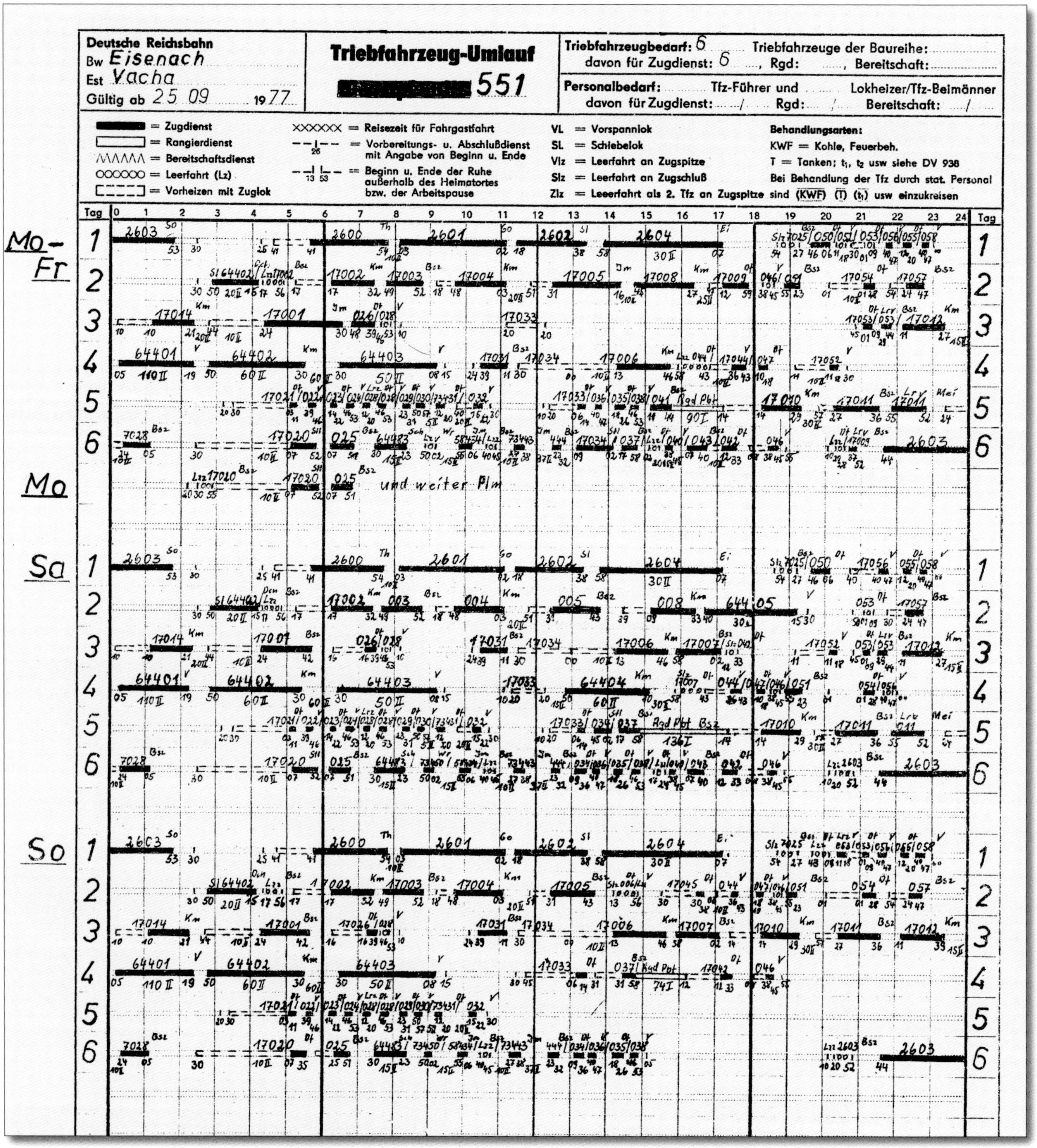

△ **Bild 232** • Umlaufplan des Bw Eisenach für sechs Lokomotiven der Baureihe 110 der Einsatzstelle Vacha, gültig ab 25. September 1977. Die Loks fanden Verwendung vor Reise- und Güterzügen u. a. nach Kaltennordheim, Themar, Immelborn, Meiningen und Sonneberg.

ABBILDUNG: SAMMLUNG ANDREAS STANGE

Bw Eisenach (I)

Lok-Nr.	vom Bw	beheimatet von – bis	zum Bw
110 002[II]	Saalfeld	16.11.84 – 08.03.95	z, a 05.02.95
110 029	Meiningen	25.01.89 – 01.08.89	Weißenfels
110 029	Weißenfels	.10.89 – 17.07.94	z, a 14.06.91 unf
110 053	Saalfeld	04.03.89 – 03.08.89	Weißenfels
201 053	Weißenfels	12.07.93 – 11.06.95	z, a 04.01.95
201 097	Weißenfels	23.04.92 – 29.05.94	z, zr 28.01.93
110 118	Saalfeld	16.03.85 – 21.04.92	Weißenfels
110 132	Weißenfels	13.12.84 – 21.04.92	Weißenfels
110 144	Weißenfels	01.03.86 – 05.02.87	Dresden
110 145	Saalfeld	20.10.83 – 13.11.87	Nossen
110 153	Saalfeld	12.07.83 – 18.06.86	Nordhausen
110 153	Nordhausen	06.08.86 – 29.05.94	z, zr 28.01.93
110 168	Nordhausen	10.12.81 – 10.01.82	Saalfeld
110 168	Saalfeld	18.10.83 – 28.12.84	Haldensleben
110 169	Nossen	25.11.81 – 28.12.81	Nordhausen
110 169	Weißenfels	01.07.85 – 15.02.88	umb in 112 169
110 171	Saalfeld	01.10.83 – 16.08.87	Weißenfels
110 205	Erfurt	01.11.71 – 20.09.78	Saalfeld
110 208	Neuanlieferung	29.01.70 – 30.08.79	Nordhausen
110 216	Leipzig Hbf Süd	12.03.70 – 13.11.87	Nossen
110 222	Gera	25.11.88 – 11.12.88	Gera
110 232	Neuanlieferung	25.03.70 – 02.09.83	umb in 112 232
110 245	Neuanlieferung	23.09.70 – 29.11.79	Nordhausen
110 249	Neuanlieferung	01.10.70 – 22.04.85	umb in 112 249
110 251	Neuanlieferung	01.10.70 – 13.02.79	Sangerhausen
110 252	Neuanlieferung	01.10.70 – 29.07.83	umb in 115 252
110 260	Neuanlieferung	29.06.70 – 17.11.72	Saalfeld
110 260	Saalfeld	26.01.73 – 31.08.83	umb in 112 260
110 261	Neuanlieferung	29.06.70 – 23.10.80	Weißenfels
110 282	Neuanlieferung	01.08.70 – 25.01.85	umb in 114 282
110 292	Neuanlieferung	01.09.70 – 11.12.79	Erfurt
110 297	Neuanlieferung	24.11.70 – 26.09.79	Erfurt
110 302	Erfurt	04.06.84 – 22.06.84	Erfurt
110 304	Meiningen	14.09.90 – 29.05.94	z, a 19.01.93
110 315	Saalfeld	23.05.73 – 09.01.80	Weißenfels
110 317	Nordhausen	01.04.75 – 02.06.75	Weißenfels
110 317	Weißenfels	01.11.80 – 31.12.80	umz in 112 317
110 318	Sangerhausen	23.01.79 – 31.12.80	umz in 112 318
110 344	Sangerhausen	15.03.79 – 12.07.79	Saalfeld
110 344	Saalfeld	28.09.79 – 31.12.80	umz in 112 344
110 347	Halle P	17.04.71 – 29.01.79	Erfurt
110 359	Neuanlieferung	30.04.71 – 11.02.73	Erfurt, z 12/71-2/72
110 359	Erfurt	28.04.73 – 14.06.79	Sangerhausen*
110 371	Neuanlieferung	29.05.71 – 06.05.80	Sangerhausen[1)]
110 372	Neuanlieferung	28.05.71 – 17.05.79	Saalfeld
110 384	Erfurt	08.09.79 – 31.12.80	umz in 112 384
110 400	Neuanlieferung	05.12.71 – 31.12.80	umz in 112 400
110 401	Neuanlieferung	05.12.71 – 14.01.79	Sangerhausen
110 401	Sangerhausen	17.06.80 – 01.09.80	Erfurt
110 405	Neuanlieferung	19.12.71 – 23.10.72	Saalfeld
110 405	Saalfeld	15.04.73 – 23.09.73	Meiningen
110 405	Meiningen	03.11.73 – 31.12.80	umz in 112 405
110 409	Neuanlieferung	19.12.71 – 14.05.76	Pasewalk
110 409	Erfurt	29.12.78 – 31.12.80	umz in 112 409
110 417	Weißenfels	04.01.80 – 31.12.80	umz in 112 417
110 428	Sangerhausen	22.05.79 – 31.12.80	umz in 112 428
110 441	Sangerhausen	21.02.79 – 06.08.79	Sangerhausen
110 454	Sangerhausen	28.07.79 – 31.12.80	umz in 112 454
110 460	Leipzig Hbf Süd	25.05.72 – .05.73	Nordhausen
110 460	Nordhausen	.06.73 – 04.07.80	Sangerhausen[2)]*

a = abgestellt unf = Unfall zr = Zurückstellung aus Reserve

umz = Umzeichnung umb = Umbau [1)] Umbau am 06.05.80 [2)] Umbau am 04.07.80

* Lok war während der Beheimatung kurzzeitig in einem anderen Bw.

Bw Eisenach (II)

Lok-Nr.	vom Bw	beheimatet von – bis	zum Bw
110 466	Nordhausen	30.11.79 – 31.12.80	umz in 112 466
110 477	Nordhausen	28.08.79 – 31.12.80	umz in 112 477
110 484	Neuanlieferung	01.06.72 – 24.12.80	Gera, umb 30.10.79
110 487	Erfurt	01.12.79 – 31.12.80	umz in 112 487
110 538	Saalfeld	24.09.80 – 01.11.83	umb in 112 538
110 544	Saalfeld	28.07.79 – 31.12.80	umz in 112 544
110 565	Meiningen	17.06.80 – 26.08.80	Meiningen
201 577	Gera	18.01.93 – 11.06.95	z, a 04.01.95
110 602	Saalfeld	01.10.83 – 07.02.84	umb in 112 602
110 605	Meiningen	21.09.77 – 17.10.77	Meiningen
110 641	Saalfeld	05.08.83 – 26.10.84	umb in 114 641
110 668	Saalfeld	18.05.89 – 29.05.94	z, a 19.01.93
110 676	Meiningen	25.08.76 – 24.09.76	Meiningen
110 738	Saalfeld	05.08.83 – 13.03.85	Gera
110 761	Nossen	12.11.87 – 30.04.89	umb in 114 761
110 767	Sangerhausen	16.05.90 – 29.05.94	z, a 19.01.93
110 961	Neuanlieferung	.05.82 – 01.01.86	ums, gerät obw ndf[3)]
110 964	Berlin-Pankow	.04.84 – 01.01.86	ums, gerät obw ndf[3)]
110 965	Neuanlieferung	03.06.83 – 27.03.86	Magdeburg
110 965	Magdeburg	26.08.86 – .10.86	ums, gerät obw
112 169	aus Umbau	16.02.88 – 16.04.91	Meiningen
112 237	Nordhausen	15.11.90 – 24.05.95	Erfurt
112 249	aus Umbau	23.04.85 – 28.08.85	Sangerhausen
112 260	Nordhausen	19.04.91 – 11.06.92	Nordhausen
202 260	Nordhausen	25.06.92 – 13.07.93	Güsten
112 294	Erfurt	25.03.86 – 09.05.88	Gera
112 317	umz	01.01.81 – 22.09.86	Nordhausen
112 318	umz	01.01.81 – 03.06.81	Sangerhausen
202 334	Pasewalk	01.01.95 – 08.05.95	Meiningen
112 344	umz	01.01.81 – 23.10.86	Sangerhausen
112 384	aus Umbau	01.01.81 – 20.07.88	Erfurt
112 384	Erfurt	29.11.90 – 24.06.92	Gera
202 385	Pasewalk	01.01.95 – 08.05.95	Meiningen
112 387	Nordhausen	19.04.91 – 11.06.92	Nordhausen
112 400	umz	01.01.81 – 14.05.90	Sangerhausen
202 400	Sangerhausen	15.01.93 – 22.05.93	Leipzig Hbf Süd
112 405	umz	01.01.81 – 31.01.85	Nossen
112 409	umz	01.01.81 – 03.03.83	Erfurt
112 409	Erfurt	27.05.83 – 23.09.86	Halberstadt
112 417	umz	01.01.81 – 25.06.81	Erfurt
112 417	Erfurt	16.07.81 – 02.09.86	Pasewalk
112 422	Gera	20.10.86 – 11.06.92	Nordhausen
202 422	Nordhausen	25.06.92 – 26.05.94	Meiningen
112 428	umz	01.01.81 – 24.05.95	Erfurt
112 454	umz	01.01.81 – 22.05.93	Leipzig Hbf Süd
112 466	aus Umbau	01.01.81 – 24.05.95	Erfurt
112 477	umz	01.01.81 – 22.05.95	Erfurt
112 484	Gera	06.01.81 – 24.05.95	Erfurt
112 487	umz	01.01.81 – 17.05.95	Erfurt
202 497	Neustrelitz	01.01.95 – 22.05.95	Erfurt
112 507	Sangerhausen	31.08.85 – 23.02.90	Erfurt
112 531	Pasewalk	03.09.86 – 04.03.95	Erfurt
112 544	aus Umbau	01.01.81 – 10.09.90	Meiningen
112 553	Hagenow Land	15.08.87 – 24.05.95	Halle G
112 559	Erfurt	01.07.89 – 21.04.92	Gera
202 575	Meiningen	12.03.92 – 17.05.95	Erfurt
112 580	Stendal	03.09.86 – 20.03.95	Pasewalk
202 648	Neustrelitz	01.01.95 – 24.05.95	Erfurt
112 655	Meiningen	15.10.86 – 11.03.92	Meiningen
112 713	aus Umbau	22.11.86 – 31.05.89	Meiningen
112 738	aus Umbau	03.05.88 – 24.05.95	Erfurt

[3)] Umsetzung der Lok (Grabenraumlok) als Gerät zum Oberbauwerk Neudietendorf.

Bw Eisenach (III)			
Lok-Nr.	**vom Bw**	**beheimatet von – bis**	**zum Bw**
114 359	Saalfeld	28.09.89 – 05.09.90	Nordhausen
114 445	Saalfeld	20.03.90 – 26.04.91	Lu-Wittenberg
114 513	Saalfeld	10.12.89 – 26.04.91	Lu-Wittenberg*
114 769	Saalfeld	28.09.89 – 15.04.91	Nordhausen

* Lok war während der Beheimatung kurzzeitig in einem anderen Bw.

△ **Bild 233** • Ein historischer Moment: Die Eisenacher **112 417** hat am 22. Juli 1985 in Meiningen die 01 509 am Haken und wird die Lok zum Grenzbahnhof Gerstungen überführen. Aufnahme: Michael Daub

5.2 Bw Erfurt

Erfurt, heute Landeshauptstadt des Freistaats Thüringen, kann auf eine lange Geschichte zurückblicken. Die historische Innenstadt mit dem berühmten Ensemble von Dom und Severikirche, der Krämerbrücke, der Zitadelle, der ältesten erhaltenen Synagoge in Mitteleuropa sowie den zahlreichen Bürgerhäusern ist weit über die Landesgrenzen hinaus bekannt.

Der Erfurter Hauptbahnhof ist ein bedeutender Knotenpunkt im deutschen Eisenbahnnetz. Auch wenn die meisten Bahnlinien bereits weit vor den Toren der Stadt zusammentreffen (z. B. in Neudietendorf, Weimar) bündeln sich hier die Strecken aus Richtung Berlin (Neubaustrecke von Halle/S und Leipzig), (Gera –) Weimar, Sangerhausen, Nordhausen, Bad Langensalza (über Döllstädt), Saalfeld, Schweinfurt und Gotha (– Eisenach – Frankfurt/M). Entsprechende Größen hatten sowohl die Gleisanlagen des Erfurter Haupt- und Rangierbahnhofes als auch das Bw Erfurt, das zeitweilig in die Betriebsteile „P“ und „G“ getrennt war.

Die Beheimatung der Baureihe V 100 begann im zweiten Halbjahr 1969, als folgende vier Maschinen dem Bw Erfurt zugewiesen wurden, von denen drei als Neuanlieferung direkt vom LEW Hennigsdorf kamen:

- V 100 002^{II} am 29. Oktober,
- V 100 144 am 1. August (werksneu),
- V 100 153 am 20. November (werksneu),
- V 100 171 am 31. Dezember (werksneu).

Die in Zweitbesetzung mit der Nummer V 100 002^{II} versehene V 100 wurde im März 1969 ursprünglich an den VEB Kali- und Steinsalzwerk in Bernburg geliefert, gelangte allerdings nach nur wenigen Monaten zur Deutschen Reichsbahn.

Zum Zeitpunkt des Eintreffens der ersten V 100 beheimatete das Anfang 1969 aus den Bw Weimar, Erfurt P und Erfurt G gebildete Groß-Bw Erfurt an Streckenlokomotiven:

13 × Baureihe 01^{5},
8 × Baureihe 38$^{10-40}$,
4 × Baureihe 41,
18 × Baureihe 44,
7 × Baureihe 58,
25 × Baureihe V 180,
2 × Baureihe V 200,
18 × Baureihe E 11,
18 × Baureihe E 42,
4 × LVT 2.09

Eine V 100 kam vor Personenzügen nach Nordhausen in den Plänen der Baureihe

◁ **Bild 234**
Im heimatlichen Hauptbahnhof steht die Erfurter **112 372** am 22. Mai 1988 mit dem P 6212 (Erfurt – Sangerhausen) zur Abfahrt bereit.

Aufnahme: Andreas Stange

△ **Bild 235** • Der Erfurter Hauptbahnhof am 15. Juni 1985: **110 029** des Bw Erfurt passiert mit einem Güterzug die dem Güterverkehr dienenden Gleise auf der Nordseite des Bahnhofs. Der Glockenturm im Hintergrund gehört zum Direktionsgebäude der Reichsbahndirektion. AUFNAHME: ANDREAS STANGE

38[10-40] zum Einsatz, eine zweite Lok setzte die Est Weimar ein und bespannte damit Personen- und Güterzüge nach Kranichfeld in den Plänen der Baureihe 58.

Im Frühjahr 1970 kamen 110 218, 110 219, 110 220 (alle am 11.03. vom Bw Leipzig Hbf Süd) und 110 222 (am 25.02. vom LEW) zum Bw Erfurt, sodass dort nun acht 110 zur Verfügung standen. Die Einsatzstelle Weimar setzte im Sommer 1970 drei 110 im Plan 15 ein, Erfurt ebenfalls drei 110 im Plan 16. Für die Erfurter Loks gab es neben Eil- und Personenzügen nach Nordhausen auch Dienste vor Personenzügen nach Bad Langensalza, Sömmerda, das Eilzugpaar 293/294 nach Leinefelde, E 627/638 nach Artern, dazu Nahgüterzüge ins Umland von Erfurt bis Wolkramshausen (Strecke nach Nordhausen).

Bis Ende 1970 stieg der 110-Bestand auf elf Loks an, von denen Erfurt fünf und Weimar vier Maschinen einsetzte. Die Weimarer 110 übernahmen den Gesamtverkehr nach Kranichfeld, die Erfurter Loks kamen neu mit Personenzügen bis Arenshausen.

Im Verlauf des Jahres 1974 stieg der Bestand im Bw Erfurt auf 17 Vertreterinnen der Baureihe 110 an, davon setzte Erfurt selbst neun und Weimar vier Exemplare ein. Neben Nordhausen kamen die Erfurter 110 jetzt auch nach Sangerhausen und auf der Strecke Straußfurt – Großheringen zum Einsatz.

Von 1976 bis 1982 beheimatete das Bw Erfurt durchschnittlich 18 Loks der Bau-

Bild 236 ▷
Mit einem bunt gemischten Wagenpark steht **112 676** am 12. November 1986 in Heiligenstadt. Die Lok kam im September jenes Jahres aus dem Bw Meiningen nach Erfurt. Dort blieb sie bis zu ihrer z-Stellung im Dezember 1995. Bei dem Zug handelt sich um den Pbz aus Leinefelde, der damals sehr oft noch Güterwagen für Heiligenstadt mitgeführt hat und deshalb so lang ist. Für die Rückfahrt in Richtung Gotha wurde ebenso oftmals Güterwagen bis Leinefelde mitgeführt.

AUFNAHME: FRANK PILZ

◁ **Bild 237**
Bereits im Jahr 1969 entstand diese Aufnahme der **V 100 153** in Weimar Berkaer Bahnhof. Diese V 100 gehörte zu den ersten Vertreterinnen ihrer Baureihe, die dem Bw Erfurt zugewiesen wurden. Zum Einsatz kam V 100 153 von der Erfurter Einsatzstelle Weimar aus auf der Strecke nach Kranichfeld.

reihe 110, dazu kamen ab 1981 auch Vertreterinnen der Baureihe 112. Im Verlauf des Jahres 1982 stieg der 112-Bestand auf elf Maschinen, während sich die Anzahl der 110er in Erfurt auf acht reduzierte. Der Bestand zum 31. Dezember 1982:

110 208	222	274	314	328
379	401	668		
112 253	291	292	294	299
374	387	441	456	515
565				

Von Erfurt aus kamen täglich neun Loks zum Einsatz, wobei die 112 „nach und nach" die 110er in deren Umläufen verdrängten, sich an den zu fahrenden Leistungen aber nicht viel änderte. Neu hinzu kamen Leistungen nach Ilmenau.

Bereits seit dem 13. Mai 1976 gab es in Erfurt eine „S-Bahn" – die offiziell so nie bezeichnet wurde – von Erfurt Hbf über Erfurt Nord nach Erfurt-Berliner Straße zum dortigen, nordwestlich des Stadtzentrums gelegenen Neubaugebiet. Die Beförderung dieser „S-Bahn-Züge" – gebildet aus Doppelstockeinzelwagen mit Steuerwagen – war u. a. auch Aufgabe der Erfurter 112.

Ab 1985 waren von der Baureihe 112 im Jahresdurchschnitt 15 Exemplare in Erfurt beheimatet, während sich bei den 110 bis 1989 ein Bestand von acht Loks „einpegelte".

Der tägliche Bedarf lag weiterhin in Erfurt bei neun 112 und in Weimar bei vier 110. Die Est Weimar stellte ihren Bestand im Jahr 1989 auf die Baureihe 112 um, infolgedessen die letzten drei 110 bis Ende 1990 abgegeben wurden. Dies waren:

- 110 208 am 3. Mai 1989 zum Bw Sangerhausen,
- 110 604 am 15. Februar 1990 zum Bw Reichenbach (Vogtl),
- 110 892 am 20. Dezember (Umbau im Raw Stendal zur 199 892).

Nunmehr blieb nur noch die Baureihe 112 im Bestand, von der in Erfurt von 1990 bis 1995 durchschnittlich 16 Loks beheimatet waren. Der Bedarf lag in Erfurt noch bei sechs und in Weimar bei vier Maschinen.

Ende Mai 1995 übernahm der nunmehrige Betriebshof Erfurt die Fahrzeugbestände der bis dato eigenständigen Betriebshöfe Eisenach und Nordhausen, wodurch am 1. Juni 1995 insgesamt 41 Loks der Baureihe 202 in Erfurt beheimatet waren:

202 218	219	232	237	251
256	286	302	318	321
344	353	372	373	379
397	409	428	432	435
439	466	477	484	487
497	515	531	538	543
555	565	575	603	613
648	654	662	676	721
738				

Der Bestand lag selbstverständlich weit über dem täglichen Bedarf! Erfurt setzte

△ **Bild 238** • Wie es auf der Strecke Weimar – Kranichfeld aussah, soll diese Aufnahme der **110 302** (Bw Erfurt) vom 28. Juli 1985 vermitteln. Hier passiert sie in Bad Berka das Gebäude der dort ansässigen Produktionsstätte vom Betriebsteil Kranichfeld des VEB Möbelwerk Weißensee.
Aufnahmen (2): Sammlung Andreas Stange

Bild 239 ▷
Zwischen Weimar und Kranichfeld gab es einen umfangreichen Güterzugbetrieb. Am 26. Oktober 1989 stand für **112 218** und eine Schwesterlok eine Güterzugleistung im Plan, hier aufgenommen in Weimar Berkaer Bahnhof.

Aufnahme: Andreas Stange

vier 202 ein, in Weimar wurde auf der Strecke nach Kranichfeld der Betrieb auf LVT der Baureihe 771/772 umgestellt, wobei eine 202 als Reserve dort stationiert blieb, Nordhausen und Sangerhausen besetzten je vier 202, Gotha zwei und Weißenfels drei 202. Die Loks kamen auf ihren angestammten Strecken zum Einsatz, aber nun von Nordhausen aus mit Eilzügen immerhin bis Altenbeken.

Im Mai 1996 übernahm der Bh Erfurt vom Bh Saalfeld die dort beheimateten Loks der Baureihe 204, sodass sich zum 1. Juni jenes Jahres neben 21 Vertreterinnen der Baureihe 202 auch noch 29 der Baureihe 204 befanden. Die 204 wurden mit in den Plänen der 202 eingesetzt, kamen von Saalfeld und Nordhausen aus auch im Güterverkehr zum Einsatz. Bei Bedarf ersetzte ein 204-Doppel auch eine Leistung der Baureihe 232.

Bereits im Mai 1998 wechselte der größte Teil des 204-Bestandes wieder nach Saalfeld zurück. Erfurt setzte noch vier 202 auf den Strecken Straußfurt – Großheringen und Erfurt – Ilmenau ein, die 204 fanden noch Verwendung in den Einsatzstellen Eisenach und Nordhausen.

Im Verlauf des Jahres 1999 übernahm Erfurt auch noch den 202-Bestand aus Gera und deren Einsatzgebiete. Allerdings sorgten die zunehmenden Einsätze der Neubautriebwagen der Baureihen 612 und 642 auf den Nebenbahnen für ein relativ schnelles Ende der 202-Leistungen.

Die letzten Einsätze der Erfurter 202 fanden Anfang Dezember 2000 auf der Strecke Sömmerda – Buttstädt – Großheringen („Pfefferminzbahn") mit 202 384, 385, 466, 484 und 543 statt. Diese fünf Loks wurden alle gemeinsam am 14. Dezember 2000 z-gestellt.

Die meisten 204 gingen 2001 „auf den Rand" oder wechselten nach Magdeburg-Rothensee. Als letzte Loks aus der „V 100-Familie" verließen 204 592, 204 869, 298 065, 298 325 und 298 334 den Bh Erfurt am 17. Februar 2002 in Richtung Saalfeld.

Bild 240 ▷
Auch die Erfurter **112 602** hatte von Weimar aus ihre Dienste zu leisten und war am 17. Februar 1990 mit einem Güterzug unterwegs in Bad Berka. Noch prägen Pkws der Marke Trabant den Straßenverkehr …

Aufnahme: Detlef Winkler

△ **Bild 241 • 112 507** des Bw Erfurt hatte am 30. März 1991 die Beförderung eines Güter- und Postexpresszuges zwischen Erfurt und Leinefelde im Plan, mit dem sie im Bahnhof Silberhausen einen Kreuzungshalt einlegte. Derartige Zuggattungen verschwanden alsbald von den Gleisen …

△ **Bild 242 •** Mitte der neunziger Jahre gingen die Leistungen auf der Unstrutbahn Naumburg – Nebra (– Artern) auf den Betriebshof Erfurt über. Vor der Kulisse von Freyburg (Unstrut) mit der Neuenburg, dem „Dicken Wilhelm" und der links am Bildrand zu sehenden Stadtkirche St. Marien ist **202 251** am 22. März 1995 auf der Fahrt in Richtung Nebra.

AUFNAHMEN (2): GUNTER VON HARTWIG

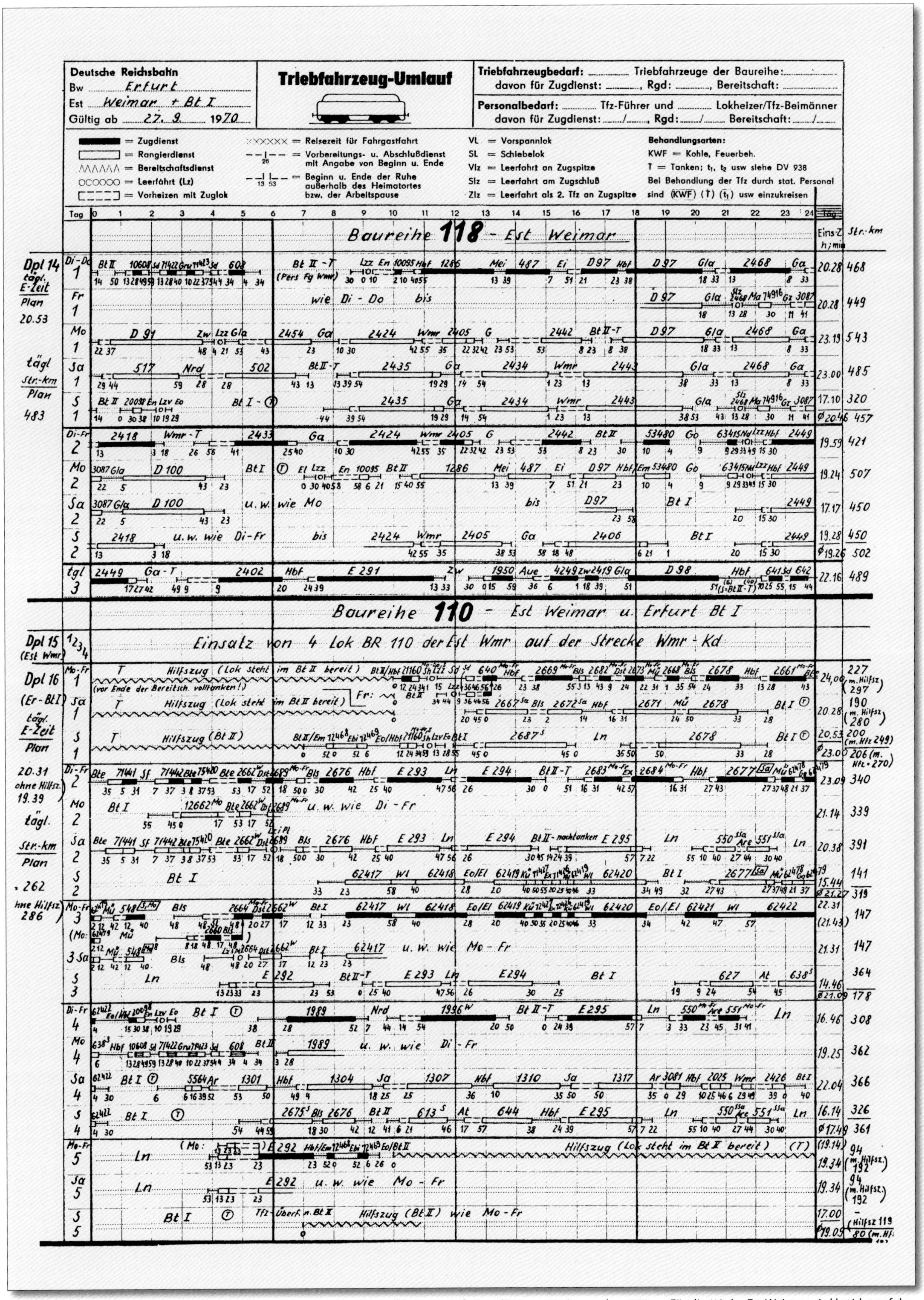

△ **Bild 243** • Umlaufplan für die Einsatzstelle Weimar und den Betriebsteil I des Bw Erfurt, gültig vom 27. September 1970 an. Für die 110 der Est Weimar wird lapidar auf den Einsatz von vier Loks auf der Strecke nach Kranichfeld verwiesen … Die 110 des Bt I kamen vor Reise-, Nahgüter- und Übergabezügen nach Nordhausen, Saalfeld, Leinefelde, Arensfelde, Mühlhausen, Bad Langensalza, Kühnhausen, Weimar und Straußfurt. Abbildung: Sammlung Andreas Stange

Bw Erfurt (I)

Lok-Nr.	vom Bw	beheimatet von – bis	zum Bw
V100 002	Neuanlieferung	29.10.69 – 20.06.79	Saalfeld
110 029	Güstrow	31.05.85 – 09.10.85	Weißenfels
110 049	Schwerin	31.05.85 – 12.09.85	Weißenfels
V100 144	Neuanlieferung	01.08.69 – 22.02.78	Sangerhausen
V100 153	Neuanlieferung	20.11.69 – 22.05.78	Saalfeld
V100 171	Neuanlieferung	31.12.69 – 12.05.78	Saalfeld
110 205	Nordhausen	20.01.71 – 31.10.71	Eisenach
110 205	Gera	06.02.86 – 12.06.86	Sangerhausen
110 205	Weißenfels	23.02.88 – 22.03.88	Weißenfels
110 208	Nordhausen	30.10.79 – 17.01.84	Saalfeld
110 208	Weißenfels	19.02.86 – 03.05.89	Sangerhausen
110 218	Leipzig Hbf Süd	11.03.70 – 03.10.82	Weißenfels
110 219	Leipzig Hbf Süd	11.03.70 – 12.02.81	Nordhausen
110 220	Leipzig Hbf Süd	11.03.70 – 19.11.82	Saalfeld
110 222	Neuanlieferung	25.02.70 – 01.07.83	Nordhausen
110 237	Magdeburg	03.06.82 – 30.09.82	Weißenfels
110 258	Neuanlieferung	01.09.70 – 12.11.72	z, a 03.07.72 unf
110 268	Neuanlieferung	01.09.70 – 26.10.72	Saalfeld
110 268	Saalfeld	27.04.73 – 17.09.80	Sangerhausen, umb[1] *
110 274	Gera	26.05.78 – 06.03.80	Nordhausen
110 274	Nordhausen	23.06.80 – 31.08.84	umb in 114 274
110 292	Eisenach	12.12.79 – 18.08.82	umb in 112 292
110 294	Neuanlieferung	01.11.70 – 14.06.82	umb in 112 294
110 297	Eisenach	27.09.79 – 30.09.79	Weißenfels
110 302	Halberstadt	10.05.84 – 03.06.84	Eisenach
110 302	Eisenach	23.06.84 – 21.11.85	umz in 112 302
110 304	Gera	23.12.86 – 24.04.87	Dresden
110 304	Dresden	13.05.87 – 27.05.88	Meiningen
110 314	Saalfeld	18.06.73 – 21.02.83	umb in 115 314**
110 316	Saalfeld	18.06.73 – 31.08.80	Sangerhausen, umb[2]
110 322	Nordhausen	23.10.84 – 13.08.85	Gera, umb 22.10.84
110 328	Nordhausen	24.09.71 – 20.04.83	umb in 115 328 **
110 347	Eisenach	30.01.79 – 06.03.81	Gera
110 359	Eisenach	12.02.73 – 27.04.73	Eisenach
110 359	Sangerhausen	19.09.80 – 10.03.82	Weißenfels
110 379	Saalfeld	31.01.74 – 08.06.84	umb in 112 379
110 384	Neuanlieferung	30.06.71 – 04.10.72	Saalfeld
110 384	Saalfeld	29.01.74 – 07.09.79	Eisenach, umb[3]
110 387	Neuanlieferung	01.07.71 – 20.01.81	umb in 112 387
110 401	Eisenach	02.09.80 – 27.01.84	Sangerhausen
110 409	Pasewalk	15.07.76 – 28.12.78	Eisenach, umb[4]
110 466	Bitterfeld	26.05.72 – 18.09.72	Güstrow
110 485	Neuanlieferung	01.06.72 – 26.05.82	Gera
110 487	Saalfeld	24.05.78 – 30.11.79	Eisenach, umb[5]
110 515	Saalfeld	13.05.78 – 22.02.82	umb in 112 515
110 559	Magdeburg	03.06.82 – 28.11.82	Nordhausen
110 604	Gera	10.08.85 – 15.02.90	Reichenbach (V)
110 662	Meiningen	10.05.76 – 19.07.76	Meiningen
110 668	Saalfeld	29.06.79 – 18.01.83	Sangerhausen
110 668	Sangerhausen	29.05.83 – 17.01.84	Saalfeld
110 692	Weißenfels	26.01.85 – 17.06.86	W-P-S Guben
110 892	Stralsund	24.03.89 – 20.12.90	umb in 199 892 *
202 209	Stralsund	01.01.95 – 08.05.95	Meiningen
112 218	aus Umbau	11.01.84 – 03.10.95	z, a 05.10.95
112 219	Stralsund	30.05.90 – 03.03.97	Meiningen
112 232	aus Umbau	03.09.83 – 03.10.95	z, a 05.10.95
202 237	Eisenach	25.05.95 – 29.04.00	z-Park
112 251	Sangerhausen	12.11.87 – 03.10.95	z, a 05.10.95

a = abgestellt unf = Unfall umz = Umzeichnung umb = Umbau

[1] Umbau am 17.09.80 [2] Umbau am 31.08.80 [3] Umbau am 07.09.79

[4] Umbau am 28.12.78 [5] Umbau am 30.11.79

* Lok war während der Beheimatung kurzzeitig in einem anderen Bw.

Bw Erfurt (II)

Lok-Nr.	vom Bw	beheimatet von – bis	zum Bw
112 253	aus Umbau	16.11.82 – 30.09.86	Nordhausen
202 256	Rostock	01.01.95 – 29.03.98	z-Park
202 286	Pasewalk	21.03.95 – 16.04.96	Meiningen
112 291	aus Umbau	29.10.82 – 31.03.87	Meiningen
112 292	aus Umbau	19.08.82 – 19.08.85	Meiningen
112 294	aus Umbau	15.06.82 – 24.03.86	Eisenach
112 299	aus Umbau	19.05.82 – 14.08.85	Gera
112 302	umz	22.11.85 – 28.11.85	Nordhausen
112 302	Meiningen	01.12.89 – 26.11.97	Saalfeld
202 309	Gera	01.09.99 – 30.10.00	z-Park
202 318	Nordhausen	25.05.95 – 31.07.99	z-Park
202 319	Meiningen	14.12.95 – 30.05.96	Meiningen
202 321	Nordhausen	25.05.95 – 17.04.96	Berlin-Pankow
202 327	Seddin	28.04.95 – 29.04.95	Meiningen
202 344	Nordhausen	25.05.95 – 22.04.96	z, a 11.04.96
112 348	Meiningen	15.01.86 – 28.12.86	Gera
202 353	Rostock	01.01.95 – 09.07.98	z-Park
112 372	aus Umbau	27.01.84 – 22.04.96	z, a 11.04.96
202 373	Halle G	18.05.95 – 30.05.96	Meiningen
112 374	aus Umbau	10.02.81 – 24.02.87	Meiningen
112 379	aus Umbau	09.06.84 – 30.05.96	Meiningen
202 379	Gera	01.09.99 – 25.07.00	z-Park
112 384	Eisenach	21.07.88 – 28.11.90	Eisenach
202 384	Gera	15.03.99 – 14.12.00	z-Park
202 385	Gera	15.03.99 – 14.12.00	z-Park
112 387	aus Umbau	21.01.81 – 28.01.84	Nordhausen
202 397	Gera	25.05.95 – 22.04.96	z-Park
112 409	Eisenach	04.03.83 – 26.05.83	Eisenach
202 409	Gera	25.05.95 – 24.03.96	z-Park
112 417	Eisenach	26.06.81 – 15.07.81	Eisenach
202 428	Eisenach	25.05.95 – 22.04.96	z, a 01.03.96
202 432	Meiningen	07.05.95 – 31.07.99	z-Park
202 435	Gera	25.05.95 – 10.12.95	z, a 23.11.95
202 439	Stralsund	01.01.95 – 13.04.97	Meiningen
112 441	aus Umbau	22.06.82 – 11.09.86	Meiningen
112 456	aus Umbau	09.03.82 – 06.06.85	Halle G
202 466	Eisenach	25.05.95 – 14.12.00	z-Park
202 477	Eisenach	23.05.95 – 10.12.95	z-Park
202 484	Eisenach	25.05.95 – 14.12.00	z-Park
202 487	Eisenach	18.05.95 – 13.04.97	Meiningen
202 497	Eisenach	23.05.95 – 29.03.98	z-Park
112 507	Eisenach	24.02.90 – 06.05.95	Cottbus
112 515	aus Umbau	23.02.82 – 12.08.85	Gera
202 515	Gera	25.05.95 – 13.08.98	z-Park
202 527	Gera	01.09.99 – 26.07.00	z-Park
202 531	Eisenach	05.03.95 – 03.03.97	Meiningen
112 538	aus Umbau	02.11.83 – 05.02.87	Nordhausen
112 538	Nordhausen	13.08.87 – 10.12.95	z, a 12/95
112 543	Sangerhausen	04.07.88 – 30.05.96	Meiningen
202 543	Gera	01.09.99 – 14.12.00	z-Park
112 555	Gera	14.08.85 – 30.05.00	z-Park
112 559	Magdeburg	27.09.86 – 30.06.89	Eisenach
112 565	aus Umbau	01.10.82 – 16.08.85	Gera
202 565	Gera	25.05.95 – 26.11.97	Saalfeld
202 575	Eisenach	18.05.95 – 29.01.97	z-Park
112 602	Meiningen	23.12.86 – 19.10.94	Meiningen
202 603	Meiningen	16.05.95 – 10.12.95	z, a 12/95
112 613	Gera	16.08.85 – 31.07.99	z-Park
112 614	Gera	17.08.85 – 28.05.90	Stralsund
112 642	Meiningen	20.08.85 – 24.05.95	Halberstadt
202 648	Eisenach	25.05.95 – 13.04.97	Meiningen
202 654	Gera	25.05.95 – 22.04.96	z-Park
112 662	Meiningen	06.04.87 – 03.10.95	z, a 05.10.95
112 676	Meiningen	12.09.86 – 10.12.95	z, a 12/95

△ **Bild 244** • Mit der Gründung der DB AG wurde mit verschiedenen Farbvarianten versucht, den Lokomotiven ein „modernes" Aussehen zu geben und gleichzeitig die Sicherheit im Bahnbetrieb zu erhöhen. Aus diesem Grund erhielten ab 1996 einige 202 eine Lackierung in Orientrot mit in Lichtgrau gehaltener Umrandung der Stirnseiten und in selber Farbe lackierten Griff- und Haltestangen. Auch die hier zu sehende **202 484** des Bh Erfurt bekam eine solche Farbgebung. Am 2. Juli 1998 hat die Lok in Meiningen die vier letzten 228 (von vorn nach hinten: 228 748, 788, 786 und 791) des dortigen Betriebshofes am Haken und steht abfahrbereit in Richtung Eisenach. Die 202 wird den Lokzug nach Eisenach befördern, dort 228 748 und 788 abstellen und dann 228 786 und 791 noch nach Gotha bringen. AUFNAHME: MICHAEL DAUB

Bw Erfurt (III)

Lok-Nr.	vom Bw	beheimatet von – bis	zum Bw
112 721	aus Umbau	20.01.84 – 01.11.87	Sangerhausen
202 721	Weißenfels	05.01.95 – 10.12.95	z, a 12/95
202 738	Eisenach	25.05.95 – 26.11.97	Saalfeld
202 794	Meiningen	14.12.95 – 29.03.98	z-Park
204 257	Saalfeld	18.02.96 – 27.05.98	Saalfeld
204 314	Saalfeld	18.02.96 – 28.05.98	Saalfeld
204 401	Saalfeld	31.05.96 – 08.01.98	Reichenbach (V)
204 492	Saalfeld	31.05.96 – 28.05.98	Saalfeld
204 584	Saalfeld	31.05.96 – 09.01.98	Reichenbach (V)
204 592	Saalfeld	31.05.96 – 17.02.02	Saalfeld
204 607	Saalfeld	18.02.96 – 20.11.00	Saalfeld
204 612	Saalfeld	31.05.96 – 10.10.01	z, a 08.08.01
204 622	Saalfeld	18.04.96 – 31.12.01	z, a 31.12.01
204 638	Saalfeld	24.05.96 – 08.01.98	Reichenbach (V)
204 639	Saalfeld	31.05.96 – 13.01.98	Reichenbach (V)
204 650	Saalfeld	16.04.96 – 08.01.98	Reichenbach (V)
204 660	Saalfeld	31.05.96 – 09.01.98	Reichenbach (V)
204 664	Saalfeld	18.02.96 – 28.05.98	Saalfeld
204 680	Saalfeld	24.05.96 – 31.12.01	z, a 31.12.01
204 712	Saalfeld	18.02.96 – 24.03.01	z, a 22.03.01
204 758	Saalfeld	18.02.96 – 31.12.01	Mg-Rothensee
204 761	Saalfeld	31.05.96 – 31.12.01	Mg-Rothensee
204 769	Saalfeld	21.10.96 – 26.11.01	z, a 22.05.01

Bw Erfurt (IV)

Lok-Nr.	vom Bw	beheimatet von – bis	zum Bw
204 774	Saalfeld	16.04.96 – 31.12.01	Mg-Rothensee
204 789	Saalfeld	16.04.96 – 28.05.98	Saalfeld
204 790	Saalfeld	31.05.96 – 26.11.01	z, a 27.06.01
204 803	Saalfeld	31.05.96 – 28.05.98	Saalfeld
204 820	Saalfeld	16.04.96 – 28.05.98	Saalfeld
204 834	Saalfeld	24.05.96 – 08.01.98	Reichenbach (V)
204 838	Saalfeld	21.10.96 – 28.05.98	Saalfeld
204 845	Saalfeld	18.04.96 – 15.01.98	Reichenbach (V)
204 848	Saalfeld	31.05.96 – 08.01.98	Reichenbach (V)*
204 857	Saalfeld	31.05.96 – 08.01.98	Reichenbach (V)
204 860	Saalfeld	24.05.96 – 28.05.98	Saalfeld
204 869	Saalfeld	16.04.96 – 17.02.02	Saalfeld
298 051	aus Umbau[1)]	09.05.92 – 14.01.93	Reichenbach (V)
298 052	aus Umbau[2)]	21.01.92 – 22.12.94	Wustermark
298 060	aus Umbau[3)]	09.05.92 – 16.07.92	Weißenfels
298 065	aus Umbau[4)]	25.06.92 – 17.02.02	Saalfeld
298 100	Weißenfels	05.01.95 – 12.12.99	Saalfeld,
298 325	Magdeburg	03.02.98 – 17.02.02	Saalfeld
298 327	Weißenfels	23.12.94 – 02.07.97	Reichenbach (V)
298 334	Magdeburg	11.02.98 – 17.02.02	Saalfeld

Mg-Rothensee = Magdeburg-Rothensee 1) ex 201 051 2) ex 201 052 3) ex 201 060 4) ex 201 065

△ **Bild 245** • Nebenbahndienst für die Meininger **112 662** am 30. März 1985 auf der Strecke Wernshausen – Schmalkalden – Zella-Mehlis, hier aufgenommen kurz vor Zella-Mehlis. Aufnahme: U. Walluhn, Slg. Andreas Stange

5.3 Bw Meiningen

Erst im Sommer 1973 bekam das Bw Meiningen mit den fabrikneuen 110 544 und 110 565 seine ersten beiden 110 zugewiesen. Zu dieser Zeit waren in Meiningen für den Streckendienst beheimatet:

10 × Baureihe 41,
8 × Baureihe 44,
10 × Baureihe 86,
7 × Baureihe 94,
10 × Baureihe 118,
4 × Baureihe 120.

Bis Ende 1973 trafen noch folgende 110 zur Beheimatung ein:

- 110 322 am 9. September vom Bw Nordhausen,
- 110 405 am 24. September vom Bw Eisenach,
- 110 601 am 25. Oktober direkt vom LEW Hennigsdorf,
- 110 602 am 31. Oktober direkt vom LEW Hennigsdorf.

Von den nun vorhandenen sechs 110 leisteten drei Loks von der Einsatzstelle Schmalkalden aus in den Plänen der Baureihe 86 ihre Dienste vor Personenzügen nach Zella-Mehlis, Wernshausen und Pappenheim (ab 1990 wieder in Kleinschmalkalden umbenannt). Meiningen selbst setzte eine Lok ebenfalls vor Personenzügen in Richtung Eisfeld im Plan der Baureihe 41 ein.

1974 wurde der Bestand auf zehn Loks erhöht, dieser blieb bis 1982 konstant. Sowohl die Est Schmalkalden als auch das „Mutter-Bw" Meiningen setzten jeweils vier Loks ein, die mit Personen- und Güterzügen nach Bad Salzungen, Pappenheim, Auwallenburg, Zella-Mehlis, Schleusingen und Eisfeld kamen. Bis Ende 1974 übernahmen die 110 alle Leistungen der Meininger 86er, die daraufhin abgestellt wurden. Ab 1981 lag der tägliche Bedarf in Meiningen bei drei 110 und in Schmalkalden bei vier Loks dieser Baureihe. An deren Einsatzgebieten gab es derweil keine Änderungen.

Ende 1982 begann im Bw Meiningen die Beheimatung der Baureihe 112, sodass zum 31. Dezember jenes Jahres folgender Bestand an 110 und 112 vorhanden war:

110 605	662	671	680	685
795	816			
112 601	642	676		

Im Verlauf des Jahres 1984 erhielt das Bw Meiningen weitere fünf 112 zugewiesen (112 602, 655, 662, 685 und 727), in gleichem Maße verlor das Bahnbetriebswerk Maschinen der Baureihe 110. Allerdings: 112 662 und 112 685 waren bereits als 110 in Meiningen beheimatet und kamen direkt

△ **Bild 246** • Am 16. Oktober 1989 steht **110 304** des Bw Meiningen mit ihrem Personenzug nach Zella-Mehlis im Bahnhof Wernshausen. Die Lok war nur relativ kurz – von Mai 1988 bis September 1990 – in Meiningen beheimatet. Aufnahme: Andreas Stange

Bild 247 ▷
Mit einem Güterzug aus Richtung Meiningen kommend fährt **112 374** (Bw Meiningen) am 13. Oktober 1989 in den Bahnhof Bad Salzungen ein.

AUFNAHME: ANDREAS STANGE

vom Umbau aus dem Raw Stendal auch wieder zurück. Mit der Überführung der 110 680 am 21. September 1984 ins Raw Stendal – aus der Lok wurde 114 680 – war das Kapitel der Baureihe 110 im Bw Meiningen vorerst beendet. Erst im Mai 1988 traf mit 110 304 aus dem Bw Erfurt erneut eine 110 zur Beheimatung in Meiningen ein. Sie wechselte am 13. September 1990 zum Bw Eisenach.

Ab Herbst 1984 war das Bw Meinungen also nur noch eine Heimat-Bw für die Baureihe 112 – zumindest was die „V 100-Familie“ angeht. Der Lokbestand lag bis 1991 zwischen acht und elf Maschinen, erhöhte sich dann durch die Übernahme von weiteren Leistungen auf 14 Loks. Ab 1991 kamen die 112 in einem Acht-Tage-Umlaufplan wieder bis Sonneberg, und mit Beginn des Winterfahrplans 1991/92 übernahmen die Lokomotiven auch die Beförderung einzelner Personenzüge

△ **Bild 248** • Mit zwei Kleindieselloks der Baureihe 101 – frisch aus dem Raw „Ernst Thälmann“ in Halle (S) – im Schlepp hat **110 304** am 30. Juni 1989 im Bahnhof Heldrungen (Strecke Sangerhausen – Erfurt) einen Zwischenhalt eingelegt. Offenbar gab es an der ersten 101 etwas zu kontrollieren …

Bild 249 ▷
Längst Geschichte ist der Lokbahnhof Schmalkalden! Auf der dortigen Drehscheibe steht am 12. März 1990 die **112 727** des Bw Meiningen.

AUFNAHMEN (2): MICHAEL DAUB

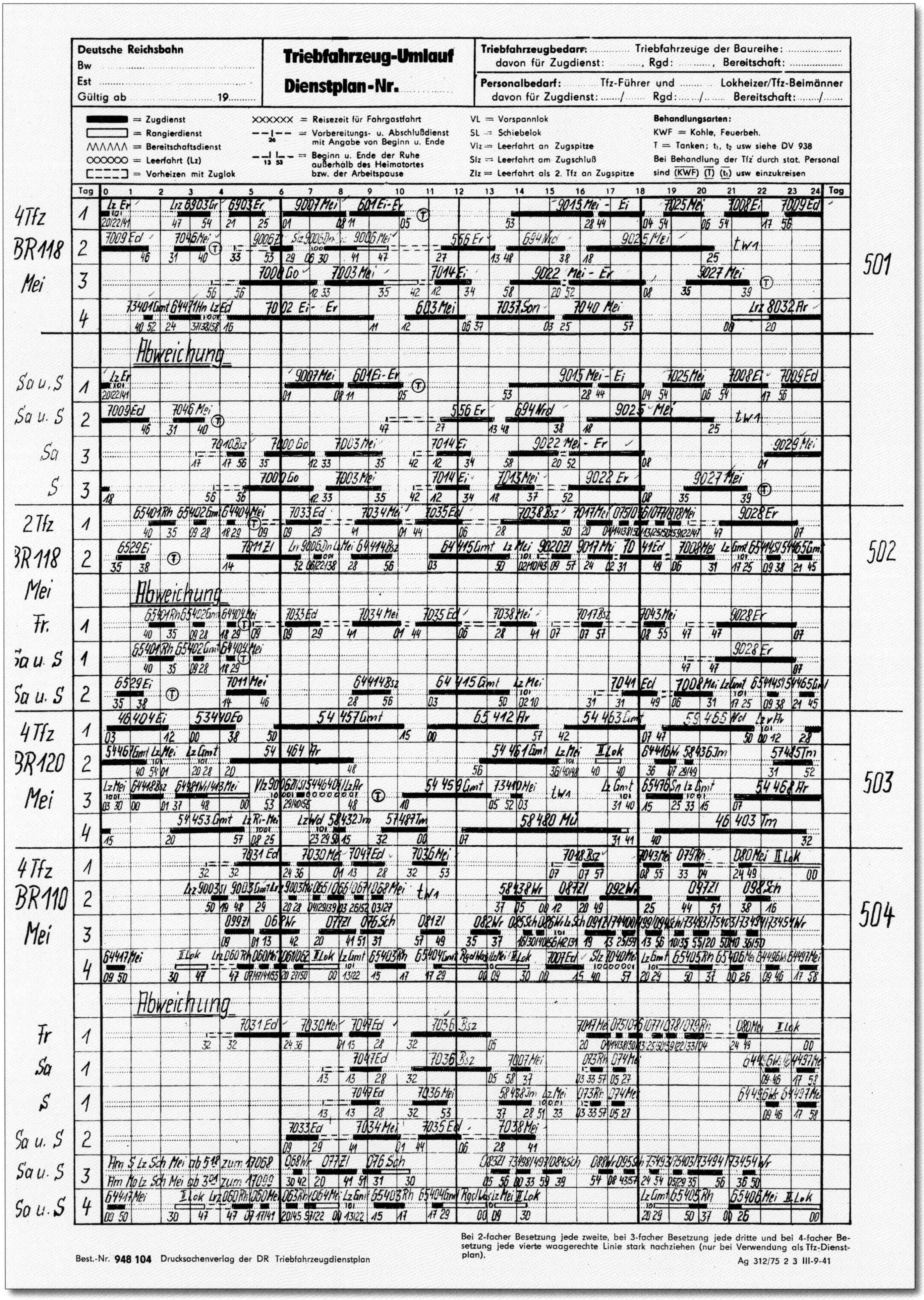

△ **Bild 250•** Umlaufplan des Bw Meiningen, gültig ab 25. September 1977. Neben den Umläufen für die Baureihen 118 und 120 finden sich im Plan 504 auch die Leistungen für vier Loks der Baureihe 110. Die Maschinen bespannten Reise- und Güterzüge, mit denen sie Eisfeld, Bad Salzungen, Grimmenthal, Ritschenhausen, Wernshausen sowie Schmalkalden erreichten und zwischendurch Rangierdienst in Wasungen leisteten. ABBILDUNG: SAMMLUNG ANDREAS STANGE

Bild 251 ▷ So sah einmal der Bahnhof Grimmenthal aus! Am 7. Mai 1994 steht dort die Meininger **202 432** mit einem Personenzug in Richtung Themar zur Abfahrt bereit.

Aufnahme: Detlef Winkler

nach Schweinfurt. Sie ersetzten dabei Würzburger 212 (DB-V 100). Die Einsätze endete im Mai 1995, nachdem die 202 mit diesen Zügen an ihre Leistungsgrenze kamen und bereits ab 1993 schrittweise durch die Baureihe 232 ersetzt wurden.

Im Mai 1995 übernahm der Bh Meiningen Loks der Baureihe 202 von den Betriebshöfen Gera und Erfurt, sodass mit 22 Vertreterinnen ein Höchststand an 202 erreicht wurde. Der tägliche Bedarf lag allerdings bei nur elf Maschinen …

Ab Sommer 1996 übernahmen LVT der Baureihen 771 und 772 sowie die Baureihe 219 einen großen Teil der Nahverkehrsleistungen auf den Einsatzstrecken der 202. Dadurch verblieben nur noch sechs 202 im Einsatzbestand, die anderen waren bereits als „Reserve“ abgestellt und gingen spätestens im Frühjahr 1998 in den Schadpark.

Im September 1998 waren noch 202 219, 531 und 685 in Meiningen beheimatet. Sie wurden im Mai 2000 z-gestellt. Den Reiseverkehr zwischen Eisenach, Meiningen und Sonneberg sowie Wernshausen – Zella-Mehlis übernahmen ab Juni 2000 die RegioShuttle der Süd-Thüringen-Bahn.

△ **Bild 252** • Die Eisenbahn unmittelbar vor der Haustür zu haben, mag für manchen die Erfüllung eines Traumes sein. In der Ortslage Niederschmalkalden ist die Meininger **202 335** am 4. Januar 1996 mit dem P 14876 unterwegs in Richtung Wernshausen.

Aufnahme: Gunter von Hartwig

△ **Bild 253** • Die ausgedehnten Gleisanlagen in Dorndorf lassen die einstige betriebliche Bedeutung dieses Bahnhofes erahnen. Am 7. Februar 1997 verlässt **202 602** des Bh Meiningen mit einer Regionalbahn nach Vacha den Bahnhof. AUFNAHME: GUNTER VON HARTWIG

Bw Meiningen (I)

Lok-Nr.	vom Bw	beheimatet von – bis	zum Bw
110 020	Karl-Marx-Stadt	27.11.81 – 28.12.81	Nordhausen
110 029	Weißenfels	01.11.88 – 24.01.89	Eisenach
110 304	Erfurt	28.05.88 – 13.09.90	Eisenach
110 322	Nordhausen	09.09.73 – 09.11.73	Nordhausen
110 405	Eisenach	24.09.73 – 02.11.73	Eisenach
110 544	Neuanlieferung	15.06.73 – 12.11.78	Saalfeld
110 565	Neuanlieferung	24.07.73 – 16.06.80	Eisenach
110 565	Eisenach	27.08.80 – 30.09.82	umb in 112 565*
110 601	Neuanlieferung	25.10.73 – 18.05.78	Saalfeld
110 602	Neuanlieferung	31.10.73 – 19.11.82	Saalfeld
110 605	Neuanlieferung	01.11.73 – 20.09.77	Eisenach
110 605	Eisenach	18.10.77 – 15.09.81	Sangerhausen
110 605	Sangerhausen	30.01.82 – 21.03.84	Gera
110 662	Neuanlieferung	24.05.74 – 09.05.76	Erfurt
110 662	Erfurt	20.07.76 – 23.05.84	umb in 112 662
110 671	Neuanlieferung	01.06.74 – 22.09.83	umb in 114 671
110 676	Neuanlieferung	21.06.74 – 24.08.76	Eisenach
110 676	Eisenach	25.09.76 – 21.12.82	umb in 112 676
110 680	Neuanlieferung	28.06.74 – 21.09.84	umb in 114 680
110 685	Neuanlieferung	05.07.74 – 18.07.84	umb in 112 685
110 795	Neuanlieferung	01.06.75 – 26.09.84	Gera
110 816	Neuanlieferung	19.07.75 – 21.03.84	Gera
112 169	Eisenach	17.04.91 – 04.05.95	Seddin
202 209	Erfurt	09.05.95 – 13.08.98	z-Park
202 219	Erfurt	04.03.97 – 30.05.00	z-Park
202 286	Erfurt	17.04.96 – 29.03.98	z-Park
112 291	Erfurt	01.04.87 – 22.05.93	Leipzig Hbf Süd
202 291	Seddin	24.05.95 – 29.03.98	z-Park
112 292	Erfurt	20.08.85 – 03.10.95	z, a 05.10.95
202 294	Gera	23.05.95 – 26.01.98	Saalfeld
202 301	Cottbus	09.06.95 – 12.04.97	Saalfeld
112 302	Nordhausen	16.01.86 – 30.11.89	Erfurt
202 309	Cottbus	07.05.95 – 25.01.98	Saalfeld
202 319	Gera	14.05.95 – 13.12.95	Erfurt
202 319	Erfurt	31.05.96 – 29.03.98	z-Park
202 327	Erfurt	30.04.95 – 29.03.98	z-Park

* Lok war während der Beheimatung kurzzeitig in einem anderen Bw.
umb = Umbau a = abgestellt

Bw Meiningen (II)

Lok-Nr.	vom Bw	beheimatet von – bis	zum Bw
202 334	Eisenach	09.05.95 – 12.04.97	Saalfeld
202 335	Stendal	28.05.95 – 12.04.97	Saalfeld
202 347	Gera	09.05.95 – 13.08.98	z-Park
112 348	aus Umbau	28.12.85 – 14.01.86	Erfurt
202 354	Halle G	28.05.95 – 29.09.95	Magdeburg
202 373	Erfurt	31.05.96 – 31.12.98	z-Park
112 374	Erfurt	25.02.87 – 09.12.91	Sangerhausen
202 379	Erfurt	31.05.96 – 26.01.98	Saalfeld
202 384	Gera	23.05.95 – 14.12.97	Saalfeld
202 385	Eisenach	09.05.95 – 26.01.98	Saalfeld
202 412	Halberstadt	28.05.95 – 29.09.95	Magdeburg
202 422	Eisenach	27.05.94 – 10.06.95	Hoyerswerda
112 432	Sangerhausen	25.10.86 – 06.05.95	Erfurt
202 439	Erfurt	14.04.97 – 29.03.98	z-Park
112 441	Erfurt	12.09.86 – 10.12.95	z, a 19.07.95
202 487	Erfurt	14.04.97 – 31.01.98	Saalfeld
202 525	Hoyerswerda	21.06.95 – 14.12.97	Saalfeld
202 527	Gera	23.05.95 – 14.12.97	Saalfeld
202 531	Erfurt	04.03.97 – 30.05.00	z-Park
202 543	Erfurt	31.05.96 – 26.11.97	Saalfeld
112 544	Eisenach	11.09.90 – 22.05.93	Leipzig Hbf Süd
112 560	umz	13.06.86 – 20.12.91	Reichenbach (V)
112 575	aus Umbau	18.03.83 – 11.03.92	Eisenach
112 601	aus Umbau	17.11.82 – 28.05.83	Nordhausen
112 602	aus Umbau	08.02.84 – 22.12.86	Erfurt
202 602	Erfurt	20.10.94 – 29.03.98	z-Park
112 603	Güsten	20.09.91 – 15.05.95	Erfurt
112 642	aus Umbau	04.11.82 – 19.08.85	Erfurt
202 648	Erfurt	14.04.97 – 29.03.98	z-Park
112 655	aus Umbau	16.03.84 – 14.10.86	Eisenach
202 655	Eisenach	12.03.92 – 24.05.95	Halle G
112 662	aus Umbau	24.05.84 – 05.04.87	Erfurt
112 676	aus Umbau	22.12.82 – 11.09.86	Erfurt
112 685	aus Umbau	19.07.84 – 30.05.00	z-Park
112 713	Eisenach	01.06.89 – 22.05.95	Stendal
112 727	aus Umbau	24.05.84 – 29.11.91	Glauchau (Sachs)
112 794	Brandenburg	19.09.91 – 13.12.95	Erfurt
112 795	Hoyerswerda	25.07.91 – 21.06.95	Cottbus
112 831	Cottbus	25.07.91 – 29.03.98	z-Park

△ **Bild 254•** Die moderne Diesellok in Form von **110 345** des Bw Nordhausen mag so gar nicht zu dem betagten Wagenpark des P 3455 (Sangerhausen – Allstedt) passen, mit dem sie hier im Mai 1971 bei Sangerhausen unterwegs ist. Die Lok wurde erst zwei Monate zuvor in Dienst gestellt. Aufnahme: Günter Scheibe, Sammlung Jörg Leuthardt

5.4 Bw Nordhausen

Eingebettet zwischen dem Vorharz im Norden und der Goldenen Aue im Südosten liegt die ca. 40.000 Einwohner zählende Stadt Nordhausen. Wie das Bw Sangerhausen, so erlangte auch das Nordhäuser Bahnbetriebswerk vor allem durch den Einsatz der Baureihe 44-Öl sowie dem kurzen Einsatz einer Handvoll 52^{80} bei den Eisenbahnfreunden einen hohen Bekanntheitsgrad.

Erste Betriebserfahrungen mit der V 100 erhielten Nordhäuser Lokführer bereits im Winter 1967/68, als diese Dienststelle einige Hallenser V 100 in deren Umläufen besetzte und mit den Maschinen vor Personenzügen u. a. bis Arenshausen fuhren. Im April 1969 wurden dem Bw Nordhausen erste eigene Vertreterinnen der Baureihe V 100 – V 100 118 und V 100 119 – zur Beheimatung zugewiesen, die beide gemeinsam am 29. April direkt vom LEW Hennigsdorf kamen und umgehend an die Nordhäuser Einsatzstelle in Ebeleben weitergegeben wurden. Dort lösten sie die Baureihe 64 in deren Umläufen ab, welche die Bespannung von Personenzügen auf der Relation Sondershausen – Hohenebra – Ebeleben – Keula sowie vereinzelter Übergabezüge nach Schlotheim und Menteroda vorsahen.

Ab September des Jahres 1971 besetzte Personal des Bw Sangerhausen einige Loks der nunmehrigen Baureihe 110 des Bw Nordhausen.

Bis zum 31. März 1972 erhöhte sich der Bestand an 110ern im Bw Nordhausen auf 14 Exemplare, die alle direkt als Neuanlieferungen vom LEW übernommen wurden. Am 1. April 1972 waren folgende Maschinen der Baureihe 110 in Nordhausen beheimatet:

110 118	119	145	299	318
319	322	344	345	374
428	432	454	456	

Zwischen 1969 und 1976 erhielt das Bahnbetriebswerk am Rande des Harzes insgesamt 20 werksneue 110er zugewiesen.

Mit dem im Frühjahr 1973 vorhandenen Bestand an den neuen Dieselloks konnte im Bw Nordhausen auf die letzten Einheitsloks der Baureihe 64 verzichtet werden. Für 64 173 und 64 406, die in der Nordhäuser Einsatzstelle in Leinefelde stationiert waren, kamen 110 452 (ab 26.02.1972) und 110 456 (ab 07.04.1972) zum Einsatz. Die beiden 64er „wanderten“ am 30. März 1972 in den z-Park. Damit blieb nur noch 64 369 als „eiserne Reserve“ übrig, falls dann doch einmal eine 110 ausfiel. Am 19. August 1972 wurde allerdings auch dieser „Bubikopf“ z-gestellt.

Für den Fahrplanwechsel im Mai 1974 erstellten die Technologen des Bw Nordhausen vier Umlaufpläne für insgesamt acht Maschinen der Baureihe 110 sowie einen Sonderplan für die Bespannung von Rübenzügen. Im Umlauf 660, Tag 1, kam die darin eingesetzte Lok ausschließlich vor Personenzügen zwischen Leinefelde und Geismar (damalige KBS 666) zum Einsatz. Der erste Zug verließ Leinefelde um 3:19 Uhr, der letzte Zug aus Geismar traf 21:41 Uhr wieder in Leinefelde ein. Bei diesen „Pendelfahrten“ erreichte die Lok eine Tageslaufleistung von 354 km.

Mit der Bespannung des Dg 52431 bis Nordhausen startete der Tag 2 planmäßig um 2:18 Uhr in Leinefelde. Nach dem Ergänzen des Kraftstoffvorrats der Lok ging es mit der Beförderung des P 6210 um 6:22 Uhr von Nordhausen wieder zurück ins 43 km entfernte Leinefelde. Zur Steigerung der Bruttotonnage bespannte die 110 im Anschluss die beiden Nahgüterzüge 61430 und 61431 auf dem Abschnitt Leinefelde – Teistungen. Der Nachmittag stand dann wieder ganz im Zeichen der Beförderung von Personenzügen zwischen Leinefelde und Geismar.

Gleich drei Lokomotiven der Baureihe 110 setzte die Einsatzstelle Ebeleben im Umlauf 663 a ein, wobei am Tag 1 ausschließlich Nahgüterzüge nach Mehrstedt, Hohenebra und Nordhausen bespannt wurden. Der Tag 2 begann in Ebeleben zunächst als Schlusslok am Nahgüterzug 62450 nach Gunsleben (Zuglok war jene im Umlauf vom Tag 1), wo als Rückleistung die Übergabe 75462 nach Ebeleben wartete. Dann stand die Beförderung eines Personenzuges von Ebeleben (ab 5:58 Uhr) nach Sondershausen (an 6:34 Uhr) auf dem Plan. Nach einer kurzen Wendezeit brachte die Lok den P 18927 zurück nach

△ **Bild 255 • 110 322** wurde am 22. Januar 1971 beim Bw Nordhausen in Dienst gestellt. Im Juli jenes Jahres passiert sie mit einem Personenzug von Sangerhausen kommend das Einfahrtsignal von Voigtstedt.

Ebeleben, im Anschluss wurde mit Reisezügen zwischen Ebeleben und Hohenebra gependelt. Den Tagesabschluss bildete die Bespannung des Nahgüterzuges 62428 nach Nordhausen. Am Ende des Tages standen 178 km mehr auf dem Kilometerzähler der Lok.

Nachdem der Umlauftag 2 einige Reisezüge im Programm hatte, gab es am Tag 3 für die 110 erneut nur Nahgüter- und Übergabezüge zu bespannen. Beginnend in Nordhausen ging es mit dem Ng 62425 zunächst nach Hohenebra und anschließend mit weiteren Güterzügen den ganzen Tag zwischen den Bahnhöfen Ebeleben, Gundersleben, Mehrstedt und Hohenebra hin und her, wobei die Lok insgesamt eine Laufleistung von 211 km erreichte.

Auch im zweiten Ebelebener Umlauf (Nr. 663 b für 1 × Baureihe 110) stand die Beförderung von Nahgüterzügen zwischen Ebeleben, Mehrstedt, Hohenebra und Nordhausen im Programm, wobei an diesem Einsatztag 171 km zurückgelegt wurden.

Eine bezüglich der Baureihe 110 erste größere Abwanderungswelle erreichte das Bw Nordhausen zum 31. Dezember 1974, als „auf einen Schlag“ zehn Lokomotiven die Dienststelle verließen und im Bw Sangerhausen eine neue Heimat fanden. Allerdings: Wie bereits geschrieben, waren bereits seit 1971 einige dieser Maschinen von Sangerhäuser Personal besetzt worden. Mit der Abgabe der Loks sank der Bestand an 110 in Nordhausen um mehr als die Hälfte. Zum 1. Januar 1975 befanden sich folgende Vertreterinnen dieser Baureihe zur Beheimatung im Bw Nordhausen:

110 118 119 145 345 432
456 477

Leicht aufgebessert wurde der Bestand durch den Zugang der 110 466, die am 15. Januar 1975 vom Bw Weißenfels kommend in Nordhausen eintraf.

Mit Beginn des Winterfahrplans 1975/76 am 28. September 1975 übernahm die Baureihe 110 auch den kompletten Umlaufplan 633, in welchem bis dato noch die letzten Nordhäuser 65^{10} – gemeinsam mit 110ern – eingesetzt waren. Den Neubau-Dampfloks verblieb dann für einen Fahrplanabschnitt noch in einem eigenen Umlaufplan die Bespannung von Reisezügen nach Bischofferode und Ellrich. Anschließend dienten 65 1059 und 65 1061 nur noch als Reserve für den eventuellen Ausfall einer 110. Zur endgültigen Ablösung der 65^{10} erhielt das Bw Nordhausen im Mai 1978 die 110 526, 110 527, 110 528 und 110 531 vom Bw Saalfeld zugewiesen, woraufhin die letzte betriebsfähige Nordhäuser 65^{10}, 65 1061, am 11. Mai 1978 zum Bw Arnstadt abgegeben wurde. Mit der Überführung der bereits seit dem 21. Februar 1978 z-gestellten 65 1059 nach Güsten – zu den dortigen Feierlichkeiten anlässlich „100 Jahre Bw Güsten“ – verabschiedete sich dann im Juni 1978 aber wirklich die letzte Vertreterin der Baureihe 65^{10} aus dem Bw Nordhausen.

Wie andere Dienststellen der Deutschen Reichsbahn auch, überstellte das Bw Nordhausen Maschinen aus seinem 110er-Bestand für den Umbau zur Baureihe 112 an das Raw Stendal. Als erste verließ 110 477 am 27. August 1979 das heimatliche Bahnbetriebswerk in Richtung des Ausbesserungswerks in der Altmark. Allerdings kam diese Lok nicht nach Nordhausen zurück, sondern begann ihren „neuen Lebensweg“ im Bw Eisenach. Ihre erste umgerüstete ehemalige 110 er-

▽ **Bild 256 •** Im Frühjahr 1971 entstand diese Aufnahme der mit einem Reisezug aus dem Bahnhof Sangerhausen ausfahrenden **110 344** des Bw Nordhausen. Ab jenem Jahr besetzte Personal des Bw Sangerhausen einige Nordhäuser 110. Die 110 344 war zu diesem Zeitpunkt noch „fabrikfrisch“, wurde sie doch erst im März 1971 angeliefert.
Aufnahmen (3): Günter Scheibe, Sammlung Jörg Leuthardt

hielt die Nordhäuser Dienststelle am 11. Januar 1983 in Form der 112 580.

In der gleichen Geschwindigkeit, wie der Bestand an Lokomotiven der Baureihe 112 im Bw Nordhausen nun anstieg und sie die Leistungen ihrer schwächeren Schwestermaschinen übernahmen, nahm die Anzahl der 110 im hiesigen Bahnbetriebswerk ab. Zum 31. Juli 1983 sah es diesbezüglich noch folgendermaßen aus:

110 219	222	245	313	322
435	527	559	842	
112 237	526	580	601	

Ein Jahr später, zum 31. Juli 1984, hatte sich das Blatt bereits gewendet, und es zeigte sich folgender Bestand im Bw Nordhausen:

110 222	245	313	322	527
112 237	260	387	435	526
559	580	601	640	842

Auch die Einsatzstelle Leinefelde hatte zum 3. Juni 1984 seine 110 gegen die leistungsstärkeren 112 getauscht und setzte in ihrem neuen Umlaufplan nun drei Maschinen dieser Baureihe ein. Der Tag 1 begann mit der Übergabeleistung 71482 (Leinefelde – Worbis), es folgte die Bespannung eines Nahgüterzugpaares nach Dingelstädt sowie einer Übergabe nach Teistungen, bevor im weiteren Tagesverlauf die Beförderung von Personenzügen zwischen Leinefelde und Teistungen übernommen wurde. Insgesamt kamen dabei 207 Laufkilometer zusammen.

Auch der Tag 2 des Umlaufes begann mit der Bespannung einer Übergabe (70489/70488) sowie einer Nahgüterzugleistung nach Heiligenstadt. Zwischen den Leistungen wurde die Zeit in Heiligenstadt für Übergabeleistungen nach Heiligenstadt Ost genutzt. Die 2,5 km entfernte Station Heiligenstadt Ost – die Strecke führte bis 1945 weiter nach Schwebda – ist noch als Streckenrangierbezirk geführt worden. Täglich fanden zwischen drei und fünf Übergabefahrten statt, die allerdings nirgendwo offiziell vermerkt wurden. Einzige Reisezugleistungen am Tag 2 waren die Personenzüge P 18565, 18566, 18571 und 18574 auf der 34,6 km langen Strecke Leinefelde – Geismar.

Der mit 367 km laufleistungsstärkste Tag war der Umlauftag 3, in dem mit Reisezügen zwischen Leinefelde, Geismar und Arenshausen gependelt wurde. In der Zeit von 14 bis 16 Uhr fand an jenem Tag die vorgeschriebene Triebfahrzeug-Wartung in der Einsatzstelle in Leinefelde statt.

Schwächster Tag an gefahrenen Kilometer war der Tag 4 mit 164 km. Neben der Beförderung des Personenzugpaares P 18540/18541 (Leinefelde – Teistungen – Leinefelde) war die 112 den Rest des Tages vor Nahgüterzügen im Einsatz.

△ **Bild 257** • Im September 1972 fährt die Nordhäuser **110 319** mit einem Personenzug in den Bahnhof Sangerhausen ein. Auch hier ist die Mischung des Wagenparks eine besondere Beachtung wert! Im Hintergrund sind die Anlagen des Bw Sangerhausen zu sehen, in dem die Baureihe 110 erst zwei Jahre später beheimatet wurde.

Negative Änderungen für die Baureihe 112 gab es im Juni 1984 in der Einsatzstelle Ebeleben zu vermelden, wo der Umlauf 663 a, der ausschließlich Güterzugleistungen enthielt, auf drei Loks der Baureihe 132 umgestellt wurde.

Auch in der Heimatdienststelle Nordhausen mussten die 112 durch die begonnene Beheimatung der Baureihe 119 „Federn lassen". Der Nordhäuser Umlaufplan 653 für drei Loks der Baureihe 112 sah wie folgt aus:

<u>Tag 1</u>

P 8502	Leinefelde – Arenshausen
P 8503	Arenshausen – Nordhausen
Tfz-Wartung in Nordhausen	
Vorheizen E 853 in Nordhausen	
P 8516	Nordhausen – Leinefelde
P 8521	Leinefelde – Nordhausen
P 18530	Nordhausen – Bischofferode
P 18531	Bischofferode – Bleicherode Ost
Lrv	Bleicherode Ost – Nordhausen

<u>Tag 2</u>

P 18520	Nordhausen – Bischofferode
P 18521	Bischofferode – Nordhausen
P 4522 (Sl)	Nordhausen – Bleicherode Ost
P 18522	Bleicherode Ost – Bischofferode
P 18523	Bischofferode – Bleicherode Ost
P 18524	Bleicherode Ost – Bischofferode
P 18525	Bischofferode – Bleicherode Ost
P 18526	Bleicherode Ost – Bischofferode
P 18527	Bischofferode – Bleicherode Ost
P 18528	Bleicher. Ost – Bleicherode Stadt
P 18529	Bleicherode Stadt – Nordhausen
P 8552	Nordhausen – Ellrich
P 8553	Ellrich – Nordhausen
P 8554	Nordhausen – Ellrich
P 8555	Ellrich – Nordhausen
P 8556	Nordhausen – Ellrich
P 8557	Ellrich – Nordhausen

<u>Tag 3</u>

Dg 58144	Nordhausen – Bleicherode Ost
Dg 52431 (Sl)	Bleicherode Ost – Nordhausen
P 8540	Nordhausen – Ellrich
P 8541	Ellrich – Nordhausen
P 8542	Nordhausen – Ellrich
P 8543	Ellrich – Nordhausen
P 8544	Nordhausen – Ellrich
P 8545	Ellrich – Nordhausen
P 8546	Nordhausen – Ellrich
P 8547	Ellrich – Nordhausen
P 8550	Nordhausen – Ellrich
P 8551	Ellrich – Nordhausen
P 8530	Nordhausen – Arenshausen
P 8539	Arenshausen – Leinefelde

Sl = Schlusslok

Anfang Jahres 1985 war mit 110 245 zwischenzeitlich nur eine „Ursprungs-V 100" in Nordhausen beheimatet. Sie leistete ihren Dienst vor dem Hilfszug. Auch wenn es in den folgenden Jahren immer mal wieder zu Beheimatungen von Vertrete-

△ **Bild 258 •** In ihrem Heimat-Bw Nordhausen präsentiert sich **110 107** am 23. Juli 1988. Die Lok wechselte im November 1987 aus Nossen in den Nordhäuser Bestand und wurde im April 1990 an das Braunkohlenkombinat Cottbus verkauft. Als 111 107 war sie später wieder im DR-Bestand. AUFNAHME: HARTMUT MICHLER

rinnen der Baureihe 110 kam – im Planeinsatz spielten sie keine Rolle mehr.

Erste größere Veränderungen im Einsatz der Nordhäuser 112 brachte – wie in anderen DR-Dienststellen auch – die politische Wende im Jahr 1989/90 mit sich. Durch die damit verbundene Öffnung der Grenze zur Bundesrepublik gelangten die Loks nun auch in Richtung Westen. So bespannte das Bw Nordhausen mit seinen 112 im Sommerfahrplan 1990 den E 2054 (Halle/S – Köln) auf dem Abschnitt Nordhausen – Altenbeken. Jedoch gerieten die Maschinen auf der Strecke durch das steigungsreiche Weserbergland mit den schweren Zügen an ihre Leistungsgrenzen und setzten bei den Fahrzeiten häufig mächtig zu. Abhilfe sollten Vertreterinnen der Baureihe 114 (1.100-kW-Motoren mit 1.400 PS) aus der „V 100-Familie" schaffen, die ab Anfang September 1990 zur Beheimatung dem Bw Nordhausen zugewiesen wurden. Sie übernahmen sofort einen Teil der 112er-Leistungen. Weitere Zuteilungen ermöglichten die Erstellung zwei getrennter Umläufe mit der Nummer 41.

Im Jahr 1990 ging in Nordhausen die Epoche der Baureihe 110 zu Ende. Zuletzt hielten 110 107 (seit 12.11.1987 in Nordhausen) und 110 257 (seit 16.12.1987) noch die Fahne dieser Baureihe hoch – ohne allerdings dabei mit planmäßigen Einsätzen zu glänzen. Am 6. April 1990 wurde 110 107 an das Braunkohlenkombinat Cottbus abgegeben, wo die Lok kurzzeitig als Werklok Di 494-110-B4 ihre Dienste leistete. Sie kam im November desselben Jahres wieder zur Reichsbahn zurück und erhielt nach einem Umbau die neue Nummer 111 107.

Als letzte 110 verließ 110 257 im Herbst 1990 das Bw Nordhausen. Sie kam allerdings schon wenige Wochen später, am 1. Dezember jenes Jahres, zurück – umgebaut und mit neuer Nummer: 114 257.

Am 31. Dezember 1990 waren folgende 112 bzw. 114 in Nordhausen beheimatet:

112 260	317	387	539	601
640	670	752	822	842
114 257	359	482	790	820
862				

Für die Baureihe 202 (ex Baureihe 112) sah ein ab 27. September 1992 gültiger Umlauf den Einsatz von sieben Maschinen vor, wobei die darin erreichten Laufleistungen doch eher bescheiden waren. So stand die Lok am Tag 1 von ca. 7 bis 15:30 Uhr ungenutzt im Bw herum. Der Tag 2 führte die darin fahrende 112 mit Reisezügen zweimal von Nordhausen nach Erfurt, während am Tag 3 wieder der Pendelverkehr mit Personenzügen zwischen Bischofferode und Bleicherode Ost im Programm stand. Am Tag 4 kamen die Loks mit Reisezügen erneut bis Erfurt und Leinefelde.

Bild 259 ▷
112 539 ist am 5. April 1987 mit einem Güterzug am Strecken-km 154,5 der Halle-Kasseler Eisenbahn unterwegs in Heiligenstadt. Die Kilometrierung beginnt in Halle (S).

AUFNAHME: FRANK PILZ

Einen „gemischten Verkehr" gab es am Umlauftag 5, wobei am Vormittag die Nahgüterzüge 68024 und 68025 zwischen Leinefelde und Arenshausen zu befördern waren und am Nachmittag die Beförderung von Personenzüge auf der Strecke Leinefelde – Teistungen anstand. Ähnlich unterteilt war schließlich auch Tag 6, in dessen Umlauf vormittags das Güterzugpaar Ng 69400/69401 von Nordhausen nach Bischofferode u. z. sowie am Nachmittag Personenzüge nach Teistungen und Geismar zu bespannen waren. Im abschließenden Tag 7 kam die dort eingesetzte 112 vor Personenzügen zwischen Geismar und Leinefelde sowie nach Dingelstädt zum Einsatz.

Für die Lokomotiven der Baureihe 114 – seit dem 1. Januar 1992 offiziell als Baureihe 204 bezeichnet – sah der Umlaufplan im Bw Nordhausen vor allem Leistungen in Doppeltraktion vor Eilzügen in Richtung Westen vor. Es wurden folgende Züge bespannt:

<u>Tag 1</u>

E 6702	Nordhausen – Ellrich
E 6703	Ellrich – Nordhausen
E 6714	Nordhausen – Altenbeken
E 6747	Altenbeken – Nordhausen
E 6750	Nordhausen – Northeim
E 6769	Northeim – Nordhausen
E 6772	Nordhausen – Ellrich
E 6783	Ellrich – Nordhausen

<u>Tag 2</u>

Dg 60020	Nordhausen – Göttingen
Lzz	Göttingen – Nordhausen
E 6736	Nordhausen – Northeim
E 6755	Northeim – Nordhausen
E 6760	Nordhausen – Northeim
E 6781	Northeim – Nordhausen

<u>Tag 3</u>

E 6704	Nordhausen – Göttingen
Lr 36719	Göttingen – Northeim
E 6719	Northeim – Nordhausen
E 6726	Nordhausen – Northeim
E 6741	Northeim – Nordhausen
E 6746	Nordhausen – Göttingen
E 6777	Göttingen – Nordhausen

Bild 260 ▷
Ausfahrt eines mit **112 313** bespannten Personenzuges am 14. Mai 1989 aus den Bahnhof Nordhausen. Im Hintergrund befinden rechts die Anlagen des Bw Nordhausen, dem Heimat-Bw der Lok.

AUFNAHME: ANDREAS STANGE

Tag 4

E 6710	Nordhausen – Göttingen
E 6723	Göttingen – Nordhausen
Dg 55512	Nordhausen – Göttingen*
Dg 55635	Göttingen – Nordhausen*

*Gemeinsam mit Lok von Tag 5

Tag 5

Slz 3690	Nordhausen – Eichenberg
E 6489	Eichenberg – Nordhausen
Dg 55512	Nordhausen – Göttingen*
Dg 55635	Göttingen – Nordhausen*

Slz = Schlusslok zum Zug
*Gemeinsam mit Lok von Tag 4

Tag 6

Lzz	Nordhausen – Greußen
P 6614	Greußen – Nordhausen
Ng 68043	Nordhausen – Esperstedt
Ng 68044	Esperstedt – Nordhausen
Ng 60026	Nordhausen – Göttingen
Lzv	Göttingen – Northeim
Vlz 6781	Northeim – Nordhausen

Mit der ab Mai 1993 beginnenden, erneuten Beheimatung von Vertreterinnen der Baureihe 228 (ex DR-BR 118) begann die Umstellung dieses Umlaufes, und die Triebfahrzeuge der Baureihe 204 wurden an andere Dienststellen abgegeben.

Auch bei der Baureihe 202 war der „Stern ihres Dasein" im Bw Nordhausen zunehmend am Sinken. Nachdem am 5. Mai 1993 zwischen Sangerhausen und Nordhausen der elektrische Zugbetrieb aufgenommen wurde, kam es zu weitreichenden Verschiebungen in den Bespannungsplänen und in diesem Zusammenhang zu Verlusten bei den zu fahrenden Leistungen.

Nachdem im Juli 1993 die 202 752 und 202 670 zum Bw Magdeburg sowie 202 842 zum Bw Güsten wechselten, war die Nordhäuser Dienststelle zunächst frei von 202. Doch mit der Eingliederung des Bw Sangerhausen und der damit verbundenen Übernahme des dortigen Fahrzeugbestandes kamen im Dezember jenes Jahres erneut zehn Vertreterinnen dieser Baureihe zur Beheimatung ins Bw Nordhausen. Da aber ein merklicher Fahrzeugüberbestand durch verlorengegangene Leistungen herrschte, war den zugegangenen 202 in Nordhausen keine große Zukunft mehr beschieden.

Zum 31. Dezember 1993 sah der Bestand an 112 und 114 im Bw Nordhausen wie folgt aus:

112 245	268	288	318	319
321	344	374	528	721
114 257	314	492	639	789
790	820	838	869	

Ohne eigene Leistungen blieb den Maschinen dieser Baureihen nur die Rolle von „Ausputzern" – sprich, sie dienten noch als Reservelokomotiven oder kamen bei Bedarf vor Sonderleistungen zum Einsatz. Umso erstaunlicher ist es, dass am 15. Februar 1994 vom Betriebshof Halberstadt noch einmal drei 204 (204 464, 204 774 und 204 858) nach Nordhausen kamen, hier allerdings auch nur wenige Wochen blieben, um dann wieder nach Halberstadt zurückzukehren.

Im Verlauf des Jahres 1994 reduzierte sich der Bestand an 202/204 weiter, denn die nicht mehr benötigten Loks wurden an andere Betriebshöfe abgegeben:

- 202 245, 268, 374 und 528 am 26. Mai nach Riesa,
- 202 288 am 31. Mai nach Zwickau,
- 202 319 am 1. Juni nach Gera,
- 202 721 am 1. Juni nach Weißenfels,
- 204 257 am 26. Mai nach Saalfeld,
- 204 464 und 202 774 am 2. März nach Halberstadt,
- 204 790 am 25. Mai nach Saalfeld,
- 204 858 am 8. März nach Halberstadt.

Somit befanden sich am Ende des Jahres 1994 noch drei Vertreterinnen der Baureihe 202 und sieben 204 in den Bestandslisten des Bh Nordhausen. Für alle diese Loks endete die Zeit in dieser Dienststelle im Mai 1995. Während die noch vorhandenen 204 gemeinsam zum Bh Saalfeld wechselten, fanden 202 318, 202 321 und 202 344 ab 24. Mai 1995 im Bh Erfurt eine neue Heimat.

Nicht unerwähnt soll die fast zweijährige Beheimatung der 298 100 in Nordhausen bleiben. Im November 1992 aus Weißenfels kommend, diente sie vornehmlich auf dem Nordhäuser Güterbahnhof im Rangierdienst. Im Dezember 1994 wechselte die Lok zurück zum Bh Weißenfels.

△ **Bild 261** • Am 11. März 1987 verlässt **112 299** mit einem Personenzug den Nordhäuser Hauptbahnhof und passiert dabei das Wärterstellwerk „NW". Die Lok war von März 1986 bis Mai 1990 im Bw Nordhausen beheimatet und wechselte anschließend zum Bw Brandenburg.

Aufnahme: Andreas Stange

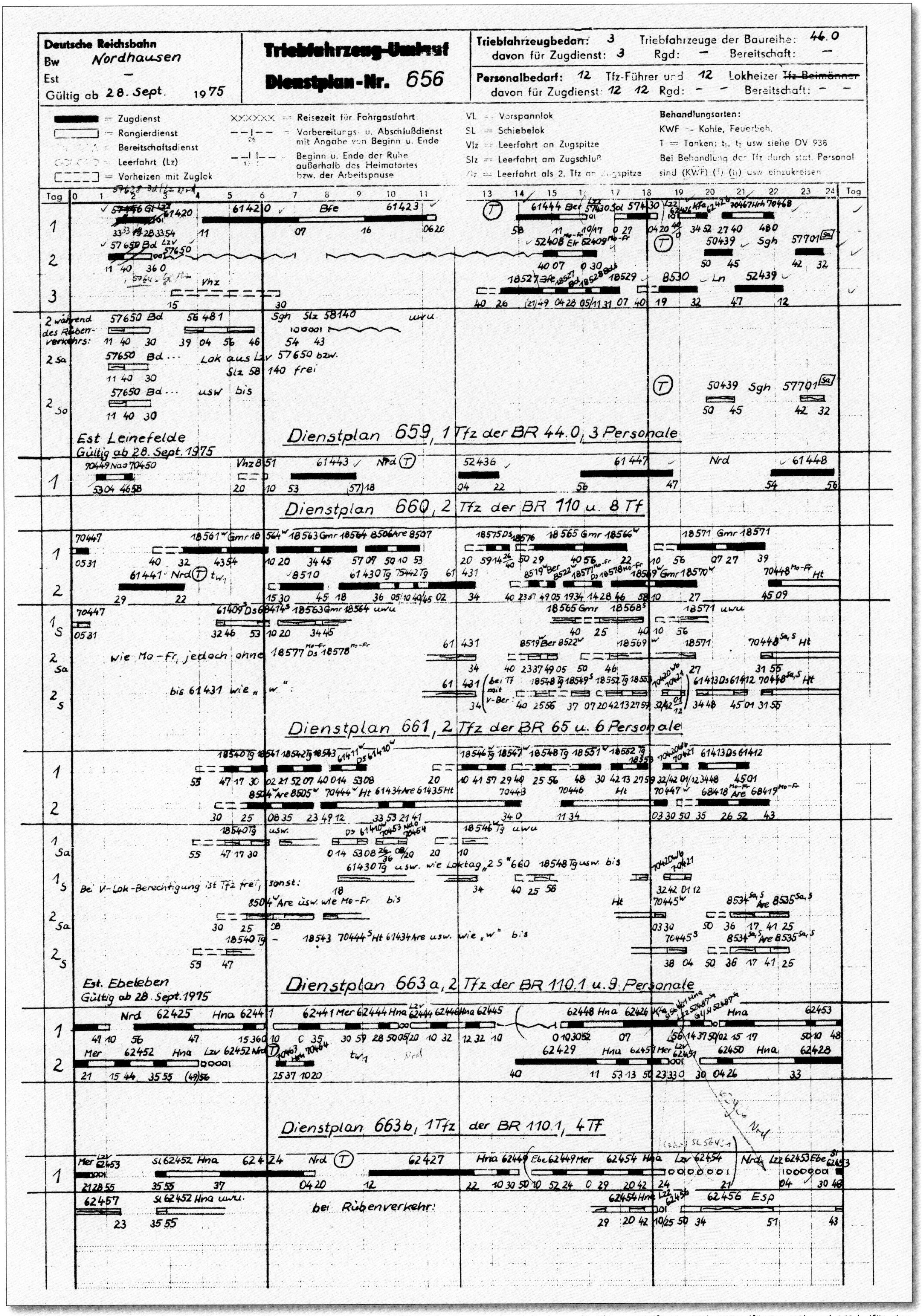

△ **Bild 262** • Umlaufplan des Bw Nordhausen, gültig ab 28. September 1975. Darin eingezeichnet sind u. a. die Pläne 660 (für 2 × 110), 663 a (für 2 × 110) und 663 b (für eine 110).

ABBILDUNG: SAMMLUNG ANDREAS STANGE

Bw Nordhausen (I)			
Lok-Nr.	**vom Bw**	**beheimatet von – bis**	**zum Bw**
110 020	Meiningen	29.12.81 – 21.04.82	Saalfeld
110 070	Weißenfels	28.01.77 – 18.05.78	Saalfeld
110 107	Nossen	12.11.87 – 06.04.90	verk. BKK Cottbus
110 118	Neuanlieferung	29.04.69 – 11.05.78	Saalfeld
110 119	Neuanlieferung	29.04.69 – 11.05.78	Saalfeld
110 119	Saalfeld	13.01.81 – 03.03.81	Saalfeld
110 144	Aue (Sachs)	07.07.88 – 20.07.88	Aue (Sachs)
110 145	Neuanlieferung	01.08.69 – 18.05.78	Saalfeld
110 153	Eisenach	19.06.86 – 05.08.86	Eisenach
110 168	Nossen	25.11.81 – 09.12.81	Eisenach
110 169	Eisenach	29.12.81 – 26.07.82	Weißenfels
110 205	Neuanlieferung	23.01.70 – 19.01.71	Erfurt
110 205	Sangerhausen	29.07.86 – 13.08.87	Weißenfels
110 208	Eisenach	31.08.79 – 29.10.79	Erfurt
201 208	Sangerhausen	25.12.93 – 29.05.94	z-Park
110 219	Erfurt	13.02.81 – 11.10.83	Umbau in 112 219
110 222	Erfurt	02.07.83 – 28.12.84	Weißenfels
110 245	Eisenach	30.11.79 – 15.04.86	Sangerhausen
110 257	Sangerhausen	16.12.87 – 30.11.90	Umbau in 114 257
110 274	Erfurt	07.03.80 – 22.06.80	Erfurt
110 297	Sangerhausen	08.04.81 – 27.08.81	Sangerhausen
110 297	Weißenfels	18.12.81 – 29.05.83	Salzwedel
110 299	Neuanlieferung	26.11.70 – 31.12.74	Sangerhausen
110 313	Sangerhausen	01.03.82 – 03.12.84	Umbau in 112 313
110 317	Neuanlieferung	31.12.70 – 06.01.71	Weißenfels
110 317	Weißenfels	27.01.75 – 31.03.75	Eisenach
110 318	Neuanlieferung	31.12.70 – 31.12.74	Sangerhausen
110 319	Neuanlieferung	05.01.71 – 31.12.74	Sangerhausen
110 319	Sangerhausen	27.06.80 – 31.03.81	Umbau in 112 319
110 322	Neuanlieferung	22.01.71 – 08.09.73	Meiningen
110 322	Meiningen	10.11.73 – 31.12.74	Sangerhausen
110 322	Sangerhausen	21.10.77 – 22.10.84	Erfurt
110 328	Neuanlieferung	02.03.71 – 23.09.71	Erfurt
110 344	Neuanlieferung	23.03.71 – 31.12.74	Sangerhausen
110 345	Neuanlieferung	23.03.71 – 31.10.72	Saalfeld
110 345	Saalfeld	16.05.73 – 29.04.82	Umbau in 112 345
110 374	Neuanlieferung	02.06.71 – 09.02.81	Umbau in 112 374
110 417	Saalfeld	10.10.74 – 31.12.74	Sangerhausen
110 428	Neuanlieferung	01.02.72 – 31.12.74	Sangerhausen
110 432	Neuanlieferung	26.02.72 – 13.02.80	Sangerhausen[1]
110 435	Saalfeld	10.10.74 – 31.12.74	Sangerhausen
110 435	Sangerhausen	10.01.81 – 09.05.84	Umz. in 112 435
110 441	Saalfeld	04.10.74 – 31.12.74	Sangerhausen
110 454	Neuanlieferung	31.03.72 – 31.12.74	Sangerhausen
110 456	Neuanlieferung	31.03.72 – 19.07.76	Sangerhausen
110 460	Eisenach	.05.73 – .06.73	Eisenach
110 466	Weißenfels	15.01.75 – 29.11.79	Eisenach[2]
110 477	Neuanlieferung	24.05.72 – 27.08.79	Eisenach[3]
110 526	Saalfeld	12.05.78 – 13.01.83	Umbau in 112 526
110 527	Saalfeld	12.05.78 – 07.12.84	Gera
110 528	Saalfeld	19.05.78 – 11.07.79	Sangerhausen*
110 528	Sangerhausen	24.01.80 – 26.01.82	Umbau in 112 528
110 531	Saalfeld	18.05.78 – 12.06.80	Pasewalk[4]
110 559	Erfurt	29.11.82 – 29.03.84	Umbau in 112 559
110 839	Neuanlieferung	15.07.75 – 09.02.83	Gera
110 842	Neuanlieferung	17.07.76 – 04.11.83	Umbau in 112 842
112 237	aus Umbau	01.02.83 – 14.11.90	Eisenach
202 245	Sangerhausen	26.12.93 – 26.05.94	Riesa
112 253	Erfurt	01.10.86 – 26.05.90	Magdeburg
112 260	aus Umbau	01.09.83 – 18.04.91	Eisenach

[1] Umbau 13.02.80 [2] Umbau 31.10.79 [3] Umbau 27.08.79 [4] Umbau 12.06.80
* Lok war während der Beheimatung kurzzeitig in einem anderen Bw. umz = Umzeichnung

Bw Nordhausen (II)			
Lok-Nr.	**vom Bw**	**beheimatet von – bis**	**zum Bw**
112 260	aus Umbau	01.09.83 – 18.04.91	Eisenach
202 260	Eisenach	12.06.92 – 24.06.92	Eisenach
202 268	Sangerhausen	27.12.93 – 26.05.94	Riesa
202 288	Sangerhausen	27.12.93 – 31.05.94	Zwickau
112 299	Gera	06.03.86 – 25.05.90	Brandenburg*
112 302	Erfurt	29.11.85 – 15.01.86	Meiningen
112 313	aus Umbau	04.12.84 – 23.05.93	Leipzig Hbf Süd
112 317	Eisenach	23.09.86 – 28.05.93	Leipzig Hbf Süd*
202 318	Sangerhausen	27.12.93 – 24.05.95	Erfurt
202 319	Sangerhausen	26.12.93 – 01.06.94	Gera
202 321	Sangerhausen	26.12.93 – 24.05.95	Erfurt
202 344	Sangerhausen	27.12.93 – 24.05.95	Erfurt
202 371	Sangerhausen	19.03.92 – 28.05.93	Leipzig Hbf Süd
202 374	Sangerhausen	26.12.93 – 26.05.94	Riesa
112 387	Erfurt	29.01.84 – 18.04.91	Eisenach
202 387	Eisenach	12.06.92 – 10.06.93	Salzwedel
202 422	Eisenach	12.06.92 – 24.06.92	Eisenach
112 435	Umzeichnung	10.05.84 – 12.12.90	Gera
112 526	aus Umbau	14.01.83 – 17.05.90	Haldensleben*
202 528	Sangerhausen	27.12.93 – 26.05.94	Riesa
112 538	Erfurt	06.02.87 – 12.08.87	Erfurt
112 539	Sangerhausen	15.04.86 – 10.06.93	Salzwedel
112 559	aus Umbau	30.03.84 – 18.09.86	Magdeburg
112 580	aus Umbau	11.01.83 – 25.08.86	Stendal
112 601	Meiningen	29.05.83 – 25.11.91	Chemnitz
112 640	aus Umbau	01.08.84 – 19.03.92	Sangerhausen*
112 670	Haldensleben	17.05.90 – 14.07.93	Magdeburg
202 721	Sangerhausen	26.12.93 – 01.06.94	Weißenfels
112 752	Magdeburg	18.05.90 – 13.07.93	Magdeburg
112 822	Brandenburg	17.05.90 – 25.06.93	Halberstadt
112 842	aus Umbau	05.11.83 – 05.03.86	Gera
112 842	Gera	24.05.90 – 13.07.93	Güsten
114 223	aus Umbau	18.12.91 – 25.05.93	Aue (Sachs)
114 257	aus Umbau	01.12.90 – 26.05.94	Saalfeld
204 314	Saalfeld	13.03.92 – 21.04.95	Saalfeld
114 359	Eisenach	06.09.90 – 25.05.93	Aue (Sachs)
204 464	Halberstadt	15.02.94 – 02.03.94	Halberstadt
114 482	Saalfeld	06.09.90 – 25.05.93	Aue (Sachs)
114 492	Chemnitz	28.11.91 – 24.05.95	Saalfeld
114 639	aus Umbau	31.10.91 – 21.04.95	Saalfeld
114 769	Eisenach	16.04.91 – 13.03.92	Saalfeld
204 774	Halberstadt	15.02.94 – 02.03.94	Halberstadt
114 789	Lu-Wittenberg	27.04.91 – 24.05.95	Saalfeld
114 790	Saalfeld	29.09.90 – 25.05.94	Saalfeld
114 820	aus Umbau	08.12.90 – 24.05.95	Saalfeld
114 838	Lu-Wittenberg	27.04.91 – 05.02.95	Saalfeld
204 858	Halberstadt	15.02.94 – 08.03.94	Halberstadt
114 862	Saalfeld	13.11.90 – 25.05.93	Aue (Sachs)
114 869	aus Umbau	19.12.91 – 24.05.95	Saalfeld

5.5 Bw Probstzella

Im Mai 1988 beheimatete das unmittelbar an der deutsch-deutschen Grenze liegende Bw Probstzella für 14 Tagen die 114 298. Grund dafür war ein hoher Schadbestand bei der Baureihe 119. Die 114 kam vor Güterzügen zwischen Saalfeld und Probstzella zum Einsatz.

Bw Probstzella			
Lok-Nr.	**vom Bw**	**beheimatet von – bis**	**zum Bw**
114 298	Saalfeld	09.05.88 – 26.05.88	Saalfeld

Bild 263 ▷
Im Mai 1977 bespannen **110 580** und eine weitere 110 des Bw Saalfeld einen Güterzug nach Lobenstein (Thür), hier aufgenommen kurz nach der Ausfahrt aus Saalfeld am Obernitzer Bohlen.

AUFNAHME: SIEGFRIED BROGSITTER, SLG. DIETMAR SCHLEGEL

5.6 Bw Saalfeld

Ende 1970 beheimatete Saalfeld folgende Lokomotiven für den Streckendienst:

7 × Baureihe 22,
9 × Baureihe 38^{10-40},
11 × Baureihe 41,
8 × Baureihe 44,
10 × Baureihe 58,
12 × Baureihe 58^{30},
14 × Baureihe 83^{10},
10 × Baureihe 93,
4 × Baureihe 118.

Am 31. Dezember 1970 bekam das Bw Saalfeld seine ersten vier Vertreterinnen der Baureihe 110 zugewiesen. Dies waren 110 313, 110 314, 110 315 und 110 316, die alle fabrikneu aus dem LEW Hennigsdorf kamen. Zwei von ihnen setzte die Saalfelder Einsatzstelle in Lobenstein (Thür) vor Personen- und Güterzügen nach Blankenstein (Saale), Saalfeld und – über die „Thüringer Oberlandbahn" – nach Triptis ein. Sie lösten dabei die letzten 58er (G 12) sowie Dieselloks der Baureihe 118 ab.

Im Verlauf der nächsten beiden Jahre erhöhte sich die Anzahl an 110 im Bw Saalfeld auf 16 Maschinen. Der Bestand zum 31. Dezember 1972:

110 260	268	313	314	315
316	317	345	379	384
405	417	435	441	466
487				

Neben der Est Lobenstein (Thür) setzten jetzt auch Saalfeld und die Est Göschwitz die Baureihe 110 ein. Die Loks übernahmen den Gesamtverkehr auf der „Schwarzatalbahn" nach Katzhütte, kamen mit Personenzügen nach Arnstadt, Camburg

Bild 264 ▷
110 543 (Bw Saalfeld) hilft am 27. Mai 1978 einer weiteren 110 an einem Personenzug in Richtung Gera auf der Rampe hinauf nach Unterwellenborn. Oder galt es doch nur, eine Lz-Fahrt einzusparen?

AUFNAHME: AXEL MEHNERT, SAMMLUNG ANDREAS STANGE

△ **Bild 265 •** Im Mai 1973 präsentierte sich **110 531** im Gleisvorfeld des Saalfelder Bahnhofes. Die Lok wurde erst wenige Tage zuvor, am 20. April 1973, beim Bw Saalfeld in Dienst gestellt.

Aufnahme: Dieter Wünschmann, Sammlung Andreas Stange

△ **Bild 266 • 110 601** des Bw Saalfeld hat ihren Personenzug nach Göschwitz befördert und passiert beim Umsetzen an das andere Zugende ein Stellwerksgebäude, an dem die DDR-typische Propaganda zu „Ordnung, Disziplin und Sicherheit" mahnt, denn diese bilden die „Grundlage für eine wirtschaftliche Betriebsführung".

Aufnahme: Olaf Fröhlich

△ **Bild 267 •** Nur kurze Zeit gab es bei der Deutschen Reichsbahn die Baureihe 115. Dabei handelte es sich um jene Loks der Baureihe 110, die mit einem 1.100-kW-Motor (1.500 PS) ausgerüstet wurden. Da allerdings diese Baureihennummer Mitte der achtziger Jahre für eine Neubau-Diesellokbaureihe vorbehalten war, sind die Maschinen in die Baureihe 114 eingeordnet worden. Im August 1983 stehen gleich zwei 115 des Bw Saalfeld, **115 482** und **115 261**, in Lobenstein (Thür).

Aufnahme: Siegfried Brogsitter, Sammlung Dietmar Schlegel

und Zeitz (über Gera). Die Göschwitzer 110 übernahmen den kompletten Verkehr auf der „Orlabahn" Orlamünde – Pößneck unt Bf. Abgelöst wurden in diesem Zusammenhang die Baureihen 38^{10-40}, 41, 65^{10}, 83^{10} und 93.

Im Winterfahrplan 1973/74 sah der 110-Einsatz wie folgt aus:

Dienstplan 305 (4 × Baureihe 110)

Tag 1

Drei P-Zugpaare Saalfeld – Katzhütte und abends …

P 18098	Saalfeld – Pößneck ob Bf
P 18091	Pößneck ob Bf – Lobenstein

Tag 2

Dg 55488	Lobenstein – Saalfeld
Dg 55493	Saalfeld – Lobenstein
Ng 67458	Lobenstein – Lichtentanne (Thür)
Lz	Lichtentanne (Thür) – Saalfeld
Dg 55448*	Saalfeld – Jena Saalbf
P 5023	Jena Saalbf – Orlamünde
P 5028	Orlamünde – Göschwitz
P 5045	Göschwitz – Saalfeld

* Vorspannlok

Tag 3

Dg 55491	Saalfeld – Lobenstein
Dg 69675	Lobenstein – Blankenstein (S)
P 18078	Blankenstein (S) – Lobenstein
P 18082	Lobenstein – Saalfeld
P 18079	Saalfeld – Lobenstein
Dg 55492	Lobenstein – Saalfeld
Dg 55499	Saalfeld – Lobenstein
Dg 55474	Lobenstein – Saalfeld
P 4064	Saalfeld – Gera
P 4067	Gera – Triptis

Tag 4

P 8001	Triptis – Saalfeld
Dg 55495	Saalfeld – Lobenstein
Dg 55490	Lobenstein – Saalfeld
Dg 67457	Saalfeld – Lobenstein
P 18090	Lobenstein – Saalfeld
Dg 67451	Saalfeld – Lobenstein
Lz	Lobenstein – Saalfeld

Dienstplan 306 (5 × Baureihe 110)

Tag 1

P 18077	Saalfeld – Lobenstein
Üg 69477	Lobenstein – Blankenstein (S)
Üg 69476	Blankenstein (S) – Lobenstein
Üg 69479	Lobenstein – Blankenstein (S)
P 18090	Blankenstein (S) – Saalfeld
P 18087	Saalfeld – Lobenstein

Anschließend wurden noch zwei Übergabezüge nach Blankenstein (S) bespannt.

Tag 2

Dg 55488	Lobenstein – Leutenberg
Dg 55491	Leutenberg – Lobenstein
P 18076	Lobenstein – Pößneck ob Bf
Lrv	Pößneck ob Bf – Saalfeld

Bild 268 ▷ Dienste auf der „Saalebahn" (oder doch „Saalbahn") von Saalfeld nach Jena, Camburg, Großheringen und Naumburg gehörten für die Saalfelder 110 zum täglichen „Allerlei". Am 26. Juli 1975 ist **110 526** mit einem Personenzug unterwegs bei Göschwitz.

AUFNAHME: DETLEF WINKLER

Dg 55497	Saalfeld – Lobenstein
Üg	Lobenstein – Blankenstein (S)
Üg	Blankenstein (S) – Lobenstein
Dg 67462	Lobenstein – Saalfeld
P 8028	Saalfeld – Triptis

<u>Tag 3</u>

P 18061	Triptis – Auma
P 18060	Auma – Triptis
P 8005	Triptis – Saalfeld
Dg 55497	Saalfeld – Lobenstein
P 18084	Lobenstein – Pößneck ob Bf
P 18081	Pößneck ob Bf – Saalfeld
P 5032	Saalfeld – Kahla (Thür)
Lrv	Kahla (Thür) – Saalfeld
Dg 67461	Saalfeld – Lobenstein

<u>Tag 4</u>

P 18074	Lobenstein – Saalfeld
Dg 55495	Saalfeld – Lobenstein
Dg 55490	Lobenstein – Saalfeld
P 18079	Saalfeld – Lobenstein
Dg 55492	Lobenstein – Saalfeld
Dg 55499	Saalfeld – Lobenstein
Dg 67462	Lobenstein – Wurzbach (Thür)
Dg 5549x	Wurzbach (Thür) – Saalfeld

<u>Tag 5</u>

Dg 66400	Saalfeld – Rottenbach
P 18030	Rottenbach – Rudolstadt
P 18035	Rudolstadt – Bad Blankenb.(Th)
Lr	Bad Blankenburg (Th) – Saalfeld
P 18039	Saalfeld – Katzhütte
P 18040	Katzhütte – Rudolstadt (Thür)
P 18045	Rudolstadt (Thür) – Katzhütte
P 18050	Katzhütte – Rudolstadt (Thür)
P 18055	Rudolstadt (Thür) – Rottenbach
P 8049	Rottenbach – Saalfeld.

Anmerkung: Alle Güterzüge auf der Strecke Saalfeld – Lobenstein (Thür) fuhren mit Zug- und Schlusslok, um in Wurzbach (Thür) beim Kopfmachen nicht die Züge umfahren zu müssen. Die Pläne 305 und 306 sind zwar für das Bw Saalfeld aufgestellt worden, die meisten Leistungen erbrachte aber die Est Lobenstein.

Bild 269 ▷ Auch die Strecke Saalfeld – Arnstadt gehörte zu den Relationen, auf denen die 110 des Bw Saalfeld planmäßig zum Einsatz kamen. Hier ist **110 642** am 6. Juli 1975 mit einem Personenzug aus Arnstadt auf der Fahrt nach Saalfeld und passiert das malerische Empfangsgebäude des Bahnhofs Paulinzella.

AUFNAHME: JOACHIM VOLKHARDT

◁ **Bild 270**
Die Blockstelle Würchhausen befand sich bei km 12,5 der Saalebahn, zwischen Camburg und Dornburg. Mit einem Personenzug nach Saalfeld am Haken wurde diese Betriebsstelle am 3. Juli 1974 von der Saalfelder **110 668** passiert.

Aufnahme: Detlef Winkler

◁ **Bild 271**
Neben der Baureihe 110 befanden sich ab 1983 aus der „V 100-Familie" auch Vertreterinnen der Baureihen 114 und 115 im Bestand des Bw Saalfeld, wobei die 115 nach kurzer Zeit in die Baureihe 114 eingereiht wurde. Am 28. August 1983 standen **115 314** und **114 252** im Bereich des Saalfelder Bahnhofs.

Aufnahme: Siegfried Brogsitter, Sammlung Dietmar Schlegel

◁ **Bild 272**
114 274 fährt am 21. Juli 1985 mit einem Reisezug in Saalfeld ein. Die Lok kam direkt vom Umbau im Raw Stendal am 1. September 1984 in den Bestand des Bw Saalfeld und wechselte erst im Juni 1993 zum Bw Aue (Sachs).

Aufnahme: Andreas Stange

Bild 273 ▷ Die leistungsstarken Lokomotiven der Baureihe 114 übernahmen ab 1983 zunehmend die Dienste der 110. Mit dem Wagenpark eines Reisezuges steht **114 660** am 24. März 1985 im Bahnhof Saalfeld.

Aufnahme: Andreas Stange

Dienstplan 307 (2 × Baureihe 110)

In diesem Umlaufplan bespannten die Loks an beiden Tagen Personenzüge und zwei Nahgüterzugpaare auf der Relation Saalfeld/Rudolstadt – Bad Blankenburg (Thür) – Rottenbach – Katzhütte.

Dienstplan 312, Est Triptis (1 × BR 110)

P 8029	Triptis – Saalfeld
P 4050	Saalfeld – Gera
P 4055	Gera – Triptis
P 18067	Triptis – Lobenstein (Thür)
P 18072	Lobenstein (Thür) – Triptis

Dienstplan 313, Est Triptis (2 × BR 110)

Tag 1

Dg 55491	Saalfeld – Lobenstein
P 18062	Lobenstein – Triptis
P 18065	Triptis – Lobenstein
P 18068	Lobenstein – Triptis
P 8021	Triptis – Niederpöllnitz
Lrv	Niederpöllnitz – Triptis
P 18071	Triptis – Lobenstein
Üg	Lobenstein – Blankenstein (S)
Üg	Blankenstein (S) – Lobenstein

Tag 2

Üg	Lobenstein – Blankenstein (S)
Üg	Blankenstein (S) – Lobenstein
Dg 67458	Lobenstein – Saalfeld
P 18081	Saalfeld – Lobenstein
P 18098	Lobenstein – Saalfeld

Dienstplan 315, Est Göschwitz (2 × BR 110)

Tag 1

P 5003	Jena Saalbahnhof – Saalfeld
P 5014	Saalfeld – Jena Saalbahnhof
P 5020	Jena Saalbf – Großheringen
P 5015	Großheringen – Saalfeld
P 5026	Saalfeld – Großheringen
P 5037	Großheringen – Göschwitz
Üg 66477	Göschwitz – Pößneck unt Bf

Tag 2

Am Tag 2 pendelte die Lok mit Personenzügen und Gmp den ganzen Tag zwischen Orlamünde und Pößneck unt Bf und fuhr nachts zurück nach Göschwitz.

Im Jahr 1974 kamen weitere Lokomotiven der Baureihe 110 in den Bestand des Saalfelder Bahnbetriebswerkes, sodass zum Ende jenes Jahres 22 Maschinen dieser Baureihe hier beheimatet waren. Benötigt wurden zu diesem Zeitpunkt in Saalfeld sechs 110, in Lobenstein und in Triptis je drei und in Göschwitz fünf 110.

Im Verlauf des Jahres 1978 erhöhte sich der Saalfelder 110er-Bestand auf 25 Loks. Der Bedarf lag in Saalfeld selbst bei zehn Maschinen dieser Baureihe, in Lobenstein und in Triptis weiterhin bei je drei sowie in Göschwitz bei zwei 110. Die Einsatzstelle Triptis bespannte in diesem Zeitraum das Personenzugpaar P 3036/3037 über Gera hinaus bis Zeitz.

Im Jahr 1983 kamen die ersten Vertreterinnen der Baureihe 114 nach Saalfeld, die anfangs noch als Baureihe 115 ausgeliefert wurden. Ende jenes Jahres waren bereits 16 dieser 1.400-PS-starken Loks in Saalfeld beheimatet, was gleichzeitig zu einer drastischen Reduzierung des Bestandes an 110 führte.

Der Bestand im Bw Saalfeld zum 31. Dezember 1983:

110 002^{II}	059	060	070	076
090	097	118	372	
114 252	261	314	328	445
448	482	513	622	638
650	671	758	760	790
862				

Durch die Zuweisung weiterer 114er an das Bw Saalfeld im Verlauf des Jahres 1984 verdrängten die Loks zunehmend die 110 aus deren Umläufen. Die freigewordenen 110er wechselten daraufhin in andere Bahnbetriebswerke. Die letzten 110 verließen 1985 das Bw Saalfeld. Dabei wechselten folgende Loks zum Bw Weißenfels (in Reihenfolge der Loknummer):

- 110 059 am 26. Februar,
- 110 060 am 5. Juni,
- 110 070 am 14. Januar,
- 110 076 und 110 090 am 22. Februar,
- 110 097 am 17. Januar,
- 110 208 am 27. März.

Nur 110 118 wurde am 15. März 1985 an das Bw Eisenach abgegeben.

Bis auf ein kurzes Gastspiel der 110 668 von März bis Mai 1989 war damit die Einsatzgeschichte der Baureihe 110 im Bw Saalfeld beendet.

Derweil waren Ende 1985 insgesamt 27 Loks der Baureihe 114 hier beheimatet – der tägliche Bedarf lag bei 18 Maschinen. Neben den bisherigen Wendebahnhöfen kam Naumburg hinzu, das mit Personenzügen und einem Nahgüterzug erreicht wurde.

Dieser Bestand an 114ern blieb bis 1995 konstant. Die Anzahl der benötigten Loks – ab 1992 als Baureihe 204 bezeichnet – nahm aufgrund des Rückgangs im Güterverkehr, der (Wieder-)Elektrifizierung der Saalebahn sowie der Übernahme der Leistungen durch andere Diesellokbaureihen (z. B. Baureihe 219) stetig ab, einzelne 204 waren als Reserve abgestellt. Immerhin benötigte das Bw Saalfeld im Sommer 1993 noch 14 Loks dieser Baureihe.

△ **Bild 274** • Als **114 252** am 21. September 1985 mit ihrem Güterzug den Obernitzer Bohlen erreicht hatte, war der Bahnhof Saalfeld bald erreicht. AUFNAHME: ANDREAS STANGE

Im Mai 1995 stieg der Bestand an 204 durch Zugänge aus dem Betriebshof Nordhausen auf 31 Maschinen an, davon wurden 22 Loks eingesetzt. Neu waren Leistungen von Gera aus nach Gößnitz, Weischlitz, Zeulenroda ob Bf und auf der Strecke Greiz – Neumark. Bis Herbst 1996 wurden alle Saalfelder 204 in mehreren „Schüben" buchmäßig nach Erfurt abgegeben, jedoch standen ca. zehn Loks dieser Baureihe aber weiterhin von Saalfeld aus im Einsatz.

Im April 1997 trafen in Saalfeld erstmals Vertreterinnen der Baureihe 202 zur Beheimatung ein: 202 301, 202 334 und 202 335 (alle aus Meiningen). Zwei dieser Loks wurden auf der „Orlabahn" Orlamünde – Pößneck unt Bf eingesetzt, bis auf dieser Strecke wegen einer anstehenden Grundsanierung Ende 1997 der Betrieb eingestellt wurde. Nachdem im Verlauf des Jahres 1997 und Anfang 1998 weitere 202 zur Beheimatung in Saalfeld eintrafen, ergab sich im Februar 1998 ein Bestand von 15 Maschinen dieser Baureihe. Sechs dieser Loks kamen im „Sandwich-Betrieb" auf der Strecke Saalfeld – Lobenstein (Thür) – Blankenstein (Saale) zum Einsatz. Allerdings währten diese Leistungen nicht sehr lange: Zum 5. März 1999 wechselten alle 202 nach Gera. Nur 202 301 hat den Wechsel nicht mehr mitgemacht: Sie wurde bereits am 13. August 1998 z-gestellt.

Im Mai 1998 bekam Saalfeld noch einmal neun Loks der Baureihe 204 aus Erfurt zugewiesen. Sie erhielten einen Sieben-Tage-Umlauf, in welchem die Loks nach Blankenstein (Saale), Gera, Göschwitz und Probstzella kamen. Die Einsätze endeten „nach und nach" bis 2003. Die meisten Loks wurden z-gestellt, während noch fünf 204 im Mai 2003 nach Leipzig Hbf Süd wechselten: 204 464, 592, 848, 860 und 869.

Aber die Einsatzgeschichte der 204 in Saalfeld ging im Dezember 2005 in die nächste (und letzte) Runde, als noch einmal sieben Maschinen aus Leipzig nach Saalfeld kamen. Sie fanden Verwendung vor allem vor Güterzügen nach Ebersdorf-Friesau und Blankenstein (Saale). Diese Leistungen übernahmen 2008/2009 die Loks der Baureihe 294, sodass die 204 nun endgültig in den Ruhestand verabschiedet wurden.

Die Baureihe 298 war seit 1995 (meist in Einzelstücken) zwar in den Saalfelder Bestandsbüchern vertreten, eingesetzt wurden die Loks aber im gesamten Bereich Süd-Ost. Die letzte „Saalfelder" 298 war 298 071, die in Erfurt, Magdeburg und zuletzt in Halle (S) im Einsatz stand – und Saalfeld dabei nie gesehen hat.

△ **Bild 275** • Erst knapp zwei Monate war **114 612** des Bw Saalfeld nach dem Umbau aus 110 612 im Dienst, als sie am 29. Juli 1989 in Gera vor dem P 6049 nach Saalfeld im Bild festgehalten wurde. Der Zug führt auffallend viel Waggons zur Beförderung von Post- und Expressgut mit. AUFNAHME: VOLKER LUCAS, SAMMLUNG A. ZIKA

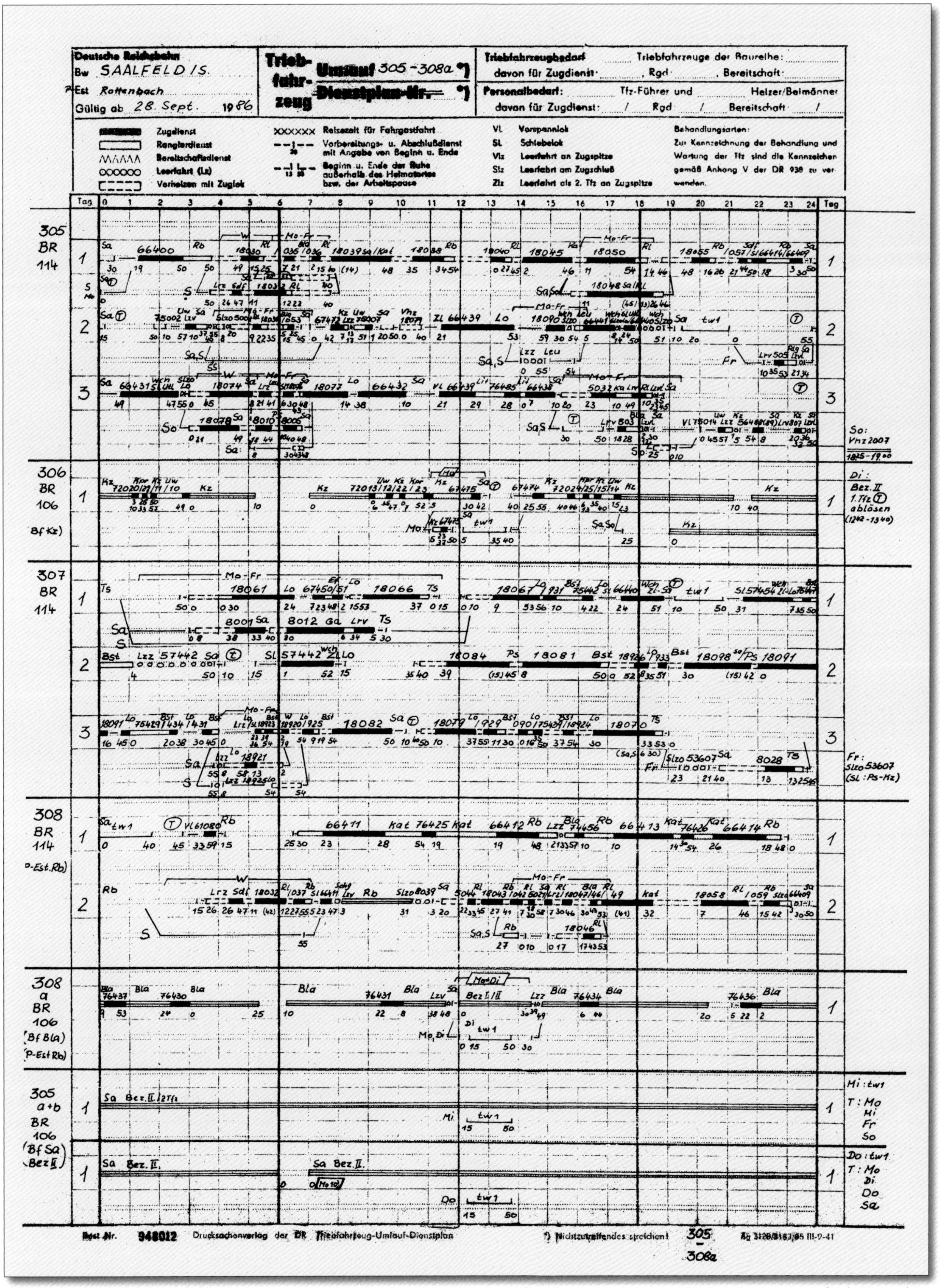

△ **Bild 276** • Umlaufplan des Bw Saalfeld, gültig ab 28. September 1986, mit den Plänen 305 und 307 (je 3 × BR 114) sowie 308 (2 × BR 114). Letzterer war für die Personaleinsatzstelle Rottenbach erstellt worden. Dabei leistet die 114 am Tag 1 ausschließlich vor Güterzügen ihre Dienste und erreicht die Bahnhöfe Katzhütte, Bad Blankenburg (Thür) und Rottenbach, während am Tag 2 auch Personenzüge befördert wurden. Für die 114 in den Plänen 305 und 307 standen neben einigen Leistungen nach Rottenbach und Katzhütte vornehmlich Einsätze auf der Relation Saalfeld – Wurzbach (Thür) – Lobenstein (Thür) – Blankenstein (Saale) auf dem Programm.

Abbildung: Sammlung Andreas Stange

Bw Saalfeld (I)

Lok-Nr.	vom Bw	beheimatet von – bis	zum Bw
110 002II	Erfurt	21.06.79 – 15.11.84	Eisenach
110 020	Nordhausen	22.04.82 – 24.03.83	Weißenfels
110 023	Reichenbach (V)	31.05.80 – 21.11.83	Weißenfels
110 051	Sangerhausen	26.04.79 – 12.12.83	Weißenfels
110 053	Weißenfels	29.01.89 – 03.03.89	Eisenach
110 059	Weißenfels	23.06.78 – 26.02.85	Weißenfels
110 060	Weißenfels	28.06.79 – 05.06.85	Weißenfels
110 062	Weißenfels	01.09.78 – 28.01.79	Neustrelitz
110 070	Nordhausen	19.05.78 – 14.01.85	Weißenfels
110 076	Weißenfels	22.05.78 – 22.02.85	Weißenfels
110 082	Weißenfels	01.08.78 – 30.06.83	Weißenfels
110 090	Weißenfels	23.05.78 – 22.02.85	Weißenfels
110 097	Neustrelitz	01.03.79 – 17.01.85	Weißenfels
110 100	Neustrelitz	24.01.79 – 20.05.83	Weißenfels
110 118	Nordhausen	12.05.78 – 15.03.85	Eisenach
110 119	Nordhausen	12.05.78 – 12.01.81	Nordhausen
110 119	Nordhausen	04.03.81 – 04.09.81	z, a 13.06.81 unf
110 144	Sangerhausen	19.05.78 – 29.03.83	Weißenfels
110 145	Nordhausen	19.05.78 – 19.10.83	Eisenach
110 153	Erfurt	23.05.78 – 11.07.83	Eisenach
110 168	Eisenach	11.01.82 – 17.10.83	Eisenach
110 171	Erfurt	13.05.78 – 30.09.83	Eisenach
110 205	Eisenach	21.09.78 – 22.02.79	Sangerhausen
110 205	Sangerhausen	03.12.80 – 05.06.83	Haldensleben
110 208	Erfurt	18.01.84 – 27.03.85	Weißenfels
110 220	Erfurt	20.11.82 – 22.03.83	Gera
110 220	Gera	25.05.83 – 27.06.83	Güsten
110 260	Eisenach	18.11.72 – 25.01.73	Eisenach
110 268	Erfurt	27.10.72 – 26.04.73	Erfurt
110 299	Sangerhausen	01.02.80 – 06.08.80	Weißenfels
110 299	Weißenfels	04.12.80 – 18.05.82	umb in 112 299
110 313	Neuanlieferung	31.12.70 – 20.05.73	Weißenfels
110 314	Neuanlieferung	31.12.70 – 17.06.73	Erfurt
110 315	Neuanlieferung	31.12.70 – 22.05.73	Eisenach
110 316	Neuanlieferung	31.12.70 – 17.06.73	Erfurt
110 317	Weißenfels	04.10.72 – 14.04.73	Weißenfels
110 344	Eisenach	13.07.79 – 27.09.79	Eisenach
110 345	Nordhausen	01.11.72 – 15.05.73	Nordhausen
110 347	Gera	10.06.83 – 30.06.83	Gera
110 372	Eisenach	18.05.79 – 26.01.84	umb in 112 372
110 379	Neuanlieferung	30.06.71 – 30.01.74	Erfurt
110 384	Erfurt	05.10.72 – 28.01.74	Erfurt
110 405	Eisenach	24.10.72 – 14.04.73	Eisenach
110 417	Neuanlieferung	31.12.71 – 09.10.74	Nordhausen
110 435	Berlin Ostbahnhof	06.04.72 – 09.10.74	Nordhausen
110 441	Berlin Ostbahnhof	06.04.72 – 03.10.74	Nordhausen
110 466	Güstrow	05.10.72 – 31.01.74	Weißenfels
110 487	Neuanlieferung	14.06.72 – 23.05.78	Erfurt
110 515	Neuanlieferung	17.03.73 – 28.05.76	Gera
110 515	Gera	24.09.76 – 12.05.78	Erfurt
110 526	Neuanlieferung	11.04.73 – 11.05.78	Nordhausen
110 527	Neuanlieferung	14.04.73 – 11.05.78	Nordhausen
110 528	Neuanlieferung	14.04.73 – 18.05.78	Nordhausen
110 531	Neuanlieferung	20.04.73 – 17.05.78	Nordhausen
110 538	Neuanlieferung	16.05.73 – 18.05.78	Sangerhausen
110 538	Sangerhausen	21.02.80 – 23.09.80	Eisenach
110 539	Neuanlieferung	16.05.73 – 22.05.78	Weißenfels
110 540	Neuanlieferung	18.05.73 – 23.06.78	Weißenfels
110 541	Neuanlieferung	26.05.73 – 22.05.78	Weißenfels
110 543	Neuanlieferung	26.05.73 – 28.01.80	Sangerhausen[1]
110 544	Meiningen	13.11.78 – 27.07.79	Eisenach[2]
110 580	Neuanlieferung	24.07.73 – 10.01.83	umb in 112 580

unf = Unfall   umb = Umbau   [1] Umbau 28.01.80   [2] Umbau 27.07.79

Bw Saalfeld (II)

Lok-Nr.	vom Bw	beheimatet von – bis	zum Bw
110 601	Meiningen	19.05.78 – 16.11.82	umb in 112 601
110 602	Meiningen	20.11.82 – 30.09.83	Eisenach
110 638	Neuanlieferung	23.01.74 – 27.05.83	umb in 115 638**
110 639	Neuanlieferung	23.01.74 – 22.03.79	Sangerhausen
110 641	Neuanlieferung	26.01.74 – 04.08.83	Eisenach
110 642	Neuanlieferung	05.02.74 – 30.07.78	Weißenfels
110 650	Neuanlieferung	23.02.74 – 14.03.83	umb in 115 650**
110 668	Neuanlieferung	26.05.74 – 28.06.79	Erfurt
110 668	Erfurt	18.01.84 – 31.10.84	Gera
110 668	Gera	21.03.89 – 17.05.89	Eisenach
110 721	Neuanlieferung	03.10.74 – 19.01.84	umb in 112 721
110 722	Neuanlieferung	03.10.74 – 22.08.83	Falkenberg (E)
110 723	Neuanlieferung	03.10.74 – 08.09.78	Weißenfels
110 738	Neuanlieferung	12.11.74 – 04.08.83	Eisenach
202 294	Meiningen	27.01.98 – 05.03.99	Gera
202 301	Meiningen	13.04.97 – 13.08.98	z-Park
202 302	Erfurt	27.11.97 – 05.03.99	Gera
202 309	Meiningen	26.01.98 – 05.03.99	Gera
202 334	Meiningen	13.04.97 – 05.03.99	Gera
202 335	Meiningen	13.04.97 – 05.03.99	Gera
202 379	Meiningen	27.01.98 – 05.03.99	Gera
202 384	Meiningen	15.12.97 – 05.03.99	Gera
202 385	Meiningen	27.01.98 – 05.03.99	Gera
202 487	Meiningen	01.02.98 – 05.03.99	Gera
202 525	Meiningen	15.12.97 – 05.03.99	Gera
202 527	Meiningen	15.12.97 – 05.03.99	Gera
202 543	Meiningen	27.11.97 – 05.03.99	Gera
202 565	Erfurt	27.11.97 – 05.03.99	Gera
202 738	Erfurt	27.11.97 – 05.03.99	Gera
203 496	ID	23.03.09 – 10.01.11	z, Mietlok
115 203	Leipzig Hbf Süd	28.09.83 – 29.11.83	Leipzig Hbf Süd
204 246	Magdeburg	30.05.99 – 10.10.01	z, a 08.08.01
114 252	aus Umbau	30.07.83 – 12.04.89	Kamenz
204 257	Nordhausen	27.05.94 – 17.02.96	Erfurt
204 257	Erfurt	28.05.98 – 02.04.03	z, a 25.03.03
114 261	aus Umbau	01.06.83 – 17.06.92	Kamenz
114 274	aus Umbau	01.09.84 – 08.06.93	Aue (Sachs)
114 298	aus Umbau	12.01.85 – 08.05.88	Probstzella
114 298	Probstzella	27.05.88 – 24.04.89	Kamenz
114 314	aus Umbau	22.02.83 – 12.03.92	Nordhausen
204 314	Nordhausen	22.04.95 – 17.02.96	Erfurt
204 314	Erfurt	29.05.98 – 31.05.03	Leipzig Hbf Süd
114 328	aus Umbau	21.04.83 – 07.03.90	Lu-Wittenberg
114 358	Leipzig Hbf Süd	28.09.83 – 29.11.83	Leipzig Hbf Süd
114 358	Leipzig Hbf Süd	08.07.88 – 26.07.88	Leipzig Hbf Süd
114 359	aus Umbau	27.03.85 – 27.09.89	Eisenach
114 401	aus Umbau	29.09.84 – 15.05.89	Leipzig Hbf Süd
204 401	Lu-Wittenberg	09.01.95 – 30.05.96	Erfurt
114 445	aus Umbau	23.03.83 – 19.03.90	Eisenach
114 448	aus Umbau	28.06.83 – 31.05.93	Aue (Sachs)
204 464	Magdeburg	30.05.99 – 31.05.03	Leipzig Hbf Süd
114 482	aus Umbau	01.06.83 – 05.09.90	Nordhausen
114 485	aus Umbau	24.01.85 – 25.06.92	Kamenz
204 492	Nordhausen	25.05.95 – 30.05.96	Erfurt
204 492	Erfurt	29.05.98 – 01.01.02	z, a 28.08.01
114 513	aus Umbau	22.02.83 – 09.12.89	Eisenach
114 584	aus Umbau	30.12.89 – 30.05.96	Erfurt
204 584	Zwickau	30.05.99 – 10.10.01	z, a 08.08.01

** Umgenummert in Baureihe 114   a = abgestellt   ID = Indienststellung nach Umbau

Bild 277 ▷ Rottenbach am Nachmittag des 9. September 1987. Die 119 092 ist mit dem P 8042 (Saalfeld – Arnstadt – Erfurt) eingefahren, und am Hausbahnsteig wartet **114 328** mit dem P 18045 (Rudolstadt/Thür – Katzhütte) auf Anschlussreisende.

Aufnahme: Gunter von Hartwig

Bw Saalfeld (III)

Lok-Nr.	vom Bw	beheimatet von – bis	zum Bw
114 592	aus Umbau	19.12.84 – 23.10.85	Kamenz
114 592	Kamenz	08.11.85 – 30.05.96	Erfurt
204 592	Erfurt	18.02.02 – 31.05.03	Leipzig Hbf Süd
204 592	Leipzig Hbf Süd	11.12.05 – 23.02.09	z-Park
204 605	Leipzig Hbf Süd	11.12.05 – 30.07.08	z-Park
114 607	aus Umbau	23.06.89 – 17.02.96	Erfurt
204 607	Erfurt	21.11.00 – 28.02.01	Zwickau
204 607	Leipzig Hbf Süd	11.12.05 – 18.05.08	z-Park
114 612	aus Umbau	25.05.89 – 30.05.96	Erfurt
114 622	aus Umbau	01.07.83 – 17.04.96	Erfurt
114 626	aus Umbau	24.01.85 – 06.03.89	Kamenz
114 638	aus Umbau	28.05.83 – 23.05.96	Erfurt
204 639	Nordhausen	22.04.95 – 30.05.96	Erfurt
114 641	aus Umbau	27.10.84 – 11.04.89	Kamenz
204 641	Leipzig Hbf Süd	11.12.05 – 30.07.08	z-Park
114 650	aus Umbau	15.03.83 – 15.04.96	Erfurt
204 650	Zwickau	01.03.01 – 15.04.02	z, a 16.04.02
114 660	aus Umbau	23.01.85 – 30.05.96	Erfurt
204 664	Lu-Wittenberg	28.05.95 – 17.02.96	Erfurt
204 664	Erfurt	29.05.98 – 31.12.01	z, a 31.12.01
114 671	aus Umbau	23.09.83 – 05.03.89	Kamenz
204 671	Leipzig Hbf Süd	11.12.05 – 30.11.08	z-Park
114 680	aus Umbau	22.09.84 – 23.05.96	Erfurt
114 712	aus Umbau	10.02.89 – 17.02.96	Erfurt
114 758	aus Umbau	14.09.83 – 17.02.96	Erfurt
114 760	aus Umbau	17.06.83 – 20.12.89	Halberstadt
114 761	aus Umbau	01.05.89 – 30.05.96	Erfurt
114 769	aus Umbau	14.11.84 – 27.09.89	Eisenach
204 769	Nordhausen	14.03.92 – 20.10.96	Erfurt
204 774	Lu-Wittenberg	09.01.95 – 15.04.96	Erfurt
204 789	Nordhausen	25.05.95 – 15.04.96	Erfurt
204 789	Erfurt	29.05.98 – 31.12.01	z, a 21.09.01

Bw Saalfeld (IV)

Lok-Nr.	vom Bw	beheimatet von – bis	zum Bw
114 790	aus Umbau	17.09.83 – 28.09.90	Nordhausen
204 790	Nordhausen	26.05.94 – 30.05.96	Erfurt
114 803	aus Umbau	01.04.89 – 30.05.96	Erfurt
204 803	Erfurt	29.05.98 – 28.02.01	Zwickau
204 803	Leipzig Hbf Süd	11.12.05 – 11.02.08	z-Park
114 805	aus Umbau	01.04.89 – 28.05.93	Aue (Sachs)
204 805	Leipzig Hbf Süd	11.12.05 – 14.05.09	z-Park
204 820	Nordhausen	25.05.95 – 15.04.96	Erfurt
204 820	Erfurt	29.05.98 – 31.12.01	z, a 29.10.01
114 834	aus Umbau	23.09.89 – 23.05.96	Erfurt
204 834	Zwickau	30.05.99 – 26.11.01	z, a 04.07.01
204 838	Nordhausen	06.02.95 – 20.10.96	Erfurt
204 838	Erfurt	29.05.98 – 31.12.01	z, a 31.12.01
114 845	aus Umbau	14.02.90 – 17.04.96	Erfurt
114 848	aus Umbau	28.02.89 – 30.05.96	Erfurt
204 848	Zwickau	01.03.01 – 31.05.03	Leipzig Hbf Süd
114 857	aus Umbau	01.03.90 – 30.05.96	Erfurt
114 860	aus Umbau	18.04.89 – 23.05.96	Erfurt
204 860	Erfurt	29.05.98 – 31.05.03	Leipzig Hbf Süd
114 862	aus Umbau	30.06.83 – 12.11.90	Nordhausen
204 869	Nordhausen	25.05.95 – 15.04.96	Erfurt
204 869	Erfurt	18.02.02 – 31.05.03	Leipzig Hbf Süd
298 065	Erfurt	18.02.02 – 28.02.05	Seddin
298 071	Zwickau	01.08.02 – 31.08.08	z-Park
298 100	Erfurt	13.12.99 – 22.12.00	Leipzig Hbf Süd
298 110	Zwickau	08.08.95 – 02.07.97	Berlin-Pankow
298 142	Leipzig Hbf Süd	16.07.01 – 22.09.02	z, a 15.07.02 bran
298 321	Leipzig Hbf Süd	16.07.01 – 19.08.04	Seddin
298 321	Seddin	01.10.04 – 30.06.07	Dresden
298 325	Erfurt	18.02.02 – 09.03.06	z-Park
298 325	z	05.02.07 – 22.04.07	Seddin
298 334	Erfurt	18.02.02 – 26.02.06	z-Park

△ **Bild 278** • Es gab nur zwei Lokomotiven der Baureihe 110 im Bestand des Bw Sangerhausen, die nicht aus einem Bahnbetriebswerk der Rbd Erfurt nach Sangerhausen wechselten. Eine davon war die hier im Juni 1986 mit einem Personenzug in Oberröblingen (zwischen Sangerhausen und Artern) einfahrende **110 257**.

AUFNAHMEN (2): GÜNTER SCHEIBE, SAMMLUNG JÖRG LEUTHARDT

5.7 Bw Sangerhausen

Die heutige „Europäische Rosenstadt" Sangerhausen hat ihre historische Bedeutung durch die dort einstmals vorhandene Montanindustrie für Nichteisen-Metalle wie z. B. Kupfer und Silber erlangt. Bei den Eisenbahnfreunden stand das dortige Bahnbetriebswerk speziell in den siebziger und Anfang der achtziger Jahre im Fokus des Interesses, waren doch dort zahlreiche „Jumbos" der Baureihe 44 mit Ölfeuerung beheimatet, die ihre Dienste auf der berühmten Blankenheimer Rampe leisteten. Über diese knapp 11 km lange Steigungsstrecke zwischen Sangerhausen und Blankenheim (Kr Sangerhausen) fuhren sämtliche Güter- und Reisezüge auf den Relationen Nordhausen – Halle (S) und Erfurt – Magdeburg, die in Sangerhausen zusammenliefen und sich im Betriebsbahnhof Blankenheim Trennung wieder trennten.

Mit der Fortführung des Traktionswechsels erhielt das Bw Sangerhausen im Jahr 1971 erstmals Lokomotiven der Baureihe 110 zur Personalbesetzung zugeteilt, die Maschinen selbst blieben im Bw Nordhausen beheimatet. Nun war es in Sangerhausen möglich, die dort noch vorhandenen acht Dampfloks der Baureihe 38^{10-40} (38 2604, 2638, 2836, 2841, 2911, 2918, 3063 und 3724) durch die modernen Diesellokomotiven zu ersetzen. Erst zum 1. Januar 1975 beheimatete das Bw Sangerhausen eigene 110er, die alle vom Bahnbetriebswerk Nordhausen übernommen wurden:

110 299	318	319	322	344
417	428	435	441	454

Die Loks bespannten Personenzüge und leichte Güterzüge, mit denen sie Artern, Erfurt, Stolberg (Harz) und Nordhausen erreichten.

Für das Anfang der achtziger Jahre bei der Deutschen Reichsbahn begonnene Umbauprogramm von Lokomotiven der Baureihe 110 in die leistungsstärkere Baureihe 112 steuerte das Bw Sangerhausen insgesamt 15 Loks bei. Sangerhausen erhielt bereits im Verlauf des Jahres 1981 elf Maschinen dieser Baureihe zugewiesen, die sofort in den Plänen der 110er eingesetzt wurden. Aufgrund dessen verringerte sich die Anzahl der in Sangerhausen beheimateten 110er auf nur noch zwei Exemplare. Zum 31. Dezember 1981 zeigte sich folgender Bestand an 110 und 112 im Bw Sangerhausen:

110 313	605			
112 251	268	316	318	319
321	371	432	460	539
543				

Nachdem 110 605 am 29. Januar 1982 zum Bw Meiningen und 110 313 am 28. Februar 1982 zum Bw Nordhausen wechselten, standen von der „V100-Familie" nur noch Vertreterinnen der Baureihe 112 von Sangerhausen aus im Einsatz. In den folgenden Jahren erhöhte sich der Bestand an 112 durch weitere Umbeheimatungen aus Dienststellen der Rbd Erfurt auf im Maximum 14 Vertreterinnen dieser Baureihe im Jahr 1984.

An dieser Stelle sei eine kleine Randbemerkung erlaubt: Das Bw Sangerhausen war eine der wenigen Reichsbahn-Dienststellen, die ihre 110 bzw. 112 zum Großteil nur aus der eigenen Reichsbahndirektion – in diesem Fall der Rbd Erfurt – erhielten. Von den zwischen 1975 und 1993 dort beheimateten 59 Lokomotiven dieser Baureihen kamen lediglich zwei – 110 257 vom Bw Wustermark (12.06.85) und 110 767 vom Bw Cottbus (24.03.89) – aus anderen Reichsbahndirektionen!

Mit Beginn des Sommerfahrplans 1982 am 23. Mai 1982 traten im Bw Sangerhausen u.a. drei Umlaufpläne für die Baureihe 112 in Kraft. Im Plan 701 wurden fünf 112, im Plan 702 drei und im Plan 707 zwei 112 benötigt.

Der Tag 1 des Umlaufes 701 – Tageslaufleistung: 385 km – bescherte der darin fahrenden Lok und ihrem Personal nicht unbedingt viel Abwechslung, da von 3:24 Uhr bis 21:17 Uhr (einschließlich der morgendlichen und abendlichen Zuführung Sangerhausen – Berga-Kelbra – Sangerhausen) den ganze Tag mit Personenzügen zwischen Berga-Kelbra und Stolberg (Harz) gependelt wurde. Erst am Abend ging es mit dem P 6231 noch von Sangerhausen (ab 21:34 Uhr) ins knapp 45 km entfernte Sömmerda (an 22:44 Uhr).

Mit 440 km war Tag 2 der kilometerintensivste aller Umlauftage. Als Wendebahnhöfe wurden Artern, Erfurt und Nordhausen erreicht wurde. Mit einem „Langlauf“ über 120 km gelangte die 112 an diesem Tag mit dem P 6227 von Sangerhausen bis Ilmenau.

Der Tag 3 begann um 2:51 Uhr mit der Bespannung des Ng 61400 von Sangerhausen ins nur 16 km entfernte Roßla. Nach der Rückkehr in Sangerhausen fand im Heimat-Bw die vorgeschriebene Triebfahrzeugwartung statt, anschließend wurde der P 6217 (Sangerhausen – Erfurt) befördert, der Sangerhausen planmäßig um 10:46 Uhr verließ. Weitere Zielbahnhöfe am Tag 3 waren u. a. Nordhausen, Wolkramshausen und Bad Frankenhausen, sodass eine Laufleistung von immerhin 291 km erreicht wurden.

Ganz im Zeichen des Güterverkehrs stand im Plan 701 der Tag 4, an dessen Ende 220 km zusammenkamen. Neben dem Ng 62498 (Sangerhausen – Artern) standen vier Schiebeleistungen auf der Rampe nach Blankenheim (Kr Sangerhausen) auf dem Tagesprogramm. Zwei Personenzugleistungen zwischen Sangerhausen und Erfurt und ein Abstecher mit dem P 9041 nach Arnstadt galt es am Tag 5 zu absolvieren, wobei die Lok eine Laufleistung von 363 km erreichte.

Der Umlaufplan 702 war gänzlich für Leistungen auf Nebenstrecken erstellt worden. Am Tag 1 kamen dabei 335 Laufkilometer zusammen, die vorwiegend bei der Beförderung von Personenzügen auf der „Kyffhäuserbahn“ Bretleben – Bad Frankenhausen – Sondershausen erreicht wurden. Währenddessen stand die Lok am Tag 2 (Laufleistung: 374 km) im Personenzugdienst auf der „Unstrutbahn“ Artern – Nebra – Naumburg im Einsatz. Der mit 192 Laufkilometern schwächste aller Umlauftage war der Tag 3, an dem über die Nebenbahn Bretleben – Bad Frankenhausen – Sondershausen der Bahnhof Nordhausen erreicht wurde. Neben einer Übergabe zur Mittagszeit nach Heringen ging es mit dem P 16273 von Sondershausen (ab 14:22 Uhr) zurück nach Bretleben (an 15:15 Uhr), um anschließend mit dem P 6224 von Bretleben (ab 16:32 Uhr) über Artern wieder nach Sangerhausen (an 17:22 Uhr) zurückzukehren. Letzterer Zug verkehrte nur montags bis samstags, dafür fuhr sonntags der P 16273 bis Sangerhausen durch.

Kurz wiedergegeben werden soll hier der Umlauf 702, der für zwei Loks der Baureihe 112 mit Tageslaufleistungen von 218 und 365 km ausgelegt war. Der Tag 1

△ **Bild 279** • Von 1971 bis 1974 besetzte Sangerhäuser Personal einige Loks der Baureihe 110 des Bw Nordhausen. Hier verlässt die Nordhäuser **110 328** im April 1971 mit einem Reisezug den Bahnhof Sangerhausen. Ob der Lokführer vom Bw Sangerhausen ist, wurde leider nicht überliefert …

begann mit zwei nächtlichen Schiebeleistungen auf der Blankenheimer Rampe:

<u>Tag 1</u>

Dg 56409 (Sl)	Sangerhausen – Blankenheim
Lz	Blankenheim – Sangerhausen
Dg 56929 (Sl)	Sangerhausen – Blankenheim
Lz	Blankenheim – Sangerhausen
P 6209	Sangerhausen – Artern
Ng 62434	Artern – Sömmerda
Ng 62433	Sömmerda – Artern
Ng 62406	Artern – Sangerhausen
Dg 50447	Sangerhausen – Röblingen
Dg 50608	Röblingen – Sangerhausen

Sl = Schiebelok

<u>Tag 2</u>

Dg 50441 (Sl)	Sangerhausen – Blankenheim
Lz	Blankenheim – Sangerhausen
Dg 50411 (Sl)	Sangerhausen – Blankenheim
Lz	Blankenheim – Sangerhausen
Gag 57450	Sangerhausen – Karsdorf
Dg 52498	Karsdorf – Artern
Ng 62402	Artern – Sangerhausen
Ng 62407	Sangerhausen – Artern
Ng 68446	Artern – Bad Frankenhausen
P 16274	Bad Frankenh. – Nordhausen
P 16277	Nordhausen – Artern
Lz	Artern – Sangerhausen
Dg 50419 (Sl)	Sangerhausen – Blankenheim
Lz	Blankenheim – Sangerhausen

Sl = Schiebelok

Für die Absicherung dieser Umlaufpläne standen den Technologen des Bw Sangerhausen zu diesem Zeitpunkt insgesamt 13 Vertreterinnen der Baureihe 112 zur Verfügung. Zum 31. Dezember 1982 waren dies:

112 251	268	316	318	319
321	371	432	460	507
528	539	543		

Am 19. Januar 1983 kam noch einmal eine 110 zur Beheimatung nach Sangerhausen: 110 668 vom Bw Erfurt. Sie blieb als Einzelgängerin nur bis zum 28. Mai jenes Jahres und wechselte dann zurück zum Bahnbetriebswerk in der Domstadt.

Zum Sommerfahrplan 1985 ab dem 2. Juni wurde der Umlauf 701 – der Leistungen für nun 3 × Baureihe 112 nach Artern, Erfurt und Nordhausen beinhaltete – geteilt. Weiterhin gab es in diesem Plan die Beförderung der Personenzüge zwischen Berga-Kelbra und Stolberg (Harz) sowie den P 6227 (Sangerhausen – Ilmenau), jedoch erstellten die Sangerhäuser Technologen neu den Plan 701 a für ebenfalls drei Loks der Baureihe 112. Die Leistungen in diesem Umlaufplan bestanden zum großen Teil aus den Tagen 3 und 4 des ehemaligen Umlaufes 701. Darin gab es neu die Bespannung des P 4565 (Sangerhausen – Halle/S Hbf). Die Rückleis-

◁ **Bild 280**
112 288 kam direkt vom Umbau im Raw Stendal im Juni 1984 zum Bw Sangerhausen und blieb in dieser Dienststelle bis zum 26. Dezember 1993 beheimatet. Hier steht sie im Februar 1988 vor ihrem heimatlichen Lokschuppen.

tung erfolgte als Vorspannlok am P 4538 (Halle/S Hbf – Nordhausen) bis Sangerhausen. Ebenso eingegliedert wurde der Tag 1 des Plans 707, der neu als Plan 707 a für eine 112 erstellt wurde und keine Reisezüge mehr enthielt.

Mit dem Wegfall etlicher Güterzugleistungen bedingt durch den wirtschaftlichen Niedergang ab 1990 entfiel alsbald der Umlauf 707 a. Dennoch hielt sich noch bis 1992 ein konstanter Bestand von zwölf Loks der Baureihe 112 und – seit 1989 – einer 110. Zum 31. Dezember 1992 waren folgende Maschinen dieser Baureihen noch in Sangerhausen beheimatet:

201 208					
202 245	249	268	288	318
319	321	344	400	528
640	721			

Im Verlauf des Jahres 1993 wechselten zunächst 202 400 (am 14.01. nach Eisenach), 202 249 und 202 640 (14.06. bzw. 16.06. nach Lu-Wittenberg) die Beheimatung, bis dann alle weiteren noch verbliebenen 202 sowie 201 208 im Dezember 1993 buchmäßig zum Bw Nordhausen umgesetzt wurden. Ab dem 25. Dezember jenes Jahres war Sangerhausen nur noch eine Einsatzstelle des dortigen Bahnbetriebswerkes.

◁ **Bild 281**
Planmäßiges Ziel der Sangerhäuser 110 bzw. 112 war u. a. der Erfurter Hauptbahnhof. Mit dem P 6212 (Erfurt – Sangerhausen) wartet **112 721** am 30. Mai 1988 auf die Abfahrtszeit. Die Bremsprobe ist bereits erfolgreich durchgeführt worden, wie die drei weißen Lichter signalisieren.

Aufnahme: Andreas Stange

Bild 282 ▷
Das Bw Sangerhausen war nicht unbedingt eine Hochburg der V 100-Familie, aber immerhin reichte es im Mai 1992 für eine kleine 202-Lokparade mit (v. l. n. r.): **202 400**, **202 321** und **202 395**. Bei letzterer Lok handelt es sich um eine Gastmaschine vom Bw Güsten.

Aufnahmen (2): Günter Scheibe, Sammlung Jörg Leuthardt

Bw Sangerhausen (I)

Lok-Nr.	vom Bw	beheimatet von – bis	zum Bw
110 049	Weißenfels	21.11.86 – 07.01.87	Weißenfels
110 051	Gera	23.12.78 – 25.04.79	Saalfeld
110 065	Weißenfels	12.03.76 – 15.04.76	Weißenfels
110 144	Erfurt	23.02.78 – 18.05.78	Saalfeld
110 205	Saalfeld	23.02.79 – 02.12.80	Saalfeld
110 205	Erfurt	13.06.86 – 28.07.86	Nordhausen
110 208	Erfurt	04.05.89 – 24.12.93	Nordhausen[1]
110 245	Nordhausen	16.04.86 – 28.06.86	umb in 112 245
110 251	Eisenach	14.02.79 – 06.01.81	umb in 112 251
110 257	Wustermark	12.06.85 – 15.12.87	Nordhausen
110 268	Erfurt	18.09.80 – 31.12.80	umz in 112 268
110 297	Weißenfels	13.03.81 – 07.04.81	Nordhausen
110 297	Nordhausen	28.08.81 – 15.09.81	Weißenfels
110 299	Nordhausen	01.01.75 – 31.01.80	Saalfeld
110 313	Weißenfels	19.12.81 – 28.02.82	Nordhausen
110 316	Erfurt	01.09.80 – 31.12.80	umz in 112 316
110 318	Nordhausen	01.01.75 – 22.01.79	Eisenach[2]
110 319	Nordhausen	01.01.75 – 26.06.80	Nordhausen
110 321	Weißenfels	01.08.80 – 31.12.80	umz in 112 321
110 322	Nordhausen	01.01.75 – 20.10.77	Nordhausen
110 344	Nordhausen	01.01.75 – 14.03.79	Eisenach[3]
110 359	Eisenach	15.06.79 – 18.09.80	Erfurt
110 371	Nordhausen	07.05.80 – 31.12.80	umz in 112 371
110 401	Eisenach	15.01.79 – 16.06.80	Eisenach
110 401	Erfurt	28.01.84 – 28.09.84	umb in 114 401
110 417	Nordhausen	01.01.75 – 27.06.79	Weißenfels
110 428	Nordhausen	01.01.75 – 21.05.79	Eisenach[4]
110 432	Nordhausen	14.02.80 – 31.12.80	umz in 112 432
110 435	Nordhausen	01.01.75 – 09.01.81	Nordhausen[5]
110 441	Nordhausen	01.01.75 – 20.02.79	Eisenach
110 441	Eisenach	07.08.79 – 08.05.80	Weißenfels

[1] Lok war ab 19.01.93 aus der Reserve zurückgestellt. [2] Umbau 22.01.79
[3] Umbau 14.03.79 [4] Umbau 21.05.79 [5] Umbau 30.03.79 umb = Umbau
umz = Umzeichnung

Bw Sangerhausen (II)

Lok-Nr.	vom Bw	beheimatet von – bis	zum Bw
110 454	Nordhausen	01.01.75 – 27.07.79	Eisenach[6]
110 456	Nordhausen	20.07.76 – 16.04.80	Weißenfels
110 460	Eisenach	05.07.80 – 31.12.80	umz in 112 460
110 528	Nordhausen	12.07.79 – 23.01.80	Nordhausen
110 538	Saalfeld	19.05.78 – 20.02.80	Saalfeld
110 539	Weißenfels	15.04.80 – 31.12.80	umz in 112 539
110 543	Saalfeld	29.01.80 – 31.12.80	umz in 112 543
110 605	Meiningen	16.09.81 – 29.01.82	Meiningen
110 639	Saalfeld	23.03.79 – 14.10.81	Weißenfels
110 668	Erfurt	19.01.83 – 28.05.83	Erfurt
110 767	Cottbus	24.03.89 – 15.05.90	Eisenach
112 245	aus Umbau	29.06.86 – 25.12.93	Nordhausen
112 249	Eisenach	29.08.85 – 14.06.93	Lu-Wittenberg
112 251	aus Umbau	07.01.81 – 11.11.87	Erfurt
112 268	Umzeichnung	01.01.81 – 26.12.93	Nordhausen
112 288	aus Umbau	13.06.84 – 26.12.93	Nordhausen
112 316	Umzeichnung	01.01.81 – 31.05.85	Halle G
112 318	Eisenach	04.06.81 – 26.12.93	Nordhausen
112 319	aus Umbau	01.04.81 – 25.12.93	Nordhausen
112 321	Umzeichnung	01.01.81 – 25.12.93	Nordhausen
112 344	Eisenach	24.10.86 – 26.12.93	Nordhausen
112 371	Umzeichnung	01.01.81 – 18.03.92	Nordhausen
112 374	Meiningen	10.12.91 – 25.12.93	Nordhausen
112 400	Eisenach	15.05.90 – 14.01.93	Eisenach
112 432	Umzeichnung	01.01.81 – 24.10.86	Meiningen
112 460	Umzeichnung	01.01.81 – 30.11.86	Stralsund
112 507	aus Umbau	18.02.82 – 30.08.85	Eisenach
112 528	aus Umbau	27.01.82 – 26.12.93	Nordhausen
112 539	Umzeichnung	01.01.81 – 14.04.86	Nordhausen
112 543	Umzeichnung	01.01.81 – 03.07.88	Erfurt
202 640	Nordhausen	20.03.92 – 16.06.93	Lu-Wittenberg
112 721	Erfurt	02.11.87 – 25.12.93	Nordhausen

[6] Umbau 27.07.79

△ **Bild 283 • V 100 082** kam als Neuanlieferung am 26. Juni 1968 zum Bw Weißenfels. Knapp zwei Jahre später, am 6. Mai 1970, entstand diese Aufnahme der Lok im Weißenfelser Bahnhof. Noch ist die Lok nicht auf ihre neue Nummer 110 082 umgenummert worden!

Aufnahme: Joachim Volkhardt

5.8 Bw Weißenfels

Weißenfels liegt an der Saale, ca. 30 km südöstlich von Halle (S), und an der Bahnstrecke Halle/Leipzig – Erfurt, zudem zweigt dort die Strecke nach Zeitz über Teuchern ab. Obwohl Weißenfels wahrlich nicht als Knotenpunkt der Eisenbahnwelt bezeichnet werden kann, entstand dort ein beachtlich großes Bahnbetriebswerk, in dem vorwiegend Güterzuglokomotiven beheimatet waren. So befanden sich z. B. im Jahr 1949 neben zwölf $38^{10\text{-}40}$ auch 34 (!) Vertreterinnen der Baureihe 44 und zehn der Baureihe 58 im Weißenfelser Bestand.

Im Mai 1968 beheimatete das Bw Weißenfels für den Streckendienst drei $38^{10\text{-}40}$, zwei 44, zwölf V 200, vier E 11 und 19 E 42. Das Bw Naumburg, ab 1. Januar 1969 als Einsatzstelle zu Weißenfels gehörend, hatte zur selben Zeit noch je elf $38^{10\text{-}40}$ und 58 im Bestand.

Das Bw Weißenfels erhielt als erstes Bahnbetriebswerk der Rbd Erfurt im Frühjahr 1968 die Baureihe V 100 zugewiesen. Es trafen fabrikneu ein:

- V 100 049 am 29. April,
- V 100 051 am 26. April,
- V 100 052 und V 100 053 am 27. April,
- V 100 059, V 100 061 und V 100 062 am 30. April,
- V 100 060 am 3. Mai,
- V 100 063 und V 100 065 am 25. Mai.

Im Juni 1968 folgten noch V 100 070, 076, 082 und 090.

Von diesen 14 Loks setzte das Bw Weißenfels zwei Maschinen vor Personenzügen nach Zeitz ein, während das Bw Naumburg neun dieser V 100 mit seinem Personal besetzte und damit Personenzüge nach Saalfeld, Großheringen, Artern, Teuchern, Nebra, Sömmerda und Straußfurt sowie Nahgüterzüge nach Straußfurt und Artern bespannte. Auf diese Weise wurden noch im Verlauf des Jahres 1968 die

◁ **Bild 284**
In der Einsatzstelle Naumburg des Bw Weißenfels steht **110 060** am 3. Oktober 1988 in Erwartung ihrer nächsten Einsätze. Auch diese Lokomotive gehörte 1968 zur „Erstausstattung" des Bw Weißenfels mit der Baureihe V 100. Vom äußeren Erscheinungsbild könnte der Eindruck entstehen, dass ihr seitdem keinerlei Lokpflege zuteil wurde …

Aufnahme: Hartmut Michler

Bild 285 ▷ Mit einer traumhaften Nebenbahngarnitur ist **110 049** des Bw Weißenfels im August 1971 unterwegs auf der Unstrutbahn zwischen Freyburg (Unstrut) und Naumburg.

Aufnahme: Dr. Winfried König

38^{10-40} und bis zum Jahr 1970 auch die Loks der Baureihe 58 abgelöst.

Im Verlauf des Jahres 1973 erhöhte sich der 110-Bestand im Bw Weißenfels auf 18 Loks, was zugleich der Höchstbestand war, der bis 1978 auch gehalten wurde. Die in Weißenfels zum 31. Dezember 1973 beheimateten 110 waren:

110 049	051	052	053	059
060	062	063	065	070
076	082	090	259	274
291	313	317		

Naumburg setzte nun elf 110 ein, Weißenfels selbst weiterhin nur zwei. Die Naumburger Loks kamen zu dieser Zeit bis Sangerhausen (über Freyburg/Unstrut und Artern) und nach Zeitz (über Teuchern).

Ab 1978 ging der Weißenfelser Bestand zwar auf 14 Loks zurück, der tägliche Be-

△ **Bild 286** • Am 19. Juli 1986 steht die Weißenfelser **110 053** mit dem P 15089 nach Teuchern – der aus zwei- und dreiachsigen Rekowagen gebildet ist – im Bahnhof Naumburg. Die Lok war von der Neuanlieferung im April 1968 bis zu ihrem Wechsel im Januar 1989 zum Bw Saalfeld ohne Unterbrechung in Weißenfels beheimatet.

Bild 287 ▷ Neben der landschaftlich durchaus reizvollen Unstrutbahn kamen die Weißenfelser 110er auch an ganz anderen Ecken vorbei! Das Weißenfelser Revier beherbergte eine Vielzahl an Braunkohletagebauen und entsprechend ansässiger Industrie. Ein großartiges Beispiel ist die unmittelbar neben dem Bahnhof Deuben stehende Brikettfabrik. Am 31. Juli 1988 kam **110 076** mit dem P 4095 nach Zeitz an dieser Industriekulisse vorbei.

Aufnahmen (2): Volker Lucas, Sammlung A. Zika

◁ **Bild 288** Weißenfelser Loks bespannten auch Reisezüge auf der sogenannten „Pfefferminzbahn" Großheringen – Straußfurt. **110 029** steht am 6. September 1986 mit einem Personenzug in Sömmerda. Im Hintergrund kreuzt die Strecke Erfurt – Sangerhausen im oberen Bahnhofsteil.

AUFNAHME: FRANK PILZ

darf hatte sich allerdings kaum geändert: Von Weißenfels aus kamen zwei 110 und von Naumburg aus neun Loks dieser Baureihe zum Einsatz. Von 1979 bis 1986 beförderten 110er des Bw Weißenfels auch Personenzüge von Zeitz nach Leipzig-Leutzsch.

Der Bestand blieb bis 1991 konstant bei 14 Lokomotiven, auch am Bedarf änderte sich nur wenig. Ab 1986 benötigte Weißenfels zwei und Naumburg acht 110. Die Naumburger Loks fuhren nicht mehr nach Sangerhausen.

Im Verlauf des Jahres 1991 ging der Bestand auf zehn Maschinen zurück, von denen nur noch vier Loks für die Beförderung von Personenzügen (Naumburg –) Großheringen – Sömmerda – Straußfurt (mit einem Durchlauf bis Erfurt), Naumburg – Freyburg (Unstrut) – Nebra und Naumburg – Teuchern – Zeitz benötigt wurden. Dazu kamen Lokgestellungen für Arbeitszüge u. a. für die Elektrifizierung der „Saalebahn".

Die Leistungen nach Zeitz gingen 1994 auf LVT über, und den Verkehr Richtung Straußfurt übernahmen 202 des Bh Erfurt.

Die letzten Weißenfelser 201 wurden alle am 11. Juni 1995 z-gestellt. Dies waren im Einzelnen:

110 059 070 076 082 171
222 393

Die wenigen und oft nur kurzzeitig zwischen 1992 und 1994 in Weißenfels beheimateten Lokomotiven der Baureihe 298 wurden im Güterverkehr rund um Weißenfels und Naumburg eingesetzt.

Bw Weißenfels (I)

Lok-Nr.	vom Bw	beheimatet von – bis	zum Bw
110 020	Saalfeld	25.03.83 – 12.07.85	Magdeburg
110 020	Magdeburg	02.08.85 – 10.06.86	Frankfurt (O)
110 023	Saalfeld	22.11.83 – 10.06.86	Frankfurt (O)
110 029	Reichenbach (V)	31.05.80 – 15.01.85	Wittenberge
110 029	Erfurt	10.10.85 – 31.10.88	Meiningen
110 029	Eisenach	02.08.89 – .10.89	Eisenach
V100 049	Neuanlieferung	29.04.68 – 23.11.68	Halle P
V100 049	Halle P	20.12.68 – 15.01.85	Wittenberge*
110 049	Erfurt	13.09.85 – 20.11.86	Sangerhausen
110 049	Sangerhausen	08.01.87 – 05.10.93	z-Park
V100 051	Neuanlieferung	26.04.68 – 07.12.78	Gera
110 051	Saalfeld	13.12.83 – 08.05.92	umb in 298 051
V100 052	Neuanlieferung	27.04.68 – 13.06.68	Halle P
V100 052	Halle P	10.07.68 – 20.01.92	umb in 298 052 *
V100 053	Neuanlieferung	27.04.68 – 28.01.89	Saalfeld
110 053	Eisenach	04.08.89 – 11.07.93	Eisenach
V100 059	Neuanlieferung	30.04.68 – 22.06.78	Saalfeld*
110 059	Saalfeld	27.02.85 – 11.06.95	z, a 14.06.95
V100 060	Neuanlieferung	03.05.68 – 27.06.79	Saalfeld
110 060	Saalfeld	06.06.85 – 08.05.92	umb in 298 060
V100 061	Neuanlieferung	30.04.68 – 10.12.70	z, a 26.06.68 unf
V100 062	Neuanlieferung	30.04.68 – 31.08.78	Saalfeld
V100 063	Neuanlieferung	25.05.68 – 19.09.72	Schwerin
110 063	Schwerin	04.10.72 – 31.12.78	Stralsund
V100 065	Neuanlieferung	25.05.68 – 11.03.76	Sangerhausen
110 065	Sangerhausen	16.04.76 – 24.06.92	umb in 298 065
V100 070	Neuanlieferung	01.06.68 – 27.01.77	Nordhausen
110 070	Saalfeld	15.01.85 – 11.06.95	z, a 14.06.95
V100 076	Neuanlieferung	01.06.68 – 18.09.72	Schwerin
110 076	Schwerin	04.10.72 – 21.05.78	Saalfeld
110 076	Saalfeld	23.02.85 – 11.06.95	z, a 14.06.95
V100 082	Neuanlieferung	26.06.68 – 31.07.78	Saalfeld
110 082	Saalfeld	01.07.83 – 11.06.95	z, a 14.06.95
V100 090	Neuanlieferung	30.06.68 – 22.05.78	Saalfeld
110 090	Saalfeld	23.02.85 – 27.03.95	z-Park

a = abgestellt umb = Umbau unf = Unfall
* Lok war während der Beheimatung kurzzeitig in einem anderen Bw.

△ **Bild 289** • In Artern begann – oder endete, je nach Fahrtrichtung – die Fahrt über die Unstrutbahn nach Naumburg. Die Bespannung der dort verkehrenden Personenzüge war eine der Hauptaufgaben der Weißenfelser 110. Am 20. August 1992 steht **201 082** im Bahnhof Artern zur Abfahrt ins 55,5 Bahnkilometer entfernte Naumburg bereit. AUFNAHME: ANDREAS STANGE

Bw Weißenfels (II)

Lok-Nr.	vom Bw	beheimatet von – bis	zum Bw
110 097	Saalfeld	18.01.85 – 22.04.92	Eisenach
110 100	Saalfeld	21.05.83 – 04.11.92	umb in 298 100
201 118	Eisenach	22.04.92 – 29.05.92	Reichenbach (V)
110 132	Magdeburg	02.06.82 – 12.12.84	Eisenach
201 132	Eisenach	22.04.92 – 29.05.92	Reichenbach (V)
110 144	Saalfeld	30.03.83 – 28.02.86	Eisenach
110 169	Nordhausen	27.07.82 – 30.06.85	Eisenach
110 171	Eisenach	17.08.87 – 11.06.95	z, a 14.06.95 *
110 205	Nordhausen	14.08.87 – 22.02.88	Erfurt
110 205	Erfurt	23.03.88 – 27.05.88	Reichenbach (V)
110 208	Saalfeld	28.03.85 – 18.02.86	Erfurt
110 218	Erfurt	04.10.82 – 10.01.84	umb in 112 218
110 222	Nordhausen	29.12.84 – 27.02.85	Gera
201 222	Gera	12.08.94 – 11.06.95	z, a 14.06.95
110 237	Erfurt	01.10.82 – 31.01.83	umb in 112 237
110 259	Neuanlieferung	07.07.70 – 20.07.83	Glauchau (Sachs)
110 261	Eisenach	24.10.80 – 31.05.83	umb in 115 261**
110 274	Neuanlieferung	26.07.70 – 21.09.77	Gera
110 288	Gera	16.12.77 – 05.01.78	Gera
110 291	Neuanlieferung	01.09.70 – 28.10.82	umb in 112 291
110 297	Erfurt	01.10.79 – 12.03.81	Sangerhausen
110 297	Sangerhausen	16.09.81 – 17.12.81	Nordhausen
110 299	Saalfeld	07.08.80 – 03.12.80	Saalfeld
110 313	Saalfeld	21.05.73 – 18.12.81	Sangerhausen
110 315	Eisenach	10.01.80 – 13.12.82	umb in 112 315
110 317	Nordhausen	07.01.71 – 03.10.72	Saalfeld
110 317	Saalfeld	15.04.73 – 26.01.75	Nordhausen

** Lok wurde in später in Baureihe 114 eingereiht.

Bw Weißenfels (III)

Lok-Nr.	vom Bw	beheimatet von – bis	zum Bw
110 317	Eisenach	03.06.75 – 31.10.80	Eisenach[1]
110 321	Gera	27.10.79 – 31.07.80	Sangerhausen[2]
110 348	Wittenberge	15.01.85 – 27.12.85	umb in 112 348
110 359	Erfurt	11.03.82 – 26.03.85	umb in 114 359
201 393	Reichenbach (V)	26.05.92 – 11.06.95	z, a 12.06.95
110 417	Sangerhausen	28.06.79 – 03.01.80	Eisenach[3]
110 441	Sangerhausen	09.05.80 – 21.06.82	umb in 112 441
110 445	Angermünde	15.08.80 – 22.03.83	umb in 115 445 **
110 456	Sangerhausen	17.04.80 – 08.03.82	umb in 112 456
110 466	Saalfeld	01.02.74 – 14.01.75	Nordhausen
110 539	Saalfeld	23.05.78 – 14.04.80	Sangerhausen[4]
110 540	Saalfeld	24.06.78 – 31.05.81	z, a 29.09.79 unf
110 541	Saalfeld	23.05.78 – 30.11.79	z, a 29.09.79 unf
201 604	Reichenbach (V)	26.05.92 – 14.02.95	z, a 04.02.95 unf
110 639	Sangerhausen	15.10.81 – 27.04.84	Gera
110 642	Saalfeld	31.07.78 – 03.11.82	umb in 112 642
110 692	Schwerin	16.01.85 – 25.01.85	Erfurt
110 723	Saalfeld	09.09.78 – 12.02.85	umb in 114 723
202 721	Nordhausen	02.06.94 – 04.01.95	Erfurt
298 060	Erfurt	17.07.92 – 22.12.94	Wustermark
298 100	aus Umbau[5]	05.11.92 – 27.11.92	Nordhausen
298 100	Nordhausen	23.12.94 – 04.01.95	Erfurt
298 327	Leipzig-Wahren	13.07.94 – 22.12.94	Erfurt

[1] Umbau 31.10.80 [2] Umbau 31.07.80 [3] Umbau 03.01.80 [4] Umbau 14.04.80
[5] ex 201 100

6 Reichsbahndirektion Greifswald

△ **Bild 290** • Zu den im Bw Angermünde beheimateten Lokomotiven der Baureihe 112 gehörte u. a. **112 333**, hier aufgenommen am 31. März 1990 mit einem Personenzug nach Tantow im Bahnhof Angermünde. AUFNAHME: ANDREAS STANGE

Die Rbd Greifswald entstand als Folge des Zweiten Weltkriegs am 6. Oktober 1945 und war aus den in der damaligen Sowjetischen Besatzungszone (SBZ) liegenden Strecken der ehemaligen Reichsbahndirektionen Stettin und Osten sowie aus „Gebietsabtretungen" der Rbd Schwerin gebildet worden.

Als erste Dienststelle in der Rbd Greifswald erhielt das Bw Stralsund im Frühjahr 1969 Vertreterinnen der Baureihe V 100 zugewiesen. Bis 1972 hielt diese Baureihe auch in den anderen Bahnbetriebswerken der Direktion Einzug: Angermünde, Eberswalde, Seebad Heringsdorf, Neubrandenburg, Neustrelitz und Pasewalk. Die Loks kamen größtenteils vor Reisezügen auf den Haupt- und Nebenbahnen im Nordosten des DR-Streckennetzes zum Einsatz und lösten dort die Dampfloks der Baureihen 35^{10}, 38^{10-40}, 41, 78 und auf Usedom die Baureihe 86 ab. Auf den Hauptstrecken wurden die 110 ab Ende der siebziger Jahre wiederum durch die Baureihen 118 und 132 abgelöst. Derweil leisteten die 110 und 112 auf dem Nebenbahnnetz der Rbd Greifswald bis in die neunziger Jahre ihre Dienste. Wobei: Die Direktion selbst wurde bereits am 15. Oktober 1990 aufgelöst. Der gesamte Direktionsbereich ist der Rbd Schwerin angegliedert worden.

6.1 Bw Angermünde

Angermünde liegt ca. 80 km nordöstlich von Berlin an der Hauptbahn Berlin – Pasewalk – Stralsund. Im dortigen Bahnhof treffen zudem die Strecken aus Bad Freienwalde (Oder), Schwedt (Oder) und Szczecin (Stettin) aufeinander.

Am 3. März 1972 traf 110 429 vom Bw Neustrelitz kommend als erste Lok ihrer Baureihe zur Beheimatung im Bw Angermünde ein. Zu diesem Zeitpunkt war das dortige Bahnbetriebswerk noch fest in der Hand von „König Dampf", denn es beheimatete zum Stichtag 1. März 1972 folgende Baureihen mit der angegebenen Stückzahl:

5 × Baureihe 35^{10},
1 × Baureihe 41,
6 × Baureihe 44^{0},
27 × Baureihe 50^{0},
8 × Baureihe 52-Altbau.

In dieser Dominanz des Dampfes blieb die 110 429 nicht lange alleine: Am 7. April folgte ihr 110 445 und am 26. Mai noch 110 463 (beide vom Bw Berlin-Pankow).

Zwei 110er bespannten im Sommerfahrplan 1972 die Personenzüge nach Schwedt (Oder), Tantow (von hieraus als Sperrfahrt weiter bis Rosow), Bad Freienwalde (Oder) und Berlin-Lichtenberg und lösten dabei die Baureihe 35^{10} ab. Der zweitägige Umlauf sah wie folgt aus:

<u>Tag 1</u>

P 1503	Angermünde – Schwedt (O)
P 1502	Schwedt (O) – Angermünde
E 2116	Angermünde – Bln-Lichtenberg
E 2113	Bln-Lichtenberg – Angermünde
P 1505	Angermünde – Schwedt (O)
P 520	Schwedt (O) – Angermünde
P 1533	Angermünde – Bad Freienwalde
P 1534	Bad Freienwalde – Angermünde
P 1511	Angermünde – Schwedt (O)
P 1512	Schwedt (O) – Angermünde
P 1537	Angermünde – Bad Freienwalde
P 1538	Bad Freienwalde – Angermünde

<u>Tag 2</u>

P 1633	Angermünde – Rosow
P 1634	Rosow – Angermünde
Üg 71581	Angermünde – Pinnow
Üg 71582	Pinnow – Angermünde
P 1637	Angermünde – Tantow
P 1638	Tantow – Angermünde
P 1639	Angermünde – Rosow
P 1640	Rosow – Angermünde

Durch den Zugang von 110 087 im September 1973 konnten jetzt drei 110 von An-

Bild 291 ▷ Von Dezember 1976 bis Januar 1977 und dann noch einmal von Dezember 1985 bis Juni 1989 war **110 221** im Bw Angermünde beheimatet. Die Aufnahme zeigt die Lok mit dem P 7112 nach Tantow am 25. Februar 1987 im Angermünder Bahnhof.

Aufnahme: Volker Lucas, Sammlung A. Zika

germünde aus eingesetzt werden. Im Winter 1973/74 kam als neue Leistung ein Eilzugpaar nach Frankfurt (Oder) über Bad Freienwalde (Oder) und Werbig hinzu, dafür entfiel die Bespannung des Eilzuges nach Berlin-Lichtenberg.

Einige Jahre gab es dann im Bw Angermünde einen konstanten Bestand von vier bis fünf Loks der Baureihe 110, die mit ihren Leistungen unverändert nach Rosow, Schwedt (Oder) und Frankfurt (Oder) kamen. Im Sommerfahrplan 1975 sah der Angermünder Dienstplan 21.1 für drei 110er folgendermaßen aus:

Tag 1

Lr 15104	Angermünde – Schwedt (O)
P 15104	Schwedt (O) – Angermünde
E 591	Angermünde – Frankfurt (O)
E 596	Frankfurt (O) – Angermünde
P 15116	Angermünde – Schwedt (O)
P 15117	Schwedt (O) – Angermünde
P 19949	Angermünde – Bad Freienwalde
P 19948	Bad Freienwalde – Angermünde

Tag 2

P 7162	Angermünde – Rosow
P 7163	Rosow – Angermünde
Üg 71581	Angermünde – Pinnow
Üg 71582	Pinnow – Angermünde
P 15109	Angermünde – Schwedt (O)
P 19945	Schwedt (O) – Bad Freienwalde
P 19944	Bad Freienwalde – Angermünde
P 15113	Angermünde – Schwedt (O)
P 15114	Schwedt (O) – Angermünde

Tag 3

P 19943	Angermünde – Bad Freienwalde
P 19942	Bad Freienwalde – Angermünde
P 15105	Angermünde – Schwedt (O)
P 15106	Schwedt (O) – Angermünde
P 7172	Angermünde – Tantow
P 7173	Tantow – Angermünde
P 7176	Angermünde – Rosow
P 7177	Rosow – Angermünde
P 6117	Angermünde – Bernau
P 6116	Bernau – Angermünde

Ab 1983 lag der Bestand an Maschinen der Baureihe 110 im Bw Angermünde bei sieben Loks, von denen zu diesem Zeitpunkt täglich vier Exemplare eingesetzt wurden. Das Einsatzgebiet der Loks blieb derweil gleich.

105

P 6107 (30,1) Hg max 90 km/h – Tfz 110 — **Angermünde – Bernau b Bln** 200 t — Mbr 53
(Zs) P 6109 (30,1) Hg max 90 km/h – Tfz 110 — **Angermünde – Bernau b Bln** 150 t — Mbr 53
P 4942 (30,1) Hg max 90 km/h Tfz 110 — **Frankfurt/O – Bernau b Bln** 150 t — Mbr 50

			6107		6109		4942	
1	2	3	4	5	4	5	4	5
70.6	80	**Angermünde** . . . 70,10	–	9^{51}	–	12^{17}		
66.0	90	Abzw Herzsprung Hp .	9^{57}	57	12^{22}	23		
62.1		Bk Serwest §§ . . .	–	–	–	–		
57.5		Chorin	10^{08}	b) 10^{09}	31	31		
54.7		Chorin Kloster Hp . . .	24	20 25	35	35		
52.4		Abzw Ragöser Mühle .	–	28	–	38		
50.0		Britz (Kr Ebw) . .	31	32	41	42		
47.0		**Abzw Kanalbrücke** . .	–	34	–	44		
45.2		**Eberswalde Hbf** . .	37	42	47	13^{11}	16^{38}	16^{44}
38.2		Bk Wildtränke . .	–	49	a) ×	18	a) ×	50
35.6		Melchow Hp . . .	52	53	13^{22}	22	55	56
33.0		Biesenthal	56	57	26	27	59	17^{00}
28.1		**Rüdnitz**	11^{03}	11^{03}	33	34	17^{06}	17^{07}
–		**Rbd-Gr km 24,3**	–	–	–	–	–	–
22.5		**Bernau b Berlin**	11^{10}	⊤	13^{40}	–	17^{13}	–

a) Bedarfshalt für Rb-Beschäftigte
b) Vom Bahnsteig wegsetzen

△ **Bild 292** • Auszug aus einem Buchfahrplan der Rbd Greifswald für den Jahresfahrplan 1984/85. Die Personenzüge P 6107 und 6109 gehörten damals zu den Planleistungen der Angermünder 110. Abbildung: Slg. Lennart Fehr

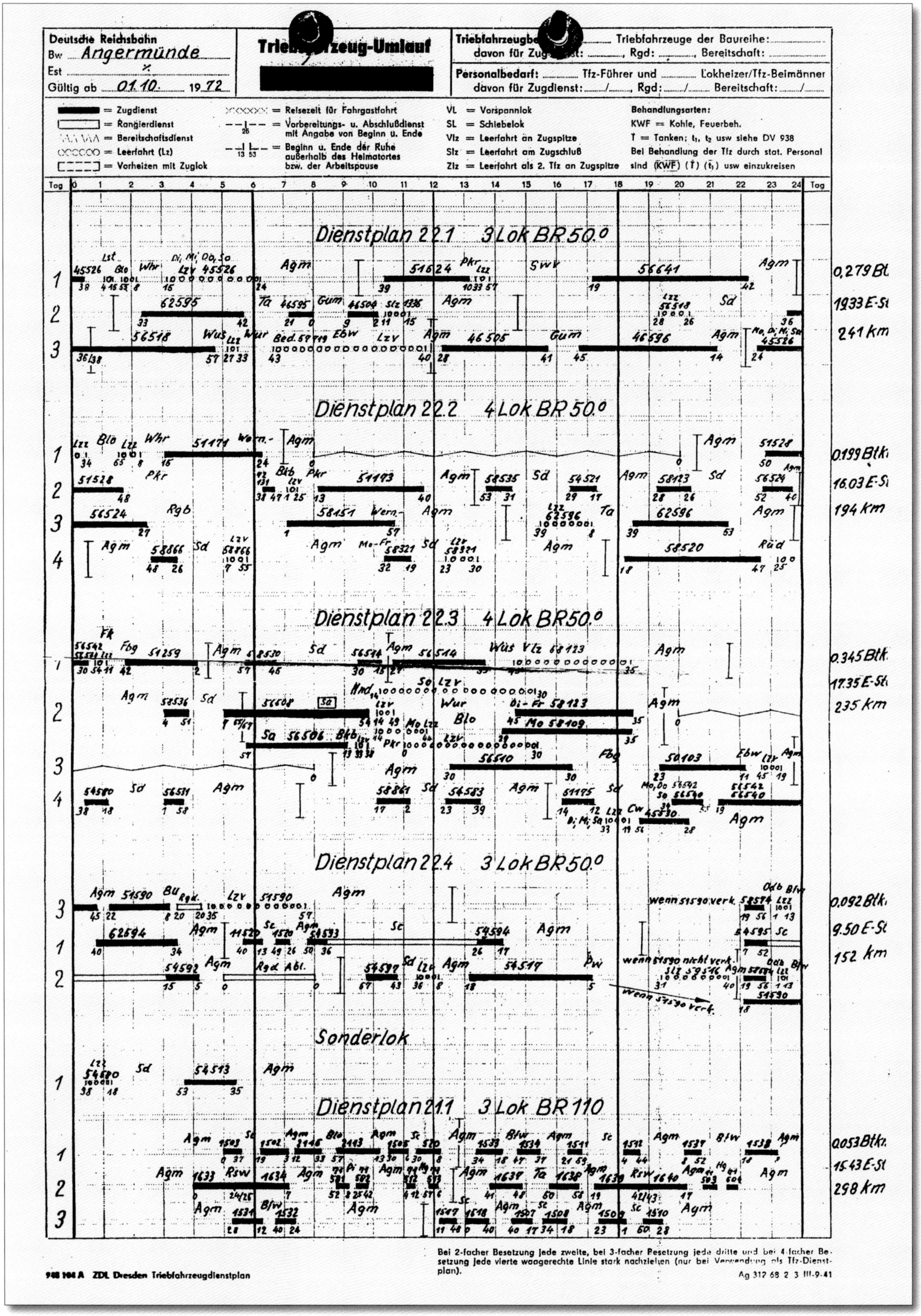

△ **Bild 293** • Umlaufplan des Bw Angermünde, gültig ab 1. Oktober 1972. Noch bestimmen die ölgefeuerten Dampfloks der Baureihe 50^0 den Plan. Im Dienstplan 21.1 sind derweil drei 110 für Personenzüge nach Schwedt (Oder), Berlin-Lichtenberg, Bad Freienwalde, Rosow und Tantow „verplant“. Abbildung: Sammlung Andreas Stange

Bild 294 ▷
„Tag der offenen Schuppentore" war am 31. März 1990 im Bw Angermünde. Oder wollten die dortigen Eisenbahner nur gründlich durchlüften? Wie dem auch sei: In der Runde präsentierten sich (v. l. n. r.): 120 316, 106 028, **112 444**, 120 167 und 105 131.

AUFNAHME: VOLKER LUCAS, SAMMLUNG A. ZIKA

Im Jahr 1989 erhielt Angermünde die ersten sechs Vertreterinnen der Baureihe 112 zugewiesen, woraufhin die leistungsschwächeren 110er bis 1990 an andere Bahnbetriebswerke abgegeben wurden:

- 110 086 am 10. April 1989 nach Guben,
- 110 492 am 25. Mai 1989 nach Karl-Marx-Stadt,
- 110 634 am 31. Mai 1989 nach Reichenbach (Vogtl),
- 110 815 am 1. Juni 1989 nach Eberswalde,
- 110 124 am 13. Juni 1989 nach Reichenbach (Vogtl),
- 110 221 am 14. Juni 1989 nach Neustrelitz,
- 110 609 am 17. September 1989 nach Stralsund,
- 110 129 am 19. April 1990 nach Stralsund,
- 110 864 am 7. Mai 1990 nach Seebad Heringsdorf.

Damit war allerdings die Geschichte der Baureihe 110 im Bw Angermünde noch nicht ganz zu Ende, denn für knapp zwei Wochen war 110 510 im Januar 1991 hier beheimatet, und 201 011 steht als letzte (ehemalige) 110 vom 1. Dezember 1993 bis

Bw Angermünde (I)

Lok-Nr.	vom Bw	beheimatet von – bis	zum Bw
201 011	Eberswalde	01.12.93 – 05.01.94	z, zr 16.07.92
110 026	Eberswalde	06.08.88 – 06.09.88	Stralsund
110 063	Pasewalk	24.10.83 – 13.03.84	Pasewalk
110 077	Berlin-Pankow	09.11.83 – 25.03.85	Eberswalde
110 077	Eberswalde	03.10.87 – 09.12.87	Eberswalde
110 084	Pasewalk	10.07.80 – 28.08.80	Pasewalk
110 086	Pasewalk	21.07.87 – 10.04.89	W-P-S Guben
110 087	Neustrelitz	28.09.73 – 26.05.88	Nossen
110 099	Pasewalk	13.02.77 – 23.03.77	Pasewalk
110 124	Stralsund	07.11.87 – 17.12.87	Pasewalk
110 124	Pasewalk	23.11.88 – 13.06.89	Reichenbach (V)
110 129	W-P-S Guben	07.04.88 – 19.04.90	Stralsund *
110 221	Stralsund	10.12.76 – 12.01.77	Stralsund
110 221	Stralsund	01.12.85 – 14.06.89	Neustrelitz *
110 272	Neubrandenburg	16.12.80 – 24.04.81	Eberswalde
110 272	Eberswalde	22.05.81 – 15.06.81	Heringsdorf
110 325	Eberswalde	28.04.77 – 23.05.77	Eberswalde
110 370	Eberswalde	11.10.80 – 17.01.81	Stralsund
110 380	Pasewalk	08.03.74 – 03.04.74	Heringsdorf
110 416	Eberswalde	22.09.81 – 30.03.83	umb in 112 416
110 429	Neustrelitz	03.03.72 – 27.09.83	umb in 112 429
110 445	Berlin-Pankow	07.04.72 – 14.08.80	Weißenfels
110 463	Berlin-Pankow	26.05.72 – 28.12.83	umb in 112 463 *
110 492	Neubrandenburg	22.01.82 – 25.05.89	Karl-Marx-Stadt
110 510	Neustrelitz	16.01.91 – 29.01.91	Neustrelitz
110 584	Karl-Marx-Stadt	08.08.83 – 18.11.87	Heringsdorf *
110 609	Bautzen	04.12.87 – 17.09.89	Stralsund
110 634	Karl-Marx-Stadt	15.04.83 – 31.05.89	Reichenbach (V)
110 648	Neubrandenburg	03.02.84 – 16.12.85	umb in 112 648
110 657	Pasewalk	14.10.83 – 19.04.88	umb in 112 657

zr = Zurückstellung aus Reserve umb = Umbau W-P-S Guben = W.-Pieck-Stadt Guben
* Lok war während der Beheimatung kurzzeitig in einem anderen Bw.

Bw Angermünde (II)

Lok-Nr.	vom Bw	beheimatet von – bis	zum Bw
110 764	Pasewalk	16.07.80 – 03.08.83	umb in 112 764
110 766	Neubrandenburg	10.04.84 – 16.07.84	Pasewalk
110 766	Pasewalk	19.09.84 – 30.11.87	umb in 112 766 *
110 772	Eberswalde	09.08.88 – 15.12.88	umb in 112 772
110 815	Eberswalde	06.10.88 – 01.06.89	Eberswalde
110 843	Stralsund	07.11.87 – 25.03.88	umb in 112 843
110 864	Heringsdorf	28.12.88 – 07.05.90	Heringsdorf
202 136	Güstrow	19.05.93 – 29.05.94	Pasewalk
112 219	Pasewalk	18.07.87 – 24.07.87	Stralsund
112 278	Stralsund	31.05.89 – 19.10.93	Pasewalk
202 278	Pasewalk	09.02.94 – 28.05.94	Halberstadt
202 286	Frankfurt (O)	23.05.93 – 29.05.94	Pasewalk
112 289	Pasewalk	24.04.90 – 14.01.93	Stralsund
202 325	Pasewalk	17.02.93 – 29.05.94	Pasewalk
202 326	Güstrow	19.05.93 – 29.05.94	Pasewalk
112 333	Stralsund	01.06.89 – 12.01.93	Stralsund
202 334	Chemnitz	01.06.93 – 29.05.94	Pasewalk
202 347	Eberswalde	01.12.93 – 29.05.94	Pasewalk
202 360	Eberswalde	01.12.93 – 29.05.94	Pasewalk
202 365	Eberswalde	01.12.93 – 29.05.94	Pasewalk
112 385	Stralsund	01.06.89 – 29.05.94	Pasewalk
202 388	Eberswalde	01.12.93 – 29.05.94	Pasewalk
112 392	Stralsund	31.03.89 – 02.06.93	Neuruppin
202 392	Neuruppin	13.07.93 – 29.05.94	Pasewalk
112 444	Haldensleben	06.04.89 – 12.03.91	Pasewalk
202 447	Eberswalde	01.12.93 – 29.05.94	Pasewalk
202 460	Neuruppin	22.01.94 – 16.05.94	Neuruppin
112 483	Brandenburg	15.03.90 – 29.05.94	Pasewalk
202 545	Eberswalde	01.12.93 – 29.05.94	Pasewalk
202 722	Stralsund	02.03.92 – 21.05.92	Pasewalk
112 750	Stralsund	01.06.89 – 02.11.92	Güstrow
202 797	Eberswalde	01.12.93 – 29.05.94	Pasewalk

zum 5. Januar 1994 in den Angermünder Bestandslisten.

Der Umlaufplan im Winter 1990/91 (Dienstplan 11) war für vier 112 erstellt worden und sah neben der Bespannung des Eilzugpaares 591/596 (Angermünde – Frankfurt/O – Angermünde) noch die Beförderung von acht Personenzugpaaren nach Schwedt (Oder), fünf nach Tantow und vier nach Bad Freienwalde (Oder) vor.

Von den ab 1992 als Baureihe 202 bezeichneten 112 waren durchschnittlich acht Loks im Bw Angermünde beheimatet. Im Jahr 1992 kamen täglich fünf Maschinen mit Reisezügen nach Tantow, Schwedt (Oder), Berlin-Lichtenberg (Laufweg über Wriezen) und Bad Freienwalde (Oder). Die Eilzüge nach Frankfurt (Oder) gingen in dieser Zeit an die Baureihe 232 (ex DR-Baureihe 132) über.

Zum 1. Dezember 1993 kam der Fahrzeugbestand aus dem (nunmehr ehemaligen) Bw Eberswalde zum Bw Angermünde, was dazu führte, dass in Angermünde „auf einen Schlag" 15 Lokomotiven der Baureihe 202 beheimatet waren. Zum 29. Mai 1994 ging dieser Bestand buchmäßig an das Bw Pasewalk, allerdings leisteten die Loks bis Ende 1998 weiterhin ihre Dienste von der nunmehrigen Einsatzstelle Angermünde aus. Abgelöst wurden sie durch die Baureihe 219 und Triebwagen der Baureihe 628.

6.2 Bw Eberswalde

Eberswalde liegt im Nordosten des Bundeslandes Brandenburg, ca. 40 km vor den Toren Berlins, und ist bekannt für seine Wurstwaren (die eigentlich in Britz bei Eberswalde hergestellt werden), den Zoo, den O-Bus-Betrieb und die großen Waldgebiete rund um die Stadt. Der Bahnhof Eberswalde ist eine Station an der Strecke Berlin – Pasewalk – Stralsund, zudem zweigt in nordöstlicher Richtung noch die Verbindung nach Bad Freienwalde (Oder) ab, und in Britz (Kr Eberswalde) – ca. 5 km nördlich von Eberswalde – begann die Nebenbahn nach Templin.

Zum Jahresbeginn 1971 beheimatete das Bw Eberswalde für den Streckendienst vier Loks der Baureihe 35^{10}, 25 der Baureihe 52 und fünf 65^{10}.

Mit 110 325 traf am 2. Februar 1971 die erste Vertreterin der Baureihe 110 zur Beheimatung in Eberswalde ein, gefolgt von 110 357 (24.04.), 110 362 (01.05.), 110 373 (02.06.) und 110 392 (31.07.). Mit diesen Loks bespannte das Bw Eberswalde Personenzüge nach Frankfurt (Oder), Bernau und Angermünde. In diesen Umläufen lösten die 110 bis August 1971 die Baureihe 65^{10} und bis April 1972 schließlich auch die Baureihe 35^{10} ab. Der Dienstplan 31 war im Winter 1971/72 noch für vier 110 und eine 35^{10} erstellt worden:

<u>Tag 1</u>

P 542	Eberswalde – Bernau
P 551	Bernau – Eberswalde
P 453	Eberswalde – Wriezen
P 2963	Wriezen – Frankfurt (O)
P 462	Frankfurt (O) – Eberswalde
P 433	Eberswalde – Wriezen
P 2967	Wriezen – Frankfurt (O)
P 442	Frankfurt (O) – Eberswalde
P 455	Eberswalde – Frankfurt (O)

<u>Tag 2</u>

P 452	Frankfurt (O) – Eberswalde
P 461	Eberswalde – Frankfurt (O)
P 444	Frankfurt (O) – Eberswalde
P 2269*	Eberswalde – Bad Freienwalde
P 2274*	Bad Freienwalde – Eberswalde

*nur Sa/So

<u>Tag 3</u>

P 530	Eberswalde – Bernau
P 521	Bernau – Angermünde
P 1505	Angermünde – Schwedt (O)
P 1506	Schwedt (O) – Angermünde
P 520	Angermünde – Bernau
P 525	Bernau – Angermünde
P 1535	Angermünde – Bad Freienwalde
P 1536	Bad Freienwalde – Angermünde
P 548	Angermünde – Eberswalde

<u>Tag 4</u>

P 453	Eberswalde – Wriezen
P 430	Wriezen – Eberswalde

△ **Bild 295** • Man möchte es kaum glauben, dass dieser Bahnsteig zum Bahnhof der „Ersten sozialistischen Wohnstadt" gehört! Am 14. September 1986 ist **110 798** des Bw Eberswalde mit dem P 4923 (Frankfurt/O – Guben) in Eisenhüttenstadt eingefahren. AUFNAHME: VOLKER LUCAS, SAMMLUNG A. ZIKA

P 441	Eberswalde - Frankfurt (O)
P 440	Frankfurt (O) - Eberswalde
P 536	Eberswalde - Bernau
P 545	Bernau - Angermünde
P 1513	Angermünde - Schwedt (O)
P 1514	Schwedt (O) - Angermünde

Tag 5

P 522	Angermünde - Bernau
P 535	Bernau - Eberswalde
Üg 71500	Eberswalde - Biesenthal
Üg 71501	Biesenthal - Eberswalde
P 443	Eberswalde - Wriezen
P 447	Wriezen - Frankfurt (O)
P 440	Frankfurt (O) - Eberswalde

Mit Zugang der 110 404 im Dezember 1971 waren jetzt sechs Loks der Baureihe 110 im Bw Eberswalde vorhanden – bei einem Fünf-Tage-Umlauf.

Im Winterfahrplan 1972/73 kam bei den zu fahrenden Leistungen das Containerzugpaar 43520/43251 nach Cottbus neu hinzu. Mit Personenzügen kamen Eberswalder 110 jetzt auch nach Tantow. Ab Herbst 1973 entfiel der Containerzug nach Cottbus wieder, dafür bespannten die 110 fortan ein Containerzugpaar (Ce 46511/46150) nach Berlin Frankfurter Allee an einzelnen Verkehrstagen mit einer Sonderlok 110. Diese Lok bespannte bei Bedarf auch den Gag 46953 (Schlachtvieh) nach Berlin Leninallee (heute: Landsberger Allee). Mit den Reisezügen die planmäßig in Bernau (b Berlin) endeten, fuhren die 110 zum Kopfmachen leer weiter nach Berlin-Buch.

△ **Bild 296** • Wriezen am Nachmittag des 24. Juni 1987: Mit dem P 4941 (Eberswalde – Frankfurt/O) hat **110 798** des Bw Eberswalde im Bahnhof der Stadt am nördlichen Rand des Oderbruchs einen planmäßigen Zwischenhalt eingelegt.

AUFNAHME ANDREAS STANGE

Ab 1976 lag der durchschnittliche Bestand an 110 im Bahnbetriebswerk Eberswalde bei acht Lokomotiven, von denen weiterhin fünf Maschinen planmäßig benötigt wurden. Ab 1976 gab es mit dem Zugpaar P 4923/4926 eine Personenzugleistung über Frankfurt (O) hinaus bis Wilhelm-Pieck-Stadt Guben.

Bis 1990 änderte sich kaum etwas an den Umläufen, die Wendebahnhöfe waren weiterhin Bernau (b Berlin), Schwedt (Oder) und Guben, das über Wriezen und Frankfurt (Oder) erreicht wurde.

Der Lokbestand lag ab 1988 bei fünf Vertreterinnen der Baureihe 110 und sechs der Baureihe 112. Von letzterer trafen im Mai jenes Jahres die ersten drei Maschinen (112 347, 112 388 und 112 545) zur Beheimatung im Bw Eberswalde ein.

Die Baureihe 110 wurde in Eberswalde auch im Rangierdienst und für Anschlussbedienungen z. B. nach Finowfurt und Rüdnitz genutzt. Im Sommerfahrplan 1989 gab es noch einen Vier-Tage-Umlauf für die Baureihe 112, nachdem die Leistungen nach Bernau (b Berlin) und Anger-

Bild 297 ▷ In Sichtweite des Schiffshebewerks Niederfinow ist eine Eberswalder 202 am 21. Juli 1996 mit einer Regionalbahn unterwegs in Richtung Bad Freienwalde (Oder). Die Beförderung von Personenzügen auf der Strecke Eberswalde - Bad Freienwalde (Oder) - Wriezen - Frankfurt (Oder) war eine der Hauptaufgaben der 110 bzw. 112 des Bw Eberswalde.

AUFNAHME: DETLEF WINKLER

◁ **Bild 298**
Blick auf den Bahnhof Eberswalde am 2. September 1985: Am Hausbahnsteig – man beachte die dort stehenden, schwer beladenen Anhänger („Güter gehören auf die Bahn!") – ist **110 815** (Bw Eberswalde) mit einem Wagenpark aus Reko-„Donnerbüchsen" zu sehen, mit dem sie wenig später in Richtung Bad Freienwalde (Oder) abfahren wird.

AUFNAHME: ANDREAS STANGE

münde (– Schwedt) aufgrund der Aufnahme der elektrischen Zugförderung auf diesen Strecken auf Elloks der Baureihe 243 übergingen. Für die Eberswalder 112 gab es dennoch eine interessante neue Aufgabe: die Beförderung des D-Zugpaares 1196/1197 von Eberswalde über Templin bis Fürstenberg (Havel). Dieser Zug war aus Weitstreckenwagen der Sowjetischen Staatsbahnen gebildet, kam aus Brest, wurde ab Fürstenberg (Havel) von einer Ellok der Baureihe 243 weiter nach Schwerin befördert und diente den in der DDR stationierten Truppen der Roten Armee.

Mit dem Dg 50108 (Wriezen – Eberswalde) und dem Dg 54501 (54581) nach Wriezen, beide Züge wurden mit Vorspannlok 112 bespannt, kamen die Eberswalder 112 auch vor Güterzügen zum Einsatz.

Anfang der neunziger Jahre kamen planmäßig noch fünf Eberswalder 202 mit Personenzügen nach Frankfurt (Oder) und über Templin nach Fürstenberg (Havel) sowie mit einem Nahgüterzugpaar nach Templin.

Am 30. November 1993 wechselte der noch verbliebene Fahrzeugbestand des Bw Eberswalde zum Bw Angermünde. Die nunmehrige Einsatzstelle Eberswalde setzte allerdings eine 202 noch bis 1999 vor Übergabezüge nach Bad Freienwalde (Oder) ein.

▽ **Bild 299** • Ausschnitt aus einem Umlaufplan des Bw Eberswalde, gültig ab 1. Juni 1980: Die fünf 110 im Dienstplan 31 kamen vorwiegend vor Personenzügen nach Frankfurt (Oder), Angermünde, Schwedt (Oder), Bad Freienwalde (Oder) und Wriezen zum Einsatz. Am Tag 4 ist das Containerzugpaar 46511/46150 zum Containerbahnhof nach bzw. von Berlin Frankfurter Allee eingezeichnet.

ABBILDUNG: SAMMLUNG EK-VERLAG

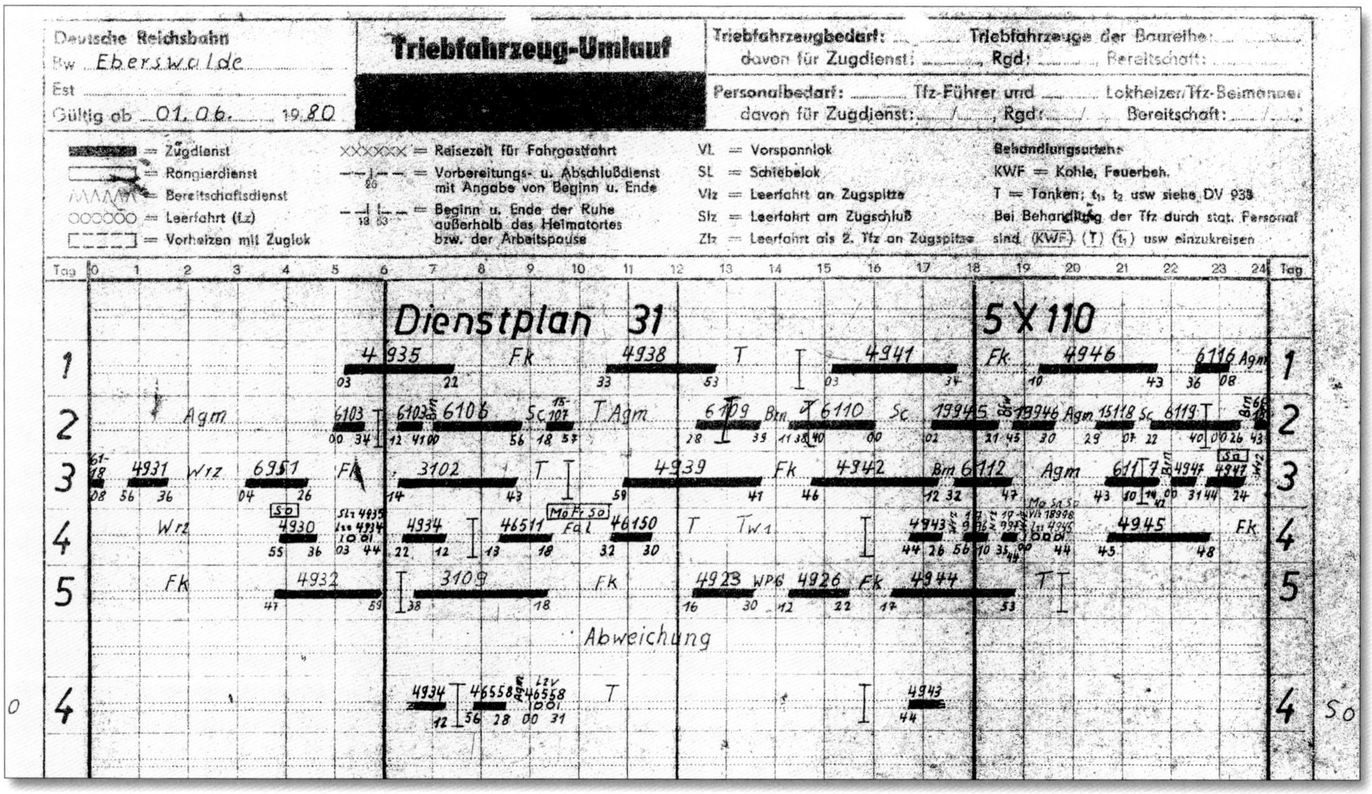

Deutsche Reichsbahn
Bw Eberswalde
Est
Gültig ab 01.06. 1980

Triebfahrzeug-Umlauf

Triebfahrzeugbedarf: .... Triebfahrzeuge der Baureihe: ....
davon für Zugdienst: ...., Rgd: ...., Bereitschaft: ....
Personalbedarf: .... Tfz-Führer und .... Lokheizer/Tfz-Beimänner
davon für Zugdienst: ..../...., Rgd: ..../...., Bereitschaft: ..../....

= Zugdienst
= Rangierdienst
= Bereitschaftsdienst
= Leerfahrt (Lz)
= Vorheizen mit Zuglok

XXXXXX = Reisezeit für Fahrgastfahrt
= Vorbereitungs- u. Abschlußdienst mit Angabe von Beginn u. Ende
= Beginn u. Ende der Ruhe außerhalb des Heimatortes bzw. der Arbeitspause

Vl = Vorspannlok
Sl = Schiebelok
Vlz = Leerfahrt an Zugspitze
Slz = Leerfahrt am Zugschluß
Zlz = Leerfahrt als 2. Tfz an Zugspitze

Behandlungsarten:
KWF = Kohle, Feuerbeh.
T = Tanken; t_1, t_2 usw siehe DV 938
Bei Behandlung der Tfz durch stat. Personal sind (KWF) (T) (t_1) usw einzukreisen

Tag 0 1 2 3 4 5 6 7 8 9 10 11 12 13 14 15 16 17 18 19 20 21 22 23 24 Tag

Dienstplan 31 5 X 110

1 4935 Fk 4938 T 4941 Fk 4946 6116 Agm 1
2 Agm 6103 6103 6106 Sc 107 T Agm 6109 Bm 6110 Sc 19945 19946 Agm 15118 Sc 6119 T 2
3 4931 Wrz 6951 Fk 3102 T 4939 Fk 4942 Bm 6112 Agm 6117 4947 4947 3
4 Wrz 4930 4934 46511 Fal 46150 T Tw1 4943 4945 Fk 4
5 Fk 4932 3109 Fk 4923 WPG 4926 Fk 4944 T 5

Abweichung

4 4934 46558 46558 T 4943 4 So

Bild 300 ▷
110 062 des Bw Eberswalde kam auch im Rangierdienst auf dem hiesigen Güterbahnhof zum Einsatz. Darauf verweist das an der Frontseite der Lok angebrachte Schild mit dem Funkrufnamen „Rudolf 19". Hier steht die Maschine am 21. September 1991 in ihrem Heimat-Bw.

AUFNAHME: GERD BEMBNISTA, SAMMLUNG JÖRG LEUTHARDT

Bw Eberswalde (I)

Lok-Nr.	vom Bw	beheimatet von – bis	zum Bw
110 011	Neustrelitz	10.06.87 – 30.11.93	Angermünde[1]
110 026	Neustrelitz	24.12.85 – 05.08.88	Angermünde
110 062	Neustrelitz	24.12.83 – 27.02.84	Neustrelitz
110 062	Pasewalk	24.01.87 – 29.01.87	Neubrandenburg
110 062	Neustrelitz	01.12.88 – 23.01.92	Neuruppin
110 077	Angermünde	26.03.85 – 02.10.87	Angermünde
110 077	Angermünde	10.12.87 – 27.05.88	Karl-Marx-Stadt
110 086	Pasewalk	11.01.79 – 31.01.79	Pasewalk
110 094	Neustrelitz	12.02.86 – 22.03.90	Neubrandenburg
110 098	Neustrelitz	05.03.85 – 22.12.85	Neustrelitz
110 105	Güsten	08.08.84 – 22.06.88	Pasewalk
110 112	Falkenberg (E)	25.11.86 – 23.01.92	Neuruppin
110 116	Berlin-Pankow	20.11.81 – 04.04.83	Neustrelitz
110 116	Neustrelitz	23.04.83 – 29.04.83	Stralsund
110 125	Karl-Marx-Stadt	16.11.88 – 29.11.88	Neustrelitz
110 127	Stralsund	30.09.84 – 09.02.86	Neustrelitz
201 134	Neuruppin	23.01.92 – 04.03.92	Neustrelitz
110 215	Magdeburg	30.01.87 – 24.04.87	Heringsdorf
110 272	Angermünde	25.04.81 – 21.05.81	Angermünde
110 275	Pasewalk	02.06.80 – 07.01.83	umb in 112 275
110 325	Neuanlieferung	02.02.71 – 24.09.76	Neubrandenburg
110 325	Neubrandenburg	05.11.76 – 27.04.77	Angermünde
110 325	Angermünde	24.05.77 – 23.11.79	Neubrandenburg
110 325	Neubrandenburg	13.03.80 – 31.10.82	umb in 112 325
110 357	Neuanlieferung	24.04.71 – 27.09.84	Stralsund[2]
110 362	Neuanlieferung	01.05.71 – 11.07.72	Pasewalk
110 362	Pasewalk	26.07.72 – 11.12.78	Heringsdorf
110 370	Wittenberge	17.09.80 – 10.10.80	Angermünde
110 373	Neuanlieferung	02.06.71 – 07.06.78	Stralsund
110 373	Stralsund	08.09.78 – 18.10.78	Pasewalk
110 373	Pasewalk	09.12.78 – 29.05.80	Pasewalk[3]
110 391	Stralsund	06.11.86 – 10.04.89	W-P-S Guben
110 391	W-P-S Guben	27.04.89 – 09.11.89	Heringsdorf

1) a 01.07.92 2) Umbau 21.09.84 3) Umbau 29.05.80 umb = Umbau

Bw Eberswalde (II)

Lok-Nr.	vom Bw	beheimatet von – bis	zum Bw
110 391	Heringsdorf	22.02.90 – 22.03.90	Neubrandenburg
110 392	Neuanlieferung	31.07.71 – 17.10.78	Neubrandenburg
110 392	Neubrandenburg	25.11.78 – 31.10.86	umb in 112 392
110 404	Neuanlieferung	05.12.71 – 30.06.76	Pasewalk
110 404	Pasewalk	28.07.76 – 05.07.84	umb in 112 404
110 416	Heringsdorf	14.12.78 – 21.09.81	Angermünde
110 461	Pasewalk	19.10.78 – 06.12.78	Pasewalk
110 462	Frankfurt (O)	26.05.72 – 20.01.84	umb in 112 462
110 464	Neubrandenburg	06.03.82 – 19.05.82	Frankfurt (O)
110 469	Neubrandenburg	27.10.82 – 26.02.85	umb in 114 469
110 470	Neubrandenburg	17.10.78 – 01.12.78	Neubrandenburg
110 608	Salzwedel	16.05.84 – 31.05.88	Stralsund
110 704	Stralsund	01.01.88 – 07.01.88	Pasewalk
201 759	Neuruppin	23.01.92 – 22.09.92	Neustrelitz
110 772	Neuanlieferung	07.02.75 – 07.07.88	Berlin-Pankow
110 772	Berlin-Pankow	06.08.88 – 08.08.88	Angermünde
110 798	Neubrandenburg	22.12.82 – 25.01.88	Mukran
110 798	Mukran	19.03.88 – 31.05.88	Stralsund
110 813	Neubrandenburg	31.01.84 – 27.05.88	Karl-Marx-Stadt
110 815	Neubrandenburg	01.06.83 – 05.10.88	Angermünde
110 815	Angermünde	02.06.89 – 27.11.89	Stralsund
110 836	Neustrelitz	01.11.87 – 31.10.88	umb in 112 836
110 966	Neuanlieferung	17.06.83 – 01.10.84	ums Gerät Obw Ebw
110 968	Neustrelitz	13.06.85 – 30.05.86	ums Gerät Obw Bütz
202 275	Pasewalk	19.08.92 – 13.01.93	Stralsund
112 347	Pasewalk	28.05.88 – 30.11.93	Angermünde
112 360	Stralsund	03.06.88 – 30.11.93	Angermünde
112 365	Pasewalk	06.10.88 – 30.11.93	Angermünde
112 388	Neubrandenburg	28.05.88 – 30.11.93	Angermünde
112 447	Stralsund	03.06.88 – 30.11.93	Angermünde
112 545	Pasewalk	20.05.88 – 30.11.93	Angermünde
202 797	Hagenow-Land	07.04.93 – 30.11.93	Angermünde

W-P-S Guben = W.-Pieck-Stadt Guben Obw = Oberbauwerk Ebw = Eberswalde
Bütz = Bützow

△ **Bild 301** • Hier geht der Blick im September 1975 auf das Vorfeld des Lokschuppens vom Bw Seebad Heringsdorf. Links im Hintergrund befindet sich der Bahnhof Heringsdorf. Das Bw-Gelände war „eingekeilt" von den Strecken nach Zinnowitz (– Wolgaster Fähre) links des Schuppens und nach Seebad Ahlbeck rechts des Schuppens. Die **110 380** war übrigens eine richtige „Insulanerin": Von April 1974 bis zum Sommer 2019 blieb sie Heringsdorf treu. Aufnahme: Berthold Pruschinsky, Sammlung Jörg Leuthardt

6.3 Bw Seebad Heringsdorf

Heringsdorf – offiziell Ostseebad Heringsdorf – ist eine Gemeinde auf der Insel Usedom und zählt neben Ahlbeck und Bansin zu den dortigen drei „Kaiserbädern". Das Bahnbetriebswerk Heringsdorf war das kleinste eigenständige Bw bei der Deutschen Reichsbahn in der DDR und ging aus einer 1894 errichteten Lokstation hervor. Die dort beheimateten Lokomotiven trugen sogar auf den Bw-Schildern die Aufschrift „Bw Seebad Heringsdorf".

Der Eisenbahnbetrieb auf der Insel Usedom hatte durch den Zweiten Weltkrieg seine Anschlüsse zum Festland verloren. Erst im Jahr 2000 wurde mit dem Bau einer neuen Klappbrücke in Wolgast wieder eine „feste" Gleisverbindung hergestellt. Bis dahin gab es einen wahren „Inselbetrieb", denn alle Eisenbahnfahrzeuge mussten, wenn sie z. B. für Reparaturen oder Hauptuntersuchungen ins Raw sollten, per Fähre trajektiert werden, was den Betrieb auf Usedom sehr kostenintensiv machte. Auch die Reisenden auf und von der Insel hatten jedes Mal einen Weg von knapp einem Kilometer zwischen Wolgast Hafen (Stadt) und Wolgaster Fähre über die Straßenbrücke zurückzulegen.

Das Bw Heringsdorf erlangte bei den Eisenbahnfreunden eine gewisse Berühmtheit, als dort ab Ende der sechziger Jahre Dampflokomotiven der Baureihe 86 beheimatet wurden, die, der ständigen Seewinde wegen, mit Witte-Windleitblechen ausgerüstet waren. Diese sollten den Abdampf der Loks insofern ablenken, dass er nicht ständig die Streckensicht einschränkte.

Im Januar 1972 traf als erste 110 die 110 419 fabrikneu auf der Insel Usedom ein. Zu diesem Zeitpunkt waren im Bw Heringsdorf neun Maschinen der Baureihe 86, zwei der Baureihe 102 (ex V 23) und eine Lok der Baureihe 103 (ex V 36) beheimatet. Zum Bestand der Dienststelle gehörten zudem noch fünf Beiwagen, die hinter den Kleindiesellok auf der Strecke Zinnowitz – Peenemünde, der ehemaligen Werkbahn zur dortigen Heeresversuchsanstalt, zum Einsatz kamen.

Die 110 419 blieb bis Frühjahr 1974 eine Einzelgängerin und leistete ihre Dienste mit im Umlaufplan der Baureihe 86 vor

△ **Bild 302** • Bekanntlich war das Angebot an Fernreisen für die Staatsbürger der DDR nur sehr begrenzt. Entsprechend verbrachten die Werktätigen ihren Urlaub mehrheitlich im eigenen Land, und die Ostseeküste galt dabei als eines der Lieblingsziele. Entsprechend lang waren dort die Züge in der Hauptsaison, wenn in der DDR die Schulferien anstanden. Im August 1989 fährt **110 380** mit einem Personenzug aus Richtung Heringsdorf kommend in Zinnowitz ein. Aufnahme: Dr. Winfried König

△ **Bild 303** • Dem Festland so nah … Am 17. Juli 1992 hat **201 026** des Bw Seebad Heringsdorf mit einem Personenzug nach Seebad Ahlbeck den Bahnhof Wolgaster Fähre verlassen und strebt dem ersten Halt in Bannemin-Mölschow entgegen. Im Hintergrund die Stadtkulisse von Wolgast mit der Petrikirche im Zentrum. Aufnahme: Gero Istel

Personenzügen auf der Relation Wolgaster Fähre – Seebad Ahlbeck. Im April und Mai 1974 kamen weitere 110 zum Bw Seebad Heringsdorf (in der Reihenfolge ihres Eintreffens):

- 110 380 am 4. April aus Angermünde,
- 110 339 und 110 416 am 16. Mai vom Bw Neustrelitz,
- 110 475 am 24. Mai vom Bw Pasewalk.

Mit den nun vorhandenen fünf Loks der Baureihe 110 fand bis zum Ende des Winterfahrplans 1974/75 im Mai die Übernahme aller Leistungen der Baureihe 86 statt. Bis Herbst 1975 wurden auch die beiden 102 mit ihren Beiwagen auf der Strecke Zinnowitz – Peenemünde abgelöst. Der Bestand an 110 betrug ab 1981 im Jahresdurchschnitt acht Maschinen, für die es einen Sechs-Tage-Umlaufplan gab. Aufgrund des Inselbetriebes blieb dieser Plan über Jahre unverändert.

Zum 1. September 1992 wurde das Bw Heringsdorf zu einer Außenstelle des Bw Stralsund degradiert. Entsprechend wechselte der Heringsdorfer Lokbestand buchmäßig zum Bw Stralsund. Bis zum Eintreffen der LVT der Baureihe 771 im Jahr 1993 blieben die Einsätze der nunmehrigen Baureihe 201 allerdings unverändert.

Ab 1994 übernahmen die modernisierten „Ferkeltaxen" dann komplett den Personenverkehr auf Usedom. Lediglich 201 380 und 201 792 blieben noch bis Sommer 2019 auf der Insel stehen. Die 201 380 war damit insgesamt 45 Jahre auf Usedom!

Bild 304 ▷ An ihrem Heimat-Bw vorbeifahrend ist die Heringsdorfer **201 035** am 17. August 1992 mit einem Personenzug unterwegs nach Seebad Ahlbeck. Auf dem Bw-Gelände sind bereits die ersten nicht mehr benötigten 201 abgestellt. An erster Stelle ist 201 001[II] zu erkennen. Die Strecke nach Zinnowitz bzw. Wolgaster Fähre führt übrigens links neben dem Bw entlang.

Aufnahme: Henning Folz

Bw Seebad Heringsdorf			
Lok-Nr.	**vom Bw**	**beheimatet von – bis**	**zum Bw**
110 001II	Neustrelitz	16.10.90 – 31.08.92	Stralsund
110 026	Stralsund	01.06.90 – 31.08.92	Stralsund
110 035	Wittenberge	27.10.90 – 31.08.92	Stralsund
110 112	Pasewalk	30.09.79 – 11.08.80	Pasewalk
110 126	Neustrelitz	27.10.90 – 31.08.92	Stralsund
110 215	Eberswalde	25.04.87 – 24.10.90	Neustrelitz
110 221	Neustrelitz	23.10.90 – 31.08.92	Stralsund
110 272	Angermünde	16.06.81 – 04.12.82	umb in 112 272
110 339	Neustrelitz	16.05.74 – 12.12.79	Neubrandenburg
110 339	Neubrandenburg	30.05.80 – 28.11.85	Pasewalk
110 339	Pasewalk	08.04.86 – 27.11.87	Pasewalk
110 339	Stralsund	07.12.88 – 25.10.90	Neustrelitz
110 343	Magdeburg	01.09.80 – 10.12.90	Neustrelitz
110 362	Eberswalde	12.12.78 – 02.12.79	Stralsund
110 365	Güsten	01.09.80 – 09.10.83	umb in 112 365
110 380	Angermünde	04.04.74 – 31.08.92	Stralsund
110 385	Stralsund	05.10.79 – 22.02.82	Stralsund
110 385	Neubrandenburg	22.04.82 – 27.09.85	umb in 112 385
110 391	Eberswalde	10.11.89 – 21.02.90	Eberswalde
110 416	Neustrelitz	16.05.74 – 13.12.78	Eberswalde
110 419	Neuanlieferung	04.01.72 – 19.11.79	Pasewalk
110 419	Pasewalk	09.07.80 – 18.12.86	Haldensleben
110 444	Neustrelitz	22.07.76 – 30.06.77	Neustrelitz
110 444	Neustrelitz	16.07.77 – 17.09.80	Haldensleben, umb 17.09.80
110 446	Pasewalk	17.10.74 – 04.10.77	Neustrelitz
110 446	Neubrandenburg	21.04.78 – 26.09.80	Haldensleben, umb 26.09.80
110 475	Pasewalk	24.05.74 – 28.12.82	Pasewalk
110 475	Pasewalk	14.05.83 – 30.07.86	umb in 112 475
110 510	Pasewalk	13.10.83 – 17.07.87	Stralsund
110 557	Stralsund	31.10.86 – 13.11.90	Wittenberge
110 584	Angermünde	19.11.87 – 29.12.89	umb in 114 584
110 669	Cottbus	23.12.88 – 12.11.90	Neustrelitz
110 783	Stralsund	09.10.85 – 28.12.88	umb in 112 783
110 792	Stralsund	01.08.86 – 31.08.92	Stralsund
110 798	Stralsund	21.12.89 – 12.04.90	Neustrelitz
110 864	Neustrelitz	24.09.82 – 28.02.85	Pasewalk
110 864	Pasewalk	13.04.85 – 27.12.88	Angermünde
110 864	Angermünde	08.05.90 – 31.08.92	Stralsund

umb = Umbau

6.4 Bw Fährhafen Mukran

Für zwei Monate weilte 110 798 im Frühjahr 1988 im Bw Fährhafen Mukran. Sie kam am 26. Januar vom Bw Eberswalde und kehrte am 18. März wieder dorthin zurück. Es ist davon auszugehen, dass die Lok versuchsweise im Rangierdienst mit den in Mukran beheimateten Loks der Baureihe 106 eingesetzt wurde.

6.5 Bw Neubrandenburg

Neubrandenburg – aufgrund seiner vier erhaltenen Stadttore aus dem Mittelalter auch als „Vier-Tore-Stadt“ bezeichnet – liegt im Südosten Mecklenburg-Vorpommerns am nördlichen Ende des Tollensees. Die Bahnstation ist ein bedeutender Knotenpunkt in dieser Region, treffen doch hier die Strecken aus Stralsund (über Demmin), Neustrelitz, Pasewalk und Rostock/Güstrow (über Malchin) zusammen. Zudem zweigt in nordöstlicher Richtung noch die Nebenbahn nach Friedland (Meckl) ab, auf der allerdings der Personenverkehr im Jahr 1994 eingestellt wurde.

Im Mai und Juni 1972 bekam das Bw Neubrandenburg insgesamt acht 110 zugewiesen, davon sieben Maschinen fabrikneu aus dem LEW Hennigsdorf, die in folgender Reihenfolge eintrafen:

- 110 464 (Bw Bln Ostbahnhof), 110 467, 468, 469, 470 und 478 am 24. Mai,

△ **Bild 305** • Am 12. Oktober 1974 entstand diese Aufnahme der Neubrandenburger **110 464** im Gleisvorfeld des Bahnhofs Stralsund. Aufnahme: Detlef Winkler

- 110 492 am 14. Juni,
- 110 490 am 28. Juni.

Zu diesem Zeitpunkt waren im hiesigen Bw jeweils zehn Loks der Baureihen 35^{10} und 41 sowie fünf der Baureihe 52 für den Streckendienst beheimatet.

Von den neu eingetroffenen Diesellokomotiven der Baureihe 110 wurden sechs Exemplare vor Personenzügen nach Oranienburg, Stralsund und Pasewalk eingesetzt. Sie lösten dabei in den Dienstplänen 41 und 42 schrittweise die Dampfloks der Baureihe 35^{10} ab. Im Sommerfahrplan 1973 sahen diese beiden Umlaufpläne (je für 3 × Baureihe 110) wie folgt aus:

Dienstplan 41

Tag 1

P 8140	Neubrandenburg – Neustrelitz
P 4151	Neustrelitz – Oranienburg
P 4132	Oranienburg – Neubrandenburg
P 7289	Neubrandenburg – Pasewalk
P 7288	Pasewalk – Neubrandenburg
P 7295	Neubrandenburg – Pasewalk
P 3208	Pasewalk – Neubrandenburg
P 7108	Neubrandenburg – Stralsund

Tag 2

P 8121	Stralsund – Demmin
P 7103	Demmin – Neustrelitz
P 4155	Neustrelitz – Oranienburg
P 4136	Oranienburg – Stralsund
P 7109	Stralsund – Neustrelitz

Tag 3 (Einzelumlauf)

Dg 53581	Malchin – Neubrandenburg
P 7101	Neubrandenb. – Fürstenberg (H)
P 4153	Fürstenberg (H) – Oranienburg
P 4134	Oranienburg – Stralsund
P 7107	Stralsund – Neustrelitz
P 14810	Neustrelitz – Neubrandenburg
Dg 53588	Neubrandenburg – Malchin

△ **Bild 306** • Unweit der Ortslage Drewin war **110 813** des Bw Neubrandenburg am 22. Juli 1977 unterwegs zwischen Neustrelitz und Fürstenberg (Havel). Aufnahme: Axel Mehnert, Sammlung Andreas Stange

Dienstplan 42

Tag 1

Ce 46551[1)]	Neubrandenburg – Eberswalde
Ce 46552[1)]	Eberswalde – Neubrandenburg
Ce 46571[2)]	Neubrandenburg – Stendal
Ce 46750[2)]	Stendal – Neubrandenburg
E 428	Neubrandenburg – Bützow
Lz	Bützow – Güstrow
P 3217	Güstrow – Neubrandenburg

[1)] verkehrte nur Di/Do (Lok Tag 1 war Zuglok)

[2)] verkehrte nur Mo/Mi/Sa (Lok Tag 1 war Zuglok)

Tag 2

Ce 46551[3)]	Neubrandenburg – Eberswalde
Ce 46552[3)]	Eberswalde – Neubrandenburg
Ce 46571[4)]	Neubrandenburg – Stendal
Ce 46750[4)]	Stendal – Neubrandenburg
P 4135	Neubrandenburg – Oranienburg
P 4158	Oranienburg – Neubrandenburg

[3)] verkehrte nur Di/Do (Lok Tag 2 Vorspann)

[4)] verkehrte nur Mo/Mi/Sa (Lok Tag 2 Vorspann)

Tag 3

Dg 46961*	Neubrandenburg – Neustrelitz
P 7102	Neustrelitz – Stralsund
P 4133	Stralsund – Oranienburg
P 4156	Oranienburg – Neubrandenburg
P 8149	Neubrandenburg – Neustrelitz
P 8146	Neustrelitz – Neubrandenburg

* Schlusslok

Ab Winterfahrplan 1973/74 fuhr der Containerzug nach Eberswalde nur noch mit einer 110.

Im Verlauf des Jahres 1975 wurde der 110-Bestand in Neubrandenburg auf 13 Loks aufgestockt, in den Folgejahren pegelte er sich bei durchschnittlich 15 Maschinen ein. Bestand zum 1. Januar 1976:

110 464	467	468	469	470
478	490	492	648	766
798	806	813		

Bild 307 ▷ Am 8. Oktober 1989 steht **112 275** vor dem heimatlichen Lokschuppen im Bw Neubrandenburg.

Aufnahme: Reinhard Lehmann

◁ **Bild 308**
112 388 gehörte gerade einmal einen Monat zum Bestand des Bw Neubrandenburg. Sie kam am 27. April jenes Jahres vom Bw Pasewalk und wechselte am 27. Mai zum Bw Eberswalde. Kurz bevor die Beheimatungsschilder „Bw Neubrandenburg" wieder von der Lok abgeschraubt wurden, entstand am 25. Mai 1988 diese Aufnahme der 112 388 bei der Einfahrt in den zwischen Neubrandenburg und Demmin liegenden Bahnhof Sternfeld.

Aufnahme: Andreas Stange

Ab dem Sommerfahrplan 1976 gab es neun Umlauftage für die Neubrandenburger 110er. Neue Leistungen waren Reise- und Nahgüterzüge nach Friedland (Meckl), was der Ablösung der bis dato auf dieser Strecke eingesetzten Dampfloks der Baureihe 52 diente, sowie das Gex-Paar 2653/2652 nach Berlin-Lichtenberg.

Im Sommerfahrplan 1978 setzte das Bw Neubrandenburg planmäßig elf 110 ein, wobei diese Loks Güterzugleistungen von der Baureihe 41 nach Pasewalk und von Neustrelitz nach Stralsund übernahmen. Ab 1979 kam ein weiterer Einsatztag und damit ein neuer Wendebahnhof hinzu: Saßnitz.

Im Winter 1979/1980 setzten die Technologen des Bw Neubrandenburg im Plan 41 drei, im Plan 42 sechs, im Plan 45 zwei und im Plan 46 eine 110 ein. Der Dienstplan 41 umfasste u. a. das Zugpaar E 426/421 nach Bützow und Personenzüge nach Oranienburg. Im Plan 42 kamen die darin eingesetzten 110 vor Personenzügen zwischen Oranienburg und Stralsund zum Einsatz, zudem bespannten die Loks den P 3161 (Stralsund – Rostock), anschließend den E 427 (Rostock – Güstrow – Neubrandenburg – Pasewalk) und am nächsten Morgen den E 420 auf derselben Relation wieder zurück nach Rostock. Montags, mittwochs, donnerstags und samstags beförderte eine 110 den Ce 46571/46750 nach Stendal, dienstags und freitags den Ce 46551/46552 nach Eberswalde. Montags, mittwochs und freitags stand im Dienstplan 42 auch das Zugpaar Ce 46556/46557 nach Saßnitz im Programm. Mit dem P 7285/17157 kam eine 110 bis Ueckermünde, weitere Leistungen waren der Gex 2653/2652 nach Berlin-Lichtenberg bzw. Ostbahnhof sowie den Gex 2819/2728 nach Berlin Ostbahnhof.

Im Dienstplan 45 wurden der Tde 44961 nach Neustrelitz und der Dg 53522 nach Stralsund (mit Vorspannlok) bespannt, anschließend ging es mit Personenzugleistungen weiter. Demgegenüber war der Dienstplan 46, in dem ausschließlich auf der knapp 26 km langen Strecke Neubrandenburg – Friedland (Meckl) mit Pmg und Personenzügen gependelt wurde, fast schon langweilig …

Bereits im Jahr 1980 ging die Bespannung der Containerzüge an die Baureihe 118 über, dafür erhielten die 110 weitere Güterzugleistungen zwischen Neustrelitz und Stralsund.

Am 1. März 1982 erhielt das Bw Neubrandenburg mit 112 537 seine erste 112 zugewiesen. Die Lok kam direkt vom Umbau im Raw Stendal. Im weiteren Verlauf des Jahres trafen noch 112 490 (am 23.07. aus Raw Stendal), 112 370 (21.10. aus Raw Stendal), 112 325 (am 01.12. vom Bw Stralsund) und 112 273 (am 05.12. aus Raw Stendal) in Neubrandenburg ein. 112 325, 370 und 490 waren bereits vor ihrem Umbau als 110 im hiesigen Bahnbetriebswerk beheimatet.

Im Jahr 1983 änderten sich die zu fahrenden Leistungen der 110 bzw. 112 insofern, dass die Bespannungsaufgaben in Richtung Oranienburg bereits in Neustrelitz endeten. Ansonsten hatten die Loks ihre festen Umläufe im Reise- und Güterverkehr zwischen Pasewalk und Bützow sowie nach Friedland (Meckl). Zunehmend übernahmen die 112 die gesamten Umläufe, so dass die 110er vermehrt an andere Bahnbetriebswerke abgegeben wurden. Entsprechend reduzierte sich der Bestand derart, dass zum Stichtag 1. Januar im Jahr 1984 noch fünf 110 (110 470, 648, 766, 806 und 813) in Neubrandenburg beheimatet waren, allerdings schon ein Jahr später nur noch eine: 110 806. Nachdem diese Lok am 15. Juni 1985 zum Bw Neustrelitz abgegeben wurde, war das Bw Neubrandenburg erstmals seit der Beheimatung dieser Baureihe „110 frei". Wenn auch nur kurz, denn am 26. November jenes Jahres kam 110 357 vom Bw Stralsund nach Neubrandenburg. Doch sie blieb nur bis zum 22. Mai 1986 und wechselte dann zum Bw Güsten.

Nach Gastspielen von 110 062 (30.01. bis 15.05.) und 110 846 (30.06. bis 28.09.) im Jahr 1987 endete für einen längeren Zeitraum die Einsatzgeschichte der Baureihe 110 im Bw Neubrandenburg. Erst im Jahr 1990 schlugen 110 094 und 110 391 (beide vom Bw Eberswalde kommend) noch einmal ein (kurzes) Kapitel der 110 in Neubrandenburg auf.

Mit dem Einbruch des Güterverkehrs ab 1990 und der Ausdünnung der Fahrpläne im Reiseverkehr verlor auch das Bw Neubrandenburg zunehmend seine Leistungen. Die beiden im März 1990 nach Neubrandenburg umbeheimateten 110 kamen gar nicht mehr richtig „ins Rennen" und wurden im April 1991 (110 391) bzw. im Mai 1992 (110 094) abgegeben.

Zum 31. Dezember 1992 befanden sich noch folgende vier 202 im Bestand des Bw Neubrandenburg:

202 272	460	462	648

Hinzu kamen vier Vertreterinnen der Baureihe 298 (298 054, 110, 306 und 308).

Während die Loks der Baureihe 298 Verwendung im verbliebenen Güterverkehr fanden, teilten sich die 202 die Aufgaben im Reisezugverkehr. Doch mit der zunehmenden Elektrifizierung reduzierten sich auch die Aufgabenfelder der Dieselloks. Am 18. Mai 1993 wurde der elektrische Betrieb zwischen Neustrelitz und Neubrandenburg aufgenommen, am 29. Mai 1994 auch auf der Verbindung Neubrandenburg – Demmin – Stralsund.

Damit war gleichsam das Schicksal des Bw Neubrandenburg – seit 1. Januar 1994 offiziell ein Betriebshof – besiegelt. Zum 1. Juni 1994 wurde es zu einer Einsatzstelle des Bh Neustrelitz. Entsprechend wechselte auch der Neubrandenburger Lokbestand nach Neustrelitz. Die letzten 202 und 298 waren:

202 272 338 373 497 648
298 308

△ **Bild 309** • Schnellzugehren für **112 275** des Bw Neubrandenburg? Nicht ganz. Am 31. März 1990 steht sie mit dem P 7288 nach Neubrandenburg im Bahnhof Pasewalk. Der Zug fuhr von Neubrandenburg aus weiter mit der 112 als E 426 nach Bützow. Die Hinleistung war E 421/P 7287. AUFNAHME: ANDREAS STANGE

Bw Neubrandenburg (I)

Lok-Nr.	vom Bw	beheimatet von – bis	zum Bw
110 062	Eberswalde	30.01.87 – 15.05.87	Neustrelitz
110 074	Stendal	05.09.78 – 23.10.78	Frankfurt (0)
110 094	Eberswalde	23.03.90 – 30.05.92	Neustrelitz
110 097	Neustrelitz	27.02.77 – 20.05.77	Neustrelitz
110 099	Pasewalk	20.09.79 – 09.09.81	Pasewalk
110 099	Pasewalk	18.09.82 – 04.10.82	Pasewalk
110 128	Berlin-Pankow	24.01.84 – 06.02.84	Güsten
110 272	Stralsund	25.10.80 – 15.12.80	Angermünde
110 275	Pasewalk	17.10.79 – 22.12.79	Pasewalk
110 325	Eberswalde	25.09.76 – 04.11.76	Eberswalde
110 325	Eberswalde	24.11.79 – 12.03.80	Eberswalde
110 339	Heringsdorf	13.12.79 – 29.05.80	Heringsdorf
110 357	Stralsund	26.11.85 – 22.05.86	Güsten
110 370	Stralsund	12.11.81 – 21.04.82	Stralsund *
110 385	Stralsund	27.03.82 – 21.04.82	Heringsdorf
110 391	Eberswalde	23.03.90 – 24.04.91	Stralsund
110 392	Eberswalde	18.10.78 – 24.11.78	Eberswalde
110 439	Stendal	19.08.80 – 28.12.82	Stralsund
110 446	Neustrelitz	13.11.77 – 20.04.78	Heringsdorf
110 464	Berlin Ostbahnhof	24.05.72 – 24.09.81	Berlin-Schöneweide
110 464	Neustrelitz	17.12.81 – 05.03.82	Eberswalde
110 467	Neuanlieferung	24.05.72 – 31.12.83	Pasewalk
110 468	Neuanlieferung	24.05.72 – 15.08.83	umb in 112 468
110 469	Neuanlieferung	24.05.72 – 30.06.76	Stralsund
110 469	Stralsund	27.07.76 – 26.10.82	Eberswalde
110 470	Neuanlieferung	24.05.72 – 16.10.78	Eberswalde[1]
110 470	Eberswalde	02.12.78 – 26.04.84	umb in 112 470
110 478	Neuanlieferung	24.05.72 – 14.08.80	Haldensleben[2]
110 490	Neuanlieferung	28.06.72 – 22.07.82	umb in 112 490
110 492	Neuanlieferung	14.06.72 – 24.09.81	Berlin-Schöneweide
110 492	Bln-Schöneweide	16.12.81 – 21.01.82	Angermünde
110 510	Stralsund	26.09.76 – 07.07.83	Pasewalk
110 545	Neustrelitz	21.11.73 – 18.02.75	Neustrelitz
110 545	Neustrelitz	22.09.77 – 04.05.81	umb in 112 545
110 643	Schwerin	25.01.79 – 25.05.79	Güsten
110 648	Neuanlieferung	21.02.74 – 02.02.84	Angermünde

* Lok war während der Beheimatung kurzzeitig in einem anderen Bw.
umb = Umbau [1] Lok war von Oktober 1972 bis 1974 z-gestellt [2] Umbau 14.08.80

Bw Neubrandenburg (II)

Lok-Nr.	vom Bw	beheimatet von – bis	zum Bw
110 766	Neuanlieferung	21.01.75 – 09.04.84	Angermünde
110 792	Pasewalk	19.05.81 – 08.10.81	Pasewalk
110 798	Neuanlieferung	01.06.75 – 11.02.82	Neustrelitz
110 798	Neustrelitz	23.05.82 – 27.06.82	Pasewalk
110 798	Pasewalk	05.10.82 – 21.12.82	Eberswalde
110 806	Neuanlieferung	26.06.75 – 10.06.85	Neustrelitz
110 813	Neuanlieferung	11.07.75 – 30.01.84	Eberswalde
110 815	Schwerin	05.05.82 – 31.05.83	Eberswalde
110 846	Stralsund	30.06.87 – 28.09.87	Stralsund
110 865	Berlin-Pankow	24.01.84 – 05.02.84	Güsten
112 209	Stralsund	05.08.88 – 10.11.88	Stralsund
112 272	aus Umbau	05.12.82 – 28.05.94	Neustrelitz
112 275	aus Umbau	08.01.83 – 01.12.88	Pasewalk *
112 275	Pasewalk	21.12.88 – 29.05.92	Pasewalk
112 276	Blankenburg	01.07.85 – 07.11.87	Stralsund
112 325	Stralsund	01.12.82 – 29.05.92	Pasewalk
112 333	Stralsund	26.11.85 – 12.01.86	Stralsund
202 338	Wittenberge	02.06.93 – 28.05.94	Neustrelitz
112 370	aus Umbau	21.10.82 – 12.09.84	Stralsund
202 373	Pasewalk	24.05.93 – 28.05.94	Neustrelitz
112 388	Pasewalk	27.04.88 – 27.05.88	Eberswalde
112 417	Pasewalk	08.06.89 – 06.12.89	Pasewalk
112 460	Stralsund	30.01.91 – 06.01.93	Neuruppin
112 462	aus Umbau	21.01.84 – 07.01.93	Neuruppin
112 463	aus Umbau	29.12.83 – 22.11.85	z, a 23.11.85 unf
112 468	aus Umbau	16.08.83 – 22.11.85	z, a 23.11.85 unf
112 490	aus Umbau	23.07.82 – 22.07.85	Haldensleben
202 497	Frankfurt (0)	15.01.94 – 28.05.94	Neustrelitz
112 537	aus Umbau	01.03.82 – 04.05.82	Wismar
112 545	Pasewalk	06.03.87 – 23.03.87	Pasewalk
112 648	Stendal	06.06.86 – 28.05.94	Neustrelitz
298 054	aus Umbau[3]	12.05.92 – 24.05.93	Stralsund
298 110	aus Umbau[4]	09.05.92 – 24.05.93	Stralsund
298 306	aus Umbau[5]	23.04.92 – 11.01.94	Frankfurt (0)
298 308	aus Umbau[6]	23.04.92 – 28.05.94	Neustrelitz

a = abgestellt unf = Unfall [3] ex 201 054 [4] ex 201 110 [5] ex 293 006 [6] ex 293 008

△ **Bild 310 •** Bis zur Bildung des Groß-Bw Neustrelitz gab es in Waren (Müritz) ein eigenständiges Bahnbetriebswerk, welches ab Oktober 1969 als Betriebsteil des Bw Neustrelitz genutzt wurde. Am 8. November 1988 sonnt sich **110 126** vor dem Warener Lokschuppen. Aufnahme: Hartmut Michler

6.6 Bw Neustrelitz

Neustrelitz liegt zentral in der Mecklenburger Seenplatte am Zierker See und besitzt eine überaus sehenswerte Innenstadt mit zahlreichen historischen Baudenkmälern im Stil des Barock, des Klassizismus sowie der Neugotik. Für die Historiker interessant: Von 1919 bis 1933 war Neustrelitz Landeshauptstadt des Freistaates Mecklenburg-Strelitz.

Für die Eisenbahn ist Neustrelitz ein wichtiger Knotenpunkt, denn hier treffen die Strecken aus Stralsund (über Neubrandenburg), Berlin (über Fürstenberg/Havel), Wittenberge (über Wittstock) und Rostock (über Waren/Müritz) zusammen. In östlicher Richtung zweigte in Neustrelitz Süd noch die 26,5 km lange Nebenbahn nach Feldberg (Meckl) ab, auf der 2000 der planmäßige Betrieb eingestellt wurde.

▽ **Bild 311 • 110 223** gehörte von März 1990 bis Dezember 1991 zum Bestand des Bw Neustrelitz und wurde dann noch zur Baureihe 114 umgebaut. Die Aufnahme zeigt die Lok – mit Lokführer Uhren – am 2. Juli 1988 in Waren (Müritz). Aufnahme: Volker Lucas, Sammlung A. Zika

Bild 312 ▷ Zum Bestand des Bw Neustrelitz gehörten auch zwei 110 mit der Ordnungsnummer 001. Wobei dies nicht richtig ist, denn die erste Lok – V 100 001 – trug nie die Nummer 110 001 … Hier steht **110 001**II am 2. Juni 1985 in Malchin.

Aufnahme: Steffen Henning, Sammlung Andreas Stange

Das Bahnbetriebswerk Neustrelitz wurde am 1. Oktober 1969 durch den Zusammenschluss mit dem Bw Waren (Müritz) zur personalmäßig größten Dienstelle in der Rbd Greifswald. Immerhin standen dort ca. 1.400 Eisenbahner in Lohn und Brot!

Im Bestand des „Groß-Bw“ befanden sich zum Zeitpunkt seiner Bildung folgende Baureihen mit der angegebenen Anzahl der Lokomotiven für den Streckendienst:

7 × Baureihe 52,
3 × Baureihe 64,
11 × Baureihe V 100,
31 × Baureihe V 180,
7 × Baureihe V 200.

Im Bw Neustrelitz wurden bereits ab 1964 mit der Beheimatung der Baureihe V 180 einige Dampflokomotiven in deren Umläufen abgelöst. Bis 1969 waren bis zu 36 V 180 gleichzeitig in Neustrelitz beheimatet, zugleich begann die Zuweisung der Baureihe V 200, was die Dampfloks letztlich entbehrlich machte. Der hohe Bestand an Dieselloks ermöglichte die Abgabe von drei V 180 nach Templin, wo die Maschinen den Güterverkehr übernahmen. Den dortigen Personenverkehr bewältigten Anfang der sechziger Jahre noch Altbau-VT, ab 1964 kamen Neubau-LVT 2.09 aus Bautzen zum Einsatz.

Das „neue“ Bw Neustrelitz gab die Dampflok-Unterhaltung nach Waren (Müritz) ab, da in Neustrelitz selbst die Werkstätten keine Kapazitäten mehr besaßen. Von Waren (Müritz) aus erfolgte auch der Dampflok-Streckeneinsatz, so dass Neustrelitz offiziell dampffrei war.

Als erste V 100 traf am 18. Januar 1968 in Form der Baumusterlok V 100 001 auch wirklich die erste Maschine dieser Baureihe in Neustrelitz ein. Sie diente der Personalschulung. Ihr folgten von Juni bis August 1968:

- V 100 084 und V 100 086 am 30. Juni,
- V 100 087 am 18. Juli,
- V 100 097 am 20. Juli,
- V 100 099 am 31. Juli,
- V 100 098 und V 100 100 am 1. August.

Bild 313 ▷ Die von der Neustrelitzer Einsatzstelle in Templin aus eingesetzten 110 erreichten mit Personenzügen u. a. auch den Bahnhof Eberswalde, wo am 13. September 1985 diese Aufnahme der **110 840** entstandt.

Aufnahme: Andreas Stange

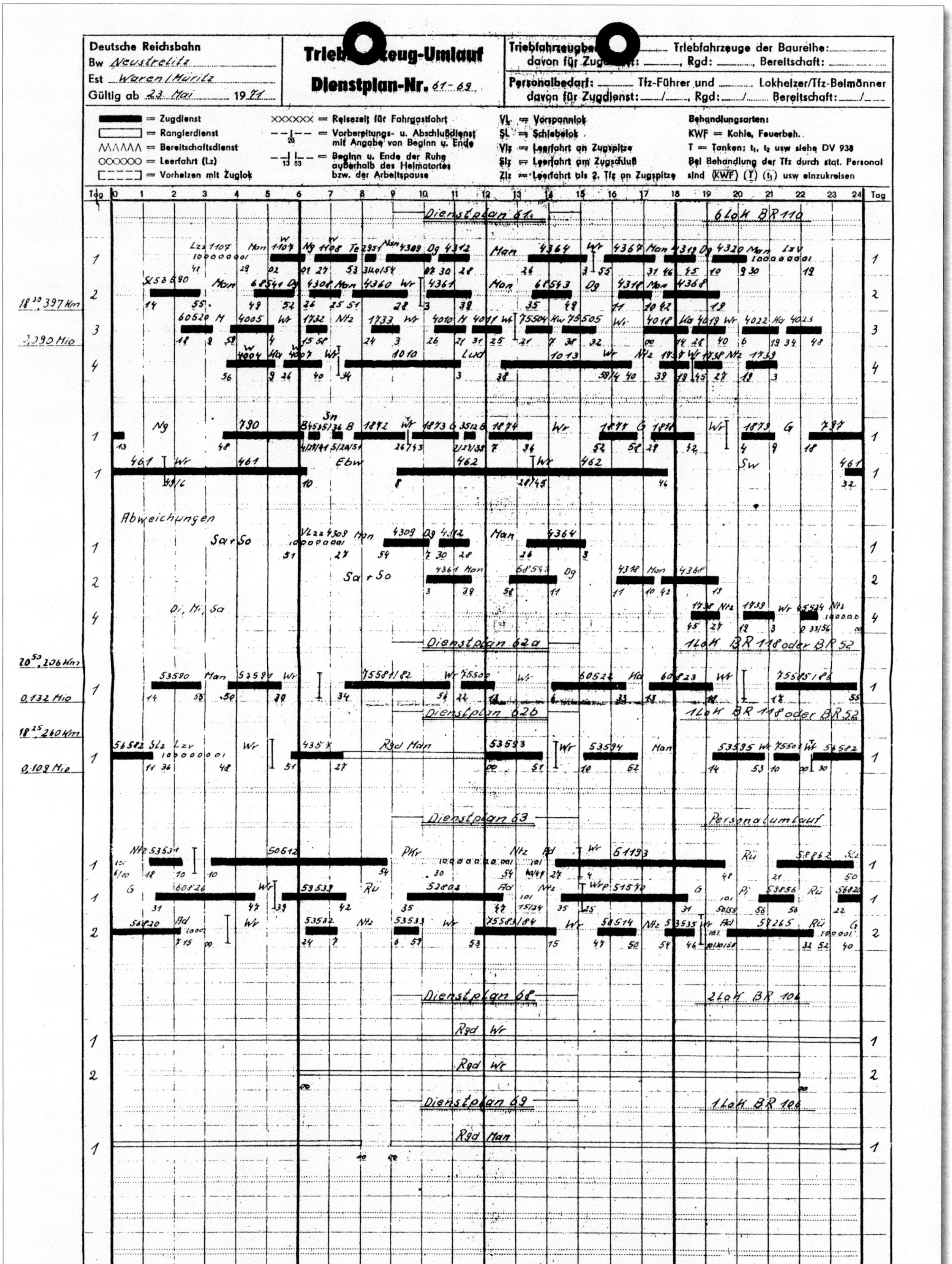

△ **Bild 314** • Umlaufplan des Bw Neustrelitz, gültig ab 23. Mai 1971. Der Dienstplan 61 war für sechs Lokomotiven der Baureihe 110 erstellt worden. Darin kamen die Maschinen vor Reise- und Güterzügen u. a. nach Dargun, Malchin, Neubrandenburg und Karow. Besondere Beachtung sollte der Einzeltag 6 finden, an dem allein das Zugpaar D 461/462 (Eberswalde – Schwerin) für die sowjetischen Streitkräfte befördert wurde. ABBILDUNG: SAMMLUNG ANDREAS STANGE

Bild 315 ▷ Am frühen Abend des 4. November 1987 hat **110 872** des Bw Neustrelitz den P 18137 nach Templin am Haken, mit dem sie im Bahnhof Fürstenberg (Havel) auf die Abfahrtszeit wartet.

Aufnahme: Volker Lucas, Sammlung A. Zika

Die neu zugeteilten V 100 wurden zunächst in der näheren Umgebung eingesetzt, d. h. sie bespannten Reisezüge nach Feldberg (Meckl), Wittstock (Dosse) und Löwenberg (Mark). Gleichzeitig dienten die Loks zur Ausbildung des Fahr- und Werkstattpersonals. Die V 100 001 ging im Herbst 1968 in das Raw Cottbus, wo sie bei einem Großbrand am 19. Dezember jenes Jahres zerstört wurde.

Mit der Zuteilung von V 100 124, 131, 133 und 134 im Juni 1969 an den Betriebsteil des Bw Neustrelitz in Waren (Müritz) wurde dort sukzessive die Baureihe 64 abgelöst. Im November 1969 war diese Ablösung vollzogen und die letzten 64er abgestellt oder an andere Bahnbetriebswerke abgegeben worden.

Anfang 1970 kamen 110 206 (24.01.), 110 223 (01.03.) und die „zweite" 110 001^{II} (11.03.) – ursprünglich als Werklok an den VEB Kali- und Steinsalzwerk Bernburg geliefert – zur Beheimatung ins Bw Neustrelitz. Bemerkenswert: Die 110 206 blieb über 24 Jahre ohne Unterbrechungen – von Raw-Aufenthalten abgesehen – in Neustrelitz beheimatet!

Im Sommer 1970 setzte das Bw Neustrelitz in den Neustrelitzer Umläufen planmäßig drei 110 ein. Eine Lok pendelte ganztägig mit Personenzügen sowie einem Nahgüterzug nach Feldberg (Meckl) und fuhr abends den P 830/831 nach Mirow und zurück. Am zweiten Tag bespannte die 110 den Ng 61517 von Löwenberg (Mark) nach Rheinsberg (Mark), pendelte dann mit zwei Personenzugpaaren zwischen Rheinsberg (Mark) und Herzberg (Mark), rangierte nachmittags im Kernkraftwerk Rheinsberg, um dann als Abschluss den Ng 61518 nach Löwenberg (Mark) zu bringen. Diesen Umlauftag besetzte die Neustrelitzer Personal-Einsatzstelle in Rheinsberg (Mark). Am dritten Tag pendelte die darin eingesetzte 110 mit zwei Güterzugpaaren zwischen Löwenberg (Mark) und Neustrelitz, zwischendurch bespannte sie das Personenzugpaar 1701/1708 (Neustrelitz – Neubrandenburg).

Die von Waren (Müritz) aus eingesetzten 110 erreichten in ihren Umläufen von Anfang der siebziger Jahre bis zur Aufnahme der elektrischen Zugförderung auf der „Lloyd-Bahn" Berlin – Neustrelitz – Rostock (– Warnemünde) im Mai 1985 die Wendebahnhöfe Ludwigslust, Dargun, Neubrandenburg, Schwerin und Güstrow. In diesen Plänen wurden sechs 110 benötigt.

Im Sommer 1971 sah der Dienstplan 61 der Est Waren (Müritz) so aus:

<u>Tag 1</u>

P 1107	Malchin – Neubrandenburg
P 1108	Neubrandenburg – Teterow
P 2951	Teterow – Malchin
P 4309	Malchin – Dargun
P 4312	Dargun – Malchin
P 4364	Malchin – Waren (Müritz)
P 4367	Waren (Müritz) – Malchin
P 4319	Malchin – Dargun
P 4320	Dargun – Malchin

<u>Tag 2</u>

Ng 68541	Malchin – Dargun
P 4308	Dargun – Malchin
P 4360	Malchin – Waren (Müritz)
P 4361	Waren (Müritz) – Malchin
Ng 68543	Malchin – Dargun
P 4318	Dargun – Malchin
P 4368	Malchin – Waren (Müritz)

<u>Tag 3</u>

Ng 60520	Waren (Müritz) – Malchow
P 4005	Malchow – Karow (Meckl)
P 1732	Karow (Meckl) – Neustrelitz
P 1733	Neustrelitz – Waren (Müritz)
P 4010	Waren (Müritz) – Malchow
P 4011	Malchow – Waren (Müritz)
Üg 75504	Waren (Müritz) – Kargow
Üg 75505	Kargow – Waren (Müritz)
P 4018	Waren (M) – Karow (Meckl)
P 4019	Karow (Meckl) – Waren (M)
P 4022	Waren (M) – Karow (Meckl)
P 4023	Karow (Meckl) – Waren (M)

<u>Tag 4</u>

P 4004	Waren (M) – Karow (Meckl)
P 4007	Karow (Meckl) – Waren (M)
P 1010	Waren (Müritz) – Ludwigslust
P 1013	Ludwigslust – Neustrelitz
P 1737	Neustrelitz – Waren (Müritz)
P 1738	Waren (Müritz) – Neustrelitz
P 1739	Neustrelitz – Waren (Müritz)

Die Tage 5 und 6 waren Einzelumläufe.

<u>Tag 5</u>

P 760	Neubrandenburg – Bützow
P 4535	Bützow – Schwerin
P 4536	Schwerin – Bützow
P 1842	Bützow – Waren (Müritz)
P 1873	Waren (Müritz) – Güstrow
P 3512	Güstrow – Bützow
P 1874	Bützow – Waren (Müritz)
P 1877	Waren (Müritz) – Güstrow
P 1878	Güstrow – Waren (Müritz)
P 1879	Waren (Müritz) – Güstrow
P 797	Güstrow – Neubrandenburg

<u>Tag 6</u>

D 461	Schwerin – Eberswalde
D 462	Eberswalde – Schwerin

△ **Bild 316** • Mit einem Personenzug nach Malchin steht **110 223** des Bw Neustrelitz am 6. November 1990 am Kopfbahnsteig in Waren (Müritz). AUFNAHMEN (2): VOLKER LUCAS, SAMMLUNG A. ZIKA

Die Züge D 461/462 waren aus Weitstreckenwagen der Sowjetischen Staatsbahnen gebildet und dienten den Streitkräften der UdSSR. Der Zug war auf dem genannten Abschnitt über acht Stunden (!) unterwegs. In Waren (Müritz) gab es 15 Minuten Aufenthalt für den Personalwechsel und bei Bedarf für einen Lokwechsel.

Von Neustrelitz aus kamen auch 1971 weiter drei 110 zum Einsatz, deren Umläufe im Vergleich zum Vorjahr fast unverändert waren.

Zum 1. Januar 1972 gelangte das bis dato eigenständige Bw Templin zum „Groß-Bw" Neustrelitz dazu. In Templin wurden weiterhin LVT im Reiseverkehr eingesetzt.

Im Sommer 1975 gab es im Bw Neustrelitz selbst weiterhin drei und in Waren (Müritz) acht Umlauftage für die Baureihe 110. Die Pläne waren gegenüber jenen der Jahre 1971/72 fast unverändert. Nur der sowjetische Militärzug war offiziell kein D-Zug mehr, sondern hieß jetzt P 3109/3102.

Ab 1976 bekam auch die Einsatzstelle Templin Lokomotiven der Baureihe 110 zugewiesen. Dort trafen u. a. die fabrikneuen 110 838, 840 und 872 ein und blieben über viele Jahre Stammloks in Templin. Durch die neuen 110 erhöhte sich deren Gesamtbestand im Bw Neustrelitz auf 17 Loks. Die Est Templin setzte davon drei Maschinen ein. Im Sommer 1978 sah der dortige Dienstplan 71.1 wie folgt aus:

Tag 1
Ganztägiger Einsatz vor Personenzügen zwischen Templin und Oranienburg.

Tag 2

P 18100	Templin – Fürstenberg (Havel)
P 18103	Fürstenberg (Havel) – Templin
P 18106	Templin – Fürstenberg (Havel)
P 18109	Fürstenberg (H) – Eberswalde
P 18108	Eberswalde – Fürstenberg (H)
P 18115	Fürstenberg (H) – Eberswalde
P 18997*	Eberswalde – Bad Freienwalde
P 18998*	Bad Freienwalde – Eberswalde
P 18116	Eberswalde – Fürstenberg (H)
P 18119	Fürstenberg (Havel) – Templin

*nur Sa/So

Tag 3

P 8102	Templin – Waren (Müritz)
P 9207	Waren (Müritz) – Neustrelitz
P 9210	Neustrelitz – Waren (Müritz)
P 8105	Waren (Müritz) – Eberswalde
P 18114	Eberswalde – Templin
Üg 76545	Templin – Haßleben
Üg 76546	Haßleben – Templin

▽ **Bild 317** • Mit der zunehmenden Elektrifizierung der Neustrelitz tangierenden Hauptstrecken blieben den 110 und 112 des Bw Neustrelitz nur noch die Einsätze auf den Nebenbahnen. Dazu gehörte auch die Verbindung Teterow – Gnoien, an dessen Endpunkt am 12. Mai 1995 die **202 431** mit einem Personenzug auf Fahrgäste wartet.

Bild 318 ▷
Am 16. August 1992 ist **201 094** des Bw Neustrelitz mit einem Personenzug bei Thurow (Meckl) unterwegs zwischen Neustrelitz und Feldberg (Meckl). Die Lok wurde noch im selben Jahr zur 298 094 umgebaut.

AUFNAHME: HENNING FOLZ

Bild 319 ▷
Die Ortschaft Zirtow liegt an der Strecke Neustrelitz – Mirow. Am 5. Juli 1995 oblag es der **202 580** des Bh Neustrelitz, die Personenzüge auf dieser Relation zu befördern und erreicht mit einem der Züge die Bahnstation Zirtow.

Bild 320 ▷
Zu den Aufgaben der 110 und 112 der Einsatzstelle Templin des Bw Neustrelitz gehörte u. a. auch die Bespannung von Zügen nach Prenzlau. Hier ist **201 038** am 6. Mai 1995 in der Gegenrichtung unterwegs und fährt von Prenzlau kommend in den Bahnhof Prenzlau Vorstadt ein.

AUFNAHMEN (2): DETLEF WINKLER

△ **Bild 321 •** Mit einem Personenzug am Haken steht **202 523** des Bh Neustrelitz am 6. Juni 1995 im Bahnhof Templin. Die Einsatzzeit der Neustrelitzer 201 und 202 neigte sich langsam dem Ende zu. Aufnahme: Detlef Winkler

Im Personenverkehr lösten die 110 die LVT der Baureihe 171/172 ab, die besonders an den Wochenenden das Reisendenaufkommen nicht mehr bewältigen konnten.

Mit der Aufnahme des durchgehenden elektrischen Zugbetriebs auf der Strecke Berlin – Neustrelitz – Güstrow/Rostock (– Warnemünde) im Verlauf des Jahres 1985 reduzierte sich der Einsatzbestand in Waren (Müritz) zunächst auf fünf Loks. Als Folge der Elektrifizierung wurden von Neustrelitz auch fünf Vertreterinnen der Baureihe 130 nach Frankfurt (Oder) und Seddin abgegeben, was wiederum Ersatzlokomotiven erforderte. Diese kamen in Form von 110 084 und 110 126 (beide mit Stufengetriebe) erst im Oktober 1987 aus dem Bw Falkenberg (Elster). In Doppeltraktion wurden diese Loks vor den Übergabezügen nach Möllenhagen zum dortigen Betonwerk (Schwellen) eingesetzt.

Zurück ins Jahr 1985: Da das Güterzugpaar 60522/60823 nach Karow (Meckl) und zurück oftmals eine zweite Maschine benötigte, waren täglich bis zu acht Neustrelitzer 110 im Einsatz. Dazu kam noch die Gestellung von Loks für Arbeitszüge und Sonderleistungen.

Bereits im Zusammenhang mit der Eröffnung des elektrischen Zugbetriebs zwischen Berlin und Neustrelitz im Juni 1984 wurde der Nahgüterzug Neustrelitz – Löwenberg (Mark) mit einer Ellok der Baureihe 211 (bzw. 242) bespannt. Der Rheinsberger Umlauf wechselte 1985 auf eine Lok des Bw Neuruppin. Zwar gehörte die Est Rheinsberg im Sommer 1985 noch zum Bw Neustrelitz, die Lok für die Bedienung des KKW Rheinsberg kam aber bereits mit dem Dg 50865/Ng 61512 von Neuruppin, die Rückleistungen waren der Ng 61511 bzw. der Dg 50564.

Im Jahr 1986 lag der Bestand an Loks der Baureihe 110 im Bw Neustrelitz bei 15 Maschinen, von denen Neustrelitz zwei, Waren (Müritz) fünf und Templin drei Exemplare planmäßig einsetzten. Daran änderte sich bis 1991 nur geringfügig etwas. Dann begannen jedoch erste Rationalisierungsmaßnahmen. Für das Bw Neustrelitz bedeutete dies auch die Übernahme einiger Bw-Bestände, ohne dass sich in diesen Dienststellen erst einmal etwas änderte.

Das Neustrelitzer Bahnbetriebswerk sammelte in den folgenden sieben Jahren zahlreiche Lokomotiven aus der „V 100-Familie“ ein und „bewahrte“ sie auf seinem Gelände bis zur Zerlegung oder der Abgabe in ein „zweites Leben“ (meist über die Firma Alstom in Stendal).

von Bw/Bh	Übernahme am	Bestand Neustrelitz
Wittenberge	01.12.1993	30 × 201 + 14 × 202
Neubrandenburg	29.05.1994	15 × 201 + 12 × 202
Pasewalk	01.03.1997	21 ×202
Stralsund	01.10.1997	25 × 202
Rostock	24.-28.11.1997	48 × 202

Die Einsätze der Baureihe 201 des Betriebshofes Neustrelitz endeten in Templin (Reisezüge) und in Waren (Müritz) – mit 201 123 und 201 215 vor den Schwellenzügen aus Möllenhagen – im Mai 1995. Mit der Einstellung des Reiseverkehrs auf den Relationen Waren (Müritz) – Malchin, Malchin – Dargun und Teterow – Gnoien am 31. Mai 1996 verlor die Est Waren (Müritz) ihre letzten Einsatzstrecken der 202-Umläufe. Den Abschluss des 202-Einsatzes in Waren (Müritz) bildete eine Sonderfahrt nach Dargun am 1. Juni 1996 mit 202 333.

Der planmäßige „V 100“-Einsatz in Neustrelitz endete zum 31. Mai 1998. Bis dato bespannten 202 noch Personenzüge nach Mirow und nach Feldberg (Meckl). Ab dem 1. Juli 1998 fuhren für den Geschäftsbereich (GB) Nahverkehr die Triebwagen der Baureihen 628 und 772 sowie für DB Cargo die Baureihe 298 und 232. Zum Abschied gab es an jenem Tag noch eine „kleine V 100-Parade“ mit 14 Maschinen im Lokschuppen in Neustrelitz.

Die letzten betriebsfähigen 202 wechselten im Mai 1999 nach Rostock (202 722, 726, 817 und 885) sowie nach Görlitz (202 523 und 202 651). Als letzte Neustrelitzer 202 wurde 202 483 am 31. August 1999 z-gestellt.

Eine Abschiedsfahrt für die Baureihe 202 gab es am 13. Mai 1999 mit 202 726 nach Dabel (zwischen Karow/Meckl und Sternberg/Meckl).

Den Übergang zum GB Nahverkehr (01.01.1998) schafften in Neustrelitz nur wenige betriebsfähige 201 bzw. 202, zur DB-Regio AG (01.07.1999) leider keine Lok dieser Baureihen mehr.

In Neustrelitz befanden sich die 201 und 202 nun in langen Reihen abgestellt. Die Maschinen wurden zum Großteil zum 13. März und zum 31. August 1998 ausgemustert und meist vor Ort im Februar 1999 zerlegt. Die Zerlegung der in Templin abgestellten Lokomotiven fand bereits im Juli 1998 statt. Einige 202 wurden verkauft und fahren bei privaten EVU noch heute: 202 325, 326, 388, 483, 547, 569, 737 und 768.

Die letzte „Langlaufleistung“ erbrachte die Neustrelitzer 202 817 mit etwas über 1.000 km, als sie den verunfallten 628/928 633 am 12. Dezember 1995 zur Ausbesserung nach Kassel Rbf (AW) brachte.

Am 3. Dezember 2001 war endgültig Schluss mit der Dienststelle Neustrelitz. Alle noch vorhandenen Fahrzeuge – darunter allerdings keine 201 oder 202 mehr – wechselten nach Rostock.

Bw Neustrelitz (I)

Lok-Nr.	vom Bw	beheimatet von – bis	zum Bw
V100 001	Neuanlieferung	18.01.68 – 06.10.69	z, a 19.12.68
110 001[II]	ums[1)]	11.03.70 – 15.10.90	Heringsdorf
110 011	Bitterfeld	18.11.86 – 09.06.87	Eberswalde
201 016	Güstrow	01.12.93 – 31.12.93	z, zr 10.02.92
201 019	Güstrow	01.12.93 – 31.12.93	z, zr 10.02.92
110 026	Karl-Marx-Stadt	01.12.81 – 23.12.85	Eberswalde
201 038	Schwerin	28.11.94 – 25.10.95	z, a 06.06.95
201 040	Wittenberge	01.12.93 – 03.07.94	z, a 06.06.94
110 043	Karl-Marx-Stadt	15.11.88 – 14.04.94	z, zr 10.02.92
110 062	Saalfeld	29.01.79 – 23.12.83	Eberswalde
110 062	Eberswalde	28.02.84 – 13.01.87	Pasewalk
110 062	Neubrandenburg	16.05.87 – 30.11.88	Eberswalde
110 063	Stralsund	12.01.79 – 23.09.81	Pasewalk
110 075	Stendal	20.05.76 – 16.07.76	Stendal
201 075	Wittenberge	30.11.92 – 06.09.94	z, a 26.05.94
V100 084	Neuanlieferung	30.06.68 – 29.05.70	Pasewalk
110 084	Falkenberg (E)	06.10.87 – 20.07.92	umb in 298 084
V100 086	Neuanlieferung	30.06.68 – 10.02.70	Pasewalk
V100 087	Neuanlieferung	18.07.68 – 27.09.73	Angermünde
110 094	Berlin-Pankow	22.11.82 – 11.02.86	Eberswalde
201 094	Neubrandenburg	31.05.92 – 17.11.92	umb in 298 094
110 095	Reichenbach (V)	17.05.76 – 21.07.76	Reichenbach (V)
201 096	Güstrow	01.12.93 – 31.12.93	z, zr 16.01.93
V100 097	Neuanlieferung	20.07.68 – 26.02.77	Neubrandenburg
110 097	Neubrandenburg	21.05.77 – 28.02.79	Saalfeld
V100 098	Neuanlieferung	01.08.68 – 04.03.85	Eberswalde *
110 098	Eberswalde	23.12.85 – 28.03.89	umb in 112 098
V100 099	Neuanlieferung	31.07.68 – 21.04.70	Pasewalk
V100 100	Neuanlieferung	01.08.68 – 23.01.79	Saalfeld
201 113	Güstrow	01.12.93 – 31.12.93	z, a 05.11.92
110 116	Eberswalde	05.04.83 – 22.04.83	Eberswalde
201 123	Stralsund	07.03.93 – 25.10.95	z, a 02.06.95
V100 124	Neuanlieferung	21.05.69 – 03.06.69	Stralsund
110 125	Eberswalde	30.11.88 – 25.10.95	z, a 29.05.95 unf
110 126	Falkenberg (E)	06.10.87 – 26.10.90	Heringsdorf
110 127	Eberswalde	10.02.86 – 05.10.87	Falkenberg (E)
V100 131	Neuanlieferung	19.06.69 – 12.04.90	verk BKK Cottbus *
V100 133	Neuanlieferung	24.06.69 – 05.10.87	Falkenberg (E)
V100 134	Neuanlieferung	24.06.69 – 31.07.85	Neuruppin[2)]
201 134	Eberswalde	05.03.92 – 27.03.94	z, zr 10/93
110 138	Wittenberg	23.04.88 – 28.02.90	verk BKK Cottbus
201 143	Hagenow Land	11.02.93 – 17.02.93	Stralsund
201 143	Stralsund	01.10.93 – 02.04.95	Rostock
201 158	Hagenow Land	11.02.93 – 25.10.95	z, a 08.06.95
110 206	Neuanlieferung	24.01.70 – 14.04.94	z, zr 10.02.92
201 210	Güstrow	01.12.93 – 31.12.93	z, zr 16.10.92
110 215	Heringsdorf	25.10.90 – 25.10.95	z, a 15.06.95
110 221	Angermünde	15.06.89 – 22.10.90	Heringsdorf
110 223	Neuanlieferung	01.03.70 – 17.12.91	umb in 114 223
110 311	Reichenbach (V)	17.05.76 – 20.07.76	Reichenbach (V)
110 333	Schwerin	05.05.82 – 22.11.84	umb in 112 333
110 339	Neuanlieferung	02.03.71 – 15.05.74	Heringsdorf
110 339	Heringsdorf	26.10.90 – 03.07.94	z, a 06.06.94
110 343	Heringsdorf	11.12.90 – 14.04.94	z, a 16.10.92
201 391	Wittenberge	16.07.93 – 03.07.94	z, a 06.06.94
110 416	Neuanlieferung	29.12.71 – 15.05.74	Heringsdorf
110 429	Leipzig Hbf Süd	18.02.72 – 02.03.72	Angermünde
110 440	Stendal	15.12.87 – 27.03.94	z, zr 16.10.92
110 444	Magdeburg	13.07.76 – 21.07.76	Heringsdorf

1) ex Werklok 1 im VEB Kali- und Steinsalzwerk Saale in Bernburg

2) Lok war von Dezember 1971 bis März 1972 z-gestellt.

ums = Umsetzung umb = Umbau a = abgestellt

zr = Zurückstellung aus Reserve

Bw Neustrelitz (II)

Lok-Nr.	vom Bw	beheimatet von – bis	zum Bw
110 444	Heringsdorf	01.07.77 – 15.07.77	Heringsdorf
110 446	Heringsdorf	05.10.77 – 12.11.77	Neubrandenburg
110 464	Bln-Schöneweide	09.12.81 – 16.12.81	Neubrandenburg
110 465	Leipzig Hbf Süd	20.09.72 – 04.10.72	Jüterbog
110 510	Stralsund	24.04.89 – 15.01.91	Angermünde
110 510	Angermünde	30.01.91 – 31.05.94	Wittenberge
110 525	Neuanlieferung	09.05.73 – 24.10.85	umb in 112 525
110 535	Leipzig Hbf Süd	15.05.73 – 14.06.76	Magdeburg
110 536	Halle P	16.05.73 – 21.03.88	umb in 112 536
110 537	Neuanlieferung	11.05.73 – 28.02.82	umb in 112 537
110 542	Neuanlieferung	31.05.73 – 16.08.84	umb in 112 542
110 545	Neuanlieferung	02.06.73 – 20.11.73	Neubrandenburg
110 545	Neubrandenburg	19.02.75 – 21.09.77	Neubrandenburg
201 557	Wittenberge	29.07.92 – 14.04.94	z, zr 10.02.93
110 608	Stralsund	24.04.89 – 03.07.94	z, a 20.05.94
110 609	Stralsund	08.10.90 – 06.10.92	Neuruppin
201 636	Güstrow	01.12.93 – 31.12.93	z, zr 08.02.93
201 644	Wittenberge	25.02.92 – 17.11.93	Stralsund
201 644	Stralsund	20.12.93 – 25.10.95	z, a 12.06.95
110 669	Heringsdorf	13.11.90 – 25.10.95	z, a 16.06.95
201 704	Wittenberge	01.01.95 – 25.10.95	z, a 06.06.95
110 713	Berlin Ostbahnhof	21.11.82 – 23.08.83	Pasewalk
110 713	Pasewalk	11.09.83 – 14.11.85	Pasewalk
110 713	Pasewalk	05.02.86 – 21.11.86	umb in 112 713
110 750	Stralsund	05.04.83 – 05.05.83	Stralsund
201 755	Hagenow Land	02.11.92 – 14.04.94	z, a 15.03.93
201 759	Eberswalde	23.09.92 – 03.07.94	z, a 06.06.94
110 784	W-P-S Guben	27.05.80 – 17.06.80	W-P-S Guben
110 798	Neubrandenburg	12.02.82 – 22.05.82	Neubrandenburg
110 798	Heringsdorf	13.04.90 – 14.04.94	z, zr 01.02.93
110 806	Neubrandenburg	11.06.85 – 13.10.88	umb in 112 806
201 807	Wittenberge	30.11.92 – 25.10.95	z, a 07.06.95
201 815	Stralsund	17.02.93 – 25.10.95	z, a 20.06.95
110 836	Stralsund	18.11.86 – 31.10.87	Eberswalde
110 838	Neuanlieferung	14.07.76 – 29.10.90	umb in 114 838
110 840	Neuanlieferung	14.07.76 – 14.04.94	z, zr 10.02.93
110 841	Neuanlieferung	14.07.76 – 31.05.84	umb in 112 841
110 850	Aue (Sachs)	01.06.79 – .06.79	Aue (Sachs)
110 864	Pasewalk	25.05.82 – 23.09.82	Heringsdorf
110 872	Neuanlieferung	01.11.76 – 16.01.90	umb in 199 872
110 877	Brandenburg	23.06.84 – 13.12.90	umb in 199 877
110 968	Neuanlieferung	16.06.83 – 12.06.85	Eberswalde
202 136	Rostock	25.11.97 – 29.09.98	z
202 137	Wittenberge	01.12.93 – 29.05.94	Rostock
202 137	Rostock	25.11.97 – 29.03.98	z
202 256	Wittenberge	01.12.93 – 29.05.94	Rostock
202 272	Neubrandenburg	29.05.94 – 29.03.98	z-Park
202 275	Stralsund	01.10.97 – 29.08.98	z-Park
202 296	Güstrow	01.12.93 – 06.05.98	z-Park
202 296	aus z-Park	09.05.98 – 29.08.98	z-Park
202 316	Wittenberge	01.12.93 – 10.08.96	z, a 02.06.96
202 325	Pasewalk	01.03.97 – 29.08.98	z-Park
202 326	Pasewalk	01.03.97 – 31.05.99	z-Park
202 329	Güstrow	01.12.93 – 09.12.93	Rostock
202 329	Rostock	02.02.94 – 29.05.94	Rostock
202 329	Rostock	25.11.97 – 26.06.98	z-Park
202 333	Stralsund	22.09.95 – 29.03.98	z-Park
202 336	Schwerin	23.09.95 – 24.06.96	Rostock
202 336	Rostock	24.11.97 – 29.08.98	z, a 03.11.97
202 338	Neubrandenburg	29.05.94 – 29.05.94	Halle G
202 353	Güstrow	01.12.93 – 29.05.94	Rostock
202 360	Pasewalk	01.03.97 – 26.06.98	z-Park

△ **Bild 322** • Neustrelitz Süd war früher der Ausgangsbahnhof der Strecke nach Feldberg (Meckl), die ihren eigentlichen Beginn – also Strecken-km „0" – erst in Thurow hatte. Bis zur Verstaatlichung der Mecklenburgischen Friedrich-Wilhelm-Eisenbahn Gesellschaft (MFWE) im Jahr 1941 hieß die Station entsprechend Neustrelitz MFWE. Am 31. Oktober 1990 steht **110 206** des Bw Neustrelitz mit einem Personenzug nach Feldberg (Meckl), in dem auch zwei Schüttgutwagen am Ende eingereiht sind, im Südbahnhof zur Abfahrt bereit. Zur Orientierung: Der Neustrelitzer Hauptbahnhof befindet sich unmittelbar hinter dem Empfangsgebäude des Südbahnhofes.

AUFNAHME: ANDREAS STANGE

Bw Neubrandenburg (III)

Lok-Nr.	vom Bw	beheimatet von – bis	zum Bw
202 362	Schwerin	25.11.97 – 26.06.98	z-Park
202 365	Pasewalk	01.03.97 – 29.03.98	z-Park
202 373	Neubrandenburg	29.05.94 – 29.05.94	Halle G
202 388	Pasewalk	01.03.97 – 26.06.98	z-Park
202 408	Stralsund	22.09.95 – 10.08.96	z, a 02.06.96
202 414	Güstrow	01.12.93 – 26.06.98	z-Park
202 415	Pasewalk	29.09.96 – 26.06.98	z-Park
202 431	Güstrow	01.12.93 – 26.06.98	z-Park
202 437	Pasewalk	01.03.97 – 29.03.98	z-Park
202 449	Schwerin	26.11.97 – 29.08.98	z-Park
202 461	Pasewalk	01.03.97 – 29.05.97	z, a 10.04.97
202 462	Schwerin	27.11.97 – 29.03.98	z-Park
202 476	Rostock	25.11.97 – 29.08.98	z-Park
202 483	Pasewalk	29.09.96 – 31.08.99	z-Park
202 489	Schwerin	28.11.97 – 26.06.98	z-Park
202 497	Neubrandenburg	29.05.94 – 31.12.94	Eisenach
202 501	Wittenberge	01.12.93 – 29.05.94	Wittenberge
202 501	Schwerin	27.11.97 – 26.06.98	z-Park
202 511	Stralsund	29.12.93 – 01.06.97	Schwerin
202 511	Schwerin	26.11.97 – 26.06.98	z-Park
202 523	Güstrow	01.12.93 – 01.06.97	Schwerin
202 523	Schwerin	26.11.97 – 29.05.99	Görlitz
202 524	Rostock	26.11.97 – 26.06.98	z-Park
202 532	Pasewalk	15.06.95 – 25.03.96	z, a 20.09.95
112 542	aus Umbau	17.08.84 – 11.12.87	Stendal
202 547	Schwerin	01.01.95 – 29.03.98	z-Park
202 569	Rostock	09.06.95 – 05.06.96	Stralsund
202 569	Rostock	24.11.97 – 29.03.98	z-Park

Bw Neubrandenburg (IV)

Lok-Nr.	vom Bw	beheimatet von – bis	zum Bw
202 580	Pasewalk	01.03.97 – 26.06.98	z-Park
202 590	Schwerin	26.11.97 – 26.06.98	z-Park
202 606	Schwerin	27.11.97 – 29.08.98	z-Park
202 627	Stralsund	01.10.97 – 07.11.97	Rostock
202 627	Rostock	25.11.97 – 29.03.98	z-Park
202 630	Rostock	25.11.97 – 29.09.98	z-Park
202 648	Neubrandenburg	29.05.94 – 31.12.94	Eisenach
202 651	Stralsund	01.10.97 – 29.05.99	Görlitz
202 666	Wittenberge	01.12.93 – 21.04.96	z-Park
202 666	aus z-Park	26.08.97 – 29.03.98	z-Park
202 697	Schwerin	26.11.97 – 06.02.98	z, a 16.01.98 unf
202 722	Rostock	17.09.93 – 27.09.93	Pasewalk
202 722	Rostock	26.11.97 – 29.05.99	Rostock
202 726	Stralsund	01.10.97 – 31.05.99	Rostock
202 729	Rostock	24.11.97 – 29.08.98	z-Park
202 737	Stralsund	01.10.97 – 26.06.98	z-Park
202 750	Rostock	25.11.97 – 29.08.98	z-Park
202 768	Schwerin	26.11.97 – 26.06.98	z-Park
202 797	Pasewalk	15.06.95 – 25.03.96	z, a 05.10.95
202 800	Rostock	22.09.95 – 29.03.98	z-Park
202 808	Wittenberge	01.12.93 – 29.03.98	z-Park
202 809	Wittenberge	01.12.93 – 27.11.94	Stralsund
202 809	Stralsund	01.10.97 – 06.05.98	z-Park
202 817	Schwerin	15.05.96 – 03.06.96	Schwerin
202 817	Schwerin	26.11.97 – 31.05.99	Rostock
202 885	Schwerin	23.09.95 – 31.05.99	Rostock
298 308	Neubrandenburg	29.05.94 – 05.07.94	Wustermark

6.7 Bw Pasewalk

Pasewalk – dieser Ortsname ist für vielen Eisenbahnfreunde ein Begriff. Zum einen war an der dortigen Bahnstation ein fester Wasserhalt für die Stralsunder 03^{10} auf ihren (D-Zug-)Fahrten von der Hauptstadt an den Strelasund (bzw. in der Gegenrichtung), zum anderen beheimatete das dortige Bahnbetriebswerk in den siebziger und noch Anfang der achtziger Jahre zahlreiche Dampflokomotiven. Im Bahnhof Pasewalk treffen zudem die Strecken aus Richtung Neubrandenburg und Szczecin (Stettin) aufeinander, etwas nördlich von Pasewalk zweigt in Jatznick (Strecke in Richtung Stralsund) die Nebenbahn nach Ueckermünde ab.

Die erste Bekanntschaft mit der Baureihe V 100 machte das Bw Pasewalk mit V 100 124, die im Sommer 1969 für ganze zwei Tage – vermutlich als „Anschauungsobjekt" – dort weilte. Die dauerhafte Beheimatung der 110 begann 1970 mit (in Reihenfolge des Eintreffens):

- 110 112 am 1. Februar vom Bw Stralsund,
- 110 086 (am 11.02.), 110 099 (am 22.04.) und 110 084 (am 30.05.) vom Bw Neustrelitz,
- 110 275 am 27. Oktober als Neuanlieferung vom LEW Hennigsdorf.

Zu diesem Zeitpunkt beheimatete Pasewalk für den Streckendienst neun Loks der Baureihe 03^2, sieben 35^{10}, 21 Vertreterinnen der Baureihe 52, drei 78er sowie acht LVT-Einheiten. Zwei 110 kamen in den Plänen der 35^{10} und 78 nach Neubrandenburg, Grambow und Ueckermünde zum Einsatz. Die letzte Pasewalker 78 wurde daraufhin im Oktober 1970 abgestellt.

Im Jahr 1971 gab es für die 110 insgesamt fünf Umlauftage, als sechste Lok kam 110 370 fabrikneu am 28. Mai jenes Jahres zum Bw Pasewalk. Neu in den Umläufen der 110er waren Personenzüge nach Bernau (b Berlin) und nach Saßnitz über Stralsund. Bis Januar 1972 lösten die 110 in Pasewalk auch die letzte 35^{10} ab.

Der Umlauf im Winterfahrplan 1971/72:

<ins>Dienstplan 11.1 (1 × Baureihe 110)</ins>

P 733	Pasewalk – Grambow
P 734	Grambow – Pasewalk
E 262	Pasewalk – Rostock
E 269	Rostock – Pasewalk
P 745	Pasewalk – Grambow
P 746	Grambow – Pasewalk

<ins>Dienstplan 12.1</ins>

<ins>Tag 1</ins>

P 517	Pasewalk – Stralsund
Gex 5543	Stralsund – Rostock
Lz	Rostock – Stralsund
P 526	Stralsund – Bernau
P 537	Bernau – Eberswalde
P 550	Eberswalde – Bernau
P 547	Bernau – Angermünde

<ins>Tag 2</ins>

P 519	Angermünde – Stralsund
P 569	Stralsund – Saßnitz
P 570	Saßnitz – Stralsund
P 528	Stralsund – Pasewalk

<ins>Tag 3</ins>

Drei Zugpaare Pasewalk – Ueckermünde (P 699 … 690), anschließend:

△ **Bild 323** • Pech gehabt? Im April 1975 leistete die Pasewalker **110 112** der 01 0526 Vorspann am D 1427 (Schwerin – Szczecin), aufgenommen bei Rühlow zwischen Neubrandenburg und Pasewalk. AUFNAHME: DR. WINFRIED KÖNIG

Bild 324 ▷ Mit einem beachtlich langen Schnellzug aus Richtung Stralsund passieren **110 481** und eine Schwesterlok am 27. September 1979 kurz vor der Einfahrt in den Bahnhof Anklam die Klappbrücke über die Peene, die in dieser Form seit 1938 in Betrieb war. Die Bezeichnung des Wärterstellwerks „Pkb" steht für „Peene Klappbrücke". Die Flügelsignale auf dem Dach des Gebäudes dienen der Signalisierung für die Schifffahrt.

AUFNAHME: DETLEF WINKLER

◁ **Bild 325**
An dem markanten Silogebäude an der Südausfahrt des Bahnhofes Pasewalk vorbei, beschleunigt **110 475** des Bw Pasewalk im Mai 1973 den P 534 (Pasewalk – Bernau/b Berlin). Der komplett aus Vorkriegswagen gebildete Zug hielt zunächst nur in Prenzlau und Angermünde, dann ab Britz (Kr Eberswalde) allerdings auf allen weiteren Stationen.

△ **Bild 326** • Mit einem Nahgüterzug ist die Pasewalker **110 112** im April 1971 auf der Fahrt nach Ueckermünde und hat dabei das Einfahrtsignal des Zielbahnhofes passiert. AUFNAHMEN (2): DR. WINFRIED KÖNIG

P 782	Pasewalk – Neubrandenburg
P 769	Neubrandenburg – Pasewalk
P 772	Pasewalk – Neubrandenburg
P 785	Neubrandenburg – Pasewalk

Tag 4

P 737	Pasewalk – Löcknitz
P 738	Löcknitz – Pasewalk

Anschließend ganztägiger Einsatz vor Personenzügen Pasewalk – Ueckermünde.

Tag 5

Es wurden drei Zugpaare Pasewalk – Grambow und abends ein Nahgüterzugpaar nach Torgelow bespannt.

Im Verlauf des Jahres 1972 stieg der 110-Bestand in Pasewalk auf zehn Loks an, davon wurden planmäßig sieben benötigt. Im Sommer 1973 kamen zu den Leistungen

◁ **Bild 327**
112 388 des Bw Pasewalk erreicht am 25. Februar 1987 mit dem P 5125 nach Bernau (b Berlin) den Bahnhof Angermünde.

AUFNAHME: VOLKER LUCAS, SAMMLUNG A. ZIKA

Bild 328 ▷ Im Juli 1971 verlässt **110 112** (Bw Pasewalk) mit einem Personenzug den Bahnhof Stralsund. Interessant ist die Zugbildung mit einem mittig eingestellten Expressgutwagen.

Aufnahme: Günter Scheibe, Sammlung Jörg Leuthardt

der Pasewalker 110 die Personenzüge nach Szczecin (E 2128/2129), sowie das Eilzugpaar 420/421 nach Rostock hinzu, auch Reisezüge über Stralsund bis Rostock beinhaltete der Umlaufplan.

Bis 1976 erhöhte sich in Pasewalk der Bestand auf 14 Loks der Baureihe 110, bei einem planmäßigen Bedarf von acht Maschinen. Der 110er-Bestand ging 1983 auf sieben Maschinen zurück, dafür bekam das Bw bereits ab 1981 die 1.200-PS-Loks der Baureihe 112 zugewiesen, von denen fortan im Schnitt neun Vertreterinnen hier beheimatet waren. Die ersten 112 im Bw Pasewalk:

- 112 373, 377, 388 und 531 alle zum 1. Januar 1981 aus der Umzeichnung,
- 112 545 am 5. Mai 1981 vom Umbau.

Im Jahr 1980 endeten die Einsätze der 110 nach Szczecin, die Zugläufe endeten wieder in Grambow. Die neuen Loks der Baureihe 112 wurden auf den Strecken Bernau (b Berlin) – Stralsund und Stralsund – Rostock vor Personenzügen eingesetzt, die 110 fuhren mit Personenzügen nach Grambow, Ueckermünde, ebenfalls auf der Relation Bernau (b Berlin) – Stralsund und mit einem Nahgüterzug nach Anklam.

Die Einsatzzeit der Pasewalker 110er endete 1988, bereits ab 1986 benötigten die Technologen des hiesigen Bahnbetriebswerkes nur noch vier 112 für Personenzüge nach Bernau (b Berlin), Grambow und Ueckermünde. Die letzten 110 in Pasewalk verließen 1988 das Bw:

- 110 105 am 9. August zum Bw Jerichow,
- 110 124 am 22. November zum Bw Angermünde,
- 110 339 und 110 704 am 21. September zum Bw Stralsund.

△ **Bild 329** • Am 31. Oktober 1986 fährt **112 373** des Bw Pasewalk mit dem P 5124 (Bernau/b Berlin – Pasewalk) in den Bahnhof Prenzlau ein.

Aufnahme: Volker Lucas, Sammlung A. Zika

△ **Bild 330** • Mit dem N 15067 (Ueckermünde – Pasewalk) ist die Pasewalker **202 275** am 16. August 1992 unterwegs bei Torgelow.

Aufnahme: Henning Folz

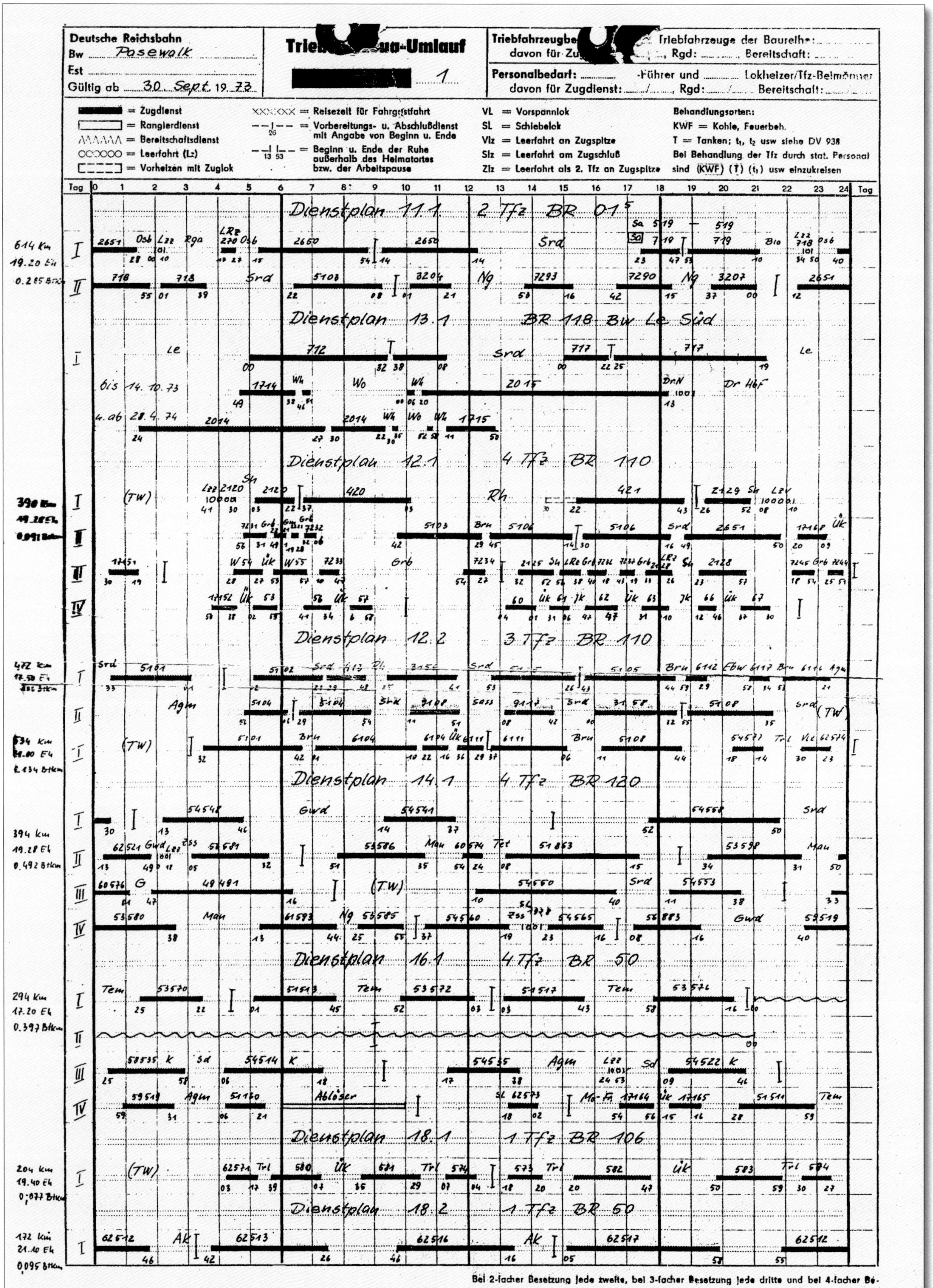

△ **Bild 331** • Umlaufplan des Bw Pasewalk, gültig ab 30. September 1973. Zwischen den Umläufen der 01⁵, 50-Öl, „Taigatrommeln" und Personaldiensten auf 118 des Bw Leipzig Hbf Süd finden sich in den Dienstplänen 12.1 und 12.2 auch die Umläufe für insgesamt sieben Loks der Baureihe 110. Die Maschinen kamen vornehmlich im Reisezugdienst zum Einsatz und erreichten dabei u. a. Rostock, Stralsund, Grambow, Angermünde, Bernau (b Berlin) und Eberswalde. ABBILDUNG: SAMMLUNG ANDREAS STANGE

Bw Pasewalk (I)

Lok-Nr.	vom Bw	beheimatet von – bis	zum Bw
110 062	Neustrelitz	14.01.87 – 23.01.87	Eberswalde
110 063	Neustrelitz	24.09.81 – 23.10.83	Angermünde *
110 063	Angermünde	14.03.84 – 30.05.86	Güsten
110 084	Neustrelitz	30.05.70 – 09.07.80	Angermünde
110 084	Angermünde	29.08.80 – 17.05.85	Falkenberg (E) *
110 086	Neustrelitz	11.02.70 – 10.01.79	Eberswalde
110 086	Eberswalde	01.02.79 – 13.06.85	Stralsund
110 086	Stralsund	05.07.85 – 20.07.87	Angermünde
110 099	Neustrelitz	22.04.70 – 12.02.77	Angermünde *
110 099	Angermünde	24.03.77 – 19.09.79	Neubrandenburg
110 099	Neubrandenburg	10.09.81 – 17.09.82	Neubrandenburg *
110 099	Neubrandenburg	05.10.82 – 13.06.85	Stralsund
110 099	Stralsund	05.07.85 – 30.05.86	Güsten
110 105	Eberswalde	23.06.88 – 09.08.88	Jerichow
110 112	Stralsund	01.02.70 – 29.09.79	Heringsdorf
110 112	Heringsdorf	12.08.80 – 17.05.85	Falkenberg (E)
110 124	Angermünde	18.12.87 – 22.11.88	Angermünde
110 275	Neuanlieferung	27.10.70 – 16.10.79	Neubrandenburg
110 275	Neubrandenburg	23.12.79 – 01.06.80	Eberswalde
110 339	Heringsdorf	29.11.85 – 07.04.86	Heringsdorf
110 339	Heringsdorf	28.11.87 – 21.09.88	Stralsund
110 362	Eberswalde	12.07.72 – 25.07.72	Eberswalde
110 370	Neuanlieferung	28.05.71 – 27.06.80	Wittenberge
110 373	Eberswalde	19.10.78 – 08.12.78	Eberswalde
110 373	Eberswalde	30.05.80 – 31.12.80	umz in 112 373
110 377	Schwerin	21.10.80 – 31.12.80	umz in 112 377
110 380	Leipzig Hbf Süd	07.07.71 – 07.03.74	Angermünde *
110 388	Kamenz	01.06.80 – 31.12.80	umz in 112 388
110 404	Eberswalde	01.07.76 – 27.07.76	Eberswalde
110 409	Eisenach	15.05.76 – 14.07.76	Erfurt
110 419	Heringsdorf	20.11.79 – 08.07.80	Heringsdorf
110 446	Berlin Ostbahnhof	06.04.72 – 16.10.74	Heringsdorf
110 461	Bitterfeld	21.09.72 – 18.10.78	Eberswalde
110 461	Eberswalde	07.12.78 – 19.01.82	umb in 112 461
110 467	Neubrandenburg	01.01.84 – 29.08.84	Haldensleben[1]
110 475	Berlin-Pankow	26.05.72 – 23.05.74	Heringsdorf
110 475	Heringsdorf	29.12.82 – 13.05.83	Heringsdorf
110 510	Neubrandenburg	08.07.83 – 12.10.83	Heringsdorf
110 531	Nordhausen	13.06.80 – 31.12.80	umz in 112 531
110 649	Neuanlieferung	01.03.74 – 17.10.80	Schwerin
110 654	Neuanlieferung	01.03.74 – 28.07.83	umb in 112 654
110 657	Neuanlieferung	01.05.74 – 13.10.83	Angermünde
110 704	Eberswalde	08.01.88 – 21.09.88	Stralsund
110 713	Neustrelitz	24.08.83 – 10.09.83	Neustrelitz
110 713	Neustrelitz	15.11.85 – 04.02.86	Neustrelitz
110 713	Neustrelitz	15.11.85 – 04.02.86	Neustrelitz
110 737	Stralsund	28.01.85 – 12.03.85	Stralsund
110 764	Neuanlieferung	15.01.75 – 15.07.80	Angermünde
110 766	Angermünde	17.07.84 – 18.09.84	Angermünde
110 792	Neuanlieferung	28.05.75 – 18.05.81	Neubrandenburg
110 792	Neubrandenburg	09.10.81 – 29.11.83	Stralsund
110 798	Neubrandenburg	28.06.82 – 04.10.82	Neubrandenburg
110 837	Neuanlieferung	10.07.76 – 30.05.85	Stralsund
110 864	Neuruppin	19.10.76 – 24.05.82	Neustrelitz
110 864	Heringsdorf	01.03.85 – 12.04.85	Heringsdorf
202 136	Angermünde	30.05.94 – 05.06.95	Rostock
202 137	Rostock	04.01.95 – 05.06.95	Rostock
112 219	aus Umbau	12.10.83 – 17.07.87	Angermünde
112 275	Neubrandenburg	02.12.88 – 20.12.88	Neubrandenburg
202 275	Neubrandenburg	30.05.92 – 18.08.92	Eberswalde

* Lok war während der Beheimatung kurzzeitig in einem anderen Bw umz = Umzeichnung

[1] Umbau 29.08.84

Ab 1988 lag der tägliche Bedarf bei lediglich zwei 112 – bei fünf in Pasewalk beheimateten Maschinen dieser Baureihe. Es verblieben Personenzüge nach Grambow, Ueckermünde und Neubrandenburg sowie Nahgüterzüge nach Ueckermünde. Dies blieb bis 1993/94 fast unverändert. Im Mai 1994 übernahm der nunmehrige Betriebshof Pasewalk den 202-Bestand aus Angermünde und hatte „auf einen Schlag“ 17 Vertreterinnen dieser Baureihe in seinem Bestand. Von denen wurden täglich neun Loks eingesetzt: fünf in Pasewalk (Bespannung von Reisezügen nach Ueckermünde sowie von Güterzügen nach Anklam und nach Ueckermünde), drei von Angermünde aus (nach Tantow und Schwedt/Oder) sowie eine 202 in Eberswalde mit Leistungen nach Bad Freienwalde (Oder).

Zum 28. Februar 1997 wechselte der gesamte Fahrzeugbestand zum Bh Neustrelitz, darunter noch folgende acht 202:

202 325 326 360 365 388 437 461 580

Bw Pasewalk (II)

Lok-Nr.	vom Bw	beheimatet von – bis	zum Bw
202 276	Schwerin	01.01.95 – 25.03.96	z, a 3/96
202 278	Angermünde	20.10.93 – 08.02.94	Angermünde
202 286	Angermünde	30.05.94 – 20.03.95	Erfurt
112 289	Stralsund	07.09.89 – 23.04.90	Angermünde
202 325	Neubrandenburg	30.05.92 – 16.02.93	Angermünde
202 325	Angermünde	30.05.94 – 28.02.97	Neustrelitz
202 326	Angermünde	30.05.94 – 28.02.97	Neustrelitz
202 334	Angermünde	30.05.94 – 31.12.94	Eisenach
112 347	aus Umbau	11.10.83 – 27.05.88	Eberswalde
202 347	Angermünde	30.05.94 – 20.03.95	Gera
202 360	Angermünde	30.05.94 – 28.02.97	Neustrelitz
112 362	Bautzen	20.12.88 – 29.05.94	Wittenberge
112 365	aus Umbau	11.10.83 – 05.10.88	Eberswalde
202 365	Angermünde	30.05.94 – 28.02.97	Neustrelitz
112 373	umz	01.01.81 – 23.05.93	Neubrandenburg
112 377	umz	01.01.81 – 20.04.82	Rostock
202 385	Angermünde	30.05.94 – 31.12.94	Eisenach
112 388	umz	01.01.81 – 26.04.88	Neubrandenburg
202 388	Angermünde	30.05.94 – 28.02.97	Neustrelitz
202 392	Angermünde	30.05.94 – 25.03.96	z, a 3/96
202 415	Rostock	05.12.92 – 28.09.96	Neustrelitz
112 417	Eisenach	03.09.86 – 07.06.89	Neubrandenburg
112 417	Neubrandenburg	07.12.89 – 25.05.95	Seddin
202 437	Schwerin	23.09.95 – 28.02.97	Neustrelitz
112 444	Angermünde	13.03.91 – 29.05.94	Schwerin
202 447	Angermünde	30.05.94 – 08.11.94	z, a 07.11.94
202 447	aus z-Park	28.03.95 – 25.05.95	Berlin-Pankow
112 461	aus Umbau	20.01.82 – 22.05.93	Hagenow Land
202 461	Schwerin	01.01.95 – 28.02.97	Neustrelitz
202 483	Angermünde	30.05.94 – 28.09.96	Neustrelitz
112 531	umz	01.01.81 – 02.09.86	Eisenach
202 532	Wittenberge	04.01.95 – 14.06.95	Neustrelitz
112 545	aus Umbau	05.05.81 – 05.03.87	Neubrandenburg
112 545	Neubrandenburg	24.03.87 – 19.05.88	Eberswalde
202 545	Angermünde	30.05.94 – 08.11.94	z-Park
202 545	aus z-Park	28.03.95 – 08.09.96	z, a 02.09.96
202 580	Eisenach	21.03.95 – 28.02.97	Neustrelitz
202 629	Schwerin	15.11.94 – 03.01.95	Rostock
112 654	aus Umbau	29.07.83 – 29.05.94	Rostock *
202 722	Angermünde	22.05.92 – 04.12.92	Rostock
202 722	Neustrelitz	28.09.93 – 20.10.93	Rostock
202 726	Wittenberge	15.02.96 – 27.11.96	Stralsund
202 797	Angermünde	30.05.94 – 14.06.95	Neustrelitz
202 800	Schwerin	21.11.94 – 03.01.95	Rostock

a = abgestellt

◁ **Bild 332**
Im Mai 1971 hat **110 360** des Bw Stralsund ihren Dienst auf der Strecke Greifswald – Lubmin Werkbahnhof zu leisten. In Lubmin entstand zu dieser Zeit das Kernkraftwerk Lubmin bzw. KKW Nord, in dessen Zusammenhang in den Jahren 1967 bis 1969 auch die eingleisige Strecke errichtet wurde. Die Züge verkehrten als Wendezüge, so dass 110 360 die Doppelstockeinheit mit Steuerabteil nach Lubmin schieben wird.

AUFNAHME: FRIEDRICH SPRANGER, SAMMLUNG GERO ISTEL

6.8 Bw Stralsund

Stralsund muss wohl nicht explizit vorgestellt werden. Die Stadt am Strelasund – nicht an der Ostsee! – gehört aufgrund ihrer historischen Altstadt seit 2002 zum UNESCO-Weltkulturerbe. Am Stralsunder Hauptbahnhof treffen die Strecken aus Saßnitz bzw. Binz, Berlin (sowohl über Pasewalk als auch über Neubrandenburg) und Rostock aufeinander. Das Bahnbetriebswerk mit seinen drei Halbrundschuppen war eine der größten und bedeutendsten Dienststellen bei der Deutschen Reichsbahn.

Im April 1969 trafen V 100 112 und V 100 116 fabrikneu in Stralsund ein, noch im selben Jahr gefolgt von …

- V 100 123 am 17. Mai,
- V 100 124 am 4. Juni,
- V 100 127 am 31. Mai,
- V 100 129 am 17. Juni.

Erste Einsätze erfolgten im Sommer 1969 mit Personenzügen nach Barth und Saßnitz. Auch die D-Züge 13/14 im Abschnitt von Stralsund bis Barth (bzw. Gegenrichtung) und der D 19 von Stralsund nach Putbus wurden mit der V 100 gefahren.

Zu dieser Zeit beheimatete das Bw Stralsund insgesamt 17 Vertreterinnen der Baureihe 03^{10}, drei der Baureihe 41, neun Loks der Baureihe 52, zwei der Baureihe 64, drei 78er und die ersten V 200. Mit der Übernahme der bis dato eigenständigen Bahnbetriebswerke in Barth und Saßnitz zum 1. Januar 1970 kamen noch eine 38^{10-40}, zwei 52 und einige LVT hinzu. Schon nicht mehr im Stralsunder Betriebsbestand waren Anfang jenes Jahres die Baureihen 64 und 78.

Im Verlauf des Jahres 1971 stieg die Anzahl der im Bw Stralsund beheimateten Maschinen der Baureihe 110 auf 13 Exemplare. Drei Loks kamen vor Personenzügen nach Pasewalk, Rostock und Saßnitz zum Einsatz, während die Einsatzstelle Barth mit zwei Loks Personen- und Nahgüterzüge nach Stralsund, einen Umlauf Saßnitz – Rostock sowie den D 14 zwischen Barth und Stralsund bespannte. Vier Loks kamen von der Est Saßnitz aus zum Einsatz vor Personenzügen zwischen Stralsund und Saßnitz, nach Lauterbach

◁ **Bild 333**
Bleiben wir noch im Bahnhof Greifswald und „springen" ins Jahr 1985: Am 2. September ist die Stralsunder **110 357** mit einem Personenzug aus Stralsund kommend in Greifswald eingefahren. Auffällig: Die Lok hat keine Nummernschilder! Es waren allerdings keine „Schilderjäger" am Werk, vielmehr wurde die Maschine bereits ein Jahr zuvor (!) mit einem 1.200-PS-Motor ausgerüstet, der Umbau allerdings noch nicht final abgeschlossen.

AUFNAHME: ANDREAS STANGE

und Binz, nach Rostock sowie nach Greifswald. Die Personaleinsatzstelle Greifswald besetzte drei 110 und fuhr Personenzüge nach Lubmin, Wolgast Hafen und Rostock.

Der Bestand an 110 im Bw Stralsund zum 31. Dezember 1971:

110 116	123	124	127	129
209	221	272	289	346
360	385	391		

Bis 1976 änderte sich an den Umläufen nur wenig, während der Stralsunder 110-Bestand auf 20 Loks anstieg. Von diesen kamen 13 Maschinen planmäßig von Stralsund, Saßnitz und Barth aus zum Einsatz. Neu waren Einsätze nach Neubrandenburg und ein Gex nach Rostock.

Im Sommerfahrplan 1977 waren die 110 des Bw Stralsund verteilt auf:

△ **Bild 334** • Mit dem Bau des KKW Nord in Lubmin erhielt der Ort erstmals einen Normalspur-Bahnanschluss. Bis 1945 war Lubmin von Greifswald und Wolgast per Schmalspurbahn zu erreichen. Hier steht **110 360** (Bw Stralsund) im Mai 1971 mit einem Wendezug im Hp Seebad Lubmin. AUFNAHME: FRIEDRICH SPRANGER, SAMMLUNG GERO ISTEL

<u>Bw Stralsund, Dienstplan 2.6 (3 × BR 110)</u>
In diesem Plan wurden Personenzüge nach Saßnitz, Rostock und ein Nahgüterzug nach Greifswald bespannt, dazu kam der E 417 und der D 735 nach Rostock sowie das Gex-Paar 2735/2730 nach Rostock.

<u>Est Greifswald, Dienstplan 4.2 (4 × BR 110)</u>
Zwei Loks pendelten mit Wendezügen nach Lubmin, am Tag 3 pendelte die Lok zwischen Züssow und Wolgast Hafen, während die Lok an Tag 4 mit Personenzügen zweimal nach Rostock und einmal nach Saßnitz fuhr.

<u>Est Saßnitz, Dienstplan 5.12 (2 × BR 110)</u>
Die Loks kamen mit Personenzügen und dem E 412 dreimal nach Rostock, dazu je einmal nach Wolgast Hafen und nach Barth.

<u>Est Saßnitz (Personal-Est Binz), Dienstplan 5.2 (1 × BR 110)</u>
Die in diesem Plan eingesetzte Lokomotive pendelte ganztägig mit Personenzügen zwischen Lietzow (Rügen) und Binz.

<u>Est Putbus, Dienstplan 2.7 (1 × BR 110)</u>
Diese Lok pendelte ganztägig auf der nur 12 km langen Strecke Bergen (Rügen) – Lauterbach (Rügen), nachts gab es eine Leistung nach Stralsund.

<u>Est Barth, Dienstpläne 7.11/7.12 (je 2 × BR 110)</u>
Neben Personenzügen und einem Nahgüterzug zwischen Barth und Stralsund kamen die Loks bis Rostock und Wolgast Hafen.

▽ **Bild 335** • Zum Einsatzgebiet der Stralsunder 110 (und später auch 112) gehörte selbstverständlich auch die Insel Rügen, wo es in Saßnitz eine Einsatzstelle des Bw Stralsund gab. Im August 1975 verlässt **110 127** mit einem Personenzug nach Binz den Bahnhof Lietzow (Rügen). AUFNAHME: GÜNTER SCHEIBE, SAMMLUNG JÖRG LEUTHARDT

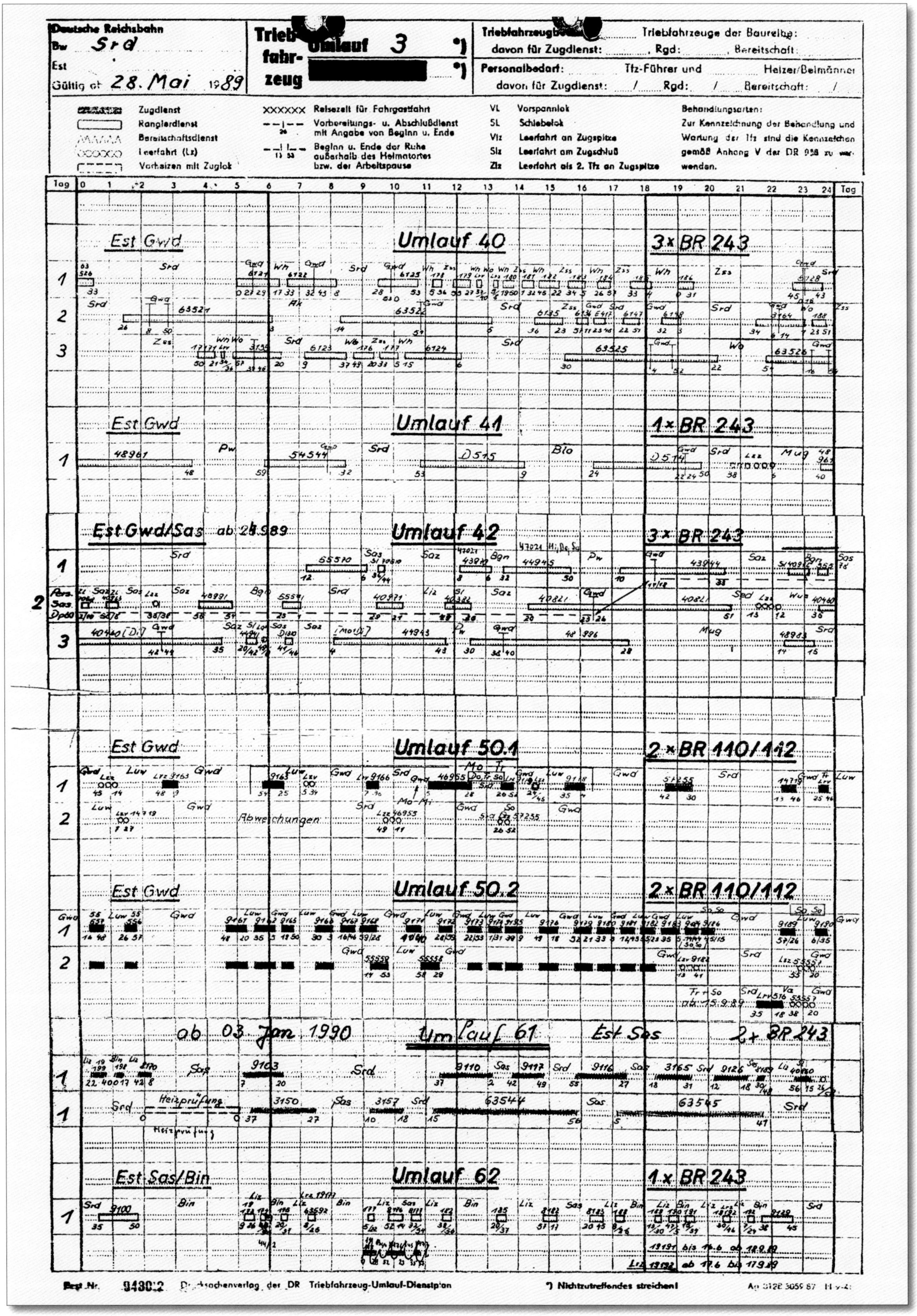

△ **Bild 336 •** Umlaufplan des Bw Stralsund, gültig ab 28. Mai 1989. In den Umläufen 50.1 und 50.2 sind die Leistungen der jeweils zwei 110 bzw. 112 der Est Greifswald eingezeichnet. Die Loks kamen nahezu ausschließlich vor den Personen- und Güterzügen zum Werkbahnhof Lubmin zum Einsatz. Abbildung: Sammlung Andreas Stange

△ **Bild 337** • Bei der Ausfahrt aus dem Bahnhof Stralsund passiert **110 385** im Juli 1971 mit einem Personenzug das heimatliche Bahnbetriebswerk. Dort ergänzt gerade eine 52-Altbau ihre Wasservorräte. Der Kilometerstein 221,3 weist auf die Entfernung bis Berlin über die „Nordbahn" (Stralsund – Neubrandenburg – Neustrelitz – Berlin Nordbahnhof/Berlin Eberswalder Straße) hin. Die Strecke über Pasewalk ist knapp 20 km länger. AUFNAHME: GÜNTER SCHEIBE, SAMMLUNG JÖRG LEUTHARDT

▽ **Bild 338** • Am 16. August 1977 verlassen Vorspannlok **110 127** (Bw Stralsund) und Zuglok 01 504 (Bw Pasewalk) mit dem D 517 (Barth – Berlin-Lichtenberg) den Stralsunder Hauptbahnhof. Planmäßig wäre nur die 01^5 am Zug gewesen … AUFNAHME: DETLEF WINKLER

△ **Bild 339** • Rostock wurde von den Stralsunder 110 planmäßig mit Personenzügen über Velgast und Ribnitz-Damgarten angefahren – und mit einem Gex. Am 5. Juni 1985 rangieren **110 362** und eine Schwesterlok mit dem Gex 2735 aus Stralsund im Rostocker Hauptbahnhof. AUFNAHME: ANDREAS STANGE

△ **Bild 340** • Der Katastrophenwinter 1978/79 traf insbesondere die Küstenregionen. Anfang Januar 1979 sind **110 846** und eine weitere 110 im heimatlichen Bw Stralsund vor einer Schneeschleuder im Einsatz. AUFNAHME: FRITZ WITT

Weiterhin bespannten die Stralsunder Maschinen einzelne D-Züge, so im Winter 1978/79 die D 710/D 613 von Stralsund bis Binz und zurück sowie den D 271 im Abschnitt Saßnitz – Stralsund-Rügendamm.

Nachdem im November 1982 bereits die 112 325 für einen Monat in Stralsund beheimatet war, trafen erst im Verlauf des Jahres 1984 die ersten 112 für eine längere Beheimatung im Bahnbetriebswerk am Strelasund ein (Auflistung in der Reihenfolge ihres Eintreffens):

- 112 360 am 1. März,
- 112 652 am 28. März,
- 112 289 am 17. Oktober,
- 112 370 am 13. September,
- 112 333 am 23. Dezember.

Bis 1986 waren es bereits 15 × Baureihe 112. Dieser Bestand blieb bis 1991 konstant.

Im Sommer 1989 waren noch vier 110 bzw. 112 in Greifswald, eine 110 (oder 112) in Putbus und eine 112 in Barth im Einsatz. Inzwischen war Stralsund von Berlin aus an das elektrische Streckennetz angeschlossen, die Beheimatung von E-Loks hatte bereits im Dezember 1988 begonnen. Dies hatte selbstverständlich auch Auswirkungen auf die Einsätze der Stralsunder 110 und 112. Durch die Zuweisung von Loks der Baureihe 112 reduzierte sich der 110er-Bestand auf sieben Maschinen im Jahr 1986. Er stieg erst wieder im September 1992 durch den (buchmäßigen) Zugang der 201 aus Heringsdorf auf 13 Loks an.

Alle Stralsunder 201 wurden bis Ende 1994 entweder z-gestellt oder an andere Bahnbetriebswerke abgegeben. Die letzten Loks dieser Baureihe im Bw Stralsund waren im Jahr 1994: 201 001, 026, 035, 126, 221, 792 und 864 (alle z-gestellt am 29.05.) sowie 201 380 (z-gestellt am 31.12.).

Bei der Baureihe 202 ging der Bestand im Verlauf des Jahres 1992 auf sechs Loks zurück. Durch die Aufnahme der elektrischen Zugförderung bis Saßnitz und Binz im Mai 1989, bis Rostock sowie zwischen Velgast und Barth im Juni 1991 verloren die 202 zunehmend ihre Aufgabenfelder. Bis 1993 ging der Bedarf auf vier Loks zurück.

Ab 1992 beheimatete das Bw Stralsund auch bis zu sechs Vertreterinnen der Baureihe 298, die in Saßnitz (Bedienung des dortigen Hafens) und im Fährhafen Mukran zum Einsatz kamen. Am 30. September 1997 wurden alle noch in Stralsund vorhandenen 202 nach Neustrelitz und die 298 nach Rostock-Seehafen abgegeben:

202 275	627	651	726	737	809
298 045	062	084	315		

Bis Mai 1998 wurden noch planmäßige Leistungen auf der Strecke Bergen (Rügen) – Putbus – Lauterbach (Rügen) mit Neustrelitzer 202 gefahren. Dann verabschiedete sich auch diese Baureihe.

◁ **Bild 341**
Am Abend des 29. Oktober 1995 wartet **202 275** mit der RB 15130 nach Bergen (Rügen) auf die Abfahrt.

AUFNAHME: GUNTER VON HARTWIG

Bw Stralsund (I)

Lok-Nr.	vom Bw	beheimatet von – bis	zum Bw
201 001	Heringsdorf	01.09.92 – 29.05.94	z, zr 02.04.93
110 026	Angermünde	27.09.88 – 31.05.90	Heringsdorf
201 026	Heringsdorf	01.09.92 – 29.05.94	z, a 12.07.93
201 035	Heringsdorf	01.09.92 – 29.05.94	z, zr 09.07.93
110 040	Rostock	19.05.76 – 04.07.76	Rostock
110 063	Weißenfels	01.01.79 – 11.01.79	Neustrelitz
110 086	Pasewalk	14.06.85 – 04.07.85	Pasewalk
110 099	Pasewalk	14.06.85 – 04.07.85	Pasewalk
V100 112	Neuanlieferung	19.04.69 – 31.01.70	Pasewalk
V100 116	Neuanlieferung	25.04.69 – 22.09.81	Berlin-Pankow
110 116	Eberswalde	30.04.83 – 27.06.89	z, a 28.03.89 unf
V100 123	Neuanlieferung	17.05.69 – 06.03.93	Neustrelitz *
V100 124	Neustrelitz	04.06.69 – 06.11.87	Angermünde *
201 126	Heringsdorf	01.09.92 – 29.05.94	z, a 15.01.93
V100 127	Neuanlieferung	31.05.69 – 29.09.84	Eberswalde
V100 129	Neuanlieferung	17.06.69 – 13.09.85	Bautzen
110 129	Angermünde	20.04.90 – 09.07.92	umb in 298 129
201 143	Neustrelitz	18.02.93 – 30.09.93	Neustrelitz
110 209	Neuanlieferung	29.01.70 – 31.10.85	umb in 112 209
110 221	Neuanlieferung	21.02.70 – 09.12.76	Angermünde
110 221	Angermünde	13.01.77 – 30.11.85	Angermünde
201 221	Heringsdorf	01.09.92 – 29.05.94	z, zr 02.12.92
110 272	Neuanlieferung	01.09.70 – 24.10.80	Neubrandenburg
110 289	Neuanlieferung	01.09.70 – 16.10.84	umb in 112 289
110 339	Pasewalk	22.09.88 – 06.12.88	Heringsdorf
110 346	Neuanlieferung	30.03.71 – 27.07.83	umb in 112 346
110 357	Eberswalde	28.09.84 – 25.11.85	Neubrandenburg
110 360	Neuanlieferung	30.04.71 – 29.02.84	umb in 112 360
110 362	Heringsdorf	03.12.79 – 15.09.85	Bautzen
110 370	Angermünde	18.01.81 – 11.11.81	Neubrandenburg
110 370	Neubrandenburg	22.04.82 – 20.10.82	umb in 112 370
110 373	Eberswalde	08.06.78 – 07.09.78	Eberswalde
201 380	Heringsdorf	01.09.92 – 03.07.94	z, zr 09.07.93
201 380	aus z-Park	25.09.94 – 31.12.94	z, a 09.01.95
110 385	Neuanlieferung	01.07.71 – 04.10.79	Heringsdorf
110 385	Heringsdorf	23.02.82 – 26.03.82	Neubrandenburg *
110 391	Neuanlieferung	28.07.71 – 05.11.86	Eberswalde
110 391	Neubrandenburg	25.04.91 – 04.06.93	Wittenberge
110 418	Neuanlieferung	04.01.72 – 13.02.80	Bautzen[1]
110 439	Neubrandenburg	29.12.82 – 30.07.85	umb in 112 439
110 469	Neubrandenburg	01.07.76 – 26.07.76	Neubrandenburg
110 510	Rostock	01.08.76 – 25.09.76	Neubrandenburg
110 510	Heringsdorf	18.07.87 – 23.04.89	Neustrelitz
110 557	Rostock	01.08.76 – 30.10.86	Heringsdorf
110 593	Kamenz	11.11.84 – 23.04.85	umb in 112 593
110 608	Eberswalde	01.06.88 – 23.04.89	Neustrelitz
110 609	Angermünde	18.09.89 – 07.10.90	Neustrelitz
201 644	Neustrelitz	18.11.93 – 19.12.93	Neustrelitz
110 651	Neuanlieferung	02.03.74 – 23.05.85	umb in 112 651 *
110 652	Neuanlieferung	02.03.74 – 27.03.84	umb in 112 652
110 704	Dresden	15.01.86 – 31.12.87	Eberswalde
110 704	Pasewalk	22.09.88 – 02.10.92	Neuruppin
110 737	Karl-Marx-Stadt	27.08.83 – 27.01.85	Pasewalk
110 737	Pasewalk	13.03.85 – 24.04.86	umb in 112 737
110 750	Görlitz	22.02.80 – 04.04.83	Neustrelitz
110 750	Neustrelitz	06.05.83 – 24.10.85	umb in 112 750
110 783	Nossen	30.04.85 – 08.10.85	Heringsdorf
110 790	Neuanlieferung	21.05.75 – 16.09.83	umb in 114 790
110 792	Pasewalk	30.11.83 – 31.07.86	Heringsdorf
201 792	Heringsdorf	01.09.92 – 29.05.94	z, a 10.06.93

a = abgestellt zr = Zurückstellung aus Reserve umb = Umbau

unf = Unfall * Lok war während der Beheimatung kurzzeitig in einem anderen Bw.

[1] Umbau 13.02.80

Bw Stralsund (II)

Lok-Nr.	vom Bw	beheimatet von – bis	zum Bw
110 798	Eberswalde	01.06.88 – 20.12.89	Heringsdorf
110 815	Eberswalde	28.11.89 – 16.02.93	Neustrelitz
110 836	Neuanlieferung	01.07.76 – 17.11.86	Neustrelitz
110 837	Pasewalk	31.05.85 – 04.06.93	Hagenow Land
110 843	Neuanlieferung	29.07.76 – 06.11.87	Angermünde
110 846	Neuanlieferung	28.07.76 – 29.06.87	Neubrandenburg
110 846	Neubrandenburg	29.09.87 – 12.04.88	umb in 112 846
201 864	Heringsdorf	01.09.92 – 29.05.94	z, a 10.06.93
110 892	Hoyerswerda	28.04.88 – 23.03.89	Erfurt
112 209	aus Umbau	01.11.85 – 04.08.88	Neubrandenburg
112 209	Neubrandenburg	11.11.88 – 31.12.94	Erfurt
112 219	Angermünde	25.07.87 – 29.05.90	Erfurt
202 275	Eberswalde	14.01.93 – 30.09.97	Neustrelitz
112 276	Neubrandenburg	08.11.87 – 15.12.91	Güstrow
112 278	Haldensleben	07.08.86 – 30.05.89	Angermünde
112 289	aus Umbau	17.10.84 – 06.09.89	Pasewalk
202 289	Angermünde	15.01.93 – 29.05.94	Rostock
112 325	aus Umbau	01.11.82 – 30.11.82	Neubrandenburg
112 333	aus Umbau	23.12.84 – 25.11.85	Neubrandenburg
112 333	Neubrandenburg	13.01.86 – 31.05.89	Angermünde
202 333	Angermünde	13.01.93 – 21.09.95	Neustrelitz
112 360	aus Umbau	01.03.84 – 02.06.88	Eberswalde
112 370	Neubrandenburg	13.09.84 – 29.05.86	Kamenz
202 381	Neuruppin	30.11.93 – 26.12.93	Neuruppin
112 385	umz	28.09.85 – 31.05.89	Angermünde
112 392	aus Umbau	01.11.86 – 30.03.89	Angermünde
202 408	Hagenow Land	26.01.93 – 21.09.95	Neustrelitz
202 420	Rostock	08.11.93 – 28.11.93	Rostock
112 439	aus Umbau	31.07.85 – 31.12.94	Erfurt
112 447	Wismar	17.01.86 – 02.06.88	Eberswalde *
112 460	Sangerhausen	01.12.86 – 29.01.91	Neubrandenburg
202 461	Hagenow Land	08.11.93 – 22.12.93	Schwerin
112 475	aus Umbau	31.07.86 – 26.05.96	z, a 01.05.96
202 511	Wittenberge	13.10.93 – 28.12.93	Neustrelitz
112 525	aus Umbau	25.10.85 – 06.06.90	Hagenow Land
112 569	Leipzig Hbf Süd	12.01.91 – 02.02.92	Wittenberge
202 569	Neustrelitz	06.06.96 – 31.10.96	Rostock
112 573	Leipzig Hbf Süd	17.10.90 – 25.06.92	Seddin
112 614	Erfurt	29.05.90 – 25.06.92	Seddin
202 627	Rostock	28.11.94 – 30.09.97	Neustrelitz
112 651	aus Umbau	24.05.85 – 30.09.97	Neustrelitz
112 652	aus Umbau	28.03.84 – 06.08.86	Haldensleben
112 722	Halle G	30.05.90 – 01.03.92	Angermünde
202 722	Rostock	29.11.93 – 14.12.93	Rostock
202 726	Neuruppin	09.11.93 – 19.12.93	Neuruppin
202 726	Pasewalk	28.11.96 – 30.09.97	Neustrelitz
112 737	aus Umbau	25.04.86 – 30.09.97	Neustrelitz
112 750	aus Umbau	25.10.85 – 31.05.89	Angermünde
202 809	Neustrelitz	28.11.94 – 30.09.97	Neustrelitz
298 045	Halle G	01.08.97 – 30.09.97	Rostock-Seehafen
298 054	Neubrandenburg	25.05.93 – 14.05.97	Rostock
298 062	aus Umbau[2]	17.07.92 – 30.09.97	Rostock-Seehafen
298 084	aus Umbau[3]	21.07.92 – 30.09.97	Rostock-Seehafen
298 110	Neubrandenburg	25.05.93 – 05.07.94	Wustermark
298 129	aus Umbau[4]	10.07.92 – 05.08.97	Cottbus
298 307	Rostock	28.08.95 – 05.08.97	Rostock
298 312	Rostock	19.09.95 – 03.09.97	Rostock
298 315	Halle G	03.07.97 – 30.09.97	Rostock-Seehafen

[2] ex 201 062 [3] ex 201 084 [4] ex 201 129

7 Reichsbahndirektion Halle

△ **Bild 342** • Aus der „V100-Familie" gelangten nur Maschinen der Baureihe 111 in den Bestand des Bw Altenburg. Nur knapp zwei Wochen nach ihrer Indienststellung am 30. April 1983 steht **111 034** am 16. Mai 1983 in ihrem Heimat-Bw. AUFNAHME: DETLEF WINKLER

Die Rbd Halle gehörte aufgrund der darin vorhandenen Industrieregionen – speziell der chemischen Industrie im Raum Bitterfeld-Wolfen und Merseburg – sowie der in ihrem Gebiet vorhandenen Bodenschätze (Braunkohle und Kupferschiefer) stets zu den volkswirtschaftlich wichtigsten Eisenbahndirektionen.

Die erste V 100 erhielt die Rbd Halle im Zusammenhang mit der Erprobung von V 100 001 im Mai 1964. Die Lok wurde der Versuchs- und Entwicklungsstelle der Maschinenwirtschaft (kurz: VES-M) in Halle (S) zugeteilt. In den folgenden Jahren erhielten die Bahnbetriebswerke Halle P und Halle G, deren Einsatzstellen Merseburg und Bitterfeld sowie die Bw Altenburg, Falkenberg (Elster), Leipzig Hbf Süd, Leipzig Hbf West (über die Einsatzstelle Zeitz), Leipzig-Wahren, Röblingen a. S. und Lutherstadt Wittenberg Lokomotiven aus der „V100-Familie" zugewiesen.

7.1 Bw Altenburg

Auf halber (Bahn-)Strecke zwischen Leipzig und Zwickau liegt die Stadt Altenburg. In der ehemaligen Residenzstadt rühmt man sich damit, dass dort das Skatspiel erfunden wurde, also jenes Kartenspiel für drei Personen, welches seit 2016 zum immateriellen Kulturerbe in Deutschland zählt!

Wie bereits erwähnt, befindet sich Altenburg an der Bahnstrecke Leipzig – Zwickau, wobei es historisch betrachtet die LH-Linie ist – die Verbindung Leipzig – Hof. In Altenburg zweigten noch die Nebenstrecken nach Zeitz und nach Narsdorf ab.

Für den Einsatz im Güterzugdienst und im Rangierdienst auf dem Altenburger Güterbahnhof erhielt das dortige Bw im Frühjahr 1983 drei werksneue Loks der Baureihe 111 zugewiesen. Es trafen ein:

- 111 030 am 25. April,
- 111 034 am 30. April,
- 111 035 am 5. Mai.

Ihnen folgte am 2. Juni noch 111 037 vom Bw Leipzig Hbf Süd.

Sie fanden Verwendung vor Nahgüter- und Übergabezügen auf den Strecken rund um Altenburg sowie auf dem hiesigen Rangierbahnhof. Der Bedarf lag stets bei drei bis vier 111, entsprechend hielt sich der Bestand in Grenzen. Im Mai 1984 war 111 025 in Altenburg beheimatet, als sie die Beheimatung wechselte kam als Ersatz 111 028 aus Röblingen.

Der wirtschaftliche Niedergang in der Region ab 1990 führte auch zum Rückgang bei den Güterzugleistungen, sodass die 111 in Altenburg bereits ab 1991 entbehrlich wurden. Die letzten drei Vertreterinnen (111 005, 030 und 034) wechselten am 31. Juli 1991 zum Bw Leipzig Hbf Süd.

Bild 343 ▷ Auch dies gehörte zu den Aufgaben der Altenburger 111: Am 11. September 1987 überführt **111 034** die Dampfspender 52 8114 und 52 8128, aufgenommen bei Reuden.

Aufnahme: Gunter von Hartwig

Bw Altenburg			
Lok-Nr.	**vom Bw**	**beheimatet von – bis**	**zum Bw**
111 005	Neuruppin	06.06.89 – 31.07.91	Leipzig Hbf Süd
111 025	Leipzig Hbf Süd	02.05.84 – 28.05.84	Röblingen a.S.
111 028	Röblingen a.S.	27.08.84 – 16.03.91	Leipzig Hbf Süd
111 030	Neuanlieferung	25.04.83 – 31.07.91	Leipzig Hbf Süd
111 034	Neuanlieferung	30.04.83 – 31.07.91	Leipzig Hbf Süd
111 035	Neuanlieferung	05.05.83 – 08.03.86	Falkenberg (Elster)
111 037	Leipzig Hbf Süd	02.06.83 – 28.11.90	umb in 108 037

7.2 Bw Falkenberg (Elster)

Im Kreuzungspunkt der Eisenbahnstrecken Halle/Leipzig – Cottbus, (Riesa –) Röderau – Jüterbog und Elsterwerda – Wittenberg sowie am Ausgangspunkt der Nebenbahn über Herzberg (Elster), Uckro und Luckau nach Lübben gelegen, gab es in Falkenberg (Elster) zwei Bahnbetriebswerke: das an der nördlichen Bahnhofsausfahrt gelegene Bw unterer Bahnhof (unt Bf) und das an der Ausfahrt in Richtung Cottbus befindliche Bw oberer Bahnhof (ob Bf).

Die erste Lokomotive der Baureihe 110 wurde am 9. August 1974 an das Bw Falkenberg (Elster) unt Bf übergeben. Dabei handelte es sich um 110 698, die werksneu aus dem VEB LEW „Hans Beimler" Hennigsdorf eintraf. Zu diesem Zeitpunkt bestand der in Falkenberg (Elster) beheimatete Lokomotivpark aus Maschinen der Baureihen 35^{10}, 52, 52^{80}, 102, 106, 120 und 132.

Die 110 698 kam im Dienstplan 1 c zum Einsatz und bespannte darin die Zugpaare P 3411/6414 (Falkenberg/Elster – Lübbenau – Falkenberg/Elster) sowie P 3417/6406 (Falkenberg/Elster – Hoyerswerda – Falkenberg/Elster).

Lange Zeit blieb diese 110 allerdings nicht die einzige Vertreterin ihrer Baureihe im Bw Falkenberg unt Bf, denn bereits im September und Oktober erhielt das Bahnbetriebswerk weitere V 100 zugewiesen:

- 110 679 am 17. September vom Bw Halle P,
- 110 715 am 21. September werksneu aus dem LEW,
- 110 570 am 25. September vom Bw Halle P,
- 110 716 am 27. September werksneu aus dem LEW,
- 110 141 am 14. Oktober vom Bw Leipzig Hbf Süd.

Bild 344 ▷ In Hohenbocka ist **110 725** des Bw Falkenberg (Elster) am 25. Mai 1986 mit einem Personenzug eingefahren und wird in Kürze die Fahrt in Richtung Elsterwerda fortsetzen.

Aufnahme: Andreas Stange

△ **Bild 345•** Die Falkenberger **110 830** verlässt mit einem Personenzug am 24. Mai 1988 den Bahnhof Lutherstadt Wittenberg in Richtung Eilenburg. AUFNAHME: ANDREAS STANGE

Mit Beginn des Winterfahrplans 1974/75 wurden fünf 110 im Plan 10 (Reisezugplan) eingesetzt und übernahmen dabei die Leistungen der Baureihe 132. Der Umlauf, gültig ab 29. September 1974, sah wie folgt aus:

Plan 10 (5 × Baureihe 110)

Tag 1

P 6401	Falkenberg (Elster) – Görlitz
Lrz 3404	Görlitz – Horka
P 3404	Horka – Dessau
P 4469	Dessau – Lu-Wittenberg

Tag 2

P 3411	Lu-Wittenberg – Lübbenau
P 6414	Lübbenau – Falkenberg (Elster)
P 1417	Falkenberg (E) – Hoyerswerda
P 6406	Hoyerswerda – Falkenberg (E)

Tag 3

P 5961	Falkenberg (Elster) – Cottbus
P 3902	Cottbus – Leipzig
P 8975	Leipzig – Eilenburg
Üg	Eilenburg – Kämmereiforst
Lz	Kämmereiforst – Eilenburg
P 3905	Eilenburg – Falkenberg (Elster)
P 8948	Falkenberg (Elster) – Torgau
Lzv 8948	Torgau – Falkenberg (Elster)

Tag 4

P 4452	Falkenberg (Elster) – Dessau
E 941	Dessau – Görlitz
E 946	Görlitz – Dessau

Tag 5

E 941 (Vl)	Dessau – Görlitz
E 946 (Vl)	Görlitz – Dessau
P 3228	Dessau – Lu-Wittenberg
Lzv 3228	Lu-Wittenberg – Falkenberg (E)

Die Bespannung des Zugpaares E 941/946 mit zwei Maschinen der Baureihe 110 war notwendig, da zu diesem Zeitpunkt noch nicht genügend Reisezugwagen mit elektrischer Heizung zur Verfügung standen. Entsprechend kamen noch Wagen mit Dampfheizung zum Einsatz, sodass eine 110 für die Beförderung zuständig war und die andere 110 der Beheizung des Zuges diente. Fiel eine 110 aus, sprang eine 132 als „Zuglok" ein. Vertreterinnen dieser Baureihe übernahmen diese Leistung ab April 1975 komplett.

Im Januar 1975 wurden folgende Laufleistungen von Falkenberger 110 erreicht:

	Einsatztage	Lauf-km	Ø/Tag
110 141	30	8.763 km	292 km
110 570	29	12.303 km	424 km
110 698	25	4.546 km	182 km
110 715	30	13.046 km	435 km
110 716	21	9.145 km	435 km

Werksneu kamen im Jahr 1975 die 110 794 (31.05.), 110 799 (12.06.), 110 819 (18.07.) und 110 830 (27.08.) nach Falkenberg. 110 794, 799 und 819 wurden der Einsatzstelle in Torgau zugeteilt, wo sie ab dem Winterfahrplan 1975/76 die dort noch vorhandenen Vertreterinnen der Baureihe 86 ablösten, während 110 830 in der Falkenberger Einsatzstelle in Eilenburg stationiert wurde. Dort fand sie im Plan 30 Verwendung, übernahm darin Leistungen einer 35^{10} (zuletzt 35 1067) und bespannte Personenzüge von Eilenburg nach Lutherstadt Wittenberg sowie Halle (S).

Am 6. August 1976 wechselte 110 141 zum Bw Halle G, als Ersatz traf am 7. August die 110 760 vom Bw Halle P in Falkenberg (Elster) ein. Mit 110 883 und 110 886

◁ **Bild 346**
293 107 steht mit einem Ganzzug aus dem Kieswerk in Mühlberg (Elbe) kommend am 10. Juli 1996 im Bahnhof Neuburxdorf. Zu diesem Zeitpunkt war die Lok zwar noch in Falkenberg (Elster) stationiert, gehörte aber buchmäßig bereits zum Bh Lu-Wittenberg.

AUFNAHME: DETLEF WINKLER

Bild 347 ▷ Falkenberg (Elster) unterer Bahnhof am 7. Oktober 1986: In Kürze wird die Aufsicht dem Lokführer auf **110 890** des Bw Falkenberg/Elster den Abfahrtauftrag erteilen.

Aufnahme: Andreas Stange

erhielt das Bw Falkenberg (Elster) im Januar 1978 noch einmal zwei werksneue Loks dieser Baureihe zugewiesen. Bis 1984 hielt sich dort ein Bestand an V 100, der zwischen zwölf und 14 Maschinen lag. Am 1. Januar 1984 waren folgende 110 in Falkenberg (Elster) beheimatet

110 570	679	698	715	716
722	794	799	819	825
830	883	886		

Zu diesem Zeitpunkt, im Winter 1984/85, lag der Planbedarf an 110 im Bw Falkenberg (Elster) bei zehn Lokomotiven:

Bw Falkenberg (Elster)
Plan 10 a: 3 × Baureihe 110
Plan 10 b: 3 × Baureihe 110

Einsatzstelle Torgau
Plan 20: 3 × Baureihe 110

Einsatzstelle Torgau
Plan 30: 1 × Baureihe 110

Die im „Mutter-Bw" stationierten Loks standen im Einsatz vor Personenzügen nach Hoyerswerda, Cottbus, Lübbenau, Dessau, Lutherstadt Wittenberg, Eilenburg, Jüterbog und Riesa, während die 110 in der Einsatzstelle Eilenburg Personenzüge nach Lutherstadt Wittenberg und Halle (S) bespannte. Die drei Torgauer 110 leisteten ihre Dienste vor Personenzügen nach Pretzsch, Falkenberg (Elster), Jüterbog und Riesa sowie vor Güterzügen nach Pretzsch und Belgern.

Zwischen dem 30. September 1985 und dem 20. Februar 1986 erhielt das Bw Falkenberg (Elster) noch einmal „einen Schwung" an Lokomotiven der Baureihe 110, die als Ersatz für Maschinen der Baureihe 132 dienen sollten, denn bei den Großdieselloks aus sowjetischer Produktion kam es zu einem „Engpass" im Betriebsdienst. Und so trafen im genannten Zeitraum …

… 110 024 (vom Bw Roßlau/Elbe),
… 110 043 (vom Bw Lu-Wittenberg),
… 110 126 (vom Bw Roßlau/Elbe),
… 110 140 (vom Bw Leipzig Hbf Süd),
… 110 163 (vom Bw Roßlau/Elbe),
… 110 627 (vom Bw Brandenburg),
… 110 882 (vom Bw Leipzig Hbf Süd) …

… zur Beheimatung in Falkenberg (Elster) ein. Die Leistungen der Baureihe 132 konnten freilich nur im „Doppelpack" gefahren werden. Dabei kamen immer zwei 110 im Plan 11 a vor Güterzügen nach Jüterbog, Riesa und Mühlberg (Elbe) zum Einsatz. Von der Einsatzstelle Torgau aus bespannten die „festen Doppel" 110 024 + 110 043 und 110 126 + 110 140 planmäßig Güterzüge nach Falkenberg (Elster), Eilenburg, Jüterbog und Leipzig-Wiederitzsch. Nachdem im Frühjahr 1986 wieder genügend 132 im Bw Falkenberg (Elster) zur Verfügung standen, endeten die Dienste der „Doppel-110" vor diesen Zügen. Allerdings: Durch die Zuweisung der genannten 110 erhöhte sich der Bestand an Loks dieser Baureihe zum Stichtag 1. Januar 1986 auf 23 Maschinen. Ein Allzeithoch der 110 im Bw Falkenberg (Elster)!

110 024	084	093	126	138
140	163	235	570	627
644	679	725	740	759
794	799	819	830	882
883	886	890		

In den Folgejahren sank der Bestand an 110 rapide, denn mit der zunehmenden Elektrifizierung der Falkenberg (Elster) tangierenden Strecken, verloren auch die dort beheimateten Vertreterinnen der Baureihe 110 ihre Leistungen. Nach und nach wurden die Maschinen an andere Bahnbetriebswerke abgegeben. Waren zum 1. Januar 1987 noch 14 Loks dieser Baureihe in Falkenberg (Elster) beheimatet, lag der Bestand ein Jahr später bei zehn und zum 1. Januar 1989 nur noch bei sieben 110. Im Verlauf des Jahres 1989 verließen dann auch die letzten 110 (vorerst) das Bw Falkenberg (Elster):

- 110 140 am 14. August zum Bw Halle P (Est Bitterfeld),
- 110 158 am 11. Juni zum Bw Neuruppin,
- 110 281 und 110 740 am 26. Mai zum Bw Lu-Wittenberg,
- 110 830 am 23. September zum Bw Lu-Wittenberg.

Derweil wurden 110 127 und 110 819 in jenem Jahr im Raw Stendal mit 1.200-PS-Motoren ausgerüstet und wechselten daraufhin die Baureihenbezeichnung in 112 sowie die Beheimatung.

Nach der Abgabe von 110 830 am 23. September 1989 zum Bw Lu-Wittenberg blieb das Bw Falkenberg (Elster) für drei Jahre ohne Maschinen der Baureihe 110. Erst im September 1992 kam mit 201 037 (Bw Halle G) wieder eine V 100 in den hiesigen Lokbestand, der im selben Jahr, am 27. November, noch 201 015 (Bw Lu-Wittenberg) und am 10. Juni 1993 die 201 763 (Bw Stendal) folgten. Die 201 424 (Bw Magdeburg) erhöhte den 201-Bestand ab dem 10. Januar auf vier Loks. Sie blieben bis zum 31. Mai 1994 im Bw Falkenberg (Elster) beheimatet und wechselten dann buchmäßig zum Bw Lutherstadt Wittenberg, denn ab dem 1. Juni jenes Jahres war

Falkenberg (Elster) kein eigenständiges Bahnbetriebswerk mehr, sondern nur noch eine Einsatzstelle des Bw Lu-Wittenberg.

Neben der Baureihe 110 standen auch Maschinen der Baureihe 111 in Diensten des Bw Falkenberg (Elster), die sowohl im schweren Rangierdienst auf den beiden Falkenberger Güterbahnhöfen als auch vor Übergabezügen zwischen dem oberen und unteren Güterbahnhof zum Einsatz kamen. Im April 1983 trafen direkt aus dem LEW Hennigsdorf kommend, folgende 111 ein: 111 021, 022, 023, 027, 029 und 031. Ab dem 29. Mai 1983 waren 111 021 in Mühlberg (Elbe) und 111 031 in Prettin stationiert, wo sie die dortigen Anschlussbahnen bedienten. Bis dahin oblagen diese Aufgaben Maschinen der Baureihe 106.

Die Baureihe 111 konnte sich in ihrem Einsatzgebiet durchaus bewähren. Der Bestand an diesen Lokomotiven blieb die ersten Jahre konstant bei sechs Maschinen, erst im März 1986 kam mit 111 035 aus dem Bahnbetriebswerk Altenburg eine siebente 111 hinzu.

Im Zusammenhang mit der Vereinheitlichung der Nummernsysteme von Reichs- und Bundesbahn erhielt die Baureihe 111 zum 1. Januar 1992 die Bezeichnung 293. Nach einem Umbau dieser Loks (u. a. Einbau eines hydrodynamischen Wendegetriebes) wurden sie schließlich zur Baureihe 298. Bereits zuvor wurden die Falkenberger 111 021 (am 12.12.1991) und 111 035 (am 28.11.1991) mit einem solchen Getriebe ausgerüstet, erhielten daraufhin die neuen Loknummern 108 321 sowie 108 335 und wurden in der Folge der Umzeichnung zu 298 321 und 298 335. Allerdings standen sie dann nicht mehr in Diensten des Bw Falkenberg (Elster).

Der Niedergang der Wirtschaft auf dem Gebiet der seit 3. Oktober 1990 ehemaligen DDR spiegelte sich auch im Schienengüterverkehr wider. Entsprechend sank auch auf den Falkenberger Güterbahnhöfen der Bedarf an Rangierlokomotiven. Standen für den dortigen Betrieb zum 1. Januar 1992 noch sieben Loks der Baureihe 293 bereit und steigerte sich dieser Bestand bis zum 1. August jenes Jahres kurzzeitig sogar auf neun Maschinen (293 022, 023, 024, 027, 029, 032, 033, 107 und 128), befanden sich zum 1. Januar 1993 lediglich noch 293 032, 033, 107 und 128 in Falkenberg (Elster).

Nachdem 293 032 und 033 im April bzw. Mai 1993 ebenfalls mit neuen Strömungswendegetrieben ausgerüstet wurden, kamen sie nicht mehr nach Falkenberg (Elster) zurück. Somit standen dort nur noch 293 107 und 128 für den schweren Rangierdienst zur Verfügung. Beide Lokomotiven wechselten mit der Degradierung des Bw Falkenberg (Elster) zu einer Einsatzstelle des Bw Lu-Wittenberg buchmäßig am 31. Mai 1994 zum neuen „Mutter-Bw", blieben allerdings noch in Falkenberg (Elster) stationiert und leisteten von dort aus weiterhin ihre Dienste.

Bw Falkenberg (Elster) (I)

Lok-Nr.	vom Bw	beheimatet von – bis	zum Bw
110 007	Zeitz	04.08.84 – 07.09.84	Röblingen a.S.
110 011	Roßlau (Elbe)	01.09.86 – 08.10.86	Bitterfeld
110 012	Aue (Sachs)	05.06.87 – 06.07.87	Dresden
201 015	Lu-Wittenberg	27.11.92 – 31.05.94	Lu-Wittenberg
110 018	Karl-Marx-Stadt	06.06.87 – 06.07.87	Dresden
110 024	Roßlau (Elbe)	22.10.85 – 27.09.87	Nossen
201 037	Halle G	04.09.92 – 31.05.94	Lu-Wittenberg
110 043	Lu-Wittenberg	20.02.86 – 23.10.86	Güsten
110 043	Güsten	07.12.86 – 06.01.88	Röblingen a.S.*
110 057	Halle G	08.06.88 – 31.10.88	Luckau
110 084	Pasewalk	18.05.85 – 05.10.87	Neustrelitz
110 093	Reichenbach (V)	26.06.84 – 30.05.88	Karl-Marx-Stadt
110 109	Zeitz	01.11.86 – 10.12.86	Merseburg
110 111	Lu-Wittenberg	26.03.84 – 19.06.84	Leipzig Hbf Süd
110 112	Pasewalk	18.05.85 – 28.09.85	Roßlau (Elbe)
110 112	Halle G	19.04.86 – 24.11.86	Eberswalde
110 126	Roßlau (Elbe)	30.09.85 – 05.10.87	Neustrelitz
110 127	Neustrelitz	06.10.87 – 30.04.89	umb in 112 127
110 133	Neustrelitz	06.10.87 – 24.10.87	Lu-Wittenberg
110 138	Leipzig Hbf Süd	16.10.85 – 24.02.86	Lu-Wittenberg
110 139	Leipzig Hbf Süd	14.05.86 – 30.05.87	Görlitz
110 140	Leipzig Hbf Süd	06.10.85 – 31.08.86	Roßlau (Elbe)
110 140	Karl-Marx-Stadt	05.06.87 – 12.08.87	Roßlau (Elbe)
110 140	Roßlau (Elbe)	29.11.87 – 14.08.89	Bitterfeld
110 141	Leipzig Hbf Süd	14.10.74 – 06.08.76	Halle G
110 158	Leipzig Hbf Süd	24.03.87 – 11.06.89	Neuruppin
110 163	Roßlau (Elbe)	30.09.85 – 02.12.86	Aue (Sachs)
110 235	Brandenburg	16.10.85 – 23.10.86	umb in 112 235
110 281	Leipzig Hbf Süd	12.09.88 – 21.10.88	Leipzig Hbf Süd
110 281	Leipzig Hbf Süd	21.04.89 – 26.05.89	Lu-Wittenberg
201 424	Magdeburg	10.01.94 – 31.05.94	Lu-Wittenberg
110 570	Halle P	25.09.74 – 06.06.86	Roßlau (Elbe)
110 627	Brandenburg	16.10.85 – 13.11.86	Leipzig Hbf Süd
110 644	Halle P	19.06.84 – 12.12.86	Leipzig Hbf Süd
110 679	Halle P	17.09.74 – 31.01.87	umb in 112 679
110 698	Neuanlieferung	09.08.74 – 29.01.85	umb in 114 698

* Lok war während der Beheimatung kurzzeitig in einem anderen Bw. umb = Umbau

Bw Falkenberg (Elster) (II)

Lok-Nr.	vom Bw	beheimatet von – bis	zum Bw
110 715	Neuanlieferung	21.09.74 – 30.09.85	umb in 112 715 *
110 716	Neuanlieferung	27.09.74 – 31.08.85	umb in 112 716
110 722	Saalfeld	23.08.83 – 15.08.85	umb in 112 722
110 725	Hoyerswerda	01.02.85 – 26.05.88	umb in 112 725
110 740	Zittau	20.05.85 – 26.05.89	Lu-Wittenberg
110 759	Halle P	22.08.85 – 31.12.86	Leipzig Hbf Süd
110 760	Halle P	07.08.76 – 16.06.83	umb in 115 760 **
201 763	Stendal	10.06.93 – 31.05.94	Lu-Wittenberg
110 794	Neuanlieferung	01.06.75 – 21.04.86	umb in 112 794
110 799	Neuanlieferung	13.06.75 – 18.03.87	umb in 112 799
110 819	Neuanlieferung	19.07.75 – 31.07.89	umb in 112 819 *
110 825	Roßlau (Elbe)	30.09.83 – 31.07.84	umb in 112 825
110 830	Neuanlieferung	28.08.75 – 23.09.89	Lu-Wittenberg
110 858	Luckau	21.05.85 – 28.09.85	Roßlau (Elbe)
110 882	Leipzig Hbf Süd	16.10.85 – 28.09.86	Leipzig Hbf Süd
110 883	Neuanlieferung	11.01.78 – 10.12.86	Leipzig Hbf Süd
110 886	Neuanlieferung	26.01.78 – 29.05.87	Cottbus
110 890	Leipzig Hbf Süd	02.07.79 – 12.09.79	Halle G
110 890	Leipzig Hbf Süd	05.09.85 – 23.09.89	Lu-Wittenberg
293 005	Leipzig Hbf Süd	15.07.92 – 15.12.92	umb in 298 305
111 015	Halle G	01.11.90 – 10.01.92	umb in 298 315
111 021	Neuanlieferung	01.04.83 – 12.12.91	umb in 108 321
111 022	Neuanlieferung	07.04.83 – 10.07.87	Röblingen a.S.
111 022	Röblingen a.S.	01.01.88 – 08.03.88	Röblingen a.S.
293 022	Halle G	14.06.92 – 26.11.92	umb in 298 322
111 023	Neuanlieferung	07.04.83 – 02.09.92	umb in 298 323
293 024	Leipzig Hbf Süd	06.06.92 – 05.10.92	umb in 298 324
111 027	Neuanlieferung	21.04.83 – 09.07.92	umb in 298 327
111 029	Neuanlieferung	23.04.83 – 10.08.92	umb in 298 329
111 031	Neuanlieferung	29.04.83 – 15.01.92	umb in 298 331
293 032	Leipzig Hbf Süd	15.07.92 – 20.04.93	umb in 298 332
293 033	Leipzig Hbf Süd	15.05.92 – 27.05.93	umb in 298 333
111 035	Altenburg	09.03.86 – 28.11.91	umb in 108 335 *
111 107	Halle G	06.06.91 – 31.05.94	Lu-Wittenberg
111 128	Halle G	05.06.91 – 31.05.94	Lu-Wittenberg

** Lok wurde später in die Baureihe 114 eingereiht.

7.3 Bw Halle G

Das Bw Halle G erhielt im September 1966 die V 100 001 zur Erprobung zugewiesen. Auch die Baumusterlok V 100 002 kam in jenem Jahr von Halle G aus zum Einsatz, sie wurde allerdings nie von der Deutschen Reichsbahn in den offiziellen Fahrzeugbestand übernommen und fehlt aus diesem Grund in allen Statistiken.

Nachdem die beiden Vorauslokomotiven das Bahnbetriebswerk auf der Ostseite der Berliner Brücke in Halle (S) Anfang 1967 wieder verlassen hatten, kam erst 1974 wieder eine 110 (110 161 am 03.07. vom „benachbarten" Bw Halle P) in den dortigen Fahrzeugbestand, denn der Bedarf an dieser Baureihe war im „Bw G" nicht vorhanden. Für den schweren Güterzugdienst, den die Maschinen dieses Bahbetriebswerkes zu leisten hatten, standen Vertreterinnen der Baureihen 130, 131, 132 und 120 zur Verfügung.

Die 110 des Bw Halle G fanden entsprechend ihre Verwendung vor leichten Nahgüter- und Übergabezügen auf den nichtelektrifizierten Strecken rund um Halle (S) und kamen dabei u. a. nach Eilenburg, Könnern und Lutherstadt Eisleben. Zudem wurden die Loks vor Personenzügen auf der Strecke Halle (S) – Eilenburg Ost eingesetzt, was im Wechsel mit den 110 des Bw Halle P geschah. Der Bestand an 110ern lag in den achtziger Jahren zwischen zwei (1989/90) und acht Loks (1984).

Ab 1986 beheimatete Halle G auch die Baureihe 112. Die erste Vertreterin kam allerdings schon im Januar 1984: 112 596 weilte aber nur ein halbes Jahr in der Saalestadt und wechselte dann nach Zeitz.

△ **Bild 348** • Viel Betrieb war in Eilenburg Ost am 7. August 1984. Auch **110 007** vom Bw Halle G kam an jenem Tag dort vorbei.

Aufnahme: Thomas Fischer

△ **Bild 349** • **112 456** des Bw Halle G ist am 4. Juli 1989 mit einem Güterzug am Hp Rosengarten im Süden der Stadt Halle (S) unterwegs in Richtung Haupt- bzw. Güterbahnhof.

Bild 350 ▷ Heute einer der modernsten Zugbildungsbahnhöfe im Land: Am 6. Mai 2008 rangiert 298 100 auf dem Halleschen Güterbahnhof. Das Bild ist in mehrfacher Hinsicht „historisch", denn nicht nur die Gleisanlagen haben sich grundlegend verändert, es sind auch sämtliche Stellwerke und der Lokschuppen 5 abgerissen worden, und selbst die beiden Hochhäuser im Hintergrund sind nicht mehr vorhanden.

Aufnahmen (2): Volker Lucas, Sammlung A. Zika

◁ **Bild 351**
Nachdem das Bw Röblingen a. S. dem Bw Halle G unterstellt wurde, kamen entsprechend auch Hallesche 202 von dort aus zum Einsatz, so wie hier am 29. Dezember 1995 die **202 164** mit der RB 8166 (Vitzenburg – Röblingen a. S), aufgenommen bei Grockstädt

Aufnahme: Gunter von Hartwig

In den neunziger Jahren kam derweil Bewegung in die Bestände bei den Baureihen 110 und 112. Durch die Auflösung von Lokbeständen in anderen Bahnbetriebswerken bzw. durch die Übernahme von ehemalig eigenständigen Dienststellen als nunmehrige Einsatzstellen erhielt das Bw Halle G ab 1990 zahlreiche 110 (ab 1992: 201) und 112 (ab 1992: 202) zugewiesen, sodass sich z. B. im Januar 1992 jeweils 13 Maschinen dieser Baureihen buchmäßig in Halle G befanden. Während sich diese Anzahl bei den 201 in der Folge ständig verringerte, hielt sich bei den 202 ein Bestand von zwölf Lokomotiven bis Mai 1994, dann kamen 202 280 und 425 (beide Bh Rostock) sowie 202 338 und 354 (beide Bh Neustrelitz) und erhöhten den Bestand auf 16 Maschinen. Das Maximum wurde in den Monaten Februar bis Mai 1996 mit 19 × 202 erreicht.

Zu diesem Zeitpunkt befanden sich auch noch drei 201 im offiziellen Bestand des Bh Halle G, die jedoch im August jenes Jahres z-gestellt wurden. Dies waren 201 619, 734 und 826.

Relativ kurzzeitig beheimatete das Bw Halle G zwischen Mai 1990 und Juni 1992 auch fünf Vertreterinnen der Baureihe 111: 111 015, 022, 025, 107 und 128.

Demgegenüber entwickelte sich das „Bw G“ ab 1992 zumindest zahlenmäßig zu einer Hochburg der Baureihe 298 – auch wenn so manche dieser Loks ihr „Mutter-Bw“ nie gesehen hat …

Bw Halle G (I)

Lok-Nr.	vom Bw	beheimatet von – bis	zum Bw
110 001	Halle P	21.09.66 – 07.02.67	Leipzig Hbf Süd
110 006	Merseburg	02.07.90 – 16.07.92	Lu-Wittenberg
110 009	Roßlau (Elbe)	18.12.85 – 19.12.85	Lu-Wittenberg
110 013	Bitterfeld	03.06.86 – 08.07.86	Bitterfeld
110 014	Lu-Wittenberg	30.05.78 – 04.02.92	Roßlau (Elbe)
201 014	Roßlau (Elbe)	27.05.92 – 06.07.94	z, a 14.12.93
110 024	Zeitz	15.06.84 – 17.08.85	Roßlau (Elbe)
110 031	Leipzig Hbf Süd	17.05.89 – 30.12.93	z, a 31.08.91
110 036	Merseburg	02.07.90 – 29.10.95	z, a 09.10.95
110 037	Merseburg	02.07.90 – 03.09.92	Falkenberg (Elster)
110 039	Röblingen a.S.	07.11.84 – 31.01.85	Güsten
110 039	Güsten	21.02.85 – 31.05.85	Halle P
110 039	Magdeburg	25.07.85 – 21.07.87	Bln-Pankow
110 041	Merseburg	02.07.90 – 09.10.94	z, a 05.10.94
110 043	Zeitz	04.08.84 – 25.06.85	Lu-Wittenberg
110 043	Röblingen a.S.	20.05.88 – 24.05.88	Karl-Marx-Stadt
110 045	Halle P	02.07.90 – 28.04.92	umb in 298 045
110 046	Merseburg	02.07.90 – 27.11.92	umb in 298 046
110 057	Karl-Marx-Stadt	02.06.81 – 07.06.88	Falkenberg (Elster)
110 110	Roßlau (Elbe)	17.12.85 – 12.06.89	Neuruppin
110 111	Halle P	02.07.90 – 31.05.92	Lu-Wittenberg
110 112	Roßlau (Elbe)	24.12.85 – 18.04.86	Falkenberg (Elster)
110 115	Seddin	28.05.81 – 05.05.84	Roßlau (Elbe)
110 126	Leipzig Hbf Süd	21.09.79 – 22.10.79	Leipzig Hbf Süd
110 126	Röblingen a.S.	10.06.83 – 11.01.84	Roßlau (Elbe)
110 133	Roßlau (Elbe)	21.09.90 – 31.05.92	Lu-Wittenberg
110 140	Halle P	02.07.90 – 31.05.92	Lu-Wittenberg

a = abgestellt umb = Umbau ums = Umsetzung

Bw Halle G (II)

Lok-Nr.	vom Bw	beheimatet von – bis	zum Bw
110 141	Falkenberg (Elster)	07.08.76 – 31.03.83	Roßlau (Elbe)
110 141	Halle P	02.07.90 – 31.05.92	Lu-Wittenberg
110 156	Halle P	09.05.78 – 31.12.84	umz in 108 156
110 161	Halle P	03.07.74 – 31.12.84	umz in 108 161
110 224	Roßlau (Elbe)	30.05.79 – 06.05.81	Brandenburg
110 224	Brandenburg	19.05.81 – 29.05.81	Leipzig Hbf Süd
201 224	Roßlau (Elbe)	01.06.92 – 16.07.92	Lu-Wittenberg
201 225	Roßlau (Elbe)	01.06.92 – 25.11.92	Lu-Wittenberg
110 278	Frankfurt (Oder)	25.05.78 – 14.12.82	umb in 112 278
201 570	Roßlau (Elbe)	05.06.92 – 17.10.95	z-gestellt 31.10.95
201 619	Halberstadt	07.07.94 – 27.08.96	z-gestellt 20.08.96
201 734	Halberstadt	07.07.94 – 27.08.96	z-gestellt 28.08.96
110 740	Halle P	02.07.90 – 25.09.90	Roßlau (Elbe)
201 740	Roßlau (Elbe)	01.06.92 – 06.06.95	z-gestellt 26.04.95
201 802	Halberstadt	10.10.94 – 26.10.94	z-gestellt 28.10.94
201 826	Halberstadt	10.10.94 – 14.08.96	z-gestellt 03.07.96
201 830	Roßlau (Elbe)	01.06.92 – 29.10.95	z-gestellt 11/95
110 859	Güstrow	14.07.82 – 31.07.84	umb in 112 859
201 867	Halberstadt	26.08.94 – 29.10.95	z-gestellt 16.10.95
110 882	Halle P	02.07.90 – 28.08.90	umb in 112 882
110 889	Halle P	21.05.82 – 20.08.85	Halle P
110 889	Halle P	01.07.90 – 24.09.94	z-gestellt 05.09.94
110 890	Falkenberg (Elster)	13.09.79 – 31.10.79	Leipzig Hbf Süd
111 015	Wittenberge	25.05.90 – 31.10.90	Falkenberg (Elster)
111 022	Röblingen a.S.	01.03.91 – 13.06.92	Falkenberg (Elster)
111 025	Röblingen a.S.	01.03.91 – 08.05.92	umb in 298 325
111 107	ums	25.10.90 – 05.06.91	Falkenbg (E), ex BKK Cs
111 128	ums	25.10.90 – 04.06.91	Falkenbg (E), ex BKK Cs

Bw Halle G (III)

Lok-Nr.	vom Bw	beheimatet von – bis	zum Bw
202 105	Stendal	04.06.92 – 27.08.96	z-Park 28.08.96
112 109	Merseburg	02.07.90 – 04.06.92	Stendal
112 115	Röblingen a.S.	01.03.91 – 22.07.91	Haldensleben
202 115	Halberstadt	31.08.96 – 16.07.97	z-Park
112 127	Röblingen a.S.	01.03.91 – 04.06.92	Stendal
112 164	Merseburg	02.07.90 – 27.08.96	z-Park 28.08.96
202 235	Leipzig Hbf Süd	02.01.92 – 28.05.92	Hoyerswerda
112 241	Leipzig Hbf Süd	01.06.85 – 16.06.85	Leipzig Hbf Süd
202 242	Halberstadt	01.09.99 – 29.04.00	z-Park
112 316	Sangerhausen	01.06.85 – 30.05.86	Bautzen
202 338	Neustrelitz	30.05.94 – 29.05.98	z-Park
202 354	Neustrelitz	29.05.94 – 27.05.95	Meiningen
112 355	Röblingen a.S.	01.03.91 – 18.10.95	z-Park 10/95
202 363	Halberstadt	31.08.96 – 04.05.98	z-Park
202 364	Halberstadt	01.09.99 – 29.04.00	z-Park
202 373	Neustrelitz	30.05.94 – 17.05.95	Erfurt
202 375	Magdeburg	12.01.97 – 16.07.97	z-Park
202 377	Halberstadt	31.08.96 – 16.07.97	z-Park
202 421	Magdeburg	12.01.97 – 21.06.98	z-Park
202 425	Rostock	29.05.94 – 01.10.96	Leipzig Hbf Süd
202 426	Halberstadt	31.05.95 – 01.09.97	z-Park 17.07.97
202 446	Stendal	04.06.92 – 01.10.96	Leipzig Hbf Süd
112 456	Erfurt	07.06.85 – 23.10.95	z-Park 11/95
202 472	Magdeburg	13.01.97 – 31.12.97	Magdeburg
202 472	Magdeburg	23.01.98 – 29.05.98	z-Park
112 486	Röblingen a.S.	01.03.91 – 01.10.96	Leipzig Hbf Süd
202 522	Leipzig Hbf Süd	04.02.92 – 27.08.96	z-Park 28.08.96
112 525	Stralsund	07.06.90 – 27.05.92	Cottbus
112 536	Röblingen a.S.	01.03.91 – 27.05.92	Haldensleben
202 553	Eisenach	25.05.95 – 31.05.96	Bln-Pankow
112 554	Röblingen a.S.	01.03.91 – 11.06.96	z-Park 28.05.96 unf
112 596	umb	07.01.84 – 14.06.84	Zeitz
202 637	Mg-Rothensee	03.01.96 – 01.10.96	Leipzig Hbf Süd
202 640	Lu-Wittenberg	25.10.95 – 24.06.96	Stendal
202 646	Lu-Wittenberg	25.10.95 – 01.10.96	Leipzig Hbf Süd
202 655	Meiningen	25.05.95 – 27.09.95	Chemnitz
112 675	Röblingen a.S.	01.03.91 – 30.06.92	Haldensleben
202 675	Magdeburg	16.05.98 – 30.05.00	z-Park
202 706	Haldensleben	14.06.92 – 06.06.95	z-Park 30.05.95
112 722	umb	16.08.85 – 29.05.90	Stralsund
112 725	Röblingen a.S.	01.03.91 – 01.10.96	Leipzig Hbf Süd
202 752	Lu-Wittenberg	01.03.00 – 30.05.00	z-Park
202 814	Magdeburg	28.09.95 – 01.10.96	Leipzig Hbf Süd
202 818	Magdeburg	16.05.98 – 30.05.00	z-Park
202 832	Mg-Rothensee	03.01.96 – 01.10.96	Leipzig Hbf Süd
202 841	Mg-Rothensee	03.01.96 – 01.10.96	Leipzig Hbf Süd
203 111	Mg-Rothensee	02.09.09 – 21.12.10	z-Park
203 112	Nürnberg	02.04.09 – 21.12.10	z-Park
203 113	Nürnberg	03.05.09 – 21.12.10	z-Park
203 114	Nürnberg	10.03.09 – 21.12.10	z-Park
203 115	Nürnberg	16.02.09 – 21.12.10	z-Park
203 117	Regensburg	02.12.09 – 03.01.10	z-Park
203 118	Regensburg	02.11.09 – 03.01.10	z-Park
203 119	Würzburg	02.11.09 – 03.01.10	z-Park
203 443	ID	30.01.09 – 10.01.11	z, Mietlok
204 203	Lu-Wittenberg	04.06.96 – 14.01.97	Magdeburg
204 203	Magdeburg	01.01.98 – 15.01.98	Magdeburg
204 246	Mg-Rothensee	01.01.95 – 14.01.97	Magdeburg
204 246	Magdeburg	01.01.98 – 15.01.98	Magdeburg
204 328	Lu-Wittenberg	27.09.98 – 29.05.99	Seddin

unf = Unfall

Bw Halle G (IV)

Lok-Nr.	vom Bw	beheimatet von – bis	zum Bw
204 358	Lu-Wittenberg	09.06.96 – 14.01.97	Magdeburg
204 358	Magdeburg	01.01.98 – 15.01.98	Magdeburg
204 366	Mg-Rothensee	31.12.94 – 14.01.97	Magdeburg
204 366	Magdeburg	01.01.98 – 15.01.98	Magdeburg
204 399	Mg-Rothensee	31.12.94 – 14.01.97	Magdeburg
204 399	Magdeburg	01.01.98 – 15.01.98	Magdeburg
204 445	Lu-Wittenberg	04.06.96 – 14.01.97	Magdeburg
204 445	Magdeburg	01.01.98 – 15.01.98	Magdeburg
204 464	Mg-Rothensee	01.01.95 – 14.01.97	Magdeburg
204 464	Magdeburg	01.01.98 – 15.01.98	Magdeburg
204 469	Mg-Rothensee	31.12.94 – 14.01.97	Magdeburg
204 469	Magdeburg	01.01.98 – 15.01.98	Magdeburg
204 513	Lu-Wittenberg	04.06.96 – 14.01.97	Magdeburg
204 513	Magdeburg	01.01.98 – 15.01.98	Magdeburg
204 605	Lu-Wittenberg	14.08.96 – 14.01.97	Magdeburg
204 605	Magdeburg	01.01.98 – 24.01.98	Magdeburg
204 673	Lu-Wittenberg	25.10.95 – 14.01.97	Magdeburg
204 673	Magdeburg	01.01.98 – 15.01.98	Magdeburg
204 760	Lu-Wittenberg	27.09.98 – 29.05.99	Seddin
298 045	umb[2]	29.04.92 – 31.07.97	Stralsund
298 046	umb[3]	28.11.92 – 30.10.97	Magdeburg
298 051	Reichenbach (V)	28.09.98 – 31.05.02	Dresden
298 058	Zwickau	15.12.02 – 05.03.03	Senftenberg
298 062	Rostock-Seehafen	01.03.98 – 28.02.05	Seddin
298 079	Dresden	03.07.02 – 31.10.08	Seddin
298 099	umb[4]	28.05.92 – 18.11.93	Magdeburg
298 100	Leipzig Hbf Süd	30.07.02 – 14.12.02	Leipzig Hbf Süd
298 100	Leipzig Hbf Süd	01.04.03 – 14.12.08	z-Park
298 110	Seddin	01.04.00 – 11.07.08	z-Park
298 150	Bln-Pankow	04.07.97 – 09.12.04	z-Park 26.10.04 bran
108 156	umz[5]	01.01.85 – 13.01.98	Leipzig Hbf Süd
298 156	Leipzig Hbf Süd	01.04.03 – 29.09.06	z-Park
108 161	umz[6]	01.01.85 – 29.09.94	Cottbus
298 163	Seddin	01.05.05 – 07.12.07	z-Park
298 311	Dresden	15.06.03 – 25.01.09	z-Park
298 313	Magdeburg	06.04.98 – 25.03.06	z-Park
298 313	aus z-Stellung	05.02.07 – 30.06.07	Seddin
298 314	Dresden	15.06.03 – 31.07.04	z-Park
298 315	Leipzig Hbf Süd	09.10.94 – 02.07.97	Stralsund
298 315	Rostock-Seehafen	04.12.98 – 24.10.07	Dresden
298 316	Leipzig Hbf Süd	01.04.03 – 29.12.05	z-Park
298 316	aus z-Stellung	16.06.07 – 02.07.07	Seddin
298 321	Dresden	01.04.12 – 15.12.13	Seddin
298 322	Leipzig Hbf Süd	05.11.97 – 31.03.03	Senftenberg
298 323	Dresden	01.04.12 – 15.12.13	Seddin
298 324	Mg-Rothensee	01.06.13 – 15.12.13	Seddin
298 325	umb[7]	09.05.92 – 31.07.93	Magdeburg
298 326	Leipzig Hbf Süd	01.04.03 – 11.09.07	Senftenberg
298 326	Senftenberg	01.04.12 – 13.10.13	Seddin
298 328	Leipzig Hbf Süd	01.04.03 – 19.03.06	Seddin
298 329	umb[8]	11.08.92 – 31.07.93	Magdeburg
298 332	Leipzig Hbf Süd	14.01.98 – 25.02.09	z-Park
298 333	Leipzig Hbf Süd	14.01.98 – 11.03.09	z-Park
298 335	Leipzig Hbf Süd	01.04.03 – 18.08.05	Senftenberg
108 036	umb[9]	24.05.90 – 01.06.94	Magdeb.-Rothensee
108 037	umb[10]	29.11.90 – 27.06.97	Cottbus

[2] ex 201 045 [3] ex 201 046 [4] ex 201 099 [5] ex 110 156 [6] ex 110 161
[7] ex 293 0025 [8] ex 293 029 [9] ex 111 036 [10] ex 111 037

bran = Abstellung nach Brandschaden

△ **Bild 352** • Mit einem Personenzug nach Schafstädt steht **110 006** der Einsatzstelle Merseburg des Bw Halle G am 23. November 1986 im Bahnhof Merseburg. Es liegt – wie damals so oft – der Dunstschleier der Chemiebetriebe und Brikettfabriken rund um Merseburg in der Luft. AUFNAHME: VOLKER LUCAS, SAMMLUNG A. ZIKA

△ **Bild 353** • Im Bahnhof Schafstädt entstand am 23. August 1990 diese Aufnahme der Merseburger **112 109** und **112 164**. Letztere fährt soeben mit einem Personenzug aus Merseburg ein. AUFNAHME: MICHAEL ZINNER

7.4 Bw Halle G – Est Merseburg

Merseburg darf durchaus als (ehemaliger) Eisenbahnknotenpunkt bezeichnet werden. An der Hauptstrecke (Berlin –) Halle – Erfurt gelegen, zweigen von dort die Strecken nach Querfurt, Schafstädt sowie Halle-Neustadt ab, und es gab zudem die Verbindung Merseburg – Leipzig-Leutzsch (Einstellung Reiseverkehr am 23.05.1998, Güterverkehr am 1. Januar 1999). Eisenbahnbetrieblich eine überregionale Bedeutung erlangte Merseburg jedoch durch seine Lage im mitteldeutschen Braunkohle- und Industriegebiet. Südlich der Stadt siedelte sich im Jahr 1916 in Leuna die Badische Anilin- und Sodafabrik AG (BASF) mit einem Ammoniakwerk an – womit der Grundstein für die Entstehung eines der größten Chemiebetriebe in Deutschland gelegt wurde: die (späteren) Leuna-Werke. Zu deren Spitzenzeiten standen dort 30.000 Menschen in Lohn und Brot.

In den dreißiger Jahren errichtete die Ammoniakwerke GmbH Merseburg (ein Tochterunternehmen der IG Farben AG) nordwestlich der Stadt in Schkopau einen weiteren chemischen Großbetrieb: die Buna-Werke GmbH, dem weltweit ersten Werk zur Herstellung von Synthesekautschuk.

Diese beiden chemischen Großbetriebe sowie die Braunkohletagebaue und Brikettfabriken im westlich von Merseburg gelegenen Geiseltal (einem der größten zusammenhängenden Tagebaugebiete in Deutschland) sorgten für einen umfangreichen Güterverkehr.

Das in seinen Ausmaßen eher bescheidene Bw Merseburg – nach diversen Erweiterungen immerhin mit einem 14-ständigen Halbrundschuppen (davon zehn Gleise für die Abstellung von Lokomotiven nutzbar) und einer 23-m-Drehscheibe – wurde in den Jahren 1900 bis 1905 am östlichen Rand des Güterbahnhofes errichtet. Die dort beheimateten Lokomotiven leisteten ihre Dienste vorwiegend im Rangierdienst, kamen aber auch vor Personen- und Güterzügen auf den von Merseburg ausgehenden Nebenstrecken zum Einsatz. Zu den im Bw Merseburg beheimateten Baureihen gehörten 38^{10-40}, 52, 55, 58, 86, 92 und 94^{5-17}.

Noch bevor das Merseburger Bahnbetriebswerk zum 31. Dezember 1968 seine Eigenständigkeit verlor und dem Bw Halle G als Einsatzstelle unterstellt wurde, sind dort die ersten Vertreterinnen der Baureihe V 100 beheimatet worden, die alle vom Bw Halle P kamen (aufgelistet in der Reihenfolge ihrer Zuweisung):

- V 100 036 am 24. April 1967,
- V 100 005 und 041 am 24. Mai 1967,
- V 100 006 am 23. November 1967,
- V 100 008 am 29. März 1968,
- V 100 037 und 046 am 24. April 1968.

Mit der Zuteilung der V 100 wurde der Traktionswechsel im Personenverkehr in Merseburg beschleunigt, denn die Diesellloks übernahmen fortan die bis dato von den 38^{10-40} bespannten Leistungen. Immerhin befanden sich Mitte der sechziger Jahre noch fünf bis sieben preußische P 8 im Merseburger Lokbestand.

Zwischen 1970 und 1988 waren jeweils zum Stichtag 1. Januar stets sieben, in den Jahren 1981, 1983 bis 1985 sowie 1987 auch acht Maschinen der Baureihe 110 im Bw Merseburg stationiert. Dabei können 110 006, 036, 037 und 046 als „feste Größen" bezeichnet werden, denn sie blieben nach ihrer Zuweisung in den Jahren 1967 bzw. 1968 allesamt bis Juli 1990 dieser Einsatzstelle treu. Die als Neuanlieferung im April 1969 aus dem LEW in Hennigsdorf gekommene V 100 109 blieb immerhin bis September 1985 in Merseburg.

Das Aufgabengebiet der Merseburger 110 lag während ihrer gesamten Beheimatungszeit in der Bespannung der Personenzüge auf den Nebenbahnen nach Leipzig, Schafstädt, Querfurt und zunächst auch nach Halle-Neustadt. Der volkswirtschaftlichen Bedeutung der Braunkohle entsprechend, wurde der Streckenabschnitt Merseburg – Mücheln (Geiseltal) auf der Verbindung nach Querfurt bereits 1959 mit einer Oberleitung versehen und der elektrische Betrieb am 21. Dezember jenes

Jahres, zeitgleich mit dem Beginn der elektrischen Zugförderung Halle (S) – Merseburg – Weißenfels, in Betrieb genommen. Zwischen Merseburg und Halle-Neustadt fand auf der am 24. April 1967 eröffneten Strecke die Aufnahme des elektrischen Betriebes am 11. Dezember 1970 statt.

Für die Beförderung der Personenzüge reichten die sieben, in der Spitze acht in der Est Merseburg stationierten 110 aus. Im Oktober 1988 gelangte sogar eine Vertreterin der 1.200-PS-Variante, 112 109, nach Merseburg, der im Januar 1989 noch 112 164 folgte.

Zum 30. Juni 1990 befanden sich noch folgende 110/112 in der Est Merseburg:

110 006	036	037	041	046
112 109	164			

Sie wechselten am Folgetag alle in den Bestand des „Mutter-Bw" Halle G.

Bw Halle G, Einsatzstelle Merseburg

Lok-Nr.	vom Bw	beheimatet von – bis	zum Bw
110 005	Halle P	24.05.67 - 24.05.78	Frankfurt (Oder)*
110 006	Halle P	23.11.67 - 01.07.90	Halle G
110 008	Halle P	29.03.68 - 15.01.87	Röblingen a.S.
110 036	Halle P	24.04.67 - 01.07.90	Halle G
110 037	Halle P	24.04.68 - 01.07.90	Halle G
110 041	Halle P	24.05.67 - 21.12.67	Görlitz
110 041	Halle P	28.05.78 - 01.07.90	Halle G
110 046	Halle P	24.04.68 - 01.07.90	Halle G
110 109	Neuanlieferung	01.04.69 - 30.09.85	Bitterfeld
110 109	Falkenberg (Elster)	11.12.86 - 30.09.88	umb in 112 109
110 110	Halle P	05.03.83 - 14.04.83	Roßlau (Elbe)
110 126	Leipzig Hbf Süd	20.03.80 - 14.04.80	Leipzig Hbf Süd
110 159	Leipzig Hbf Süd	01.06.89 - 05.06.89	Neuruppin
110 164	Röblingen a.S.	15.12.82 - 24.01.89	umb in 112 164
110 238	Roßlau (Elbe)	13.06.80 - 03.06.81	Leipzig Hbf Süd
110 246	Halle P	18.07.84 - 27.12.84	umb in 114 246
110 675	Leipzig Hbf Süd	30.05.80 - 14.06.80	Leipzig Hbf Süd
112 109	Stendal	13.10.88 - 01.07.90	Halle G
112 164	umb	25.01.89 - 01.07.90	Halle G

* Lok war während der Beheimatung kurzzeitig in einem anderen Bw. umb = Umbau

7.5 Bw Halle P

Das Bw Halle P – von den hiesigen Eisenbahnern auch als „Bw Paula" bezeichnet – gehörte bei der Deutschen Reichsbahn zu den bedeutendsten Dienststellen. Seine Berühmtheit erlangte dieses Bahnbetriebswerk allerdings nicht zwingend durch die Beheimatung der Baureihe V 100, sondern wohl doch eher durch die hier beheimateten Lokomotiven der unmittelbar angrenzenden Versuchs- und Entwicklungsstelle der Maschinenwirtschaft – kurz VES-M. In diesem „Tempel der Technik" wurde auch die Baumuster-V 100 – V 100 001 – ausgiebig erprobt und getestet. Nachdem diese Maschine vom Lokomotivbau „Karl Marx" in Babelsberg fertiggestellt, auf der Leipziger Frühjahrsmesse 1964 präsentiert und Ende April von der Deutschen Reichsbahn abgenommen wurde, gelangte sie am 11. Mai jenes Jahres buchmäßig in den Bestand des Bw Halle P. Mit V100 001 fanden anschließend bei der VES-M umfangreiche Probe- und Versuchsfahrten statt, wofür sie kurzzeitig sogar buchmäßig dorthin umgesetzt wurde. Erste Einsätze vor planmäßigen Zügen fanden mit dieser Lok ab Februar 1965 auf der Strecke Halle (S) – Halberstadt statt. Diese Leistungen dienten allerdings noch der Betriebserprobung der V 100 001.

Im Verlauf des Jahres 1967 wurden dem Bw Halle P insgesamt 18 V 100 zur Beheimatung überstellt, davon kamen 17 Maschinen werksneu aus dem LEW Hennigsdorf in die Saalestadt. Zum 31. Dezember

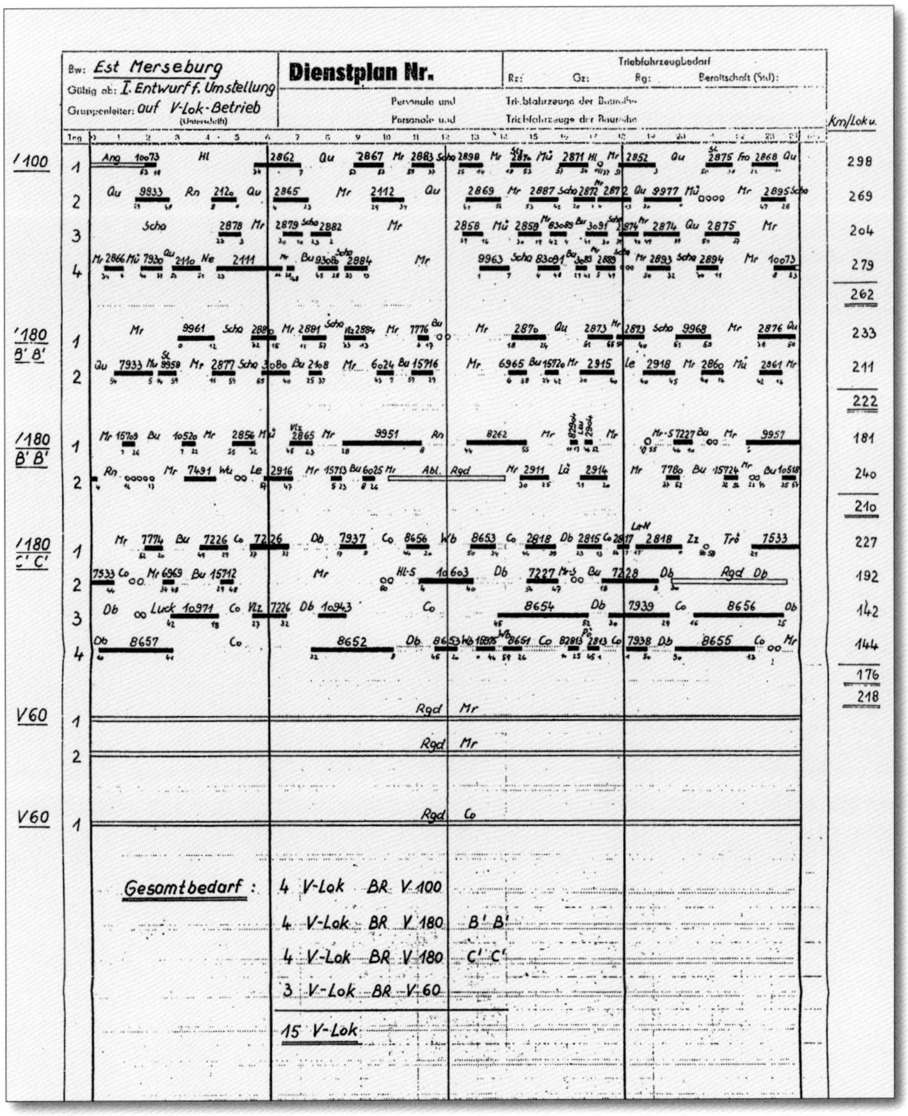

△ **Bild 354** • Ein interessantes Dokument ist dieser Entwurf eines Dienstplanes für die Einsatzstelle Merseburg des Bw Halle G in Vorbereitung des dortigen Traktionswechsels. Die vorgesehene Anzahl an Lokomotiven der Baureihe V 100 sowie deren Umläufe wurden später nahezu 1:1 so umgesetzt. Die Merseburger V 100 kamen mit ihren Zügen u. a. nach Angersdorf, Schafstädt, Querfurt, Mücheln und Röblingen. Lediglich die Umläufe nach Leipzig-Leutzsch waren noch nicht im Plan vogesehen. Abbildung: Sammlung Andreas Stange

◁ **Bild 355**
Am 4. Oktober 1968 steht **V 100 013** vom Bw Halle P mit einem Personenzug nach Lutherstadt Eisleben im Halleschen Hauptbahnhof.

Aufnahme: Sammlung Matthias Hengst

1967 befanden sich noch 14 dieser Loks in den Bestandslisten des „Bw Paula", womit interessanterweise auch schon zu diesem frühen Zeitpunkt der Einsatzgeschichte jener Baureihe zumindest für dieses Hallenser Bahnbetriebswerk der Höhepunkt bei der Anzahl der V100 erreicht war:

V100 004	007	008	009	010
011	012	013	014	015
018	024	031	032	

Die Einsatzgebiete der V 100 des Bw Halle P lagen auf den von Halle (S) ausgehenden Strecken in Richtung Halberstadt, Eilenburg und Sangerhausen, auf denen die Loks im Personenzugdienst zum Einsatz kamen. Dort lösten sie u. a. die Maschinen der Baureihen 23^{10} und 65^{10} ab. Während die letzte 65^{10} – 65 1070 – im September 1967 von der Saalestadt zum Bw Aschersleben wechselte, wurde im Dezember desselben Jahres mit 23 1098 die letzte Hallenser 23^{10} zum Bw Leipzig Hbf West abgegeben. Allerdings gab es für die Baureihe 23^{10} nur vier Jahre später ein „Comeback" im Bw Halle P, welches immerhin bis 1976 andauerte.

In einem ab 24. September 1967 gültigen Lokumlaufplan der V 100 des Bw Halle P, in dem auch Personale des Bw Nordhausen auf Hallenser Maschinen fuhren, kamen die Loks vor folgenden Zügen zum Einsatz:

◁ **Bild 356**
Aus Richtung Halle (S) wurde die Strecke der ehemaligen Halle-Hettstedter Eisenbahn nur noch bis Schochwitz befahren. Und dies auch nur noch im Güterverkehr. Die Aufnahme aus dem Jahr 1977 zeigt 110 041 des Bw Halle P bei einer dieser Bedienungsfahrten.

Aufnahme: Peter Stanek, Sammlung Joachim Volkhardt

Tag 1

P 568	Halle (S) Hbf – Arenshausen
P 575	Arenshausen – Nordhausen
P 579	Nordhausen – Halle (S) Hbf
P 1499	Halle (S) Hbf – Eilenburg

Tag 2

P 1478	Eilenburg – Halle (S) Hbf
P 526	Halle (S) Hbf – Könnern
P 545	Könnern – Halle (S) Hbf
P 614	Halle (S) Hbf – Lu-Eisleben
Lr 90614	Lu-Eisleben – Halle (S) Hbf

Tag 3

P 592* (Sl)	Halle (S) Hbf – Lu-Eisleben
P 611	Lu-Eisleben – Halle (S) Hbf
E 290	Halle (S) Hbf – Nordhausen
E 291	Nordhausen – Halle (S) Hbf
P 576	Halle (S) Hbf – Arenshausen
P 587	Arenshausen – Sangerhausen

Tag 4

Dg 7911 (Sl)	Sangerhausen – Blankenheim
Lz	Blankenheim – Sangerhausen
P 563	Sangerhausen – Halle (S) Hbf
P 570	Halle (S) Hbf – Nordhausen
P 577	Nordhausen – Halle (S) Hbf
P 582	Halle (S) Hbf – Arenshausen
P 591	Arenshausen – Leinefelde

Tag 5

Ng 9337	Leinefelde – Sollstedt
Dg 7330 (Sl)	Sollstedt – Leinefelde
P 564	Leinefelde – Arenshausen
P 569	Arenshausen – Halle (S) Hbf
P 596	Halle (S) Hbf – Lu-Eisleben
P 597	Lu-Eisleben – Halle (S) Hbf
P 1526	Halle (S) Hbf – Könnern
Lz	Könnern – Halle (S)

* P 592 (Halle/S Hbf – Arenshausen),
Sl = Schiebelok

Auf diesen Strecken leisteten die V 100 auch in den folgenden Fahrplanperioden ihre Dienste. Im Winterfahrplan 1967/68 kamen noch das Zugpaar P 839/808 nach Lutherstadt Wittenberg u. z., Leistungen nach Bernburg, Zeitz und Leipzig-Wahren sowie ein ganztägiger Rangierdienst auf dem Halleschen Hauptbahnhof hinzu. In einem eintägigen Plan wurden zudem folgende Leistungen gefahren:

P 1261	Halle (S) Hbf – Leipzig-Leutzsch
P 1262	Leipzig-Leutzsch – Merseburg
P 1263	Merseburg – Leipzig Hbf
P 1258	Leipzig Hbf – Großkorbetha
P 1259	Großkorbetha – Leipzig-Leutzsch
P 1266	Leipzig-Leutzsch – Merseburg
P 2915 (Sl)	Merseburg – Leipzig Hbf
P 1268	Leipzig-Leutzsch – Merseburg
Lz	Merseburg – Halle (S)
P 1279	Halle (S) Hbf – Eilenburg
P 1280	Eilenburg – Halle (S) Hbf

△ **Bild 357 • 110 039** war am Tag dieser Aufnahme für die Bespannung des Hilfszuges im Bw Halle P eingeteilt. Rechts im Hintergrund ist noch ein Stück der alten Berliner Brücke zu erkennen.

AUFNAHME: ECKHARD EBERT, SAMMLUNG GUNTER VON HARTWIG

Wie bereits geschrieben, sank der Stern der V 100 in Halle P, noch bevor die Serienfertigung der Baureihe überhaupt richtig angelaufen war. Zwar wurden im Jahr 1968 weitere V 100 dem Bahnbetriebswerk zugewiesen (V100 003, 039, 046, 048, 049, 052 und 083), allerdings verließen bis zum Jahresende die V 100 007, 008, 010, 015, 031, 039, 046, 049 und 052 das Bw Halle P wieder, sodass zum 31. Dezember 1968 der Bestand bei zwölf V 100 lag.

In den Umläufen der Loks änderte sich im Sommer 1968 nichts Wesentliches. Allerdings: Durch die Aufnahme der elektrischen Zugförderung auf der Strecke Halle (S) – Erfurt zum 24. September 1967 übernahmen in der Folgezeit immer mehr dadurch freigewordener Hallenser Maschinen der Baureihe V 180 auch die Leistungen der V 100. Immerhin befanden sich zum 1. Januar 1968 stolze 30 V 180 im Bestand des Bw Halle P, die alle mit Arbeit versorgt werden wollten! Bis zum 1. Januar 1971 erhöhte sich deren Anzahl sogar auf 43 Exemplare. In dem ab 26. Mai 1968 gültigen Sommerfahrplan leisteten die V 100 des ihre Dienste vor folgenden Zügen:

Plan 6

Tag 1

P 568	Halle (S) Hbf – Arenshausen
P 575	Arenshausen – Nordhausen
P 579	Nordhausen – Halle (S) Hbf

Tag 2

P 1520	Halle (S) Hbf – Könnern
Lr 91520	Könnern – Halle (S) Hbf
P 1481	Halle (S) Hbf – Eilenburg
P 1482	Eilenburg – Halle (S) Hbf

7:30 bis 11:30 Uhr rangieren in Halle (S) Hbf

Lz	Halle (S) – Merseburg
P 2876	Merseburg – Mücheln
P 2871	Mücheln – Halle (S) Hbf
P 604	Halle (S) Hbf – Nordhausen
P 557	Nordhausen – Sangerhausen
P 603	Sangerhausen – Halle (S) Hbf

Tag 3

3:50 bis 23:30 Uhr rangieren in Halle Hbf

Tag 4

P 1499	Halle (S) Hbf – Eilenburg
P 1478	Eilenburg – Halle (S) Hbf
E 290	Halle (S) Hbf – Nordhausen
E 291	Nordhausen – Halle (S) Hbf
P 598	Halle (S) Hbf – Lu-Eisleben
P 599	Lu-Eisleben – Halle (S) Hbf
P 586	Halle (S) Hbf – Leinefelde

Tag 5

P 562	Leinefelde – Arenshausen
P 605	Arenshausen – Halle (S) Hbf
P 596	Halle (S) Hbf – Lu-Eisleben
P 597	Lu-Eisleben – Halle (S) Hbf
E 297	Halle (S) Hbf – Eilenburg
E 296	Eilenburg – Halle (S) Hbf

Plan 7 a

Tag 1

P 594	Halle (S) Hbf – Lu-Eisleben
P 615	Lu-Eisleben – Halle (S) Hbf

7 bis 13:20 Uhr „Wasch-Lok"*

14 bis 16 Uhr rangieren in Halle (S) Hbf

P 614	Halle (S)Hbf – Lu-Eisleben
Lr 90614	Lu-Eisleben – Halle (S) Hbf

* Als „Wasch-Lok" stand die V100 im Einsatz bei der Wagen-Waschanlage, die sich ca. 2 km nördlich vom Hauptbahnhof entfernt zwischen den Aus- bzw. Einfahrgleisen der Strecken nach/von Eilenburg/Berlin und Magdeburg befand.

◁ **Bild 358**
Eine Wochenendleistung für das Bw Halle P war bis Anfang der achtziger Jahre die Bespannung eines nur samstags und sonntags verkehrenden Reisezuges von Leipzig über Halle (S) nach Stolberg (Harz). Im Bahnhof des malerischen Harzstädtchens entstand im Sommer 1978 diese Aufnahme der **110 110**.

AUFNAHME: DIETER NAGEL

Tag 2

P 590	Halle (S)Hbf – Lu-Eisleben
P 593	Lu-Eisleben – Halle (S) Hbf
P 1483	Halle (S) Hbf – Eilenburg
P 1484	Eilenburg – Halle (S) Hbf
P 1487	Halle (S) Hbf – Eilenburg
P 1488	Eilenburg – Halle (S) Hbf
P 1475	Halle (S) Hbf – Eilenburg
P 1492	Eilenburg – Halle (S) Hbf
P 540	Halle (S) Hbf – Aschersleben
P 559	Aschersleben – Halle (S) Hbf

Plan 7 b

Tag 1

Lz	Halle (S) – Könnern
P 543	Könnern – Halle (S) Hbf
P 612	Halle (S) Hbf – Lu-Eisleben
P 567[1] (Sl)	Lu-Eisleben – Halle (S) Hbf
P 576[2] (Sl)	Halle (S) Hbf – Lu-Eisleben
P 609	Lu-Eisleben – Halle (S) Hbf
P 556	Halle (S) Hbf – Bernburg
P 557	Bernburg – Halle (S) Hbf

[1] P 567 (Nordhausen – Halle/S Hbf)
[2] P 576 (Halle/S Hbf – Arenshausen)

Tag 2

P 592[1] (Sl)	Halle (S) Hbf – Lu-Eisleben
P 611	Lu-Eisleben – Halle (S) Hbf
P 526	Halle (S) Hbf – Könnern
P 545	Könnern – Halle (S) Hbf
P 2814	Halle (S) Hbf – Zeitz
Lr 82819	Zeitz – Deuben
P 2819	Deuben – Halle (S) Hbf

[1] P 592 (Halle/S Hbf – Arenshausen)

Tag 3

Lr 80231	Halle (S) – Aschersleben
E 231	Aschersleben – Halle (S) Hbf
P 501	Halle (S) Hbf – Falkenberg (E)
P 508	Falkenberg (E) – Halle (S) Hbf

Plan 8

4 bis 23:45 Uhr rangieren in Halle (S) Hbf

Plan 8 a

P 1261	Halle (S) Hbf – Leipzig-Leutzsch
P 1262	Leipzig-Leutzsch – Merseburg
P 1263	Merseburg – Leipzig Hbf
P 1258	Leipzig Hbf – Großkorbetha
P 1259	Großkorbetha – Leipzig Hbf
P 1266	Leipzig-Leutzsch – Merseburg
P 2915 (Sl)	Merseburg – Leipzig Hbf
P 1268	Leipzig Hbf – Halle (S) Hbf
P 1279	Halle (S) Hbf – Eilenburg
P 1280	Eilenburg – Halle (S) Hbf

Bei den Maschinen der Baureihe V100/110 verringerte sich der Bestand bis Mitte der siebziger Jahr fast kontinuierlich – Angaben jeweils zum 1. Januar:

1969 (12 × V 100)

V 100 003	004	009	011	012
013	014	018	024	032
039	083			

1970 (9 × 110)

110 003	009	013	024	039
041	110	156	161	

1971 (9 × 110)

110 003	009	013	024	039
110	156	161	164	

1972 (11 × 110)

110 003	009	012	013	024
039	041	110	156	161
396				

1973 (8 × 110)

110 009	013	024	039	041
110	156	161		

1974 (10 × 110)

110 009	013	024	039	041
110	156	161	621	622

1975 (8 × 110)

110 009	024	039	041	110
156	644	759		

Obwohl der 110-Bestand zu diesen Stichtagen relativ gering wirkt, so war der „Durchfluss" von Maschinen dieser Baureihe im Bw Halle P überaus hoch. Doch häufig blieben die Loks nur wenige Wochen oder Monate in Halle beheimatet und wechselten dann zu anderen Bahnbetriebswerken.

Beispielhaft sei an dieser Stelle auf die Kurzzeitgäste der Jahre 1971 und 1973 geschaut, die z. T. als Neuanlieferung (N) als Erstbeheimatung dem „Bw P" zugwiesen wurden:

1971

Loknr.	Bw Halle P von … – bis …
110 164	18.12.70 – 11.01.71
110 338	13.03.71 – 25.03.71
110 347 (N)	31.03.71 – 16.04.71
110 353	16.08.71 – 08.09.71
110 377 (N)	01.07.71 – 06.07.71
110 396 (N)	15.12.71 – 09.01.72

1973

Loknr.	Bw Halle P von … – bis …
110 141	29.05.73 – .06.73
110 522 (N)	31.03.73 – 14.05.73
110 536 (N)	10.05.73 – 15.05.73
110 560 (N)	13.07.73 – 08.08.73
110 564 (N)	19.07.73 – 08.08.73
110 616 (N)	08.12.73 – 15.12.73
110 621 (N)	08.12.73 – 07.01.74
110 622 (N)	08.12.73 – 07.01.74

Im Sommerfahrplan 1975 standen den Technologen des Bw Halle P noch neun 110er zur Verfügung. Dies waren:

110 009 024 039 041 110 156 644 759 760

Benötigt wurden zu diesem Zeitpunkt planmäßig nur sechs Loks, von denen eine den Hilfszug bespannte. Im Plan 7 sah der dreitägige Umlauf wie folgt aus:

Tag 1
20:30 Uhr (Tag 3) bis 4:30 Uhr „Wasch-Lok"
P 5933 Halle (S) Hbf – Eilenburg
P 5936 Eilenburg – Halle (S) Hbf
Üg 70640 Halle (S) – Halle-Nietleben
Üg 70641 Halle-Nietleben – Halle (S)
Ng 61678 Halle (S) – Schochwitz
Ng 61679 Schochwitz – Halle (S)

Tag 2
P 9570 Halle (S) Hbf – Lu-Eisleben
P 9575 Lu-Eisleben – Halle (S) Hbf
6:45 bis 14 Uhr „Wasch-Lok"
P 5939 Halle (S) Hbf – Eilenburg
P 5948 Eilenburg – Halle (S) Hbf
P 4438 Halle (S) Hbf – Aschersleben
P 4409 Aschersleben – Halle (S) Hbf

Tag 3
Ng 61676 Halle (S) – Schochwitz
Ng 61677 Schochwitz – Halle (S)
P 9578 Halle (S) Hbf – Lu-Eisleben
P 9583 Lu-Eisleben – Halle (S) Hbf
P 9584 Halle (S) Hbf – Lu-Eisleben
Lr 5568 Lu-Eisleben – Halle (S)
20:30 Uhr bis 4:30 Uhr (Tag 1) „Wasch-Lok"

Plan 8
Tag 1
P 5931 Halle (S) Hbf – Eilenburg Ost
P 5934 Eilenburg Ost – Halle (S) Hbf
P 5935 Halle (S) Hbf – Eilenburg
P 5940 Eilenburg – Halle (S) Hbf
P 17525 Halle (S) Hbf – Zeitz
(Sa/So bis Deuben)
Lr 17525 Deuben – Zeitz (nur Sa/So)
Lr 17528 Zeitz – Deuben (nur Sa/So)
P 17528 Zeitz – Halle (S) Hbf
(Sa/So ab Deuben)

Tag 2
P 15511 Halle (S) Hbf – Leipzig-Leutzsch
P 17580 Leipzig-Leutzsch – Merseburg
P 17583 Merseburg – Leipzig-Leutzsch
P 7987 Leipzig Hbf – Großkorbetha
P 7992 Großkorbetha – Lpz-Leutzsch
P 17588 Leipzig-Leutzsch – Merseburg
P 17591 Merseburg – Leipzig Hbf
P 8346 Leipzig Hbf – Halle (S) Hbf

Bis 1980 pegelte sich ein 110-Bestand ein, der jeweils zum 1. Januar zwischen sieben und acht Maschinen dieser Baureihe lag. Ab 1985 gab es dann lediglich noch eine 110 im Bw Halle P (ab 21.08.1985: 110 889), die stets vor dem Hilfszug in Bereitschaft stand. Erst zum 1. Januar 1990 stieg die Anzahl der hier beheimateten 110 wieder an, als insgesamt sechs Loks (110 045, 111, 140, 141, 740 und 882) aus der Einsatzstelle in Bitterfeld nach Halle P zurückkamen.

Mit der Abgabe der Loks an das benachbarte Bw Halle G am 1. Juli 1990 endete die Einsatzgeschichte der Baureihe V 100/110 im „Bw Paula".

△ **Bild 359** • Von 1985 bis 1990 war sie die einzige 110 im Bestand des Bw Halle P und bespannte in dieser Zeit – und darüber hinaus – den hiesigen Hilfszug: **110 889**. Am 30. Mai 1988 war sie mit diesem Zug im Einsatz, hier aufgenommen bei der Einfahrt in den Bahnhof Bitterfeld. Aufnahme: Andreas Stange

Bw Halle P (I)

Lok-Nr.	vom Bw	beheimatet von – bis	zum Bw
V100 001	Neuanlieferung	11.05.64 – 09.11.64	ums VES-M
V100 001	ums VES-M	07.01.65 – 20.09.66	Halle G
V100 003	Neuanlieferung	11.01.68 – 03.05.72	Lu-Wittenberg
110 003	Lu-Wittenberg	17.05.72 – 30.06.72	Bitterfeld
110 003	Bitterfeld	01.08.72 – 26.09.72	Leipzig Hbf Süd
V100 004	Neuanlieferung	01.02.67 – 17.04.69	Bitterfeld
V100 005	Neuanlieferung	13.03.67 – 23.05.67	Merseburg
V100 006	Neuanlieferung	01.02.67 – 22.11.67	Merseburg
V100 007	Neuanlieferung	11.02.67 – 23.05.68	Leipzig Hbf Süd
V100 008	Neuanlieferung	01.02.67 – 28.03.68	Merseburg
V100 009	Neuanlieferung	02.02.67 – 27.09.69	Leipzig Hbf Süd
V100 009	Leipzig Hbf Süd	27.10.69 – 01.10.76	Leipzig Hbf Süd
V100 010	Neuanlieferung	02.02.67 – 21.05.68	Leipzig Hbf Süd
V100 011	Neuanlieferung	01.03.67 – 27.05.69	Bitterfeld
V100 012	Neuanlieferung	16.02.67 – 02.10.69	Leipzig Hbf Süd
110 012	Leipzig Hbf Süd	24.09.71 – 30.09.72	Bitterfeld
V100 013	Neuanlieferung	16.02.67 – 01.04.74	Bitterfeld
V100 014	Neuanlieferung	15.02.67 – 26.10.69	Leipzig Hbf Süd
V100 015	Neuanlieferung	15.02.67 – 16.05.68	Leipzig Hbf Süd
V100 018	Karl-Marx-Stadt	12.05.67 – 09.06.67	Karl-Marx-Stadt
V100 018	Karl-Marx-Stadt	19.07.67 – 15.04.69	Bitterfeld
V100 024	Neuanlieferung	18.03.67 – 31.05.69	Bitterfeld
V100 024	Bitterfeld	05.07.69 – 26.10.77	Leipzig Hbf Süd
V100 031	Neuanlieferung	01.04.67 – 24.09.68	Leipzig Hbf Süd
V100 032	Neuanlieferung	01.04.67 – 02.10.69	Leipzig Hbf Süd
V100 036	Neuanlieferung	11.04.67 – 23.04.67	Merseburg
V100 037	Neuanlieferung	11.04.67 – 23.04.67	Merseburg
V100 039	Neuanlieferung	10.01.68 – 10.10.68	Leipzig Hbf Süd
V100 039	Leipzig Hbf Süd	30.11.68 – 06.05.76	Lu-Wittenberg

ums = Umsetzung VES-M = Versuchs- und Entwicklungsstelle der Maschinenwirtschaft in Halle (S)

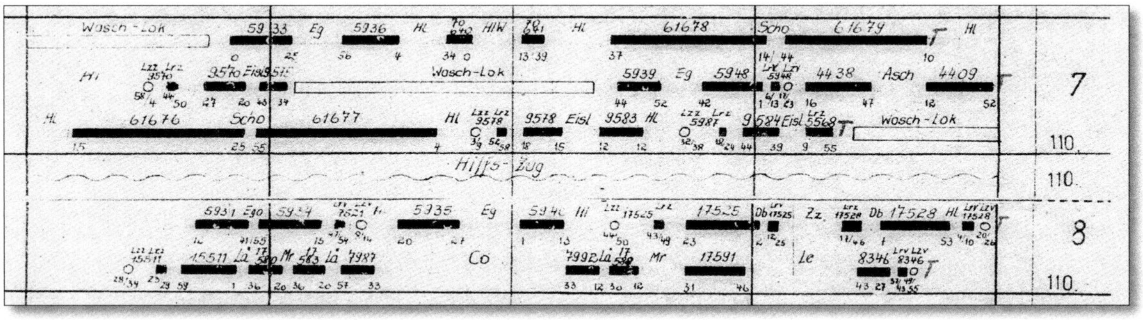

◁ **Bild 360**
Auszug aus einem Umlaufplan des Bw Halle P im Sommer 1974. Die 110 kamen u. a. nach Eilenburg, Eisleben, Aschersleben und Zeitz.

ABBILDUNG: SAMMLUNG ANDREAS STANGE

Bw Halle P (II)

Lok-Nr.	vom Bw	beheimatet von – bis	zum Bw
110 039	Halle G	01.06.85 – 26.06.85	Roßlau (Elbe)
V100 041	Neuanlieferung	16.04.67 – 23.05.67	Merseburg
V100 041	Görlitz	16.07.69 – 23.09.70	Bitterfeld
110 041	Bitterfeld	29.12.71 – 27.05.78	Merseburg
110 045	Bitterfeld	01.01.90 – 01.07.90	Halle G
V100 046	Neuanlieferung	02.04.68 – 23.04.68	Merseburg
V100 049	Weißenfels	24.11.68 – 19.12.68	Weißenfels (VES-M)
V100 052	Weißenfels	14.06.68 – 09.07.68	Weißenfels
V100 083	Neuanlieferung	28.06.68 – 23.07.69	Leipzig Hbf Süd
V100 110	Neuanlieferung	01.04.69 – 04.03.83	Merseburg
V100 111	Neuanlieferung	10.04.69 – 14.04.69	Leipzig Hbf Süd
110 111	Bitterfeld	01.01.90 – 01.07.90	Halle G
110 140	Bitterfeld	01.01.90 – 01.07.90	Halle G
110 141	Leipzig Hbf Süd	29.05.73 – .06.73	Leipzig Hbf Süd
110 141	Bitterfeld	01.01.90 – 01.07.90	Halle G
V100 156	Neuanlieferung	20.11.69 – 08.05.78	Halle G
V100 161	Neuanlieferung	02.12.69 – 02.07.74	Halle G
110 164	Leipzig Hbf Süd	18.12.70 – 11.01.71	Leipzig Hbf Süd
110 165	Dresden	30.01.70 – 01.03.70	Dresden
110 246	Roßlau (Elbe)	01.03.83 – 17.07.84	Merseburg
110 311	Reichenbach (V)	13.03.76 – 19.04.76	Reichenbach (V)
110 338	Schwerin	13.03.71 – 25.03.71	Schwerin
110 347	Neuanlieferung	31.03.71 – 16.04.71	Eisenach
110 353	Bitterfeld	16.08.71 – 08.09.71	Bitterfeld
110 377	Neuanlieferung	01.07.71 – 06.07.71	Schwerin
110 396	Neuanlieferung	15.12.71 – 09.01.72	Brandenburg
110 453	Wittenberge	10.04.72 – 12.04.72	Güstrow

Bw Halle P (III)

Lok-Nr.	vom Bw	beheimatet von – bis	zum Bw
110 461	Neuanlieferung	29.04.72 – 17.05.72	Bitterfeld
110 466	Neuanlieferung	05.05.72 – 17.05.72	Bitterfeld
110 480	Neuanlieferung	01.06.72 – 17.06.72	Rostock
110 482	Neuanlieferung	01.06.72 – 17.06.72	Stendal
110 522	Neuanlieferung	31.03.73 – 14.05.73	Leipzig Hbf Süd
110 536	Neuanlieferung	10.05.73 – 15.05.73	Neustrelitz
110 560	Neuanlieferung	13.07.73 – 08.08.73	Reichenbach (V)
110 564	Neuanlieferung	19.07.73 – 08.08.73	Aue (Sachs)
110 570	Lu-Wittenberg	02.04.74 – 24.09.74	Falkenberg (E)
110 616	Neuanlieferung	08.12.73 – 15.12.73	Leipzig Hbf Süd
110 621	Neuanlieferung	08.12.73 – 07.01.74	Karl-Marx-Stadt
110 622	Neuanlieferung	08.12.73 – 07.01.74	Karl-Marx-Stadt
110 644	Neuanlieferung	06.02.74 – 18.06.84	Falkenberg (E)
110 679	Neuanlieferung	22.06.74 – 16.09.74	Falkenberg (E)
110 740	Bitterfeld	01.01.90 – 01.07.90	Halle G
110 759	Neuanlieferung	01.01.75 – 21.08.85	Falkenberg (E)
110 760	Neuanlieferung	03.01.75 – 16.06.76	Falkenberg (E)
110 783	Neuanlieferung	01.05.75 – 21.05.75	Dresden
110 784	Neuanlieferung	30.04.75 – 20.05.75	Bautzen
110 785	Neuanlieferung	30.04.75 – 20.05.75	Zittau
110 787	Neuanlieferung	01.05.75 – 21.05.75	Dresden
110 847	Neuanlieferung	05.08.76 – 31.05.80	Güsten
110 862	Neuanlieferung	16.09.76 – 31.05.80	Güsten
110 867	Neuanlieferung	15.10.76 – 31.05.80	Güsten
110 882	Bitterfeld	01.01.90 – 01.07.90	Halle G
110 889	Neuanlieferung	01.03.78 – 20.05.82	Halle G
110 889	Halle G	21.08.85 – 30.06.90	Halle G
110 890	Neuanlieferung	21.02.78 – 31.12.78	Wittenberge

◁ **Bild 361**
In Gerbstedt im Mansfelder Land gab es eine Einsatzstelle des Bw Halle P, die allerdings nicht über einen eigenen Lokbestand verfügte. Zu den dort stationierten 110 gehörte auch **110 867**, die hier am 5. November 1989 mit einem Güterzug, in dem vier mit Rüben beladene Waggons eingereiht sind, von Hettstedt kommend in Richtung Heiligenthal unterwegs ist. Die Gerbstedter Loks gehörten ab 1980 zum Bw Güsten, die Umläufe wurden von Halle P erstellt.

AUFNAHME: RALPH LÜDERITZ, SAMMLUNG JOACHIM VOLHARDT

Bild 362 ▷ Bitterfeld im Sommer 1982: Mit einem Personenzug nach Stumsdorf wartet **110 018** (Bw Halle P - Est Bitterfeld) auf Fahrgäste.

AUFNAHME: JOACHIM VOLKHARDT

7.6 Bw Halle P – Est Bitterfeld

△ **Bild 363** • Sehr gelitten hatte bereits der Güterschuppen in Stumsdorf, vor dem die Bitterfelder **110 111** am 23. Juli 1988 aufgenommen wurde. Ob das Stationsschild so bewusst „eingekürzt" wurde, ist nicht überliefert.

AUFNAHME: VOLKER LUCAS, SAMMLUNG A. ZIKA

Bitterfeld ist aufgrund seiner Geschichte als einer der bedeutendsten Standorte der chemischen Industrie in Mitteldeutschland überregional bekannt. Dort treffen die Hauptstrecken aus Leipzig und Halle (S) in Richtung Berlin zusammen, die weiter über Lutherstadt Wittenberg sowie über Dessau in die Hauptstadt führen. Von 1897 bis 2002 gab es zudem die Nebenbahn nach Stumsdorf, auf der von Bitterfeld bis Zörbig noch Güterverkehr stattfindet. Aufgrund der Ansiedlung großer Chemiebetriebe (u. a. IG Farben AG) und des Abbaus von Braunkohle in der Region um Bitterfeld spielte der Güterverkehr ab den zwanziger Jahren für den Eisenbahnstandort die Hauptrolle. Dies änderte sich erst mit dem Niedergang der DDR-Volkswirtschaft nach der politisch-gesellschaftlichen Wende 1989/90. Die Anlagen des VEB Chemiekombinat Bitterfeld zogen sich beiderseits der Streckengleise zwischen Bitterfeld und Wolfen – wer dort durchgefahren ist, wird den Geruch noch in der Nase haben …

Zum 31. Dezember 1968 verlor das Bahnbetriebswerk Bitterfeld, dessen Anlagen sich im Norden der Stadt an der Strecke Bitterfeld – Dessau befanden, seine Eigenständigkeit und wurde dem Bw Halle P unterstellt. Der Lokbestand – zu dem u. a. ehemalige Privatbahnloks der Baureihen 89, 91[64] und 92[64] gehörten – ist bereits zum 30. April 1967 aufgelöst worden. Dennoch soll diese Einsatzstelle (Est) hier gesondert betrachtet werden, das sie über einen eigenen festen Lokbestand verfügte. Buchmäßig beim Bw Halle P beheimatet, erhielt die nunmehrige Est Bitterfeld im Verlauf des Jahres 1969 die ersten V 100 zugewiesen:

- am 16. April: V 100 018,
- am 18. April: V 100 004,
- am 28. Mai: V 100 011,
- am 1. Juni: V 100 024.

Die Maschinen leisteten ihre Dienste vorwiegend auf der sogenannten „Saftbahn" Bitterfeld – Zörbig – Stumsdorf, deren Name auf den Zuckerrübensirup (sehr süßer Brotaufstrich) zurückzuführen ist, der seit 1873 in der Zörbiger Saftfabrik der Gebrüder Kunze & Comp. hergestellt wurde. Entlang der 20,4 km langen Strecke befinden sich noch heute große Zuckerrübenfelder. Auf der strategisch wichtigen Verbindungsbahn zwischen den Hauptstrecken Leipzig/Halle – Berlin und Halle – Magdeburg gab es ab 1967 vorwiegend Personenverkehr – ausgenommen die Zeit während der Zuckerrübenkampagnen, dann wurde in Zörbig der seit 1911 bestehende Anschluss des VEB OGIS Zörbig (OGIS = Obst, Gemüse & industrielle Speisekartoffeln) mit den entsprechenden Rübenzügen bedient. Die „Saftbude" in Zörbig war das einzige Werk in der DDR, welches diesen Zuckerrübensirup herstellte. Entsprechend hoch war der Bedarf an Zuckerrüben. In Zörbig gab es des Weiteren den Anschluss der „Vereinigten Elektromotorenwerke" und der Bäuerlichen Handelsgenossenschaft (BHG), die für einen erträglichen Güterverkehr sorgten. Während zudem bei Sandersdorf (Kr Bitterfeld) noch die Anschlussbahn des Braunkohlekombinats (BKK) Bitterfeld bedient wurde (der sogenannte Südwechsel), gab es ab 1967 zu allen weiteren Stationen zwischen Bitterfeld und Stumsdorf keinen öffentlichen Güterverkehr mehr. In den gesamten siebziger Jahren hielt sich der Bestand bei vier (1971, 1972 und 1979) bzw. fünf (1973 bis 1978) in Bitterfeld stationier-

◁ **Bild 364**
Der Haltepunkt Großzöberitz (bis November 1936: Tannepöls) befand sich an der Strecke Bitterfeld – Stumsdorf. Am 17. Juli 1988 erreicht **110 141** mit einem Personenzug aus Bitterfeld die Station.

Aufnahme: Michael Zinner

ten 110. Für die Absolvierung des täglichen Reisezugverkehrs auf der „Saftbahn" – bis zu zwölf Zugpaare am Tag – und für die Bespannung der Güterzüge reichte diese Anzahl völlig aus. Einige Maschinen standen dabei über einen längeren Zeitraum ohne Wechsel (oder nur ganz kurzer Abwesenheit) der Stationierung von Bitterfeld aus im Einsatz. Besonders zu erwähnen sind:

- 110 011 (Mai 1969 bis August 1986),
- 110 012 (Oktober 1972 bis Mai 1987),
- 110 013 (April 1974 bis Juni 1986 und von Juli 1986 bis Juni 1989),
- 110 018 (von April 1969 bis Mai 1987).

Auf immerhin fast acht Jahre Dauereinsatz von Bitterfeld aus brachte es auch 110 043, die von Dezember 1970 bis September 1978 dort stationiert war.

Im Sommer 1974 gab es für die Bitterfelder 110 einen dreitägigen Umlaufplan, in dem sie die folgenden Dienste leisteten:

Tag 1

P 19561	Stumsdorf – Bitterfeld
6 bis 14 Uhr rangieren Ablaufberg Bitterfeld	
P 19574	Bitterfeld – Stumsdorf
P 19579	Stumsdorf – Bitterfeld
Lz	Bitterfeld – Stumsdorf
Ng 59738	Stumdsorf – Bitterfeld
Lz	Bitterfeld – Burgkemnitz
Ng 57624	Burgkemnitz – Bitterfeld

Tag 2

Fünf Personenzugpaare Bitterfeld – Stumsdorf: P 19562/19565, P 19568/19569, P 19570/19573, P 19572/19575 und P 19576/19581

Üg 76648	Bitterfeld – Wolfen
Üg 76647	Wolfen – Bitterfeld
Üg 76635	Bitterfeld – Delitzsch
Lz	Delitzsch – Bitterfeld

Tag 3

Zwei Personenzugpaare Bitterfeld – Stumsdorf: P 19560/19563 und P 19564/19567

Ng 66686	Bitterfeld – Zörbig
Ng 66687	Zörbig – Bitterfeld
Lz	Bitterfeld – Delitzsch
Üg 76639	Delitzsch – Rackwitz
Üg 76640	Rackwitz – Delitzsch
Lz	Delitzsch – Bitterfeld
P 19578	Bitterfeld – Stumsdorf
Lr 19579	Stumsdorf – Bitterfeld
P 19580	Bitterfeld – Stumsdorf
P 19585	Stumsdorf – Bitterfeld
P 19586	Bitterfeld – Stumsdorf

Im Winterfahrplan 1980/81 lag der Bedarf an Loks der Baureihe 110 in der Einsatzstelle Bitterfeld bei drei Maschinen. In einem dreitägigen Umlaufplan bestand ihre Hauptaufgabe weiterhin in der Beförderung der Personenzüge auf der „Saftbahn", unterbrochen von Rangierdiensten in Wolfen und am Ablaufberg in Bitterfeld sowie der Bespannung von Übergabezügen nach bzw. von Delitzsch, einem Güterzugpaar Bitterfeld – Zörbig und einem Kohleleerzug Stumsdorf – Südwechsel (dem Übergabebahnhof der Kohlezüge bei Sandersdorf).

Für die Kohlezüge waren in der Einsatzstelle Bitterfeld auch Vertreterinnen der Baureihe 131 stationiert, allerdings wurde einer der Leerzüge in diesem Fahrplanabschnitt von einer 110 übernommen. Dies änderte sich ab dem 1. Oktober 1985, dann übernahm ein 110-Doppel in einem Eintagesplan auch volle Kohlezüge. Der Dienst dieser beiden Lokomotiven dauert von 0:50 Uhr bis 23:53 Uhr. In dieser Zeit wurden vier Zugpaare Südwechsel – Bitterfeld und drei Zugpaare Südwechsel – Stumsdorf befördert.

In den achtziger Jahren blieb es fast durchgängig bei der Stationierung von konstant vier bis fünf 110 in Bitterfeld. Ein „Ausreißer" bildet allerdings der Stichtag 1. Januar 1986, als sich sieben 110 dort befanden – es war zugleich der Höhepunkt der Beheimatung dieser Baureihe in Bitterfeld:

110 011 012 013 018 109
111 115

Im Verlauf des Jahres 1986 verließen 110 109 (am 08.02. zur Est Zeitz des Bw Leipzig Hbf West) und 110 011 (am 17.11. zum Bw Neustrelitz) die Est Bitterfeld, sodass zum 1. Januar 1987 wieder der „Normalbestand" vorhanden war.

Das Aus der 110 in Bitterfeld kam Ende der achtziger Jahre. Zum 1. Januar 1989 waren dort noch vier Loks dieser Baureihe (110 013, 111, 141 und 882) stationiert. Während 110 013 am 6. Juni jenes Jahres zum Bw Cottbus (Est Luckau) wechselte, kamen am 7. Juni die 110 045 aus Luckau, am 13. Juni die 110 133 (Bw Leipzig Hbf Süd), am 15. August die 110 140 (Bw Falkenberg/Elster), am 13. November die 110 740 (Bw Lu-Wittenberg) und am 29. November noch 112 262 (Bw Leipzig Hbf Süd) nach Bitterfeld. Letztere verließ die Einsatzstelle bereits am 11. Dezember wieder in Richtung Leipzig Hbf Süd. Auch 110 133 blieb nur kurz in Bitterfeld und wechselte schon am 26. Juli ebenfalls nach Leipzig Süd. Von den restlichen sechs 110 wurden fünf (110 045, 111, 140, 141 und 882) am 31. Dezember 1989 dem „Mutter-Bw" Halle P zugewiesen, sodass allein 110 740 noch in Bitterfeld verblieb. Als „Einzelkämpferin" stand sie noch das ganze Jahr 1990 über von dort aus im Einsatz und kam zum 31. Dezember 1990 ebenfalls nach Halle P.

Bw Halle P – Einsatzstelle Bitterfeld			
Lok-Nr.	**vom Bw**	**beheimatet von – bis**	**zum Bw**
110 003	Halle P	01.07.72 – 31.07.72	Halle P
V100 004	Halle P	18.04.69 – 01.04.74	Lu-Wittenberg
V100 011	Halle P	28.05.69 – 13.08.86	Roßlau (Elbe)
110 011	Falkenberg (E)	09.10.86 – 17.11.86	Neustrelitz*
110 012	Halle P	01.10.72 – 29.05.87	Aue (Sachs)
110 013	Halle P	02.04.74 – 02.06.86	Halle G*
110 013	Halle G	09.07.86 – 06.06.89	Luckau
V100 018	Halle P	16.04.69 – 28.05.87	Karl-Marx-Stadt*
V100 024	Halle P	01.06.69 – 04.07.69	Halle P
110 038	Wismar	01.11.71 – 13.12.71	Hagenow Land
110 039	Roßlau (Elbe)	24.01.84 – 01.06.84	Stendal
110 039	Stendal	18.06.84 – 23.08.84	Röblingen a.S.
110 043	Leipzig Hbf Süd	17.12.70 – 30.09.78	Leipzig Hbf Süd
110 045	Luckau	07.06.89 – 31.12.89	Halle P
110 109	Merseburg	01.10.85 – 08.02.86	Zeitz
110 111	Lu-Wittenberg	26.06.85 – 31.12.89	Halle P
110 115	Roßlau (Elbe)	26.06.85 – 31.03.88	umb in 112 115
110 133	Leipzig Hbf Süd	14.10.88 – 15.12.88	Leipzig Hbf Süd
110 133	Leipzig Hbf Süd	13.06.89 – 26.07.89	Leipzig Hbf Süd
110 140	Falkenberg (E)	15.08.89 – 31.12.89	Halle P
110 141	Röblingen a.S.	30.05.87 – 31.12.89	Halle P
110 353	Leipzig Hbf Süd	21.04.71 – 15.08.71	Halle P
110 353	Halle P	09.09.71 – 31.10.71	Wismar
110 438	Leipzig Hbf West	27.03.72 – 05.05.72	Güsten
110 439	Leipzig Hbf West	27.03.72 – 05.05.72	Stendal
110 461	Halle P	18.05.72 – 20.09.72	Pasewalk
110 466	Halle P	18.05.72 – 25.05.72	Erfurt
110 740	Lu-Wittenberg	13.11.89 – 31.12.90	Halle P
110 882	Leipzig Hbf Süd	19.08.87 – 31.12.89	Halle P
112 262	Leipzig Hbf Süd	29.11.89 – 11.12.89	Leipzig Hbf Süd

* Lok war während der Beheimatung kurzzeitig in einem anderen Bw. umb = Umbau

7.7 Bw Leipzig Hbf Süd

(Text: Gero Istel)

Im Bahnbetriebswerk Leipzig Hbf Süd (kurz „Bw Süd"), einem Großbahnbetriebswerk für die Unterhaltung und den Einsatz von Diesellokomotiven bei der Deutschen Reichsbahn, begann die ständige Beheimatung der V 100 mit dem Eintreffen der fabrikneuen V 100 043 im Frühjahr 1967. Zu diesem Zeitpunkt befand sich auch V 100 001 zur Erprobung im „Bw Süd". Zum 1. Mai 1967 beheimatete das Bw folgende Streckenloks:

6 × Baureihe 03,
8 × Baureihe 23^{10},
15 × Baureihe 38^{10-40},
2 × Baureihe 52,
6 × Baureihe 65^{10},
3 × Baureihe 92,
2 × V 100,
9 × V 180.

Die Baumusterlok V 100 001, aufgrund ihrer Farbgebung auch „Blaues Wunder" genannt, war für Testfahrten vor Eilzügen in der Relation Leipzig – Halberstadt vom Bw Leipzig Hbf Süd aus eingesetzt worden. Für V 100 043 wurde zunächst ein einzelner Lokumlauf vor Reisezügen nach

△ **Bild 365** • Am 24. Juli 1968 stehen **V 100 043** vom Bw Leipzig Hbf Süd und die Versuchslok V 240 001 (Bw Neustrelitz) im Bw Leipzig Hbf Süd.

Aufnahme: Sammlung Matthias Hengst

△ **Bild 366** • Im Jahr 1969 entstand diese Aufnahme der **V 100 053** des Bw Leipzig Hbf Süd mit einem Güterzug in einem Anschluss in Lützen. AUFNAHME: JOACHIM VOLKHARDT

Döbeln, Geithain und Trebsen erstellt, um das Lokpersonal auszubilden.

Im Mai des Jahres 1968, nach Zugang von V 100 007, 010 und 015 vom Bw Halle P, begann der regelmäßige Einsatz der Baureihe V 100, schwerpunktmäßig vor Personenzügen auf der Strecke Leipzig – Rochlitz (Sachs) – Glauchau (Sachs), um die bis dahin dort eingesetzten vier Loks der Baureihe V 180, V 180 292, 294, 297 und 298, für andere Aufgaben in der Zugförderung freizusetzen. Der Zustand einiger Brücken auf dieser Strecke erlaubte ab Winterfahrplan 1967/68 nicht mehr den Einsatz von Dampflokomotiven der Baureihe 38^{10-40}, allerdings stellte deren vorübergehende Ablösung durch die C'C'-V 180 nur ein Provisorium dar, da diese Loks mit den dortigen Zügen leistungsmäßig nicht ausgelastet waren.

Bis 1970 stieg der Bestand an V 100 im „Bw Süd" sprunghaft an. Stück für Stück wurden von den Loks die bis dahin von den Dampflokomotiven der Baureihen 23^{10}, 38^{10-40} und 65^{10} auf den nicht elektrifizierten Haupt- und Nebenbahnen im Großraum Leipzig erbrachten Personenzugleistungen übernommen. Dazu gehörte u. a. die Bespannung des Wendezuges Leipzig – Geithain – Borna ab Frühjahr 1969. Ab 1970 besetzten dann Lokführer der neu geschaffenen Personaleinsatzstelle Borna die Loks auf dieser Relation.

Mit Eröffnung der Leipziger S-Bahn am 12. Juli 1969 begann die personalmäßige Besetzung von vier V 100 durch das benachbarte Bw Leipzig Hbf West, die auf den Strecken Leipzig – Pegau – Groitzsch – Meuselwitz, Leipzig – Zeitz – Gera, Leipzig – Eilenburg – Falkenberg (Elster), Leipzig – Merseburg und Leipzig-Plagwitz – Pörsten zum Einsatz kamen.

Kurz vor Einführung der EDV-Kennzeichnung an Triebfahrzeugen der Deutschen Reichsbahn konnte mit Beginn des Sommerfahrplanes 1970 auf den Einsatz von Dampflokomotiven vor Reisezügen im sächsischen Bahnknoten fast vollständig verzichtet werden, nachdem im Bw Leipzig Hbf West mit zwei zusätzlichen V 100 weitere Leistungen nach Eilenburg und Merseburg übernommen wurden sowie in der Einsatzstelle Trebsen (Mulde) die V 100 163 die dort noch vorhandene 65 1013 ablöste.

In der Folgezeit kristallisiert sich – was den Einsatz der nunmehrigen Baureihe 110 betraf – eine gewisse Kontinuität heraus. Auch die Bestandszahlen blieben in etwa gleich. Loks mit niedrigen Betriebsnummern wurden in die Einsatzstelle Zeitz des Bw Leipzig Hbf West „abgeschoben", wo sie auf den Strecken nach Gera, Altenburg, Leipzig und nach Großkorbetha/Weißenfels dienstplanmäßig vier (ab 01.06.75 fünf) Dampfloks der Baureihen 52 und 65^{10} ablösten.

Zwischen 1971 und 1974 wechselten 110 003, 010, 014, 015, 032 und 083 zum Bw Lutherstadt-Wittenberg, da diese Maschinen ein Stufengetriebe besaßen und dort für die Nahgüterzugleistungen willkommen waren. Dafür erhielt das Bw Leipzig Hbf Süd als Ausgleich in den Jahren 1972

▽ **Bild 367** • Im Mai 1979 ist **110 673** (Bw Leipzig Hbf Süd) mit dem P 4734 (Meißen – Leipzig) in den Bahnhof von Nossen eingefahren. AUFNAHME: WOLFGANG NITZSCHE

bis 1974 ständig Neulieferungen an 110 aus dem LEW Hennigsdorf.

Eingesetzt wurden die 110 des „Bw Süd“ in jener Zeit in den drei Dienstplänen 7, 8 und 9 (bei neun Umlauftagen) hauptsächlich vor Personenzügen auf den Strecken Leipzig – Bad Lausick – Geithain (hier auch einzelne Nahgüterzüge) und Leipzig – Großbothen – Rochlitz (Sachs). Darüber hinaus wurde mit den Zugpaaren P 4701/4702 und P 4713/4716 zweimal Karl-Marx-Stadt erreicht. Über Rochlitz (Sachs) hinaus gab es einzelne Leistungen nach Narsdorf und Penig sowie die langjährige „Standardleistung“ P 4741/4746 bis Glauchau (Sachs). Auf der Hauptstrecke Leipzig – Döbeln – Dresden beschränkt sich der Einsatz auf zwei Zugpaare: E 1771/P 4736 und P 4737/4730. Auf dieser Relation dominierten ansonsten die Lokomotiven des Bw Nossen.

Des Weiteren befand sich eine 110 in der Einsatzstelle Trebsen (Mulde) vor Personenzügen nach Leipzig im Einsatz und eine Lok wurde – wie bereits geschrieben – von der Personaleinsatzstelle Borna besetzt.

Einzelne Änderungen in der zweiten Hälfte der siebziger Jahre sollen nur kurz beleuchtet werden. Der Leistungszuwachs im Bw Leipzig Hbf Süd umfasste einen zweiten Wendezug (gebildet aus einer DBvq-Einheit) im Dreieck Leipzig – Geithain – Borna – Leipzig Bayerischer Bahnhof ab Sommerfahrplan 1976, der den bis dahin mit einer E-Lok der Baureihe 211/242 bespannten Wendezug Leipzig Bayerischer Bahnhof – Borna ersetzte.

△ **Bild 368** • Mit einem Personenzug am Haken ist **V 100 083** im August 1969 unterwegs in Lützen an der Strecke Leipzig-Plagwitz – Pörsten. Aufnahme: Joachim Volkhardt

Noch war genug Diesel vorhanden, und Einsparmaßnahmen waren kein Thema!

Zu ersten Reduzierungen im Einsatz der Baureihe 110 kam es dann Ende der siebziger/Anfang der achtziger Jahre. Resultierend aus dem Verlust an Leistungen vor Schnellzügen aufgrund der fortschreitenden Elektrifizierung Richtung Berlin, übernahmen freigewordene Loks der Baureihen 118 und 132 von den 110 die Beförderung von Reisezügen vor allem in Richtung Geithain und Karl- Marx-Stadt. Hinzu kam, dass 1981 nach einer Weisung der Hauptverwaltung Maschinenwirtschaft das Fahren von Zügen mit Dieselloks unter Oberleitung in die strenge Überwachung genommen und weitestgehend vermieden werden sollte. In deren Folge entfiel ab dem 27. September 1981 der zweite mit einer 110 des „Bw Süd“ bespannte Wendezug Geithain – Borna – Leipzig Bayerischer Bahnhof, der fortan zwischen Borna und dem Bayerischen Bahnhof wieder von einer 211 befördert wurde.

Ab 1981 wechselten die Personalleistungen der 110 des Bw Leipzig Hbf West allmählich zum „Bw Süd“. Die dadurch im „Bw West“ freigewordenen Personale wurden dringend für die Ausbildung auf E-Loks benötigt. In diesem Zusammenhang

▽ **Bild 369** • Im Mai 1988 wartet **112 794** des „Bw Süd“ mit ihrem Wendezug Borna – Geithain – Leipzig auf die Abfahrt. Aufnahme: Gunter von Hartwig

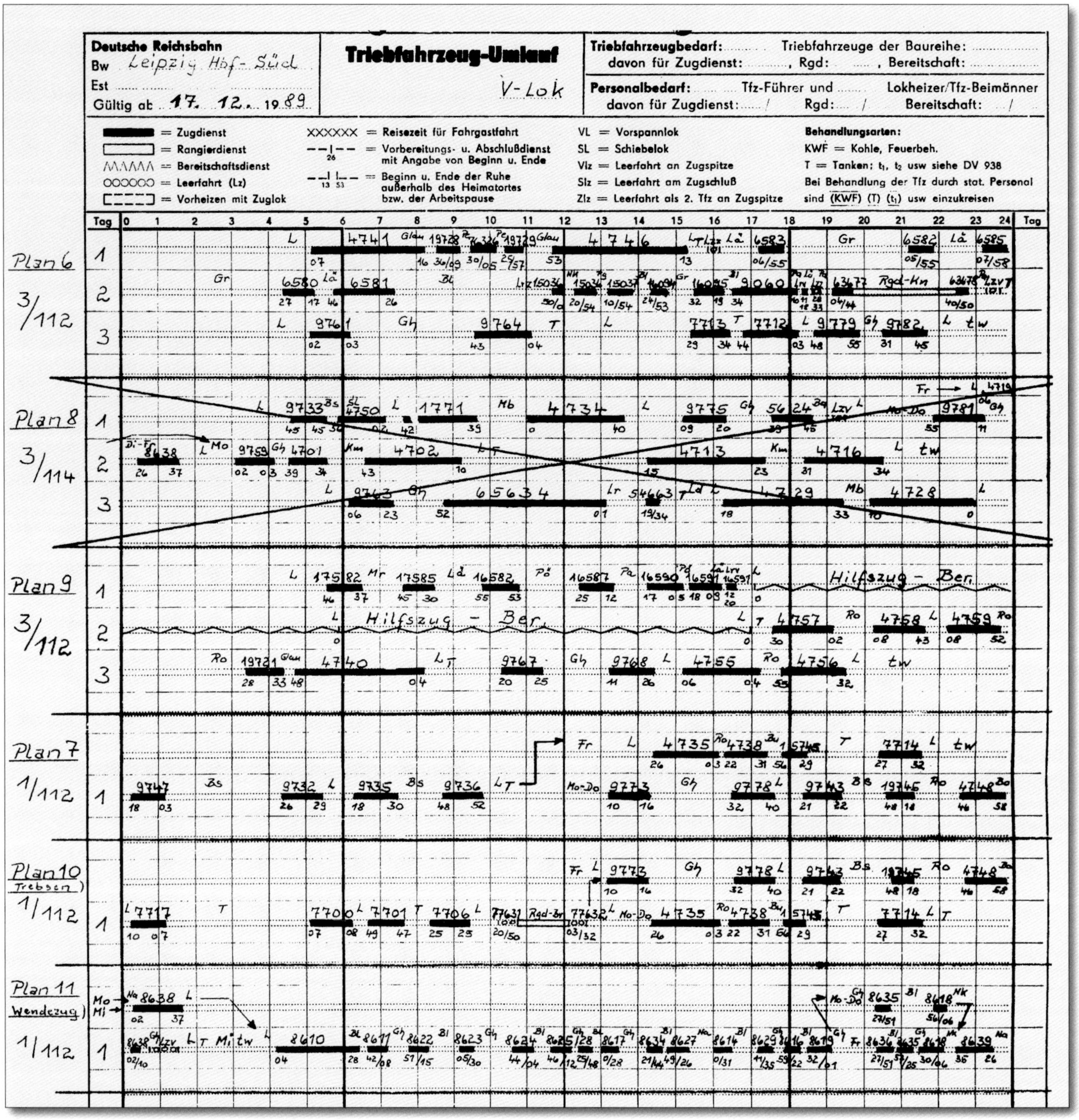

△ **Bild 370** • Umlaufplan des Bw Leipzig Hbf Süd, gültig ab 17. Dezember 1989, mit den Dienstplänen 6 und 9 (für je 3 × 112), 7, 10 (Einsatzstelle Trebsen) und 11 (je 1 × 112).

Abbildung: Sammlung Gero Istel

wurde zum 27. September 1981 im Bw Leipzig Hbf Süd der ehemalige Dienstplan 6 (Baureihe 118) als vierter Umlauf mit drei Loks der Baureihe 110 bestückt. Damit konnten einige Reisezüge auf der Strecke nach Geithain anstelle der bisher eingesetzten 132 mit der im Dieselverbrauch etwas sparsameren 110 gefahren werden.

In dieser Zeit lief die Umstellung auf die leistungsgesteigerten 110, nunmehr als Baureihe 112 bezeichneten Lokomotiven, auf Hochtouren. Als erstes Triebfahrzeug der späteren Baureihe 112 kann die am 26. Oktober 1972 mit einem 12-KVD-Motor (Leistung: 883 kW/1.200 PS) und einem Strömungsgetriebe Bauart GSR 30/5.7 ausgerüstete 110 457 des Bw Leipzig Hbf Süd gelten, die u. a. nach ihrem Umbau anstelle der planmäßigen 118 auf der Strecke Leipzig – Cottbus das Eilzugpaar E 891/892 bespannte. Mit den 112 wurden im „Bw Süd“ schrittweise die 110 in deren Plänen ersetzt.

Ein weiteres Erprobungsmuster im Bw Leipzig Hbf Süd war die am 8. März 1978 mit einem 1.500-PS-Motor und einem Strömungsgetriebe GS 30/5.5 ausgerüstete 110 203, die Vorläuferin der späteren Baureihe 114. Der Erprobungsumlauf beinhaltet anfänglich die Tagesleistung vor den Eilzügen 771/774 (Leipzig – Cranzahl u. z.), danach am Abend den P 4717 nach Karl-Marx-Stadt und mit dem D 728 (Karl-Marx-Stadt – Rostock) zurück nach Leipzig. An den Wochenenden wurde mit dem D 1449 (Hamburg-Altona – Karl-Marx-Stadt), gebildet aus zehn Bundesbahn-Schnellzugwagen, ein richtiges „Schwergewicht“ von Leipzig bis Karl-Marx-Stadt befördert, wobei Motor und Getriebe an ihren Leistungsgrenzen arbeiteten mussten. Die Rückleistung ab Karl-Marx-Stadt war der Gex 2778.

Zum 1. Januar 1981 wurden die bereits mit einem 1.200-PS-Motor ausgerüsteten 110 203, 457, 522 und 646 des „Bw Süd“ in die neue Baureihe 112 umgezeichnet. Als zweites Triebfahrzeug für die „Extremer-

Bild 371 ▷
112 799 kam im April 1987 vom Bw Stendal zum Bw Leipzig Hbf Süd. Die Aufnahme zeigt die Lok am 25. April 1987 im Bahnhof Beucha.

probung“ ist 112 358 am 1. Mai 1981 dem Betrieb übergeben worden. Im Sommerfahrplan 1981 waren 112 203 und 112 358 in einem gemeinsamen Umlauf vor folgenden Zügen zu sehen:

Leipzig – Karl-Marx-Stadt: E 773, P 4712, P 4717 und P 4718
Leipzig – Meißen: P 4729 und P 4728

In den Fahrplanunterlagen waren für diese Leistungen Lokomotiven der Baureihe 118^2 vorgesehen, die auch die Ersatzgestellung übernahmen.

Zum 1. April 1983 erhielten die beiden leistungsverstärkten Loks die Bezeichnungen 115 203 und 115 358, bevor sie dann ab Herbst 1983 die endgültige Baureihenbezeichnung 114 trugen. Im Jahr 1984 wurde noch 110 673 umgebaut und daraufhin in die Baureihe 114 umgezeichnet.

Der Bestand an 112 erhöhte sich im Bw Leipzig Hbf Süd binnen kurzer Zeit, allein 1981 kamen sechs Vertreterinnen dieser Baureihe direkt vom Umbau aus dem Raw Stendal. Allerdings: Die Bestandsentwicklung zeigte bei der Baureihe 110 ab Anfang der achtziger Jahre einen leichten Rückgang, bedingt durch Abgaben dieser Loks zum Bw Leipzig Hbf West (Einsatzstelle Zeitz) und zum Bw Röblingen. Die in Zeitz eingesetzten 110 wurden ab dem 1. Januar 1981 in der dort neu geschaffenen Triebfahrzeug-Einsatz- und Unterhaltungstelle (TEU) betreut und kamen erst im Frühjahr 1990 mit Schließung eines großen Teils der dortigen Werkstatt zurück zum „Bw Süd“. Zum Bw Röblingen wechselten bereits im Winter 1980/81 die 110 111, 138, 139, 140, 141, 158 und 163, um dort die letzten eingesetzten 52^{80} abzulösen.

Im April und Mai 1983 trafen frisch aus dem LEW Hennigsdorf kommend 111 024, 025, 026, 032, 033, 036 und 037 im Bw Leipzig Hbf Süd ein. Die Loks waren eine für den schweren Rangier- und den leichten Nahgüterzugdienst geeignete V 100-Variante ohne Heizkessel. Ab dem Fahrplanwechsel am 29. Mai 1983 wurde 111 024 in der Einsatzstelle Wurzen eingesetzt und übernahm dort die Leistungen der bis dahin eingesetzten Lok der Baureihe 106 vor Übergabezügen nach Dornreichenbach und den Streckenrangierdienst auf dem Reststück der ehemaligen Muldentalbahn bis Golzern.

Währenddessen wurden 111 025, 032, 033 und 036 personalmäßig durch das Bw Engelsdorf besetzt und waren vor Übergabezügen nach Leipzig-Schönefeld und Taucha sowie auf der Nebenbahn nach Seelingstädt-Trebsen im Einsatz. Eine weitere 111 diente als Rangierlok 7 auf dem Bahnhof Engelsdorf für Schleppfahrten zwischen Ost- und Westberg. Durch Optimierung der Umlaufpläne waren ab dem 1. Februar 1984 nur noch drei 111 in Engelsdorf im Einsatz.

Zu diesem Zeitpunkt befanden sich im Bestand des Bw Leipzig Hbf Süd: 15 × Baureihe 110, 6 × Baureihe 111, 11 × Baureihe 112 und 2 × Baureihe 114.

Das Leistungsvolumen bei den 110, 112 und 114 blieb bis 1989 in etwa gleich. Mit dem Fahrplanwechsel am 30. September 1986 erreichten die Loks der Baureihe 114 im Dienstplan 8 als neues Ziel Finsterwalde (Niederlausitz), denn zwischen den Gex-Zügen 2493 und 2494 wurde montags bis freitags die Standzeit in Falkenberg (Elster) durch die Fülleistung P 5967/5968 (Falkenberg/Elster – Finsterwalde/Niederlausitz) verkürzt.

△ **Bild 372** • Die Lokomotiven der Baureihe 111 des Bw Leipzig Hbf Süd wurden u. a. auch im Rangierbetrieb auf dem Leipziger Hauptbahnhof eingesetzt. Am 5. Juni 1990 leistete dort **111 024** ihre Dienste.

Aufnahmen (2): Andreas Stange

◁ **Bild 373**
112 572 war am 10. September 1988 mit einem Personenzug unterwegs zwischen Leipzig-Leutzsch und Merseburg, hier aufgenommen bei Wallendorf.

Aufnahme: Joachim Volkhardt

Im Wendejahr 1989 kam es durch die Aufnahme des elektrischen Zugbetriebes über die gesamte Hauptstrecke Leipzig – Falkenberg (Elster) – Cottbus zur ersten größeren Reduzierung bei den Einsätzen der Baureihen 112 und 114. Ab dem 17. Dezember 1989 wurden im Rahmen des „kleinen Fahrplanwechsels" nicht nur die letzten im Dienstplan 1 eingesetzten 118^{6-8} durch 132 ersetzt, auch die 112 und 114 mussten kräftige Einbußen hinnehmen. Die Stammleistungen nach Karl-Marx-Stadt und Meißen wurden nun vermehrt mit den freigewordenen Loks der Baureihe 132 gefahren, die zuvor auf der Strecke nach Cottbus im Einsatz standen.

Das führte im September 1990 zur Abgabe von allen im „Bw Süd" vorhandenen 114 (114 203, 358, 401 und 673) zum Bw Lutherstadt-Wittenberg, da diese Loks in Leipzig nicht mehr erforderlich waren. Nach dem Wegbrechen des Güterverkehrs im zweiten Halbjahr 1990 durch die Wirtschafts- und Währungsunion (1. Juli 1990) sollten die Maschinen als Nachfolgerinnen der nun leistungsmäßig überdimensionierten Baureihe 120 in Lutherstadt-Wittenberg dienen. Ebenfalls verließen – bis auf 110 887 – auch die restlichen Vertreterinnen der Baureihe 110 bis Mai 1990 das Bw Leipzig Hbf Süd. Demgegenüber stieg der Bestand bei der Baureihe 112 auf 17 Maschinen an. Zum 1. März 1990 kamen noch die Zeitzer 112 zur Beheimatung ins „Bw Süd", sodass nun 26 Loks dieser Baureihe in den Bestandsbüchern standen.

Mit dem Jahresfahrplan 1992/93 kam es bei der Deutschen Reichsbahn zur größten Fahrplanumstellung nach dem Zweiten Weltkrieg. Viele geänderte Zugverbindungen und ein angenäherter Taktfahrplan bescherten den nunmehr als Baureihe 202 bezeichneten Loks fünf durchgehende Zugpaare auf der Muldentalbahn bis Glauchau (Sachs), die anderen Einsatzstrecken blieben zunächst noch unverändert.

Mit dem Fahrplanwechsel am 28. Mai 1994 wurden diese Nahverkehrszüge ab Großbothen wieder nach Döbeln und Meißen geführt, womit die 202 des Bw Leipzig Hbf Süd unter Verlust aller Züge in Richtung Rochlitz (Sachs) und Glauchau (Sachs) nach längerer Zeit wieder auf dieser Strecke unterwegs waren.

Die vorhandenen Loks der Baureihe 111 (bzw. 293) wurden ab 1992 zur Baureihe 298 umgebaut und nun weitgehend von Engelsdorf aus eingesetzt. Die technische Unterhaltung dieser Maschinen übernahm 1997 teilweise der Betriebshof Halle G. Als letzte 298 verließen 298 100, 156, 316, 326, 328 und 335 am 31. März 2003 den Bh Leipzig Hbf Süd und wechselten zum Bh Halle G. 298 328 blieb aber noch bis 2004 in Engelsdorf im Einsatz.

Im Jahr 1995 begann dann der massive Abstieg der Baureihe 202 im Betriebshof Leipzig Hbf Süd, nachdem der nun unter dem Geschäftsbereich Traktion firmieren-

◁ **Bild 374**
Zwischenhalt für den mit **112 238** (Bw Leipzig Hbf Süd) bespannten P 15016 (Zeitz – Osterfeld/b Zeitz) am 21. September 1990 in Droyßig.

Aufnahme: Gunter von Hartwig

△ **Bild 375•** Die Strecke Leipzig-Plagwitz – Pörsten zweigte in Leipzig-Plagwitz unmittelbar vor dem Gelände des dortigen Bahnbetriebswerkes von der Hauptbahn nach Zeitz ab. Am 28. Februar 1997 beförderte **202 400** des Bh Leipzig Hbf Süd die Regionalbahn 8484. Die Lok blieb noch exakt ein Jahr im Betriebspark und wurde dann am 26. Februar 1998 in den z-Park überstellt. AUFNAHME: GUNTER VON HARTWIG

de Standort ständig Neulieferungen von Dieseltriebwagen der Baureihe 628 erhielt. Zu deren großräumigen Einsatzgebiet in Thüringen und Sachsen gehörten u. a. auch Leistungen als Regionalbahnen von Leipzig nach Geithain sowie von Geithain nach Borna. Hinzu kam, dass mit dem Fahrplanwechsel im Mai 1996 auf der RB-Linie Leipzig – Döbeln – Meißen nur noch die Baureihe 219 vom Bh Chemnitz (besetzt mit Personalen vom Bh Leipzig Hbf Süd) eingesetzt wurden.

Erwähnenswert ist der Einsatz der Mietlok 201 999 von Adtranz im Winterhalbjahr 1996/97 vom Bh Leipzig Hbf Süd aus. Hierbei handelte es sich um die neumotorisierte, modernisierte und – als einzige Vertreterin der „V 100-Familie“ überhaupt – mit elektrischer Zugheizung ausgerüstete ehemalige 201 881. Das Erprobungsstadium vor RB-Zügen nach Geithain war allerdings relativ schnell wieder beendet, nachdem der vermeintlich zukünftige Eigentümer, DB Regio Sachsen, dann doch kein Interesse mehr an der Lok hatte. Die bevorstehende Lieferungen und der wirtschaftliche Einsatz von Dieseltriebwagen der Baureihen 612 und 642 waren sicher ein Argument.

Im Vorgriff auf die Auflösung der Betriebshöfe und der Fahrzeugverteilung auf die Geschäftsbereiche Cargo (Ladungsverkehr), Regio und Fernverkehr bekam der Bh Leipzig Hbf Süd im Oktober 1996 vom Bh Halle G nochmals Zuwachs an Lokomotiven der Baureihe 202. Im Gegenzug wechselten sämtliche Loks der Baureihen 232, 293 und einige 298 zu den Betriebshöfen Halle G und Magdeburg-Rothensee. Sie wurden von diesem Zeitpunkt an in den zukünftigen Werksstandorten von DB Cargo betreut.

Letzte Rückzugsgebiete der Baureihe 202 waren ab 1995 die Nebenbahnen Leipzig-Plagwitz – Pörsten und Leipzig-Leutzsch – Merseburg. Außerdem wurde mit der Übernahme der 202 vom Bh Halle G im Oktober 1996 der gesamte Verkehr auf den Nebenbahnen Merseburg – Schafstädt, Merseburg – Querfurt und Querfurt – Röblingen sowie Leistungen auf der Strecke Großkorbetha – Deuben (– Zeitz) und Weißenfels – Zeitz mit Leipziger Loks abgewickelt, der planmäßige oder auch operativ notwendige Loktausch erfolgte mit den RB-Zügen aus Leipzig-Leutzsch in Merseburg. Allerdings war bereits ab 1996 die private Karsdorfer Eisenbahngesellschaft (KEG) im Auftrag der DB AG von Merseburg und später auch von Naumburg aus mit Alttriebwagen der Baureihe 771[9] (ex AKN) im Einsatz, was wiederum zu einer Reduzierung der Plandienste der Baureihe 202 führte.

Nachdem das Land Sachsen (später auch Sachsen-Anhalt) auf den Strecken von Leipzig nach Pörsten und Merseburg im Jahr 1998 den Zugverkehr abbestellt hatte, fuhren am 23. Mai 1998 die letzten Reisezüge vor der Stilllegung der Strecke.

Auf den von Merseburg ausgehenden Nebenbahnen waren noch bis zum 31. Dezember 1998 die letzten 202 des Bh Leipzig Hbf Süd im Einsatz. Mit Übernahme der Verkehrsleistungen durch die Burgenlandbahn, einer DB Regio Tochter mit Anteilen der KEG, zum 1. Januar 1999 waren die Loks der „V 100-Familie“ nach rund dreißigjährigem Einsatz im Bw bzw. Bh Leipzig Hbf Süd am Ende ihrer Laufbahn angekommen. Auf der Strecke Deuben – Großkorbetha kamen ab jenem Tag LVT der Baureihe 772 statt mit 202 bespannte Züge zum Einsatz.

In den folgenden Monaten wurden die meisten Loks abgestellt oder abgegeben, wenngleich im Juni 1999 noch einige Ersatzfahrten für die Baureihe 219 erfolgten. Die meisten betriebsbereiten Maschinen wechselten zum Bh Chemnitz und erreichten von Chemnitz aus mit Regionalbahnzügen bis 2000 den Leipziger Hauptbahnhof.

Von 2003 bis 2005 waren nochmals einige 204 beheimatet, um leihweise für den Geschäftsbereich DB Cargo vor Umleiter-Nahgüterzügen von Engelsdorf nach Chemnitz-Küchwald auszuhelfen. Dann endete die V 100-Geschichte in Leipzig.

Bw Leipzig Hbf Süd (I)

Lok-Nr.	vom Bw	beheimatet von – bis	zum Bw
V100 001	Halle G	08.02.67 – 13.07.67	Leipzig Hbf West[1)]
110 003	Halle P	27.09.72 – 31.05.73	Lu-Wittenberg
V100 007	Halle P	24.05.68 – 31.12.80	Zeitz
V100 009	Halle P	28.09.69 – 26.10.69	Halle P
110 009	Halle P	02.10.76 – 31.12.80	Zeitz
V100 010	Halle P	22.05.68 – 20.05.71	Lu-Wittenberg
V100 012	Halle P	03.10.69 – 23.09.71	Halle P
V100 014	Halle P	27.10.69 – 05.02.74	Lu-Wittenberg
V100 015	Halle P	17.05.68 – 11.09.70	Lu-Wittenberg
110 024	Halle P	27.10.77 – 31.12.80	Zeitz
V100 031	Halle P	25.09.68 – 31.12.80	Zeitz
110 031	Zeitz	25.06.84 – 16.05.89	Halle G
V100 032	Halle P	03.10.69 – 05.02.74	Lu-Wittenberg
V100 039	Halle P	11.10.68 – 29.11.68	Halle P
V100 043	Neuanlieferung	25.04.67 – 16.12.70	Bitterfeld
110 043	Bitterfeld	01.10.78 – 31.12.80	Zeitz
110 045	Glauchau (Sachs)	26.06.84 – 24.11.86	Cottbus
V100 083	Halle P	24.07.69 – 09.04.74	Lu-Wittenberg
V100 111	Halle P	15.04.69 – 24.03.81	Röblingen a.S.
110 111	Röblingen a.S.	27.10.82 – 21.02.84	Lu-Wittenberg
110 111	Falkenberg (E)	20.06.84 – 14.05.85	Lu-Wittenberg
V100 126	Neuanlieferung	29.05.69 – 20.09.79	Halle G
110 126	Halle G	23.10.79 – 29.03.80	Merseburg
110 126	Merseburg	15.04.80 – 31.12.80	Zeitz
110 133	Röblingen a.S.	04.05.88 – 13.10.88	Bitterfeld*
110 133	Bitterfeld	16.12.88 – 12.06.89	Bitterfeld
110 133	Bitterfeld	27.07.89 – 15.11.89	Zeitz
V100 138	Neuanlieferung	01.07.69 – 19.03.81	Röblingen a.S.
110 138	Röblingen a.S.	29.04.83 – 15.10.85	Falkenberg (E)
V100 139	Neuanlieferung	01.07.69 – 09.12.80	Röblingen a.S.
110 139	Röblingen a.S.	29.07.82 – 13.05.86	Falkenberg (E)
V100 140	Neuanlieferung	01.07.69 – 09.12.80	Röblingen a.S.
110 140	Röblingen a.S.	03.06.83 – 05.10.85	Falkenberg (E)
V100 141	Neuanlieferung	22.07.69 – 29.05.73	Halle P
110 141	Halle P	xx.06.73 – 13.10.74	Falkenberg (E)
110 141	Roßlau (Elbe)	05.08.86 – 02.02.87	Röblingen a.S.
V100 158	Neuanlieferung	27.11.69 – 30.03.81	Röblingen a.S.
110 158	Röblingen a.S.	27.11.82 – 23.03.87	Falkenberg (E)
V100 159	Neuanlieferung	29.11.69 – 31.12.80	Zeitz
110 159	Zeitz	27.09.84 – 28.11.85	Magdeburg
110 159	Magdeburg	07.01.86 – 09.08.88	Karl-Marx-Stadt
110 159	Karl-Marx-Stadt	23.08.88 – 31.05.89	Merseburg
V100 163	Neuanlieferung	13.12.69 – 24.03.81	Röblingen a.S.
V100 164	Neuanlieferung	13.12.69 – 17.12.70	Halle P
110 164	Halle P	12.01.71 – 16.03.81	Röblingen a.S.
V100 168	Neuanlieferung	20.12.69 – 30.03.73	Karl-Marx-Stadt
110 203	Neuanlieferung	15.01.70 – 31.12.80	umz in 112 203
110 216	Neuanlieferung	13.02.70 – 11.03.70	Eisenach
110 218	Neuanlieferung	19.02.70 – 10.03.70	Erfurt
110 219	Neuanlieferung	20.02.70 – 10.03.70	Erfurt
110 220	Neuanlieferung	25.02.70 – 10.03.70	Erfurt
110 224	Halle G	30.05.81 – 07.06.89	Roßlau (Elbe)*
110 238	Merseburg	04.06.81 – 14.09.81	umb in 112 238
110 241	Neuanlieferung	04.08.70 – 20.07.81	umb in 112 241
110 246	Neuanlieferung	30.09.70 – 14.04.81	Roßlau (Elbe)
110 281	Neuanlieferung	31.07.70 – 11.09.88	Falkenberg (E)*
110 281	Falkenberg (E)	22.10.88 – 20.04.89	Falkenberg (E)
110 290	Neuanlieferung	01.09.70 – 22.11.82	umb in 112 290
110 293	Neuanlieferung	01.11.70 – 21.07.81	umb in 112 293
110 301	Neuanlieferung	30.11.70 – 09.06.81	umb in 112 301
110 303	Neuanlieferung	08.12.70 – 27.11.85	umb in 112 303
110 307	Neuanlieferung	08.12.70 – 07.04.81	umb in 112 307

[1)] Lok wurde umgesetzt, nicht umbeheimatet! umb = Umbau
* Lok war während der Beheimatung kurzzeitig in einem anderen Bw.

Bw Leipzig Hbf Süd (II)

Lok-Nr.	vom Bw	beheimatet von – bis	zum Bw
110 309	Neuanlieferung	08.12.70 – 21.07.82	umb in 112 309
110 310	Neuanlieferung	19.12.70 – 26.09.84	Zeitz, umb 21.09.84
110 311	Neuanlieferung	19.12.70 – 11.01.71	Karl-Marx-Stadt
110 312	Neuanlieferung	19.12.70 – 12.02.71	Magdeburg
110 335	Neuanlieferung	02.03.71 – 25.03.71	Schwerin
110 353	Neuanlieferung	01.04.71 – 20.04.71	Bitterfeld
110 355	Wittenberge	20.05.82 – 22.10.82	umb in 112 355
110 380	Neuanlieferung	01.07.71 – 06.07.71	Pasewalk
110 408	Neuanlieferung	19.12.71 – 09.01.72	Güstrow
110 429	Neuanlieferung	01.02.72 – 17.02.72	Neustrelitz
110 435	Neuanlieferung	01.03.72 – 23.03.72	Bln-Ostbahnhof
110 457	Neuanlieferung	31.03.72 – 31.12.80	umb 26.10.72
110 460	Neuanlieferung	29.04.72 – 24.05.72	Eisenach
110 465	Neuanlieferung	29.04.72 – 19.09.72	Neustrelitz
110 471	Neuanlieferung	13.05.72 – 25.05.72	Stendal
110 481	Neuanlieferung	01.06.72 – 18.06.72	Hagenow Land
110 483	Neuanlieferung	01.06.72 – 18.06.72	Güsten
110 504	Neuanlieferung	19.12.72 – 05.01.73	Reichenbach (V)
110 522	Halle P	15.05.73 – 31.12.80	umz in 112 522
110 535	Neuanlieferung	09.05.73 – 14.05.73	Neustrelitz
110 561	Neuanlieferung	14.07.73 – 08.08.73	Reichenbach (V)
110 562	Neuanlieferung	14.07.73 – 08.08.73	Reichenbach (V)
110 563	Neuanlieferung	14.07.73 – 08.08.73	Reichenbach (V)
110 567	Lu-Wittenberg	05.02.74 – 18.11.83	umb in 112 567
110 569	Lu-Wittenberg	05.02.74 – 30.05.83	umb in 112 569
110 572	Neuanlieferung	25.08.73 – 19.08.83	umb in 112 572
110 573	Neuanlieferung	25.08.73 – 30.09.83	umb in 112 573
110 616	Halle P	16.12.73 – 04.01.74	Kamenz
110 625	Neuanlieferung	14.12.73 – 09.01.74	Karl-Marx-Stadt
110 627	Falkenberg (E)	14.11.86 – 21.01.87	Zeitz
110 644	Falkenberg (E)	13.12.86 – 26.05.90	Neuruppin
110 645	Neuanlieferung	07.02.74 – 22.06.84	umb in 112 645
110 646	Neuanlieferung	21.02.74 – 31.12.80	umz in 112 646
110 673	Neuanlieferung	07.06.74 – 11.04.84	umb in 114 673
110 675	Neuanlieferung	13.06.74 – 29.05.80	Merseburg
110 675	Merseburg	15.06.80 – 25.04.83	umb in 112 675
110 759	Falkenberg (E)	01.01.87 – 26.05.90	Neuruppin
110 778	Neuanlieferung	01.05.75 – 21.05.75	Dresden
110 780	Cottbus	07.05.75 – 20.05.75	Cottbus
110 782	Neuanlieferung	30.04.75 – 20.05.75	Cottbus
110 786	Neuanlieferung	01.05.75 – 21.05.75	Dresden
110 882	Neuanlieferung	21.12.77 – 15.10.85	Falkenberg (E)
110 882	Falkenberg (E)	29.09.86 – 18.08.87	Bitterfeld
110 883	Falkenberg (E)	11.12.86 – 15.02.87	Aue (Sachs)
110 883	Aue (Sachs)	10.03.87 – 27.03.87	Roßlau (Elbe)
110 887	Neuanlieferung	09.03.78 – 28.05.92	Reichenbach (V)
110 890	Neuruppin	04.04.79 – 01.07.79	Falkenberg (E)
110 890	Halle G	01.11.79 – 04.09.85	Falkenberg (E)
110 967	Neuanlieferung	02.07.83 – 26.02.86	ums Gerät Obw Le[2)]*
201 999	id	22.10.96 – 29.04.97	Adtranz, ex 201 881
111 001	Neuruppin	06.06.89 – 18.12.91	umb in 108 301
111 002	Neuruppin	06.06.89 – 29.11.91	umb in 108 302
111 005	Altenburg	01.08.91 – 14.07.92	Falkenberg (E)
111 024	Neuanlieferung	09.04.83 – 05.06.92	Falkenberg (E)
111 025	Neuanlieferung	15.04.83 – 01.05.84	Altenburg
111 026	Neuanlieferung	21.04.83 – 17.12.91	umb in 108 326
111 028	Altenburg	17.03.91 – 10.01.92	umb in 298 328
111 030	Altenburg	01.08.91 – 16.01.92	umb in 298 330
111 032	Neuanlieferung	29.04.83 – 14.07.92	Falkenberg (E)
111 033	Neuanlieferung	29.04.83 – 14.05.92	Falkenberg (E)
111 034	Altenburg	01.08.91 – 25.06.92	umb in 298 334

umz = Umzeichnung [2)] Umsetzung als Gerät zum Oberbauwerk Leipzig
id = Wiederinbetriebnahme nach Umbau bei Adtranz

Bw Leipzig Hbf Süd (III)

Lok-Nr.	vom Bw	beheimatet von – bis	zum Bw
111 036	Neuanlieferung	06.05.83 – 23.05.90	umb in 108 036
111 037	Neuanlieferung	06.05.83 – 01.06.83	Altenburg
111 991	Röblingen a.S.	25.09.82 – 30.04.83	verk BKK Deuben
112 203	umz	01.01.81 – 31.03.83	umz in 115 203**
112 235	Zeitz	01.03.90 – 01.01.92	Halle G
112 238	aus Umbau	15.09.81 – 19.11.86	Zeitz
112 238	Zeitz	01.03.90 – 30.12.94	Halberstadt
112 241	aus Umbau	21.07.81 – 31.05.85	Halle G
112 241	Halle G	17.06.85 – 05.09.85	Röblingen a.S.
112 241	Röblingen a.S.	27.09.85 – 24.05.88	Zeitz
112 241	Zeitz	01.03.90 – 01.01.95	Mg-Rothensee
112 262	Haldensleben	08.08.89 – 28.11.89	Bitterfeld
112 262	Bitterfeld	12.12.89 – 18.08.96	Lu-Wittenberg
202 291	Meiningen	23.05.93 – 09.02.94	Cottbus
112 293	aus Umbau	17.11.81 – 24.04.87	Dresden
112 293	Dresden	20.05.87 – 29.05.87	Röblingen a.S.
112 293	Lu-Wittenberg	16.11.88 – 09.02.94	Cottbus
112 301	aus Umbau	10.06.81 – 20.11.91	Halle G
112 303	aus Umbau	28.11.85 – 14.01.99	z, a 31.12.98
112 307	aus Umbau	08.04.81 – 12.06.86	Hoyerswerda
112 310	Zeitz	01.03.90 – 03.02.92	Halle G
202 310	Halle G	02.10.96 – 31.08.99	Chemnitz
202 313	Nordhausen	24.05.93 – 23.09.95	Görlitz
202 317	Nordhausen	29.05.93 – 23.09.95	Görlitz
112 358	aus Umbau	30.05.81 – 31.03.83	umz in 115 358 **
202 371	Nordhausen	29.05.93 – 24.06.98	z-Park
202 381	Wittenberge	21.06.94 – 07.07.94	Wittenberge
202 400	Eisenach	23.05.93 – 26.02.98	z-Park
112 407	Bln-Pankow	15.10.85 – 02.07.98	Görlitz
202 425	Halle G	02.10.96 – 25.02.99	Görlitz
202 434	Haldensleben	01.06.92 – 24.06.98	z-Park
202 446	Halle G	02.10.96 – 25.02.99	Görlitz
202 454	Eisenach	23.05.93 – 24.02.99	Görlitz
112 457	umz	01.01.81 – 27.06.98	z-Park
202 486	Halle G	02.10.96 – 02.07.98	Görlitz
202 490	Haldensleben	01.06.92 – 24.02.99	Görlitz
112 522	umz	01.01.81 – 03.02.92	Halle G
202 535	Haldensleben	01.06.92 – 25.02.99	Görlitz
202 544	Meiningen	23.05.93 – 31.08.99	Chemnitz
112 546	Zeitz	01.03.90 – 26.02.98	z-Park
112 558	Haldensleben	25.04.89 – 14.01.99	z, a 08.01.99
112 567	aus Umbau	19.11.83 – 28.05.84	Zeitz
112 567	Zeitz	01.03.90 – 24.06.98	z-Park
112 569	Zeitz	04.07.88 – 11.01.91	Stralsund
112 572	aus Umbau	20.08.83 – 17.06.97	z-Park
112 573	aus Umbau	01.10.83 – 16.10.90	Stralsund
112 594	Frankfurt (O)	15.10.85 – 29.05.92	Haldensleben
202 594	Magdeburg	20.11.93 – 31.07.99	Chemnitz
112 596	Zeitz	01.03.90 – 26.02.98	z-Park
202 637	Halle G	02.10.96 – 24.02.99	Görlitz
112 645	Zeitz	20.11.86 – 30.12.94	Lu-Wittenberg
112 646	umz	01.01.81 – 02.07.88	Zeitz
112 646	Zeitz	01.03.90 – 30.05.95	Lu-Wittenberg
202 646	Halle G	02.10.96 – 25.02.99	Görlitz
112 679	aus Umbau	01.02.87 – 29.05.99	Chemnitz
202 682	Magdeburg	28.09.95 – 24.06.98	z-Park
112 715	aus Umbau	01.10.85 – 29.05.92	Haldensleben
112 716	aus Umbau	01.09.85 – 23.05.89	Magdeburg
202 725	Halle G	02.10.96 – 02.07.98	Görlitz
112 794	aus Umbau	22.04.86 – 20.03.89	Brandenburg
112 799	Stendal	01.04.87 – 18.08.96	Lu-Wittenberg

BKK = Braunkohlenkombinat a = abgestellt

** Lok wurde später in die Baureihe 114 eingereiht.

Bw Leipzig Hbf Süd (IV)

Lok-Nr.	vom Bw	beheimatet von – bis	zum Bw
202 814	Halle G	02.10.96 – 14.01.99	z, a 28.12.98
202 819	Magdeburg	26.09.95 – 23.02.99	Chemnitz
112 825	Zeitz	25.05.88 – 31.08.99	Chemnitz
202 832	Halle G	02.10.96 – 23.02.99	Dresden
202 841	Halle G	02.10.96 – 23.02.99	Chemnitz
112 859	Zeitz	01.03.90 – 04.06.98	z-Park
112 882	aus Umbau	29.08.90 – 29.05.92	Haldensleben
114 203	umz	01.04.83 – 27.09.83	Saalfeld
114 203	Saalfeld	30.11.83 – 04.09.90	Lu-Wittenberg
204 314	Saalfeld	01.06.03 – 14.11.03	z, a 13.11.03
114 358	umz	01.04.83 – 27.09.83	Saalfeld
114 358	Saalfeld	30.11.83 – 07.07.88	Saalfeld
114 358	Saalfeld	27.07.88 – 01.10.90	Lu-Wittenberg
114 401	Saalfeld	16.05.89 – 30.09.90	Lu-Wittenberg
204 464	Saalfeld	01.06.03 – 19.08.03	z, a 13.08.03
204 469	Mg-Rothensee	01.06.03 – 31.10.04	z-Park
204 592	Saalfeld	01.06.03 – 10.12.05	Saalfeld
204 605	Zwickau	01.06.03 – 10.12.05	Saalfeld
204 607	Zwickau	01.06.03 – 10.12.05	Saalfeld
204 641	Dresden	01.06.03 – 10.12.05	Saalfeld
204 671	Dresden	01.06.03 – 10.12.05	Saalfeld
114 673	aus Umbau	12.04.84 – 30.05.94	Lu-Wittenberg
204 761	Mg-Rothensee	01.06.03 – 31.10.04	z-Park
204 774	Mg-Rothensee	01.06.03 – 31.10.04	z-Park
204 803	Zwickau	01.06.03 – 10.12.05	Saalfeld
204 805	Dresden	01.06.03 – 31.12.03	Zwickau
204 805	Zwickau	01.03.04 – 10.12.05	Saalfeld
204 848	Saalfeld	01.06.03 – 28.09.03	z-Park
204 860	Saalfeld	01.06.03 – 31.10.04	z-Park
204 869	Saalfeld	01.06.03 – 14.11.03	z, a 14.11.03
298 100	Saalfeld	23.12.00 – 29.07.02	Halle G
298 100	Halle G	15.12.02 – 31.03.03	Halle G
298 142	Dresden	20.12.97 – 15.07.01	Saalfeld
298 150	aus Umbau[3]	28.05.92 – 31.05.94	Mg-Rothensee
298 156	Halle G	14.01.98 – 31.03.03	Halle G
298 301	aus Umbau[4]	19.12.91 – 29.07.93	Magdeburg
298 302	aus Umbau[5]	30.11.91 – 31.05.94	Mg-Rothensee
298 305	aus Umbau[6]	16.12.92 – 07.05.93	Magdeburg
298 313	aus Umbau[7]	24.04.92 – 31.05.94	Mg-Rothensee
298 315	aus Umbau[8]	11.01.92 – 08.10.94	Halle G
298 316	Rostock-Seehafen	01.04.98 – 31.03.03	Halle G
298 319	aus Umbau[9]	11.12.91 – 29.09.94	Mg-Rothensee
298 321	aus Umbau[10]	13.12.91 – 15.07.01	Saalfeld
298 322	aus Umbau[11]	27.11.92 – 04.11.97	Halle G
298 323	aus Umbau[12]	03.09.92 – 31.10.95	Bln-Pankow
298 324	aus Umbau[13]	06.10.92 – 18.10.97	Magdeburg
298 326	aus Umbau[14]	18.12.91 – 31.03.03	Halle G
298 327	aus Umbau[15]	10.07.92 – 30.05.94	Leipzig-Wahren
298 328	aus Umbau[16]	11.01.92 – 30.05.94	Leipzig-Wahren
298 328	Leipzig-Wahren	12.07.94 – 31.03.03	Halle G
298 330	aus Umbau[17]	17.01.92 – 30.05.94	Leipzig-Wahren
298 330	Leipzig-Wahren	12.07.94 – 31.10.95	Bln-Pankow
298 332	aus Umbau[18]	21.04.93 – 30.05.94	Leipzig-Wahren
298 332	Leipzig-Wahren	12.07.94 – 13.01.98	Halle G
298 333	aus Umbau[19]	28.05.93 – 13.01.98	Halle G
298 334	aus Umbau[20]	26.06.92 – 26.01.95	Mg-Rothensee
298 335	aus Umbau[21]	30.11.91 – 29.07.93	Magdeburg
298 335	Magdeburg	31.05.97 – 31.03.03	Halle G

[3] ex 201 150 [4] ex 293 001 [5] ex 293 002 [6] ex 293 005 [7] ex 293 013
[8] ex 293 015 [9] ex 293 019 [10] ex 293 021 [11] ex 293 022 [12] ex 293 023
[13] ex 293 024 [14] ex 293 026 [15] ex 293 027 [16] ex 293 028 [17] ex 293 030
[18] ex 293 032 [19] ex 293 033 [20] ex 293 034 [21] ex 293 035

7.8 Bw Leipzig Hbf West

Bw Leipzig Hbf West			
Lok-Nr.	vom Bw	beheimatet von – bis	zum Bw
110 438	Neuanlieferung	01.03.72 – 26.03.72	Bitterfeld
110 439	Neuanlieferung	01.03.72 – 26.03.72	Bitterfeld
110 473	Neuanlieferung	10.05.72 – 24.05.72	Brandenburg

Bw Leipzig Hbf West, Einsatzstelle Zeitz			
Lok-Nr.	vom Bw	beheimatet von – bis	zum Bw
110 007	Leipzig Hbf Süd	01.01.81 - 03.08.84	Falkenberg (Elster)
110 009	Leipzig Hbf Süd	01.01.81 - 24.06.84	Roßlau (Elbe)
110 024	Leipzig Hbf Süd	01.01.81 - 14.06.84	Halle G
110 031	Leipzig Hbf Süd	01.01.81 - 24.06.84	Leipzig Hbf Süd
110 043	Leipzig Hbf Süd	01.01.81 - 03.08.84	Halle G
110 109	Bitterfeld	09.02.86 - 31.10.86	Falkenberg (Elster)
110 126	Leipzig Hbf Süd	01.01.81 - 13.02.81	Röblingen a.S.
110 133	Leipzig Hbf Süd	16.11.89 - 07.02.90	Roßlau (Elbe)
110 159	Leipzig Hbf Süd	01.01.81 - 26.09.84	Leipzig Hbf Süd
110 310	Leipzig Hbf Süd	27.09.84 - 13.06.85	umz in 112 310
110 627	Leipzig Hbf Süd	22.01.87 - 22.02.88	umb in 112 627
112 235	aus Umbau	24.10.86 - 28.02.90	Leipzig Hbf Süd
112 238	Leipzig Hbf Süd	20.11.86 - 28.02.90	Leipzig Hbf Süd
112 241	Leipzig Hbf Süd	25.05.88 - 28.02.90	Leipzig Hbf Süd
112 310	umz	13.06.85 - 28.02.90	Leipzig Hbf Süd
112 546	aus Umbau	19.06.84 - 28.02.90	Leipzig Hbf Süd
112 567	Leipzig Hbf Süd	29.05.84 - 28.02.90	Leipzig Hbf Süd
112 569	Röblingen a.S.	01.03.88 - 03.07.88	Leipzig Hbf Süd
112 596	Halle G	15.06.84 - 28.02.90	Leipzig Hbf Süd
112 645	aus Umbau	22.06.84 - 19.11.86	Leipzig Hbf Süd
112 646	Leipzig Hbf Süd	03.07.88 - 28.02.90	Leipzig Hbf Süd
112 825	aus Umbau	01.08.84 - 24.05.88	Leipzig Hbf Süd
112 859	aus Umbau	01.08.84 - 28.02.90	Leipzig Hbf Süd

umb = Umbau umz = Umzeichnung

Einen eigenen Bestand an Lokomotiven der Baureihe 110 oder einer ihrer Varianten hatte das Bw Leipzig Hbf West nur im Frühjahr 1972, als 110 438, 439 und 473 als Neuanlieferungen dieser Dienststelle zugewiesen wurden. Die Loks blieben nur kurze Zeit.

Allerdings wurden im Bw Leipzig West in zwei Dienstplänen insgesamt sechs 110 des Bw Leipzig Hbf Süd personalmäßig besetzt. Hier standen Leistungen im Reisezugdienst nach Eilenburg, Falkenberg (Elster), Zeitz und Gera, auf den Nebenbahnen Leipzig-Plagwitz – Pörsten, Leipzig-Leutzsch – Merseburg und im sogenannten „Groitzscher Dreieck" Neukieritzsch – Borna und (bis September 1975) nach Meuselwitz im Fokus. Dabei brachten die jährlich in den Sommerfahrplänen an den Wochenenden verkehrenden Ausflugszüge P 3021/3026 nach Ziegenrück (über Gera) und der „Heidelbeerexpress" nach Pretzsch (P 6973/ 6978) etwas Abwechslung in die Umläufe.

Außerdem waren die mit „West-Personal" besetzten 110er auch im Ortsgüterverkehr rund um Leipzig vom Berliner Bahnhof nach Wahren und Leipzig MTh zu finden.

Beim Bw Leipzig Hbf West stieg der Planbedarf bis Herbst 1978 auf neun 110. Zu diesem Zeitpunkt gab es seit 1976 einen Umlauftag mit Personenzügen nach Halle (S) und weiter nach Eilenburg, die Rückleistung ging über Merseburg nach Leipzig-Leutzsch bzw. nach Großkorbetha. Dies wurde zuvor vom Bw Halle P als Wendezug gefahren.

Ab Winter 1978/79 übernahm eine 110 den Hilfszug im „Bw West" sowie von der Baureihe 107 die Stelle der Bereitschaftslok für die Baubetriebsleitung der Rbd Halle zum Bedienen operativer Baustellen mit Schotterzügen und anderem Material.

△ **Bild 376** • Die Loks der Baureihe 110 der Einsatzstelle Zeitz des Bw Leipzig Hbf West kamen in ihren Umläufen mit Personenzügen nach Weißenfels, Großkorbetha und nach Frankleben (an der Strecke Merseburg – Querfurt). Im dortigen Bahnhof entstand im Jahr 1983 diese Aufnahme der Zeitzer **110 007**. Der Abschnitt Merseburg – Frankleben – Mücheln (Geiseltal) war bereits elektrifiziert. AUFNAHME: ANDREAS STANGE

7.9 Bw Leipzig Hbf West – Einsatzstelle Zeitz

Mit der Erweiterung der Aufgaben in der Triebfahrzeugunterhaltung der Einsatzstelle Zeitz des Bw Leipzig Hbf West wurden zum 1. Januar 1981 die bis dahin vom Bw Leipzig Hbf Süd besetzten 110 in den Eigenbestand übernommen und vollständig in der neu geschaffenen Triebfahrzeug-Einsatz- und Unterhaltungsstelle (TEU) Zeitz geführt. Dies galt allerdings nur für die von Zeitz aus eingesetzten 110 und 112, denn die Personale im „Mutter Bw" Leipzig Hbf West fuhren weiterhin auf 110 und 112 des Bw Leipzig Hbf Süd.

Am Einsatz und den Bespannungsaufgaben der fünf im Planeinsatz befindlichen 110 änderte sich dadurch wenig. In den Jahren 1983 und 1984 erfolgte der Austausch der bis dahin verwendeten 110 durch die leistungsstärkeren 112. Einher ging damit die Übernahme der langlaufenden Personenzüge 8011 und 3034 auf der Strecke Leipzig – Zeitz – Gera – Saalfeld-Leutzsch zum Fahrplanwechsel am 3. Juni 1984 von der bisher dafür verwendeten Baureihe 118. Dadurch erhöhte sich der Bedarf in der TEU Zeitz auf sechs 112.

Bild 377 ▷ **112 546** gehörte von Juni 1984 bis Februar 1990 zum Bestand der TEU Zeitz. Die Beförderung von Personenzügen auf der Strecke Zeitz – Osterfeld (b Zeitz) war in dieser Zeit eine ihrer Hauptaufgaben. Am 1. Oktober 1988 erreicht sie den Haltepunkt Weickelsdorf.

AUFNAHME: MICHAEL ZINNER

Aufgrund von Personalengpässen in der Werkstatt in Zeitz wurden im Frühjahr 1990 sämtliche 112 und 118 wieder dem Bw Leipzig Hbf Süd zur Unterhaltung zugewiesen und wechselten entsprechend vollständig in den dortigen Bestand. Lediglich die im drei- bis viertägigen Zyklus erforderliche Triebfahrzeugwartung fand noch bis 1992 in Zeitz statt.

△ **Bild 378** • Im Bahnhof Zeitz heizt **112 310** am 30. Oktober 1988 den Wagenpark des P 15016 nach Osterfeld (b Zeitz) ein. Die Lok war bereits als 110 310 von der TEU Zeitz aus im Einsatz. AUFNAHME: ANDREAS STANGE

7.10 Bw Leipzig-Wahren

Kurz abgehandelt werden kann das Kapitel zum Bw Leipzig-Wahren. Das in der Beheimatung auf Lokomotiven für den Güterverkehr und Rangierbetrieb spezialisierte Bahnbetriebswerk erhielt am 31. Mai 1994 vier 298 aus dem Bestand des Betriebshofes Leipzig Hbf Süd zugewiesen: 298 327, 328, 330 und 332. Allerdings blieben die Maschinen nach probeweisen Diensten auf dem Rangierbahnhof in Wahren keine zwei Monate und wechselten im Juli desselben Jahres wieder zurück zum Bh Leipzig Hbf Süd bzw. Bh Weißenfels.

Bw Leipzig-Wahren

Lok-Nr.	vom Bw	beheimatet von – bis	zum Bw
298 327	Leipzig Hbf Süd	31.05.94 - 12.07.94	Weißenfels
298 328	Leipzig Hbf Süd	31.05.94 - 11.07.94	Leipzig Hbf Süd
298 330	Leipzig Hbf Süd	31.05.94 - 11.07.94	Leipzig Hbf Süd
298 332	Leipzig Hbf Süd	31.05.94 - 11.07.94	Leipzig Hbf Süd

7.11 Bw Röblingen

Ganz am südwestlichen Rand des Mansfelder Landes liegt die Gemeinde Röblingen am See. Interessant ist, dass der für den Namenszusatz „am See“ zuständige, immerhin ca. 8,5 km² große Salzige See über 70 Jahre gar nicht mehr vorhanden war. Er wurde Ende des 19. Jahrhunderts trockengelegt, um den Bergbau in diesem Gebiet vor Wassereinbrüchen zu schützen. Erst nach dem Ende des Bergbaus und der damit verbundenen künstlichen Trockenhaltung steigt seit den siebziger Jahren des 20. Jahrhunderts der Pegel des Sees wieder.

Doch zurück zur Eisenbahn: Die Bahnstation Röblingen am See befindet sich an der in ihrer Gesamtlänge im Jahr 1872 eröffneten Hauptstrecke Halle (S) – Nordhausen – Hann. Münden (– Kassel), genauer zwischen Halle (S) und Lutherstadt Eisleben. Von Röblingen – wo einst die Nebenbahn nach Querfurt abzweigte – bis Lu-Eisleben sind es noch exakt zehn Bahnkilometer. Das ausgerechnet in Röblingen überhaupt eine Lokomotivstation errichtet wurde, lag an der Topografie der „Kasseler Bahn“ im Abschnitt Halle (S) – Sangerhausen, denn aus beiden Richtungen musste der Hornburger Sattel überquert werden. Aus Richtung Halle (S) begann der ca. 21 km lange Steigungsabschnitt in Röblingen. Nachdem das Teilstück Halle (S) – Eisleben – Sangerhausen im Jahre 1865 eröffnet wurde, entwickelte sich das Verkehrsaufkommen rasant, was sich durch längere und damit schwerere Züge bemerkbar machte. Dies wiederum erforderte die Errichtung einer Lokstation für

◁ **Bild 379**
Das „täglich' Brot" für die 110 und 112 des Bw Röblingen waren die Personenzüge nach Querfurt und Vitzenburg. Mit dem Pmg 68625 steht die Röblinger **112 290** am 22. Mai 1988 in Röblingen bereit.
Aufnahme: Andreas Stange

die Unterstellung, technische Unterhaltung und Versorgung der nunmehr notwendigen Schiebelokomotiven. Die Wahl des Standortes fiel 1876 auf das damals noch Oberröblingen am See heißende, heutige Röblingen.

Das Bw Röblingen a. S. beheimatete u. a. Vertreterinnen der Baureihen 44, 52, 58, 83^{10}, 93 und 94. Der Traktionswechsel begann mit der Beheimatung der ersten V 60 im Herbst 1968. Dennoch hielt sich die Dampftraktion noch viele Jahre. Als im Dezember 1980 die ersten beiden Loks der Baureihe 110 – 110 139 und 110 140 aus dem Bw Leipzig Hbf Süd – zur Beheimatung nach Röblingen kamen, standen dort noch Maschinen der Baureihe 52^{80} auf der Nebenbahn nach Querfurt (– Vitzenburg) im Einsatz. In deren Umlaufplänen fanden die 110 ihre Verwendung.

Im März 1981 erhöhte sich der Bestand an 110 auf insgesamt acht Maschinen. Zum 1. April jenes Jahres waren folgende Loks dieser Baureihe in Röblingen beheimatet:

110 111 126 138 139 140
158 163 164

Die Loks lösten die 52^{80} nun komplett ab und leisteten ihre Dienste überwiegend auf der Strecke nach Querfurt bzw. bis Vitzenburg und bespannten dabei sowohl Reise- als auch Nahgüterzüge sowie Übergaben.

Mit dem Bestand von acht 110 hatte das Bw Röblingen im Frühjahr 1981 auch gleichzeitig sein „Allzeithoch" erreicht, denn mit der Zuweisung der leistungsstärkeren Baureihe 112 wurden in der zweiten Jahreshälfte 1982 die ersten 110 an andere Bahnbetriebswerke abgegeben. Zum 31. Dezember jenes Jahres sah es bezüglich der Baureihen 110 und 112 in Röblingen wie folgt aus:

110 126 138 140
112 278 290 309 355 549

Von Juni bis September 1982 war 111 991 in Röblingen beheimatet, die zuvor als Werklok beim Braunkohlenkombinat in Deuben im Einsatz stand. Sie fand mehrheitlich vor Güterzügen nach Vitzenburg Verwendung, wurde allerdings gelegentlich auch im Reisezugdienst eingesetzt. Nach ihrem kurzen Gastspiel waren in Röblingen ab 1983 bis 1991 durchgängig immer eine 111, in der zweiten Jahreshälfte 1987 sowie ab März 1988 auch zwei Loks dieser Baureihe beheimatet.

Ab Sommer 1983 oblag es mehr oder minder allein der Baureihe 112, den Nebenbahnbetrieb von Röblingen aus zu absolvieren. Bis auf 110 007, die sich von September 1984 bis November 1987 im Röblinger Lokbestand befand, waren weitere Maschinen der Baureihe 110 nur noch sporadisch und für kurze Zeit im hiesigen Bahnbetriebswerk zu finden. Derweil lag der Bestand bei der Baureihe 112 bis 1990 zwischen sieben (1984 bis 1986) und neun Loks (1988 und 1989).

△ **Bild 380** • Bei Obhausen ist **112 486** des Bw Röblingen am 19. Juli 1988 mit einem Personenzug auf der Fahrt von Querfurt nach Röblingen am See. Aufnahme: Michael Zinner

Für den täglichen Betrieb wurden im Winterfahrplan 1989/90 fünf 112 benötigt, die in zwei Plänen – Plan 3 für zwei Loks und Plan 11 für drei Loks – im Einsatz waren. Die darin erbrachten Leistungen waren:

Plan 3

Tag 1

Lg 59413 Roßleben – Braunsbedra
Lzv 59413 Braunsbedra – Querfurt
P 15550 (Sl) Querfurt – Röblingen
6 bis 8 Uhr Rangierdienst Westberg
Anschließend: Tfz-Wartung
P 68623* Röblingen – Querfurt
11 bis 11:30 Uhr rangieren in Querfurt
P 68624* Querfurt – Röblingen
P 16557 Röblingen – Vitzenburg
P 16552 Vitzenburg – Röblingen
P 68627* Röblingen – Querfurt
P 15558 Querfurt – Röblingen
P 68629* Röblingen – Querfurt

Sl = Schlusslok

* Es handelt sich bei den aufgeführten Zügen mit den Nummern 68xxx um Personenzüge mit Güterbeförderung.

Tag 2

Lzz 59413 Querfurt – Vitzenburg
Lg 59413 (Vl) Vitzenburg – Querfurt
P 15550 Querfurt – Röblingen
P 17551 Röblingen – Esperstedt
P 17550 Esperstedt – Röblingen
P 15551 Röblingen – Querfurt
P 15528[1] Querfurt – Mücheln
P 15529[2] Mücheln – Querfurt
Lrz 15534 Querfurt – Mücheln
P 15537[2] Mücheln – Querfurt
P 15556 Querfurt – Röblingen
P 15555 Röblingen – Querfurt
Ng 60617 Querfurt – Vitzenburg
Ng 60418 Vitzenburg – Querfurt
Lzz 59413 Querfurt – Roßleben

Vl = Vorspannlok

[1] weiter mit E-Lok nach Merseburg

[2] kam mit E-Lok von Merseburg

Plan 11

Tag 1

Ng 61625 Querfurt – Röblingen
P 68621 Röblingen – Querfurt
P 16553 Querfurt – Vitzenburg
P 16550 Vitzenburg – Lu-Eisleben
Lrz 16550 Lu-Eisleben – Röblingen
Üg 71633 Röblingen – Schraplau
Üg 71634 Schraplau – Röblingen
P 68635 Röblingen – Esperstedt
P 17552 Esperstedt – Röblingen
P 15559* Röblingen – Querfurt
P 16555 Querfurt – Vitzenburg
P 68406 Vitzenburg – Querfurt
Ng 61628 Querfurt – Röblingen
Üg 71637 Röblingen – Schraplau
Üg 71632 Schraplau – Röblingen
P 15563 Röblingen – Querfurt

△ **Bild 381** • Mit Übergabezügen wurde von Röblingen aus das Kalkwerk in Schraplau bedient. Am 3. Oktober 1987 oblag **112 486** diese Aufgabe, hier aufgenommen in Röblingen. AUFNAHME: VOLKER LUCAS, SAMMLUNG A. ZIKA

△ **Bild 382** • Im Mai 1996 fährt **202 164** in den Bahnhof Schraplau (Strecke Röblingen – Querfurt) ein und passiert dabei **298 046**, die an jenem Tag das dortige Kalkwerk bedient hat. AUFNAHME: DIETER NAGEL

*Dieser Zug stand als 68625 im Kursbuch. Im Umlaufplan ist die Zugnummer nachträglich von 68635 auf 15559 korrigiert worden!

Tag 2

P 17528 Querfurt – Schafstädt
Lrz 17528 Schafstädt – Merseburg
P 15531 Merseburg – Querfurt
P 15538[1] Querfurt – Mücheln
Lzz 18589 Mücheln – Braunsbedra
P 18589 Braunsbedra – Querfurt
Lzz 15541 Querfurt – Mücheln
P 15541[2] Mücheln – Querfurt
P 15544[1] Querfurt – Mücheln
P 15545[2] Mücheln – Querfurt
P 15548[1] Querfurt – Mücheln
Lzz 61659 Mücheln – Braunsbedra

[1] weiter mit E-Lok nach Merseburg

[2] kam mit E-Lok aus Merseburg

Tag 3

Ng 61659 Braunsbedra – Querfurt
Ng 61680 Querfurt – Braunsbedra
Lz Braunsbedra – Mücheln
P 15521[2] Mücheln – Querfurt
P 15524[1] Querfurt – Mücheln
P 15525[2] Mücheln – Querfurt
Anschließend: Tfz-Wartung
10:30 bis 11 Uhr Rangierdienst in Querfurt
Ng 60615 Querfurt – Vitzenburg
Ng 60416 Vitzenburg – Querfurt
P 15554 Querfurt – Röblingen
P 15553 Röblingen – Querfurt
P 15546 Querfurt – Merseburg
P 15547 Merseburg – Querfurt

[1] weiter mit E-Lok nach Merseburg

[2] kam mit E-Lok aus Merseburg

Für die Lok der Baureihe 111 gab es zu diesem Zeitpunkt einen Eintagesplan (Plan 1), der rund um die Uhr Rangierdienst „West" – auf dem Güterbahnhof in Röblingen – vorsah.

Zum 1. März 1991 verlor das Bw Röblingen seine Eigenständigkeit und wurde zu einer Außenstelle des Bw Halle G degradiert. Die Loks wechselten entsprechend in den Bestand des Hallenser Bahnbetriebswerks „Gustav", blieben allerdings noch von Röblingen aus im Einsatz.

◁ **Bild 383**
Solche Zugkompositionen waren nur während der warmen Jahreszeit möglich, verfügten die Loks der Baureihe 111 doch nicht über einen Heizkessel. Am 19. Juli 1988 ist **111 025** des Bw Röblingen mit einem Personenzug nach Röblingen unterwegs bei Schmon.

Aufnahme: Michael Zinner

Bw Röblingen a. S. (I)

Lok-Nr.	vom Bw	beheimatet von – bis	zum Bw
110 007	Falkenberg (Elster)	08.09.84 – 11.11.87	Aue (Sachs)
110 008	Merseburg	16.01.87 – 27.08.87	Lu-Wittenberg
110 039	Bitterfeld	24.08.84 – 06.11.84	Halle G
110 043	Falkenberg (Elster)	07.01.88 – 19.05.88	Halle G
110 111	Leipzig Hbf Süd	25.03.81 – 26.10.82	Leipzig Hbf Süd
110 126	Zeitz	14.02.81 – 09.06.83	Halle G
110 133	Lu-Wittenberg	08.01.88 – 03.05.88	Leipzig Hbf Süd
110 138	Leipzig Hbf Süd	20.03.81 – 28.04.83	Leipzig Hbf Süd
110 139	Leipzig Hbf Süd	10.12.80 – 28.07.82	Leipzig Hbf Süd*
110 140	Leipzig Hbf Süd	10.12.80 – 02.06.83	Leipzig Hbf Süd
110 141	Leipzig Hbf Süd	03.02.87 – 29.05.87	Bitterfeld
110 158	Leipzig Hbf Süd	31.03.81 – 26.11.82	Leipzig Hbf Süd
110 163	Leipzig Hbf Süd	25.03.81 – 14.11.82	Roßlau (Elbe)
110 164	Leipzig Hbf Süd	17.03.81 – 14.12.82	Merseburg
110 225	Roßlau (Elbe)	29.03.88 – 20.04.88	Lu-Wittenberg
111 022	Falkenberg (Elster)	11.07.87 – 31.12.87	Falkenberg (Elster)
111 022	Falkenberg (Elster)	09.03.88 – 28.02.91	Halle G
111 025	Altenburg	29.05.84 – 28.02.91	Halle G
111 028	Neuanlieferung	21.04.83 – 26.08.84	Altenburg

Bw Röblingen a. S. (II)

Lok-Nr.	vom Bw	beheimatet von – bis	zum Bw
111 991	ums	03.06.82 – 24.09.82	Leipzig Hbf Süd
112 115	aus Umbau	01.04.88 – 28.02.91	Halle G
112 127	aus Umbau	01.05.89 – 28.02.91	Halle G
112 241	Leipzig Hbf Süd	06.09.85 – 26.09.85	Leipzig Hbf Süd
112 278	aus Umbau	15.12.82 – 20.12.85	Haldensleben
112 290	aus Umbau	23.11.82 – 25.05.89	Dresden
112 293	Leipzig Hbf Süd	30.05.87 – 12.07.88	Lu-Wittenberg
112 309	aus Umbau	23.07.82 – 06.06.90	Halle G
112 355	aus Umbau	23.10.82 – 28.02.91	Halle G
112 486	aus Umbau	01.12.85 – 28.02.91	Halle G
112 536	Stendal	30.03.88 – 28.02.91	Halle G
112 549	aus Umbau	27.11.82 – 27.11.85	Luckau
112 554	aus Umbau	23.11.85 – 28.02.91	Halle G
112 569	aus Umbau	31.05.83 – 29.02.88	Zeitz
112 627	aus Umbau	23.02.88 – 26.05.88	Wittenberge
112 675	aus Umbau	26.04.83 – 28.02.91	Halle G
112 725	aus Umbau	27.05.88 – 28.02.91	Halle G

* ex Braunkohlenkombinat Deuben ums = Umsetzung

◁ **Bild 384**
Als das Bw Röblingen als Einsatzstelle des Bw Halle G über keinen eigenen Lokbestand mehr verfügte, kamen Maschinen aus dem „Mutter-Bw" von Röblingen aus zum Einsatz. Dabei war die hier im Mai 1996 in Querfurt aufgenommene **204 469** auch nur relativ kurze Zeit in Halle G beheimatet gewesen.

Aufnahme: Dieter Nagel

7.12 Bw Lutherstadt Wittenberg

△ **Bild 385 • 110 003** des Bw Lu-Wittenberg steht am 26. Mai 1978 im Bahnhof Lutherstadt Wittenberg mit einem Personenzug nach Falkenberg (Elster) zur Abfahrt bereit. AUFNAHME: AXEL MEHNERT, SAMMLUNG ANDREAS STANGE

Lutherstadt Wittenberg ist wohl eine der bekanntesten Städte in Deutschland – zumindest wenn man sich für Religionsgeschichte interessiert. Hier begann durch den Thesenanschlag Martin Luthers im Jahr 1517 die Reformation mit all ihren Auswirkungen für die Weltgeschichte. Die Universitätsstadt an der Elbe gehört seit 1996 zum UNESCO-Welterbe.

Der Bahnhof der Stadt liegt an der Magistrale Berlin – Halle/Leipzig, zudem kreuzt hier die Strecke Dessau – Falkenberg (Elster), und es zweigt die Nebenbahn nach Eilenburg ab.

Im September 1970 traf mit 110 015 die erste V 100 im Bw Wittenberg ein. Zu diesem Zeitpunkt waren hier 8 × Baureihe 35^{10}, 14 × Baureihe 52-Altbau, 7 × Baureihe 65^{10}, 13 × Baureihe 120 und vier LVT der Baureihe 171 für den Streckendienst beheimatet. Mit 110 015 fanden Personalschulungen in den Plänen der 35^{10} und 65^{10} statt.

Im Mai 1971 erhielt das Bw Lu-Wittenberg die 110 010 zugewiesen. Es kam jetzt eine Lok planmäßig vor Personenzügen nach Dessau zum Einsatz. Im Mai 1972 kam zunächst kurzzeitig 110 003 dazu, bevor sie ab 1. Juni 1973 fest in den Wittenberger Bestand übernommen wurde. So konnten jetzt zwei V 100 eingesetzt werden.

Im Sommer 1973 trafen 110 567, 569 und 570 zur Beheimatung in Lu-Wittenberg ein, die im Frühjahr 1974 durch 110 004, 014, 032 und 083 mit Stufengetriebe ersetzt wurden. Von den jetzt sieben 110 kamen vier planmäßig zum Einsatz. Neue Ziele waren mit Personenzügen Falkenberg (Elster) sowie Hoyerswerda (mit dortiger Übernachtung).

Der Sommerfahrplan 1975 sah jetzt für sechs 110 Personenzugleistungen nach Dessau, Falkenberg (Elster), Bitterfeld, Hoyerswerda und ein Zugpaar nach Riesa vor. Dazu kamen ein Durchgangsgüterzugpaar nach Jüterbog und eine Nahgüterzug Falkenberg (Elster) – Lu-Wittenberg. Das Zugpaar nach Riesa entfiel bereits ab 1976.

Im Winterfahrplan 1977/78 begann die Ablösung der LVT-Baureihe 171 in der Dübener Heide. So gab es im Fahrplanjahr 1978/79 noch einen Umlauftag für den Triebwagen auf der Relation Lu-Wittenberg – Eilenburg, aber bereits fünf Umlauftage für die 110 mit Personenzügen nach Eilenburg, Dessau, Falkenberg (Elster) und Hoyerswerda sowie im Berufsverkehr ein Zugpaar nach Jüterbog. Auch der Nahgüterzug Falkenberg (Elster) – Wittenberg war im Umlauf vorgesehen.

Im Mai 1979 verließen die letzten LVT das Bw Wittenberg, und die 110 übernahmen den Gesamtverkehr nach Eilenburg. Dafür entfiel das Zugpaar nach Jüterbog, das jetzt mit E-Lok gefahren wurde.

Der 110-Bestand blieb bis 1989 bei durchschnittlich sieben Loks. Ab Mai 1980

Bild 386 ▷
In den Umlaufplänen der Wittenberger 110 gab es auch eine Personenzugleistung nach Hoyerswerda. Dort übernachteten Lok und Personal und fuhren am frühen Morgen zurück nach Lutherstadt Wittenberg. In diesem Plan war **110 083** am 15. November 1986 unterwegs, hier aufgenommen in Hoyerswerda.

AUFNAHME: ANDREAS STANGE

△ **Bild 387 • 110 015** kam im September 1970 vom Bw Leipzig Hbf Süd zum Bw Lu-Wittenberg und blieb dort ohne Unterbrechungen bis November 1992. Nach einem kurzen Gastspiel in Falkenberg (Elster) war sie ab 1. Juni 1994 bis zu ihrer z-Stellung im August jenes Jahres noch einmal im Wittenberger Bestand. Die Aufnahme zeigt die Lok am 15. September 1979 in Dessau.
AUFNAHME: U. SCHMIDTKE, SAMMLUNG GUNTER VON HARTWIG

entfiel die Bespannung des Nahgüterzuges von Falkenberg (Elster) nach Wittenberg. Die anderen Ziele im Personenverkehr blieben unverändert für fünf planmäßige Umlauftage. Im Sommerfahrplan 1982 enthält der Umlauf den Lgo 59177: nachts von Zahna bis Laußig Kieswerk und dann Lz zurück.

Ab Winterfahrplan 1983 sah der Umlauf nur noch vier 110 vor, das Personenzugpaar nach Hoyerswerda entfiel. Im Jahresfahrplan 1985 gab es für die 110 im Berufsverkehr wieder ein Personenzugpaar nach Jüterbog und ab Mai 1986 auch wieder einen Nahgüterzug von Falkenberg (Elster) nach Wittenberg zu befördern. Zum Winterfahrplan 1986/87 endeten die Einsätze nach Dessau und Falkenberg (Elster). Der V 100 blieben nur noch der Gesamtverkehr nach Eilenburg und im Winter 1986/87 der Lgo 59613 nach Bitterfeld mit der Rückleistung Ng 66680. Ab Mai 1987 übernahm die 110 von der Baureihe 106 zwei Nahgüterzugpaare nach Straach und vormittags die Gestellung der Rangierlok 4 in Wittenberg, die auch die Bedienung des Anschlusses Wendel beinhaltete.

Ab Herbst 1989 setzte Wittenberg sechs 110 ein. Neben dem Gesamtverkehr nach Eilenburg sowie den Nahgüterzügen nach Straach und der Rangierlok 4 übernahmen die Loks den Gesamtverkehr Torgau – Pretzsch von der Einsatzstelle Torgau des Bw Falkenberg (Elster).

Im März 1990 bekam das Bw Lu-Wittenberg die 114 328 zugewiesen, weitere fünf Loks dieser Baureihe folgten bis Oktober 1990. Auch weitere 110 waren im Zugang, der Bestand lag bei 11 × 110 und 6 × 114. Im Winterfahrplan wurden sechs 110 in unverändertem Plan eingesetzt. Für die 114 stellten die Technologen einen Drei-Tage-Umlaufplan auf, in welchem die Loks mit Nahgüterzügen nach Bad Schmiedeberg, Muldenstein und Sperenberg (über Jüterbog) kamen.

Ab Mai 1993 gab es für die nunmehrige Baureihe 201 sogar neun Umlauftage. Ne-

◁ **Bild 388**
Vor dem Lokschuppen in ihrem Heimt-Bw bzw. Bh Lutherstadt Wittenberg steht **202 453** am 29. Juli 1999.

AUFNAHME: DETLEF WINKLER

△ **Bild 389** • Im Arbeitszugdienst musste sich **201 224** des Bw Lu-Wittenberg am 31. März 1993 „verdingen". Immerhin fanden die Gleisbauarbeiten unmittelbar vor der Haustür auf den Flutbrücken der Elbe statt. AUFNAHME: GUNTER VON HARTWIG

ben Personenzügen nach Eilenburg gab es Nahgüterzüge nach Torgau, Pretzsch, Straach und von Eilenburg nach Krensitz zu befördern. Neu war auch die Übernahme des Gesamtverkehrs Bitterfeld – Stumsdorf. Die Anbindung an Lu-Wittenberg erfolgte mit einem Nahgüterzugpaar.

Für die Baureihe 204 gab es einen Drei-Tage-Plan mit Personenzügen nach Eilenburg sowie ein Berufsverkehrs-Zugpaar nach Annaburg.

Im Verlauf des Jahres 1993 bekam das Bw Lu-Wittenberg fünf 202 zugewiesen. Diese kamen mit im Umlauf der 201 zum Einsatz. Im Sommer 1994 leisteten acht 201 oder bei Verfügbarkeit 202 ihre Dienste vor Personenzügen nach Eilenburg sowie zwischen Bitterfeld und Stumsdorf. In diesem Plan gab es auch eine Übergabe Bitterfeld – Wolfen. Zwei 204 bespannten Nahgüterzüge nach Straach, Niedergörsdorf und Eilenburg.

Im Sommer 1995 wurde der 201-Plan komplett auf die Baureihe 202 umgestellt. Fünf Loks kamen vor Personenzügen nach Eilenburg und Torgau, auf der Strecke Bitterfeld – Stumsdorf sowie zwischen Falkenberg (Elster) und Herzberg zum Einsatz. Für die 204 gab es vier Umlauftage mit Personenzügen nach Eilenburg.

Die letzten 201 – 201 133 und 225 – wurden im Oktober 1995 z-gestellt. Im Mai 1996 endeten die 202- bzw 204-Einsätze, die Leistungen übernahmen Leipziger 628. In diesem Zusammenhang gab der Bh Lu-Wittenberg seine Bestände an 202 und 204 im Juni 1996 an andere Betriebshöfe ab. In Lu-Wittenberg verblieben nur noch 202 670 („z" im Juni 1998), 202 752 (im März 2000 nach Halle) und 204 328 (im September 1998 nach Halle).

Bild 390 ▷ Am 9. April 1992 stand für **201 032** des Bw Lu-Wittenberg die Beförderung des P 17544 (Eilenburg – Lutherstadt Wittenberg) im Plan. Die Aufnahme zeigt Lok und Zug bei der Ausfahrt aus dem Bahnhof Söllichau.

AUFNAHME: GUNTER VON HARTWIG

◁ **Bild 391**
202 752 bespannte während ihrer Beheimatung im Bw bzw. Bh Lu-Wittenberg eine Zeit lang den dortigen Hilfszug. So auch am 27. August 1999, als diese Aufnahme entstand.

Aufnahme: Dieter Nagel

Bw Lutherstadt Wittenberg (I)

Lok-Nr.	vom Bw	beheimatet von – bis	zum Bw
110 003	Halle P	04.05.72 – 16.05.72	Halle P
110 003	Leipzig Hbf Süd	01.06.73 – 04.07.94	z, a 23.05.94
110 004	Bitterfeld	02.04.74 – 04.07.94	z, a 31.05.94
201 006	Halle G	17.07.92 – 27.12.93	z, a 17.12.93
110 008	Röblingen a.S.	28.08.87 – 29.05.94	z, a 08.06.93
110 009	Halle G	20.12.85 – 14.06.86	Görlitz
110 010	Leipzig Hbf Süd	21.05.71 – 30.12.93	z, a 17.03.93 unf
110 014	Leipzig Hbf Süd	06.02.74 – 29.05.78	Halle G
110 015	Leipzig Hbf Süd	12.09.70 – 26.11.92	Falkenberg (Elster)
201 015	Falkenberg (Elster)	01.06.94 – 17.07.94	z, a 19.08.94
110 032	Leipzig Hbf Süd	06.02.74 – 29.05.94	z, zr 10.11.93
201 037	Falkenberg (Elster)	01.06.94 – 17.10.95	z, a 09.10.95
110 039	Halle P	07.05.76 – 26.09.83	Roßlau (Elbe)
110 043	Halle G	26.06.85 – 19.02.86	Falkenberg (Elster)
110 083	Leipzig Hbf Süd	10.04.74 – 15.06.87	Cottbus
110 111	Leipzig Hbf Süd	22.02.84 – 25.03.84	Falkenberg (Elster)
110 111	Leipzig Hbf Süd	15.05.85 – 25.06.85	Bitterfeld
201 111	Halle G	01.06.92 – 19.04.94	z, a 31.05.94
110 133	Falkenberg (Elster)	25.10.87 – 07.01.88	Röblingen a.S.
201 133	Halle G	01.06.92 – 17.10.95	z, a 09.10.95
110 138	Falkenberg (Elster)	25.02.86 – 22.04.88	Neustrelitz
201 140	Halle G	01.06.92 – 04.07.94	z, a 31.05.94
201 141	Halle G	01.06.92 – 29.05.94	z, a 17.09.93
201 168	Haldensleben	05.06.92 – 25.01.95	z, a 01/95
201 224	Halle G	17.07.92 – 04.07.94	z, a 31.05.94
110 225	Roßlau (Elbe)	01.08.79 – 23.08.79	Roßlau (Elbe)
110 225	Röblingen a.S.	21.04.88 – 05.05.88	Roßlau (Elbe)
201 225	Halle G	26.11.92 – 17.10.95	z, a 09.10.95
201 243	Stendal	29.05.94 – 27.03.95	z, a 28.02.95
110 281	Falkenberg (Elster)	27.05.89 – 30.12.93	z, a 20.01.93
201 419	Magdeburg	31.05.94 – 26.07.95	z, a 03.07.95 unf
201 424	Falkenberg (Elster)	01.06.94 – 28.08.94	z, a 30.08.94
110 567	Berlin Ostbahnhof	10.08.73 – 04.02.74	Leipzig Hbf Süd
110 569	Berlin Ostbahnhof	10.08.73 – 04.02.74	Leipzig Hbf Süd
110 570	Wustermark	10.08.73 – 01.04.74	Halle P
110 740	Falkenberg (Elster)	27.05.89 – 12.11.89	Bitterfeld
201 742	Stendal	29.05.94 – 17.07.94	z, a 19.08.94
201 763	Falkenberg (Elster)	01.06.94 – 06.06.95	z, a 18.05.95 unf
110 830	Falkenberg (Elster)	24.09.89 – 21.11.91	Roßlau (Elbe)
110 856	W.-P.-S.-Guben	23.04.86 – 30.05.86	Hoyerswerda
110 857	Roßlau (Elbe)	11.11.89 – 28.02.90	umb in 114 857
201 876	Magdeburg	01.06.94 – 06.06.95	z, a 17.05.95 unf
110 883	Roßlau (Elbe)	22.09.88 – 31.05.92	Haldensleben
201 883	Magdeburg	01.06.94 – 04.07.94	z, a 16.06.94 unf
110 890	Falkenberg (Elster)	24.09.89 – 29.05.94	z, zr 03.08.93

Bw Lutherstadt Wittenberg (II)

Lok-Nr.	vom Bw	beheimatet von – bis	zum Bw
293 107	Falkenberg (Elster)	01.06.94 – 05.04.98	z, a 06.04.98
293 128	Falkenberg (Elster)	01.06.94 – 24.03.98	z, a 23.03.98
202 249	Sangerhausen	15.06.93 – 27.08.96	z, a 03.09.96
202 253	Magdeburg	10.04.97 – 01.09.97	z-Park
202 262	Leipzig Hbf Süd	19.08.96 – 01.09.97	z-Park
202 263	Stendal	31.05.95 – 29.05.98	z-Park
202 277	Magdeburg	16.08.97 – 15.04.98	z-Park
112 293	Röblingen a.S.	13.07.88 – 15.11.88	Leipzig Hbf Süd*
202 453	Halberstadt	11.05.98 – 29.08.99	z-Park
202 470	Magdeburg	27.08.93 – 27.08.96	z, a 28.08.96
202 478	Halberstadt	14.05.98 – 30.05.98	z-Park
202 640	Sangerhausen	17.06.93 – 24.10.95	Halle G
202 643	Halberstadt	31.05.95 – 01.09.97	z-Park
202 645	Leipzig Hbf Süd	31.12.94 – 28.02.99	z-Park
202 646	Leipzig Hbf Süd	31.05.95 – 24.10.95	Halle G
202 670	Magdeburg	04.11.93 – 15.04.98	z-Park
202 674	Stendal	03.08.95 – 21.12.98	z-Park
202 741	Stendal	31.05.95 – 09.04.97	z, a 29.01.97
202 749	Halberstadt	31.05.95 – 08.09.98	z-Park
202 752	Magdeburg	17.09.93 – 29.02.00	Halle G
202 753	Halberstadt	31.05.95 – 28.02.99	z-Park
202 754	Halberstadt	31.05.95 – 25.03.98	z-Park
202 799	Leipzig Hbf Süd	19.08.96 – 30.04.98	z-Park
202 855	Stendal	22.04.98 – 28.02.99	z-Park
202 894	Magdeburg	13.05.98 – 30.05.98	z-Park
114 203	Leipzig Hbf Süd	05.09.90 – 03.06.96	Halle G
114 328	Saalfeld	08.03.90 – 26.09.98	Halle G
114 358	Leipzig Hbf Süd	02.10.90 – 08.06.96	Halle G
114 401	Leipzig Hbf Süd	01.10.90 – 08.01.95	Saalfeld
114 445	Eisenach	27.04.91 – 03.06.96	Halle G
114 513	Eisenach	27.04.91 – 03.06.96	Halle G
204 605	Halberstadt	30.05.94 – 13.08.96	Halle G
204 664	Halberstadt	27.05.94 – 27.05.95	Saalfeld
204 673	Leipzig Hbf Süd	31.05.94 – 24.10.95	Halle G
204 760	Halberstadt	27.05.94 – 26.09.98	Halle G
204 774	Halberstadt	30.05.94 – 08.01.95	Saalfeld
114 789	aus Umbau	27.10.90 – 26.04.91	Neuruppin
114 838	aus Umbau	30.10.90 – 26.04.91	Neuruppin
114 858	aus Umbau	19.11.91 – 01.06.93	Halberstadt
204 858	Halberstadt	30.05.94 – 25.05.95	Dresden

a = abgestellt zr = Zurückstellung aus Reserve umb = Umbau unf = Unfall

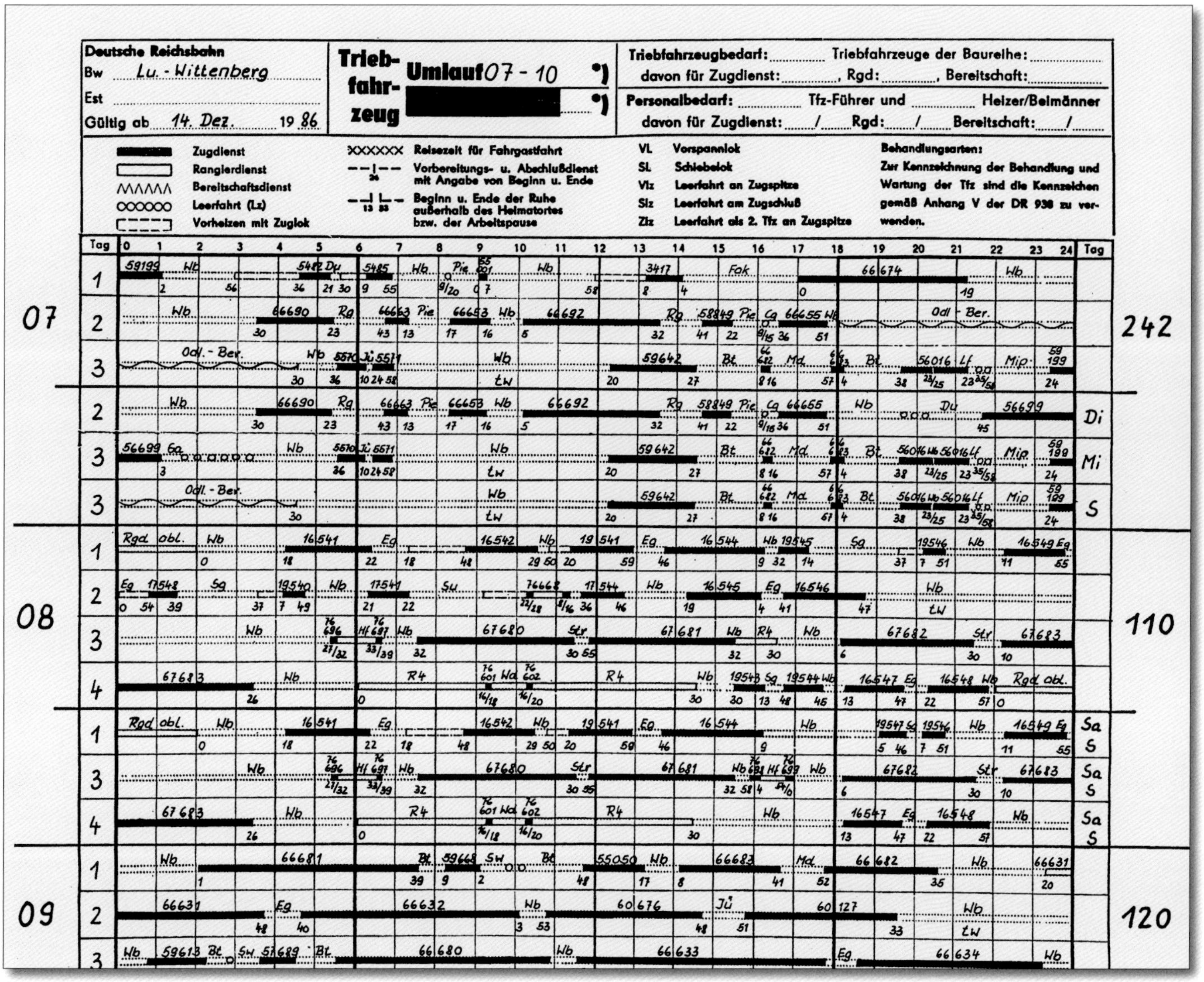

Deutsche Reichsbahn
Bw Lu.-Wittenberg
Est
Gültig ab 14. Dez. 1986

Trieb-fahr-zeug Umlauf 07 - 10 *)
[redacted] *)

Triebfahrzeugbedarf: .... Triebfahrzeuge der Baureihe: ....
davon für Zugdienst: ...., Rgd: ...., Bereitschaft: ....
Personalbedarf: .... Tfz-Führer und .... Heizer/Beimänner
davon für Zugdienst: ..../...., Rgd: ..../...., Bereitschaft: ..../....

Zugdienst
Rangierdienst
Bereitschaftsdienst
Leerfahrt (Lz)
Vorheizen mit Zuglok

Reisezeit für Fahrgastfahrt
Vorbereitungs- u. Abschlußdienst mit Angabe von Beginn u. Ende
Beginn u. Ende der Ruhe außerhalb des Heimatortes bzw. der Arbeitspause

VL Vorspannlok
SL Schiebelok
Vlz Leerfahrt an Zugspitze
Slz Leerfahrt am Zugschluß
Zlz Leerfahrt als 2. Tfz an Zugspitze

Behandlungsarten:
Zur Kennzeichnung der Behandlung und Wartung der Tfz sind die Kennzeichen gemäß Anhang V der DR 938 zu verwenden.

△ **Bild 392** • Auszug aus einem Umlaufplan des Bw Lu-Wittenberg, gültig ab 14. Dezember 1986. Die Dienste der vier 110 im Plan 08 waren zu diesem Zeitpunkt nicht besonders abwechslungsreich. Die Loks standen vornehmlich auf der Strecke nach Eilenburg im Einsatz und bespannten den Nahgüterzug nach Straach.

ABBILDUNG: SAMMLUNG MICHAEL JUNGFER

Bild 393 ▷ Zunehmend an den Rand gestellt wurden die Loks der Baureihen 201 und 202 ab Mitte der neunziger Jahre. So auch im Bh Lu-Wittenberg, wo am 29. Juli 1999 die **202 753**, **202 855** und eine Schwesterlok bereits z-gestellt auf ihr weiteres Schicksal warten.

AUFNAHME: DETLEF WINKLER

8 Reichsbahndirektion Magdeburg

△ **Bild 394 • 112 396** kam im August 1985 aus Haldensleben zum Bw Blankenburg (Harz). Hier steht die Lok mit einem Personenzug nach Blankenburg (Harz) am 10. August 1985 im Bahnhof Halberstadt.

Aufnahme: Andreas Stange

8.1 Bw Blankenburg (Harz)

Das Bw Blankenburg (Harz) am Fuße der Rübelandbahn gehörte bei der Deutschen Reichsbahn zu den kleinsten Dienststellen. Dennoch besaß dieses Bw im Mai 1971 einen Fahrzeugbestand von immerhin 20 Triebfahrzeugen: eine Lok der Baureihe 102, vier der Baureihe 106 und 15 der Baureihe 251.

Als Heimat-Bw der 25-kV/50-Hz-E-Loks der Baureihe 251, die auf der Rübelandbahn Blankenburg (Harz) – Rübeland – Königshütte (Harz) im Einsatz standen, kam dem kleinen Bahnbetriebswerk allerdings eine volkswirtschaftlich bedeutende Rolle zuteil, denn die Strecke diente zur Abfuhr von Kalk, der für die chemische Industrie in der DDR überlebenswichtig war.

Anfang des Jahres 1971 begann für die Lokführer des Bw Blankenburg (Harz) die Schulung auf Maschinen der Baureihe 110. Bereits zum Winterfahrplan 1970/71 besetzte Blankenburger Personal drei 110 des Bw Halberstadt, die Leistungen im Dienstplan 13 fuhren. So pendelten die Loks an den Laufplantagen 1 und 2 mit Doppelstock-Wendezügen zwischen Halberstadt und Ilsenburg. Der Umlauf am Plantag 3 sah hingegen die Bespannung der Züge zwischen Blankenburg (Harz) und Halberstadt vor.

Die Laufleistung hielten sich am Tag 1 mit 454 km sowie am Plantag 2 mit 462 km in etwa die Waage. Mit einer Tageslaufleistung von 822 km stach der Tag 3 des Umlaufes besonders hervor.

Zur Ausbildung weiterer Lokführer sowie der Werkstattmitarbeiter erhielt das Bw Blankenburg (Harz) am 21. September 1976 die 110 448 vom Bw Stendal zugeteilt. Mit der Maschine wurden neben Leistungen nach Halberstadt auch Übergaben zum Bahnhof Thale-Bodetal bespannt. Mit Beendigung der Schulungsfahrten kehrte 110 448 im November 1976 nach Stendal zurück.

Eine erste längere Beheimatung von eigenen Lokomotiven der Baureihe 110 begann zum 1. Januar 1981 mit der Zuteilung der 110 312 und 110 582, die beide vom „benachbarten“ Bw Halberstadt übernommen wurden. Dieser kleine Bestand wurde bis Mitte 1982 noch um 110 363, 110 411 und 110 450 ergänzt, womit das Bahnbetriebswerk Blankenburg (Harz) nunmehr fünf 110 sein „Eigen“ nennen durfte.

Die Leistungen, welche bereits 1971 als Personalleistungen für das Bw Halberstadt erbracht wurden, gingen mit Beginn der V 100-Beheimatung komplett an das Bw Blankenburg (Harz) über und wurden hier im Dienstplan 1 erfasst.

Auch durch die Zuteilung einiger Vertreterinnen der Baureihe 118^6 als Notfallreserve für die Rübelandbahn änderte sich in den achtziger Jahren nur wenig an den Planleistungen der Blankenburger 110er.

◁ **Bild 395**
Die Blankenburger 110 bzw. 112 bespannten in ihren Umläufen auch Personenzüge über Halberstadt hinaus bis Ilsenburg. Von dort kommend fährt **112 337** am 19. Mai 1986 in den Bahnhof Halberstadt ein und passiert dabei die Anlagen des dortigen Raw.

Aufnahme: Volker Lucas, Sammlung A. Zika

Vom Umbau der Baureihe 110 in die 883 kW starke Baureihe 112 profitierte auch Blankenburg (Harz) mit der Beheimatung der 112 276, die am 1. April 1982 direkt vom Raw Stendal übernommen wurde. Durch die weitere Zuteilung von Lokomotiven der Baureihe 112 ersetzte die Dienststelle die noch nicht leistungserhöhten Maschinen der Baureihe 110 und gab diese an andere Bahnbetriebswerke ab. Als letzte 110 verließ 110 395 am 5. September 1984 das Bw Blankenburg (Harz) und wurde dem Bw Güsten zugeteilt.

Mit Beginn des Sommerfahrplans 1990 übernahm die Baureihe 112 einen Umlauftag der Rangierloks der Baureihe 106 auf der Verbindung nach Thale-Bodetal. Doch dieser Umlauftag war nicht von langer Dauer: Bereits am 30. Juni 1993 wurde mit der Übergabe 69581 die letzte Leistung nach Thale-Bodetal gefahren. Die endgültige Sperrung dieser Strecke erfolgte am 5. Januar 1994.

Mit der Schließung der Dieseltankstelle in Blankenburg (Harz) im Frühjahr 1992 wurde der Umlauf der Baureihe 112 insofern angepasst, dass die Dieselloks nun ihre Kraftstoffvorräte im Bahnbetriebswerk Halberstadt ergänzen mussten.

Mit der Umwandlung des Bw Blankenburg (Harz) in eine Einsatzstelle des Bw Halberstadt wechselte auch der komplette 112-Bestand zum neuen „Mutter-Bw". Im Einzelnen handelte es sich um:

112 279 337 350 363 377
396 529 749

Bw Blankenburg (Harz)

Lok-Nr.	vom Bw	beheimatet von – bis	zum Bw
110 105	Halberstadt	.10.81 – 21.12.81	Güsten
110 312	Halberstadt	01.01.81 – 04.04.83	Salzwedel
110 363	Güsten	20.12.81 – 29.05.83	Salzwedel
110 366	Güsten	22.06.83 – 08.07.82	Güsten
110 395	Güsten	06.08.84 – 05.09.84	Güsten
110 411	Stendal	05.03.81 – 15.12.82	Stendal
110 448	Stendal	21.09.76 – 01.11.76	Stendal
110 450	Halberstadt	01.09.81 – 20.08.82	Güsten
110 582	Halberstadt	01.01.81 – 30.03.82	Güsten
110 617	Güsten	01.01.84 – 23.07.84	Karl-Marx-Stadt
110 660	Magdeburg	16.09.82 – 28.05.84	Hagenow Land
110 894	Güsten	05.06.82 – 22.01.83	Güsten
112 262	aus Umbau	14.12.82 – 18.12.87	Haldensleben
112 267	Brandenburg	03.08.88 – 09.08.88	Salzwedel
112 276	aus Umbau	01.04.82 – 30.06.85	Neubrandenburg
112 279	Magdeburg	23.09.86 – 05.11.86	Magdeburg
112 279	Magdeburg	25.02.88 – 03.05.92	Halberstadt
112 337	Haldensleben	03.09.85 – 03.05.92	Halberstadt*
112 350	aus Umbau	29.03.83 – 13.06.86	Brandenburg
112 350	Brandenburg	27.08.86 – 03.05.92	Halberstadt
112 363	Haldensleben	27.04.90 – 03.05.92	Halberstadt
112 377	Rostock	31.05.85 – 03.05.92	Halberstadt
112 396	Haldensleben	09.08.85 – 08.10.88	Haldensleben*
112 396	Haldensleben	01.11.88 – 03.05.92	Halberstadt
112 467	Haldensleben	09.10.88 – 31.10.88	Haldensleben
112 472	Stendal	11.12.90 – 17.03.91	Stendal
112 473	Halberstadt	11.05.83 – 02.09.85	Haldensleben
112 481	Hagenow Land	29.05.84 – 08.08.85	Haldensleben
112 483	aus Umbau	19.01.83 – 18.12.89	Brandenburg
112 529	aus Umbau	29.08.85 – 03.05.92	Halberstadt
112 533	aus Umbau	27.06.84 – 29.02.88	Stendal
112 537	Magdeburg	22.12.88 – 03.02.89	Güsten
112 749	Salzwedel	07.07.88 – 03.05.92	Halberstadt
114 469	Stendal	15.04.87 – 21.04.87	Halberstadt

* Lok war während der Beheimatung kurzzeitig in einem anderen Bw.

8.2 Bw Brandenburg

Das im nordöstlichen Teil der Reichsbahndirektion Magdeburg liegende Bahnbetriebswerk Brandenburg erhielt am 28. April 1970 mit 110 238 seine erste 110 zugewiesen. Mit der Beheimatung der Baureihe 110 sollte – wie in vielen anderen Dienststellen auch – die Dampflokbaureihe 38^{10-40} (pr. P 8), die zu diesem Zeitpunkt noch mit zwölf Exemplaren in Brandenburg vorhanden war, abgelöst werden.

Im Sommer 1970 gab es im Bw Brandenburg folgenden Fahrzeugbestand:

1 × Baureihe 38^2,
11 × Baureihe 38^{10-40},
12 × Baureihe 52,
19 × Baureihe 52^{80},
1 × Baureihe 64,
4 × Baureihe 100 (Köf),
2 × Baureihe 101 (V15),
1 × Baureihe 110.

Erst ein Jahr später, im Mai 1971, wurde der Bestand an 110 um die 110 160 vom Bw Güsten erhöht. Mit dem Eintreffen weiterer Loks dieser Baureihe – z. T. durch Erstbeheimatung direkt vom LEW Hennigsdorf, z. T. durch Umbeheimatung aus anderen Dienststellen – übernahmen die 110 als erstes alle Personenzugleistungen auf

△ **Bild 396** • Eine der Haupteinsatzstrecken der Brandenburger 110 war die Verbindung Brandenburg – Rathenow – Neustadt (Dosse). Im August 1982 ist **110 812** mit dem P 19230 nach Neustadt (Dosse) unterwegs bei Rhinow.
Aufnahme: Dr. Winfried König

◁ **Bild 397**
Mit einem respektablen Ganzzug am Haken fährt die **112 776** des Bw Brandenburg am 22. September 1989 durch den Brandenburger Hauptbahnhof.

Abbildung: Andreas Stange

der so genannten „Städtebahn“ Brandenburg – Belzig sowie Brandenburg – Rathenow. Der Umlauf wurde durch weitere Leistungen auf der Hauptstrecke in Richtung Magdeburg ergänzt.

Bis Ende 1975 trugen bereits zehn Vertreterinnen der Baureihe 110 das Beheimatungsschild „Bw Brandenburg“ an ihren Führerhausseitenwänden:

110 160	396	406	421	479
482	513	627	628	732

Ab dem Winterfahrplan 1977/78 kamen vier 110er im Dienstplan 1 mit Leistungen u. a. nach Belzig, Jüterbog und Magdeburg sowie weitere vier Loks dieser Baureihe im Plan 2 nach Neustadt (Dosse) und nach Rathenow.

Durch weitere Aufstockungen pegelte sich die Anzahl der in Brandenburg beheimateten 110er bis 1983 zwischen elf und 13 Maschinen ein.

Die Neuordnung aller Brandenburger Umlaufpläne zum 30. September 1979 brachte für die Baureihe 110 dieses Bahnbetriebswerkes neue Dienstplan-Nummern und Leistungen mit sich. So wurde aus dem ehemaligen Plan 1 der neue Dienstplan 10, welcher nun Leistungen für vier 110er in Richtung Belzig und nach Magdeburg enthielt. Der ehemalige Umlaufplan 2 wurde zum Plan 11, der für drei 110er Leistungen nach Neustadt (Dosse) sowie nach Rathenow beinhaltete.

Komplett neu erstellt wurde der Dienstplan 12 für ebenfalls drei Lokomotiven der Baureihe 110, in welchen weitere Züge auf den Strecken nach Neustadt (Dosse) und nach Rathenow bespannt wurden. Somit setze die Dienststelle ab Winter 1979/80 planmäßig zehn Vertreterinnen der V 100-Familie ein.

Erste Diesel-Konkurrenz für die 110 kam im Sommer 1981 in Form der Baureihe 118 ins Bw Brandenburg. Mit ihr sollte die Ablösung der dort noch vorhandenen Dampfloks weiter beschleunigt werden. Die vorgesehene Traktionsumstellung durch die Beheimatung von Vertreterinnen der Baureihe 119 unterblieb durch deren anhaltende Probleme im Betriebsdienst.

Durch den laufenden Umbau von 110er in die 1.200 PS-Variante Baureihe 112 im Raw Stendal gelangten solche Loks auch in den Bestand des Bw Brandenburg. Am 26. Januar 1983 traf als erste die 112 637 zur Beheimatung im hiesigen Bahnbetriebswerk ein. Weitere Zuteilungen der Baureihe 112 ließen die Maschinen der Baureihe 110 in Brandenburg zunehmend arbeitslos werden.

Mit Beginn des Sommerfahrplans 1987 – am 31. Mai – erstellten die Technologen des Bw Brandenburg drei Umlaufpläne für beide V 100-Typen:

- Im Plan 3 – für 3 × 112 – wurden Leistungen von Magdeburg und Neustadt (Dos-

◁ **Bild 398**
Blick in das Bw Brandenburg im Juni 1988. In der Runde präsentieren sich (v. l. n. r.): **112 160**, 105 061, **112 411**, 106 293, **110 812**, 118 609 und **112 667**.

Aufnahme: Jens-Peter Fried

Bild 399 ▷ Aus dem Jahr 1978 stammt diese Aufnahme der **110 628** des Bw Brandenburg. Am 20. Mai jenes Jahres hat sie mit dem P 19255 aus Brandenburg kommend den Bahnhof Belzig erreicht.

Aufnahme: Axel Mehnert, Sammlung Andreas Stange

se) sowie Übergaben nach Brandenburg-Altstadt bespannt. Dieser Umlauf beinhaltete immerhin acht Güterzugleistungen zwischen Brandenburg und Brandenburg-Altstadt sowie zum Stahlwerk Brandenburg.

- Der Plan 4 – ebenfalls für drei 112 – enthielt Leistungen nach Magdeburg, Belzig, Jüterbog und nach Neustadt (Dosse) sowie einen vormittäglichen Rangierdienst in Belzig. Im Tag 3 des Umlaufes waren mit den Übergaben 72762, 72774 und 75736 ebenfalls Güterzugleistungen zu erbringen.
- Der letzte für die Baureihe 110 erstellte Umlaufplan 5 – für 3 × 110 – beinhaltete Leistungen nach Magdeburg, Neustadt (Dosse), Rathenow und nach Potsdam/Babelsberg.

Zum 1. Januar 1988 befanden sich folgende vier 110 und neun 112 im Bestand des Bw Brandenburg:

110 160	628	667	812	
112 267	411	421	446	535
537	637	732	841	

Für die nicht umgebauten Lokomotiven der Baureihe 110 sollte der Winterfahrplan 1987/88 der vorerst letzte Fahrplanabschnitt mit Planleistungen in Brandenburg werden.

Der folgende Sommerfahrplan 1988 sah in den Plänen 3, 4 und 5 einen „gattungsreinen“ Einsatz für je 3 × 112 vor. Dennoch blieben weiterhin Vertreterinnen der Baureihe 110 als Reserveloks in Brandenburg beheimatet.

Mit der politisch-gesellschaftlichen Wende in der DDR im November 1989 machte sich auch bald ein starker Rückgang der Fahrgastzahlen sowie bei den Tonnagen im Güterverkehr bemerkbar. Als eine der ersten DR-Baureihen, die massiv abgestellt und ausgemustert wurden, traf es die Baureihe 110. Als letzte Lok ihrer Baureihe verließ 201 229 am 18. Februar 1992 das Bw Brandenburg, um im Bw Stendal ein neues Einsatzgebiet zu finden.

Unmittelbar vor dem Zusammenschluss der Deutschen Reichsbahn und der Deutschen Bundesbahn zur Bahn AG zum 1. Januar 1994 wies das Bw Brandenburg am 31. Dezember 1993 einen Bestand von 14 Lokomotiven der Baureihe 202 (ex BR 112) auf:

202 299	375	403	411	421
472	637	683	695	732
776	785	788	841	

Diese Maschinen blieben bis zum Ende der (buchmäßigen) Beheimatung der Baureihe 202 in Brandenburg – mit 202 610 (Bh Stendal) kam am 18. Februar 1994 noch eine Lok dazu.

Mit der bei der DB AG vorgenommenen Aufteilung des Fahrzeugparks in Geschäftsbereiche erfolgte zum 1. Januar 1994 auch die Umwandlung des Bw Brandenburg in eine Einsatzstelle des nunmehrigen Betriebshofes Magdeburg-Rothensee. Allerdings behielt Brandenburg noch einen festen Fahrzeugbestand, wobei auch die Angabe der Beheimatung in Branden-

△ **Bild 400** • In Vorbereitung der Umnummerierung waren bei **110 229** des Bw Brandenburg bereits die Lokschilder entfernt worden, als sie Ende Dezember 1991 einer vierteiligen Doppelstockeinheit in Brandenburg Hbf „einheizt“.

Aufnahme: Frank Weimer

◁ **Bild 401**
Arbeitszugdienst stand für **112 683** vom Bw Brandenburg an einem Augusttag im Jahr 1989 auf dem Plan. Zwischen Brandenburg und Wusterwitz (Strecke Berlin – Magdeburg) wurden die Gleise erneuert.

Aufnahme: Jens-Peter Fried

Bw Brandenburg (I)

Lok-Nr.	vom Bw	beheimatet von – bis	zum Bw
110 068	Glauchau	07.05.81 – 13.04.83	Jerichow
110 108	Jerichow	.05.81 – 27.06.81	Jerichow
110 160	Güsten	11.05.71 – 16.03.73	Eilsleben
110 160	Eilsleben	17.04.73 – 04.05.83	Stendal*
110 160	Salzwedel	26.07.86 – 25.01.88	Umbau in 112 160
110 224	Halle G	07.05.81 – 18.05.81	Halle G
110 229	Salzwedel	04.05.89 – 23.03.90	Stendal
110 229	Jerichow	11.12.90 – 18.02.92	Stendal
110 235	Stendal	13.12.83 – 20.10.84	Jerichow
110 235	Jerichow	28.11.84 – 15.10.85	Falkenberg (E)
110 238	Neuanlieferung	28.04.70 – 04.06.73	Roßlau (Elbe)
110 238	Roßlau (Elbe)	17.06.73 – 08.02.74	Roßlau (Elbe)
110 386	Magdeburg	12.01.80 – 24.01.80	Magdeburg
110 396	Halle P	10.01.72 – 27.05.83	Haldensleben
110 406	Neuanlieferung	24.12.71 – 14.02.83	Güsten
110 411	Magdeburg	25.10.76 – 18.11.76	Magdeburg
110 412	Haldensleben	01.03.81 – 12.05.81	Umbau in 112 412
110 413	Haldensleben	13.05.81 – 21.05.81	Stendal
110 421	Neuanlieferung	05.01.72 – 29.02.84	Umbau in 112 421
110 473	Leipzig Hbf West	25.05.72 – 27.05.72	Halberstadt
110 479	Neuanlieferung	01.06.72 – 11.02.81	Umbau in 112 479
110 482	Stendal	29.09.72 – 31.05.83	Umbau in 115 482**
110 505	Güsten	28.11.78 – 06.01.79	Güsten
110 513	Neuanlieferung	25.11.72 – 21.02.83	Umbau in 115 513**
110 535	Güsten	18.02.82 – 06.03.82	Magdeburg
110 535	Stendal	16.09.83 – 30.04.85	Umbau in 112 535
110 608	Stendal	01.11.79 – 27.11.79	Halberstadt
110 627	Neuanlieferung	15.12.73 – 13.11.86	Leipzig Hbf Süd
110 628	Neuanlieferung	15.12.73 – 10.04.89	Güsten*
110 660	Güsten	18.02.82 – 06.03.82	Magdeburg
110 667	Magdeburg	11.02.83 – 16.12.85	Salzwedel
110 667	Salzwedel	20.06.86 – 27.01.88	Umbau in 112 667
110 686	Magdeburg	25.01.80 – 25.02.80	Salzwedel
110 686	Haldensleben	11.04.80 – 15.04.80	Magdeburg
110 686	Magdeburg	24.11.83 – 26.02.85	Umbau in 114 686
110 688	Elsterwerda	13.04.85 – 25.09.87	Haldensleben
110 712	Stendal	24.05.82 – 07.06.82	Stendal
110 732	Neuanlieferung	31.10.74 – 26.07.85	Umbau in 112 732
110 749	Magdeburg	03.04.85 – 16.09.86	Umbau in 112 749
110 752	Wustermark	24.01.84 – 30.04.87	Umbau in 112 752

* Lok war während der Beheimatung kurzzeitig in einem anderen Bw.
** Lok wurde später in die Baureihe 114 eingereiht.

Bw Brandenburg (II)

Lok-Nr.	vom Bw	beheimatet von – bis	zum Bw
110 763	Magdeburg	08.05.87 – 25.09.87	Haldensleben
110 793	Güsten	01.07.75 – 23.09.86	Umbau in 112 793
110 812	Dresden	30.05.78 – 10.04.89	Güsten
110 854	Stendal	01.10.86 – 16.10.86	Magdeburg
110 877	Neuanlieferung	07.03.78 – 22.06.84	Neustrelitz*
110 896	Neuanlieferung	16.03.78 – 28.09.78	Neuruppin
112 160	aus Umbau	26.01.88 – 19.10.88	Görlitz
112 267	aus Umbau	29.03.83 – 24.04.88	Halberstadt
112 267	Halberstadt	07.06.88 – 02.08.88	Blankenburg (H)
112 299	Nordhausen	26.05.90 – 31.05.94	Mg-Rothensee
112 350	Blankenburg (H)	14.06.86 – 26.08.86	Blankenburg (H)
112 363	Stendal	05.06.86 – 22.12.87	Haldensleben
112 375	Halberstadt	18.08.89 – 31.05.94	Mg-Rothensee
112 403	Güstrow	21.09.91 – 31.05.94	Mg-Rothensee
112 411	aus Umbau	19.09.86 – 23.01.89	Magdeburg
112 411	Magdeburg	07.02.89 – 31.05.94	Mg-Rothensee
112 421	aus Umbau	01.03.84 – 06.02.90	Jerichow
112 421	Jerichow	20.03.90 – 31.05.94	Mg-Rothensee
112 438	Magdeburg	13.06.91 – 21.06.91	Stendal
112 446	Haldensleben	01.06.86 – 14.02.89	Stendal
112 472	Stendal	25.05.91 – 31.05.94	Mg-Rothensee
112 483	Blankenburg (H)	19.12.89 – 14.03.90	Angermünde
112 506	Halberstadt	17.08.89 – 13.10.89	Halberstadt
112 535	aus Umbau	01.05.85 – 30.03.89	Haldensleben
112 537	Güstrow	29.05.85 – 25.10.88	Güsten
202 610	Stendal	18.02.94 – 31.05.94	Mg-Rothensee
112 637	aus Umbau	26.01.83 – 31.05.94	Mg-Rothensee
112 667	aus Umbau	28.01.88 – 25.10.88	Dresden
112 683	Güsten	20.10.88 – 31.05.94	Mg-Rothensee
112 695	Reichenbach (V)	24.01.89 – 31.05.94	Mg-Rothensee
112 732	aus Umbau	27.07.85 – 31.05.94	Mg-Rothensee
112 776	Reichenbach (V)	18.02.89 – 31.05.94	Mg-Rothensee
112 785	Magdeburg	20.10.88 – 31.05.94	Mg-Rothensee
112 788	Nossen	19.11.88 – 31.05.94	Mg-Rothensee
112 794	Leipzig Hbf Süd	21.03.89 – 24.05.91	Stendal
112 794	Stendal	29.06.91 – 18.09.91	Meiningen
112 822	Stendal	26.10.88 – 16.05.90	Nordhausen
112 841	Stendal	28.06.84 – 22.11.88	Stendal
202 841	Stendal	10.08.92 – 31.05.94	Mg-Rothensee
204 246	Halberstadt	27.05.94 – 31.05.94	Mg-Rothensee
204 469	Halberstadt	27.05.94 – 31.05.94	Mg-Rothensee

burg in den Betriebsbüchern bis zum 31. Mai 1994 fortgeführt wurde. Unmittelbar vor dem Ende der Lokbeheimatung in Brandenburg erhielt die Einsatzstelle am 27. Mai 1994 sogar noch zwei Vertreterinnen der Baureihe 204 (ex BR 114) aus dem Bh Halberstadt zugewiesen: 204 246 und 204 469. Zum 1. Juni 1994 war dann auch dies Geschichte, und die Brandenburger 202 sowie die beiden 204 wechselten buchmäßig zum Bw Magdeburg-Rothensee.

Nicht unerwähnt bleiben sein soll die jahrelange Abstellung von 201 028 und 202 299 auf dem Gelände der Justizvollzugsanstalt (JVA) in Brandenburg. Die 201 028 wurde am 30. Mai 1994 im Bw Wittenberge z-gestellt und am 30. November 1994 ausgemustert. Nicht mehr genau datiert werden kann die Überführung bzw. die Abgabe der Lok an das Fahrzeugwerk Brandenburg (FWB), der Zeitraum muss jedoch zwischen 2000 und 2003 liegen. Bei einem (offiziell beantragten!) Besuch des Freigeländes der JVA im Sommer 2004 war die Lok dort als interne Nummer „54" bezeichnet in einem sehr schlechten Zustand abgestellt. Im Jahr 2008 fand ihre Überführung zum Fahrzeugwerk Niedersachswerfen GmbH (FWN) in Woffleben statt. Nach weiteren zehn Jahren Abstellzeit wurde 201 028 schließlich am 26. Juni 2018 im Bh Nordhausen zerlegt.

Auch 202 299 befand sich einige Jahre auf dem Gelände der Brandenburger JVA. Die Lok war am 30. September 1998 in den Schadpark des Bh Cottbus gestellt und am selben Tag auch ausgemustert worden. Auch bei ihr ließ sich der genaue Zuführungstermin nach Brandenburg nicht ermitteln. Es kann aber davon ausgegangen werden, dass dies – wie bei 201 028 – zwischen 2000 und 2003 geschehen sein muss. Die 202 299 hatte beim Besichtigungstermin im Sommer 2004 die interne Nummer „88" angeschrieben. Gemeinsam mit 201 028 ist sie zum FWN überführt und dann am 25. Juni 2018 im Bh Nordhausen zerlegt worden.

8.3 Bw Eilsleben

Eilsleben liegt ca. 30 km westlich von Magdeburg in der Magdeburger Börde und besitzt einen Bahnhof an der Magistrale Magdeburg – Braunschweig. Einstmals war die Station ein kleiner Eisenbahnverkehrsknoten, zweigten doch von dort noch die Strecken nach Blumenberg und nach Haldensleben ab. Dieser Bedeutung entsprechend, gab es in Eilsleben ein (kleines) Bahnbetriebswerk, in dem in den

Bw Eilsleben

Lok-Nr.	vom Bw	beheimatet von – bis	zum Bw
110 160	Brandenburg	17.03.73 – 16.04.73	Brandenburg
110 524	Neuanlieferung	12.04.73 – 31.03.74	Magdeburg

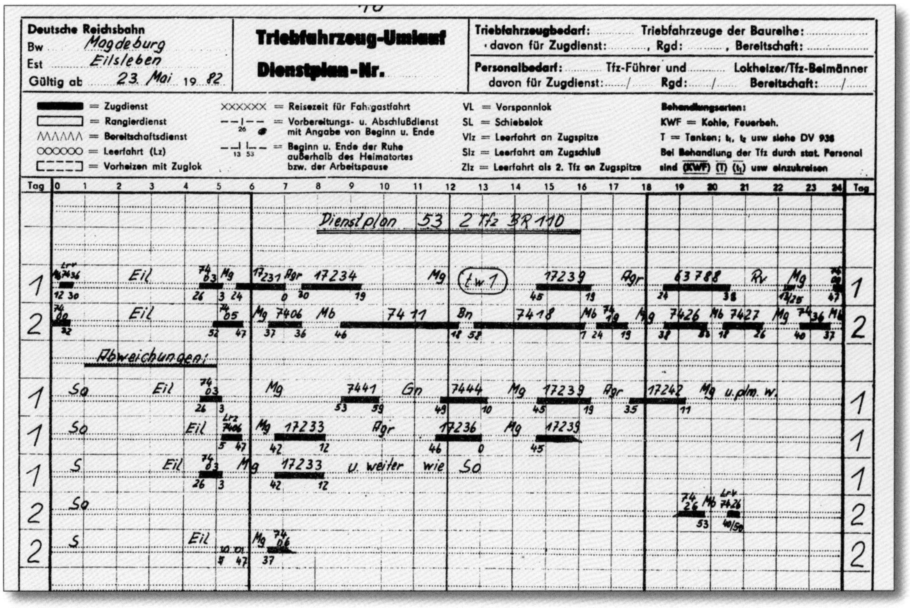

△ **Bild 402** • Auszug aus dem Umlaufplan der Einsatzstelle Eilsleben des Bw Magdeburg, gültig ab 23. Mai 1982, mit den Leistungen der beiden dort stationierten Loks der Baureihe 110. ABBILDUNG: SAMMLUNG ANDREAS STANGE

sechziger Jahren immerhin elf Vertreterinnen der Baureihe 50^{35} beheimatet waren, die vor allem auf den Verbindungen Eilsleben – Blumenberg, Eilsleben – Haldensleben und Eilsleben – Völpke zum Einsatz kamen, aber ebenso Leistungen auf der Hauptbahn (Helmstedt –) Marienborn – Magdeburg bespannten. Bereits seit September 1968 besetzte Personal dieser Dienststelle auch Loks der Baureihe V 200 des Bw Magdeburg.

Erste Bekanntschaft mit der Baureihe 110 machten die Eilslebener Lokführer im März 1973. Durch den am 26. Mai 1972 abgeschlossenen Verkehrsvertrag zwischen der DDR und der Bundesrepublik ergaben sich für die kleine Dienststelle jeweils samstags und sonntags neue Aufgaben im kleinen Grenzverkehr zwischen Helmstedt und Eilsleben:

Lrz 1444	Magdeburg – Helmstedt
P 1444	Helmstedt – Eilsleben
P 1445	Eilsleben – Helmstedt
Lrz 1445	Helmstedt – Magdeburg

Diese Zugleistungen sollte durch das Bw Eilsleben ab Sommerfahrplan 1973 mit der Baureihe 110 erbracht werden, somit musste zuerst einmal Personal auf der „Petroleum P 8" geschult werden. Zu diesem Zweck erhielt Eilsleben im März 1973 die 110 160 vom Bw Brandenburg. Allerdings: Durch die geringe Nutzung des Zugpaares im kleinen Grenzverkehr wurde diese Leistung bereits nach kurzer Zeit von einer LVT-Einheit der Baureihe 171 übernommen, wodurch auch die Leerfahrten nach Magdeburg entfielen.

Am 11. April 1973 erhielt das Bw Eilsleben die fabrikneue 110 524 aus dem LEW Hennigsdorf zugewiesen, entsprechend wurde 110 160 nach Brandenburg zurückgegeben. Doch mit nur einer einzigen 110 konnte die Technologen in Eilsleben nicht wirklich etwas anfangen! Für den Winterfahrplan 1973/74 erstellten sie einen Umlaufplan für 3 × 110, wobei die zwei „fehlenden" Maschinen das Bw Magdeburg beisteuerte. Ab dem 1. April 1974 wurde dieser dreitägige Umlauf des Bw Eilsleben in Magdeburg als Triebfahrzeugumlauf 15, Dienst-Plan 54 für 3 × 110 ausgewiesen.

An den Plantagen 1 und 3 kamen die Loks vor Güterzügen zum Einsatz. So erreichten sie am Tag 1 mit dem Ng 61717 von Magdeburg-Rothensee aus den Werksbahnhof des VEB Kalibetrieb „Ernst Schneller" in Zielitz, während es am Umlauftag 3 mit einer Übergabe deutlich ruhiger zuging. Die höchste Tageslaufleistung wurde am Plantag 2 mit 453 km erzielt. Dabei wurde das Zugpaar P 7411/7418 (Magdeburg – Brandenburg – Magdeburg) befördert sowie mit Personenzügen zwischen Magdeburg und Marienborn gependelt. An den anderen Umlauftagen lagen die Laufleistungen bei 343 km (Tag 3) und nur 204 km (Tag 1). Sofern kein Ausfall der Planlok geschah, konnte aber immerhin eine monatliche Gesamtlaufleistung von 10.273 km erreicht werden.

Zum 1. Oktober 1974 verlor das Bw Eilsleben seine Eigenständigkeit und wurde

△ **Bild 403** • Mit einem aus „Donnerbüchsen" gebildeten Personenzug nach Sangerhausen hat die Güstener **110 365** am 29. April 1975 den Bahnhof Hettstedt erreicht. Aufnahme: Dietrich Richter, Sammlung Jörg Leuthardt

zu einer Einsatzstelle des Bw Magdeburg degradiert. Für einen Fahrplanabschnitt – Winter 1977/78 – erhöhte sich der Eilslebener 110-Umlauf auf vier Maschinen, wobei Leistungen auf der KBS 711 (Eilsleben – Blumenberg – Schönebeck) hinzukamen. Mit Beginn des Sommerfahrplans 1978 am 28. Mai ging dieser Umlauftag auf die Triebwagen der Baureihe 171/172 über.

Der dreitägige Umlaufplan hatte bis zur Schließung der Eilslebener Einsatzstelle am 29. Mai 1993 nur geringe Abweichungen zu verzeichnen. Langjährige Planloks in Eilsleben waren 110 524 und 112 341.

8.4 Bw Güsten

Die Kleinstadt Güsten liegt nordöstlich von Aschersleben und kann durchaus als „Eisenbahnerstadt" bezeichnet werden. Hier trafen folgende Strecken aufeinander:

- Berlin – Wiesenburg – Blankenheim („Kanonenbahn"),
- (Magdeburg –) Schönebeck – Sangerhausen (– Erfurt),
- Aschersleben – Bernburg (– Köthen)

Das Bw Güsten gehörte mit seinen Einsatzstellen zu den größten und seit Mitte der achtziger Jahre zu den modernsten Bahnbetriebswerken bei der Deutschen Reichsbahn. Zum 1. Januar 1969 wurden die bis dato eigenständigen Bw Aschersleben, Bernburg, Güsten, Köthen und Staßfurt zum Groß-Bw Güsten zusammengefasst, wodurch die zweitgrößte Dienststelle innerhalb der Rbd Magdeburg entstand. Zeitweise standen hier mehr als 1.300 Eisenbahnerinnen und Eisenbahn in Lohn und Brot, der Fahrzeugbestand lag in den besten Jahren bei mehr als 100 Lokomotiven und Triebwagen!

Erste V 100-Zugänge in Form der V 100 105, V 100 106 und V 100 107 trafen am 29. März 1969 direkt vom LEW Hennigsdorf kommend in Güsten ein. Die Loks wurden in „wilden" Einsätzen für die Personalschulung genutzt.

Ein erster fester Umlauf für die Güstener Einsatzstelle in Aschersleben wurde zum Sommerfahrplan 1970 erstellt und darin als Wendebahnhöfe Dessau, Halle (S) und Quedlinburg erreicht. Die V 100 übernahmen in diesem Umlauf Leistungen der Baureihen 38^{10} und 65^{10}.

Durch den Zugang von neun weiteren Lokomotiven der nunmehrigen Baureihe 110 im Jahr 1970 – die fünf werksneue Maschinen 110 225, 234, 265, 270, 276 und 279 sowie drei Loks aus Umbeheimatungen (110 150, 155 und 160) – konnte zum Fahrplanwechsel im September 1970 ein weiterer Dienstplan in der Einsatzstelle Aschersleben sowie erstmals auch ein Umlaufplan im Heimat-Bw Güsten erstellt werden. Als neue Wendebahnhöfe kamen nun Belzig sowie Magdeburg hinzu.

Der Bestand an 110ern in der Groß-Dienststelle Güsten erhöhte sich in der Folgezeit kontinuierlich, so dass nun auch Personale in den Einsatzstellen Köthen und Staßfurt für die Baureihe 110 ausgebildet wurden. Von Lokomotiven dieser beiden Einsatzstellen wurden nun Bahnhöfe wie Aschersleben, Aken, Blumenberg und Egeln angefahren. Im Verlauf der Jahre 1972 bis 1974 wurden weitere 110er dem Bw Güsten zugewiesen, wo sich nun ein konstanter Bestand von durchschnittlich 28 Loks dieser Baureihe entwickelte. Zum 31. Dezember 1974 waren folgende 110 im Groß-Bw Güsten beheimatet:

110 150	234	265	276	277
279	283	308	363	364
365	366	376	378	399
438	458	483	505	603
610	617	619	637	643
647	683	701	741	

Zu diesem Zeitpunkt existierten in der Einsatzstelle Aschersleben bereits vier Dienstpläne für die dort stationierten 110. Der Plan 21 mit drei Maschinen beinhalte-

◁ **Bild 404**
Im Bahnhof Frose (zwischen Aschersleben und Nachterstedt-Hoym) zweigte die Nebenbahn über Gernrode nach Querfurt ab. Der im August 1984 mit **112 643** des Bw Güsten bespannte Reisezug fährt allerdings in Richtung Aschersleben aus.

Aufnahme: Peter Kristandt, Sammlung Jörg Leuthardt

Bild 405 ▷ Mit dem P 19458 (Könnern – Calbe/Saale Ost) ist **110 610** des Bw Güsten am 9. Mai 1984 unterwegs bei Bernburg-Waldau.

AUFNAHME: GERALD GROSS

te Leistungen nach Sangerhausen, Lutherstadt Wittenberg, Gernrode, Halberstadt, Quedlinburg, Könnern und nach Magdeburg. Neben dem Zugpaar P 3221 (Güsten – Sangerhausen)/3222 (Sangerhausen – Lu-Wittenberg) wurde als „Starleistung" das Containerzugpaar 46777/46778 von Staßfurt nach Magdeburg-Sudenburg und zurück bespannt. Ebenfalls drei 110 waren im Umlauf 22 unterwegs, in dem Belzig, Thale, Quedlinburg, Halberstadt, Sandersleben und Schönebeck erreicht wurden. Mit dem Ng 66731 fuhren die Aschersleben er 110er die Heimatdienststelle Güsten an, wo die Triebfahrzeugwartung durchgeführt wurde. Für jede Diesellok war eine Durchsicht nach vier Einsatztagen vorgesehen.

Im Umlauf 23 mit ebenfalls drei Loks der Baureihe 110 wurden Dessau, Halle (S), Nedlitz, Quedlinburg und Halberstadt angefahren. Interessant dürfte in diesem Umlaufplan der Dienst als Vorheizlok des D 645 im Bahnhof Halberstadt sein.

Weitere drei 110 kamen im Umlauf 24 zum Einsatz, in dem Züge nach Belzig, Dessau, Güterglück, Halberstadt, Halle (S) und Thale bespannt wurden. Der Plantag 2 sah eine Übernachtung im Bahnhof Gernrode vor, der am Folgetag mit dem P 8402 nach Quedlinburg wieder verlassen wurde.

In der Güstener Einsatzstelle in Bernburg fanden im Jahr 1974 erste Personalschulungen auf der 110 statt.

Vom Bw Güsten aus erfolgte der 110-Einsatz im Dienstplan 6 mit drei und im Plan 7 mit zwei Lokomotiven dieser Baureihe. Als Wendebahnhöfe wurden im Plan 6 Bernburg, Barby, Belzig, Güterglück, Halle (S), Staßfurt, Schönebeck und Magdeburg erreicht. Starleistung war der P 4203 (Güsten – Drewitz/b. Potsdam) sowie die Rückleistung P 4202 (Drewitz/b. Potsdam – Güsten). An Güterzugleistungen wurde der Ng 66701 von Güsten nach Bernburg befördert sowie der Ng 66700 (Köthen – Bernburg) nachgeschoben. Im Plan 7 leisteten die Güstener 110er ihre Dienste mit Zügen nach Aschersleben, Bernburg, Dessau, Staßfurt, Calbe (Saale) Ost und nach Könnern. Vor Güterzügen kamen die Loks mit dem Ng 66722 nach Aschersleben und dem Ng 55741 nach Staßfurt.

Die Einsatzstelle Köthen setzte im Plan 43 eine 110 vor Personenzügen auf der Nebenstrecke nach Aken ein. In der Zeit von 10 bis 11:30 Uhr übernahm die 110 auf dem Köthener Güterbahnhof noch Rangierdienste, bis sie dann wieder alle Reisezugleistungen in Richtung Aken bespannte. Nach der Ankunft des P 16525 (Aken – Köthen) wurde alle vier Tage die Wartung der Lok durchgeführt. Als einzige Einsatzstelle des Bw Güsten fand diese im heimischen Schuppen in Köthen statt.

Zu guter Letzt ist die Einsatzstelle Staßfurt zu nennen, die im Dienstplan 52 immerhin vier Maschinen der Baureihe 110 einsetzte. Darin kamen die Loks mit ihren Zügen nach Aschersleben, Bernburg, Blumenberg, Dessau, Egeln, Könnern, Schönebeck, Sangerhausen und Helbra. Die Staßfurter Starleistung waren der P 3223 nach Sangerhausen und der P 3226 von Sangerhausen nach Schönebeck-Salzelmen. In der Pause zwischen beiden Personenzügen wurde der Güterzug 50415 auf der Blankenheimer Rampe von Sangerhausen bis zum Scheitelpunkt in Blankenheim (Kr Sangerhausen) nachgeschoben. Nach Übereinkunft mit der Rbd Erfurt fand nach der Rückkehr von dieser Schubleistung die Tfz-Wartung gleich im Bw Sangerhausen statt. Interessant ist weiterhin, dass von den Staßfurter 110 der Bahnhof Dessau nicht über die Hauptstrecke Güsten – Bernburg – Köthen – Dessau erreicht, sondern von Magdeburg über Güterglück – Zerbst – Roßlau (Elbe) mit dem Zugpaar P 9227/3254 angefahren wurde.

Im Jahr 1974 setzte das Groß-Bw Güsten täglich insgesamt 22 Lokomotiven der Baureihe 110 planmäßig ein.

Das Jahr 1975 brachte dem Bw Güsten sechs werksneue 110 (110 793, 803, 805, 810, 811 und 818), denen zwei Abgänge (110 741 zum Bw Halberstadt und 110 793 zum Bw Brandenburg) gegenüberstanden. Die Einsätze in den jeweiligen Dienstplänen änderten sich derweil nur geringfügig. So erfuhr in der Einsatzstelle Aschersleben der Plan 3 eine Aufstockung auf drei 110er.

In jenem Jahr erhielt die Einsatzstelle Bernburg ihre ersten Plandienste auf der Baureihe 110. Personalmäßig wurde im Umlauf 7 des Bw Güsten der Tag 2 übernommen, der folgende Leistungen enthielt:

P 19442	Bernburg – Calbe (Saale) Ost
P 19443	Calbe (Saale) Ost – Bernburg
P 19446	Bernburg – Calbe (Saale) Ost
P 19447	Calbe (Saale) Ost – Bernburg
P 19452	Bernburg – Calbe (Saale) Ost
P 19453	Calbe (Saale) Ost – Könnern
P 19458	Könnern – Calbe (Saale) Ost
P 19459	Calbe (Saale) Ost – Bernburg

Dieser Umlauf wechselte zum 1. Juni 1975 in den neuen Plan 42 (Tag 3) der Est Köthen, wurde aber weiterhin von Bernburger Personal gefahren. Ein weiterer Plantag wurde mit Beginn des Winterfahrplans 1975/76 (28. September) durch die Est Bernburg besetzt. Hierbei handelte es sich um Leistungen des Plan 6 (Tag 4) des Güstener Umlaufes:

△ **Bild 406** Am 22. August 1984 ist **110 582** des Bw Güsten mit einem Personenzug nach Aschersleben unterwegs zwischen Quedlinburg und Suderode. Aufnahme: Peter Kristandt, Sammlung Jörg Leuthardt

△ **Bild 407** • In der Einsatzstelle Staßfurt des Bw Güsten warten am 24. Juni 1989 die **110 150** und 110 099 auf ihre nächsten Einsätze. Aufnahme: Ralf Schlüter

Fahrgast	Bernburg – Güsten
P 14549	Güsten – Bernburg
P 14548	Bernburg – Güsten
P 4431	Güsten – Halle (S)
P 4432	Halle (S) – Güsten
Fahrgast	Güsten – Bernburg

Mit dem Sommerfahrplan 1976 erfolgte die Auflösung des Güstener Dienstplans 7 für die Baureihe 110. Neu war dafür ein vierter Plantag im Umlauf 6, der die Übernahme des Hilfszuges im Bw Güsten von der Baureihe 50^{35} beinhaltete.

Neu in der Einsatzstelle Köthen war der Umlauf 42 für vier Triebfahrzeuge der Baureihe 110 mit Leistungen nach Aschersleben, Bernburg, Calbe (Saale) Ost und nach Dessau. Mit den Zügen 59742, 59727 und 66708 waren in diesem Plan auch Güterzüge zwischen Köthen – Baalberge und Güsten enthalten. In Staßfurt gab es derweil keine Änderungen. In der Zeit vom 1. Juni 1975 bis zum Beginn des Winterfahrplans am 28. September 1975 wurde der dortige Umlaufplan 52 als Mischplan mit 3 × 110 und einer 65^{10} gefahren. Ab dem Winter 1975/76 wurde von Magdeburg Hbf aus mit dem Zugpaar P 17233/17236 auch Altengrabow erreicht.

In den Jahren 1976 und 1977 gab es kaum Veränderungen in der Beheimatung und bei den Einsätzen der Güstener 110. Lediglich in Aschersleben wurde der Plan 22 um eine Lok aufgestockt.

Einen letzten Neuzugang aus dem LEW Hennigsdorf gab es 1978 mit der 110 894, die ab dem 1. März 1978 den Bestand in Güsten ergänzte.

Zu diesem Zeitpunkt erhielten die 110 der Einsatzstelle Aschersleben eine Füllleistung von Halle (S) nach Eilenburg.

◁ **Bild 408**
Staßfurt am 24. August 1986: Mit einem Personenzug aus Richtung Güsten fährt **112 438** ein. Die Lok kam im Mai 1972 als 110 438 aus Bitterfeld zum Bw Güsten und blieb auch nach ihrem Umbau im Juli 1985 dieser Dienststelle treu.

Aufnahme: Andreas Stange

Die Einsatzstelle Bernburg erhielt im Mai 1979 erstmals drei „eigene" Lokomotiven für ihren dreitägigen Umlauf mit Leistungen nach Aschersleben, Baalberge, zum Bernburger Zementwerk, nach Calbe (Saale) Ost, Güsten, Güterglück, Könnern und nach Köthen, wobei die Triebfahrzeugwartung am Plantag 1 in Aschersleben durchgeführt wurde. Die Bernburger Starleistung war der Umlauf …

P 9535	Aschersleben – Bernburg
P 9536	Bernburg – Halberstadt
P 5433	Halberstadt – Köthen

An Güterzugleistungen wurden die Züge 66700, 66703, 55746 und 58821 zwischen Köthen und Aschersleben bespannt, während das Zementwerk in Bernburg mit den Zügen 71704 und 58316 angefahren wurde.

In der Est Köthen erfolgte die Reduzierung im Plan 41 von vier auf drei Lokomotiven, was durch die Aufstellung eines eigenen 110-Umlaufes in der Est Bernburg hervorgerufen wurde. Mit der Zuweisung der 03 2002 an die Est Köthen im Juni 1979 kam es zu weiteren Einbußen an Leistungen für die dort stationierten 110er, so dass der Umlaufplan auf zwei Loks der Baureihe 110 reduziert wurde. Währenddessen setzte die Einsatzstelle Staßfurt weiterhin vier 110er täglich ein.

Eine Änderung im Verlauf des Jahres 1980 war der Umlauftag 2 im Plan 24 der Est Aschersleben, der mit dem Gex 2640 eine interessante Rundfahrt enthielt: Magdeburg – Halberstadt – Quedlinburg – Gernrode – Frose – Aschersleben – Güsten – Bernburg – Köthen – Magdeburg.

In Staßfurt gab es den neuen Plan 53 für weitere drei 110, in dem Leistungen nach Aschersleben, Barby, Bernburg, Blumenberg, Calbe (Saale) Ost, Egeln, Güterglück, Nedlitz, Quedlinburg und nach Hettstedt bespannt wurden.

Im Jahr 1980 verließ nur eine einzige 110 das Groß-Bw Güsten: 110 365 wechselte zum Bw Seebad Heringsdorf auf die Insel Usedom. Mit dem Zugang der 110 709 vom Bw Haldenleben am 28. September 1980, die der Einsatzstelle Bernburg zugewiesen wurde, erhöhte sich der dortige 110-Einsatzbestand auf vier Maschinen.

Zum 31. Mai 1981 wechselten die Lokomotiven der Einsatzstelle Gerbstedt vom Bw Halle P zum Bw Güsten, womit auch 110 847, 862 und 867 in den Güstener Lokbestand gelangten. Diese Loks blieben zwar in der Personalbesetzung weiterhin Gerbstedt zugeteilt – die wiederum das Bw Halle P regelte –, sie waren aber offiziell in der Einsatzstelle Aschersleben stationiert. Mit der Eingliederung der Gerbstedter Einsatzstelle verbunden war die Aufstellung des Plans 25 für zwei Laufplantage mit Leistungen zwischen Gerbstedt – Heiligenthal und Aschersleben

Das Jahr 1981 brachte zudem mit der Baureihe 112 eine V 100-Variante ins Bw Güsten. Als erste 112 traf am 25. Juni die 112 378 in Güsten ein.

Der bisher vom Bw Roßlau (Elbe) bespannte, nur an Feiertagen und Wochenenden verkehrende „Theaterzug" Dessau – Halberstadt wurde von der Est Aschersleben übernommen. Der Umlauf: P 49547 (Aschersleben – Dessau), P 9504 (Dessau – Halberstadt) und Schlusslok am P 3483 (Halberstadt – Aschersleben)

Keine Änderungen gab es 1981 in den Einsatzstellen Bernburg und Staßfurt, während in der Est Köthen durch die z-Stellung der 03 2002 deren Umlauftag wieder an die Baureihe 110 zurückging.

Mit der Wiederaufnahme des Dampflokeinsatzes ab dem Sommerfahrplan 1982 reduzierte sich der Betriebspark im Plan 21 der Est Aschersleben auf zwei 110. Im Bw Güsten wurde der Hilfszug fortan statt mit einer Diesellok wieder mit einer Dampflokomotive bespannt.

Zum 29. September 1982 – mit Beginn des Winterfahrplans 1982/83 – erfolgte die Zusammenfassung der beiden Staßfurter 110-Pläne in den Dienstplan 52, der nun für fünf Maschinen dieser Baureihe galt. Die Est Bernburg stellte zu dieser Zeit von 8:30 bis 12 Uhr eine tägliche Rangierbereitschaft im Bahnhof Baalberge. Für das „Mutter-Bw" Güsten gab es im Winter 1982/83 erneut eine Rückkehr bei der Bespannung des Hilfszuges von Dampf auf Diesel (BR 110). Keine Veränderungen waren in den Einsatzstellen Köthen und Staßfurt zu verzeichnen.

Im Oktober 1983 verloren die in Aschersleben stationieren 110er ihre Leistungen im Umlauf 24, der von Großdieselloks der Baureihe 132 übernommen wurde.

Wie in den Jahren zuvor, lief im Raw Stendal der Umbau von Maschinen der Baureihe 110 in Loks der Baureihe 112 und 114 auf vollen Touren. Beginnende Lieferschwierigkeiten der Industrie führten in der zweiten Jahreshälfte 1984 zur Auslieferung der Baureihe 112 ohne Ladeluftkühler. Diese dadurch nicht ganz „vollwertigen" Loks erhielten ihre Triebfahrzeugnummer nur mit Farbe angemalt (wie DB-Loks).

Bild 409 ▷ Zu den Planleistungen der Güstener 110/112 gehörte u. a. die Beförderung von Reisezügen auf der Relation Dessau – Drewitz. Einen Zwischenhalt hatten diese Züge auch im Bahnhof Bergholz (b Potsdam), so wie hier **110 734** am 9. September 1990.

Aufnahme: Andreas Stange

◁ **Bild 410**
Auch die Strecke nach Calbe (Saale) Ost gehörte über viele Jahre zu den Haupteinsatzstrecken der 110/112 des Bw Güsten. Mit dem P 19459 ist **202 395** am 31. März 1992 in Calbe (Saale) West eingefahren und wird nach einem kurzen Halt ihre Fahrt nach Bernburg fortsetzen.

△ **Bild 411** • Die Güstener Loks bespannten u. a. auch Güterzüge nach und von Könnern an der Strecke Halle (S) – Aschersleben. Hier verlässt **202 453** am 13. November 1993 den Bahnhof Könnern mit einm Nahgüterzug nach Bernburg.
AUFNAHMEN (2): GERALD GROSS

Die „richtigen" Lokschilder wurden bis zur Komplettierung der Fahrzeuge im Raw Stendal eingelagert. Im Bw Güsten betraf dies im Jahr 1984 die 110 458 (22.11.) und 110 603 (11.10), die erst im Januar 1986 in 112 458 bzw. 112 603 umgezeichnet wurden.

Für die 110er der Est Aschersleben wurde ein gesonderter Umlauftag erstellt, der nur an Sonn- und Feiertagen gültig war. Darin bespannte eine Lok den E 845 (Aschersleben – Halle/S Hbf), dessen Leerwagenpark sie noch am selben Abend nach Aschersleben zurückbrachte.

Keine Veränderungen gab zu diesem Zeitpunkt in Bernburg, Güsten, Köthen und Staßfurt zu vermelden.

Das Jahr 1985 brachte die Rückkehr des „Rundfahrt-Gex" 2640 in den Ascherslebener 110-Plan. Der Zug war für einen Fahrplanabschnitt mit Reko-41 bespannt worden.

Ab 2. September 1985 kamen im Plan 34 folgende Leistungen für die Einsatzstelle Aschersleben hinzu, die von einer 110 übernommen wurden:

Ng 66770 Aschersleben – Ballenstedt Ost
Rangierdienst in Ballenstedt Ost
Ng 66775 Ballenst. Ost – Nachterst.-Hoym
Ng 66774 Nachterst.-Hoym – Ballenst. Ost
Rangierdienst in Ballenstedt Ost
Ng 66779 Ballenstedt Ost – Aschersleben

Der Ascherslebener Plan 22 ist derweil auf drei 118er umgestellt worden. Im Bw Güsten übernahm die Baureihe 110 von der Dampftraktion den folgenden Umlauf:

P 3221	Güsten – Sangerhausen
P 3222	Sangerhausen – Lu-Wittenberg
P 3496	Lu-Wittenberg – Köthen
P 9514	Köthen – Güsten

Bei den Einsätzen der Baureihe 110 bzw. 112 des Groß-Bw Güsten gab es bis zum Ende dieser Dienststelle im Jahr 1994 kaum noch Veränderungen – weder im „Mutter-Bw" noch in deren Einsatzstellen. Viel mehr kam es in den folgenden Jahren zu Verschiebungen der Leistungen in den einzelnen Dienstplänen bzw. von Einsatzstelle zu Einsatzstelle. Dabei hielt sich der tägliche Planbedarf an Maschinen der Baureihen 110/112 zwischen 26 bis 30 Lokomotiven.

Als Beispiel für den Umlauf der 110 in einer Güstener Einsatzstelle Ende der achtziger Jahre sei hier die Est Köthen aufgeführt. In dem zwölftägigen Dienstplan 41 für drei Loks der Baureihe 110 waren die Personale (zwölf Lokführer) wie folgt unterwegs:

Tag 1
Ruhe

Tag 2/3

P 16536	Köthen – Aken (Elbe)
P 16537	Aken (Elbe) – Köthen
Üg 70703	Köthen – Weißandt-Gölzau
Üg 70604	Weißandt-Gölzau – Köthen
P 16520	Köthen – Aken (Elbe)

Anschließend: 3 × P-Zug Köthen – Aken u. z.

Bild 412 ▷ Zwischen Bernburg-Waldau und Bernburg „Hauptbahnhof" quert die Bahnstrecke aus Richtung Güsten die Saale. Am 13. November 1993 wird **202 505** mit der RB 5911 nach Dessau in Kürze in Bernburg einfahren.

Aufnahme: Gerald Gross

Tag 3/4

P 9519 Köthen – Dessau
P 9520 Dessau – Güsten
P 9503 Güsten – Dessau
P 3492 Dessau – Köthen

Tag 5

Üg 70701 Köthen – Weißandt-Gölzau
Üg 70602 Weißandt-Gölzau – Köthen
Anschließend: 3 × P-Zug Köthen – Aken u. z.

Tag 6

Ng 73759 Köthen – Elsnigk
Ng 73758 Elsnigk – Köthen
P 9514 Köthen – Güsten
Lzz 9519 Güsten – Aschersleben
P 9519 Aschersleben – Köthen

Tag 7 & 8

Ruhe

Tag 9

P 3492 Köthen – Aschersleben
Tfz-Wartung in Aschersleben
P 9511 Aschersleben – Dessau
P 3496 Dessau – Köthen
P 9553 Köthen – Dessau
P 3498 Dessau – Köthen

Tag 10/11

P 3498 Köthen – Güsten
Lzv 3498 Güsten – Köthen
P 9551 Köthen – Dessau
P 9552 Dessau – Köthen

Tag 12

Ruhe

Zwei Güstener 110 wurden 1988 zum Umbau in das Raw Stendal abgefahren, wo sie die dortigen Werkhallen als Baureihe 199 verließen und anschließend, als 199 863 und 199 871, auf den 1.000-mm-Schmalspurbahnen im Harz zum Einsatz kamen.

Der Fahrzeugmangel in den Braunkohlekombinaten bewirkte noch im Frühjahr 1990 die Abgabe der 110 128 der Einsatzstelle Bernburg an das Braunkohlewerk Cottbus.

Zu diesem Zeitpunkt war die Baureihe 110 im Groß-Bw Güsten bereits in der Minderheit, denn seit Anfang der achtziger Jahre hatten zunehmend die leistungsstärkeren Loks der Baureihe 112 die Leistungen übernommen. Zum 1. Januar 1990 zeigte sich folgender Bestand an 110 und 112:

110 099	106	128	150	283
308	424	619	628	688
709	734	812	865	867

112 220	234	242	357	364
376	395	406	438	450
458	471	505	537	603
643	753	810	818	847
894				

Wie in anderen Bahnbetriebswerken bei der Deutschen Reichsbahn, so musste auch das Groß-Bw Güsten im Zusammenhang mit dem Niedergang der DDR-Volkswirtschaft und dem wachsenden Individualverkehr ab 1990 enorme Einbußen bei den zu fahrenden Leistungen hinnehmen. Die dadurch freiwerdenden Lokomotiven gab Güsten an andere Bahnbetriebswerke ab.

Bereits Ende 1990 begann im Groß-Bw Güsten der „wilde" Einsatz der Triebfahrzeuge, das heißt, dass die Loks keine fes-

△ **Bild 413** • Bw Güsten am 29. Mai 1993: **202 505** und **202 242** warten in ihrem Heimat-Bw auf die nächsten Einsätze. Obwohl dieses Bahnbetriebswerk zum 1. Januar 1994 eine Einsatzstelle des Betriebshofes Halberstadt wurde, wechselte der Fahrzeugpark – darunter auch 202 505 und 202 242 – erst am 30. Mai 1994 zum neuen „Mutter-Bw".

Aufnahme: Dieter Nagel

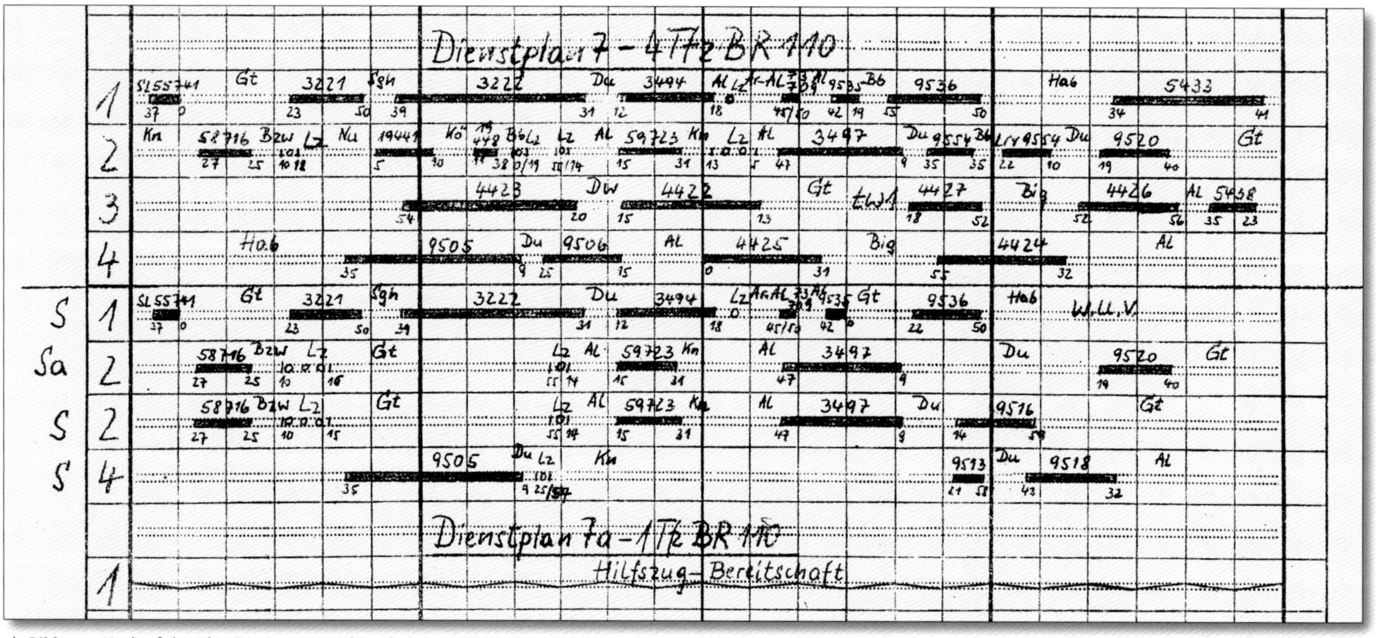

△ **Bild 414 •** Umlaufplan des Bw Güsten, gültig ab 1. Juni 1986, u. a. mit den Leistungen der im Dienstplan 7 und 7a eingesetzten Loks der Baureihe 110. Im Plan 7 erreichten sie mit Reise- und Güterzügen u. a. Aschersleben, Sangerhausen, Könnern, Köthen, Dessau, Halberstadt und Baalberge. ABBILDUNG: SAMMLUNG GERALD GROSS

Bw Güsten (I)

Lok-Nr.	vom Bw	beheimatet von – bis	zum Bw
110 039	Halle G	01.02.85 – 20.02.85	Halle G
110 043	Falkenberg (E)	24.10.86 – 06.12.86	Falkenberg (E)
110 063	Pasewalk	31.05.86 – 30.01.89	Umbau in 112 063
110 093	Glauchau	23.03.83 – 01.05.83	Glauchau
110 099	Pasewalk	31.05.86 – 21.08.91	Halberstadt
110 099	Halberstadt	.10.91 – 25.05.92	Umbau in 298 099
V100 105	Neuanlieferung	29.03.69 – .05.70	Halberstadt
110 105	Halberstadt	22.12.81 – 07.08.84	Eberswalde
V100 106	Neuanlieferung	29.03.69 – 28.04.70	Halberstadt
110 106	Halberstadt	02.07.81 – 22.07.87	Jerichow
110 106	Magdeburg	01.10.87 – 29.05.94	z, a 26.05.93
V100 107	Neuanlieferung	29.03.69 – 27.05.71	Roßlau (Elbe)*
110 128	Neubrandenburg	07.02.84 – 26.03.90	verk. BKK Cottbus
110 150	Magdeburg	01.10.70 – 27.05.92	Umbau in 298 150
110 155	Magdeburg	01.10.70 – 10.05.71	Roßlau (Elbe)
110 160	Magdeburg	01.09.70 – 10.05.71	Brandenburg
110 168	Haldensleben	09.07.87 – 15.08.87	Haldensleben
110 220	Saalfeld	28.06.83 – 07.08.89	Umbau in 112 220
110 225	Neuanlieferung	01.03.70 – 18.05.71	Roßlau (Elbe)
110 229	Salzwedel	08.09.72 – 27.09.72	Salzwedel
110 229	Salzwedel	07.03.84 – 21.05.84	Salzwedel
110 234	Neuanlieferung	25.03.70 – 28.05.86	Umbau in 112 234
110 247	Haldensleben	03.10.85 – 31.10.85	Stendal
110 247	Halberstadt	23.01.90 – 29.05.94	z, a. 22.04.93
110 265	Neuanlieferung	01.07.70 – 07.12.72	Roßlau (Elbe)
110 265	Roßlau (Elbe)	01.01.73 – 13.01.81	Umbau in 112 265
110 270	Neuanlieferung	01.09.70 – 31.07.71	Magdeburg
110 276	Neuanlieferung	26.07.70 – 31.03.82	Umbau in 112 276
110 277	Magdeburg	01.08.71 – 04.04.77	Gera
110 279	Neuanlieferung	31.07.70 – 23.01.84	Umbau in 112 279
110 283	Magdeburg	01.02.71 – 09.07.90	Stendal
110 283	Stendal	07.08.90 – 30.03.94	z, a. 10.03.94
110 308	Halberstadt	22.10.71 – 29.05.94	z, a. 07.12.93
110 357	Neubrandenburg	23.05.86 – 02.11.87	Umbau in 112 357
110 363	Neuanlieferung	01.05.71 – 20.11.79	Stendal
110 363	Stendal	22.12.79 – 19.12.81	Blankenburg (H)
110 364	Neuanlieferung	06.05.71 – 31.08.84	Umbau 31.08.84

a = abgestellt BKK = Braunkohlenkombinat umz = Umzeichnung
* Lok war während der Beheimatung kurzzeitig in einem anderen Bw.

Bw Güsten (II)

Lok-Nr.	vom Bw	beheimatet von – bis	zum Bw
110 364	(Güsten)	01.09.84 – 30.01.86	umz in 112 364
110 365	Neuanlieferung	06.05.71 – 31.08.80	Heringsdorf
110 366	Neuanlieferung	06.05.71 – 21.06.82	Blankenburg (H)*
110 366	Blankenburg (H)	09.07.82 – 31.01.85	Umbau in 114 366
110 376	Neuanlieferung	02.06.71 – 20.12.83	Umbau in 112 376
110 378	Neuanlieferung	30.06.71 – 24.06.81	Umbau in 112 378
110 395	Roßlau	17.02.77 – 18.05.77	Aue (Sachs)
110 395	Aue (Sachs)	01.06.77 – 05.08.84	Blankenburg (H)
110 395	Blankenburg (H)	06.09.84 – 31.10.86	Umbau in 112 395
110 399	Neuanlieferung	07.12.71 – 21.02.85	Umbau in 114 399
110 406	Brandenburg	15.02.83 – 20.05.83	Umbau in 112 406
110 424	Elsterwerda	10.02.85 – 16.11.92	Magdeburg
110 438	Bitterfeld	06.05.72 – 15.07.85	Umbau in 112 438
110 450	Blankenburg (H)	21.08.82 – 20.06.84	Umbau in 112 450
110 458	Neuanlieferung	31.03.72 – 21.11.84	Umbau 21.11.84
110 458	(Güsten)	22.11.84 – 31.01.86	umz in 112 458
110 471	Salzwedel	01.09.84 – 31.05.86	umz in 112 471
110 483	Leipzig Hbf Süd	19.06.72 – 18.01.83	Umbau in 112 483
110 505	Neuanlieferung	01.12.72 – 03.04.78	Magdeburg
110 505	Magdeburg	10.06.78 – 27.11.78	Brandenburg
110 505	Brandenburg	07.01.79 – 31.07.83	Umbau in 112 505
110 535	Stendal	28.01.82 – 17.02.82	Salzwedel
110 582	Blankenburg (H)	31.03.82 – 09.09.85	Halberstadt
110 603	Neuanlieferung	31.10.73 – 10.10.84	Umbau 10.10.84
110 603	(Güsten)	11.10.84 – 31.01.86	umz in 112 603
110 607	Halberstadt	02.02.89 – 22.06.89	Umbau in 114 607
110 610	Neuanlieferung	21.11.73 – 28.11.86	Umbau in 112 610
110 617	Neuanlieferung	01.12.73 – 31.12.83	Blankenburg (H)
110 619	Neuanlieferung	06.12.73 – 30.05.94	Halberstadt
110 628	Brandenburg	11.04.89 – 30.05.94	Halberstadt
110 637	Neuanlieferung	17.01.74 – 25.01.83	Umbau in 112 637
110 643	Roßlau (Elbe)	02.04.74 – 01.01.79	Salzwedel
110 643	Neubrandenburg	26.05.79 – 09.03.83	Umbau in 112 643
110 647	Neuanlieferung	21.02.74 – 15.12.87	Umbau in 112 647
110 660	Magdeburg	28.01.82 – 17.02.82	Brandenburg
110 683	Neuanlieferung	29.05.74 – 27.06.85	Umbau in 112 683
110 688	Haldensleben	01.09.88 – 30.05.94	Halberstadt
110 701	Neuanlieferung	13.08.74 – 26.08.85	Umbau in 112 701
110 709	Haldensleben	28.09.80 – 30.05.94	Halberstadt
110 734	Cottbus	20.04.89 – 30.05.94	Halberstadt

ten Planpersonale mehr besaßen. Dieser Umstand zeigte sich in der Folge auch im äußerlichen und technischen Zustand der Maschinen …

Zum 1. Januar 1994 wurde das Bw Güsten zu einer Einsatzstelle des Betriebshofes Halberstadt degradiert, gleichzeitig wechselte auch die Est Aschersleben zum Bh Halberstadt, während die Est Köthen in die Obhut des Bh Halle G gelangte. Zu diesem Zeitpunkt waren die Einsatzstellen in Staßfurt und Bernburg bereits geschlossen.

Bw Güsten (III)

Lok-Nr.	vom Bw	beheimatet von – bis	zum Bw
110 736	Haldensleben	03.10.85 – 31.10.85	Stendal
110 741	Neuanlieferung	23.11.74 – 07.07.75	Halberstadt
110 741	Haldensleben	25.02.81 – 16.08.84	Salzwedel
110 753	Haldensleben	27.08.85 – 16.03.88	Umbau in 112 753
110 793	Neuanlieferung	28.05.75 – 30.06.75	Brandenburg
110 802	Salzwedel	21.10.91 – 30.05.94	Halberstadt
110 803	Neuanlieferung	27.06.75 – 31.03.89	Umbau in 114 803
110 805	Neuanlieferung	26.06.75 – 31.03.89	Umbau in 114 805
110 810	Neuanlieferung	01.07.75 – 23.06.86	Umbau in 112 810
110 811	Neuanlieferung	04.07.75 – 15.11.85	Umbau in 112 811
110 812	Brandenburg	11.04.89 – 20.07.90	Stendal
110 812	Stendal	25.08.90 – 30.05.94	Halberstadt
110 818	Neuanlieferung	19.07.75 – 07.06.85	Umbau in 112 818
110 826	Haldensleben	28.04.90 – 30.05.94	Halberstadt
110 847	Halle P	01.06.80 – 15.07.88	Umbau in 112 847
110 862	Halle P	01.06.80 – 29.06.83	Umbau in 115 862**
110 863	Stendal	06.12.86 – 31.10.88	Umbau in 199 863
110 865	Neubrandenburg	06.02.84 – 30.03.94	z, a 11.02.94
110 867	Halle P	01.06.80 – 30.05.94	Halberstadt
110 871	Stendal	08.07.87 – 30.12.88	Umbau in 199 871
110 894	Neuanlieferung	01.03.78 – 04.06.82	Blankenburg (H)
110 894	Blankenburg (H)	23.01.83 – 30.03.84	Umbau in 112 894
112 063	aus Umbau	31.01.89 – 14.02.89	Dresden
112 220	aus Umbau	08.08.89 – 30.05.94	Halberstadt
112 234	aus Umbau	29.05.86 – 30.05.94	Halberstadt
112 242	Bautzen	01.01.88 – 30.05.94	Halberstadt
202 260	Eisenach	14.07.93 – 30.05.94	Halberstadt
112 267	Salzwedel	30.08.88 – 21.09.88	Haldensleben
112 357	Umzeichnung	03.11.87 – 30.05.94	Halberstadt
112 364	Umzeichnung	31.01.86 – 30.05.94	Halberstadt
112 376	aus Umbau	21.12.83 – 30.05.94	Halberstadt
112 378	aus Umbau	25.06.81 – 29.06.81	Halberstadt
112 395	aus Umbau	01.11.86 – 30.05.94	Halberstadt
112 406	aus Umbau	21.05.85 – 30.05.94	Halberstadt
112 438	aus Umbau	16.07.85 – 04.06.91	Magdeburg
112 450	aus Umbau	21.06.84 – 30.05.94	Halberstadt
112 453	Schwerin	22.09.91 – 30.05.94	Halberstadt
112 458	Umzeichnung	31.01.86 – 30.05.94	Halberstadt
112 470	Magdeburg	13.06.87 – 30.09.87	Magdeburg
112 471	Umzeichnung	31.05.86 – 30.05.94	Halberstadt
112 505	aus Umbau	01.08.83 – 30.05.94	Halberstadt
112 537	Brandenburg	26.10.88 – 25.11.88	Magdeburg
112 537	Blankenburg (H)	04.02.89 – 30.05.94	Halberstadt
112 603	Umzeichnung	31.01.86 – 19.09.91	Meiningen
112 643	aus Umbau	10.03.83 – 30.05.94	Halberstadt
112 683	aus Umbau	28.06.85 – 19.10.88	Brandenburg
112 753	aus Umbau	17.03.88 – 30.05.94	Halberstadt
112 810	aus Umbau	24.06.86 – 30.05.94	Halberstadt
112 818	aus Umbau	08.06.85 – 30.05.94	Halberstadt
202 842	Nordhausen	14.07.93 – 30.05.94	Halberstadt
112 847	aus Umbau	16.07.88 – 30.05.94	Halberstadt
112 894	aus Umbau	31.03.84 – 30.05.94	Halberstadt

** Lok wurde später in die Baureihe 114 eingereiht.

Trotz der Degradierung zu einer Einsatzstelle blieben in Güsten weiterhin Lokomotiven beheimatet. Erst am 30. Mai 1994 wechselten alle noch im Betriebspark vorhanden Maschinen der Baureihen 201 (ex 110) und 202 (ex 112) buchmäßig zum Bh Halberstadt. Im Einzelnen waren dies:

201 619	628	688	709	734	802	812	826
867							
202 220	234	242	260	357	364	376	395
406	450	453	458	471	505	537	643
753	810	818	842	847	894		

Der Triebfahrzeugeinsatz von Güsten aus endete zum 20. September 1995, die endgültige Schließung der einstmals zweitgrößten Dienststelle in der Rbd Magdeburg folgte am 31. Dezember jenes Jahres.

Nicht unerwähnt soll in diesem Buch der Einsatz der späteren 110 001^{II} sowie 110 002^{II} beim Kaliwerk Bernburg bleiben. Die Lokomotiven leisteten ihre Dienste zunächst zwischen dem Betriebsbahnhof des Kali- und Steinsalzwerkes in Bernburg und den Übergabebahnhöfen in Baalberge sowie in Bernburg. Die Abgabe der Loks an die Deutsche Reichsbahn erfolgte bei 110 001^{II} zum 11. März 1970 (zum Bw Neustrelitz) und bei 110 002^{II} bereits zum 29. Oktober 1969 (zum Bw Erfurt).

8.5 Bw Halberstadt

Die alte Bischofsstadt Halberstadt – auch „Tor zum Harz“ genannt – liegt am nördlichen Rand des Harzes. Dort treffen die Bahnstrecken aus Thale, Blankenburg (Harz), Magdeburg, Halle (S) und Wernigerode zusammen. Das Bw Halberstadt – von dem heute bis auf den Wasserturm nichts mehr erhalten ist – befand sich südöstlich des Hauptbahnhofes entlang der Streckengleise in Richtung Thale bzw. Halle (S). Es war die drittgrößte Dienststelle in der Rbd Magdeburg! Durch die Konzentration der Dienststellen hatte das Bw Halberstadt bereits die ehemals selbstständigen Bahnbetriebswerke Oschersleben (am 01.03.1963), Osterwieck (am 01.01.1950) und Wernigerode-Westerntor (als Personal-Einsatzstelle für Regelspurloks) übernommen, die nun als Einsatzstellen dienten.

Anfang März 1970 waren im Bw Halberstadt Lokomotiven folgender Baureihen in der angegebenen Stückzahl beheimatet:

13 × Baureihe 22,
1 × Baureihe 41,
27 × Baureihe 50^{35},
6 × Baureihe 55,
10 × Baureihe 64,
1 × Baureihe 75,
4 × Baureihe 93,
1 × Baureihe 95 (Heizlok),
3 × Baureihe 100 (Köf),
3 × Baureihe 101 (V 15),
2 × Baureihe 106 (V 60).

Zum Bestand gehörte ebenfalls noch ein Triebwagen VT 135.

Das Halberstädter Bahnbetriebswerk erhielt am 18. März 1970 mit der 110 229, die werksneu aus dem LEW Hennigsdorf kam, seine erste 110. Zum zügigen Aufbau eines 110er-Bestandes wurden dem Bw im Mai 1970 noch 110 105 und 110 106 vom Bw Güsten zugeteilt, denen im Dezember jenes Jahres 110 308 folgte, die ebenfalls „frisch“ aus dem LEW nach Halberstadt gelangte. Mit

◁ **Bild 415**
Auf der Drehscheibe in ihrem Heimat-Bw Halberstadt präsentierte sich **110 426** am 23. Mai 1978.

AUFNAHME: GEORG DOLLWET

△ **Bild 416** • Den P 8474 (Oschersleben/Bode – Nienhagen/b Halberstadt) hatte die Halberstädter **110 607** am 25. April 1988 in ihrem Umlauf zu befördern, hier aufgenommen in Oschersleben (Bode).

AUFNAHME: MICHAEL UHREN

▽ **Bild 417**• Lz war **110 607** am 1. Mai 1988 unterwegs, als sie im Oscherslebener Stadtgebiet einen Schrankenposten passiert und der Schrankenwärter ordnungsgemäß grüßt. AUFNAHME: JÖRG BAUMGÄRTEL, SLG. JÖRG LEUTHARDT

den vier Loks konnten im großen Umfang Personalschulungen auf der Baureihe 110 durchgeführt werden. Weitere Zugänge erhöhten den Bestand bis zum Mai 1972 auf neun Maschinen, so dass zu Beginn des Sommerfahrplans 1972 – am 28. Mai – folgende Loks der Baureihe 110 in Halberstadt beheimatet waren:

110 105	106	270	327	375
426	434	450	473	

Unmittelbar nach Beginn des Sommerfahrplan 1972 kam am 1. Juni auch noch die werksneue 110 486 zum Bw Halberstadt. Dort gab es zu diesem Zeitpunkt zwei Umlaufpläne für die Baureihe 110. Im Plan 2 (für 5 × 110) erbrachten die Lokomotiven am Tag 1 Personenzugleistungen auf der Relation Magdeburg – Halberstadt – Thale. Mit einer morgendlichen Tour nach Dedeleben begann der Dienst am Umlauftag 2. Nach der Rückkehr in Halberstadt stand um 9:00 Uhr die Bespannung des P 533 nach Halle (S) Hbf an, der planmäßig um 11:35 Uhr die Saalestadt erreichte. Nach dem Ergänzen der Vorräte (Dieselkraftstoff, Heizwasser) begann 13:50 Uhr die Rückfahrt mit dem P 538 nach Halberstadt, um im Anschluss nochmals einen Personenzug nach Dedeleben zu befördern.

Der Umlauftag 3 sah die Bespannung von Reisezügen auf den Strecken Magdeburg – Halberstadt – Thale und Halberstadt – Wernigerode vor. Die laut Dienstvorschrift vorgeschriebene Triebfahrzeug (Tfz)-Wartung fand am Tag 4 im Heimat-Bw Halberstadt statt, um im Anschluss gleich wieder Zugleistungen auf der Relation Thale – Halberstadt – Wernigerode zu übernehmen.

In der Zeit von 18 bis 21:30 Uhr leisteten die Loks dann noch den Rangierdienst in Wernigerode. Ganz entspannt wurde am

Umlauftag 5 der größte Teil der Reisezugleistungen zwischen Halberstadt und Dedeleben erbracht.

Der zweite Lokumlauf (Dienstplannummer 13) war für drei 110er ausgelegt und wurde durch Personal des Bw Blankenburg (Harz) gefahren. An den Laufplantagen 1 und 2 kamen die Loks vor Wendezuggarnituren zwischen Halberstadt und Ilsenburg zum Einsatz. Für die Lok im Plantag 3 ging es am Morgen mit einem Personenzug nach Magdeburg. Nach der Rückkehr in Halberstadt übernahm sie ab 9:00 Uhr die Personenzüge auf der Strecke nach Blankenburg (Harz).

Keine Änderungen im Halberstädter 110er-Bestand gab es im Jahr 1973. Es sind weder Abgänge noch Neuzugänge verzeichnet. Dies änderte sich erst im Folgejahr, als fünf Maschinen der Baureihe 110 (110 663, 682, 714, 747 und 754) dem Bw zur Beheimatung zugewiesen wurden. Dem gegenüber stand nur die Abgabe der 110 486 Ende Mai 1974 an das Bw Salzwedel.

Keine großen Umstellungen erbrachten die beiden zu diesem Zeitpunkt gültigen Laufpläne 2 und 13 für die Halberstädter 110. Der Umlaufplan 2 erhielt zwar eine Reduzierung auf vier Maschinen, gleichzeitig wurde der Plan 13 auf vier Loks aufgestockt. Neu war hier nun die Übernahme eines Plantages vom Plan 2 mit Leistungen auf der Strecke Magdeburg – Halberstadt – Thale.

Mit Beginn des Winterfahrplans im September 1974 wurde in der Einsatzstelle des Bw Halberstadt in Oschersleben die 110 375 stationiert, die dort dringend für die Ablösung der 64 1182 benötigt wurde. Die 110 übernahm umgehend den Plantag der 64 im Umlauf 11, der folgende Leistungen enthielt:

△ **Bild 418** • Das waren noch (Eisenbahn-)Zeiten in Thale! **110 682** des Bw Halberstadt steht abfahrbereit am 16. Juni 1984 im dortigen Bahnhof, während zwei Gleise nebenan 50 3700 vor einem weiteren Reisezug vor sich hinräuchert. Aufnahme: Peter Kristandt, Sammlung Jörg Leuthardt

P 18480	Oschersleben – Gunsleben
P 18481	Gunsleben – Oschersleben
P 18482	Oschersleben – Gunsleben
P 18483	Gunsleben – Oschersleben
Ng 68724	Oschersleben – Gunsleben
Ng 68725	Gunsleben – Oschersleben
Ng 69702	Oschersleben – Nienhagen
Ng 69705	Nienhagen – Oschersleben
Lrz 8455	Oschersleben – Nienhagen
P 8455	Nienhagen – Oschersleben
P 8471	Oschersleben – Nienhagen
Ng 64787	Nienhagen – Oschersleben
P 8469	Oschersleben – Magdeburg Hbf
P 8468	Magdeburg Hbf – Oschersleben

Im Jahr 1975 kamen 110 741 (vom Bw Güsten) am 8. Juli und 110 448 (vom Bw Magdeburg) am 10. Oktober zur Beheimatung ins Bw Halberstadt, wobei beide Maschinen dort gar nicht richtig „warm“ wurden und bereits nach kurzer Zeit zu anderen Bahnbetriebswerken wechselten: 110 448 am 15. November zum Bw Roßlau (Elbe), 110 741 am 2. Oktober zum Bw Magdeburg. Zum 31. Dezember 1975 waren folgende 110er im Bestand des Bw Halberstadt:

110 105	106	270	327	375
426	434	450	663	682
714	747	754		

In den Umläufen der Baureihe 110 gab es bis 1978 nur geringfügige Verschiebungen. So ist für 1977 die Erstellung eines Sonderumlaufes zu erwähnen, der zwei ehemalige Leistungen der Baureihe 35^{10} enthielt:

P 8433	Halberstadt – Magdeburg
P 8454	Magdeburg – Halberstadt

Mit der 110 608 vom Bw Brandenburg war im November 1979 nach längerer Zeit erstmals wieder ein Neuzugang zu vermelden. Durch die Abgaben von 110 312, 450 und 582 bis zum Sommer 1981 an das Bw Blankenburg (Harz) gelangten auch die bisher

Bild 419 ▷ Direkt vom Umbau im Raw Stendal kam **112 473** im September 1981 zum Bw Halberstadt. Die Aufnahme zeigt die Lok, die im Mai 1983 zum Bw Blankenburg (Harz) wechselte, mit einem Personenzug bei der Einfahrt in Thale.

Aufnahme: Gunter von Hartwig

◁ **Bild 420**
Am 16. Mai 1985 verlässt **110 363** den Halberstädter Hauptbahnhof mit einem Personenzug in Richtung Magdeburg. Die Lok wurde vier Monate später, im September 1985, zur 112 363 umgebaut.

von Blankenburger Personal gefahrenen Leistungen des Umlaufplans 13 an die Dienststelle „am Fuße der Rübelandbahn".

Dem begonnenen Umbau von Lokomotiven der Baureihe 110 in die leistungsstärkere Baureihe 112 steuerte Halberstadt im Jahr 1981 die 110 270 und 110 473 bei. Nach der Ausrüstung mit dem neuen 1.200-PS-Motor kamen beide Loks noch im selben Jahr nach Halberstadt zurück (112 270 am 30.05., 112 473 am 16.09.) und waren dort – gemeinsam mit 112 378, die am 30. Juni 1981 vom Bw Güsten nach Halberstadt wechselte –, die ersten Maschinen ihrer Leistungsklasse.

Im Sommer 1982 verloren die Halberstädter 110 bzw. 112 den Umlaufplan 2, der von der Baureihe 118 übernommen wurde. Die Leistungen im Plan 3 teilten sich 110 und 112 als „Mischplan". Am Tag 1 wurde zunächst zwischen Halberstadt und Magdeburg gefahren, dann ging es mit dem P 3487 um 14:44 Uhr nach Halle (S) Hbf. Als Rückleistung nach Halberstadt sah der Dienstplan die Bespannung des P 4438 (Halle/S Hbf ab 19:22 Uhr) vor.

Am Vormittag des Plantages 2 bespannte die darin eingesetzte 110 bzw. 112 das Personenzugpaar P 15421/15422 nach Dedeleben und am Nachmittag das Zugpaar P 19410/8465 zwischen Halberstadt und Magdeburg, bevor es um 22:43 Uhr ab Halberstadt mit dem P 15439 zur Übernachtung nach Dedeleben ging. Dort war im Empfangsgebäude nur ein Raum für das Lok- und Zugpersonal vorhanden, wobei die Betten nur durch einen Vorhang getrennt waren.

Der Umlauf am Tag 3 begann in Dedeleben um 4:16 Uhr mit dem P 15420 nach Halberstadt, dann wurde mit dem P 3488 in weiteres Mal Halle (S) Hbf angefahren.

Neu war der aufgestellte Plan 4, welcher ebenfalls als Mischplan mit der Baureihe 110/112 bestückt wurde. Bereits um 00:25 Uhr begann der Tag 1 für Lok und Personal mit der Beförderung des P 8461 von Halberstadt nach Magdeburg, wobei als Rückleistung der P 8444 auf dem Programm stand. Nach der Tfz-Wartung im Heimat-Bw erfolgte der Einsatz der Lok bis 18:00 Uhr mit Reisezügen auf der Strecke nach Dedeleben. Zum Tagesabschluss wurde mit dem P 19422 der Bahnhof Thale erreicht, wo mit der Bespannung des Ng 67707 nach Halberstadt bereits der Umlauftag 2 eingeläutet wurde. Das weitere

◁ **Bild 421**
Reichlich übermotorisiert war dieser Personenzug nach Osterwieck West. Mit nur einem Bghwe-Wagen am Haken fährt **204 464** des Bw Halberstadt am 5. Mai 1992 aus dem Bahnhof Heudeber-Danstedt aus. Der nächster (Bedarfs-)Halt: Langeln.

Aufnahmen (2): Georg Dollwet

Bild 422 ▷
Heute nicht mehr existent ist dieser „Bahnhof" in Stapelburg, in dem am 11. Oktober 1994 die Halberstädter **201 812** und eine Schwesterlok „im Sandwich" die RB 5869 nach Halberstadt bespannten.

AUFNAHME: GERALD GROSS

Tagesgeschäft des Umlauftages 2 beinhaltete Reisezüge auf der Relation Magdeburg – Halberstadt – Thale sowie Halberstadt – Wernigerode. Als letzte Tagesleistung wurde der P 19426 nach Thale befördert und dort übernachtet. Der Tag 3 startete um 04:41 Uhr in Thale mit dem P 19401 nach Halberstadt, von dort aus stand im Anschluss der P 3481 nach Halle (S) Hbf auf dem Plan. Die Rückleistung war der P 3484 – Halberstadt an 12:42 Uhr. Bereits nach einer Stunde Pause ging es für die Lok mit Reisezügen zwischen Halberstadt und Thale weiter.

Ebenfalls neu war die Zuweisung der 110 106 an die Halberstädter Einsatzstelle in Osterwieck, wodurch die dortige Planlok 50 3575 abgestellt werden konnte und die Einsatzstelle somit dampffrei wurde. Im Umlauf 5 mit einem Plantag erbrachte die 110 dort folgende Leistungen:

Ng 67748	Halberstadt – Heudeber-Danst.
Lz	Heudeber-Danst. – Osterwieck
Ng 67761	Osterwieck – Heudeber-Danst.
Ng 67762	Heudeber-Danst. – Osterwieck
Ng 69763	Osterwieck – Heudeber-Danst.
Ng 67764	Heudeber-Danst. – Osterwieck
Ng 69765	Osterwieck – Heudeber-Danst.
P 16464	Heudeber-Danst. – Osterwieck
P 16465	Osterwieck – Heudeber-Danst.
P 16466	Heudeber-Danst. – Osterwieck
Ng 67765	Osterwieck – Heudeber-Danst.
Ng 67766	Heudeber-Danst. – Osterwieck
Ng 67769	Osterwieck – Halberstadt
(Tfz-Wartung)	

Mit Abgabe der 110 106 am 3. Januar 1979 an das Bw Haldensleben wurde 110 426 in die Einsatzstelle Osterwieck als neue Planlok „delegiert".

Nachdem das Bw Halberstadt im Jahr 1981 – wie bereits geschrieben – drei Vertreterinnen der Baureihe 112 im Bestand hatte, erhöhte sich deren Anzahl bis Ende 1987 auf elf Maschinen. Durch die Beheimatung der 112 wurde der Bestand an 110 wiederum gesenkt. Zum 31. Dezember 1987 waren folgende 110 und 112 in Halberstadt beheimatet:

110 247	607	682	754	
112 270	297	361	375	426
506	534	548	582	678
701				

Einen weiteren Zuwachs erhielten im Verlauf des Jahres 1987 die bisher gefahrenen Leistungen in der Est Oschersleben. Durch die vorgesehene Ablösung der dort stationierten 50^{35} kam in Oschersleben zunächst eine 110 bzw. 112 zum Einsatz, doch stellte sich schnell heraus, das mit einer Lok die leistungstechnischen Anforderungen nicht „zu stemmen" waren. Da allerdings ein Dienst von zwei Dieselloks in Doppeltraktion eher unwirtschaftlich erschien, wurde die mit einem 1.400-PS-Motor ausgerüstete 114 469 (seit 22.04.1987 im Bw Halberstadt beheimatet) der Est Oschersleben zugewiesen und testweise im Umlauf der 50^{35} eingesetzt. Dies brachte den gewünschten Erfolg. Durch die anschließende Zuteilung weiterer Lokomotiven der Baureihe 114 übernahmen diese Maschinen schließlich die Dampfumläufe. Zum 26. Oktober 1988 wurde auch im bisherigen 110er-Plan in der Est Osterwieck eine neue Planlok, 114 774, eingesetzt. Im Verlauf des Jahres erhielt das Bw Halberstadt insgesamt sieben Vertreterinnen der Baureihe 114 zugewiesen, so dass sich zum 31. Dezember jenes Jahres folgender Bestand bei den Baureihen 110, 112 und 114 zeigte:

110 247	607			
112 270	297	312	361	375
426	506	534	548	582
678	682	754		
114 246	366	399	464	469
664	774			

Mit der politisch-gesellschaftlichen Wende 1989/90 war bekanntlich auch der Einbruch bei den Güterverkehrsleistungen verbunden. So auch in Halberstadt, wo die Loks der Baureihen 112 und 114 den Großteil ihrer Güterzugleistungen verloren. Für den Fahrplanwechsel am 26. September 1991 erstellten die Halberstädter Technologen noch zwei Umlaufpläne (13 & 14).

Der Plan 13 (Mischplan für drei Loks der Baureihen 110 bzw. 112) beinhaltete am Tag 1 Leistungen auf den Strecken Halberstadt – Ilsenburg und Halberstadt – Blankenburg (Harz). Die Laufleistung lag in diesem Tag bei 454 km. Der Tag 2 von Plan 13 begann mit der Wartung der Lok und anschließender Bespannung von Personenzügen zwischen Halberstadt und Ilsenburg, wobei eine Tageslaufleistung von 462 km zusammenkam. Voll gefordert – zumindest in der Laufleistung – wurden die Loks Tag 3, an dem ganztägig mit Personenzügen zwischen Halberstadt und Ilsenburg gependelt wurde und dabei insgesamt 822 km zurückgelegt wurden.

Der Plan 14 war ebenfalls ein Mischplan und für zwei Loks der Baureihen 112 bzw. 114 erstellt worden. Am Tag 1 stand die Bespannung der Züge zwischen Halberstadt und Dedeleben an, mit einem abendli-

Bild 423
202 610 gehörte für zwei Jahre – von Mai 1996 bis Mai 1998 – zum Bestand des Betriebshofes Halberstadt und wurde dann z-gestellt. Am 30. März 1997 hatte die Lok Dienst auf der Strecke Halberstadt – Blankenburg (Harz). Nach der Ankunft mit einer Regionalbahn in Blankenburg (Harz) entstand im dortigen Bahnhof diese Aufnahme beim Umsetzen an das andere Zugende.

Aufnahme: Gunter von Hartwig

chen „Ausrücker“ nach Wernigerode. Am Tag 2 übernahm das Bw Halberstadt die Gex-Leistung (Güter-Express) der Est Aschersleben des Bw Güsten, der unter der Zugnummer 5571/5572 seine bereits im Kapitel zum Bw Güsten erwähnte „Rundfahrt“ unternahm.

Mit der Degradierung des Bw Blankenburg (Harz) zu einer Einsatzstelle des Bw Halberstadt gelangten zum 4. Mai 1992 u. a. die dort noch vorhandenen acht 112 (seit 01.01.1992: BR 202) in den Halberstädter Fahrzeugbestand: 202 279, 337, 350, 363, 377, 396, 529 und 749.

Am 26. September 1992 wurden die Einsatzstellen in Oschersleben und Osterwieck geschlossen. Dort waren folgende 110 bzw. 114 langjährige Planloks:

Est Oschersleben

110 247	375	607	
114 246	464	605	774

Est Osterwieck

110 106	426

Mit der Übernahme des Güstener Betriebslokparks zum 31. Mai 1994 durch den nunmehrigen Betriebshof Halberstadt, erhöhte sich der hiesige Bestand bei der Baureihe 201 um neun Maschinen, und jener der Baureihe 202 um immerhin 22 Exemplare. Durch den enormen „Überhang“ an Loks der Baureihe 202 endete in Halberstadt gleichzeitig der Planeinsatz der Baureihe 204 (ex BR 114), deren Vertreterinnen an die Betriebshöfe Lu-Wittenberg und Nordhausen abgegeben wurden. Auch die Maschinen der Baureihe 201 kamen in Halberstadt nicht mehr richtig „zum Zuge“ und wurden im Verlauf der zweiten Jahreshälfte 1994 abgegeben oder z-gestellt. Zum 31. Dezember 1994 waren folgende 201 und 202 im Bh Halberstadt beheimatet:

201 709	812			
202 220	234	238	242	260
278	279	297	312	337
341	350	357	361	363
364	376	377	395	406
412	413	426	450	453
458	467	471	478	481
505	526	534	537	582
643	678	682	749	753
754	810	818	822	842
847	894			

Das Ende der Baureihe 201 folgte „auf dem Fuße“: 201 709 wurde am 7. Januar 1995 z-gestellt, während 201 812 noch bis Juni jenes Jahres als Einsatzreserve diente und schließlich am 24. Juni ebenfalls in den z-Park kam.

Derweil sind die Plandienste der 202 durch den zunehmenden Einsatz der Triebwagenbaureihe 628^4 des Bw Leipzig Hbf Süd sowie der LVT-BR 771/772 im Einsatzgebiet des Bh Halberstadt deutlich reduziert worden, so dass auf etliche 202 verzichtet werden konnte, die nun in langen Reihen auf den Gleisen im Gelände des Bh Halberstadt abgestellt wurden.

Ein Kuriosum gab es im Zusammenhang mit der Aufteilung der Geschäftsbereiche bei der DB AG, bei der die Baureihe 112 dem Geschäftsbereich Nahverkehr zugeteilt wurde. Da mittlerweile die Leistungen der 628^4 auf der Strecke Ilsenburg – Halberstadt – Halle (S) wieder auf lokbespannte Garnituren umgestellt wurden, kam es auf dieser Relation zum Einsatz der Großdieselloks der Baureihe 232, die wiederum von DB Cargo angemietet werden mussten. Diese Loks fehlten nun wiederum im Güterverkehr, so dass die Lokführer der Gütersparte mit viel Wut im Bauch „ihre“ 232 mit vier Wagen am Haken vorbeifahren sahen, und sie sich selber ein 112er-Pärchen zusammenbauen mussten, um damit ihre Güterzugleistungen zu erbringen.

Mit der Abstellung in den Schadpark bzw. der Abgabe an andere Dienststellen endete in Halberstadt die Einsatzzeit Baureihe 202 bis Ende der neunziger Jahre „still und leise“. Nachdem am 31. August 1999 die 202 242 und 202 364 in der Beheimatung vom Bh Halberstadt zum Bh Halle G wechselte, blieben lediglich noch 202 280 und 202 350 als Dispoloks im Halberstädter Betriebspark übrig.

Mit der z-Stellung beider Loks am 30. Mai 2000 endete nach 30 Jahren endgültig die Epoche der Baureihe V 100 bzw. deren Nachfolgebaureihen in Halberstadt.

Bw Halberstadt (I)

Lok-Nr.	vom Bw	beheimatet von – bis	zum Bw
110 099	Güsten	22.08.91 – .10.91	Güsten
110 105	Güsten	.05.70 – .10.81	Blankenburg (H)
110 106	Güsten	29.04.70 – 03.01.79	Haldensleben
110 106	Haldensleben	31.01.79 – 01.07.81	Güsten
110 229	Neuanlieferung	18.03.70 – 15.02.71	Salzwedel
110 247	Haldensleben	10.05.86 – 22.01.90	Güsten
110 270	Magdeburg	22.10.71 – 29.05.81	Umbau in 112 270 *
110 302	Gera	05.05.84 – 09.05.84	Erfurt[1)]
110 308	Neuanlieferung	08.12.70 – 21.10.71	Güsten

* Lok war während der Beheimatung kurzzeitig in einem anderen Bw. [1)] Umbau 04.05.84

Bw Halberstadt (II)

Lok-Nr.	vom Bw	beheimatet von – bis	zum Bw
110 312	Stendal	07.11.79 – 31.12.80	Blankenburg (H)
110 327	Magdeburg	01.06.71 – 31.08.80	Haldensleben[2)]
110 363	Salzwedel	03.06.83 – 23.09.85	Umbau in 112 363
110 375	Neuanlieferung	02.06.71 – 30.09.85	Umbau in 112 375
110 426	Neuanlieferung	01.02.72 – 22.01.82	Umbau in 112 426
110 434	Neuanlieferung	01.03.72 – 27.04.82	Umbau in 112 434
110 448	Magdeburg	10.10.75 – 15.11.75	Roßlau (Elbe)
110 450	Neuanlieferung	31.03.72 – 31.08.81	Blankenburg (H)
110 473	Brandenburg	28.05.72 – 15.09.81	Umbau in 112 473
110 486	Neuanlieferung	01.06.72 – 28.05.74	Salzwedel
110 506	Salzwedel	08.09.85 – 31.05.86	umz in 112 506
110 534	Magdeburg	11.07.84 – 16.10.86	Umbau in 112 534
110 582	Haldensleben	04.09.80 – 31.12.80	Blankenburg (H)
110 582	Güsten	10.09.85 – 29.07.86	Umbau in 112 582
110 607	Magdeburg	05.04.86 – 01.02.89	Güsten
110 608	Brandenburg	28.11.79 – 02.06.83	Salzwedel
201 619	Güsten	31.05.94 – 06.07.94	Halle G
110 628	Güsten	31.05.94 – 16.08.94	z-Park, a16.08.94
110 663	Neuanlieferung	25.05.74 – 31.03.86	Umbau in 112 663
110 682	Neuanlieferung	28.06.74 – 10.05.88	Umbau in 112 682
201 688	Güsten	31.05.94 – 17.07.94	z-Park, a 19.08.94
110 709	Güsten	31.05.94 – 07.01.95	z-Park, a 01/95
110 714	Neuanlieferung	24.09.74 – 30.04.86	Umbau in 112 714
201 734	Güsten	31.05.94 – 06.07.94	Halle G
110 741	Güsten	08.07.75 – 02.10.75	Magdeburg
110 747	Neuanlieferung	01.12.74 – 23.02.87	Umbau in 112 747
110 754	Neuanlieferung	18.12.74 – 12.05.86	Umbau[3)]
110 754	vom Umbau	13.05.86 – 27.11.88	umz in 112 754
201 802	Güsten	31.05.94 – 09.10.94	Halle G
201 812	Güsten	31.05.94 – 24.06.95	z, a 06/95
201 826	Güsten	31.05.94 - 17.07.94	z-Park
201 826	z-Park	17.08.94 – 09.10.94	Halle G
201 867	Güsten	31.05.94 – 25.08.94	Halle G
202 115	Magdeburg	02.05.96 – 30.08.96	Halle G
202 220	Güsten	31.05.94 – 11.05.98	z-Park
202 234	Güsten	31.05.94 – 03.08.97	z-Park
202 234	z-Park	08.09.97 – 15.04.98	z-Park
202 238	Leipzig Hbf Süd	31.12.94 -27.08.96	z, a 28.08.96
202 242	Güsten	31.05.94 – 31.08.99	Halle G
202 260	Güsten	31.05.94 -28.02.98	z-Park
112 267	Brandenburg	25.04.88 – 06.06.88	Brandenburg
112 270	aus Umbau	30.05.81 – 05.06.91	Stendal
202 271	Chemnitz	01.06.93 – 07.02.94	Hoyerswerda
202 278	Angermünde	29.05.94 – 08.08.97	z-Park
202 279	Blankenburg (H)	04.05.92 – 29.05.99	Stendal
202 280	Halle G	19.09.97 – 30.05.00	Halberstadt
112 297	Haldensleben	01.11.85 – 30.05.96	Stendal
112 312	Magdeburg	21.05.88 – 02.09.96	Magdeburg
202 337	Blankenburg (H)	04.05.92 – 11.06.96	z, a 28.05.96
202 341	Magdeburg	31.05.94 – 02.09.96	Magdeburg
202 350	Blankenburg (H)	04.05.92 – 30.05.00	z-Park
202 357	Güsten	31.05.94 – 14.05.98	z-Park
202 357	aus z-Park	26.05.98 – 16.12.98	z-Park
112 361	Jüterbog	05.06.84 – 04.09.96	Stendal
202 363	Blankenburg (H)	04.05.92 – 30.08.96	Halle G
202 364	Güsten	31.05.94 – 31.08.99	Halle G
112 375	aus Umbau	01.10.85 – 16.08.86	Magdeburg
112 375	Magdeburg	10.09.86 – 17.08.89	Brandenburg
202 376	Güsten	31.05.94 – 29.05.98	z-Park
202 377	Blankenburg (H)	04.05.92 – 30.08.96	Halle G
112 378	Güsten	30.06.81 – 31.10.85	Haldensleben

a = abgestellt umz = Umzeichnung 2) Umbau 31.08.80 3) Umbau 12.05.86

Bw Halberstadt (III)

Lok-Nr.	vom Bw	beheimatet von – bis	zum Bw
202 395	Güsten	31.05.94 – 30.05.96	Stendal
202 396	Blankenburg (H)	04.05.92 – 28.02.93	Stendal
202 406	Güsten	31.05.94 – 28.02.99	z-Park
112 409	Eisenach	24.09.86 – 01.10.86	Magdeburg
202 412	Magdeburg	31.05.94 – 27.05.95	Meiningen
202 413	Magdeburg	31.05.94 – 01.03.98	z-Park
112 426	aus Umbau	23.01.82 – 30.05.95	Halle G*
112 434	aus Umbau	28.04.82 – 19.09.85	Haldensleben
202 450	Güsten	31.05.94 – 01.03.98	z-Park
202 453	Güsten	31.05.94 – 10.05.98	Lu-Wittenberg
202 458	Güsten	31.05.94 – 27.08.96	z, a 28.08.96
202 467	Magdeburg	31.05.94 – 27.08.96	z, a 28.08.96
202 471	Güsten	31.05.94 – 18.10.95	z, a 10/95
112 473	aus Umbau	16.09.81 – 10.05.83	Blankenburg (H)
202 478	Magdeburg	31.05.94 – 13.05.98	Lu-Wittenberg
202 481	Magdeburg	31.05.94 – 31.07.99	z-Park
112 490	Haldensleben	09.10.88 – 09.11.88	Haldensleben
202 505	Güsten	31.05.94 – 04.05.98	z-Park
202 505	z-Park	26.05.98 – 28.02.99	z-Park
112 506	Umzeichnung	31.05.86 – 08.10.88	Haldensleben
112 506	Haldensleben	09.11.88 – 16.08.89	Brandenburg
112 506	Brandenburg	14.10.89 – 09.04.97	z-Park
202 526	Magdeburg	31.05.94 – 09.04.97	z-Park
202 529	Blankenburg	04.05.92 – 17.02.94	Magdeburg
112 534	aus Umbau	17.10.86 – 26.09.95	Zwickau
202 537	Güsten	31.05.94 – 26.09.95	Zwickau
202 542	Haldensleben	05.06.92 – 28.02.93	Stendal
112 548	Zittau	05.09.87 – 31.05.91	Stendal
112 582	aus Umbau	30.07.86 – 15.05.98	z-Park
202 610	Magdeburg	03.05.96 – 29.05.98	z-Park
202 642	Erfurt	25.05.95 – 27.08.96	z, a 28.08.96
202 643	Güsten	31.05.94 – 30.05.95	Lu-Wittenberg
112 663	aus Umbau	01.04.86 – 04.04.86	Magdeburg
112 678	aus Umbau	21.09.85 – 01.03.98	z-Park*
112 682	aus Umbau	11.05.88 – 30.05.95	Magdeburg
112 701	aus Umbau	27.08.85 – 31.05.88	Magdeburg
202 716	Magdeburg	28.09.95 – 01.03.98	z-Park
202 736	Magdeburg	28.09.95 – 30.05.96	Pankow
112 747	aus Umbau	24.02.87 – 08.09.87	Bautzen
202 749	Blankenburg (H)	04.05.92 – 30.05.95	Lu-Wittenberg
202 753	Güsten	31.05.94 – 30.05.95	Lu-Wittenberg
112 754	Umzeichnung	28.11.88 – 30.05.95	Lu-Wittenberg
202 810	Güsten	31.05.94 – 30.05.95	Magdeburg
202 818	Güsten	31.05.94 – 30.05.95	Magdeburg
202 822	Nordhausen	26.06.93 – 30.05.95	Magdeburg
202 842	Güsten	31.05.94 – 24.09.94	z, a 29.09.94
202 847	Güsten	31.05.94 – 30.05.95	Magdeburg
202 894	Güsten	31.05.94 – 30.05.95	Magdeburg
114 246	Wittenberge	31.12.88 – 26.05.94	Brandenburg
114 366	Stendal	04.02.88 – 31.05.94	Mg-Rothensee
114 399	Stendal	12.06.88 – 31.05.94	Mg-Rothensee
114 464	Wittenberge	27.10.88 – 14.02.94	Nordhausen
204 464	Nordhausen	03.03.94 – 31.05.94	Mg-Rothensee
114 469	Blankenburg (H)	22.04.87 – 28.06.87	Stendal
114 469	Stendal	22.12.87 – 26.05.94	Brandenburg
114 605	Stendal	21.09.88 -15.12.88	Stendal
114 605	Stendal	17.01.89 – 29.05.94	Lu-Wittenberg
114 664	Wittenberge	31.05.88 – 26.05.94	Lu-Wittenberg
114 760	Saalfeld	21.12.89 – 26.05.94	Lu-Wittenberg
114 774	Rostock	26.10.88 -14.02.94	Nordhausen
204 774	Nordhausen	03.03.94 – 29.05.94	Lu-Wittenberg
204 858	Lu-Wittenberg	02.06.93 – 14.02.94	Nordhausen
204 858	Nordhausen	09.03.94 – 29.05.94	Lu-Wittenberg

◁ **Bild 424**
Am 3. Juni 1985 verlässt die Haldenslebener **112 446** mit einem Personenzug nach Weferlingen den Bahnhof Haldensleben.

Aufnahme: Andreas Stange

8.6 Bw Haldensleben

Haldensleben liegt an der Ohre, ca. 30 km nordwestlich von Magdeburg. Der Bahnhof der Stadt befindet sich an der Bahnstrecke Magdeburg – Oebisfelde, wo auch Strecken aus Richtung Gardelegen, Eilsleben und Weferlingen einmündeten. Das Bahnbetriebswerk Haldensleben erlangte bei vielen Eisenbahnfreunden eine gewisse Bekanntheit durch seinen Einsatz von Dampflokomotiven der Baureihen 52^{80} und 83^{10}.

In Vorbereitung des Traktionswechsels erhielt die Dienststelle am 30. Oktober 1971 die 110 337 des Bw Magdeburg zugeteilt, mit der zunächst Personalschulungsfahrten stattfanden und die dann umgehend in den Umlauf der Haldenslebener 65^{10} eingebunden wurde. Die 110 337 blieb bis Juli 1972 eine „Einzelkämpferin", dann traf 110 248 ebenfalls vom Bw Magdeburg kommend zur Beheimatung in Haldensleben ein. Mit ihrem Zugang wurde der Plan 1 als Mischplan gemeinsam mit 65 1066 – der zu diesem Zeitpunkt einzigen 65^{10} im Bw Haldensleben – gefahren.

Weitere Zugänge von Loks der Baureihe 110 ließen bis 1974 auf sich warten. Als dritte 110 aus dem Bw Magdeburg erhielt das Bw Haldensleben am 8. März jenes Jahres die 110 413. Ihr folgten noch im selben Jahr die werksneuen 110 689 (20.07) und 110 709 (14.09.) sowie 110 412 (01.12. vom Bw Magdeburg). Mit dem nun erreichten Bestand an fünf 110 konnte der Umlaufplan 1 alleine mit den Dieselloks gefahren werden, wodurch 65 1066 entbehrlich wurde. Sie diente noch eine Zeit lang als Reservelok und wechselte dann am 9. Oktober 1976 zum Bw Magdeburg. Zuvor kam 65 1083 aus Magdeburg nach Haldensleben und übernahm hier bis zu ihrer z-Stellung am 1. Juni 1977 die Funktion der Reservelok.

Die 110 leisteten ihre Dienste vorrangig auf der Strecke Magdeburg – Oebisfelde, einen Abstecher auf die Strecke Magdeburg – Altengrabow gab es ab September 1973 mit dem P 17249 (Magdeburg ab 23:38 Uhr). Weitere Wendebahnhöfe der Haldenslebener 110er waren Barby, Calbe (Saale) Ost, Loburg und Schönebeck-Salzelmen. Wie auch die Est Staßfurt des Bw Güsten erreichten die Loks des Bw Haldensleben über die Strecke (Magdeburg –) Biederitz – Dessau den Dessauer Hauptbahnhof. Dabei wurde der P 9227 (Magdeburg ab 6:50 Uhr) befördert, der Dessau planmäßig um 8:29 Uhr erreichte. Nach dem Ergänzen der Vorräte (Kraftstoff und Heizwasser) ging es nach einem Lokwechsel mit dem P 3254 wieder nach Magdeburg zurück. Einige Nahgüterzugpaare sowie ein Rangierdienst in Hillersleben (Truppenübungsplatz der Nationalen Volksarmee) ergänzten diesen Umlauf.

Mit Beginn des Winterfahrplans am 29. September 1974 begann der durch die Rbd Magdeburg eingerichtete S-Bahn-Verkehr auf der Relation Zielitz/Haldensleben – Magdeburg – Schönebeck-Salzelmen. Dabei wurde die Linie Haldensleben – Schönebeck-Salzelmen mit Loks der Baureihe 110 des Bw Magdeburg und Wendezuggarnituren (Lowa-Wagen) gefahren, wobei die Maschinen von Personal des Bw Haldensleben besetzt waren.

Änderungen in den vom Bw Haldensleben zu erbringenden Leistungen brachte der Beginn des Fahrplanabschnitts 1976/77 mit sich. Neben dem bisherigen Umlaufplan 1 erstellten die Technologen der Dienststelle nun den Umlaufplan 2, der die Bespannung der S-Bahn-Wendezüge mit Haldenslebener Lokomotiven mit sich brachte.

Nun waren von den sieben in Haldensleben vorhandenen 110 immerhin fünf im täglichen Einsatz. Aufgrund des doch etwas knapp bemessenen Bestandes an Loks dieser Baureihe wurden dem dortigen Bahnbetriebswerk bis 1980 noch fünf weitere 110er zugewiesen, so dass sich zum 1. Januar 1980 der folgende Bestand ergab:

110 248	337	412	413	425
447	582	689	709	741

Die zehn Loks machten die Erstellung eines weiteren Plantags für diese Baureihe in Haldensleben möglich, über den nun Magdeburg Südost, Zielitz und mit dem Zugpaar P 3466/7421 auch Brandenburg erreicht wurde. Hinzukam ein weiteres Personenzugpaar 17231/17232 (Magdeburg – Altengrabow – Magdeburg).

Von der beginnenden Ausrüstung von Loks der Baureihe 110 mit neuen 1.200-PS-Motoren und dem damit verbundenen Umbau in die leistungsstärkere Baureihe 112 profitierte das Bw Haldensleben als erste Dienststelle der Rbd Magdeburg, denn dem kleinen Bahnbetriebswerk wurden bereits im Januar 1981 die 112 265, 327, 444, 446, 447 und 448 zugeteilt.

Der Beginn des Sommerfahrplans 1981 brachte die Erstellung von nunmehr drei Lokumläufen für insgesamt acht Maschinen der Baureihen 110 und 112. Im Plan 1 kamen die Loks auf eine Tageslaufleistung von 306 km, wobei fast der ganze Tag mit Personenzügen zwischen Haldensleben und Oebisfelde gependelt wurde. Mit dem Ng 62706 (Haldensleben – Flechtlingen) und dem Ng 62707 (Flechtlingen – Haldensleben) gab es zudem ein Güterzugpaar zu bespannen.

Der Plantag 2 stand ganz im Zeichen der Beförderung der Wendezüge im S-Bahn-Verkehr auf der Relation Haldensleben – Magdeburg – Schönebeck-Salzelmen, Dabei kamen die Loks auf eine Tageslaufleistung von 435 km.

Auch der Tag 3 sah ab 11:21 Uhr die Bespannung der S-Bahn-Züge vor. Zuvor ging es am Morgen mit einer Personenzugleistung nach Loburg. An diesem Tag erreichten die Loks eine Laufleistung von 325 km.

Ganz im Zeichen der Beförderung von Güterzügen stand der Umlauf 1a für 2 × 110 in Traktion mit einer Tageslaufleistung von 215 km, der folgende Leistungen enthielt:

Ng 53722	Haldensleben – Oebisfelde
Ng 48367	Oebisfelde – Mg-Rothensee
Lz	Mg-Rothensee – Haldensleben
Ng 53720	Haldensleben – Oebisfelde
Ng 53753	Oebisfelde – Mg-Buckau
Lz	Mg-Buckau – Haldensleben

Ebenfalls Leistungen mit den S-Bahn-Wendezügen zwischen Haldensleben und Schönebeck-Salzelmen sah der Umlaufplan 2 am Tag 1 vor. Dabei kamen die Loks auf eine Laufleistung von 329 km. Die Bespannung eines Nahgüterzugpaares (61716/61717) zwischen dem Rangierbahnhof Magdeburg-Rothensee und dem Kaliwerk in Zielitz ergänzte den zweiten Umlauftag, zudem brachten die Beförderungen der P 7445/7446 (Magdeburg – Genthin – Magdeburg) sowie der P 7421/3466 (Magdeburg – Brandenburg – Magdeburg) etwas Abwechslung in das Tagesgeschehen. Mit 168 km war er der laufleistungsschwächste aller Umlauftage.

△ **Bild 425** • Im S-Bahn-Dienst stand **112 447** des Bw Haldensleben am 10. Oktober 1981. Die Aufnahme zeigt die Lok am Haltepunkt Magdeburg-Eichenweiler auf der Fahrt nach Haldensleben. Aufnahme: Ralf Schlüter

Bis 1985 gab es in den Umlaufplänen keine großen Veränderungen mehr.

Durch weitere Zugänge an Loks der Baureihe 112 reduzierte sich der Anzahl an 110ern bis zum Jahresende 1985 auf drei Maschinen, so dass sich zum 31. Dezember jenes Jahres folgender Bestand in Haldensleben befand:

110 168	247	467		
112 265	278	327	341	378
412	413	434	444	446
472	478	571	811	

Aufgrund der durch Schäden und Fristabläufen bedingten anhaltenden Abstellung der Haldenslebener 52^{80} leisteten in deren Umlaufplan 3 immer mehr Loks der Baureihe 112 in Doppeltraktion ihre Dienste. Da allerdings diese Einsätze von zwei Maschinen vor einem Zug auf Dauer unwirtschaftlich waren, erhielt das Bw Haldensleben im Sommer 1988 fünf Vertreterinnen der Baureihe 118 zugewiesen. Entsprechend konnte auch auf die zu diesem Zeitpunkt noch drei in Haldensleben vorhandenen 110 verzichtet werden. So wechselten 110 712 am 8. Juni 1988 zum Bw Jerichow, 110 763 am 21. Juli 1988 zum Bw Stendal und zu guter Letzt die 110 688 am 31. August 1988 zum Bw Güsten.

Mit der Herausnahme der Baureihe 118 aus dem Unterhaltungsbestand im Bw Haldensleben und den Folgen des Niedergangs der DDR-Volkswirtschaft im Jahr 1990 kam es zu dem Kuriosum, das die Baureihe 112 wieder die Leistungen der 118er übernahm. Gleichzeitig erhöhte sich der Bestand an Maschinen der Baureihe

▽ **Bild 426** • Typisch für die Magdeburger S-Bahn-Züge war die Verwendung von LOWA-Mitteleinstiegswagen mit einem Steuerwagen. Am 24. April 1981 schiebt **112 425** des Bw Haldensleben eine solche Wendezuggarnitur bei Groß Ammensleben in Richtung Haldensleben. Aufnahme: Gunter von Hartwig

△ **Bild 427** • Im Magdeburger Hauptbahnhof entstand am 27. Mai 1988 diese Aufnahme der **112 341** – die „Jugendlok" des Bw Haldensleben – mit einem S-Bahn-Zug nach Haldensleben. AUFNAHME: ANDREAS STANGE

112 bis zum 31. Dezember 1990 auf 18 Exemplare:

112 265	327	341	378	412
413	434	467	478	490
526	535	696	706	730
814	819	832		

Trotz der Leistungseinbußen im Güterverkehr nach der gesellschaftspolitischen Wende in der DDR waren z. B. auf der Strecke Magdeburg – Haldensleben immerhin noch 21 Personenzüge täglich zu bespannen – eine der Aufgaben für das Bw Haldensleben.

Zum 30. Juni 1993 verlor das Haldenslebener Bahnbetriebswerk seine Selbstständigkeit und wurde zunächst dem Bw Magdeburg als Einsatzstelle angegliedert. Damit wechselten an diesem Tag auch alle noch in Haldensleben vorhandenen Loks der Baureihe 202 buchmäßig nach Magdeburg. Der letzte 202-Bestand in Haldensleben – immerhin 20 Maschinen – sah wie folgt aus:

112 115	160	265	341	412
413	467	478	481	526
536	594	675	696	715
730	814	819	832	882

Mit Beginn der Eigenständigkeit des neugegründeten Betriebshofes Magdeburg-Rothensee ab dem 1. Juni 1994 wechselte die Einsatzstelle Haldensleben in dessen Zuständigkeit.

Die letzten der Est Haldensleben verbliebenen Güterzugleistungen übernahmen daraufhin die in Magdeburg-Rothensee vorhandenen Loks der Baureihen 204 und 298, während die Dienste im Personenverkehr an den Betriebshof Magdeburg Hbf übergingen.

Bw Haldensleben (I)

Lok-Nr.	vom Bw	beheimatet von – bis	zum Bw
110 106	Halberstadt	04.01.79 – 30.01.79	Halberstadt
110 146	Magdeburg	28.03.86 – 24.06.86	Cottbus
110 168	Eisenach	29.12.84 – 31.05.85	Stendal
110 168	Magdeburg	04.07.85 – 08.07.87	Güsten
110 168	Güsten	16.08.87 – 20.06.88	Salzwedel
110 168	Salzwedel	12.06.91 – 04.06.92	Lu-Wittenberg
110 205	Saalfeld	06.06.83 – 31.05.85	Stendal
110 215	Stendal	01.03.85 – 19.03.85	Stendal
110 217	Cottbus	31.03.89 – 13.06.90	Salzwedel
110 217	Salzwedel	11.07.90 – 30.06.93	Magdeburg
110 247	Stendal	27.09.84 – 02.10.85	Güsten
110 247	Stendal	15.12.85 – 09.05.86	Halberstadt
110 248	Magdeburg	06.07.72 – 22.02.79	Salzwedel
110 248	Salzwedel	28.04.79 – 19.09.80	Magdeburg
110 297	Salzwedel	02.06.83 – 15.07.84	Salzwedel
110 297	Salzwedel	25.08.84 – 26.09.85	Umbau in 112 297
110 327	Halberstadt	01.09.80 – 31.12.80	umz in 112 327
110 337	Magdeburg	30.10.71 – 17.12.75	Oebisfelde
110 337	Oebisfelde	04.11.76 – 13.06.78	Oebisfelde
110 337	Oebisfelde	25.04.79 – 20.04.81	Umbau in 112 337 *
110 350	Salzwedel	28.03.79 – 29.04.79	Salzwedel
110 396	Brandenburg	28.05.83 – 12.07.85	Umbau in 112 396
110 411	Magdeburg	26.11.76 – 16.12.76	Salzwedel
110 411	Magdeburg	23.12.80 – 03.01.81	Stendal
110 412	Magdeburg	01.12.74 – 28.02.81	Brandenburg
110 413	Magdeburg	08.03.74 – 12.05.81	Brandenburg
110 413	Stendal	21.02.82 – 26.03.82	Stendal
110 419	Heringsdorf	19.12.86 – 22.12.86	Magdeburg
110 422	Neuruppin	01.07.81 – 16.06.85	Gera*

* Lok war während der Beheimatung kurzzeitig in einem anderen Bw.
umz = Umzeichnung

Bw Haldensleben (II)

Lok-Nr.	vom Bw	beheimatet von – bis	zum Bw
110 425	Magdeburg	23.09.76 – 27.05.77	Magdeburg
110 425	Magdeburg	14.11.77 – 18.02.81	Umbau in 112 425
110 440	Stendal	06.02.87 – 18.02.87	Stendal
110 444	Heringsdorf	18.09.80 – 31.12.80	umz in 112 444
110 446	Heringsdorf	27.09.80 – 31.12.80	umz in 112 446
110 447	Magdeburg	24.01.75 – 08.01.81	Umbau in 112 447
110 467	Pasewalk	30.08.84 – 05.05.87	umz in 112 467
110 471	Stendal	04.06.72 – 05.06.77	Stendal
110 478	Neubrandenburg	15.08.80 – 31.12.80	umz in 112 478
110 554	Cottbus	14.03.75 – 25.03.75	Cottbus
110 582	Magdeburg	26.05.79 – 03.09.80	Halberstadt
110 592	Neuruppin	04.08.81 – 18.12.84	Umbau in 114 592
110 667	Salzwedel	22.03.86 – 02.06.86	Salzwedel
110 686	Salzwedel	07.03.80 – 10.04.80	Brandenburg
110 688	Brandenburg	26.09.87 – 31.08.88	Güsten
110 689	Neuanlieferung	20.07.74 – 09.06.76	Oebisfelde
110 689	Oebisfelde	12.09.79 – 14.08.80	Stendal
110 699	Salzwedel	28.05.91 – 30.06.93	Magdeburg[1]
110 709	Neuanlieferung	14.09.74 – 28.12.76	Oebisfelde
110 709	Oebisfelde	15.08.79 – 27.09.80	Güsten
110 712	Magdeburg	13.12.86 – 08.06.88	Jerichow
110 736	Neuruppin	01.07.81 – 02.10.85	Güsten
110 741	Oebisfelde	22.09.79 – 24.02.81	Güsten
110 753	Neuruppin	01.07.81 -31.07.81	Salzwedel
110 753	Salzwedel	29.08.81 – 26.08.85	Güsten
110 763	Brandenburg	26.09.87 – 21.07.88	Stendal
110 826	Salzwedel	19.05.89 – 24.11.89	Magdeburg
110 826	Magdeburg	29.12.89 – 27.04.90	Güsten
110 876	Salzwedel	28.05.91 -30.06.93	Magdeburg
201 883	Lu-Wittenberg	01.06.92 – 30.06.93	Magdeburg

[1] abgestellt 23.04.93

Bw Haldensleben (III)			
Lok-Nr.	vom Bw	beheimatet von – bis	zum Bw
112 115	Halle G	23.07.91 – 30.06.93	Magdeburg
112 160	Cottbus	23.07.91 – 30.06.93	Magdeburg
112 262	Blankenburg (H)	19.12.87 – 08.06.88	Jerichow
112 262	Jerichow	17.07.88 – 07.08.89	Leipzig Hbf Süd
112 265	aus Umbau	14.01.81 – 30.06.93	Magdeburg
112 267	Güsten	22.09.88 – 10.08.89	Cottbus
112 278	Röblingen a.S.	21.12.85 – 06.08.86	Stralsund
112 297	aus Umbau	27.09.85 – 31.10.85	Halberstadt
112 327	Umzeichnung	01.01.81 – 27.05.92	Seddin
112 337	aus Umbau	21.04.81 – 02.09.85	Blankenburg (H)
112 341	aus Umbau	25.05.85 – 30.06.93	Magdeburg
112 363	Brandenburg	23.12.87 – 26.04.90	Blankenburg (H)
112 378	Halberstadt	01.11.85 – 30.01.90	Salzwedel
112 378	Salzwedel	19.04.90 – 27.05.92	Jüterbog
112 396	aus Umbau	13.07.85 – 08.08.85	Blankenburg (H)
112 396	Blankenburg (H)	09.10.88 – 31.10.88	Blankenburg (H)
112 412	aus Umbau	13.05.81 – 30.06.93	Magdeburg
112 413	aus Umbau	27.04.85 – 30.06.93	Magdeburg
112 425	aus Umbau	19.02.81 – 19.12.85	Wismar
112 434	Halberstadt	20.09.85 – 31.05.92	Leipzig Hbf Süd
112 436	Wismar	31.05.85 – 01.06.85	Magdeburg
112 436	Magdeburg	25.12.86 – 29.11.88	Nossen
112 444	Umzeichnung	01.01.81 – 30.04.86	Magdeburg
112 444	Magdeburg	15.05.86 – 05.04.89	Angermünde
112 446	Umzeichnung	01.01.81 – 31.05.86	Brandenburg
112 447	aus Umbau	09.01.81 – 19.12.85	Wismar
112 467	Umzeichnung	05.05.87 – 08.10.88	Blankenburg (H)
112 467	Blankenburg (H)	01.11.88 – 30.06.93	Magdeburg
112 472	Wismar	20.12.85 – 22.06.88	Stendal
112 473	Blankenburg (H)	03.09.85 – 14.12.85	Stendal

Bw Haldensleben (IV)			
Lok-Nr.	vom Bw	beheimatet von – bis	zum Bw
112 478	Umzeichnung	01.01.81 – 30.06.93	Magdeburg
112 479	aus Umbau	12.02.81 – 21.08.85	Zittau
112 481	Blankenburg (H)	09.08.85 – 14.12.85	Stendal
112 481	Stendal	28.05.91 – 30.06.93	Magdeburg
112 490	Neubrandenburg	23.07.85 – 14.12.85	Stendal
112 490	Stendal	31.05.86 – 08.10.88	Halberstadt
112 490	Halberstadt	10.11.88 – 31.05.92	Leipzig Hbf Süd
112 506	Halberstadt	09.10.88 – 08.11.88	Halberstadt
112 526	Nordhausen	18.05.90 – 30.06.93	Magdeburg
112 535	Brandenburg	31.03.89 – 31.05.92	Leipzig Hbf Süd
202 536	Halle G	28.05.92 – 30.06.93	Magdeburg
112 542	Stendal	28.05.91 – 04.06.92	Halberstadt
112 558	Zittau	21.08.85 – 14.12.85	Stendal
112 558	Stendal	14.05.86 – 24.04.89	Leipzig Hbf Süd
112 563	aus Umbau	01.07.86 – 27.04.89	Zittau
112 571	Wismar	20.12.85 – 03.03.89	Aue (Sachs)
202 594	Leipzig Hbf Süd	30.05.92 – 30.06.93	Magdeburg
112 652	Stralsund	07.08.86 – 05.09.89	Stendal
112 670	Zittau	20.04.89 – 16.05.90	Nordhausen
202 675	Halle G	01.07.92 – 30.06.93	Magdeburg
112 696	Reichenbach (V)	01.03.89 – 30.06.93	Magdeburg
112 706	Görlitz	30.11.88 – 13.06.92	Halle G
202 715	Leipzig Hbf Süd	30.05.92 – 30.06.93	Magdeburg
112 730	Cottbus	29.07.89 – 30.06.93	Magdeburg
112 811	Stendal	15.12.85 – 13.07.86	Dresden
112 814	Stendal	31.08.89 – 30.06.93	Magdeburg
112 819	aus Umbau	01.08.89 – 30.06.93	Magdeburg
112 832	aus Umbau	15.06.88 – 30.06.93	Magdeburg
202 882	Leipzig Hbf Süd	30.05.92 – 30.06.93	Magdeburg

8.7 Bw Jerichow

Jerichow ist eine Kleinstadt im sogenannten Elbe-Havel-Winkel zwischen Stendal und Genthin. Berühmt ist Jerichow durch das ehemalige Prämonstratenser-Stift St. Marien und St. Nikolai aus dem 12. Jahrhundert, bei dem es sich um ein Bauwerk von überregionaler kunst- und kulturhistorischer Bedeutung handelt. Ihren Bahnanschluss erhielt die Stadt im Zusammenhang mit dem Bau der Strecke Genthin – Schönhausen (Elbe) durch die Genthiner Kleinbahn AG, die am 25. Oktober 1899 eröffnet wurde. Im Oktober 1924 nahm die Kleinbahn AG Genthin–Ziesar die Strecke Jerichow – Güsen in Betrieb.

Die in Jerichow vorhandene Lokstation war das kleinste Bahnbetriebswerk in der Rbd Magdeburg. Bekanntgeworden ist es durch die Beheimatung an Lokomotiven der Baureihen 24 und 64. Auch die Bespannung der Reisezüge mit Diesellokomotiven der Baureihen 102 und 106, die z. T. aus ehemaligen VT-Beiwagen zusammengestellt waren, lockten zahlreiche Eisenbahnfreunde ins Jerichower Land.

Mit der Übernahme der 110 108 im Herbst 1980 vom Bahnbetriebswerk Mag-

Bild 428 ▷ Mit Getreidewagen steht **110 068** des Bw Jerichow am 11. April 1990 in Sandau (Elbe). Dort war der Endpunkt der Nebenbahn von Genthin über Schönhausen.

Aufnahme: Michael Uhren

△ **Bild 429** • Als 110 114 gehörte die hier am 30. Oktober 1993 im Bw Stendal aufgenommene **202 114** von Januar bis Mai 1985 zum Bestand des Bw Jerichow. AUFNAHME: VOLKER LUCAS, SAMMLUNG A. ZIKA

deburg begann die Beheimatung der Baureihe 110 im Bw Jerichow. Als Reservelok erhielt die Dienststelle im April 1983 noch 110 068 vom Bw Brandenburg zugewiesen. Dieser Bestand mit zwei Maschinen hielt sich über die Jahre. Hauptgrund der Beheimatung der Baureihe 110 in Jerichow war, dass Ende der siebziger Jahre ein Lazarettzug (Katastrophenzug) in Jerichow stationiert wurde, der aus sechs umgebauten Bghw-Wagen bestand. Bei Bedarf sollte eine ggfls. auch beide Loks diesen Zug bespannen und an sein Ziel bringen. Da der Lazarettzug allerdings nur selten zum Einsatz kam, fuhren die beiden 110er im täglichen Einsatz in einem dreitägigen Mischplan mit zwei Maschinen der Baureihe 106. Der Plan beinhaltete vor allem Nahgüterzüge. Für die Durchführung des Personenverkehrs reichten die mittlerweile in großer Anzahl in Jerichow beheimateten LVTs der Baureihe 171/172 („Ferkeltaxen") aus.

Der einzige Reisezug im Umlaufplan der Diesellloks war der P 16351 (Sandau – Schönhausen/Elbe). Weiter ging es mit:

Ng 61723	Schönhausen (Elbe) – Jerichow
Ng 61724	Jerichow – Güsen
Ng 61724	Güsen – Jerichow

Nach der Rückkehr in Jerichow (gegen 10:33 Uhr) fand dann regelmäßig die Wartung der Loks statt. Anschließend bespannte die Maschine den Ng 61725 (Jerichow – Güsen), um nach der Ankunft in Güsen auf dem dortigen Bahnhof von 20:35 Uhr bis 1:00 Uhr die Funktion der Rangierlok zu übernehmen.

Der Umlauftag 2 sah in den Nachtstunden eine Übergabe von Jerichow nach Genthin vor, bevor um 3:45 Uhr erneut der Rangierdienst in Genthin begann, der laut Umlaufplan bis 14:00 Uhr dauerte. Weitere Übergaben sowie der erneute Einsatz als Rangierlok (ab 20:55 Uhr) beendeten den Umlauftag 2.

Am Umlauftag 3 stand zunächst die Bespannung zahlreicher Übergabezüge im Raum Güsen/Genthin an, daran schloss sich ab 13:20 Uhr ein Rangierdienst in Genthin an (mit Ablösung der Lok des Plantages 2). Mit dem Ng 61728 wurde um 19:47 Uhr wieder der Bahnhof Jerichow erreicht, der nach einem längeren Rangieraufenthalt bis Schönhausen (Elbe) weiterbefördert wurde. Den Tagesabschluss bildete dann wiederum Rangierdienst.

Die Umlaufpläne und die darin zu bespannenden Leistungen änderten sich in den Folgejahren nur geringfügig. Dennoch steigerte sich die Anzahl der in Jerichow beheimateten Loks der Baureihen 110 und – erstmal im Juni 1988 – auch 112 auf immerhin fünf Maschinen zum 31. Dezember 1988. Erst mit dem Einbruch des Güterverkehrs ab 1990 fielen die Nahgüterzüge „nach und nach" aus den Plänen und die freigewordenen Lokomotiven wurden an andere Bahnbetriebswerke abgegeben.

Für das Bw Jerichow ist es durchaus interessant aufzuzeigen, welche Lokomotiven der Baureihen 110 bzw. 112 jeweils zum 31. Dezember dort beheimatet waren:

1980 bis 1982:	110 108
1983 bis 1987:	110 108 und 110 068
1988:	110 108, 110 068, 110 105 und 110 712 sowie 112 266
1989:	110 108, 110 068 und 110 105
1990 und 1991:	110 068 und 112 105

Zum 1. Juli 1993 wurde das Bahnbetriebswerk Jerichow dem Bw Stendal als Einsatzstelle angegliedert. Die Fahrzeug- und Personaldisposition erfolgte nun von der Stendaler Dienststelle aus. Zu diesem Zeitpunkt war weder eine 110 noch eine 112 in Jerichow beheimatet.

Die letzte 112, 112 105, wechselte bereits am 16. Dezember 1992 zum Bw Stendal, einen Tag später folgte ihr auch die letzte Jerichower 110, 110 068, zu diesem Bahnbetriebswerk.

Bw Jerichow

Lok-Nr.	vom Bw	beheimatet von – bis	zum Bw
110 068	Brandenburg	14.04.83 – 17.02.92	Stendal*
110 105	Pasewalk	10.08.88 – 12.03.90	Umbau in 112 105
110 106	Güsten	23.07.87 – 19.09.87	Magdeburg
110 108	Magdeburg	. .80 – .05.81	Brandenburg
110 108	Brandenburg	28.06.81 – 31.05.90	verkauft [1]
110 114	Stendal	29.01.85 – 20.05.85	Salzwedel
110 229	Stendal	12.04.90 – 10.12.90	Brandenburg
110 235	Brandenburg	21.10.84 – 27.11.84	Brandenburg
110 712	Haldensleben	09.06.88 – 05.10.88	Stendal
110 712	Stendal	27.10.88 – 09.02.89	Umbau in 114 712
110 763	Stendal	05.01.89 – 08.03.89	Salzwedel
110 802	Stendal	16.07.88 – 17.08.88	Stendal
112 105	Umbau	13.03.90 – 16.02.92	Stendal
112 262	Haldensleben	09.06.88 – 16.07.88	Haldensleben
112 266	Stendal	22.11.88 – 04.01.89	Stendal
112 421	Brandenburg	07.02.90 – 19.03.90	Brandenburg
112 855	Stendal	09.10.88 – 26.10.88	Stendal

* Lok war während der Beheimatung kurzzeitig in einem anderen Bw.
[1] verkauft an Braunkohlenkombinat Jänschwalde

Bild 430 ▷
Am 17. August 1975 ist **110 425** des Bw Magdeburg mit einem Güter- und Postexpress im Magdeburger Hauptbahnhof eingefahren.

AUFNAHME: DIETRICH RICHTER, SAMMLUNG JÖRG LEUTHARDT

8.8 Bw Magdeburg

△ **Bild 431** • In der Einsatzstelle Hauptbahnhof des Groß-Bw Magdeburg wartete **110 607** am 3. Juni 1983 auf ihren nächsten Einsatz.
AUFNAHME: RALF SCHLÜTER

In der damaligen Bezirkshauptstadt und heutigen Landeshauptstadt von Sachsen-Anhalt, Magdeburg, gab es auf einer Entfernung von 12 km gleich drei Bahnbetriebswerke: Magdeburg-Buckau, Magdeburg Hbf und Magdeburg-Rothensee. Diese drei Dienststellen wurden zum 1. Januar 1969 zu einem Groß-Bw Magdeburg vereinigt, wodurch eines der größten Bahnbetriebswerke bei der Deutschen Reichsbahn entstand. Zum 1. Oktober 1974 folgte noch die Übernahme des Bw Eilsleben als Einsatzstelle des Bw Magdeburg. Mit dem Neubau einer Fahrzeughalle auf dem Gelände des ehemaligen Bw Magdeburg Hbf, die am 6. Oktober 1969 feierlich ihrer Bestimmung übergeben wurde, waren die Voraussetzungen für einen zügigen Traktionswechsel in Magdeburg gegeben. Dies gelang, denn bereits zum Jahresende 1969 wurden bereits rund 69 % aller Zugleistungen des Bw Magdeburg mit modernen Triebfahrzeugen abgewickelt.

Am 30. März 1969 traf die werksneue 110 108 als erste 110 zur Beheimatung in der Elbestadt ein. Noch bis zum Jahresende folgten ihr ebenfalls aus dem LEW Hennigsdorf die 110 150 (01.11.69), 110 155 (20.11.) und 110 160 (29.11.), die nun einen Teil der Personenzugleistungen übernahmen. Im Mai 1970 leisteten allerdings noch immer z. B. sieben Loks der Baureihe 38^{10-40} ihre Dienste im Bw Magdeburg (38 1412, 1716, 1822, 2691, 3290, 3776, 3852 und als Heizlok 38 3169), die dringend abgelöst werden sollten.

Durch die fortlaufende Aufstockung des Bestandes (mehrheitlich als Neuanlieferungen direkt aus dem LEW Hennigsdorf) erhöhte sich die Anzahl der in Magdeburg beheimateten 110 bis zum 31. Dezember 1971 auf 19 Maschinen:

110 075	108	150	155	160
248	262	266	267	312
341	343	350	386	395
398	411	412	413	

Mit diesem Bestand konnte die Umstellung des Hilfszuges im Groß-Bw Magdeburg von der Baureihe 50^{35} auf die Baureihe 110 erfolgen, was in einem separaten Umlauf geregelt wurde.

Zum 25. Mai 1974 ersetzte das Bw Magdeburg die in der Personaleinsatzstelle Burg stationierte 65 1083 durch eine 110.

Am 29. September 1974 wurde der S-Bahn-Verkehr auf den Relationen Zielitz – Magdeburg – Schönebeck-Salzelmen (Wendezüge mit E-Loks der Baureihe 242) und Haldensleben – Magdeburg – Schönebeck-Salzelmen aufgenommen. Für den Einsatz auf letztgenannter Verbindung stellte das Bw Magdeburg drei Lokomotiven der Baureihe 110, die mit Personal des Bw Haldensleben besetzt wurden. Damit existierten im Winter 1974/75 im Bw Magdeburg für die Baureihe 110 drei Umlaufpläne für je drei Maschinen, in denen als Wendebahnhöfe Aschersleben, Altengrab-

△ **Bild 432 • 112 470** des Bw Magdeburg steht hier am 2. Juni 1986 mit einer vierteiligen Doppelstockeinheit am Haken im Magdeburger Hauptbahnhof. Die Lok wechselte des Öfteren die Beheimatung innerhalb der Rbd Magdeburg und verließ das hiesige Groß-Bw zuletzt im August 1993 zum Bw Lu-Wittenberg.

AUFNAHME: ANDREAS STANGE

ow, Brandenburg, Dessau, Wittenberge, Halberstadt, Haldensleben und Schönebeck-Salzelmen erreicht wurden. Neu war die Zuweisung von zwei 110 an die Einsatzstelle Magdeburg-Rothensee, die im Umlaufplan 22 eingebunden waren.

Die Anzahl der im Groß-Bw Magdeburg beheimateten 110er stieg durch Umbeheimatungen und Neuanlieferungen bis zum 31. Dezember 1974 auf 20 Exemplare:

110	108	312	341	343	386
	395	398	411	425	430
	444	447	524	582	607
	608	660	667	686	749

Nebenbei bemerkt: Bis 1983 erhielt Magdeburg insgesamt 37 Loks der Baureihe 110 direkt vom LEW Hennigsdorf als Neuanlieferung zur Beheimatung zugewiesen, womit dieses Bahnbetriebswerk unter allen Dienststellen der Deutschen Reichsbahn diesbezüglich eine Spitzenposition eingenommen haben dürfte.

Mit der zunehmenden Auslieferung der dieselelektrischen Baureihe 132 aus sowjetischer Produktion, die auch im Bw Magdeburg heimisch wurde, reduzierte sich der Einsatz der Baureihe 110 durch Leistungsverschiebungen im Jahre 1975 auf nur noch zwei Umlaufpläne (Nr. 9 und Nr. 10), denen je drei 110 zum Einsatz kamen. Zudem sank der tägliche Planbedarf an Maschinen dieser Baureihe durch die Übernahme der drei Loks im S-Bahn-Verkehr zwischen Haldensleben und Schönebeck-Salzelmen zum 26. September 1976 durch das Bw Haldensleben.

In dem im Sommer 1976 gültigen Umlauf 22 der Est Magdeburg-Rothensee waren auch einige Reisezüge zu bespannen:

<u>Umlauf 22, Tag 1</u>

Ng 70712	Mg-Rothensee – Magdeburg
Lrz 17232	Magdeburg – Loburg
P 17230	Loburg – Magdeburg Hbf
Lz	Magdebg. Hbf – Mg-Rothensee
Ng 72700	Mg-Rothensee – Wolmirstedt
Ng 72701	Wolmirstedt – Mg-Rothensee
Lz	Mg-Rothensee – Mg-Buckau
Üg 71731	Mg-Buckau – Mg-Elbbahnhof
Lz	Mg-Elbbahnhof – Magdebg. Hbf
P 17239	Magdeburg Hbf – Altengrabow
P 17242	Altengrabow – Magdeburg Hbf
Lz	Magdebg. Hbf – Mg-Rothensee
Üg 63781	Mg-Rothens. – Mg-Elbbahnhof
Lz	Mg-Elbbahnhof – Mg-Buckau

<u>Tag 2</u>

Ng 59731	Mg-Buckau – Magdeburg
Lz	Magdeburg – Mg-Rothensee
Üg 63785	Mg-Rothens. – Mg-Elbbahnhof
Üg 63784	Mg-Elbbahnhof – Mg-Rothens.
Üg 63787	Mg-Rothens. – Mg-Elbbahnhof
Üg 63780	Mg-Elbbahnhof – Mg-Rothens.
Lz	Mg-Rothens. – Magdeburg Hbf
P 17243	Magdeburg Hbf – Altengrabow
P 17244	Altengrabow – Magdeburg Hbf
P 7449	Magdeburg Hbf – Genthin

<u>Tag 3</u>

1:00 bis 5:00 Uhr rangieren in Genthin

P 7440	Genthin – Magdeburg Hbf

Anschließend: Tfz-Wartung

P 7412 (Sl)	Magdeburg – Marienborn
P 7415	Marienborn – Brandenburg
P 7434	Brandenburg – Magdeburg Hbf
Ng 63178	Magdeburg – Mg-Rothensee

◁ **Bild 433**
Die Strecke nach Altengrabow gehörte über Jahre zu den planmäßigen Einsatzstrecken der Magdeburger 110 bzw. 112. Am 3. Oktober 1996 steht in Altengrabow die **202 810** mit der RB 7672 zur Rückfahrt nach Magdeburg bereit.

ABBILDUNG: EK-VERLAG

Bild 434 ▷
Die S-Bahn nach Haldensleben blieb auch in den neunziger Jahren noch in der Hand der Baureihe 202. Hier schiebt **202 696** des Bw Magdeburg eine Doppelstockeinheit in Magdeburg-Neustadt in Richtung Haldensleben.

Aufnahme: Gerald Gross

Interessant war die Rückleistung mit dem P 7434 aus Brandenburg, der Kurswagen für den E 726 nach Leipzig mitführte.

Ab September 1976, mit Beginn des Winterfahrplan 1976/77, gab es eine geringfügige Änderungen des Umlaufes. So wurden jetzt am Plantag 1 die Personenzugpaare P 17247/17248 und 17243/17244 (jeweils Magdeburg Hbf – Altengrabow – Magdeburg Hbf) bespannt und mit dem Ng 61716/61717 zwischen dem Rangierbahnhof in Rothensee und dem Kaliwerk in Zielitz gependelt. Die Leistungen des ehemaligen Plantages 3 wurden derweil neu im Tag 2 von Plan 1 aufgenommen. Neu im Umlauftag 3 war eine zusätzliche Leistung von Magdeburg Hbf mit dem P 7417/3464 nach Brandenburg und zurück.

Der Sommerfahrplan am Mai 1978 brachte die Kürzung um einen Umlauftag für die Einsatzstelle Eilsleben mit sich. Hier erfolgte die Umstellung der darin auf der Relation Eilsleben – Blumenberg – Schönebeck gefahrenen Leistungen auf Triebwagen der Baureihe 171/172.

Wie hier beschrieben, fanden auch in den anderen Umläufen über die Jahre hinweg geringfügige Verschiebungen statt. So wurde zum Fahrplanwechsel im September 1979 der 110er-Umlauf in der Est Rothensee auf zwei Maschinen reduziert, wobei die Reisezugleistungen nach Brandenburg nun in den Umläufen der Magdeburger Heimatdienststelle aufgingen.

Zum Jahresende 1980 bestanden im Groß-Bw Magdeburg weiterhin zwei Umläufe für die Baureihe 110, dabei wurde der Plan 9 (für 1 × 110) durch die Est Genthin gefahren. Der Umlaufplan 12 (für 2 × 110) sah zum Großteil die Bespannung von Übergabe- und Nahgüterzügen vor. Einzige Reisezugleistung war das Personenzugpaar P 3457/3464 zwischen Magdeburg und Brandenburg. Trotz des eher geringen Bedarfs, waren zum 31. Dezember 1980 immerhin 13 Vertreterinnen der Baureihe 110 im Bw Magdeburg beheimatet:

110 248	296	341	386	534
535	607	660	667	686
749	763	893		

Bis zum Sommer 1983 gab es in den Umlaufplänen keine großen Veränderungen zu verzeichnen. Es existierten weiterhin die beiden Lokumläufe, wobei der bisherige Umlauf 12 jetzt neu als Plan 10 geführt wurde. In einem separaten Umlauftag (1 × 110) war die Bespannung des Hilfszuges geregelt.

Im Mai 1983 wurden 110 962 und 110 963 in Magdeburg beheimatet, die ihre Dienste jeweils vor Grabenräumeinheiten leisteten. Diese Einsätze fanden im Auftrag der Baubetriebsleitung der Deutschen Reichsbahn statt. Doch die „Grabenräumloks" blieben nicht lange im Bw Magdeburg, sondern wurden als Geräte an die Oberbauwerke Magdeburg (110 962 am 30.04.1985) bzw. Königsborn (110 963 am 23.05.1984) umgesetzt. Für wenige Monate befand sich im Jahr 1986 eine weitere 110^9, 110 965, in Magdeburg. Sie kam im März jenes Jahres vom Bw Eisenach und wechselte im August wieder dorthin zurück.

Mit dem fortschreitenden Umbau von Vertreterinnen der Baureihe 110 zur stärkeren Baureihe 112 fand ab 1984 auch in Magdeburg der Austausch dieser Lokomotiven statt.

Im Zusammenhang mit einem erneuten Wechsel bei der Nummerierung der Umlaufpläne erschien der Umlauf für die Est Genthin wieder unter der Nummer 11 (für 1 × 112), im Umlauf 10 kamen jetzt zwei Maschinen der Baureihe 112 zum Einsatz. Bei den zu fahrenden Leistungen gab es nur geringe Verschiebungen. Die großen Veränderungen kamen ab 1990 als Folge der gesellschaftspolitischen Wende in der DDR und dem damit verbundenen Rückgang bei den Verkehrsleistungen auf der Schiene. Das Bw Magdeburg übernahm die Zugleistungen seiner Einsatzstelle in Eilsleben (30.06.92) und das Bw Haldensleben (01.06.93) als neue Einsatzstelle.

Mit der Abgabe der 201 876 und 201 883 verließen am 31. Mai 1994 die letzten beiden „originalen 110" die Magdeburger Dienststelle.

Durch die Trennung der einzelnen Geschäftsbereiche bei der DB AG erhielt der Betriebshof Magdeburg-Rothensee zum 1. Juni 1994 einen eigenen Fahrzeugbestand zugewiesen, der auch Lokomotiven des Betriebshofes Magdeburg enthielt, und wurde wieder zu einer eigenständigen Dienststelle.

Ab dem 31. Mai 1997 übernahm der Bh Magdeburg Vertreterinnen der Baureihe 204, die wiederum die noch vorhandenen Loks der Baureihe 202 ersetzen sollten. Doch im Herbst 1998 kam es nochmals zu einem kurzzeitigen Einsatz der Baureihe 202 auf der Strecke Magdeburg – Loburg.

Durch Abgaben und Schadpark-Zuführungen verringerte sich der 202-Bestand in der Folgezeit kontinuierlich. Waren im Februar 1998 noch 14 Loks dieser Baureihe in Magdeburg beheimatet, sank der Bestand bis Juni jenes Jahres auf vier Exemplare. Mit der Abgabe des Hilfszuges an den eigenständigen Bh Magdeburg-Rothensee im November 2000 fiel auch diese Einsatzmöglichkeit weg. Die Schließung des Bh Magdeburg erfolgte dann im April 2001.

Bw Magdeburg (I)

Lok-Nr.	vom Bw	beheimatet von – bis	zum Bw
110 020	Weißenfels	13.07.85 – 01.08.85	Weißenfels
110 039	Stendal	10.07.85 – 24.07.85	Halle G
110 074	Reichenbach (V)	20.06.78 – 31.07.78	Stendal*
110 075	Seddin	28.05.70 – 15.03.74	Stendal*
110 106	Jerichow	20.09.87 – 30.09.87	Güsten
V100 108	Neuanlieferung	30.03.69 – . .80	Jerichow
110 114	Salzwedel	17.10.85 – 05.11.85	Salzwedel
110 132	Rostock	.03.72 – 18.04.72	Rostock
110 132	Wittenberge	27.05.82 – 01.06.82	Weißenfels
110 146	Frankfurt (O)	29.11.85 – 27.03.86	Haldensleben
V100 150	Neuanlieferung	01.11.69 – 30.09.70	Güsten
V100 155	Neuanlieferung	20.11.69 – 30.09.70	Güsten
110 155	Roßlau (Elbe)	28.10.71 – 18.02.72	Roßlau (Elbe)
110 159	Leipzig Hbf Süd	29.11.85 – 06.01.86	Leipzig Hbf Süd
V100 160	Neuanlieferung	29.11.69 – 31.08.70	Güsten
110 168	Stendal	23.06.85 – 03.07.85	Haldensleben
110 215	Aue (Sachs)	18.06.78 – 31.07.78	Stendal*
110 215	Stendal	15.12.85 – 29.01.87	Eberswalde
201 217	Haldensleben	01.07.93 – 29.05.94	z, a 23.08.93
110 225	Roßlau (Elbe)	29.10.71 – 23.12.71	Roßlau (Elbe)
110 237	Wittenberge	28.05.82 – 02.06.82	Erfurt
110 248	Neuanlieferung	01.10.70 – 05.07.72	Haldensleben
110 248	Haldensleben	20.09.80 – 31.07.84	Umbau in 112 248*
110 262	Neuanlieferung	29.06.70 – 03.04.71	Stendal
110 266	Neuanlieferung	01.07.70 – 06.04.71	Stendal
110 267	Neuanlieferung	08.07.70 – 05.04.71	Stendal
110 269	Dresden	19.06.78 – 14.07.78	Riesa
110 270	Güsten	01.08.71 – 21.10.71	Halberstadt
110 277	Neuanlieferung	26.07.70 – 31.07.71	Güsten
110 283	Neuanlieferung	01.08.70 – 31.01.71	Güsten
110 296	Cottbus	18.05.79 – 15.04.82	Umbau in 112 296
110 311	Reichenbach (V)	02.06.78 – .06.78	Reichenbach (V)
110 312	Leipzig Hbf Süd	13.02.71 – 10.10.79	Stendal
110 327	Neuanlieferung	02.02.71 – 31.05.71	Halberstadt
110 337	Neuanlieferung	02.03.71 – 29.10.71	Haldensleben
110 341	Neuanlieferung	30.03.71 – 14.02.85	Salzwedel
110 343	Neuanlieferung	23.03.71 – 23.04.74	Stendal
110 343	Stendal	27.05.74 – 15.11.75	Roßlau (Elbe)
110 343	Roßlau (Elbe)	07.01.76 – 31.08.80	Heringsdorf
110 350	Neuanlieferung	01.04.71 – 27.04.72	Salzwedel
110 350	Salzwedel	14.02.74 – 15.03.74	Salzwedel
110 354	Neuanlieferung	13.04.71 – 27.10.71	Roßlau (Elbe)
110 386	Neuanlieferung	01.07.71 – 11.01.80	Brandenburg*
110 386	Brandenburg	25.01.80 – 17.09.85	Umbau in 112 386*
110 395	Neuanlieferung	05.12.71 – 31.03.75	Roßlau (Elbe)
110 398	Neuanlieferung	01.12.71 – 17.05.79	Elsterwerda[1]
110 411	Neuanlieferung	22.12.71 – 03.02.78	Roßlau (Elbe)
110 411	Roßlau (Elbe)	25.02.76 – 24.10.76	Brandenburg*
110 411	Brandenburg	19.11.76 – 25.11.76	Haldensleben
110 411	Stendal	04.12.80 – 22.12.80	Haldensleben
110 411	Stendal	15.12.85 – 18.09.86	Umbau in 112 411
110 412	Neuanlieferung	22.12.71 – 30.11.74	Haldensleben
110 413	Neuanlieferung	22.12.71 – 07.03.74	Haldensleben
110 419	Haldensleben	23.12.86 – 30.05.94	Lu-Wittenberg
201 424	Güsten	17.11.92 – 09.01.94	Falkenberg (E)
110 425	Neuanlieferung	01.02.72 – 22.09.76	Haldensleben
110 425	Haldensleben	28.05.77 – 13.11.77	Haldensleben
110 430	Neuanlieferung	01.02.72 – 18.05.77	Aue (Sachs)*
110 440	Stendal	15.03.74 – 09.07.74	Stendal
110 444	Bln Ostbahnhof	06.04.72 – 12.07.76	Neustrelitz
110 447	Seddin	09.04.72 – 23.01.75	Haldensleben

* Lok war während der Beheimatung kurzzeitig in einem anderen Bw.
a = abgestellt [1] Umbau 17.05.79

Bw Magdeburg (II)

Lok-Nr.	vom Bw	beheimatet von – bis	zum Bw
110 448	Bln-Pankow	07.04.72 – 19.12.74	Roßlau (Elbe)
110 448	Roßlau (Elbe)	04.01.75 – 09.10.75	Halberstadt
110 505	Güsten	04.04.78 – 09.06.78	Güsten
110 524	Eilsleben	01.04.74 – 14.07.76	Wittenberge
110 529	Neuanlieferung	18.04.73 – 23.04.73	Salzwedel
110 534	Wittenberge	13.07.76 – 10.07.84	Halberstadt
110 535	Neustrelitz	15.06.76 – 19.12.81	Salzwedel
110 535	Brandenburg	07.03.82 – 05.03.83	Stendal
110 559	Wittenberge	27.05.82 – 02.06.82	Erfurt
110 582	Neuanlieferung	04.09.73 – 25.05.79	Haldensleben
110 607	Neuanlieferung	09.11.73 – 04.04.86	Halberstadt
110 608	Neuanlieferung	21.11.73 – 23.02.79	Stendal
110 608	Stendal	17.04.79 – 16.10.79	Stendal
110 660	Neuanlieferung	29.05.74 – 27.01.82	Güsten
110 660	Brandenburg	07.03.82 – 15.09.82	Blankenburg (H)
110 667	Neuanlieferung	24.05.74 – 10.02.83	Brandenburg
110 684	Wittenberge	21.04.82 – 23.05.84	Umbau in 112 684
110 686	Neuanlieferung	09.07.74 – 31.10.78	Stendal
110 686	Stendal	10.06.79 – 24.01.80	Brandenburg
110 686	Brandenburg	16.04.80 – 23.11.83	Brandenburg
201 699	Haldensleben	01.07.93 – 05.08.93	z, zR 05.05.93
110 705	Stendal	14.06.78 – 25.07.78	Stendal
110 712	Salzwedel	18.11.86 – 12.12.86	Haldensleben
110 741	Halberstadt	03.10.75 – 21.06.77	Oebisfelde
110 742	Salzwedel	17.04.85 – 06.05.85	Salzwedel
110 749	Neuanlieferung	01.12.74 – 02.04.85	Brandenburg
110 763	Neuanlieferung	21.01.75 – 07.05.87	Brandenburg
110 826	Haldensleben	25.11.89 – 28.12.89	Haldensleben
110 854	Brandenburg	17.10.86 – 17.02.88	Umbau in 112 854
201 876	Haldensleben	01.07.93 – 31.05.94	Lu-Wittenberg
110 883	Haldensleben	01.07.93 – 31.05.94	Lu-Wittenberg
110 893	Neuanlieferung	01.03.78 – 31.05.84	Umbau in 112 893
110 962	Neuanlieferung	20.05.83 – 30.04.85	Ums. Obw Mgd [2]
110 963	Neuanlieferung	20.05.83 – 23.05.84	Ums. Obw Königsb [3]
110 965	Eisenach	28.03.86 – 25.08.86	Eisenach
202 115	Haldensleben	01.07.93 – 01.05.96	Halberstadt
202 160	Haldensleben	01.07.93 – 29.05.98	z-Park
202 241	Mg-Rothensee	05.02.96 – 25.05.98	Stendal
112 248	aus Umbau	01.08.84 – 21.09.95	Riesa
112 253	Nordhausen	27.05.90 – 09.04.97	Lu-Wittenberg
112 263	Frankfurt (O)	29.10.85 – 14.12.85	Stendal
202 265	Haldensleben	01.07.93 – 06.02.94	Hoyerswerda
202 277	Chemnitz	30.09.95 – 15.08.97	Lu-Wittenberg
112 279	aus Umbau	24.01.84 – 22.09.86	Blankenburg (H)
112 279	Blankenburg (H)	06.11.86 – 24.02.88	Blankenburg (H)*
112 312	aus Umbau	30.03.85 – 20.05.88	Halberstadt
202 312	Halberstadt	03.09.96 – 28.02.98	z-Park
202 341	Haldensleben	01.07.93 – 30.05.94	Halberstadt
202 341	Halberstadt	03.09.96 – 04.09.98	z-Park
202 354	Meiningen	30.09.95 – 28.02.98	z-Park
112 375	Halberstadt	17.08.86 – 09.09.86	Halberstadt
202 375	Mg-Rothensee	05.02.96 – 11.01.97	Halle G
202 383	Chemnitz	30.09.95 – 30.09.96	z, a 28.08.96
112 386	aus Umbau	18.09.85 – 27.10.85	Frankfurt (O)
202 390	Görlitz	30.09.95 – 28.02.98	z-Park
202 390	aus z-Park	13.03.98 – 30.05.00	z-Park
202 398	Görlitz	30.09.95 – 28.02.98	z-Park
112 404	Stendal	11.07.84 – 10.10.85	z, a unf 11.10.85

* Lok war während der Beheimatung kurzzeitig in einem anderen Bw. unf = Unfall
a = abgestellt [1] Umbau 17.05.79 zr = Rückstellung aus Reserve
[2] Umsetzung als Gerät zum Oberbauwerk Magdeburg.
[3] Umsetzung als Gerät zum Oberbauwerk Königsborn.

Bw Magdeburg (III)			
Lok-Nr.	vom Bw	beheimatet von – bis	zum Bw
112 409	Halberstadt	02.10.86 – 15.10.86	Gera
112 411	Brandenburg	24.01.89 – 06.02.89	Brandenburg
202 412	Haldensleben	01.07.93 – 30.05.94	Halberstadt
202 412	Meiningen	30.09.95 – 28.02.98	z-Park
202 413	Haldensleben	01.07.93 – 30.05.94	Halberstadt
202 421	Mg-Rothensee	05.02.96 – 11.01.97	Halle G
112 436	Haldensleben	02.06.85 – 14.12.85	Stendal
112 436	Stendal	06.05.86 – 24.12.86	Haldensleben
112 438	Güsten	05.06.91 – 12.06.91	Brandenburg
202 442	Görlitz	30.09.95 – 01.09.97	z-Park
112 443	Wismar	26.05.89 – 29.12.89	Salzwedel
112 444	Haldensleben	01.05.86 – 14.05.86	Haldensleben
202 467	Haldensleben	01.07.93 – 30.05.94	Halberstadt
112 470	aus Umbau	27.04.84 – 12.06.87	Güsten
112 470	Güsten	01.10.87 – 15.01.89	Salzwedel*
112 470	Salzwedel	10.02.89 – 26.08.93	Lu-Wittenberg
202 472	Mg-Rothensee	05.02.96 – 12.01.97	Halle G
202 472	Halle G	01.01.98 – 22.01.98	Halle G
202 478	Haldensleben	01.07.93 – 30.05.94	Halberstadt
202 481	Haldensleben	01.07.93 – 30.05.94	Halberstadt
202 496	Zwickau	30.09.95 – 28.02.98	z-Park
202 499	Chemnitz	30.09.95 – 30.09.96	z, abg. 28.08.96
202 526	Haldensleben	01.07.93 – 30.05.94	Halberstadt
202 529	Halberstadt	18.02.94 – 05.10.95	Stendal
202 536	Haldensleben	01.07.93 – 26.09.95	Stendal
112 537	Güsten	26.11.88 – 21.12.88	Blankenburg (H)
112 559	Nordhausen	19.09.86 – 26.09.86	Erfurt
202 594	Haldensleben	01.07.93 – 19.11.93	Leipzig Hbf Süd
202 610	Mg-Rothensee	05.02.96 – 02.05.96	Halberstadt
112 623	aus Umbau	26.11.86 – 30.11.86	Aue (Sachs)
112 652	Stendal	28.11.91 – 14.05.97	z-Park
112 663	Halberstadt	05.04.86 – 05.05.86	Kamenz
202 670	Nordhausen	15.07.93 – 03.11.93	Lu-Wittenberg
202 675	Haldensleben	01.07.93 – 15.05.98	Halle G
202 682	Halberstadt	31.05.95 – 27.09.95	Leipzig Hbf Süd
202 683	Mg-Rothensee	31.05.95 – 30.06.95	Mg-Rothensee
202 683	Mg-Rothensee	05.02.96 – 11.08.97	z-Park
112 684	aus Umbau	24.05.84 – 20.04.96	Bln-Pankow
202 695	Mg-Rothensee	05.02.96 – 24.06.96	z, abg. 24.06.96
202 696	Haldensleben	01.07.93 – 26.09.95	Stendal
112 701	Halberstadt	01.06.88 – 03.07.95	Mg-Rothensee
202 715	Haldensleben	01.07.93 – 02.07.95	Mg-Rothensee
112 716	Leipzig Hbf Süd	24.05.89 – 27.09.95	Halberstadt
202 720	Riesa	30.09.95 – 08.09.96	z, abg. 05.08.96
202 730	Haldensleben	01.07.93 – 01.09.97	z-Park
112 736	aus Umbau	07.03.86 – 27.09.95	Halberstadt
112 749	aus Umbau	17.09.86 – 27.06.88	Salzwedel
112 752	aus Umbau	01.05.87 – 17.05.90	Nordhausen
202 752	Nordhausen	14.07.93 – 16.09.93	Lu-Wittenberg
112 784	Görlitz	08.07.88 – 30.12.94	Mg-Rothensee
112 785	Görlitz	18.10.88 – 19.10.88	Brandenburg
202 810	Halberstadt	31.05.95 – 14.12.98	z-Park
202 814	Haldensleben	01.07.93 – 27.09.95	Halle G
202 818	Halberstadt	31.05.95 – 15.05.98	Halle G
202 819	Haldensleben	01.07.93 – 25.09.95	Leipzig Hbf Süd
202 822	Halberstadt	31.05.95 – 09.10.95	Stendal
202 832	Haldensleben	01.07.93 – 30.12.94	Mg-Rothensee
202 835	Zwickau	30.09.95 – 08.09.95	z, abg. 28.08.96
202 841	Mg-Rothensee	31.05.95 – 04.07.95	Mg-Rothensee
202 847	Halberstadt	31.05.95 – 17.08.97	z-Park
112 854	aus Umbau	18.02.88 – 21.09.95	Stendal
202 882	Haldensleben	01.07.93 – 29.05.99	Chemnitz
112 893	aus Umbau	01.06.84 – 12.07.88	Görlitz
202 894	Halberstadt	31.05.95 – 12.05.98	Lu-Wittenberg

Bw Magdeburg (IV)			
Lok-Nr.	vom Bw	beheimatet von – bis	zum Bw
204 203	Halle G	15.01.97 – 31.12.97	Halle G
204 203	Halle G	16.01.98 – 31.03.01	Mg-Rothensee
204 246	Halle G	15.01.97 – 31.12.97	Halle G
204 246	Halle G	16.01.98 – 29.05.99	Saalfeld
204 358	Halle G	15.01.97 – 31.12.97	Halle G
204 358	Halle G	16.01.98 – 31.02.01	Mg-Rothensee
204 366	Halle G	15.01.97 – 31.12.97	Halle G
204 366	Halle G	16.01.98 – 31.03.01	Mg-Rothensee
204 399	Halle G	16.01.97 – 31.12.97	Halle G
204 399	Halle G	16.01.98 – 31.03.01	Mg-Rothensee
204 445	Halle G	15.01.97 – 31.12.97	Halle G
204 445	Halle G	16.01.98 – 31.03.01	Mg-Rothensee
204 464	Halle G	15.01.97 – 31.12.97	Halle G
204 464	Halle G	16.01.98 – 29.05.99	Saalfeld
204 469	Halle G	15.01.97 – 31.12.97	Halle G
204 469	Halle G	16.01.98 – 31.03.01	Mg-Rothensee
204 513	Halle G	15.01.97 – 31.12.97	Halle G
204 513	Halle G	16.01.98 – 31.03.01	Mg-Rothensee
204 605	Halle G	15.01.97 – 31.12.97	Halle G
204 605	Halle G	25.01.98 – 29.05.99	Seddin
204 673	Halle G	15.01.97 – 31.12.97	Halle G
204 673	Halle G	16.01.98 – 29.05.99	Seddin
298 046	Halle G	31.10.97 – 31.03.01	Mg-Rothensee
298 084	Rostock Seehafen	12.11.97 – 31.03.01	Mg-Rothensee
298 099	Halle G	19.11.93 – 31.05.94	Mg-Rothensee
298 301	Leipzig Hbf Süd	30.07.93 – 31.05.94	Mg-Rothensee
298 301	Mg-Rothensee	08.01.96 – 31.03.01	Mg-Rothensee
298 305	Leipzig Hbf Süd	08.05.93 – 31.05.94	Mg-Rothensee
298 305	Mg-Rothensee	08.01.96 – 31.03.01	Mg-Rothensee
298 313	Mg-Rothensee	08.01.96 – 05.04.98	Halle G
298 319	Mg-Rothensee	08.01.96 – 31.03.01	Mg-Rothensee
298 324	Leipzig Hbf Süd	19.10.97 – 31.03.01	Mg-Rothensee
298 325	Halle G	01.08.93 – 31.05.94	Mg-Rothensee
298 325	Mg-Rothensee	08.01.96 – 02.02.98	Erfurt
298 329	Leipzig Hbf Süd	01.08.93 – 31.05.94	Mg-Rothensee
298 329	Mg-Rothensee	08.01.96 – 31.03.01	Mg-Rothensee
298 334	Mg-Rothensee	08.01.96 – 10.02.98	Erfurt
298 335	Leipzig Hbf Süd	30.07.93 – 31.05.94	Mg-Rothensee
298 335	Mg-Rothensee	08.01.96 – 30.05.97	Leipzig Hbf Süd

8.9 Bh Magdeburg-Rothensee

Die vorwiegend für den Güterverkehr zuständige Einsatzstelle Rothensee des Bw bzw. Bh Magdeburg erhielt zum 1. Juni 1994 einen eigenen Fahrzeugbestand und damit verbunden auch seine Eigenständigkeit als Betriebshof von DB Cargo.

Durch die gleichzeitige Umwandlung des bisher selbstständigen Bw Brandenburg in eine Einsatzstelle des Bh Magdeburg-Rothensee gelangte auch der Brandenburger Bestand an Lokomotiven der Baureihe 202 – zumindest buchmäßig – nach Rothensee, wobei die Maschinen ihre Leistungen nach wie vor von Brandenburg aus fuhren. Weitere Vertreterinnen dieser Baureihe kamen zum Jahresende 1994 bzw. im Juli 1995 vom Bh Magdeburg Hbf zum Bh Magdeburg-Rothensee, so dass im August 1995 ein Höchststand von 20 Maschinen erreicht wurde. Aus dem Bestand des „Groß-Bw" Magdeburg übernahm der Bh Magdeburg-Rothensee auch zehn Lokomotiven der Baureihe 298, die fortan die verbliebenen Nahgüterzugleistungen bespannten.

Mit der Trennung der Geschäftsbereiche bei der DB AG kam es am 4. Februar 1996 zur Umbeheimatung der letzten sieben im Bestand des Bh Magdeburg-Rothensee befindlichen 202 zum Bh Magdeburg Hbf. Im Einzelnen waren dies:

◁ **Bild 435**
Der Bh Magdeburg-Rothensee übernahm das ehemalige Bw Brandenburg als Einsatzstelle und damit auch dessen Fahrzeugpark. Insofern gehörten die am 23. August 1994 in Brandenburg aufgenommenen **202 776** und **204 366** buchmäßig nach Magdeburg-Rothensee.

Aufnahme: Michael Uhren

202 241 375 421 472 610
683 695

Für jeweils kurze Zeiträume (Juni bis Dezember 1994 sowie April 2001 bis Mai 2003) beheimatete der Bh in Rothensee auch Vertreterinnen der Baureihe 204. Ein dauerhaft fester Bestand baute sich nie auf, im Maximum waren sieben Loks vorhanden. Die Maschinen wechselten entweder nach wenigen Monaten die Beheimatung (zum Bh Halle G oder zum Bh Leipzig Hbf Süd) oder wurden z-gestellt. Am 31. Mai 2003 wechselten die letzten drei 204 (204 469, 761 und 774) zum Bh Leipzig Hbf Süd.

Von der DB Netz AG waren auch vier Mietloks der Baureihe 203 in Magdeburg-Rothensee beheimatet. Dabei handelte es sich um bei Alstom in Stendal modernisierte Maschinen der Baureihe 112 (Umbaukonzept Baureihe 203[1]). Als erste traf 203 442 (ex 110 442, ex 112 442, ex 202 442) am 17. Dezember 2008 in Rothensee ein. Ihr folgten noch:

- 203 111 (ex 110 651, ex 112 651, ex 202 651) am 1. Februar 2009,
- 203 523 (ex 110 523, ex 112 523, ex 202 523) am 16. April 2009,
- 203 658 (ex 110 658, ex 112 658, ex 202 658) am 7. Juli 2009.

Während 203 111 bereits am 1. September 2009 zum Bh Halle G wechselte, „wanderten" die anderen drei Maschinen am 10. Januar 2011 gemeinsam in den z-Park.

Anschließend waren aus der „V 100-Familie" nur noch Loks der Baureihe 298 in Magdeburg-Rothensee vorhanden. Doch auch ihr Bestand sank in den Folgejahren von sieben Maschinen am 31. Dezember 2001 auf nur noch ein Exemplar zum 31. Dezember 2012.

Diese Lok, 298 324, verließ als letzte ihrer Baureihe den Bh Magdeburg-Rothensee und wechselte am 31. Mai 2013 zum Bh Halle G.

◁ **Bild 436**
298 329 wechselte zwischen 1994 und 1996 zweimal die Beheimatung zwischen den Betriebshöfen Magdeburg-Rothensee und Magdeburg Hbf. Hier ist die Lok am 23. März 1998 mit einer Übergabe auf der Strecke Güsen (Kr Genthin) – Ziesar unterwegs und passiert den Haltepunkt Gladau.

Aufnahme: Matthias Röseler

8.10 Bw Oebisfelde

In den Bestandslisten des unmittelbar an der (seit 1990 ehemaligen) deutsch-deutschen Grenze liegenden Bw Oebisfelde waren lediglich von Dezember 1975 bis September 1979 fünf Loks der Baureihe 110 beheimatet. Ihr Einsatzgebiet ließ sich nicht ganz einfach klären. Den Aussagen einiger älterer Mitarbeiter der Dienststelle nach, wurden die 110 damals nur zur Überbrückung der abzustellenden 03 dem Bw Oebisfelde zugewiesen. In dem Zeitraum der Beheimatung der 110 schieden fünf 03 aus dem Bestand: 03 2212, 2270, 2180, 2242 und 2207. Mit den 110 soll vorrangig folgender Tagesumlauf gefahren worden sein:

P 6444	Magdeburg – Oebisfelde
P 6447	Oebisfelde – Magdeburg
P 6255	Magdeburg – Aschersleben
P 6340	Aschersleben – Stendal
Ng 58742	Stendal – Oebisfelde

Die Loks erreichten durchaus hohe monatliche Laufleistungen zwischen 7.000 und 10.000 km. Mit 12.775 km im März 1977 nahm 110 709 diesbezüglich einen Spitzenwert ein. Die Auflösung des 110er-Bestandes in Oebisfelde stand im Zusammenhang mit weiteren Zuweisung von Loks der Baureihe 118 an dieses Bw. Nachdem im September 1979 alle vier zu diesem Zeitpunkt noch in Oebisfelde vorhandenen 110er zum Bw Haldensleben wechselten, wurde anschließend keine weitere Lok dieser Baureihe dem Bw Oebisfelde zur Beheimatung zugewiesen.

Bw Oebisfelde

Lok-Nr.	vom Bw	beheimatet von – bis	zum Bw
110 337	Haldensleben	18.12.75 – 03.11.76	Haldensleben
110 337	Haldensleben	14.06.78 – 24.04.79	Haldensleben
110 689	Haldensleben	10.06.76 – 11.09.79	Haldensleben
110 709	Haldensleben	29.12.76 – 14.08.79	Haldensleben
110 741	Magdeburg	22.06.77 – 21.09.79	Haldensleben

8.11 Bw Roßlau (Elbe)

(ab 1. Januar 1978 bei der Rbd Halle)

In Roßlau (Elbe) – ca. 55 km südöstlich von Magdeburg gelegen – treffen die Eisenbahnstrecken aus den Richtungen Potsdam (über Wiesenburg/Mark), Lutherstadt Wittenberg und Magdeburg (über Zerbst/Anhalt) zusammen, die dann gemeinsam über die Elbe und Mulde weiter bis Dessau führen, wo sie sich dann wiederum in die Strecken nach Bitterfeld (– Halle/Leipzig) und Köthen (– Aschersleben) aufteilen. Im Bw Roßlau (Elbe) dienten die Vertreterinnen der Baureihe 110 – wie in vielen anderen Bahnbetriebswerken auch – dem Traktionswechsel. Als im Verlauf des Jahres 1971 die ersten 110er dem hiesigen Bahnbetriebswerk zugewiesen wurden, waren dort noch zahlreiche Dampflokomotiven der Baureihe 50^{35} sowie einige 52-Altbau im Einsatz. Immerhin besetzte Roßlauer Personal bereits zu diesem Zeitpunkt Elloks der Baureihe E 44 und E 04!

Die ersten Vertreterinnen der Baureihe 110 im Bw Roßlau (Elbe) waren in der Reihenfolge ihres Eintreffens:

Bw Magdeburg-Rothensee (I)

Lok-Nr.	vom Bw	beheimatet von – bis	zum Bw
202 241	Leipzig Hbf Süd	02.01.95 – 04.02.96	Magdeburg Hbf
202 299	Brandenburg	01.06.94 – 17.12.95	Seddin
202 375	Brandenburg	01.06.94 – 04.02.96	Magdeburg Hbf
202 403	Brandenburg	01.06.94 – 17.12.95	Seddin
202 411	Brandenburg	01.06.94 – 17.12.95	Seddin
202 421	Brandenburg	01.06.94 – 04.02.96	Magdeburg Hbf
202 472	Brandenburg	01.06.94 – 04.02.96	Magdeburg Hbf
202 610	Brandenburg	01.06.94 – 04.02.96	Magdeburg Hbf
202 637	Brandenburg	01.06.94 – 02.01.96	Halle G
202 683	Brandenburg	01.06.94 – 30.05.95	Magdeburg Hbf
202 683	Magdeburg	01.07.95 – 04.02.96	Magdeburg Hbf
202 695	Brandenburg	01.06.94 – 04.02.96	Magdeburg Hbf
202 701	Magdeburg	04.07.95 – 17.12.95	Seddin
202 715	Magdeburg	03.07.95 – 17.12.95	Seddin
202 732	Brandenburg	01.06.94 – 17.12.95	Seddin
202 776	Brandenburg	01.06.94 – 17.12.95	Seddin
202 784	Magdeburg	31.12.94 – 17.12.95	Seddin
202 785	Brandenburg	01.06.94 – 17.12.95	Seddin
202 788	Brandenburg	01.06.94 – 17.12.95	Seddin
202 832	Magdeburg	31.12.94 – 02.01.96	Halle G
202 841	Brandenburg	01.06.94 – 30.05.95	Magdeburg Hbf
202 841	Magdeburg	05.07.95 – 02.01.96	Halle G
203 111	Nürnberg 1	01.02.09 – 01.09.09	Halle G
203 442	Indienststellung	17.12.08 – 10.01.11	z-Park, Mietlok
203 523	Indienststellung	16.04.09 – 10.01.11	z-Park, Mietlok
203 658	Indienststellung	07.07.09 – 10.01.11	z-Park, Mietlok
204 203	Magdeburg	01.04.01 – 04.09.02	z, a 04.09.02
204 246	Brandenburg	01.06.94 – 31.12.94	Halle G
204 358	Magdeburg	01.04.01 – 24.10.01	z, a 05.10.01

a = abgestellt

Bw Magdeburg-Rothensee (II)

Lok-Nr.	vom Bw	beheimatet von – bis	zum Bw
204 366	Halberstadt	01.06.94 – 30.12.94	Halle G
204 366	Magdeburg	01.04.01 – 01.01.02	z, a 31.12.01
204 399	Halberstadt	01.06.94 – 30.12.94	Halle G
204 399	Magdeburg	01.04.01 – 01.01.02	z, a 31.12.01
204 445	Magdeburg	01.04.01 – 05.08.01	z, a 06.08.01
204 464	Halberstadt	01.06.94 – 31.12.94	Halle G
204 469	Brandenburg	01.06.94 – 30.12.94	Halle G
204 469	Magdeburg	01.04.01 – 31.05.03	Leipzig Hbf Süd
204 513	Magdeburg	01.04.01 – 05.08.01	z, a 26.07.01
204 758	Erfurt	01.01.02 – 20.10.02	z, a 21.10.02
204 761	Erfurt	01.01.02 – 31.05.03	Leipzig Hbf Süd
204 774	Erfurt	01.01.02 – 31.05.03	Leipzig Hbf Süd
298 046	Magdeburg	01.04.01 – 25.01.09	z-Park
298 084	Magdeburg	01.04.01 – 16.06.07	z-Park
298 099	Magdeburg	01.06.94 – 22.06.95	Wustermark
298 150	Leipzig Hbf Süd	01.06.94 – 29.09.94	Cottbus
298 301	Magdeburg	01.06.94 – 07.01.96	Magdeburg Hbf
298 301	Magdeburg	01.04.01 – 05.08.12	z-Park
298 302	Leipzig Hbf Süd	01.06.94 – 29.09.94	Cottbus
298 305	Magdeburg	01.06.94 – 07.01.96	Magdeburg Hbf
298 305	Magdeburg	01.04.01 – 25.01.09	z-Park
298 313	Leipzig Hbf Süd	01.06.94 – 07.01.96	Magdeburg Hbf
298 319	Leipzig Hbf Süd	30.09.94 – 07.01.96	Magdeburg Hbf
298 319	Magdeburg	01.04.01 – 01.01.06	Senftenberg
298 324	Magdeburg	01.04.01 – 31.05.13	Halle G
298 325	Magdeburg	01.06.94 – 07.01.96	Magdeburg Hbf
298 329	Magdeburg	01.06.94 – 07.01.96	Magdeburg Hbf
298 329	Magdeburg	01.04.01 – 14.06.03	Zwickau
298 334	Leipzig Hbf Süd	27.01.95 – 07.01.96	Magdeburg Hbf
298 335	Magdeburg	01.06.94 – 07.01.96	Magdeburg Hbf
298 336	Halle G	02.06.94 – 22.06.95	Wustermark

△ **Bild 437** • Am 2. Mai 1975 ist **110 546** des Bw Roßlau (Elbe) mit einem Personenzug unterwegs bei Belzig. An der Frontseite trägt die Lok noch den obligatorischen „Schmuck" aus DDR- und Arbeiterfahne anlässlich des am Vortag begangenen „Internationalen Kampftages der Arbeiterklasse". AUFNAHME: SAMMLUNG MATTHIAS HENGST

- 110 155 (11.05.), 110 107 (28.05.) und 110 225 (19.05.)vom Bw Güsten,
- 110 354 (28.10.) und 110 225 (24.12.) vom Bw Magdeburg.

Die Loks kamen allerdings vornehmlich von der Roßlauer Einsatzstelle in Dessau zum Einsatz. Mit Beginn des Winterfahrplans 1973/74 am 30. September 1973 befanden sich folgende fünf 110er im Bestand des Bw Roßlau (Elbe):

110 107 155 225 354 546

Die Loks kamen im Dienstplan 15 (für 4 x Baureihe 110) zum Einsatz. Darin bespannten sie u. a. Personenzüge auf den Relationen …

… Dessau – Falkenberg (Elster),
… Falkenberg (Elster) – Riesa,
… Riesa – Lu-Wittenberg,
… Lu-Wittenberg – Dessau,
… Dessau – Belzig,
… Dessau – Aschersleben,
… Dessau – Magdeburg.

Der Bestand an Maschinen der Baureihe 110 im Bw Roßlau schwankte in den folgenden Jahren im Bereich zwischen einem „Allzeithoch" zum 31. Dezember 1975 mit elf Exemplaren bis vier Loks dieser Baureihe in den Jahren 1985, 1988 und 1989. Bestand zum 31. Dezember 1975:

110 107 155 225 238 343 395 448 546 596 606 825

Der kontinuierliche Rückgang des Bestandes hatte mehrere Gründe: Zum einen wurde bereits 1975 der „elektrische Ring" Magdeburg – Dessau – Leipzig – Halle (S) – Köthen – Magdeburg geschlossen, zum anderen trafen in der zweiten Hälfte der siebziger Jahre insgesamt acht Vertreterinnen der Baureihe 118 zur Beheimatung im Bw Roßlau (Elbe) ein, die u. a. auch Leistungen der Baureihe 110 übernahmen. Ab Mitte der achtziger Jahre gingen dann aufgrund der Streckenelektrifizierung zwischen Lu-Wittenberg und Falkenberg (Elster) weitere Dienste an die elektrische Traktion über. Die von den Roßlauer 110ern mit Personenzügen erreichten Wendebahnhöfe blieben auch in den achtziger Jahren Aschersleben, Belzig, Dessau, hinzu kam die Bespannung der Saisonzüge auf der Strecke Dessau – Wörlitz. Auf diesem Reststück der einstigen Verbindung Dessau – Gohrau-Rehsen war der Personenverkehr zwar im Mai 1968 eingestellt worden, damit war aber auch der berühmte Wörlitzer Park – jener unter Fürst Leopold III. Friedrich Franz von Anhalt Dessau in der zweiten Hälfte des 18. Jahrhunderts angelegte Landschaftspark nach englischem Vorbild, der heute zum UNESCO-Weltkulturerbe gehört – für die Bevölkerung nur noch schwerlich erreichbar. Nach jahrelangem öffentlichem Drängen richtete die Deutsche Reichsbahn ab Mai 1982 zwischen Dessau Wörlitzer Bahnhof und Wörlitz von April bis Oktober einen Saisonverkehr ein, der – neben einigen musealen Zuggarnituren (u. a. mit

◁ **Bild 438**
Fest in der Hand der 110er des Bw Roßlau (Elbe) war der Saisonverkehr auf der Strecke Dessau – Wörlitz. Nachdem die letzten Loks dieser Baureihe das Bw verlassen hatten, kamen 202 des Bw Güsten dort zum Einsatz. Stellvertretend für den Einsatz der Roßlauer 110 sei hier die Güstener **202 842** gezeigt, die am 6. April 1994 den Wörlitzer Bahnhof in Dessau verlässt.

AUFNAHME: MATTHIAS NIEKE

V 36, Baureihe 64) – planmäßig ab 1986/87 mit Loks der Baureihe 110 abgewickelt wurde. Die Züge fuhren in den Sommermonaten täglich, in der Vor- und Nachsaison nur mittwochs und an den Wochenenden.

Im Winterfahrplan 1988/89 lag der tägliche Bedarf an Maschinen der Baureihe 110 im Bw Roßlau bei vier Lokomotiven, die im Umlaufplan 4 folgende Leistungen bespannten:

Tag 1

P 5459	Belzig – Drewitz
Lz	Drewitz – Beelitz
Lrz 4582	Beelitz – Belzig
P 4582	Belzig – Dessau
P 4583	Dessau – Belzig
P 4586	Belzig – Dessau
P 3400	Dessau – Aschersleben
P 9517	Aschersleben – Dessau

Tag 2

Lrz 4580	Dessau – Wiesenburg
P 4580	Wiesenburg – Dessau
Lz	Dessau – Roßlau (Elbe)
Üg 60683	Roßlau (E) – Medewitz (Mark)
Üg 60184	Medewitz (Mark) – Roßlau (E)
Lz	Roßlau (Elbe) – Dessau
P 4589	Dessau – Drewitz
P 4594	Drewitz – Dessau
P 4597	Dessau – Belzig

Tag 3

25.09. bis 09.10.88 und ab 26.04.89 jeweils Mi, Sa, So:

P 16060	Dessau – Wörlitz
P 16061	Wörlitz – Dessau
P 16064	Dessau – Wörlitz
P 16065	Wörlitz – Dessau

In diesem Plan sah der Umlauf von der Einsatzstelle Dessau wie folgt aus:

Tag 1 „S“

P 4585	Dessau – Belzig
P 4588	Belzig – Dessau
P 3400	Dessau – Aschersleben
P 3486	Aschersleben – Halberstadt
P 9521	Halberstadt – Dessau

Tag 1 (So/Mo)

P 5469	Belzig – Drewitz
Lz	Drewitz – Belzig
P 4582	Belzig – Dessau

Dispo samstags

P 9504	Dessau – Halberstadt
P 9521	Halberstadt – Dessau

Am 31. Dezember 1991 befanden sich noch folgende Vertreterinnen der Baureihe 110 im Bestand des Bw Roßlau:

110 224 225 570 740 830

Nachdem zum 31. Mai 1992 der elektrische Zugbetrieb zwischen Roßlau (Elbe), Wiesenburg (Mark) und Seddin aufgenommen wurde, verloren die Loks auch ihre letzten Leistungen vor Nahverkehrszügen nach Belzig. Entsprechend verließen 1992 auch die letzten noch vorhandenen 110er (seit 01.01.1992: Baureihe 201) das Bw Roßlau (Elbe). 201 014, 224, 225, 570, 740 und 830 wechselten alle zum Bw Halle G.

Bemerkenswert: 110 225 stand – bis auf kurzzeitige Gastspiele in den Bahnbetriebswerken Magdeburg und Stendal – von Mai 1971 bis Mai 1992 nahezu durchgängig vom Bw Roßlau (Elbe) aus im Einsatz.

Bw Roßlau (Elbe)

Lok-Nr.	vom Bw	beheimatet von – bis	zum Bw
110 009	Zeitz	25.06.84 – 17.12.85	Halle G
110 011	Bitterfeld	14.08.86 – 31.08.86	Falkenberg (E)
201 014	Halle G	05.02.92 – 26.05.92	Halle G
110 024	Halle G	18.08.85 – 21.10.85	Falkenberg (E)
110 039	Wittenberg	27.09.83 – 23.01.84	Bitterfeld
110 039	Halle P	27.06.85 – 06.07.85	Stendal
110 107	Güsten	28.05.71 – 23.05.78	Frankfurt (O)
110 110	Merseburg	15.04.83 – 16.12.85	Halle G
110 112	Falkenberg (E)	29.09.85 – 23.12.85	Halle G
110 115	Halle G	05.05.84 – 26.06.85	Bitterfeld
110 126	Halle G	12.01.84 – 29.09.85	Falkenberg (E)
110 133	Zeitz	08.02.90 – 20.09.90	Halle G
110 140	Falkenberg (E)	01.09.86 – 29.05.87	Karl-Marx-Stadt
110 140	Falkenberg (E)	13.08.87 – 28.11.87	Falkenberg (E)
110 141	Halle G	01.04.83 – 04.08.86	Leipzig Hbf Süd
110 155	Güsten	11.05.71 – 27.10.71	Magdeburg
110 155	Magdeburg	19.02.72 – 15.06.78	Frankfurt (O)
110 163	Röblingen a.S.	15.11.82 – 29.09.85	Falkenberg (E)
110 224	Jüterbog	20.06.78 – 29.05.79	Halle G
110 224	Leipzig Hbf Süd	08.06.89 – 31.05.92	Halle G
110 225	Güsten	19.05.71 – 28.10.71	Magdeburg
110 225	Magdeburg	24.12.71 – 20.10.73	Stendal
110 225	Stendal	24.11.73 – 31.07.79	Lu-Wittenberg
110 225	Lu-Wittenberg	24.08.79 – 28.03.88	Röblingen a. S.
110 225	Lu-Wittenberg	06.05.88 – 31.05.92	Halle G
110 238	Brandenburg	05.06.73 – 16.06.73	Brandenburg
110 238	Brandenburg	09.02.74 – 14.02.74	Salzwedel
110 238	Salzwedel	05.04.74 – 12.06.80	Merseburg
110 246	Leipzig Hbf Süd	15.04.81 – 28.02.83	Halle P
110 247	Stendal	26.07.73 – 09.08.73	Stendal
110 265	Güsten	08.12.72 – 31.12.72	Güsten
110 343	Magdeburg	16.11.75 – 06.01.76	Magdeburg
110 354	Magdeburg	28.10.71 – 18.05.82	Umbau in 112 354
110 358	Frankfurt (O)	25.05.78 – 29.05.81	Umbau in 112 358**
110 395	Magdeburg	01.04.75 – 03.10.76	Stendal
110 395	Stendal	06.01.77 – 16.02.77	Güsten
110 411	Magdeburg	04.02.76 – 24.02.76	Magdeburg
110 448	Magdeburg	20.12.74 – 03.01.75	Magdeburg
110 448	Halberstadt	16.11.75 – 16.01.76	Stendal
110 546	Eisenach	06.06.73 – 17.06.84	Umbau in 112 546
110 549	Güstrow	14.07.82 – 26.11.82	Umbau in 112 549
110 570	Falkenberg (E)	07.06.86 – 04.06.92	Halle G
110 596	Eisenach	01.11.73 – 06.01.84	Umbau in 112 596
110 606	Eisenach	01.11.73 – 30.09.76	Wismar
110 643	Eisenach	09-02.74 – 01.04.74	Güsten
110 705	Stendal	14.10.77 – 17.11.77	Stendal
110 740	Halle G	26.09.90 – 31.05.92	Halle G
110 825	Eisenach	12.08.75 – 29.09.83	Falkenberg (E)*
110 830	Lu-Wittenberg	22.11.91 – 31.05.92	Halle G
110 857	Bautzen	18.09.81 – 10.11.89	Lu-Wittenberg
110 858	Falkenberg (E)	29.09.85 – 18.11.91	Umbau in 114 858
110 883	Leipzig Hbf Süd	28.03.87 – 21.09.88	Lu-Wittenberg

* Lok war während der Beheimatung kurzzeitig in einem anderen Bw.

** Lok wurde später in die Baureihe 114 eingereiht.

◁ **Bild 439**
Das Bw Salzwedel war u. a. auch das Heimat-Bw für **112 741**, die sich dort am 1. Juli 1989 dem Fotografen präsentiert.

Aufnahme: Volker Lucas, Sammlung A. Zika

8.12 Bw Salzwedel

Im Nordwesten der Altmark befindet sich die für ihre Baumkuchen bekannte Stadt Salzwedel, dessen Bw am 16. März 1971 die erste Bekanntschaft mit der Baureihe 110 machte, als dort 110 229 vom Bw Halberstadt kommend zur Beheimatung eintraf. Die Lok diente der Personalschulung und blieb eine Zeitlang „Einzelkämpferin", denn erst im April 1972 (110 350 vom Bw Magdeburg) und im Dezember 1972 (110 506 vom LEW Hennigsdorf) kamen die nächsten beiden 110er nach Salzwedel. Mit dem Beginn des Sommerfahrplans 1973 übernahmen die Loks in einem eigenen Umlaufplan feste Leistungen nach Stendal, Oebisfelde und nach Wittenberge.

Bis 1975 erhöhte sich der 110-Bestand auf acht Maschinen, dadurch war es den Technologen der Dienststelle möglich, in dem Umlaufplan sechs Loks einzusetzen. Die darin gefahrenen Leistungen blieben über die Jahre hinweg relativ konstant.

Im Sommerfahrplan 1981 bespannten die Salzwedeler 110er im Plan 3 (3 × 110) Personen- und Nahgüterzüge nach Dähre, Stendal, Wittenberge und sie kamen mit dem P 9451 nach Oebisfelde. Die Beförderung des Zugpaares P 9425/9432 von Oebisfelde über Salzwedel und Stendal nach Rathenow ergänzte den Umlauf.

Der im Sommer 1981 gültige Umlaufplan 4 des Bw Salzwedel beinhaltete folgende Leistungen:

△ **Bild 440** • Während am Gleis nebenan der Fernverkehr einrollt, wartet **110 832** des Bw Salzwedel mit ihrem Personenzug nach Salzwedel über Arendsee im Bahnhof Wittenberge auf Fahrgäste.

Aufnahme: Volker Lucas, Sammlung A. Zika

Tag 1 (Laufleistung: 348 km)

P 8432	Salzwedel – Oebisfelde
P 6440	Oebisfelde – Salzwedel
Anschließend: Tfz-Wartung	
P 7311	Salzwedel – Stendal
P 5338	Stendal – Salzwedel
P 7315	Salzwedel – Stendal
P 7314	Stendal – Salzwedel

Tag 2 (Laufleistung: 166 km)

Ng 53771	Salzwedel – Oebisfelde
Ng 53710	Oebisfelde – Salzwedel
14 bis 16 Uhr rangieren in Salzwedel	
P 17346	Salzwedel – Dähre
Ng 68753	Dähre – Salzwedel

Tag 3 (Laufleistung: 392 km)

P 7308	Salzwedel – Stendal
P 7302	Stendal – Salzwedel/Arendsee
P 7307	Salzwedel/Arendsee – Stendal
P 7306	Stendal – Salzwedel
Ng 64570	Salzwedel – Oebisfelde
P 18344	Oebisfelde – Salzwedel

Zur weiteren Ablösung der Dampftraktion erhielt das Bw Salzwedel ab 23. März 1982 auch Vertreterinnen der Baureihe 118 zugeteilt. Das bis zu diesem Zeitpunkt bei Ausfall einer 50^{35} mit zwei 110 in Doppeltraktion beförderte Zugpaar D 931/936 zwischen Salzwedel und Stendal war damit für die Baureihe 110 Geschichte.

Der ab 3. September 1984 gültige Winterfahrplan 1984/85 brachte die Zusammenlegung aller Leistungen der Salzwedeler 110er im Umlaufplan 3, der nun für 5 × 110 ausgelegt wurde.

In Form der 119 008 erschien am 13. September 1984 eine weitere neue Baureihe zur Beheimatung im Bw Salzwedel. Die „U-Boote" drangen allerdings nicht in die

Umläufe der Baureihe 110 ein, sondern dienten der Ablösung der Dampftraktion. Der Bestand an Lokomotiven der Baureihe 110 wurde bis zum Jahresende 1984 auf neun Maschinen erhöht. Im Einzelnen waren am 31. Dezember jenes Jahres im Bw Salzwedel beheimatet:

110 114 229 312 486 529
608 699 741 742

Für das laufende Umbauprogramm der 110 in die Baureihe 112 steuerte das Bw Salzwedel im Verlauf des Jahres 1985 immerhin fünf Loks bei (110 266, 312, 341, 486 und 529), nachdem 1983 bereits 110 350 und im Jahr 1984 die 110 471 sowie 110 506 zum Umbau ins Raw Stendal abfuhren. Die Baureihe 112 spielte in Salzwedel keine große Rolle, da für die zu erbringenden Leistungen die Ursprungsvariante völlig ausreichte. Vertreterinnen dieser Baureihe waren im hiesigen Bahnbetriebswerk nur kurz beheimatet, lediglich 112 114 und 112 741 standen länger von Salzwedel aus im Einsatz.

Der ehemalige Plan 3 wurde in der zweiten Hälfte der achtziger Jahre wieder in zwei separate Lokumläufe für die Baureihe 110 aufgeteilt. Planmäßig eingesetzt wurden darin sieben Maschinen, die vorrangig Personenzüge nach Stendal und Oebisfelde bespannten. Diese Umläufe 3 und 4 (für 7 × 110) bestanden auch noch im Jahr 1988 mit den genannten Zugleistungen.

Nachdem 1988 die 112 267 und 112 749 für kurze Zeit im Bw Salzwedel beheimatet waren, kamen 1989 mit 112 114 und 112 741 – wie bereits berichtet – zwei Vertreterinnen dieser Baureihe zur Beheimatung ins Salzwedeler Bahnbetriebswerk, die dort auch etwas länger blieben – und vor dem Umbau bereits im Bw der „Baumkuchenstadt“ zu Hause waren. Einen eigenen Umlaufplan erhielten die Maschinen allerdings nicht.

△ **Bild 441** • „Ausfahrt frei!“ für **112 742** des Bw Salzwedel mit ihrem Personenzug nach Oebisfelde am 15. August 1991 in Beetzendorf. AUFNAHME: GERO ISTEL

Ende der achtziger Jahre wechselten 110er zunehmend zu anderen Bahnbetriebswerken, da deren Leistungen in Salzwedel „nach und nach“ von den Loks der Baureihe 118 übernommen wurden.

Einen ersten Einbruch in den Beförderungsleistungen vor allem im Güterverkehr brachte der Sommer 1990 mit sich. Auch die Übernahme von Güterzügen, die eigentlich zu den Leistungen der Baureihe 118 gehörten, änderte nichts am zunehmenden Rückgang der Einsätze der Baureihe 110 bzw. 112. Zum 1. Juli 1991 befanden sich noch folgende Vertreterinnen dieser Baureihen im Bw Salzwedel:

110 742
112 114 443 741

Am 15. Februar 1992 wechselte 110 742 zum Bw Stendal.

Durch die zunehmenden Stilllegungen der Eisenbahnstrecken rund um Salzwedel und der weitere Rückgang des Güterverkehrs kam es bereits zum 23. Mai 1993 zum Ende des Einsatzes der Baureihe 112 im Bw Salzwedel. Am 30. Juni 1993 verließen mit 202 387 und 202 539 die beiden letzten Lokomotiven ihrer Baureihe das hiesige Bahnbetriebswerk, um im „benachbarten“ Bw Stendal eine neue Heimat zu finden.

Bild 442 ▷ „Blocksignal frei! Vorsignal frei!“ – für **110 168** an der Blockstelle Bergfriede zwischen Miesterhorst und Oebisfelde am 10. Mai 1991. Sie ist mit dem P 9444 auf der Fahrt von Stendal nach Oebisfelde.

AUFNAHME: GÜNTER VON HARTWIG

Bw Salzwedel (I)			
Lok-Nr.	vom Bw	beheimatet von – bis	zum Bw
110 114	Stendal	08.12.84 – 17.01.85	Stendal
110 114	Jerichow	21.05.85 – 16.10.85	Magdeburg
110 114	Magdeburg	06.11.85 – 28.02.89	Umbau in 112 114
110 160	Stendal	03.06.86 – 25.07.86	Brandenburg
110 168	Haldensleben	21.06.88 – 11.06.91	Haldensleben
110 217	Haldensleben	14.06.90 – 10.07.90	Haldensleben
110 229	Halberstadt	16.03.71 – 07.09.72	Güsten
110 229	Güsten	28.09.72 – 06.03.84	Güsten*
110 229	Güsten	22.05.84 – 03.05.89	Brandenburg*
110 238	Roßlau (Elbe)	15.02.74 – 04.04.74	Roßlau (Elbe)
110 243	Stendal	21.01.86 – 22.07.91	Stendal
110 248	Haldensleben	23.02.79 – 27.04.79	Haldensleben
110 266	Stendal	21.01.86 – 26.11.86	Umbau in 112 266
110 297	Nordhausen	30.05.83 – 01.06.83	Haldensleben
110 297	Haldensleben	16.07.84 – 24.08.84	Haldensleben
110 312	Blankenburg (H)	05.04.83 – 29.03.85	Umbau in 112 312*
110 341	Magdeburg	15.02.85 – 23.05.85	Umbau in 112 341*
110 350	Magdeburg	28.04.72 – 13.02.74	Magdeburg*
110 350	Magdeburg	16.03.74 – 27.03.79	Haldensleben
110 350	Haldensleben	30.04.79 – 28.03.83	Umbau in 112 350
110 363	Blankenburg (H)	30.05.83 – 02.06.83	Halberstadt
110 411	Haldensleben	17.12.76 – 04.01.77	Stendal
110 439	Stendal	30.09.78 – 27.05.79	Stendal
110 440	Stendal	08.04.87 – 19.05.87	Stendal
110 471	Stendal	09.11.83 – 31.08.84	Güsten[1]
110 486	Halberstadt	29.05.74 – 30.11.85	Umbau in 112 486
110 506	Neuanlieferung	01.12.72 – 07.12.84	Stendal[2]

* Lok war während der Beheimatung kurzzeitig in einem anderen Bw.

[1] Umbau 31.08.84 [2] Umbau 07.12.84

Bw Salzwedel (II)			
Lok-Nr.	vom Bw	beheimatet von – bis	zum Bw
110 506	Stendal	12.08.85 – 07.09.85	Halberstadt
110 529	Magdeburg	24.04.73 – 28.08.85	Umbau in 112 529
110 535	Magdeburg	20.12.81 – 08.01.82	Stendal
110 608	Halberstadt	03.06.83 – 15.05.84	Eberswalde
110 667	Brandenburg	17.12.85 – 21.03.86	Haldensleben
110 667	Haldensleben	03.06.86 – 19.06.86	Brandenburg
110 686	Brandenburg	26.02.80 – 06.03.80	Haldensleben
110 699	Neuanlieferung	13.08.74 – 27.05.91	Haldensleben*
110 712	Stendal	29.11.85 – 17.11.86	Magdeburg
110 741	Güsten	17.08.84 – 31.05.89	Umbau in 112 741
110 742	Neuanlieferung	23.11.74 – 16.04.85	Magdeburg
110 742	Magdeburg	07.05.85 – 15.02.92	Stendal
110 753	Haldensleben	01.08.81 – 28.08.81	Haldensleben
110 763	Jerichow	09.03.89 – 16.03.89	Stendal
110 802	Stendal	26.07.91 – 20.10.91	Güsten
110 826	Hoyerswerda	19.04.89 – 18.05.89	Haldensleben
110 832	Neuanlieferung	04.09.75 – 14.06.88	Umbau in 112 832
110 876	Stendal	05.12.86 – 27.05.91	Haldensleben
112 114	aus Umbau	01.03.89 – 15.02.92	Stendal
112 267	Blankenburg (H)	10.08.88 – 29.08.88	Güsten
112 378	Haldensleben	31.01.90 – 18.04.90	Haldensleben
112 387	Nordhausen	11.06.93 – 30.06.93	Stendal
112 443	Magdeburg	30.12.89 – 15.02.92	Stendal
112 470	Magdeburg	16.01.89 – 09.02.89	Magdeburg
112 539	Nordhausen	11.06.93 – 30.06.93	Stendal
112 741	aus Umbau	01.06.89 – 15.02.92	Stendal
112 749	Magdeburg	28.06.88 – 06.07.88	Blankenburg (H)

8.13 Bw Stendal

Stendal ist eine alte Hansestadt und der größte Eisenbahnknoten in der Altmark. Dort treffen die Strecken aus Richtung Magdeburg, Wittenberge, Salzwedel, Tangermünde, Rathenow (– Berlin) und Oebisfelde zusammen. Für die Baureihe 110 war die Stadt von besonderer Bedeutung, befand sich doch dort das zuständige Ausbesserungswerk, in dessen Hallen auch die Umbauten zur Baureihe 112 und 199 („Schmalspur-V 100") stattfanden.

Mit der Zuweisung der 110 247 kam am 1. Oktober 1970 die erste Vertreterin der Baureihe 110 zum Bw Stendal, die zunächst der Personalschulung diente. Im April 1971 trafen dann 110 262 (04.04.), 110 266 (07.04.) und 110 267 (06.04.) – alle vom Bw Magdeburg kommend – zur Beheimatung in Stendal ein. Nach weiteren Zuteilungen erhöhte sich der Bestand bis zum 1. Juli 1972 auf acht Maschinen:

110 247	262	266	267	439
440	471	482		

Im Sommerfahrplan 1972 gab es den Umlaufplan 1 für 5 × Baureihe 110, in dem die Loks mit ihren Leistungen nach Magdeburg, Oebisfelde, Wittenberge und Wustermark kamen.

Zum 1. Januar 1973 übernahm das Bw Stendal vom Bw Brandenburg die Einsatzstelle Ketzin mit deren Lokomotiven und Personalen. Der daraufhin neu erstellte Umlaufplan 11 sah für die eine Maschine der Baureihe 110 der Est Ketzin Zugleistungen nach Rathenow, Stendal und Tangermünde vor. Mit dem P 9421 wurde in diesem Plan der Bahnhof Wustermark erreicht, als Rückleistung nach Stendal diente der P 9430.

Ab dem 22. Mai 1977 – mit Beginn des Sommerfahrplans – existierten im Bw Stendal vier Umlaufpläne mit einem täglichen Bedarf an zwölf Lokomotiven der Baureihe 110:

Plan 1: 4 × 110
Plan 2: 4 × 110
Plan 2a: 2 × 110 (Doppeltraktion)
Plan 11: 2 × 110

Am Tag 1 des Umlaufes 1 erreichten die Loks eine Laufleistung von 426 km. Dabei bespannten sie auch einige Güterzüge, wie z. B. den Dg 53777 zum Werkbahnhof des Kaliwerks in Zielitz. Im Anschluss daran wurde der P 5324 (Wolmirstedt – Wittenberge) befördert.

Der Plantag 2 sah die Bespannung des P 5337 (Stendal – Schönebeck/Elbe) vor, wobei die Stendaler 110 bis zum Zielbahnhof am Zug verblieb. Weitere Wendebahnhöfe der Lok an diesem Tag waren Tangermünde und Rathenow. Die vorgeschriebene Triebfahrzeug-Wartung fand am Ende von Tag 2 statt, an dem insgesamt 388 km zurückgelegt wurden. Wie in anderen Dienststellen der Deutschen Reichsbahn auch, bespannte im Bw Stendal eine 110 den örtlichen Hilfszug. Dies war am Tag 3 des Umlaufes 1 in der Zeit von 00:00 bis 15:00 Uhr vorgegeben. Für den Rest des Tages pendelte die Lokomotive mit Personenzügen zwischen Stendal und Tangermünde, wodurch 88 km Laufleistung zusammenkamen.

Mit dem P 9403 nach Wustermark – Stendal ab 4:42 Uhr – startete die Maschine in den Tag 4 des Umlaufes 1. Weitere Ziele an diesem Tag waren Oebisfelde und Stendal Ost, und es standen am Ende 284 km mehr auf dem Kilometerzähler.

Der Umlaufplan 2 war ähnlich dem Plan 1 mit seinen vier Tagen sehr kilometerintensiv aufgestellt. Am Tag 1 des Plans 2 pendelte die darin eingesetzte 110 zwischen Stendal und Niedergörne, bevor es um 19:31 Uhr mit dem P 9447 nach Wustermark ging. Erreicht wurden an diesem Plantag immerhin noch 274 Laufkilometer.

Beachtung findet der Tag 2 mit einer Laufleistung von 630 km! Stand die Lok zunächst noch mit Personenzügen zwi-

Bild 443 ▷ Einfahrt der **110 705** des Bw Stendal mit einem Personenzug am 17. August 1975 in den Stendaler Hauptbahnhof. Das Emblem der „Freien Deutschen Jugend" kennzeichnet die Maschine als „Jugendlok"

Aufnahme: Dietrich Richter, Sammlung Jörg Leuthardt

schen Wustermark und Stendal im Einsatz, diente sie anschließend als Vorspannlok am Dg 53776 nach Salzwedel. Als Rückleistung war der Leerwagenzug 58789 zum Kaliwerk in Zielitz zu übernehmen, welches bei planmäßiger Ankunft um 19:00 Uhr erreicht wurde. Zum Ende des Umlauftages stand noch die Beförderung des P 5342 von Wolmirstedt nach Wittenberge im Plan.

Nach einer Pause im Bahnbetriebswerk der Elbestadt begann der Tag 3 mit dem P 5321 zurück nach Wolmirstedt, der in Wittenberge um 4:39 Uhr abfuhr. In Stendal fand ein Personalwechsel statt. Nach dem die Lok nochmals den Umlauf Wolmirstedt Stendal – Wittenberge absolviert hatte, folgte um 15:00 Uhr die Ablösung

△ **Bild 444** • Im Bahnhof Niedergörne entstand im Jahr 1977 diese Aufnahme der **110 802** des Bw Stendal. Über die großzügig angelegte Station sollten die Arbeiter zum geplanten Kernkraftwerk Stendal gelangen. Dieses wurde allerdings nie fertiggestellt …

Aufnahme: Spranger, Sammlung Andreas Stange

Bild 445 ▷ Noch relativ neu im Bestand des Bw Stendal war **110 266**, als sie im Juli 1971 in Magdeburg Hbf aufgenommen wurde. Sie wechselte erst im April jenes Jahres von Magdeburg nach Stendal.

Aufnahme: Ralf Ludwig, Sammlung Jörg Leuthardt

△ **Bild 446 • 112 610** der Einsatzstelle Ketzin des Bw Stendal ist im Juni 1988 mit einem Personenzug unterwegs bei Wustermark. AUFNAHME: DR. WINFRIED KÖNIG

der Lok vom Plan 1, Tag 3, mit der Bespannung des Hilfszuges im Bw Stendal. Insgesamt erreichte die Maschine am Tag 3 eine Laufleistung von 250 km. Dieselbe Kilometerzahl kam am Tag 4 zusammen, an dem fortwährend zwischen Stendal und Niedergörne gependelt wurde.

Ganz im Zeichen des Güterverkehrs stand der Umlauf 2a, für den 2 × 110 in Doppeltraktion vorgesehen waren und immerhin mit 460 Laufkilometern zu Buche schlug. Die Leistungen diese Umlaufplans, die nach der Wartung des Triebfahrzeugs im Bw Stendal begannen:

Dg 56492	Stendal – Wismar
Dg 58811	Wismar – Salzwedel
Ng 46989	Salzwedel – Stendal
P 3347	Stendal – Magdeburg Hbf
Lz	Magdeburg Hbf – Mg-Buckau
Dg 50724	Magdeburg-Buckau – Stendal

Die Stendaler Einsatzstelle in Ketzin setzte zu diesem Zeitpunkt zwei Loks der Baureihe 110 im Plan 11 ein, der am Umlauftag 1 die Bespannung von Personenzügen zwischen Rathenow und Stendal sowie einer Übergabe nach Großwudicke vorsah. Komplett mit Diensten vor Reisezügen war der Tag 2 verplant, an dem die Lok Rathenow, Wustermark, Stendal und Tangermünde erreichte.

Wie in anderen Dienststellen bei der Deutschen Reichsbahn auch, gab es in Stendal über die Jahre hinweg immer nur geringfügige Änderungen in den Bespannungslisten und damit auch in den Lokumläufen. Zum 1. Oktober 1981 endete sowohl der Lokeinsatz als auch die technische Unterhaltung von Triebfahrzeugen in der Einsatzstelle Ketzin. Damit einhergehend gab es Verschiebungen bei den bisherigen Leistungen an die bereits seit Januar 1953 dem Bw Stendal unterstelle Einsatzstelle in Rathenow, wo der Umlaufplan 13 für 2 × 110 mit Reisezügen nach Neustadt (Dosse) und Stendal erstellt wurde. Im Bw Stendal selbst existierten im Sommer 1982 die Lokumläufe 1, 2 und 3 für jeweils drei Maschinen der Baureihe 110. In diesen drei Plänen wurden u. a. Magdeburg, Oebisfelde, Wittenberge und Wustermark angefahren. In der Bespannung weiterhin vorgesehen waren auch die Ganzzüge 61713/61710 zwischen Stendal und dem Kaliwerk in Zielitz. Umbenannt wurde nun der Plan 2a für die Doppeltraktion der Baureihe 110, der ab Sommer 1982 unter der neuen Plannummer 8 lief.

Mit einer Anzahl von 20 Vertreterinnen der Baureihe 110 wurde zum 1. Juli 1982 der höchste Bestand im Bw Stendal erreicht.

110	114	215	243	247	262
	266	267	413	440	448
	678	689	712	802	814
	854	855	863	871	876

Durch die Aufnahme des elektrischen Betriebes von Magdeburg bis Stendal im Jahr 1984 brachte für Stendaler 110er nur geringfügige Abgaben an Zugleistungen.

Vielmehr liefen auch im Bw Stendal der Baureihe 110 die leistungsstärkeren Maschinen der Baureihe 112 ab Mitte der achtziger Jahre den Rang ab. Die ersten Vertreterinnen trafen im Verlauf des Jahres 1984 im Stendaler Bahnbetriebswerk zur (kurzzeitigen) Beheimatung ein: 112 404 am 6. Juli (vom Raw Stendal), 112 414 am 25. März (Bw Güstrow), 112 708, 822 und 841 am 1. Juni (Raw Stendal).

Für diese Loks diente das Bw Stendal wohl nur als Durchgangsstation, denn sie waren lediglich zwischen einer und knapp vier Wochen dort beheimatet. Einen richtigen „Schwung" an 112ern wurde Stendal im Dezember 1985 zugewiesen. Immerhin sechs Maschinen dieser Baureihe begannen zum 15. Dezember jenes Jahres ihre Arbeit in dieser Dienststelle. So ergab sich zum 31. Dezember 1985 folgender Bestand:

112	263	363	436	473	481
	490	558	648		

Mit der Beheimatung der 114 399 und 114 605 erschien im Mai 1986 eine weitere „V 100-Variante" im Bw Stendal. Weitere Zugänge in Form der 114 366 und 114 469 im Juni jenes Jahres ermöglichten den Technologen nun die Umstellung des Planes 2 von drei Loks der Baureihe 112 auf die noch stärkere Baureihe 114. Enthalten waren in diesem Umlauf Güterzüge nach Niedergörne sowie Personenzüge nach Wittenberge und Wustermark. Die nun

△ **Bild 447 •** Die Stendaler 110 kamen mit Personenzugleistungen regelmäßig bis Magdeburg Hbf. Am 3. Juni 1985 sind **110 266** und eine Schwestermaschine in Wolmirstedt unterwegs in die damalige Bezirks- und heutige Landeshauptstadt. AUFNAHME: ANDREAS STANGE

Bild 448 ▷ Mit zwei vierteiligen Doppelstockeinheiten am Haken steht **112 793** (Bw Stendal) am 15. September 1988 im Stendaler Hauptbahnhof.

AUFNAHME: ANDREAS STANGE

freigewordenen 112 lösten ihrerseits die beiden 110 der Einsatzstelle Rathenow ab.

Der Beginn des Sommerfahrplans 1988 am 29. Mai 1988 brachte nun auch für die Baureihe 112 eine Reduzierung der bisher eingesetzten Lokomotiven auf zwei Umlaufpläne im Heimat-Bw (Plan 1 für 3 × 112 und Plan 2 für 3 × 112) sowie dem Plan 13 (für 2 × 112) in der Einsatzstelle Rathenow mit sich. Damit verbunden war der Rückgang bei den Bestandszahlen der Baureihe im Bw Stendal. Die letzten beiden dort noch vorhandenen Maschinen der Baureihe 110 dienten lediglich noch als Reservelokomotiven. Für die drei Umläufe mit darin planmäßig eingesetzten acht 112 reichten die neun Loks dieser Baureihe aus.

Mit 114 605 verabschiedete sich am 20. September 1988 die letzte Vertreterin ihrer Baureihe vom Bw Stendal und wechselte zum Bw Halberstadt. Allerdings kehrte sie Mitte Dezember 1988 nochmals für drei Wochen zur Aushilfe nach Stendal zurück, um dann am 16. Januar 1989 das hiesige Bw endgültig zu verlassen. Damit war die leistungsstärkste Gattung der Version der Baureihe 110 gerade einmal zweieinhalb Jahre in Stendal zu Hause. Zum 31. Dezember 1989 waren folgende 110 und 112 in Stendal beheimatet:

110	763	802			
112	263	266	446	472	481
	533	542	610	652	793
	841	855			

Mit der gesellschaftspolitischen Wende in der DDR kam es – wie bereits in diesem Zusammenhang bei anderen Bahnbetriebswerken erwähnt – zu erheblichen Leistungseinbußen im Güter- und Reisezugverkehr. Fielen zunächst die Güterzugleistungen „in der Fläche" den zunehmenden Lkw-Transporten zum Opfer, sorgte der Rückgang im Personenverkehr auf den Nebenbahnen entweder zur Umstellung dieser Leistungen auf Triebwagen der Baureihe 171/172, oder die Strecken wurden alsbald stillgelegt.

△ **Bild 449** • Ein „Stendaler Doppel" unter Führung von **110 267** verlässt mit einem Personenzug nach Oebisfelde den Bahnhof Uichtspringe. Zuglok ist **110 678**.

AUFNAHME: GUNTER VON HARTWIG

Mit der Übernahme des Bw Jerichow zum 1. Juli 1993 sowie des Bw Salzwedel am 3. November 1993 wurde deren Fahrzeugbestand in Bw Stendal geführt und der Einsatz von dort aus auch koordiniert. Somit stieg der Bestand bei der Baureihe 112 (seit 01.01.1992: Baureihe 202) bis zum 31. Dezember 1993 noch einmal auf 16 Loks an:

202	109	114	127	263	266
	270	387	396	438	443
	533	539	542	548	741
	855				

Mit 201 243 wurde am 28. Mai 1994 die letzte betriebsfähige Stendaler 201 an das Bw Lu-Wittenberg abgegeben, während einen Tag später die 201 229 in den Schadpark „wanderte".

Für die noch vorhandenen 202 gab es ab Herbst 1995 noch einen kleinen Zuwachs an zu fahrenden Leistungen, denn sie bespannten die jetzt als Regionalbahnen bezeichneten Personenzüge auf der neu eingerichteten Relation von Stendal über Wolfsburg nach Braunschweig.

Ab Mai 1998 gab es für die Baureihe 202 im Bh Stendal kaum noch planmäßige Leistungen zu fahren, denn zunehmend gelangten diese Züge in die Umlaufpläne der Baureihe 219 bzw. der nach Stendal umbeheimateten DB-Baureihe 218. Zum 28. September 1998 war die Einsatzzeit der Baureihe 202 im Bh Stendal endgültig beendet. Zu diesem Zeitpunkt befand sich bereits nur noch 202 443 im Stendaler Betriebsbestand. Die Lok wurde am 28. Februar 1999 z-gestellt.

Bw Stendal (I)

Lok-Nr.	vom Bw	beheimatet von – bis	zum Bw
110 005	Frankfurt (O)	16.03.83 – 04.05.83	Frankfurt (O)
110 039	Halle G	02.06.84 – 17.06.84	Halle G
110 039	Roßlau (Elbe)	07.07.85 – 09.07.85	Magdeburg
110 048	K.-M.-Stadt	19.08.85 – 03.09.85	K.-M.-Stadt
110 056	K.-M.-Stadt	09.07.85 – 31.07.85	K.-M.-Stadt
110 067	K.-M.-Stadt	19.08.85 – 03.09.85	K.-M.-Stadt
201 068	Jerichow	18.02.92 – 29.05.94	z, zr ab 12.02.94
110 074	Magdeburg	01.08.78 – 04.09.78	Neubrandenburg
110 075	Magdeburg	16.03.74 – 19.05.76	Neustrelitz
110 075	Neustrelitz	17.07.76 – 30.09.76	Wismar
110 102	Glauchau	06.07.85 – 04.08.85	Glauchau
110 114	Dresden	30.05.81 – 07.12.84	Salzwedel
110 114	Salzwedel	18.01.85 – 28.01.85	Jerichow
110 155	Jüterbog	01.04.89 – 14.04.89	Jüterbog
110 160	Brandenburg	05.05.83 – 02.06.83	Salzwedel
110 168	Haldensleben	01.06.85 – 22.06.85	Magdeburg
110 205	Haldensleben	01.06.85 – 17.06.85	Gera
110 215	Magdeburg	01.08.78 – 28.02.85	Haldensleben
110 215	Haldensleben	20.03.85 – 14.12.85	Magdeburg
110 225	Roßlau (Elbe)	21.10.73 – 23.11.73	Roßlau (Elbe)
110 229	Brandenburg	24.03.90 – 11.04.90	Jerichow
201 229	Brandenburg	19.02.92 – 29.05.94	z, zr ab 12.02.94
110 235	Dresden	09.03.83 – 12.12.83	Brandenburg
110 243	Dresden	30.05.81 – 20.01.86	Salzwedel
110 243	Salzwedel	23.07.91 – 28.05.94	Wittenberg
110 247	Neuanlieferung	01.10.70 – 25.07.73	Roßlau (Elbe)
110 247	Roßlau (Elbe)	10.08.73 – 26.09.84	Haldensleben*
110 247	Güsten	01.11.85 – 14.12.85	Haldensleben
110 262	Magdeburg	04.04.71 – 13.12.82	Umbau in 112 262
110 266	Magdeburg	07.04.71 – 20.01.86	Salzwedel
110 267	Magdeburg	06.04.71 – 28.03.83	Umbau in 112 267
110 283	Güsten	10.07.90 – 06.08.90	Güsten
110 312	Magdeburg	11.10.79 – 06.11.79	Halberstadt
110 343	Magdeburg	24.04.74 – 26.05.74	Magdeburg
110 363	Güsten	21.11.79 – 21.12,79	Güsten
110 395	Roßlau (Elbe)	04.10.76 – 05.01.77	Roßlau (Elbe)*
110 411	Salzwedel	05.01.77 – 03.12.80	Magdeburg
110 411	Haldensleben	04.01.81 – 04.03.81	Blankenburg (H)
110 411	Blankenburg (H)	16.12.82 – 14.12.85	Magdeburg
110 413	Brandenburg	22.05.81 – 20.02.82	Haldensleben
110 413	Haldensleben	27.03.82 – 26.04.85	Umbau in 112 413
110 439	Halle G	06.05.72 – 29.09.78	Salzwedel
110 439	Salzwedel	28.05.79 – 18.08.80	Neubrandenburg
110 440	Neuanlieferung	04.03.72 – 14.03.74	Magdeburg*
110 440	Magdeburg	10.07.74 – 05.02.87	Haldensleben
110 440	Haldensleben	19.02.87 – 07.04.87	Salzwedel
110 440	Salzwedel	20.05.87 – 14.12.87	Neustrelitz
110 448	Roßlau (Elbe)	17.01.76 – 20.09.76	Blankenburg (H)
110 448	Blankenburg (H)	02.11.76 – 27.06.83	Umbau in 115 448**
110 471	Leipzig Hbf Süd	26.05.72 – 03.06.72	Haldensleben
110 471	Haldensleben	06.06.77 – 08.11.83	Salzwedel*
110 482	Halle P	18.06.72 – 28.09.72	Brandenburg
110 506	Salzwedel	08.12.84 – 11.08.85	Salzwedel
110 535	Salzwedel	09.01.82 – 27.01.82	Güsten
110 535	Magdeburg	06.03.83 – 15.09.83	Brandenburg
110 608	Magdeburg	24.02.79 – 16.04.79	Magdeburg
110 608	Magdeburg	17.10.79 – 31.10.79	Brandenburg
110 678	Neuanlieferung	22.06.74 – 20.09.85	Umbau in 112 678
110 686	Magdeburg	01.11.78 – 09.06.79	Magdeburg
110 689	Haldensleben	15.08.80 – 15.06.86	Bautzen

* Lok war während der Beheimatung kurzzeitig in einem anderen Bw.

** Lok wurde später in die Baureihe 114 eingereiht.

zr = Zurückstellung aus Reserve

Bw Stendal (II)

Lok-Nr.	vom Bw	beheimatet von – bis	zum Bw
110 705	Neuanlieferung	07.09.74 – 13.10.77	Roßlau (Elbe)
110 705	Roßlau (Elbe)	18.11.77 – 13.06.78	Magdeburg*
110 705	Magdeburg	26.07.78 – 30.09.81	Wustermark
110 712	Neuanlieferung	14.09.74 – 23.05.82	Brandenburg
110 712	Brandenburg	08.06.82 – 28.11.85	Salzwedel
110 712	Jerichow	06.10.88 – 26.10.88	Jerichow
110 736	Güsten	01.11.85 – 06.03.86	Umbau in 112 736
201 742	Salzwedel	16.02.92 – 28.05.94	Wittenberg
110 763	Haldensleben	22.07.88 – 04.01.89	Jerichow*
110 763	Salzwedel	17.03.89 – 09.06.93	Falkenberg (E)
110 771	Aue (Sachs)	09.02.82 – 28.02.82	Aue (Sachs)
110 802	Neuanlieferung	19.06.75 – 15.07.88	Jerichow*
110 802	Jerichow	18.08.88 – 25.07.91	Salzwedel*
110 812	Güsten	21.07.90 – 24.08.90	Güsten
110 814	Neuanlieferung	12.07.75 – 14.01.87	Umbau in 112 814
110 834	Reichenbach (V)	01.02.82 – 20.04.82	Reichenbach (V)
110 854	Neuanlieferung	26.08.76 – 05.01.79	Schwerin
110 854	Wismar	31.01.79 – 30.09.86	Brandenburg*
110 855	Neuanlieferung	01.09.76 – 13.09.88	Umbau in 112 855
110 863	Neuanlieferung	18.09.76 – 05.12.86	Güsten
110 871	Neuanlieferung	28.10.76 – 07.07.87	Güsten
110 876	Seddin	05.01.77 – 04.12.86	Salzwedel
110 885	Neubrandenburg	18.03.87 – 02.04.87	Neubrandenburg
202 057	Schwerin	29.05.94 – 18.10.95	z, a am 31.10.95
202 105	Jerichow	17.02.92 – 03.06.92	Halle G
112 109	aus Umbau	01.10.88 – 12.10.88	Halle G
202 109	Halle G	05.06.92 – 28.02.98	z-Park
202 114	Salzwedel	16.02.92 – 26.09.95	Chemnitz
202 127	Halle G	05.06.92 – 22.07.97	z-Park
202 241	Magdeburg	26.05.98 – 30.05.00	z-Park
112 263	Magdeburg	15.12.85 – 30.05.95	Lu-Wittenberg
112 266	aus Umbau	27.11.86 – 21.11.88	Jerichow
112 266	Jerichow	05.01.89 – 28.02.98	z-Park
112 270	Halberstadt	06.06.91 – 18.11.95	Chemnitz
202 279	Halberstadt	30.05.99 – 30.05.00	z-Park
202 297	Halberstadt	31.05.96 – 03.09.98	z-Park
202 335	Schwerin	29.05.94 – 27.05.95	Meiningen
202 361	Halberstadt	05.09.96 – 31.05.98	z-Park
112 363	aus Umbau	24.09.85 – 04.06.86	Brandenburg
202 387	Salzwedel	01.07.93 – 07.02.94	Hoyerswerda
202 395	Halberstadt	31.05.96 – 24.06.96	z, a am 24.06.96
202 396	Halberstadt	01.03.93 – 07.02.94	Hoyerswerda
112 404	aus Umbau	06.07.84 – 10.07.84	Magdeburg
112 414	Güstrow	25.03.84 – 09.04.84	Güstrow
112 436	Magdeburg	15.12.85 – 05.05.86	Magdeburg
112 438	Brandenburg	22.06.91 – 29.05.98	z-Park
202 443	Salzwedel	16.02.92 – 28.02.99	z-Park
112 446	Brandenburg	15.02.89 – 03.06.92	Halle G
112 472	Haldensleben	23.06.88 – 10.12.90	Blankenburg (H)
112 472	Blankenburg (H)	18.03.91 – 24.05.91	Brandenburg
112 473	Haldensleben	15.12.85 – 29.12.88	Görlitz
112 481	Haldensleben	15.12.85 – 27.05.91	Haldensleben
112 488	Kamenz	03.04.89 – 17.04.89	Cottbus
112 490	Haldensleben	15.12.85 – 30.05.86	Haldensleben
112 497	Umbau	20.03.87 – 06.04.87	Cottbus
112 523	Güstrow	25.03.84 – 09.04.84	Güstrow
202 529	Magdeburg	06.10.95 – 22.07.97	z-Park
112 533	Blankenburg (H)	01.03.88 – 21.09.95	Görlitz
112 536	aus Umbau	22.03.88 – 29.03.88	Röblingen a.S.
202 536	Magdeburg	27.09.95 – 22.07.97	z-Park
202 539	Salzwedel	01.07.93 – 22.07.97	z-Park

a = abgestellt

Bw Stendal (III)

Lok-Nr.	vom Bw	beheimatet von – bis	zum Bw
112 793	aus Umbau	24.09.86 – 07.01.95	z, a 22.11.94 Unfall
112 794	Brandenburg	25.05.91 – 28.06.91	Brandenburg
112 799	aus Umbau	19.03.87 – 31.03.87	Leipzig Hbf Süd
112 806	aus Umbau	14.10.88 – 07.11.88	Dresden
112 811	aus Umbau	16.11.85 – 14.12.85	Haldensleben
112 814	aus Umbau	15.01.87 – 30.08.89	Haldensleben
112 822	aus Umbau	01.06.84 – 19.06.84	Dresden
112 822	aus Dresden	20.10.88 – 25.10.88	Brandenburg
202 822	Magdeburg	10.10.95 – 30.05.00	z-Park
112 827	aus Umbau	26.08.86 – 02.09.86	Aue (Sachs)
112 841	aus Umbau	01.06.84 – 27.06.84	Brandenburg
112 841	Brandenburg	23.11.88 – 09.08.92	Brandenburg
112 846	aus Umbau	13.04.88 – 19.04.88	Görlitz
202 854	Magdeburg	22.09.95 – 24.06.96	z, a 24.06.96
112 855	aus Umbau	14.09.88 – 08.10.88	Jerichow
112 855	Jerichow	27.10.88 – 28.06.91	Salzwedel*
112 855	Salzwedel	26.07.91 – 21.04.98	Lu-Wittenberg
114 366	Kamenz	05.06.86 – 03.02.88	Halberstadt
114 399	Kamenz	06.05.86 – 11.06.88	Halberstadt
114 469	Kamenz	05.06.86 – 14.04.87	Blankenburg (H)
114 469	Halberstadt	29.06.87 – 21.12.87	Halberstadt
114 605	Kamenz	06.05.86 – 20.09.88	Halberstadt
114 605	Halberstadt	16.12.88 – 16.01.89	Halberstadt

Bw Stendal (IV)

Lok-Nr.	vom Bw	beheimatet von – bis	zum Bw
1112 793	aus Umbau	24.09.86 – 07.01.95	z, a 22.11.94 Unfall
112 794	Brandenburg	25.05.91 – 28.06.91	Brandenburg
112 799	aus Umbau	19.03.87 – 31.03.87	Leipzig Hbf Süd
112 806	aus Umbau	14.10.88 – 07.11.88	Dresden
112 811	aus Umbau	16.11.85 – 14.12.85	Haldensleben
112 814	aus Umbau	15.01.87 – 30.08.89	Haldensleben
112 822	aus Umbau	01.06.84 – 19.06.84	Dresden
112 822	aus Dresden	20.10.88 – 25.10.88	Brandenburg
202 822	Magdeburg	10.10.95 – 30.05.00	z-Park
112 827	aus Umbau	26.08.86 – 02.09.86	Aue (Sachs)
112 841	aus Umbau	01.06.84 – 27.06.84	Brandenburg
112 841	Brandenburg	23.11.88 – 09.08.92	Brandenburg
112 846	aus Umbau	13.04.88 – 19.04.88	Görlitz
202 854	Magdeburg	22.09.95 – 24.06.96	z, a 24.06.96
112 855	aus Umbau	14.09.88 – 08.10.88	Jerichow
112 855	Jerichow	27.10.88 – 28.06.91	Salzwedel*
112 855	Salzwedel	26.07.91 – 21.04.98	Lu-Wittenberg
114 366	Kamenz	05.06.86 – 03.02.88	Halberstadt
114 399	Kamenz	06.05.86 – 11.06.88	Halberstadt
114 469	Kamenz	05.06.86 – 14.04.87	Blankenburg (H)
114 469	Halberstadt	29.06.87 – 21.12.87	Halberstadt
114 605	Kamenz	06.05.86 – 20.09.88	Halberstadt
114 605	Halberstadt	16.12.88 – 16.01.89	Halberstadt

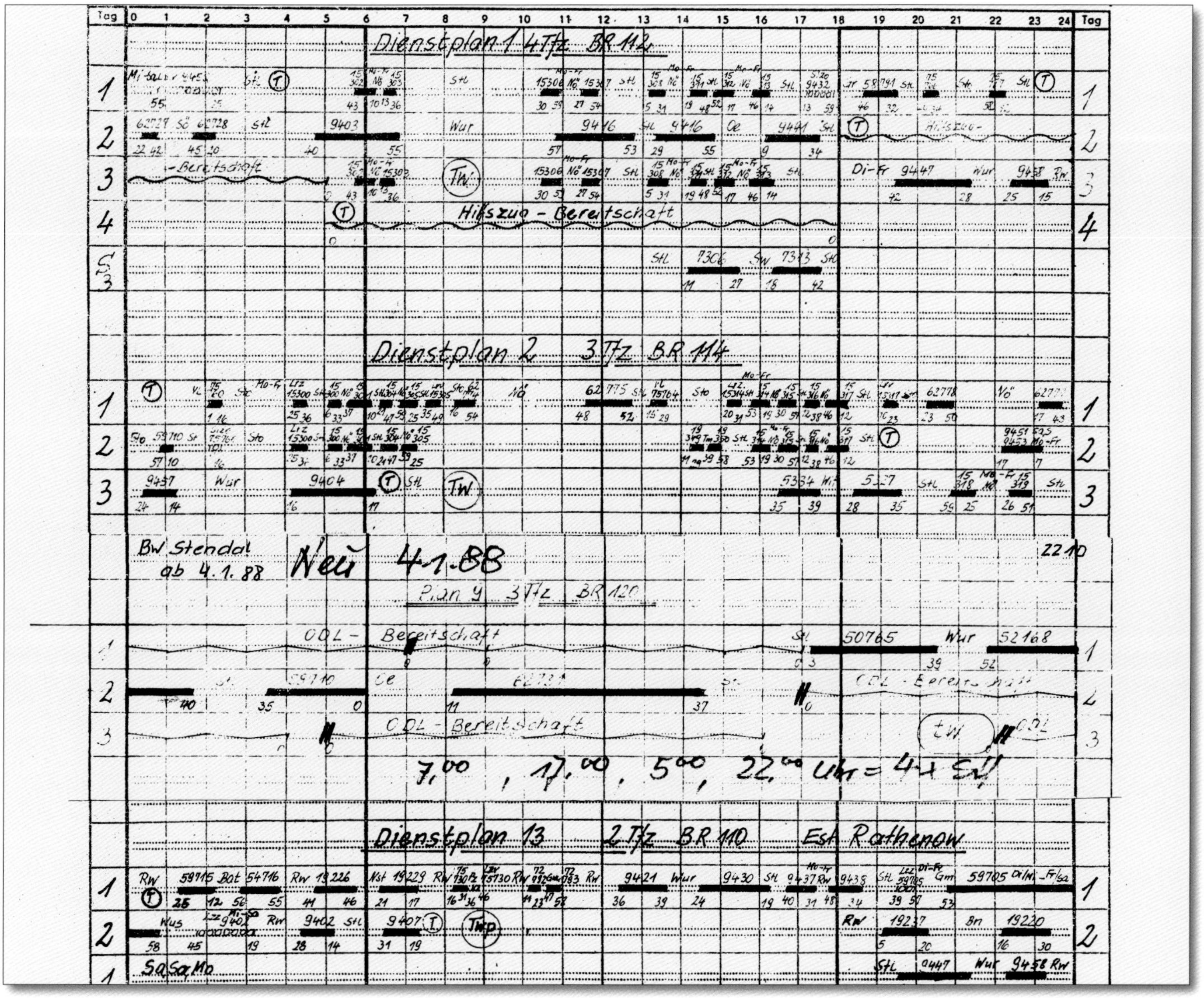

△ **Bild 450 •** Ausschnitt aus einem Umlaufplan des Bw Stendal, gültig ab 31. Mai 1987. Darin die Pläne 1 (für 4 × 112), 2 (für 3 × 114) und 13 (für 2 × 110 der Est Rathenow). Die Loks kamen u. a. nach Wustermark, Niedergörne, Oebisfelde und Rathenow, hatten aber auch Hilfszugbereichtschaft. Abbildung: Andreas Stange

◁ **Bild 451**
Im Mai 1989 entstand diese Aufnahme von **199 871** und **199 863** im Bahnhof Benneckenstein. Zu diesem Zeitpunkt fanden mit den Loks neben ihren Plandiensten noch Probefahrten statt. Ab Ende Mai 1989 kamen sie von Nordhausen Nord aus zum Einsatz.

Aufnahme:
Sammlung Volker Lucas

8.14 Bw Wernigerode-Westerntor

Um die Ablösung der in die Jahre gekommenen Dampfloks der im Harz liegenden Schmalspurbahnen zu beschleunigen und damit auch die Leistungsfähigkeit auf dem 1.000-mm-Streckennetz zu erhöhen, wurde durch die Deutsche Reichsbahn eine Arbeitsgruppe mit der Bezeichnung „Schmalspurbahn 1.000 mm“ gegründet. In ihren Untersuchungen wurde die mögliche Umrüstung von Lokomotiven der Baureihe 110 auf 1.000-mm-Spurweite untersucht. Um die Achslast von 10 t auf dem Schmalspurnetz nicht zu überschreiten, wurden neue dreiachsiger Drehgestelle entwickelt. Ursprünglich war geplant, dass bereits 1987 die ersten beiden Baumusterloks ihren Testbetrieb im Harz starten. In Vorbereitung dazu stand noch die Profilfreimachung des Streckennetzes auf der Harzquer- und Selketalbahn an, wobei speziell im Selketal teilweise Felsvorsprünge abgetragen werden mussten. Bis Ende 1991 war die Umrüstung von 30 Vertreterinnen der Baureihe 110 auf die 1.000-mm-Variante für den Einsatz im Harz vorgesehen.

Doch der geplante Testeinsatz der ersten umgebauten 110 verzögerte sich um ein Jahr bis zum November 1988. Mit der nun als 199 863 bezeichneten ehemaligen 110 863 (ex Bw Güsten) traf am 21. November 1988 die erste „Schmalspur-V 100“ im Bw Wernigerode-Westerntor ein. Nach der Abnahme der Lok am 5. Dezember 1988 fanden umgehend Probe- und Versuchsfahrten statt, die vorwiegend zwischen Wernigerode und Drei Annen Hohne sowie zwischen Drei Annen Hohne und Schierke durchgeführt wurden. Die Fahrten bewiesen die grundsätzliche Eignung der Baureihe im Einsatz auf der schmalen Spur. Die offizielle Indienststellung der 199 863 ist auf dem 13. Dezember 1988 datiert.

Als zweites Baumuster traf am 30. Dezember 1988 die 199 871 im Bw Westerntor ein, mit der ebenfalls Versuchsfahrten – jetzt auch im Selketal – stattfanden. Nachdem die entsprechenden Lokführer auf den Maschinen geschult waren, kamen beide Triebfahrzeuge ab Anfang 1989 in den Umlaufplänen der Dampfloks der Baureihe 99^{72} zum Einsatz. Ab Ende Mai 1989 leisteten die Dieselloks von der Wer-

◁ **Bild 452**
Plandienst für **199 863** am 24. Juni 1989. Mit einem Zug aus Nordhausen Nord fährt die zum damaligen Zeitpunkt noch ungewohnte Diesellok in Wernigerode ein.

Aufnahme:
Volker Lucas,
Sammlung A. Zika

nigeröder Einsatzstelle Nordhausen Nord aus ihre Dienste, wo eine Lok – meist 199 863 – u. a die Leistung von zwei Maschinen der Baureihe 99^{72} vor den Güterzügen nach Silberhütte übernahm. Die 199 871 wurde als Reservelok vorgehalten.

Mit den durch die beiden 1998 gelieferten positiven Ergebnissen begann im Dezember 1989 im Raw Stendal der Serienumbau von Maschinen der Baureihe 110 zur 199^{8}.

Jedoch: Der Diesellokeinsatz auf der Harzquer- und Selketalbahn fand keinen großen Anklang bei den Touristen. Denn für sie gehörte es zu einem Harzbesuch dazu, dort mit einem Dampfzug unterwegs zu sein. Hinzu kam, dass nach der gesellschaftspolitischen Wende in der DDR der Güterverkehr auch auf den Schmalspurbahnen derart einbrach, dass bei den Verantwortlichen in Berlin (Hauptverwaltung Maschinenwirtschaft) und Magdeburg (Reichsbahndirektion) bezüglich der Traktionsumstellung bei den Harzer Schmalspurbahnen ein Umdenken stattfand. Die beteiligten Institutionen einigten sich auf die Reduzierung des Umbauauftrages von ursprünglich 30 Lokomotiven der Baureihe 110 auf nur noch zehn Maschinen. Die dritte 199^{8} und gleichzeitig erste Serienlok dieser Baureihe – 199 872 – traf am 16. Januar 1990 in Wernigerode ein. Im Verlauf des Jahres 1990 wurden alle weiteren sieben 110 vom Raw Stendal zur 1998 umgebaut, so dass im Dezember jenes Jahres alle zehn 1998 dem Bw Wernigerode-Westerntor zur Verfügung standen:

199 861	863	870	871	872
874	877	879	891	892

Sie fanden ihre Verwendung vorzugsweise im noch vorhandenen Güterverkehr zwischen Nordhausen Nord, Silberhütte und Hasselfelde, standen aber bei Ausfall einer 9972 auch im Plandienst im Personenverkehr im Einsatz. Hinzu kamen ab Frühjahr 1991 Leistungen vor Arbeitszügen bei der Streckensanierung der Brockenbahn im Abschnitt Schierke – Brocken.

Mit der Übernahme des Betriebes, der Strecken, Fahrzeuge und Hochbauten durch die Harzer Schmalspurbahnen GmbH (HSB) zum 1. Februar 1993 gelangten auch noch alle zehn 1998 in den Bestand des Unternehmens. An den Einsatzgebieten der Loks änderte sich zunächst nichts. Erst durch die Umstellung des Betriebskonzeptes der HSB, nach dem auch zukünftig im Sinne des Tourismus auf den Einsatz von Dampflokomotiven gesetzt werden sollte, und durch den Rückgang des Güterverkehrs gab es 1995 die ersten

Bw Wernigerode-Westerntor

Lok-Nr.	vom Bw	beheimatet von – bis	zum Bw
199 861	aus Umbau	01.06.90 – 01.02.93	HSB, ex 110 861
199 863	aus Umbau	01.11.88 – 01.02.93	HSB, ex 110 863
199 870	aus Umbau	26.11.90 – 01.02.93	HSB, ex 110 870
199 871	aus Umbau	31.12.88 – 01.02.93	HSB, ex 110 871
199 872	aus Umbau	17.01.90 – 01.02.93	HSB, ex 110 872
199 874	aus Umbau	30.11.90 – 01.02.93	HSB, ex 110 874
199 877	aus Umbau	14.12.90 – 01.02.93	HSB, ex 110 877
199 879	aus Umbau	19.10.90 – 01.02.93	HSB, ex 110 879
199 891	aus Umbau	31.10.90 – 01.02.93	HSB, ex 110 891
199 892	aus Umbau	21.12.90 – 01.02.93	HSB, ex 110 892

△ **Bild 453** • Auf die Baureihe 199^{8} kann die HSB GmbH auch in der heutigen Zeit nicht verzichten. Am 16. Mai 2021 fällt der Blick vom Führerstand der 199 861 auf die im Schmalspur-Bw Wernigerode stehende **199 874**.

Aufnahme: Lennart Fehr

Abstellungen von 1998. Als Erste wurde 199 863 z-gestellt, ihr folgten bis zum Jahresende 1995 noch 199 871, 874 und 879. Die noch verbliebenen sechs 1998 waren je zu zweit in Wernigerode, Nordhausen Nord und Gernrode stationiert.

Mit der im Normalspurbereich steigenden Anzahl an privaten Eisenbahn-Verkehrsunternehmen erwarb die ABB Daimler-Benz-Transportation (Adtranz) mit Sitz in Kassel bis zum 31. Dezember 1997 die 199 863, 870, 879 und 891 von der HSB GmbH, um diese nach einer Hauptuntersuchung inkl. Umspurung weiterzuverkaufen. Die HSB selbst ließ 1997/1998 bei Adtranz an vier ihrer 199^{8} eine Hauptuntersuchung durchführen. Während bei 199 871 noch eine „normale" HU stattfand, erhielten 199 861, 872 und 874 eine HU inkl. einer Ausrüstung für Funkfernsteuerung und sie wurden für das Rollbocksystem „Vevey" umgebaut. Derweil gingen die Leistungen im Güterverkehr für die Schmalspur-Dieselloks weiter zurück, so dass die Maschinen zunehmend abgestellt wurden. Ende 2006 befanden sich noch drei 1998 im Betriebsbestand der HSB: 199 861, 872 und 874.

Durch den anhaltenden Engpass bei den betriebsfähigen Dampflokomotiven sowie durch die im Sommer speziell auf der Brockenstrecke anhaltende Waldbrandgefahr sah sich die HSB im Jahr 2022 gezwungen, an zwei seit längerem abgestellten 199^{8} eine Hauptuntersuchung im Alstom-Werk in Stendal durchführen zu lassen. Die Wahl fiel auf 199 874 und 199 892, die am 16. November 2022 auf Hilfsdrehgestellen durch die 204 016 (ex 114 314) der PRESS GmbH von Nordhausen nach Stendal überführt wurden.

Während die 199 874 noch eine herkömmliche Hauptuntersuchung erhalten hat und im Februar 2024 für die Probefahrten zurück in Wernigerode war, stand 199 892 noch in Stendal und wartete dort auf den Beginn der Arbeiten. Die Lok soll ein Muster für weitere modernisierte 199^{8} werden.

Sehr traurig sieht es mittlerweile bei der seit Juli 1999 – und somit fast 25 Jahren – in Nordhausen Nord abgestellten 199 877 aus. Vandalismus sowie die Entnahme von Ersatzteilen haben der Lok über die Jahre hinweg ziemlich zu gesetzt …

9 Reichsbahndirektion Schwerin

△ **Bild 454 •** Der Bahnhof Laage (Meckl) befindet sich zwischen Rostock und Lalendorf an der Strecke Rostock – Waren (Müritz). Im Juni 1980 fährt **110 030** des Bw Güstrow mit einem kurzen Güterzug aus Richtung Rostock in den Bahnhof ein. Die Lok kam im Juli 1969 vom Bw Rostock zur Beheimatung nach Güstrow.

Aufnahme: Sammlung Matthias Hengst

Im Frühjahr 1967 begann in der Rbd Schwerin die Beheimatung der Baureihe V 100 – zunächst im Bw Rostock. Erste Aufgabe der neuen Loks war dort die Übernahme des Wendezugverkehrs Rostock – Warnemünde zur Ablösung der Dampflokbaureihe 62. In den Folgejahren wurden alle Bahnbetriebswerke der Rbd Schwerin mit der Baureihe 110 bedacht. Sie kamen auf Nebenbahnen und bis zur Elektrifizierung auch auf Hauptstrecken zum Einsatz vor Reise- und Güterzügen. Berüchtigt waren die über viele Jahre planmäßig verkehrenden Ganzzüge in Doppeltraktion von den Seehäfen in Rostock und Wismar in Richtung Süden der Republik.

△ **Bild 455 •** Die Bewegungsunschärfe sei entschuldigt: Aus dem fahrenden Zug heraus entstand am 26. Oktober 1974 in Güstrow diese Aufnahme der **110 377** des Bw Güstrow.

Aufnahme: Hans-Dieter Rändler

9.1 Bw Güstrow

Güstrow, die siebtgrößte Stadt in Mecklenburg-Vorpommern, liegt ca. 34 km südlich von Rostock. Durch Güstrow führen die Eisenbahnstrecken Berlin – Neustrelitz – Rostock und Lübeck – Bad Kleinen – Neubrandenburg – Pasewalk (– Stettin). Eine weitere Strecke zweigt in Primerburg (dem westlichen Ende von Güstrow) nach Karow (Meckl) ab, die sich dort weiter in die Richtungen Wittenberge, Waren (Müritz) und Pritzwalk (– Neustadt/Dosse) aufteilt.

Das Bahnbetriebswerk Güstrow beheimatete am 1. Januar 1968 die folgenden Lokomotiven:

7 × Baureihe 38^{10-40},
26 × Baureihe 50,
7 × Baureihe 50^{40},
7 × Baureihe 57^{10-35},
1 × Baureihe V15.

Bereits ab Mai 1968 besetzte Personal des Bw Güstrow eine Rostocker V 100 und fuhr damit Personenzüge nach Rostock. Erste eigene V 100 erhielt Güstrow im Sommer 1969: V 100 019, V 100 028 und V 100 030. Im Oktober jenes Jahres folgte noch V 100 035. Die Loks kamen in einem dreitägigen Umlaufplan (Plan 102) zum Einsatz, der folgende Leistungen vorsah:

Tag 1

P 2022	Güstrow – Wittenberge
P 2007	Wittenberge – Güstrow
P 3510	Güstrow – Bützow
P 3515	Bützow – Güstrow
P 2512	Güstrow – Teterow
P 2914	Teterow – Güstrow
P 2817	Güstrow – Laage (Meckl)
P 2818	Laage (Meckl) – Güstrow
P 2521	Güstrow – Rostock

Tag 2

Leig 5585	Güstrow – Wittenberge
P 2005	Wittenberge – Güstrow
P 2513	Güstrow – Warnemünde
P 2514	Warnemünde – Güstrow
P 3516	Güstrow – Bützow
P 3519	Bützow – Güstrow

Leig = Leichter Güterzug

Tag 3

P 2803	Güstrow – Rostock
P 2804	Rostock – Güstrow
P 2507	Güstrow – Rostock
P 2508	Rostock – Güstrow
P 2811	Güstrow – Rostock
P 2618	Rostock – Wismar
P 2619	Wismar – Rostock
P 2520	Rostock – Güstrow
P 3520	Güstrow – Bützow
P 797	Bützow – Güstrow
P 664	Güstrow – Rostock
P 2524	Rostock – Güstrow

Bis zum Herbst 1973 erhöhte sich der 110-Bestand durch die Zugänge der werksneuen 110 355, 431, 437 und 571 sowie 110 377 vom Bw Schwerin auf acht Maschinen. Sie übernahmen im Plan 101 von den Dampfloks der Baureihe 35^{10} die Reisezugleistungen nach Rostock, Neubrandenburg, Bützow und Wismar. Weitere Dienste in diesem Plan waren die Bespannung von Personen- und Güterzügen auf den Strecken Ganzlin – Röbel und Teterow – Gnoien.

Zwischen dem 31. Mai 1974 und dem 24. September 1975 trafen mit 110 453 vom Bw Schwerin sowie den werksneuen 110 664, 692, 697, 706, 753, 797, 800 und 804 weitere neun Vertreterinnen dieser Baureihe zur Beheimatung in Güstrow ein. Somit waren am 1. Oktober 1975 insgesamt 17 × 110 im Güstrower Lokbestand zu finden.

Im Winterfahrplan 1975/76 kamen davon 13 Lokomotiven in folgenden Plänen zum Einsatz:

△ **Bild 456 • 110 035** des Bw Güstrow steht mit einem Personenzug im Jahr 1972 im Bahnhof Wismar. Auch **110 408** gehörte Anfang 1972 kurzzeitig zum Güstrower Lokbestand, wechselte dann zum Bw Wismar.

Aufnahme: Sammlung Andreas Stange

△ **Bild 457 •** Rostock Hbf wurde von den Güstrower 110 bzw. 112 planmäßig mit Personenzügen erreicht. Hier wartet **112 354** am 17. Mai 1990 mit einer solchen Leistung in Rostock auf die Rückfahrt nach Güstrow.

Aufnahme: Andreas Stange

Plan 101 (4 × 110)
Planloks: 110 571, 664, 602 und 697

Plan 121 (2 × 120, 1 × 110-Doppeltraktion)
Planlokomotiven: 120 351, 120 356 und das Doppel 110 800 + 110 804

Plan 122 (4 × 110 mit Rangiergang)
Planloks: 110 019, 028, 030 und 110 035

Plan 124 (3 × 110)
Planlokomotiven: 110 341, 347 und 453

Das im Plan 121 eingesetzte 110er-Doppel kam mit zwei Maschinen der Baureihe 120 zwischen Rostock-Seehafen und Strelitz-Alt zum Einsatz. Wendebahnhöfe im Reiseverkehr waren Rostock, Ribnitz-Damgarten, Wismar, Malchin, Gnoien, Neubrandenburg, Röbel und Wittenberge. Mit Güterzügen erreichten die Loks Karow (Meckl), Malchin und Neustadt (Dosse).

Ende 1976 erreichte das Bw Güstrow durch die Zugänge von 110 564 und 110 659 (beide vom Bw Aue/Sachs) sowie den werksneuen 110 848 und 110 859 einen Höchstbestand von 21 Lokomotiven bei der Baureihe 110. Neben den 14 planmäßig benötigten Maschinen gab es auch viele Sonderleistungen.

Im Jahr 1981 verteilte sich der Bestand auf zehn 110 und sieben 112. Die Bespannung in Doppeltraktion nach Neustadt (Dosse) endete Anfang der achtziger Jahre durch den Einsatz von Maschinen der Baureihe 118. Ab 1986 verloren die Loks durch die Elektrifizierung der Strecke Berlin – Neustrelitz – Güstrow – Rostock und Rostock – Bad Kleinen – Schwerin ihre Dienste auf diesen Hauptstrecken.

Bw Güstrow (I)

Lok-Nr.	vom Bw	beheimatet von – bis	zum Bw
110 016	Wismar	07.08.82 – 20.08.82	Wismar
110 016	Wismar	11.10.84 – 27.09.86	Hagenow Land
110 016	Hagenow Land	14.10.86 – 30.11.93	Neustrelitz[1]
110 017	Wismar	02.11.86 – 24.11.86	Wismar
V100 019	Rostock	01.08.69 – 20.10.69	Rostock
110 019	Rostock	06.01.73 – 30.11.93	Neustrelitz[2]
110 025	Reichenbach (V)	23.09.83 – 06.10.83	Reichenbach (V)
V100 028	Rostock	01.07.69 – 13.02.90	Wittenberge*
110 029	Wittenberge	21.04.85 – 30.05.85	Erfurt
V100 030	Rostock	01.07.69 – 01.07.82	Neuruppin*
110 030	Neuruppin	16.07.82 – 30.10.85	Rostock
110 033	Rostock	0x.06.78 – .06.78	Rostock
110 033	Wittenberge	20.01.86 – 31.01.86	Schwerin
V100 035	Rostock	22.10.69 – 13.10.86	Hagenow Land
110 035	Wittenberge	12.11.88 – 11.12.88	Wittenberge
110 038	Wittenberge	19.01.86 – 31.01.86	Schwerin
110 040	Rostock	31.03.76 – 16.05.76	Rostock
110 040	Rostock	01.04.80 – 17.04.80	Rostock
110 049	Wittenberge	23.03.85 – 21.05.85	Schwerin
110 054	Wittenberge	29.09.84 – 13.12.84	Schwerin
110 054	Schwerin	25.01.85 – 27.06.85	Wittenberge
110 075	Hagenow Land	04.03.88 – 29.04.88	Hagenow Land
110 096	Wittenberge	15.10.84 – 12.12.84	Schwerin
110 096	Wittenberge	07.10.91 – 30.11.93	Neustrelitz[3]
110 104	Dresden	21.09.72 – 07.10.72	Dresden
110 113	Wittenberge	09.12.83 – 08.06.89	Schwerin
110 113	Wittenberge	28.07.89 – 30.11.93	Neustrelitz[4]
110 130	Nossen	23.09.83 – 06.10.83	Nossen
110 137	Schwerin	25.12.76 – 02.01.81	Rostock
110 148	Hagenow Land	10.07.79 – 15.08.79	Hagenow Land
110 148	Neuruppin	27.10.84 – 19.12.84	Wittenberge
110 148	Schwerin	10.03.87 – 31.05.87	Neuruppin
110 148	Neuruppin	07.12.87 – 20.12.87	Neuruppin
110 157	Rostock	16.06.76 – 30.05.85	Neuruppin
110 210	Wittenberge	19.03.86 – 31.03.86	Schwerin
110 210	Wittenberge	07.10.91 – 30.11.93	Neustrelitz[5]
110 212	Hagenow Land	05.04.79 – 29.05.79	Hagenow Land
110 212	Hagenow Land	28.06.79 – 18.05.80	Schwerin
110 329	Schwerin	06.06.78 – 25.10.78	Schwerin
110 348	Schwerin	22.11.84 – 19.12.84	Wittenberge
110 355	Neuanlieferung	21.04.71 – 31.05.71	Wittenberge
110 377	Schwerin	21.07.71 – 23.09.77	Neuruppin
110 403	Rostock	12.11.80 – 31.12.80	umz in 112 403
110 408	Leipzig Hbf Süd	10.01.72 – 06.02.72	Wismar
110 414	Wittenberge	22.11.79 – 31.12.80	umz in 112 414
110 424	Elsterwerda	21.02.79 – 05.04.79	Elsterwerda
110 431	Neuanlieferung	24.02.72 – 31.12.80	umz in 112 431*
110 437	Neuanlieferung	01.03.72 – 03.01.77	Schwerin
110 453	Halle P	13.04.72 – 06.03.75	Wittenberge
110 453	Wittenberge	19.03.75 – 22.08.75	Schwerin
110 453	Schwerin	24.09.75 – 12.12.78	Hagenow Land*
110 453	Hagenow Land	21.03.79 – 20.02.80	Neuruppin[6]
110 453	Neuruppin	11.03.80 – 31.12.80	umz in 112 453
110 466	Erfurt	19.09.72 – 04.10.72	Saalfeld
110 489	Rostock	03.03.78 – .03.78	Wismar
110 523	Wittenberge	24.01.80 – 31.12.80	umz in 112 523
110 524	Wittenberge	21.02.81 – 20.05.82	Wittenberge
110 524	Wittenberge	14.01.86 – 13.02.86	Schwerin
110 549	Wismar	02.06.82 – 13.07.82	Roßlau (Elbe)
110 564	Aue (Sachs)	24.08.76 – 31.12.80	umz in 112 564

[1] abgestellt 23.12.91 [2] abgestellt 26.12.91 [3] abgestellt 20.12.92
[4] Zurückstellung aus Reserve am 16.10.92 [5] abgestellt 03.10.92
[6] Umbau 27.08.79 * Lok war während der Beheimatung kurzzeitig in einem anderen Bw.

Bw Güstrow (II)

Lok-Nr.	vom Bw	beheimatet von – bis	zum Bw
110 571	Neuanlieferung	02.11.73 – 21.11.79	Wittenberge
110 636	Wittenberge	20.03.79 – 12.04.83	Neuruppin
110 636	Neuruppin	14.06.86 – 02.10.87	Hagenow Land
110 636	Hagenow Land	17.10.87 – 03.06.89	Schwerin
110 636	Schwerin	16.06.89 – 30.11.93	Neustrelitz[7]
110 659	Aue (Sachs)	24.08.76 – 22.12.79	Wittenberge
110 664	Neuanlieferung	31.05.74 – 22.04.80	Wittenberge
110 692	Neuanlieferung	26.07.74 – 13.10.80	Neuruppin*
110 692	Neuruppin	01.11.80 – 21.01.81	Schwerin
110 697	Neuanlieferung	09.08.74 – 01.10.80	Rostock
110 706	Wustermark	09.10.74 – 29.01.76	Wismar
110 706	Wismar	12.02.76 – 09.09.77	Schwerin
110 753	Neuanlieferung	15.12.74 – 24.11.75	Neuruppin
110 753	Neuruppin	24.12.75 – 17.11.76	Neuruppin
110 755	Schwerin	27.06.86 – 28.08.86	Hagenow Land
110 767	Cottbus	20.02.79 – 07.03.79	Neuruppin
110 768	Wittenberge	22.04.85 – 17.06.85	umb in 112 768
110 774	Neuruppin	0x.06.78 – 1x.06.78	Neuruppin
110 774	Neuruppin	18.02.80 – 10.03.80	Wittenberge
110 779	Schwerin	24.10.85 – 20.07.86	Wittenberge
110 797	Neuanlieferung	01.06.75 – 01.07.75	Hagenow Land
110 800	Neuanlieferung	18.06.75 – 31.12.80	umz in 112 800
110 804	Neuanlieferung	27.06.75 – 04.10.79	Wittenberge
110 820	Schwerin	21.02.81 – 03.05.82	Gera
110 848	Neuanlieferung	13.08.76 – 12.08.81	Wittenberge*
110 848	Wittenberge	05.12.81 – 26.11.82	Neuruppin
110 859	Neuanlieferung	08.09.76 – 13.07.82	Halle G*
110 969	Neuanlieferung	22.06.83 – 10.01.88	Dresden
202 136	Wittenberge	06.06.92 – 18.05.93	Angermünde
112 269	Hagenow Land	14.04.85 – 14.05.85	Hagenow Land
112 276	Stralsund	16.12.91 – 05.04.93	Wismar
202 296	Wittenberge	11.01.93 – 25.05.93	Schwerin
202 296	Schwerin	11.06.93 – 30.11.93	Neustrelitz
202 326	Wittenberge	17.06.92 – 18.05.93	Angermünde
202 329	Rostock	28.12.92 – 30.11.93	Neustrelitz
112 338	Schwerin	28.10.87 – 11.08.91	Wittenberge*
112 353	Hagenow Land	28.06.87 – 30.11.93	Neustrelitz*
112 354	aus Umbau	19.05.82 – 13.08.88	Schwerin*
112 354	Schwerin	15.09.88 – 23.08.89	Hagenow Land*
112 354	Hagenow Land	01.11.89 – 30.11.93	Neustrelitz
112 403	umz	01.01.81 – 20.09.91	Brandenburg
112 414	umz	01.01.81 – 24.03.84	Stendal
112 414	Stendal	10.04.84 – 14.01.87	Rostock
112 414	Rostock	18.02.87 – 30.11.93	Neustrelitz
112 431	umz	01.01.81 – 30.11.93	Neustrelitz
112 436	Wittenberge	07.10.84 – 31.01.85	Wismar
112 449	Wismar	06.12.87 – 27.01.88	Schwerin
112 453	umz	01.01.81 – 22.04.86	Schwerin*
112 480	Hagenow Land	13.03.87 – 03.04.87	Hagenow Land
112 523	umz	01.01.81 – 24.03.84	Stendal*
112 523	Stendal	10.04.84 – 30.11.93	Neustrelitz
112 532	Wittenberge	06.03.88 – 21.04.88	Wismar
112 532	Rostock	23.07.88 – 30.09.88	Neuruppin*
112 537	Wismar	20.04.85 – 28.05.85	Brandenburg
112 547	Schwerin	03.01.81 – 12.02.84	Schwerin*
112 553	Schwerin	14.02.86 – 29.05.86	Hagenow Land
112 564	umz	01.01.81 – 16.11.87	Wittenberge
112 590	Rostock-Seehafen	01.06.85 – 03.03.86	Wismar
202 750	Angermünde	03.11.92 – 14.04.93	Rostock
112 800	umz	01.01.81 – 31.08.83	Schwerin
112 800	Schwerin	29.11.83 – 30.04.89	Rostock*

[7] abgestellt 15.01.93

Bild 458 ▷ Der Haltepunkt Klein Grabow befindet sich zwischen Güstrow und Karow (Meckl). Am 28. Juni 1993 erreicht **202 354** des Bw Güstrow diese idyllische Bahnstation.

Im Nebenbahnnetz änderte sich dagegen kaum etwas. 1989 benötigte Güstrow sechs 112 für Personenzüge nach Neubrandenburg, Wittenberge (über Karow/Meckl), Stralsund, Graal-Müritz und Bützow sowie vier 110 für die Strecke Teterow – Gnoien und für die Bespannung von Nahgüterzügen nach Lalendorf und Meyenburg. Im Jahr 1993 setzte Güstrow noch fünf 202 vor Personenzügen nach Pasewalk, Bützow und Gnoien sowie vor Güterzügen nach Karow (Meckl) ein. Mit der Auflösung des Bw Güstrow am 30. November 1993 wechselten die zu diesem Zeitpunkt noch vorhandenen 201 (alle bereits „a") und 202 geschlossen zum Bw Neustrelitz. Dies waren:

201 016	019	096	113	210
636				
202 296	329	353	354	

△ **Bild 459 • 201 096** des Bw Güstrow verlässt mit einem Personenzug am 30. Juni 1993 den Bahnhof Thürkow an der Strecke Teterow – Gnoien.

AUFNAHMEN (2): DETLEF WINKLER

Bild 460 ▷ An dieser Stelle ein bildlicher Vorgriff auf das nächste Bw-Kapitel: Noch mit etwas Argwohn wurde der Fotograf am 9. Mai 1990 im Bw Hagenow Land beobachtet, als er **110 038** in ihrem Heimat-Bw aufnahm. Aufgrund der Nähe zur Grenze zur Bundesrepublik kamen bis dato nicht allzuviele Eisenbahnfreunde in diese Dienststelle.

AUFNAHME: ANDREAS STANGE

△ **Bild 461** Blick ins Bw Hagenow Land im Sommer 1974: Soeben fährt **110 480** auf die Drehscheibe. Die Lok war zu diesem Zeitpunkt noch beim Bw Wittenberge beheimatet, wechselte allerdings noch im Oktober jenes Jahres nach Hagenow. Links wartet eine 50^{40} und rechts eine 120 auf ihre nächsten Einsätze. AUFN: E.-K. VORRATH

9.2 Bw Hagenow Land

Hagenow liegt im Westen von Mecklenburg-Vorpommern an der Grenze zu Niedersachsen. Das dortige Bw befindet sich ca. 4 km von der Stadt entfernt im Ortsteil Hagenow Land. Entlang dieses Ortsteils verlaufen die Strecken (Berlin –) Wittenberge – Hamburg bzw. Schwerin – Hamburg, zudem zweigt dort noch die Verbindungen nach Hagenow Stadt ab, die bis Zarrentin führt und einst erst in Bad Oldesloe endete. In Hagenow Land waren am 1. Januar 1971 folgende Baureihen in der angegebenen Anzahl beheimatet:

21 × Baureihe 50^{40},
3 × Baureihe 101,
2 × Baureihe 102,
2 × Baureihe 106,
6 × Baureihe 120.

Am 7. Dezember 1971 erhielt des Bw Hagenow Land mit der fabrikneuen 110 403 seine erste 110 zugewiesen. Zwischen dem 7. Januar und dem 19. Juni 1972 folgten 110 353 (vom Bw Wismar), 110 415 (fabrikneu vom LEW Hennigsdorf) und 110 481 (vom Bw Leipzig Hbf Süd), sodass zu Beginn des Sommerfahrplans 1972 vier Maschinen dieser Baureihe in Hagenow Land beheimatet waren. Im Winterfahrplan 1972/73, gültig ab dem 1. Oktober 1972, kamen alle vier Lokomotiven in den folgenden Plänen zum Einsatz:

Plan 201 (3 × Baureihe 110)
In diesem Plan wurden Personenzüge nach Hagenow Stadt, Ludwigslust und auf der Strecke Ludwigslust – Dömitz gefahren. Im Nahgüterzugdienst kamen die Loks nach Boitzenburg, Ludwigslust und Dömitz.

Plan 203, Est Ludwigslust (1 × BR 110)
Die Ludwigsluster 110 bespannte Personenzüge nach Hagenow und Güterzüge nach Dömitz und Schwerin.

△ **Bild 462** • Am 27. Dezember 1990 kam es im Bahnhof Ludwigslust zu diesem kurzzeitigen Nebeneinander von **112 797** des Bw Hagenow Land und **110 798** vom Bw Neustrelitz. Die 112 797 gehörte zu den umgebauten 110, die aufgrund fehlender Fertigstellung noch eine Zeit lang als 110 fuhren, aber bereits einen 1.200-PS-Motor besaßen. Bei ihr dauerte es vom Umbau bis zur Umzeichnung stolze 13 Monate! AUFNAHME: MICHAEL UHREN

Durch die Zuweisung von 110 553 (am 21.10.1973), 110 604 (am 31.10.1973) und 110 630 (am 22.12.1973) wurde der Bestand im Bw Hagenow Land bis zum 31. Dezember 1973 auf sieben Lokomotiven der Baureihe 110 aufgestockt. Die Maschinen übernahmen nun vom Bahnbetriebswerk Schwerin bis auf ein Zugpaar alle Personenzugleistungen zwischen Schwerin und Schwanheide. Die Lokumläufe im Sommerfahrplan 1975 (gültig ab 1. Juni 1975) sahen wie folgt aus:

Plan 201 (4 × Baureihe 110)

Tag 1

Ng 61800	Hagenow Land – Boizenburg
Ng 61808	Boizenburg – Hagenow Land
Leig 59852	Hagenow Land – Ludwigslust
P 2334	Ludwigslust – Schwerin
P 8310	Schwerin – Wismar
P 8311	Wismar – Schwerin
P 7374	Schwerin – Schwanheide
P 7375	Schwanheide – Hagenow Land

Tag 2

Gmp 68810	Hagenow Land – Hagenow
P 9361	Hagenow – Ludwigslust
P 17371	Ludwigslust – Dömitz
P 17372	Dömitz – Ludwigslust
Dg 58812	Ludwigslust – Hagenow Land
Ng 61802	Hagenow Land – Boizenburg
Ng 61803	Boizenburg – Hagenow Land

Tag 3

Dg 53811	Hagenow Land – Ludwigslust
Üg 73803	Ludwigslust – Techentin
Üg 73810	Techentin – Ludwigslust
Üg 73812	Ludwigslust – Techentin
Üg 73813	Techentin – Ludwigslust
P 17373	Ludwigslust – Dömitz
P 17374	Dömitz – Ludwigslust
Ng 68815	Ludwigslust – Hagenow Land
P 9372	Hagenow Land – Hagenow
Gmp 68817	Hagenow – Hagenow Land
P 7375	Hagenow Land – Schwerin

Tag 4

P 7378	Schwerin – Schwanheide
P 7361	Schwanheide – Schwerin
P 7362	Schwerin – Schwanheide
P 7375	Schwanheide – Schwerin
Lz	Schwerin – Hagenow Land
Gmp 68914	Hagenow Land – Hagenow
Gmp 68815	Hagenow – Hagenow Land
P 9372	Hagenow Land – Hagenow
P 93371	Hagenow – Ludwigslust
P 9376	Ludwigslust – Hagenow
P 9375	Hagenow – Hagenow Land

Plan 203, Est Ludwigslust (1 × BR 110)

Ng 61953	Ludwigslust – Wittenberge
Ng 61850	Wittenberge – Ludwigslust
Ng 61833	Ludwigslust – Dömitz
Ng 61834	Dömitz – Ludwigslust

Bw Hagenow Land (I)

Lok-Nr.	vom Bw	beheimatet von – bis	zum Bw
110 016	Güstrow	28.09.86 – 13.10.86	Güstrow
110 033	Schwerin	08.08.79 – 29.08.79	Schwerin
110 033	Wittenberge	07.06.91 – 12.12.91	Wittenberge
110 035	Güstrow	14.10.86 – 28.02.87	Wittenberge
110 038	Bitterfeld	14.12.71 – 13.01.72	Wismar
110 038	Schwerin	24.03.86 – 30.11.93	Schwerin[1] *
110 040	Rostock	29.01.81 – 01.04.81	Rostock*
110 040	Rostock	29.04.82 – 17.11.83	Neuruppin
110 040	Neuruppin	26.01.84 – 29.10.90	Wittenberge*
110 075	Wismar	23.01.77 – 03.03.88	Güstrow*
110 075	Güstrow	30.04.88 – 14.12.88	Wittenberge
110 075	Wittenberge	13.01.89 – 25.10.90	Wittenberge
110 096	Schwerin	15.02.85 – 09.09.90	Wittenberge
110 110	Neuruppin	13.10.89 – 21.09.90	Neuruppin
110 134	Neuruppin	06.08.86 – 20.08.86	Güstrow*
110 143	Wismar	30.04.86 – 24.03.87	Rostock*
110 143	Wittenberge	13.06.91 – 10.02.93	Neustrelitz
110 148	Wismar	20.03.79 – 09.07.79	Güstrow
110 148	Güstrow	16.08.79 – 28.02.80	Wittenberge*
110 148	Wittenberge	13.03.80 – 23.04.81	Wismar*
110 148	Rostock	01.06.81 – 10.08.82	Neuruppin
110 157	Rostock	09.08.86 – 12.10.88	Neuruppin
110 157	Neuruppin	26.10.88 – 06.03.90	Neuruppin
110 158	Neuruppin	30.08.91 – 10.02.93	Neustrelitz
110 210	Rostock	22.05.82 – 22.08.83	Schwerin*
110 210	Schwerin	07.02.84 – 18.03.85	Rostock
110 212	Schwerin	xx.01.75 – 04.04.79	Güstrow
110 212	Güstrow	30.05.79 – 27.06.79	Güstrow
110 212	Schwerin	29.05.80 – 13.10.88	Neuruppin
110 212	Neuruppin	26.10.88 – 30.11.93	Schwerin[2]
110 256	Wittenberge	03.06.78 – 27.06.78	Wittenberge
110 256	Wittenberge	03.08.78 – 21.08.78	Neuruppin
110 348	Schwerin	27.09.75 – 02.12.75	Schwerin
110 353	Wismar	01.02.72 – 31.08.75	Schwerin
110 353	Schwerin	29.11.75 – 31.12.80	umz in 112 353
110 403	Neuanlieferung	07.12.71 – 31.05.80	Schwerin[3]
110 408	Wismar	10.05.77 – 09.09.77	Neuruppin
110 408	Neuruppin	29.09.77 – 03.02.82	Neuruppin
110 408	Neuruppin	12.03.82 – 25.01.84	Neuruppin
110 408	Neuruppin	07.02.84 – 14.05.84	umb in 112 408
110 414	Wismar	16.06.76 – 03.08.76	Wittenberge
110 415	Neuanlieferung	07.01.72 – 31.12.80	umz in 112 415
110 453	Güstrow	13.12.78 – 20.03.79	Güstrow*
110 480	Wittenberge	12.10.74 – 19.03.79	Wismar[4]
110 481	Leipzig Hbf Süd	19.06.72 – 31.05.82	umb in 112 481
110 524	Wittenberge	29.03.78 – 09.05.78	Wittenberge
110 553	Wismar	21.10.73 – 04.11.73	Wismar
110 592	Neuruppin	27.11.74 – 20.12.74	Neuruppin
110 604	Neuanlieferung	31.10.73 – 03.05.82	Gera
110 630	Neuanlieferung	22.12.73 – 14.11.84	Rostock
110 636	Neuruppin	14.01.85 – 12.02.85	Neuruppin
110 636	Güstrow	03.10.87 – 16.10.87	Güstrow
110 659	Wittenberge	27.01.86 – 21.03.86	Wittenberge
110 660	Blankenburg (H)	29.05.84 – 16.10.84	Wittenberge*
110 664	Neuruppin	07.06.80 – 04.07.80	Wittenberge
110 692	Schwerin	19.03.83 – 03.05.83	Schwerin
110 736	Neuruppin	11.10.80 – 24.10.80	Neuruppin
110 755	Güstrow	29.08.86 – 01.11.92	Neustrelitz
110 774	Neuruppin	20.07.78 – 02.08.78	Neuruppin

1) Zurückstellung aus Reserve 2/92-10/94 2) Zurückstellung aus Reserve 11.02.92
3) Umbau 22.11.78 4) Umbau 19.03.79 umb = Umbau umz = Umzeichnung
* Lok war während der Beheimatung kurzzeitig in einem anderen Bw.

Gmp 68837	Ludwigslust – Dömitz	
Ng 61836	Dömitz – Ludwigslust	
Gmp 68839	Ludwigslust – Dömitz	
Lz	Dömitz – Ludwigslust	

Durch die Zugänge von 110 075 und 110 148 (beide vom Bw Wismar), 110 212 (vom Bw Schwerin) sowie 110 797 (vom Bw Güstrow) wuchs der 110er-Bestand in Hagenow Land bis 1977 auf elf Maschinen an.

Ab 1978 wurden auch Hagenower 110 im Raw Stendal mit 1.200-PS-Motoren ausgerüstet. Die Loks wechselten daraufhin bekanntermaßen die Baureihenbezeichnung in 112. Der Bestand an Loks dieser Baureihe hielt sich allerdings in Grenzen und lag von 1981 und 1989 – jeweils zum Stichtag 31. Dezember – zwischen drei und fünf Exemplaren. Die ersten drei 112 im Bw Hagenow Land waren 112 269, 112 353 und 112 415. Auch die Bestandszahlen bei der Baureihe 110 schwankten in Hagenow Land beträchtlich. Von sieben Loks zum 31. Dezember 1981 ging der Bestand bis Ende 1985 auf nur noch drei Maschinen zurück, um dann wiederum bis Jahresende 1989 auf sieben 110 anzusteigen.

Die von den Hagenowern 110 und 112 gefahrenen Leistungen blieben bis 1990/91 nahezu unverändert. Das „hart an der (innerdeutschen) Grenze" liegende Bw blieb von großartigen Verschiebungen im Reise- oder Güterverkehr verschont.

Erst mit der Grenzöffnung im Herbst 1989 änderten sich die Aufgaben, und im Winterfahrplan 1990/91 fuhren die 110/112 des Bw Hagenow Land mit Reisezügen erstmals bis Büchen und Hamburg-Bergedorf. Dafür entfielen auf den Nebenstrecken zunehmend die Leistungen vor Nahgüterzügen, sodass im Verlauf des Jahres 1990 fünf nicht mehr benötigte 110 an andere Bahnbetriebswerke abgegeben wurden (aufgeführt in der Reihenfolge ihres Abgangs):

Bw Hagenow Land (II)

Lok-Nr.	vom Bw	beheimatet von – bis	zum Bw
110 797	Güstrow	02.07.75 – 19.10.84	Umbau [5]
110 797	aus Umbau	20.10.84 – 12.11.85	umz in 112 797
110 808	Wittenberge	12.11.85 – 07.12.85	Wittenberge
201 837	Stralsund	05.06.93 – 30.11.93	Schwerin
112 269	aus Umbau	01.10.82 – 13.04.85	Güstrow
112 269	Güstrow	15.05.85 – 01.06.86	Zittau*
112 353	umz	01.01.81 – 18.12.85	Wittenberge
112 353	Wittenberge	12.05.87 – 27.06.87	Güstrow
112 354	Güstrow	24.08.89 – 31.10.89	Güstrow
112 408	aus Umbau	15.05.84 – 25.01.93	Stralsund
112 415	umz	01.01.81 – 19.09.91	Rostock
112 425	Wismar	17.09.89 – 13.01.91	Rostock
202 461	Pasewalk	23.05.93 – 07.11.93	Stralsund
112 476	Schwerin	04.06.91 – 30.11.93	Schwerin
112 480	Wismar	21.01.87 – 12.03.87	Güstrow
112 480	Güstrow	04.04.87 – 03.08.92	Wismar
112 481	aus Umbau	01.06.82 – 28.05.84	Blankenburg (H)
112 524	Schwerin	26.07.90 – 13.09.90	Schwerin
112 553	Güstrow	30.05.86 – 14.08.87	Eisenach
202 606	Neuruppin	08.01.93 – 02.03.93	Wittenberge
112 697	Schwerin	26.07.90 – 30.11.93	Schwerin
202 729	Neuruppin	30.01.93 – 30.11.93	Schwerin
112 797	umz	13.11.85 – 06.04.93	Eberswalde
112 800	Rostock	11.01.91 – 30.11.93	Schwerin
112 817	Wittenberge	15.09.90 – 30.11.93	Schwerin
112 885	Neuruppin	21.09.90 – 30.11.93	Schwerin

5) Umbau 19.10.84

◁ **Bild 463**
110 110 des Bw Hagenow Land steht am 9. Mai 1990 mit einem Personenzug nach Zarrentin abfahrbereit im Bahnhof Hagenow Land.

Aufnahme: Andreas Stange

- 110 157 (am 06.03.) nach Neuruppin,
- 110 096 (am 09.09.) nach Wittenberge,
- 110 110 (am 21.09.) nach Neuruppin,
- 110 075 (am 25.10.) und 110 040 (am 29.10.) nach Wittenberge.

Zum 31. Dezember 1991 waren folgende 110 und 112 in Hagenow Land beheimatet:

110 038	143	158	212	755
112 408	476	480	697	797
800	817	885		

Mit der Gründung der DB AG zum 1. Januar 1994 wurde das Bw Hagenow Land dem Betriebshof Schwerin als Einsatzstelle unterstellt. Bereits im Vorfeld dieser „Übernahme" wechselten am 30. November 1993 die zu diesem Zeitpunkt noch in Hagenow Land beheimateten Loks in den Schweriner Fahrzeugbestand, darunter die folgenden 201 und 202:

201 038	837			
202 476	606	697	729	800
817	885			

9.3 Bw Neuruppin

Neuruppin liegt im Norden des Bundeslandes Brandenburg und gilt als „Hauptstadt" des Ruppiner Landes, welches durch Theodor Fontanes „Wanderungen durch die Mark Brandenburg" aus dem Jahr 1862 große Berühmtheit erlangte. Fontane ist zugleich der größte Sohn der Stadt, wurde er doch dort am 30. Dezember 1819 geboren.

In Neuruppin trafen einst Strecken aus Wittstock (Dosse), Löwenberg (Mark), Velten und Neustadt (Dosse) aufeinander, entsprechend besaß der Neuruppiner Bahnhof auch eine durchaus ansehnliche Größe. Dies gilt auch für die Anlagen des Neuruppiner Bahnbetriebswerkes, zu denen einst u. a. ein elfständiger Halbrund- und ein separater Triebwagenschuppen gehörten.

Im Sommer 1973 wurden dem Bw Neuruppin erstmals Vertreterinnen der Baureihe 110 zur Beheimatung zugewiesen. Als erste traf am 10. Juli die werksneue 110 559 ein, ihr folgte nur zwei Wochen später 110 501 aus dem Bw Wittenberge. Zu diesem Zeitpunkt beheimatete das dor-

◁ **Bild 464**
Ein „Neuruppiner Doppel" fährt mit einem Ganzzug im September 1979 durch den Bahnhof Brandenburg (Havel). Die Vorspannlok **110 336** gehörte nur knapp drei Monate – von Ende August bis Mitte November 1979 – zum Bestand des Bw Neuruppin.

Aufnahme: Jens-Peter Fried

tige Bahnbetriebswerk fünf Neubau-Dampfloks der Baureihe 50^{40} und 17 LVT-Einheiten der Baureihe 171/172. Mit den LVT wurde der gesamte Nahverkehr abgedeckt, während die 50^{40} vor Güterzügen auf den von Neuruppin ausgehenden Strecken zum Einsatz kamen.

Die beiden neuen Dieselloks wurden zunächst für Personalschulungsfahrten genutzt. Bereits am 6. August 1973 wechselte 110 501 wieder zurück zum Bw Wittenberge, als Ersatz kam am 28. September direkt aus dem LEW Hennigsdorf die 110 592. Die beiden 110er wurden mit in die Umläufe der 50^{40} eingebunden.

Als Neuanlieferung aus dem LEW Hennigsdorf erhielt das Bw Neuruppin am 26. Juli 1974 die 110 691. Von den drei nun vorhandenen Loks der Baureihe 110 wurden im Sommerfahrplan 1974 zwei Maschinen im Dienstplan 320 benötigt. Sie erreichten darin mit Nahgüterzügen Neustadt (Dosse) und Wittenberge. Am 16. November desselben Jahres traf noch 110 736 – ebenfalls werksneu aus Hennigsdorf kommend – zur Beheimatung in Neuruppin ein.

Im Herbst 1975 setzte das Bw Neuruppin in seinen Umlaufplänen drei 110er ein, davon zwei Loks in Doppeltraktion zwischen Rostock-Seehafen und Brandenburg (über Karow/Meckl). Dieses Doppel diente als Ersatz für eine Lok der Baureihe 50^{40}. Im Verlauf des Jahres 1976 wurde der Bestand an Maschinen der Baureihe 110 im Bw Neuruppin auf acht Loks aufgestockt.

Zum 31. Dezember jenes Jahres waren folgende 110er in Neuruppin beheimatet, von denen allerdings nur wenige Exemplare über einen längeren Zeitraum im hiesigen Bahnbetriebswerk blieben:

110 422 559 592 691 736
753 774 870

Die Fluktuation war dort außergewöhnlich hoch! Zwischen 1973 und 1990 kamen insgesamt 52 Vertreterinnen dieser Baureihe von Neuruppin aus zum Einsatz.

Die Doppeltraktionsleistungen wurde ab 1976 mit zwei Pärchen gefahren, wobei neben Güterzügen auf der Relation Rostock – Brandenburg auch Kalizüge von Wismar nach Wittenberge bespannt wurden. Im Sommer 1979 kamen noch der Gag 56634 (Dessau – Primerburg) und der Gag 56811 (Meyenburg – Güterglück) hinzu.

Erste Einsätze im Personenverkehr bekamen die Neuruppiner 110 mit der Übernahme des Lokbahnhofs Rheinsberg vom Bw Neustrelitz im Jahr 1981. Anfangs stellte das Bw Neustrelitz noch die Lok, ab 1984 dann das Bw Neuruppin. Der Umlauf um-

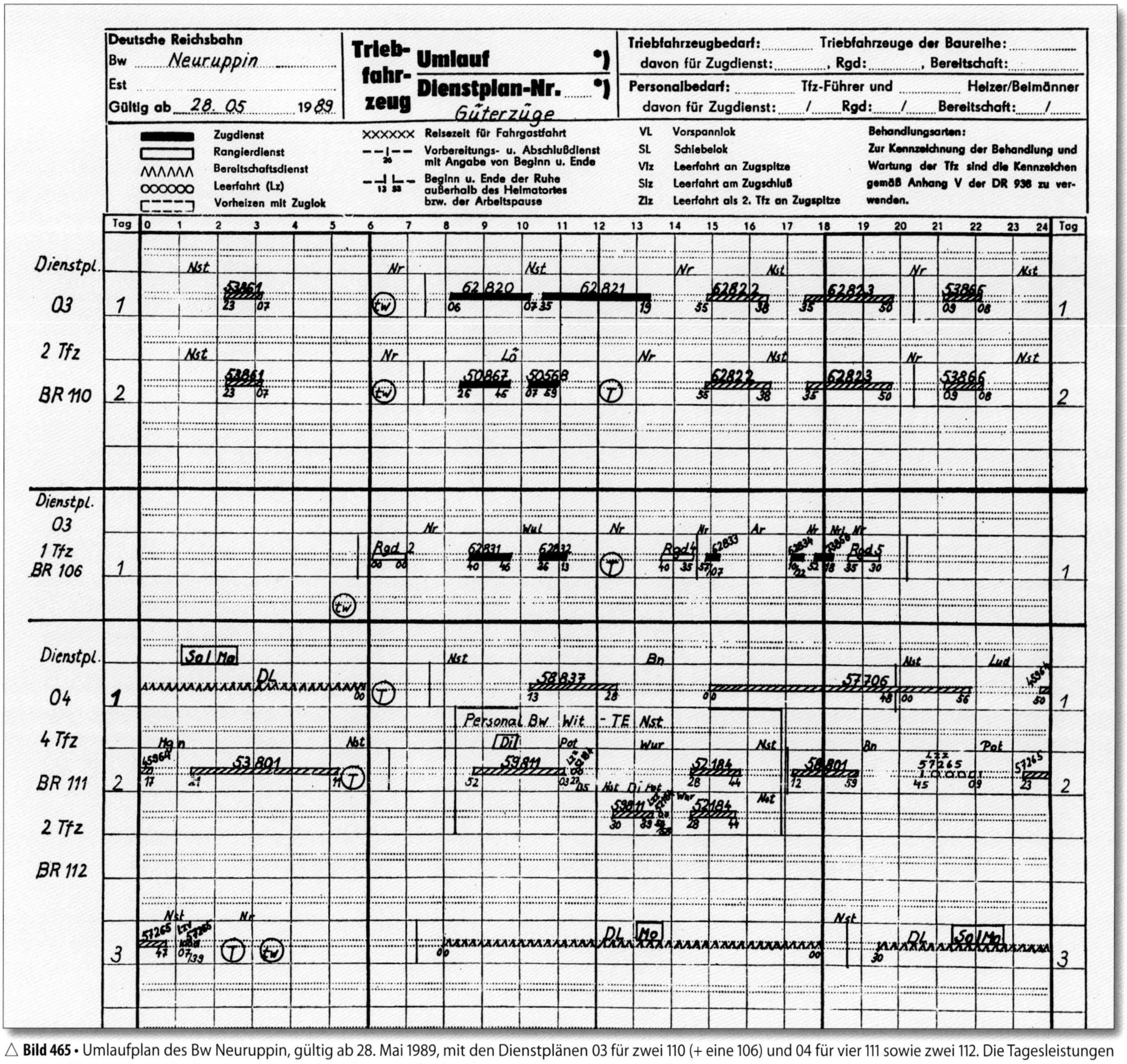

△ **Bild 465** • Umlaufplan des Bw Neuruppin, gültig ab 28. Mai 1989, mit den Dienstplänen 03 für zwei 110 (+ eine 106) und 04 für vier 111 sowie zwei 112. Die Tagesleistungen waren übersichtlich, allerdings bespannten die Loks zum Teil sehr schwere Nah-, Durchgangs- und Ganzzüge. ABBILDUNG: SAMMLUNG ANDREAS STANGE

△ **Bild 466 •** Mit einem Ganzzug fährt das Neuruppiner 110-Doppel **110 729** und **110 630** am 6. Juni 1985 durch den Bahnhof Meyenburg. AUFNAHME: ANDREAS STANGE

△ **Bild 467•** Mit **110 422** als Vorspannlok erreicht ein 110-Pärchen am 25. Mai 1980 mit einem Nahgüterzug den Bahnhof Neustadt (Dosse). AUFNAHME: OLAF FRÖHLICH

fasste einen Nahgüterzug nach Löwenberg (Mark), Personenzüge nach Rheinsberg – mit Bedienung des dortigen Kernkraftwerks „Bruno Leuschner" – und nachts wieder einen Nahgüterzug nach Neuruppin. Bei einem hohen Schadbestand bei den LVT im Bw Neuruppin kamen die 110 ersatzweise auch mit Reisezügen nach Oranienburg und Neustadt (Dosse).

Im Juni 1981 trafen die ersten fünf Loks der Baureihe 111 werksneu im Bw Neuruppin ein, die umgehend die Umläufe der 110-Doppeltraktionspärchen übernahmen. Allerdings kamen diese bei Bedarf weiterhin zum Einsatz. Im Juli 1983 wurde 112 512 als erste Vertreterin ihrer Baureihe dem Neuruppiner Bahnbetriebswerk überstellt. Sie blieb bis Januar 1984 eine „Einzelkämpferin".

Zum 31. Dezember 1983 sah der Bestand an 110, 111 und 112 in Neuruppin wie folgt aus:

110 040	148	636	774	848
885				
111 001	002	003	004	005
112 512				

Am 28. Januar 1984 kamen 112 489 und 112 509 (beide vom Bw Wismar) zur kurzzeitigen Beheimatung nach Neuruppin. Sie blieben nur knapp zwei Wochen und wechselten bereits am 10. Februar wieder zurück nach Wismar. Somit war 112 512 erneut die einzige Lok ihrer Baureihe in Neuruppin. Offenbar fanden die dortigen Technologen keinen ernsthaften Einsatzbereich für sie, denn am 20. Juli jenes Jahres wurde 112 512 an das Bw Schwerin abgegeben. Erst im Juli und August 1985 erhielt Neuruppin wieder Loks dieser Baureihe.

Im Sommerfahrplan 1985 setzte das Bw Neuruppin zwei 110 vor Nahgüterzügen zwischen Neuruppin und Neustadt (Dosse) ein. Die beiden Loks bespannten dabei auch den Dg 50855 von Neustadt (Dosse) bis Priort. Währenddessen leisteten die 111 in drei Pärchen ihre Dienste vor schweren Güterzügen. Die längsten Zugläufe wurden dabei mit folgenden Zügen erbracht:

Gag 56857	Wittenberge – Wustermark
Gag 58811	Karow (Meckl) – Güterglück
Gag 56050	Dessau – Wittenberge
Dg 53806	Wittenberge – Bad Kleinen

Neben Kalizügen waren dies auch Getreide- und Kesselwagenzüge. Ab 1987 wurden die 111er-Langläufe nach bzw. von Dessau und Güterglück auf den Abschnitt Ludwigslust bzw. Meyenburg – Brandenburg eingekürzt.

Im Sommer 1989 gab es einen Umlauf für zwei Loks der Baureihe 110 mit Güterzügen nach Neustadt (Dosse) sowie einen (gemischten) Vier-Tage-Umlauf für die Baureihen 111 und 112, in dem die Maschinen – jeweils in Doppeltraktion – vor Güterzügen von Ludwigslust nach Brandenburg bzw. Priort zum Einsatz kamen. Nachdem am 5. Juni jenes Jahres gleich drei 111 (111 001, 111 002 und 111 005) die Be-

Bild 468 ▷ Es gab sie auch einzeln: Die Neuruppiner **112 532** erreicht mit einem kurzen Übergabezug den Bahnhof Wildberg (Kr Neuruppin) an der Strecke Neustadt (Dosse) – Neuruppin. Über dem Führerhausdach der Lok ist ein EZMG-Signal sowjetischer Bauform zu erkennen.

Aufnahme: Volker Lucas, Sammlung A. Zika

heimatung wechselten, blieb nur das Doppel 111 003 + 111 004 übrig, ergänzt durch drei 112-Doppel.

Auch das Bw Neuruppin bekam den wirtschaftlichen Niedergang in der (ausklingenden) DDR bzw. ab 3. Oktober 1990 in den neuen Bundesländern unmittelbar zu spüren, brachen doch ab 1990 die Leistungen im Güterverkehr zunehmend weg. Als erstes traf es die Maschinen der Baureihe 111, deren letzte Vertreterin in Neuruppin, 111 004, am 23. Juli 1991 zum Bw Rostock-Seehafen abgegeben wurde.

Auch der Baureihe 110 ging es vermehrt „an den Kragen“, allerdings hielt sich Anfang der neunziger Jahre noch ein Bestand von drei bis vier Maschinen, bis im März 1994 die letzten drei Neuruppiner 110 zum Bh Wittenberg wechselten. Dies waren 201 112, 201 157 und 201 609. Die noch verbliebenen Lokomotiven der Baureihe 202 kamen im Mai 1994 mit der Auflösung des Bh Neuruppin nach Wittenberge. Bis 1998 wurden aber immer wieder 202 aus anderen Betriebshöfen nach Neuruppin geholt, um dort – meist mit nur einem Reisezugwagen am Haken – ersatzweise für defekte „Ferkeltaxen“ (LVT der Baureihen 771/772) im Personenverkehr auszuhelfen.

Bw Neuruppin (I)

Lok-Nr.	vom Bw	beheimatet von – bis	zum Bw
110 030	Güstrow	02.07.82 – 15.07.82	Güstrow
110 030	Schwerin	19.03.90 – 30.04.90	Schwerin
110 033	Schwerin	26.04.80 – 03.05.80	Wismar
110 040	Hagenow Land	18.11.83 – 25.01.84	Hagenow Land
201 062	Eberswalde	24.01.92 – 16.07.92	umb in 298 062
110 110	Halle G	13.06.89 – 12.10.89	Hagenow Land
110 110	Hagenow Land	22.09.90 – 08.05.92	umb in 298 110
201 112	Eberswalde	24.01.92 – 23.03.94	Wittenberge[1)]
110 134	Neustrelitz	01.08.85 – 05.08.86	Hagenow Land
110 134	Güstrow	25.08.86 – 22.01.92	Eberswalde
110 148	Hagenow Land	11.08.82 – 26.10.84	Güstrow
110 148	Wittenberge	01.01.85 – 08.05.86	Schwerin
110 148	Güstrow	01.06.87 – 06.12.87	Güstrow
110 148	Güstrow	21.12.87 – 30.06.90	verk BKK Cottbus[2)]
110 157	Güstrow	31.05.85 – 16.07.85	Wittenberge
110 157	Wittenberge	09.08.85 – 19.09.85	Rostock
110 157	Hagenow Land	13.10.88 – 25.10.88	Hagenow Land
110 157	Hagenow Land	07.03.90 – 23.03.94	Wittenberge[3)]
110 158	Falkenberg (E)	12.06.89 – 29.08.91	Hagenow Land
110 159	Merseburg	06.06.89 – 04.12.89	Frankfurt (O)
110 159	Frankfurt (O)	03.01.90 – 30.04.90	verk BKK Cottbus
110 210	Rostock	01.06.85 – 16.07.85	Wittenberge
110 210	Schwerin	02.04.86 – 24.05.86	Wittenberge
110 212	Hagenow Land	14.10.88 – 25.10.88	Hagenow Land
110 256	Hagenow Land	22.08.78 – 21.09.78	Wittenberge
110 256	Wittenberge	07.08.80 – 15.09.80	Wittenberge

umb = Umbau umz = Umzeichnung zr = Zurückstellung aus Reserve

1) zr 10.02.92 2) verkauft an Braunkohlenkombinat Cottbus 3) zr 10.02.92

* Lok war während der Beheimatung kurzzeitig in einem anderen Bw.

Bw Neuruppin (II)

Lok-Nr.	vom Bw	beheimatet von – bis	zum Bw
110 269	Wittenberge	16.01.82 – 30.09.82	umb in 112 269
110 333	Schwerin	09.08.80 – 12.09.80	Schwerin
110 336	Schwerin	29.08.79 – 18.11.79	Schwerin
110 377	Güstrow	24.09.77 – 25.10.77	Wittenberge
110 381	Kamenz	03.01.79 – 04.01.79	Rostock
110 408	Hagenow Land	10.09.77 – 28.09.77	Hagenow Land
110 408	Hagenow Land	04.02.82 – 11.03.82	Hagenow Land
110 408	Hagenow Land	26.01.84 – 06.02.84	Hagenow Land
110 422	Wittenberge	28.02.76 – 13.02.81	Schwerin
110 422	Rostock	22.05.81 – 30.06.81	Haldensleben
110 443	Wittenberge	21.10.75 – 07.11.75	Wittenberge
110 453	Güstrow	21.02.80 – 10.03.80	Güstrow
110 493	Schwerin	05.10.88 – 18.11.88	Schwerin
110 501	Wittenberge	25.07.73 – 06.08.73	Wittenberge
110 501	Wittenberge	02.07.85 – 18.07.85	Wittenberge
110 512	Rostock	20.04.83 – 15.07.83	umz in 112 512
110 559	Neuanlieferung	10.07.73 – 07.11.78	Rostock
110 592	Neuanlieferung	28.09.73 – 26.11.74	Hagenow Land
110 592	Hagenow Land	21.12.74 – 03.08.81	Haldensleben
201 609	Neustrelitz	07.10.92 – 23.03.94	Wittenberge[4)]
110 630	Rostock	24.01.85 – 05.03.87	Wittenberge
110 630	Wittenberge	19.04.87 – 15.09.88	umb in 112 630 *
110 636	Güstrow	13.04.83 – 13.01.85	Hagenow Land
110 636	Hagenow Land	13.02.85 – 13.06.86	Güstrow
110 644	Leipzig Hbf Süd	27.05.90 – 04.08.91	Wittenberge
110 664	Wittenberge	06.05.80 – 06.06.80	Hagenow Land
110 674	Schwerin	27.11.82 – 22.12.82	Schwerin
110 691	Neuanlieferung	26.07.74 – 14.04.77	Wismar

4) zr 16.10.92

△ **Bild 469** • Natürlich im Doppel … Am 18. Juli 1993 haben die Neuruppiner **202 630** und **202 532** einen Güterzug nach Löwenberg (Mark) gebracht und sind nun „Lz" auf der Rückfahrt nach Neuruppin. Die Aufnahme entstand im Bahnhof Herzberg (Mark). AUFNAHME: MATTHIAS RÖSELER

Bw Neuruppin (III)

Lok-Nr.	vom Bw	beheimatet von – bis	zum Bw
110 692	Güstrow	14.10.80 – 31.10.80	Güstrow
110 692	Schwerin	21.07.84 – 24.08.84	Schwerin
201 704	Stralsund	03.10.92 – 06.01.93	Wismar
110 726	Wittenberge	02.06.87 – 05.09.88	Wittenberge
110 726	Wittenberge	28.09.88 – 30.08.89	umb in 112 726
110 729	Schwerin	14.08.84 – 05.03.87	Wittenberge *
110 729	Wittenberge	25.05.87 – 31.05.88	umb in 112 729
110 736	Neuanlieferung	16.11.74 – 10.10.80	Hagenow Land
110 736	Hagenow Land	25.10.80 – 30.06.81	Haldensleben
110 753	Güstrow	25.11.75 – 23.12.75	Güstrow
110 753	Güstrow	18.11.76 – 30.06.81	Haldensleben
110 755	Schwerin	30.11.84 – 10.12.84	Wittenberge
110 759	Leipzig Hbf Süd	27.05.90 – 22.01.92	Eberswalde
110 767	Güstrow	08.03.79 – 27.03.79	Cottbus
110 774	Neuanlieferung	19.02.75 – 16.03.78	Wismar
110 774	Wismar	15.04.78 – .06.78	Güstrow
110 774	Güstrow	.06.78 – 19.07.78	Hagenow Land
110 774	Hagenow Land	03.08.78 – 17.02.80	Güstrow
110 774	Wittenberge	.06.80 – 14.01.85	umb in 114 774 *
110 775	Cottbus	02.01.79 – 07.02.79	Cottbus
110 848	Güstrow	27.11.82 – 31.05.88	Aue (Sachs)*
110 864	Neuanlieferung	06.10.76 – 18.10.76	Pasewalk
110 870	Neuanlieferung	03.10.76 – 22.09.86	Schwerin
110 870	Schwerin	12.03.87 – 25.11.90	umb in 199 870
110 885	Rostock	07.11.78 – 17.03.87	Stendal
110 885	Stendal	03.04.87 – 22.08.90	umb in 112 885
110 890	Schwerin	08.03.79 – 03.04.79	Leipzig Hbf Süd
110 896	Brandenburg	29.09.78 – 25.06.81	Wismar

Bw Neuruppin (IV)

Lok-Nr.	vom Bw	beheimatet von – bis	zum Bw
111 001	Neuanlieferung	13.06.81 – 05.06.89	Leipzig Hbf Süd
111 002	Neuanlieferung	13.06.81 – 05.06.89	Leipzig Hbf Süd
111 003	Neuanlieferung	13.06.81 – 02.07.91	Rostock-Seehafen
111 004	Neuanlieferung	19.06.81 – 23.07.91	Rostock-Seehafen
111 005	Neuanlieferung	19.06.81 – 05.06.89	Altenburg
111 010	Wittenberge	22.01.90 – 19.02.90	Wittenberge
112 136	Rostock	10.08.85 – 04.08.91	Wittenberge*
202 381	Schwerin	10.06.93 – 29.11.93	Stralsund
202 381	Stralsund	27.12.93 – 29.05.94	Wittenberge
202 392	Angermünde	03.06.93 – 12.07.93	Angermünde
202 460	Neubrandenburg	07.01.93 – 21.01.94	Angermünde
202 460	Angermünde	17.05.94 – 31.05.94	Wittenberge
202 462	Neubrandenburg	08.01.93 – 28.05.94	Wittenberge
112 489	Wismar	28.01.84 – 10.02.84	Wismar
112 509	Wismar	28.01.84 – 10.02.84	Wismar
112 512	umz	15.07.83 – 20.07.84	Schwerin
112 532	Wismar	20.08.85 – 10.09.85	Schwerin
112 532	Wismar	12.05.88 – 15.05.88	Schwerin
112 532	Güstrow	01.10.88 – 28.05.94	Wittenberge
202 606	Wismar	23.09.92 – 07.01.93	Hagenow Land
202 606	Wittenberge	21.05.93 – 28.05.94	Wittenberge
112 630	aus Umbau	16.09.88 – 28.05.94	Wittenberge
112 674	Schwerin	24.09.86 – 09.03.87	Schwerin*
112 706	Schwerin	01.07.85 – 31.05.86	Görlitz
112 726	aus Umbau	31.08.89 – 08.11.93	Stralsund
202 726	Stralsund	20.12.93 – 28.05.94	Wittenberge
112 729	aus Umbau	01.06.88 – 29.01.93	Hagenow Land
112 885	aus Umbau	23.08.90 – 20.09.90	Hagenow Land

△ **Bild 470•** Auch wenn diese Aufnahme hinlänglich bekannt ist, so sollte sie doch im Kapitel über die Betriebseinsätze der Baureihe V 100 des Bw Rostock nicht fehlen: **110 510** schiebt am 16. April 1975 einen Wendezug auf der Relation Warnemünde – Rostock Hbf durch das ehemalige Bahnhofsgebäude der Lloyd-Bahn in Warnemünde.

AUFNAHME: JOACHIM CLAUS, SAMMLUNG EISENBAHNSTIFTUNG

9.4 Bw Rostock

Rostock – Hafen- und Universitätsstadt sowie Verkehrknotenpunkt an der Ostsee. Das Bw Rostock erhielt als eines der ersten Bahnbetriebswerke Lokomotiven der Baureihe V 100 zugewiesen. Zwischen Februar und Juni 1967 trafen hier ein (aufgeführt in der Reihenfolge ihres Eintreffens):

- V 100 016 am 17. Februar (werksneu),
- V 100 028 am 24. März (werksneu),
- V 100 033 am 1. April (werksneu),
- V 100 035 am 5. April (werksneu),
- V 100 038 und 040 am 16. April (werksneu),
- V 100 019 am 5. Juni (vom Bw Karl-Marx-Stadt-Hilbersdorf),
- V 100 017 am 20. Juli (vom Bw Freiberg/Sachs).

Im Frühjahr 1967 beheimatete Rostock für den (Regelspur-)Streckendienst noch folgende Baureihen in der angegebenen Stückzahl:

9 × Baureihe 03^2,
4 × Baureihe 38^{10-40},
7 × Baureihe 44,
8 × Baureihe 50-Altbau,
7 × Baureihe 50^{35-37},
8 × Baureihe 57,
8 × Baureihe 62,
4 × Baureihe 91.

Die Loks der Baureihe V 100 kamen zunächst meist vor Wendezügen zwischen Rostock und Warnemünde in den Plänen der Baureihe 62 zum Einsatz. Die dadurch freigewordenen 62er wurden ab Herbst 1967 zu den Bahnbetriebswerken Berlin-Lichtenberg, Wittenberge und Frankfurt (O) abgegeben. Als letzte wechselte 62 015 am 9. Oktober 1968 nach Frankfurt (O).

Im Winterfahrplan 1967/1968 setzte das Bw Rostock sieben V 100 vor Wendezügen nach Warnemünde und Rostock-Seehafen sowie vor Personenzügen nach Ribnitz-

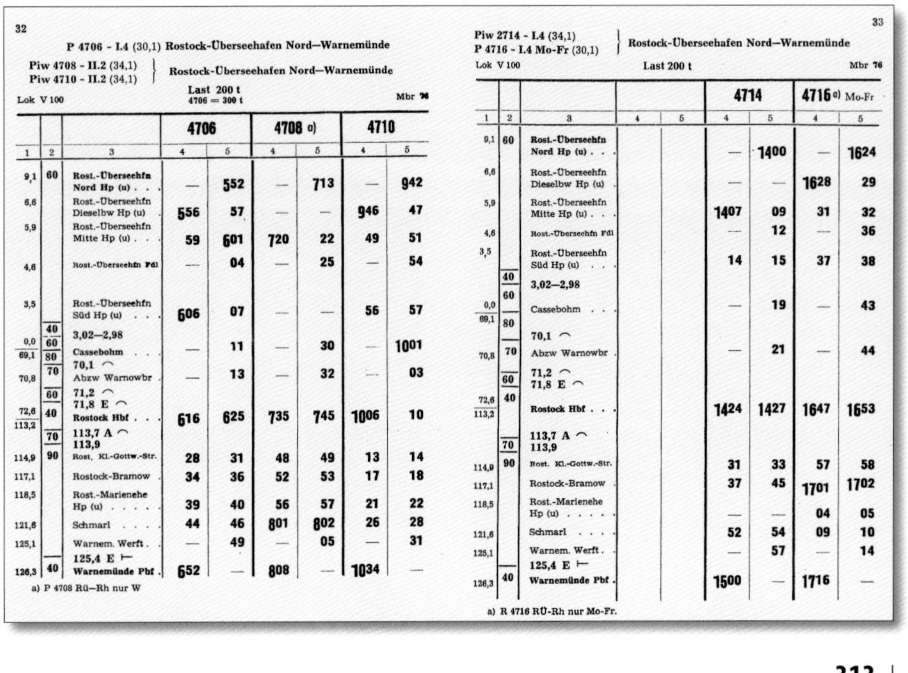

32

P 4706 - I.4 (30,1) Rostock-Überseehafen Nord—Warnemünde

Piw 4708 - II.2 (34,1) / Piw 4710 - II.2 (34,1) } Rostock-Überseehafen Nord—Warnemünde

Lok V 100 — Last 200 t, 4706 = 300 t — Mbr 76

			4706		4708 a)		4710	
1	2	3	4	5	4	5	4	5
9,1	60	Rost.-Überseehfn Nord Hp (u)	—	552	—	713	—	942
6,6		Rost.-Überseehfn Dieselbw Hp (u)	556	57	—	—	946	47
5,9		Rost.-Überseehfn Mitte Hp (u)	59	601	720	22	49	51
4,6		Rost.-Überseehfn Fdl	—	04	—	25	—	54
3,5		Rost.-Überseehfn Süd Hp (u)	606	07	—	—	56	57
	40	3,02—2,98						
0,0 / 69,1	60 / 80	Cassebohm	—	11	—	30	—	1001
	70	70,1 ⌒						
70,8		Abzw Warnowbr	—	13	—	32	—	03
	60	71,2 ⌒ 71,8 E ⌒						
72,6 / 113,2	40	Rostock Hbf	616	625	735	745	1006	10
	70	113,7 A ⌒ 113,9						
114,9	90	Rost. Kl.-Gottw.-Str.	28	31	48	49	13	14
117,1		Rostock-Bramow	34	36	52	53	17	18
118,5		Rost.-Marienehe Hp (u)	39	40	56	57	21	22
121,6		Schmarl	44	46	801	802	26	28
125,1		Warnem. Werft	—	49	—	05	—	31
		125,4 E ⊢						
126,3	40	Warnemünde Pbf	652	—	808	—	1034	—

a) P 4708 Rü—Rh nur W

33

Piw 2714 - I.4 (34,1) / P 4716 - I.4 Mo-Fr (30,1) } Rostock-Überseehafen Nord—Warnemünde

Lok V 100 — Last 200 t — Mbr 76

					4714		4716 a) Mo-Fr	
1	2	3	4	5	4	5	4	5
9,1	60	Rost.-Überseehfn Nord Hp (u)			—	1400	—	1624
6,6		Rost.-Überseehfn Dieselbw Hp (u)			—	—	1628	29
5,9		Rost.-Überseehfn Mitte Hp (u)			1407	09	31	32
4,6		Rost.-Überseehfn Fdl			—	12	—	36
3,5		Rost.-Überseehfn Süd Hp (u)			14	15	37	38
	40	3,02—2,98						
0,0 / 69,1	60 / 80	Cassebohm			—	19	—	43
		70,1 ⌒						
70,8	70	Abzw Warnowbr			—	21	—	44
	60	71,2 ⌒ 71,8 E ⌒						
72,6 / 113,2	40	Rostock Hbf			1424	1427	1647	1653
	70	113,7 A ⌒ 113,9						
114,9	90	Rost. Kl.-Gottw.-Str.			31	33	57	58
117,1		Rostock-Bramow			37	45	1701	1702
118,5		Rost.-Marienehe Hp (u)			—	—	04	05
121,6		Schmarl			52	54	09	10
125,1		Warnem. Werft			—	57	—	14
		125,4 E ⊢						
126,3	40	Warnemünde Pbf			1500	—	1716	—

a) R 4716 RÜ-Rh nur Mo-Fr.

Bild 471 ▷ Die Seite aus einem Buchfahrplan der Rbd Schwerin für den Sommer 1968 zeigt die Leistungen der Rostocker V 100 auf der Verbindung Rostock-Überseehafen Nord – Warnemünde.

ABBILDUNG: SAMMLUNG ANDREAS STANGE

◁ **Bild 472**
Am 12. August 1969 verlässt die Rostocker **V 100 040** mit einem Personenzug in Richtung Rostock Hbf den Rostocker Seehafen.

Damgarten und Bad Doberan ein. Mit den Personenzügen übernahmen die Dieselloks die Leistungen der Baureihe 38^{10-40}, die dadurch wiederum abgestellt wurden. Im Sommerfahrplan 1968 kamen noch Personenzugleistungen nach Güstrow hinzu. Die darin eingesetzten V 100 wurden allerdings von Personal des Bw Güstrow besetzt, bis dieses Bahnbetriebswerk auf eigene V 100 zurückgreifen konnte.

Als ab 1969 die Baureihe V 180 den Wendezugverkehr nach Warnemünde und Rostock-Seehafen übernahm, fanden die Rostocker V 100 vor Personenzügen nach Wismar, Güstrow, Bützow, Tessin, Graal-Müritz, Neubrandenburg und Stralsund Verwendung. Zum 31. Dezember 1969 waren folgende V 100 im Bw Rostock beheimatet:

V100 016 019 033 040 113
132 136 137 148

In den Jahren 1970 und 1971 lag der Bestand an Maschinen der nunmehrigen Baureihe 110 bei acht Loks, von denen sieben planmäßig benötigt wurden. Im Verlauf des Jahres 1972 trafen weitere 110er zur Beheimatung ein, so dass zum 31. Dezember insgesamt 14 Vertreterinnen dieser Baureihe in der Bestandsliste des Bw Rostock zu finden waren:

110 019 033 040 132 148
157 414 449 480 488
489 510 511 512

Für die Maschinen gab es einen Umlaufplan mit zehn Einsatztagen. Darin bespannten die 110 auch Nahgüterzüge ab bzw. zum Rostocker Güterbahnhof.

Allerdings hielt das „Hoch" der Baureihe 110 in Rostock nicht allzu lange an, denn durch die Zuweisung von Großdiesellokomotiven der Baureihe 132 kam es zu Verschiebungen bei den Lokbespannungen. Die 132 übernahmen Leistungen der Baureihe 118, die wiederum in die Umläufe der Baureihe 110 „eindrangen". So entfielen für die 110 z. B. Einsätze nach Stralsund und Bützow. Ab 1974 benötigten die Technologen des Bw Rostock nur noch sechs Loks der Baureihe 110, deren Bestand daraufhin bis 1977 auf acht Maschinen zurückging.

Im Jahr 1982 trafen die ersten vier 112 zur Beheimatung in Rostock ein, woraufhin sich der 110-Bestand weiter dezimierte. Waren Anfang 1983 noch vier 110 – 110 136, 137, 511 und 512 – von Rostock aus im Einsatz, gab es am Jahresende (zunächst) keine Lok dieser Baureihe mehr im hiesigen Bahnbetriebswerk – dafür aber folgende 112, von denen einige bereits als 110 in Rostock zu finden waren:

112 136 137 280 296 345
377 511

Im Reiseverkehr kamen die Loks nach Graal-Müritz, Tessin, Neubrandenburg

△ **Bild 473** • Der Wendezugbetrieb zwischen Rostock und Warnemünde wurde eine Zeit lange von 110 und 118 des Bw Rostock betrieben. Hier steht **110 157** im Jahr 1972 mit einem Wendezug in Rostock Hbf. Links ist eine mittig zwischen zwei Doppelstockeinheiten eingereihte 118 zu sehen. AUFNAHMEN (2): ZBDR, SAMMLUNG ANDREAS STANGE

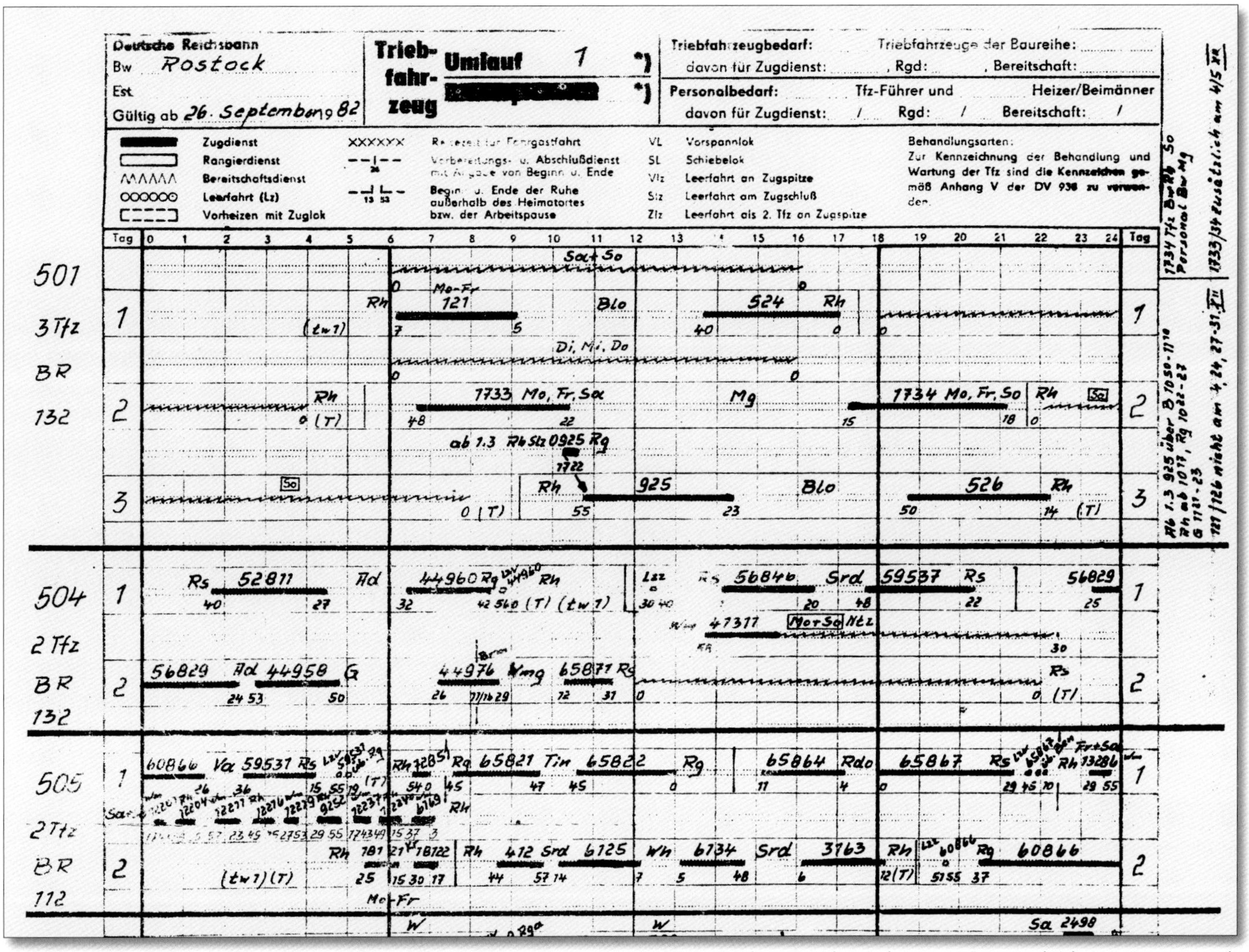
Deutsche Reichsbahn
Bw Rostock
Est
Gültig ab 26. September 82

Trieb-fahr-zeug Umlauf 1 *)
[redacted] *)

Triebfahrzeugbedarf: Triebfahrzeuge der Baureihe:
davon für Zugdienst: , Rgd: , Bereitschaft:
Personalbedarf: Tfz-Führer und Heizer/Beimänner
davon für Zugdienst: / Rgd: / Bereitschaft: /

Zugdienst
Rangierdienst
Bereitschaftsdienst
Leerfahrt (Lz)
Vorheizen mit Zuglok

Reisezeit zur Fahrgastfahrt
Vorbereitungs- u. Abschlußdienst mit Angabe von Beginn u. Ende
Beginn u. Ende der Ruhe außerhalb des Heimatortes bzw. der Arbeitspause

VL Vorspannlok
SL Schiebelok
Vlz Leerfahrt an Zugspitze
Slz Leerfahrt am Zugschluß
Zlz Leerfahrt als 2. Tfz an Zugspitze

Behandlungsarten:
Zur Kennzeichnung der Behandlung und Wartung der Tfz sind die Kennzeichen gemäß Anhang V der DV 938 zu verwenden.

Tag 0 1 2 3 4 5 6 7 8 9 10 11 12 13 14 15 16 17 18 19 20 21 22 23 24 Tag

501 3 Tfz BR 132
504 2 Tfz BR 132
505 2 Tfz BR 112

△ **Bild 474** • Ausschnitt aus einem Umlaufplan des Bw Rostock, gültig ab 26. September 1982. Die beiden 112 im Plan 505 kamen vor Reise- und Nahgüterzügen u. a. nach Tessin, Ribnitz-Damgarten Ost, Rostock Gbf, Stralsund und Wolgast Hafen. ABBILDUNG: SAMMLUNG ANDREAS STANGE

und sogar über Stralsund bis Wolgast Hafen (Sommerfahrplan 1982), mit Nahgüterzügen erreichten die Maschinen Velgast und Tessin.

Ab 1985 kam für dreieinhalb Jahre die Einzelgängerin 114 774 vom Umbau zum Bw Rostock und wurde im schweren Güterverkehr ab Rostock-Seehafen als Versuchsträgerin eingesetzt.

Die Baureihe 110 verabschiedete sich 1986 vollends aus dem Bw Rostock: Nachdem 110 030 am 25. April jenes Jahres nach Schwerin wechselte, wurde 110 157 am 8. August als letzte Rostocker 110 nach Hagenow Land abgegeben.

Während dessen pegelte sich der Bestand an Loks der Baureihe 112 in Rostock bei sechs Maschinen ein. Erst im Jahr 1993

Bild 475 ▷ In Rövershagen an der Strecke Rostock – Stralsund zweigte die Nebenbahn nach Graal-Müritz ab, für die es einen separaten Bahnsteig gab. Am 27. Juli 1982 wartet dort **112 280** des Bw Rostock mit ihrem Personenzug auf Fahrgäste. Der Rövershagener Bahnhof an der Hauptstrecke befindet sich links hinter dem Zug.

AUFNAHME: SAMMLUNG ANDREAS STANGE

kamen durch die Übernahme des 202-Bestandes der Bahnbetriebswerke Güstrow und Wismar weitere Loks und deren Leistungen hinzu. Zum 31. Dezember 1993 beheimatete das Bw Rostock folgende 202:

202 280	329	345	420	425
524	569	627	722	750

Kompliziert: Dieser Bestand wurde von November 1993 bis Mai 1994 in Neustrelitz geführt, die Loks waren allerdings im Bw bzw. Bh Rostock beheimatet und kamen von dort aus im Personenverkehr nach Tessin, Graal-Müritz und Wismar sowie vor Nahgüterzügen von Rostock-Seehafen nach Bad Doberan und Ribnitz-Damgarten zum Einsatz.

Ab Februar 1994 beheimatete der Betriebshof (Bh) Rostock auch sechs Maschinen der Baureihe 298, die alle vom ehemalig selbstständigen Bw und nunmehrigen Einsatzstelle Rostock-Seehafen übernommen wurden:

298 307	310	312	316	318
320				

Die Loks blieben trotz der buchmäßigen Umbeheimatung weiterhin im schweren Rangierdienst im Rostocker Überseehafen im Einsatz.

Während 298 307 (am 27.08.1995) und 298 312 (am 30.09.1995) zum Bh Stralsund wechselten, von dort allerdings im August 1997 (298 307) bzw. September 1997 (298 312) nach Rostock zurückkehrten, kamen 1997 mit 298 309 (am 12.05. aus Dresden), 298 054 (am 15.05. aus Stralsund) und 298 085 (am 30.05. aus Chemnitz) drei weitere Vertreterinnen dieser Baureihe zum Bh Rostock. Somit befanden sich im September 1997 kurzzeitig neun 298 im Rostocker Bestand.

Nachdem die Verantwortlichen bei der DB AG zu der Erkenntnis gelangten, dass an einem betrieblich so bedeutsamen Standort wie Rostock-Seehafen ein eigenständiger Betriebshof doch nicht die schlechteste Einrichtung wäre, wurde zum 1. Oktober 1997 aus der Einsatzstelle wieder ein Betriebshof. Zu den ersten Maßnahmen gehörte die Umbeheimatung der neun 298 aus dem Bh Rostock zum Bh Rostock-Seehafen.

Die nun noch im Bh Rostock vorhandenen 202 wurden im November 1997 buchmäßig dem Bh Neustrelitz zugewiesen, leisteten aber weiterhin von Rostock aus – vor allem mit Reisezügen nach Wismar – ihre Dienste. Nach Neustrelitz wechselten im Einzelnen:

202 136	137	329	336	476
524	569	627	630	722
729	750			

Mit 202 722 (am 30.05.), 202 726, 817 und 885 (alle am 01.06.) sowie 202 630 (am 30.06. aus dem z-Park) kehrte im Frühsommer 1999 die Baureihe 202 auch buchmäßig nach Rostock zurück, nur 202 483 fuhr als „letzte Neustrelitzer Lok" ihre Runden bis zum Schluss vom Bh Rostock aus. Die Einsatzzeit der 202 währte allerdings nicht mehr lange, denn am 21. August 1999 fuhren die letzten mit 202 bespannten Züge auf der Relation Rostock – Wismar – Rostock. Die Leistungen gingen anschließend auf die Baureihe 219 bzw. die Triebwagen der Baureihe 628 über.

Von den fünf 202, die im Herbst 1999 noch in Rostock beheimatet waren, wurden 202 722 am 31. August nach Görlitz abgegeben und 202 630 am 31. Oktober z-gestellt. Nachdem 202 817 und 202 885 am 9. Januar 2000 zum Bh Chemnitz wechselten, wanderte die letzte Rostocker 202 – 202 726 – am 14. Januar 1999 in den z-Park.

Bw Rostock (I)

Lok-Nr.	vom Bw	beheimatet von – bis	zum Bw
V100 016	Neuanlieferung	17.02.67 – 18.05.72	Wismar
V100 017	Freiberg (Sachs)	20.07.67 – 29.09.69	Wismar
V100 019	KMS-Hilbersdorf	05.06.67 – 31.07.69	Güstrow
V100 019	Güstrow	21.10.69 – 05.01.73	Güstrow
V100 028	Neuanlieferung	24.03.67 – 30.06.69	Güstrow
V100 030	Reichenbach (V)	14.01.69 – 30.06.69	Güstrow
110 030	Güstrow	31.10.85 – 25.04.86	Schwerin
V100 033	Neuanlieferung	01.04.67 – 22.09.68	Schwerin
V100 033	Schwerin	21.10.68 – .06.78	Güstrow
110 033	Güstrow	.06.78 – .05.79	Schwerin
V100 035	Neuanlieferung	05.04.67 – 21.10.69	Güstrow
V100 038	Neuanlieferung	16.04.67 – 22.09.69	Wismar
V100 040	Neuanlieferung	16.04.67 – 16.05.70	Schwerin
110 040	Schwerin	26.09.70 – 30.03.76	Güstrow
110 040	Güstrow	17.05.76 – 18.05.76	Stralsund
110 040	Stralsund	05.07.76 – 31.03.80	Güstrow
110 040	Güstrow	18.04.80 – 28.01.81	Hagenow Land
110 040	Hagenow Land	02.04.81 – 28.04.82	Hagenow Land
V100 080	Neuanlieferung	09.06.68 – 22.10.68	Dresden
V100 113	Neuanlieferung	19.04.69 – 30.12.72	Wittenberge
V100 132	Neuanlieferung	24.06.69 – .03.72	Magdeburg
110 132	Magdeburg	19.04.72 – 04.01.73	Wittenberge
V100 136	Neuanlieferung	29.06.69 – 22.06.72	Wittenberge
110 136	Wittenberge	03.06.76 – 19.07.83	umz in 112 136
V100 137	Neuanlieferung	29.06.69 – 08.01.70	Schwerin
110 137	Güstrow	03.01.81 – 13.07.83	umz in 112 137
110 143	Nossen	01.03.79 – 30.06.79	Wismar
110 143	Hagenow Land	25.03.87 – 10.04.87	Wittenberge
201 143	Neustrelitz	03.04.95 – 25.10.95	z, a 12.06.95

KMS-Hilbersdorf = Karl-Marx-Stadt-Hilbersdorf — umz = Umzeichnung
a = abgestellt

Bw Rostock (II)

Lok-Nr.	vom Bw	beheimatet von – bis	zum Bw
V100 148	Neuanlieferung	01.08.69 – 06.08.76	Wismar
110 148	Wismar	03.05.81 – 31.05.81	Hagenow Land
110 157	Schwerin	10.01.70 – 15.06.76	Güstrow
110 157	Neuruppin	20.09.85 – 08.08.86	Hagenow Land
110 210	Schwerin	02.09.76 – 21.05.82	Hagenow Land
110 210	Hagenow Land	19.03.85 – 31.05.85	Neuruppin*
110 381	Neuruppin	05.01.79 – 15.01.79	Bautzen
110 403	Schwerin	07.10.80 – 11.11.80	Güstrow
110 414	Neuanlieferung	30.12.71 – 01.09.74	Wittenberge
110 422	Schwerin	23.04.81 – 21.05.81	Neuruppin
110 449	Neuanlieferung	31.03.72 – 01.03.76	Wittenberge
110 480	Halle P	18.06.72 – .09.74	Wittenberge
110 488	Neuanlieferung	21.06.72 – 30.09.74	Wittenberge
110 489	Neuanlieferung	27.06.72 – 02.03.78	Güstrow
110 491	Neuanlieferung	01.07.72 – 01.09.72	Wismar
110 510	Neuanlieferung	16.12.72 – 31.07.76	Stralsund
110 511	Neuanlieferung	23.12.72 – 02.07.83	umz in 112 511
110 512	Neuanlieferung	22.12.72 – 19.04.83	Neuruppin
110 549	Neuanlieferung	14.06.73 – 12.04.81	Wismar*
110 557	Neuanlieferung	30.06.73 – 31.07.76	Stralsund
110 559	Neuruppin	08.11.78 – 19.04.82	Wittenberge
110 630	Hagenow Land	15.11.84 – 23.01.85	Neuruppin
110 660	Wittenberge	03.11.84 – 22.01.85	umb in 114 660
110 697	Güstrow	02.10.80 – xx.11.80	Schwerin
110 751	Neuanlieferung	15.12.74 – 11.01.75	Wismar
110 779	Cottbus	30.03.85 – 06.09.85	Schwerin
110 858	Bautzen	26.01.81 – 06.02.81	Elsterwerda
110 885	Neuanlieferung	01.03.78 – 06.11.78	Neuruppin
111 018	Wismar	24.03.90 – 13.12.91	umb in 108 318

* Lok war während der Beheimatung kurzzeitig in einem anderen Bw.

9.5 Bw Rostock-Seehafen

△ **Bild 476** • Am 9. August 1997 waren **298 318** und **202 136** des Bh Rostock im Rostocker Hafen im Einsatz. Die 298 wechselte wenig später wieder zum Bh Rostock-Seehafen. AUFNAHME: DETLEF RADKE

Das in den sechziger Jahren zunächst noch als Bw Hafenbahn Rostock bezeichnete Bahnbetriebswerk war für die Gestellung von Rangierlokomotiven für den Güterbahnhof am Rostocker Überseehafen zuständig. Dafür waren dort Dampfloks der Baureihe $57^{10\text{-}35}$, ab Mitte der sechziger Jahre auch V 15, V 36 und V 60 beheimatet. Am 30. Juni 1966 wurden die neugebauten Anlagen des Bw Rostock-Seehafen ihrer Bestimmung übergeben, darunter eine dreigleisige, 72 m lange Fahrzeughalle. Das neue Bahnbetriebswerk beheimatete als erste Dienststelle in der Reichsbahndirektion Schwerin ausschließlich Diesellokomotiven.

Im Juni 1967 wurde dem Bw Rostock-Seehafen die V 100 027 zugewiesen, die fortan mit in den Plänen der V 60 im Rangierdienst und vor Übergabezügen zum Einsatz kam. Jedoch: Bei einem Aufenthalt im Raw Cottbus fiel diese Lokomotive dem Großbrand am 19. Dezember 1968 zum Opfer und musste aufgrund der dabei erlittenen Schäden im Jahr 1969 ausgemustert werden. Über mehrere Jahre blieb die Dienststelle dann ohne eine Vertreterin der Baureihe 110, erst 1984 und 1988 weilten kurzzeitig einige 110 und 112 wieder in Rostock-Seehafen. Im Jahr 1982 bekam das dortige Bahnbetriebswerk sechs Maschinen der Baureihe 111 fabrikneu für den schweren Rangier- und Übergabedienst zugewiesen. Diese Baureihe entstand im LEW Hennigsdorf aus dem Bedarf der DR nach leistungsfähigen Rangierlokomotiven heraus.

Bw Rostock (III)

Lok-Nr.	vom Bw	beheimatet von – bis	zum Bw
112 136	umz	19.07.83 – 09.08.85	Neuruppin*
202 136	Pasewalk	06.06.95 – 24.11.97	Neustrelitz
112 137	umz	14.07.83 – 06.06.84	Wittenberge*
112 137	Wittenberge	02.10.84 – 25.05.88	Wittenberge
202 137	Neustrelitz	30.05.94 – 03.01.95	Pasewalk
202 137	Pasewalk	06.06.95 – 24.11.97	Neustrelitz
112 256	Wittenberge	27.05.88 – 19.12.91	Wittenberge*
202 256	Neustrelitz	30.05.94 – 31.12.94	Erfurt
112 280	aus Umbau	28.04.82 – 11.05.87	Wittenberge
112 280	Wittenberge	01.06.87 – 28.05.94	Halle G*
202 289	Stralsund	30.05.94 – 25.03.96	z, a 17.08.95
112 296	aus Umbau	16.04.82 – 20.10.86	Wittenberge
202 329	Wittenberge	01.04.92 – 27.12.92	Güstrow
202 329	Neustrelitz	10.12.93 – 01.02.94	Neustrelitz
202 329	Neustrelitz	30.05.94 – 24.11.97	Neustrelitz
202 336	Neustrelitz	25.06.96 – 23.11.97	Neustrelitz
112 345	aus Umbau	30.04.82 – 25.03.96	z, a 01.03.96
202 353	Neustrelitz	30.05.94 – 31.12.94	Erfurt
112 377	Pasewalk	21.04.82 – 30.05.85	Blankenburg (H)
112 414	Güstrow	15.01.87 – 17.02.87	Güstrow
112 415	Hagenow Land	20.09.91 – 04.12.92	Pasewalk
202 420	Schwerin	14.04.93 – 07.11.93	Stralsund
202 420	Stralsund	29.11.93 – 25.03.96	z, a 18.01.96 unf
112 425	Hagenow Land	14.01.91 – 28.05.94	Halle G
112 436	Wismar	12.05.83 – 01.07.83	Wismar
112 443	Wismar	06.04.89 – 17.04.89	Wismar
202 476	Schwerin	06.03.96 – 24.11.97	Neustrelitz
112 509	Wismar	18.03.85 – 24.08.89	Wismar*
112 509	Schwerin	29.09.89 – 26.02.92	Wismar
112 511	umz	02.07.83 – 03.08.92	Wittenberge *
112 512	Schwerin	24.03.87 – 14.02.90	z, a 15.02.90 unf *
202 524	Schwerin	19.11.92 – 25.11.97	Neustrelitz
112 532	Wismar	19.06.85 – 15.08.85	Wismar
112 532	Wismar	31.12.86 – 06.01.88	Rostock-Seehafen

unf = Unfall * Lok war während der Beheimatung kurzzeitig in einem anderen Bw

Bw Rostock (IV)

Lok-Nr.	vom Bw	beheimatet von – bis	zum Bw
112 532	Rostock-Seehafen	04.02.88 – 18.02.88	Wittenberge
112 532	Schwerin	01.07.88 – 22.07.88	Güstrow
202 569	Wittenberge	01.06.92 – 08.06.95	Neustrelitz
202 569	Stralsund	01.11.96 – 23.11.97	Neustrelitz
202 627	Wittenberge	04.08.92 – 27.11.94	Stralsund
202 627	Neustrelitz	08.11.97 – 24.11.97	Neustrelitz
202 629	Pasewalk	04.01.95 – 02.07.95	Wittenberge
202 630	Wittenberge	10.06.95 – 24.11.97	Neustrelitz
202 630	z-Park	30.06.99 – 31.10.99	z, reaktiv.
202 654	Pasewalk	30.05.94 – 31.12.94	Gera
202 722	Pasewalk	05.12.92 – 16.09.93	Neustrelitz
202 722	Pasewalk	21.10.93 – 28.11.93	Stralsund
202 722	Stralsund	15.12.93 – 25.11.97	Neustrelitz
202 722	Neustrelitz	30.05.99 – 31.08.99	Görlitz
202 726	Neustrelitz	01.06.99 – 14.01.00	z-Park
202 729	Schwerin	10.06.95 – 23.11.97	Neustrelitz
202 750	Güstrow	15.04.93 – 24.11.97	Neustrelitz
112 800	Güstrow	01.05.89 – 10.01.91	Hagenow Land
202 800	Pasewalk	04.01.95 – 21.09.95	Neustrelitz
202 817	Neustrelitz	01.06.99 – 09.01.00	Chemnitz
202 885	Neustrelitz	01.06.99 – 09.01.00	Chemnitz
114 774	aus Umbau	15.01.85 – 25.10.88	Halberstadt
298 054	Stralsund	15.05.97 – 30.09.97	Rostock-Seehafen
298 085	Chemnitz	30.05.97 – 30.09.97	Rostock-Seehafen
298 307	Rostock-Seehafen	01.02.94 – 27.08.95	Stralsund
298 307	Stralsund	06.08.97 – 30.09.97	Rostock-Seehafen
298 309	Dresden	12.05.97 – 30.09.97	Rostock-Seehafen
298 310	Rostock-Seehafen	01.02.94 – 30.09.97	Rostock-Seehafen
298 312	Rostock-Seehafen	01.02.94 – 18.09.95	Stralsund
298 312	Stralsund	04.09.97 – 30.09.97	Rostock-Seehafen
298 316	Rostock-Seehafen	01.02.94 – 30.09.97	Rostock-Seehafen
298 318	Rostock-Seehafen	01.02.94 – 30.09.97	Rostock-Seehafen
298 320	Rostock-Seehafen	01.02.94 – 30.09.97	Rostock-Seehafen

△ **Bild 477** • Das Einsatzgebiet der Baureihe 298 des Bh Rostock-Seehafen ging weit über Leistungen im Bereich des Rostocker Hafens hinaus. Sie kamen auch im Landesinneren zum Einsatz, wie hier **298 085** am 24. März 1998, die mit einem Ein-Wagen-Güterzug im Bahnhof Karow (Meckl) aufgenommen wurde.

AUFNAHME: DETLEF RADKE

Im Einzelnen trafen im Bw Rostock-Seehafen ein:

- 111 011 am 13. Februar,
- 111 013 am 18. Februar,
- 111 017 und 111 018 am 2. März,
- 111 019 am 4. März,
- 111 020 am 26. September.

Die Baureihe blieb dauerhaft in Rostock-Seehafen im Einsatz, auch nach dem Umbau in die Baureihe 298 Anfang der neunziger Jahre. Im Februar 1994 wechselte der gesamte Bestand buchmäßig zum Bh Rostock, nachdem die Dienststelle Rostock-Seehafen zu einer Einsatzstelle des Bh Rostock degradiert wurde.

Allerdings hatte dieser Beheimatungswechsel keinen Einfluss auf das Einsatzgebiet der Lokomotiven, die weiterhin auf dem Güter- bzw. Übergabebahnhof des Rostocker Überseehafens ihre Dienste leisteten. Zum 1. Oktober 1997 kamen die 298 auch buchmäßig wieder in den Bestand des nun wieder eigenständigen Bh Rostock-Seehafen zurück, dazu gesellten sich auch 298 aus den Betriebshöfen Stralsund und Neustrelitz.

Damit verbunden war eine Ausweitung des Einsatzgebietes der 298 des Bh Rostock-Seehafen, welches sich fortan auch auf die Bahnhöfe Saßnitz (mit Bedienung der dortigen Hafenbahn), Mukran (Hafen), Stralsund, Neubrandenburg und Wismar (ebenfalls mit Bedienung des Hafens) erstreckte.

Zum 31. Dezember 1997 waren folgende 298 in Rostock-Seehafen buchmäßig beheimatet:

298 045 054 062 085 307 309 310 312 315 316 318

In den Folgejahren kam es zu verschiedenen Zu- und Abgängen, in deren Folge sich die Anzahl der 298 allmählich reduzierte.

Zum 30. März 2012 wurde der noch vorhandene Bestand dem Betriebshof Seddin überwiesen – zumindest geschah dies buchmäßig. Denn die im Rostocker Seehafen tätigen Loks blieben auch weiterhin dort im täglichen Einsatz.

Der letzte 298-Bestand des Bh Rostock-Seehafen (30.03.2012):

298 306 309 312 318

Bw Rostock-Seehafen (I)

Lok-Nr.	vom Bw	beheimatet von – bis	zum Bw
V100 027	Schwerin	03.06.67 – 09.12.69	z, a 19.12.68
110 348	Wittenberge	15.09.84 – 18.09.84	Schwerin
110 666	Wittenberge	21.02.84 – 30.05.84	Wittenberge
110 804	Wittenberge	01.11.84 – 28.11.84	Wittenberge
111 003	Neuruppin	03.07.91 – 29.10.92	umb in 298 303
111 004	Neuruppin	24.07.91 – 27.04.93	umb in 298 304
111 006	Wittenberge	26.07.88 – 22.04.92	umb in 298 306
111 007	Wittenberge	12.08.86 – 30.08.86	Wittenberge
111 008	Wittenberge	13.09.91 – 22.04.92	umb in 298 308
111 011	Neuanlieferung	13.02.82 – 22.04.93	umb in 298 311
111 012	Wittenberge	17.03.85 – 07.12.88	Cottbus
111 012	Cottbus	22.03.89 – 08.05.92	umb in 298 312
111 013	Neuanlieferung	18.02.82 – 23.04.92	umb in 298 313
111 014	Wittenberge	25.05.88 – 16.10.92	umb in 298 314
111 017	Neuanlieferung	02.03.82 – 15.05.92	umb in 298 317
111 018	Neuanlieferung	02.03.82 – 20.03.90	Wismar
111 019	Neuanlieferung	04.03.82 – 10.12.91	umb in 108 319
111 020	Wittenberge	26.09.82 – 22.04.92	umb in 298 320
112 532	Rostock	07.01.88 – 03.02.88	Rostock
112 590	Schwerin	19.09.84 – 30.10.84	Wittenberge
112 590	Schwerin	10.12.84 – 31.05.85	Güstrow

Bw Rostock-Seehafen (II)

Lok-Nr.	vom Bw	beheimatet von – bis	zum Bw
298 045	Stralsund	01.10.97 – 29.11.07	z-Park
298 054	Rostock	01.10.97 – 31.07.02	Senftenberg
298 062	Stralsund	01.10.97 – 28.02.98	Halle G
298 084	Stralsund	01.10.97 – 11.11.97	Magdeburg
298 085	Rostock	01.10.97 – 04.10.08	z-Park
298 139	Zwickau	30.05.99 – 27.02.00	Seddin
298 306	Bln-Pankow	01.03.98 – 31.03.12	Seddin
298 307	aus Umbau	18.12.91 – 31.01.94	Rostock, ex 293 007
298 307	Rostock	01.10.97 – 10.03.05	z-Park
298 307	z-Park	01.11.06 – 20.12.06	Senftenberg
298 309	Rostock	01.10.97 – 31.03.12	Seddin
298 310	aus Umbau	03.12.91 – 31.01.94	Rostock, ex 293 010
298 310	Rostock	01.10.97 – 10.03.05	z-Park
298 310	aus z-Park	05.02.07 – 05.02.07	Seddin
298 312	aus Umbau	09.05.92 – 31.01.94	Rostock, ex 293 012
298 312	Rostock	01.10.97 – 31.03.12	Seddin
298 315	Stralsund	01.10.97 – 03.12.98	Halle G
298 316	aus Umbau	07.12.91 – 31.01.94	Rostock, ex 293 016
298 316	Rostock	01.10.97 – 31.03.98	Leipzig Hbf Süd
298 318	aus Umbau	14.12.91 – 31.01.94	Rostock, ex 293 018
298 318	Rostock	01.10.97 – 31.03.12	Seddin
298 320	aus Umbau	23.04.92 – 31.01.94	Rostock, ex 293 020
298 320	Rostock	01.10.97 – 11.11.97	Cottbus

9.6 Bw Schwerin

Schwerin ist die Landeshauptstadt von Mecklenburg-Vorpommern und zugleich die älteste Stadt in diesem Bundesland. Bereits 1164 erhielt „Swerin“ das Stadtrecht durch Heinrich dem Löwen.

Durch Schwerin verläuft die Hauptstrecke Magdeburg – Wittenberge – Rostock/Wismar, zudem zweigen hier noch die Strecken nach Hagenow Land, Parchim und Rehna ab.

Am 31. Dezember 1969 waren folgende Lokomotivbaureihen im Bw Schwerin beheimatet:

10 × Baureihe 23^{10},
7 × Baureihe 50^{40},
8 × Baureihe 41,
2 × Baureihe 64,
5 × Baureihe V 15,
3 × Baureihe V 60,
8 × Baureihe V 180.

Dem Schweriner Bahnbetriebswerk unterstanden die Lokeinsatzstelle in Bad Kleinen und der Lokbahnhof Klütz.

Als erste V 100 traf am 24. März 1967 die werksneue V 100 027 in Schwerin ein. Sie diente zur Ausbildung der Personale und wurde bereits am 2. Juni 1967 nach Rostock abgegeben. Von dort kam am 23. September 1968 die V 100 033 zum Bw Schwerin, doch auch diese Lok blieb nur kurze Zeit. Sie verließ das Schweriner Bw bereits am 20. Oktober 1968 wieder in Richtung Rostock.

Ab Januar 1970 begann die dauerhafte Beheimatung von Lokomotiven der Baureihe V 100 (ab 01.01.1970: Baureihe 110) im Bw Schwerin. Im Januar 1970 trafen 110 137 (vom Bw Rostock), 110 210 und 212

△ **Bild 478** • Das Emblem der „Freien Deutschen Jugend“ (FDJ) trägt hier **110 729** des Bw Schwerin an ihrem Vorbau und kennzeichnet die Lok als „Jugendlok“. Am 5. Mai 1976 steht die am 29. Oktober 1974 in Schwerin in Dienst gestellte Maschine mit einem Personenzug in Schwerin-Lankow (Strecke Schwerin – Rehna)

Aufnahme: Detlef Radke

(beide werksneu) sowie am 23. September jenes Jahres die ebenfalls werksneue 110 256 ein. Im Verlauf des Jahres 1971 folgten noch 110 326, 329, 333, 336, 338, 348 und 402, die alle direkt aus dem LEW Hennigsdorf kamen, sowie 110 335 vom Bw Leipzig Hbf Süd.

Zum 1. Januar 1972 waren zwölf 110 im Bw Schwerin stationiert. Die Loks übernahmen bis Mai 1972 alle Reisezugleistungen der Baureihe 35^{10} (bis Mai 1970: 23^{10}) und bespannten dabei Personenzüge nach Neubrandenburg, Wismar, Schwanheide und Wittenberge. Auf den Strecken nach Rehna und teilweise nach Parchim lösten sie die Neubaudampfloks der Baureihe 50^{40} ab.

Zwischen Januar 1972 und Juni 1973 wurden dem Bahnbetriebswerk noch einmal vier 110 zugewiesen: 110 420, 476, 547 und 553. Im Juli 1973 kamen die Schweriner 110 in folgenden Plänen zum Einsatz:

Plan 604
110 137, 256, 326, 329, 402 und 547

Plan 605
110 333, 335, 336 und 348

Plan 607 (Wendezug)
110 456

Am 1. Januar 1974 waren 15 Loks der Baureihe 110 in Schwerin beheimatet, von denen – je nach Fahrplanabschnitt – zehn bis elf Maschinen benötigt wurden. Die zum Bw Wittenberge gehörende Einsatzstelle Parchim besetzte eine Schweriner 110 und bespannte mit ihr Personenzüge auf der Strecke Parchim – Schwerin – Rehna.

Bild 479 ▷ Einfahrt der **112 512** des Bw Schwerin aus nördlicher Richtung kommend in den Bahnhof Schwerin, aufgenommen im Juni 1986. Links sind die Anlagen des Heimat-Bahnbetriebswerkes der Lok zu sehen.

Aufnahme: Jens-Peter Fried

△ **Bild 480 • 110 030** gehörte zu den Loks ihrer Baureihe im Bw Schwerin mit den niedrigsten Ordnungsziffern. Hier steht sie am 30. Juni 1986 mit einem Personenzug im Bahnhof Karow (Meckl). Das Wasser aus dem offenbar nicht ganz „dichten" Wasserkran am Bahnsteig könnte zur Abkühlung dienen … Aufnahme: Volker Lucas, Sammlung A.

Im Sommerfahrplan 1978 wurden zehn 110er im Bw Schwerin in folgenden Plänen eingesetzt:

Plan 604 (4 × Baureihe 110)
Sie bespannten Personenzüge nach Neubrandenburg, Ludwigslust, Schwanheide, Rehna, Gadebusch, Wismar und Wittenberge. Eine Maschine in diesem Plan kam von der Lokeinsatzstelle Bad Kleinen aus vor Personenzügen zwischen Wismar – Bad Kleinen – Grevesmühlen und Herrnburg zum Einsatz.

Plan 606 (3 × Baureihe 110)
Die Loks bespannten Personenzüge nach Bad Kleinen, Neubrandenburg, Grevesmühlen, Herrnburg, Rostock, Rehna, Parchim, Wismar, Wittenberge und Nahgüterzüge nach Rehna.

Plan 606A (Wendezug, 1 × Baureihe 110)
Die in diesem Plan eingesetzte Lok bespannte Wendezüge (vierteilige Doppelstockeinheit DB 13) zwischen Gadebusch und Holthusen bei Schwerin.

Plan 610 (2 × Baureihe 110)
In diesem zweitägigen Umlaufplan kamen zwei 110 von der Lokeinsatzstelle in Bad Kleinen aus vor Personenzügen nach Herrnburg, Klütz, Grevesmühlen und Wismar zum Einsatz.

Am 1. Januar 1981 wurde die Lokeinsatzstelle Parchim dem Bw Schwerin angegliedert. In Parchim kamen im Plan 665 drei 110 zum Einsatz, die Personenzüge nach Ludwigslust, Waren (Müritz), Karow (Meckl), Schwerin und Rehna beförderten. Planlokomotiven in Parchim waren 110 338, 110 449 und 110 476.

Im Verlauf des Jahres 1981 begann die Ausrüstung von Schweriner 110 mit 1.200-PS-Motoren. Die Loks erhielten nach kompletter Umrüstung unter Beibehaltung ihrer alten Ordnungsnummer die Baureihenbezeichnung 112. Es kam allerdings des Öfteren vor, dass die Maschinen noch als 110 vom Umbau im Raw Stendal zurückkamen, wenn dort nicht alle notwendigen Bauteile vorhanden waren. Dann wurden die Loks erst später in 112 umgezeichnet.

Am 31. Dezember 1984 waren im Bw Schwerin sechs 110 und 13 Maschinen der Baureihe 112 beheimatet:

110 054	096	443	692	755
768				
112 335	338	402	420	449
476	512	547	553	649
674	697	706		

Durch die Aufnahme des elektrischen Zugbetriebes auf den Streckenabschnitten (Rostock –) Schwaan/Güstrow – Bad Kleinen (12.04.1986), Wismar – Bad Kleinen – Schwerin – Klein Warnow (29.05.1987) und Klein Warnow – Wittenberge (28.08. 1987) wurde das Einsatzgebiet der Schweriner 110 und 112 stark eingeschränkt. Die Personenzüge nach Neubrandenburg, Rostock, Wismar und Wittenberge wurden nun mit Elektrolokomotiven der Baureihe 243 bespannt. Den 110 und 112 des Bw Schwerin blieben nur noch Einsätze vor Personenzügen nach Bad Kleinen, Rehna, Herrnburg, Parchim, Klütz und Schwanheide. Die in der Einsatzstelle Parchim eingesetzten Loks bespannten weiterhin Reisezüge nach Ludwigslust, Karow (Meckl), Schwerin, Rehna und Waren (Müritz).

Ab 1992 übernahmen Maschinen der Baureihe 219 (ex DR-Baureihe 119) die Reisezugleistungen der Baureihe 202 (bis 31.12.1991: Baureihe 112) auf den Strecken Ludwigslust – Parchim – Karow (Meckl) – Waren (Müritz) und Parchim – Schwerin.

Mit der Gründung der DB AG zum 1. Januar 1994 wurde das Bw Schwerin in einen Betriebshof umgewandelt, dem fortan auch die nun ehemaligen Bahnbetriebswerke Hagenow Land und Wismar als Einsatzstellen unterstanden. Von beiden Dienststellen übernahm Schwerin insgesamt fünf Loks der Baureihe 201 und neun der Baureihe 202. Entsprechend sah zu diesem Stichtag auch der Schweriner

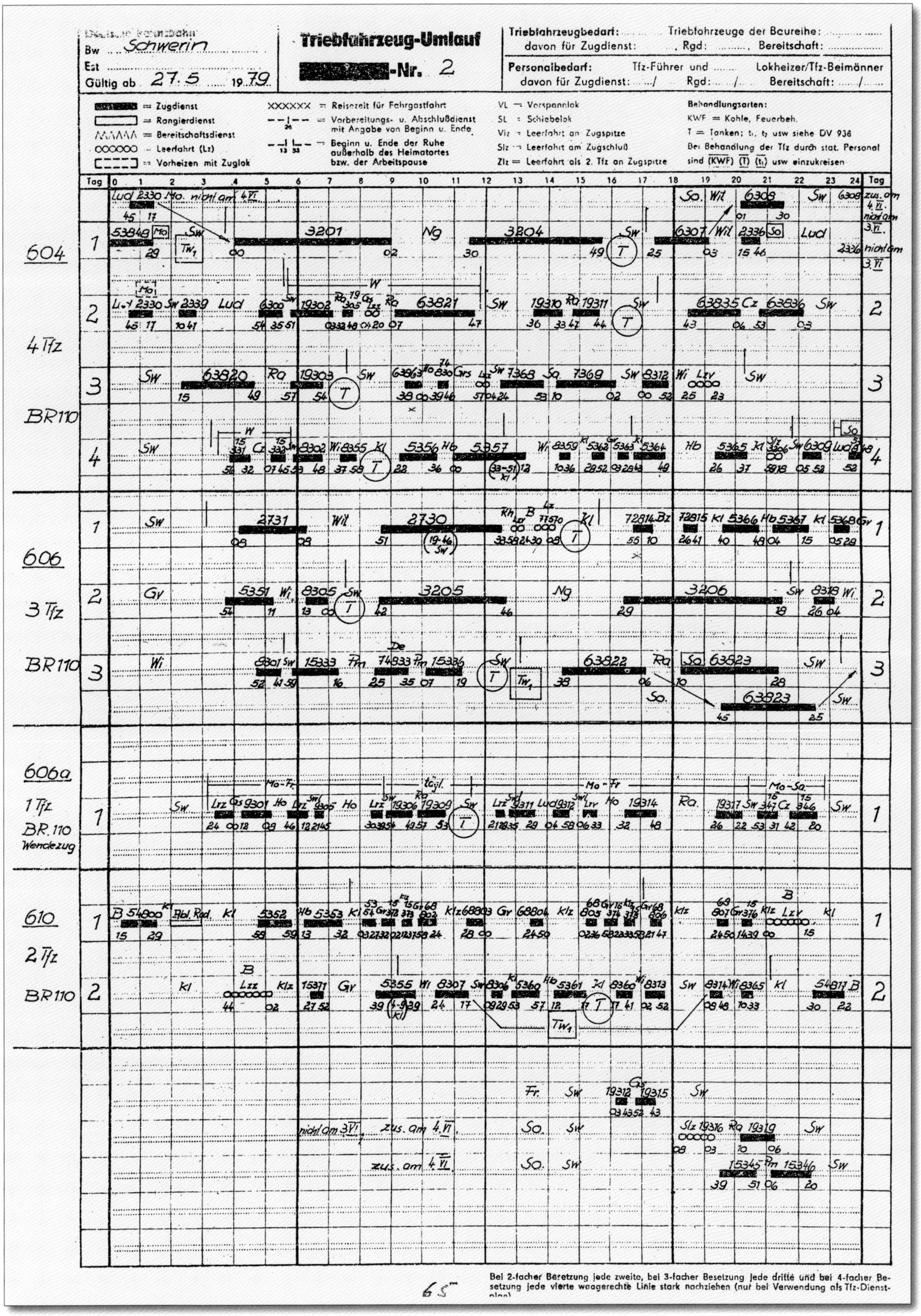

△ **Bild 481** • Umlaufplan des Bw Schwerin, gültig ab 27. Mai 1979. Darin eingezeichnet sind die Pläne 604 (für 4 × 110), 606 (3 × 110), 606 a (1 × 110) und 610 (2 × 110). Die Loks bespannten Reise- und Güterzüge u. a. nach Neubrandenburg, Wittenberge, Crivitz, Bützow, Wismar und Bad Kleinen. ABBILDUNG: SAMMLUNG DIETMAR SCHLEGEL

Bestand an Maschinen dieser Baureihen aus:

201 017	030	038	212	493
704	837			
202 057	276	335	336	437
449	461	476	480	489
509	547	590	629	674
697	729	768	800	817

Die noch vorhandenen Vertreterinnen der Baureihe 201 wurden im Verlauf des Jahres 1994 entweder z-gestellt (201 017, 030, 212, 493 und 837) oder kamen in andere Betriebshöfe (201 038 und 201 704). Gleichsam reduzierte sich auch der Bestand an 202 im Bh Schwerin, denn insgesamt acht Loks dieser Baureihe wechselten in jenem Jahr die Beheimatung.

Durch die Aufnahme des elektrischen Zugbetriebes auf der Strecke Schwerin – Hagenow Land – Hamburg am 29. September 1996 und der zunehmende Einsatz von Triebwagen der Baureihe 628 auf den Nebenbahnen in Mecklenburg verloren auch die restlichen Maschinen der Baureihe 202 weitere Einsatzgebiete.

Zunehmend arbeitslos gab der Bh Schwerin Ende November 1997 seine letzten 202 an den Bh Neustrelitz ab. Dies waren im Einzelnen:

202 362	449	489	501	511
523	590	606	697	768
817				

△ **Bild 482** • In Klütz (Meckl) endete eine 13,5 km lange Nebenbahn aus Grevesmühlen, deren Gleise an einer Segmentdrehscheibe zusammenführten. Dort konnten die Loks nicht komplett gedreht, sondern nur von einem Gleis zum nächsten versetzt werden. Handbedient! Im September 1989 wird die Schweriner **112 547** für die Umfahrung ihres Personenzuges versetzt.

Aufnahme: Matthias Nieke

◁ **Bild 483**
Fast schon eine 112! Am 4. Juni 1985 ist **110 443** des Bw Schwerin zwar bereits mit einem 1.200-PS-Motor ausgerüstet, allerdings noch nicht umgezeichnet worden. Die Aufnahme zeigt sie in Schwerin Hbf.

Aufnahme: Andreas Stange

◁ **Bild 484**
Auf Probefahrt des Raw Stendal befand sich **110 524** (Bw Schwerin) am 28. Juni 1986, als sie vor einer Schwesterlok und einer DB 13-Einheit in Wittenberge eine kurze Pause einlegt.

Aufnahme: Volker Lucas, Sammlung A. Zika

△ **Bild 485** • Die Bahnstation Crivitz befindet sich im Verlauf der Strecke Schwerin – Parchim, bei Strecke-km 24,3. Am 22. April 1996 kamen dort **202 449** des Betriebshofes Schwerin und eine Schwesterlok mit einem kurzen Ganzzug auf der Fahrt in Richtung Parchim vorbei. Aufnahme: Detlef Radke

Bw Schwerin (I)

Lok-Nr.	vom Bw	beheimatet von – bis	zum Bw
201 017	Wismar	01.12.93 – 29.05.94	z, a 12.01.93
V100 027	Neuanlieferung	24.03.67 – 02.06.67	Rostock-Seehafen
110 029	Wittenberge	28.03.85 – 12.04.85	Wittenberge
110 030	Rostock	26.04.86 – 18.03.90	Neuruppin
110 030	Neuruppin	01.05.90 – 03.07.94	z, zr 16.10.92*
V100 033	Rostock	23.09.68 – 20.10.68	Rostock
110 033	Rostock	.05.79 – 07.08.79	Hagenow Land
110 033	Hagenow Land	29.08.79 – 25.04.80	Neuruppin
110 033	Wittenberge	01.01.81 – 29.10.81	Wittenberge
110 033	Güstrow	01.02.86 – 18.06.86	Wittenberge
110 038	Güstrow	01.02.86 – 23.03.86	Hagenow Land
201 038	Hagenow Land	01.12.93 – 27.11.94	Neustrelitz
110 040	Rostock	17.05.70 – 25.09.70	Rostock
110 049	Güstrow	22.05.85 – 30.05.85	Erfurt
110 054	Güstrow	14.12.84 – 24.01.85	Güstrow
110 063	Weißenfels	20.09.72 – 03.10.72	Weißenfels
110 076	Weißenfels	19.09.72 – 03.10.72	Weißenfeld
110 096	Güstrow	13.12.84 – 14.02.85	Hagenow Land
110 113	Güstrow	09.06.89 – 21.07.89	Wittenberge*
110 137	Rostock	09.01.70 – 24.12.76	Güstrow[1]
110 148	Neuruppin	09.05.86 – 09.03.87	Güstrow
110 157	Neuanlieferung	20.11.69 – 09.01.70	Rostock
110 210	Neuanlieferung	29.01.70 – 01.09.76	Rostock
110 210	Hagenow Land	23.08.83 – 06.02.84	Hagenow Land
110 210	Güstrow	01.04.86 – 01.04.86	Neuruppin
110 212	Neuanlieferung	31.01.70 – .01.75	Hagenow Land
110 212	Güstrow	19.05.80 – 28.05.80	Hagenow Land
201 212	Hagenow Land	01.12.93 – 29.05.94	z, zr
110 256	Neuanlieferung	23.09.70 – 04.09.77	Wittenberge
110 256	Wittenberge	03.01.81 – 28.08.84	Wittenberge*
110 269	Wismar	09.05.80 – 16.11.80	Wittenberge
110 269	Wittenberge	01.06.81 – 31.10.81	Wittenberge*

a = abgestellt zr = Zurückstellung aus Reserve umb = Umbau
umz = Umzeichnung * Lok war während der Beheimatung kurzzeitig in einem anderen Bw.
[1] umb 24.12.76

Bw Schwerin (II)

Lok-Nr.	vom Bw	beheimatet von – bis	zum Bw
110 326	Neuanlieferung	02.02.71 – 23.11.78	Wismar[2]
110 329	Neuanlieferung	04.03.71 – 05.06.78	Güstrow
110 329	Güstrow	26.10.78 – 13.05.80	Wismar[3]
110 333	Neuanlieferung	02.03.71 – 08.08.80	Neuruppin
110 333	Neuruppin	13.09.80 – 04.05.82	Neustrelitz
110 335	Leipzig Hbf Süd	26.03.71 – 31.12.80	umz in 112 335
110 336	Neuanlieferung	27.02.71 – 28.08.79	Neuruppin
110 336	Neuruppin	19.11.79 – 27.04.82	Wittenberge
110 338	Neuanlieferung	27.02.71 – 12.03.71	Halle P
110 338	Halle P	26.03.71 – 27.05.81	umb in 112 338*
110 348	Neuanlieferung	31.03.71 – 26.09.75	Hagenow Land
110 348	Hagenow Land	03.12.75 – 04.09.80	Wittenberge
110 348	Wittenberge	03.01.81 – 31.08.84	Wittenberge
110 348	Rostock-Seehafen	19.09.84 – 21.11.84	Güstrow
110 353	Hagenow Land	01.09.75 – 28.11.75	Hagenow Land
110 377	Halle P	07.07.71 – 20.07.71	Güstrow
110 377	Wittenberge	23.07.80 – 20.10.80	Pasewalk[4]
110 402	Neuanlieferung	07.12.71 – 21.12.83	umb in 112 402
110 403	Hagenow Land	01.06.80 – 06.10.80	Rostock
110 420	Neuanlieferung	04.01.72 – 21.06.79	Wismar[5]
110 422	Neuruppin	14.02.81 – 22.04.81	Rostock
110 437	Güstrow	04.01.77 – 29.12.78	Wismar[6]
110 443	Wittenberge	03.01.81 – 08.11.84	Schwerin[7] *
110 443	Schwerin	09.11.84 – 27.11.85	umz in 112 443
110 449	Wittenberge	03.01.81 – 17.03.81	umb in 112 449
110 453	Güstrow	23.08.75 – 23.09.75	Güstrow
110 476	Neuanlieferung	17.05.72 – 28.01.82	umb in 112 476
110 493	Luckau	30.04.88 – 04.10.88	Neuruppin
110 493	Neuruppin	19.11.88 – 29.05.94	z, zr 10.02.92*
110 524	Wittenberge	12.10.83 – 24.11.83	Wittenberge
110 524	Güstrow	14.02.86 – 30.06.86	umb in 112 524
110 547	Neuanlieferung	02.06.73 – 31.12.80	umz in 112 547
110 553	Neuanlieferung	30.06.73 – 04.09.73	Wismar

[2] umb 23.11.78 [3] umb 28.09.79 [4] umb 22.07.80
[5] umb 20.06.79 [6] umb 29.12.78 [7] umb 08.11.84*

◁ **Bild 486**
Abschied nehmen von der Eisenbahn hieß es am 27. Mai 1995 in Klütz (Meckl). Unter großer Beteiligung der lokalen Bevölkerung bespannte die Schweriner **202 476** den letzten Zug nach Grevesmühlen.

AUFNAHME: DETLEF RADKE

Bw Schwerin (III)

Lok-Nr.	vom Bw	beheimatet von – bis	zum Bw
110 553	Wismar	27.11.78 – 25.10.83	umb in 112 553
110 590	Görlitz	01.06.80 – 11.11.82	umb in 112 590*
110 636	Güstrow	04.06.89 – 15.06.89	Güstrow
110 643	Güsten	02.01.79 – 24.01.79	Neubrandenburg
110 649	Pasewalk	18.10.80 – 24.02.83	umb in 112 649
110 674	Wismar	18.11.80 – 26.11.82	Neuruppin
110 674	Neuruppin	23.12.82 – 18.08.83	umb in 112 674
110 692	Güstrow	22.01.81 – 18.03.83	Hagenow Land
110 692	Hagenow Land	04.05.83 – 20.07.84	Neuruppin
110 692	Neuruppin	25.08.84 – 15.01.85	Weißenfels
110 697	Rostock	.11.80 – 30.09.83	umb in 112 697
201 704	Wismar	24.05.93 – 31.05.94	Wittenberge
110 706	Güstrow	10.09.77 – 15.09.77	Wittenberge
110 706	Wittenberge	03.01.81 – 27.09.84	umb in 112 706
110 726	Wittenberge	11.09.83 – 28.10.83	Wittenberge
110 729	Neuanlieferung	29.10.74 – 13.08.84	Neuruppin*
110 755	Wismar	30.12.78 – 29.11.84	Neuruppin
110 755	Wittenberge	28.12.84 – 26.06.86	Güstrow
110 768	Wismar	28.06.79 – 14.04.85	Wittenberge
110 779	Rostock	07.09.85 – 23.10.85	Güstrow
110 815	Wittenberge	03.01.81 – 04.05.82	Neubrandenburg
110 820	Neuanlieferung	26.07.75 – 12.02.80	Wittenberge
110 820	Wittenberge	01.06.80 – 20.02.81	Güstrow
110 823	Neuanlieferung	02.08.75 – 23.10.75	Wittenberge
201 837	Hagenow Land	01.12.93 – 07.06.94	z, a 30.05.94 unf
110 854	Stendal	06.01.79 – .01.79	Wismar
110 870	Neuruppin	23.09.86 – 11.03.87	Neuruppin
110 890	Wittenberge	10.01.79 – 07.03.79	Neuruppin
202 057	Wismar	01.12.93 – 28.05.94	Stendal
202 276	Wismar	20.05.93 – 31.12.94	Pasewalk
202 296	Güstrow	26.05.93 – 10.06.93	Güstrow
202 316	Aue (Sachs)	08.06.93 – 14.06.93	Wittenberge
112 335	umz	01.01.81 – 28.05.94	Stendal
112 336	aus Umbau	15.05.85 – 22.09.95	Neustrelitz
112 338	aus Umbau	28.05.81 – 27.10.87	Güstrow
112 354	Güstrow	14.08.88 – 14.09.88	Güstrow
202 362	Wittenberge	01.03.97 – 24.11.97	Neustrelitz
202 381	Aue (Sachs)	08.06.93 – 09.06.93	Neuruppin
112 402	aus Umbau	22.12.83 – 25.11.87	z, a 03.08.87 unf
112 420	Wismar	29.11.84 – 13.04.93	Rostock
202 437	Wismar	01.12.93 – 22.09.95	Pasewalk
112 443	umz	28.11.85 – 25.10.88	Wismar*
202 444	Pasewalk	30.05.94 – 28.09.96	Wittenberge

unf = Unfall

Bw Schwerin (IV)

Lok-Nr.	vom Bw	beheimatet von – bis	zum Bw
202 444	Wittenberge	01.03.97 – 21.07.97	z-Park
112 449	aus Umbau	18.03.81 – 29.06.87	Wismar
112 449	Güstrow	28.01.88 – 02.02.88	Wismar
202 449	Wismar	01.12.93 – 25.11.97	Neustrelitz
112 453	Güstrow	23.04.86 – 21.09.91	Güsten
202 461	Stralsund	23.12.93 – 31.12.94	Pasewalk
202 462	Wittenberge	01.03.97 – 21.06.97	z-Park
202 462	z-Park	26.11.97 – 26.11.97	Neustrelitz
112 476	aus Umbau	29.01.82 – 03.06.91	Hagenow Land
202 476	Hagenow Land	01.12.93 – 05.03.96	Rostock
202 480	Wismar	01.12.93 – 25.10.95	z, a 09.06.95 unf
202 489	Wismar	01.12.93 – 10.03.96	Wittenberge
202 489	Wittenberge	01.03.97 – 27.11.97	Neustrelitz
202 501	Wittenberge	01.03.97 – 26.11.97	Neustrelitz
112 509	Wismar	31.08.89 – 28.09.89	Rostock
202 509	Wismar	01.12.93 – 21.07.97	z-Park
202 511	Neustrelitz	02.06.97 – 25.11.97	Neustrelitz
112 512	Neuruppin	21.07.84 – 11.01.85	Wittenberge
112 512	Wittenberge	25.03.85 – 23.03.87	Rostock
202 523	Neustrelitz	02.06.97 – 25.11.97	Neustrelitz
112 524	aus Umbau	01.07.86 – 25.07.90	Hagenow Land
112 524	Hagenow Land	14.09.90 – 18.11.92	Rostock
112 532	Neuruppin	11.09.85 – 23.10.85	Wismar
112 532	Neuruppin	16.05.88 – 30.06.88	Rostock
112 547	umz	01.01.81 – 02.01.81	Güstrow
112 547	Güstrow	13.02.84 – 31.12.94	Neustrelitz
112 553	aus Umbau	26.10.83 – 13.02.86	Güstrow
112 590	aus Umbau	12.11.82 – 18.09.84	Rostock-Seehafen
112 590	Wittenberge	28.11.84 – 09.12.84	Rostock-Seehafen
202 590	Wismar	01.12.93 – 25.11.97	Neustrelitz
202 606	Wittenberge	01.03.97 – 26.11.97	Neustrelitz
202 629	Aue (Sachs)	08.06.93 – 14.11.94	Pasewalk
112 649	aus Umbau	25.02.83 – 25.11.87	z, a 03.08.87 unf
112 674	aus Umbau	19.08.83 – 23.09.86	Neuruppin
112 674	Neuruppin	10.03.87 – 28.05.94	Stendal
112 697	aus Umbau	01.10.83 – 25.07.90	Hagenow Land
202 697	Hagenow Land	01.12.93 – 25.11.97	Neustrelitz
112 706	aus Umbau	28.09.84 – 30.06.85	Neuruppin
202 729	Hagenow Land	01.12.93 – 09.06.95	Rostock
112 768	aus Umbau	18.06.85 – 25.11.97	Neustrelitz
112 800	Güstrow	01.09.83 – 28.11.83	Güstrow
202 800	Hagenow Land	01.12.93 – 20.11.94	Pasewalk
202 817	Hagenow Land	01.12.93 – 14.05.96	Neustrelitz
202 817	Neustrelitz	04.06.96 – 25.11.97	Neustrelitz

Bild 487 ▷
Am 11. August 1976 sind die Vorspannlok **110 408** und Zuglok **110 472** des Bw Wismar mit einem Güterzug unterwegs bei Blankenberg (Meckl).

Aufnahme: Manfred Weisbrod, Slg. Matthias Hengst

9.7 Bw Wismar

Die Hafenstadt Wismar, heutige Kreisstadt des Landkreises Nordwest-Mecklenburg und aufgrund seiner einzigartigen historischen Altstadt u. a. mit den gotischen Backsteinkirchen St. Marien und St. Georgen zum UNESCO-Weltkulturerbe gehörend, liegt ca. 32 km nördlich von Schwerin. In Wismar treffen die Eisenbahnstrecken aus Schwerin über Bad Kleinen sowie aus Rostock über Bad Doberan aufeinander, zudem zweigt wenige Kilometer von Wismar entfernt in Hornstorf (an der Verbindung nach Rostock) noch eine Strecke nach Karow (Meckl) über Blankenberg (Meckl) ab.

Am 1. Juli 1968 beheimatete das Bw Wismar folgende Baureihen mit der angegebenen Anzahl an Lokomotiven:

2 × Baureihe 38^{10-40},
17 × Baureihe 50-Altbau,
4 × Baureihe 57^{10-40},
1 × Baureihe V 15,
5 × Baureihe V 36,
2 × Baureihe V 60.

Am 30. September 1969 trafen vom Bahnbetriebswerk Rostock kommend V 100 017 und V 100 038 in Wismar ein. Sie wurden umgehend in den Umlaufplänen der Baureihe 50 auf der Strecke nach Karow (Meckl) eingesetzt.

Zwischen dem 7. Februar und dem 2. September 1972 bekam das Bw Wismar mit 110 016 und 110 491 (beide vom Bw Rostock), 110 408 (vom Bw Güstrow) sowie 110 472 (LEW Hennigsdorf) vier weitere 110 zugewiesen. Mit Beginn des Winterfahrplans 1972/73 kamen fünf 110er in den Plänen 701 (3 × Baureihe 110) und 702 (2 × Baureihe 110) im Reise- und Nahgüterzugdienst zum Einsatz.

Im Zeitraum vom 5. September 1973 bis zum 12. Januar 1975 wurden dem Bw Wismar die werksneuen 110 674, 726, 755 und 768 sowie 110 553 (vom Bw Schwerin) und 110 751 (vom Bw Rostock) zugeteilt. Zum 1. Juli 1975 befanden sich zwölf 110 im Wismarer Fahrzeugbestand:

110 016	017	038	408	472
491	553	674	726	751
755	768			

Die Loks lösten ab dem Sommerfahrplan 1975 die zwei noch im Plan 703 eingesetzten Neubaudampfloks der Baureihe 35^{10} ab.

Vom Bw Rostock traf am 1. Oktober 1976 noch 110 606 und vom Bw Neurup-

Bild 488 ▷
Im Jahr 1979 fährt **110 038** des Bw Wismar mit dem Containerzug Dg 46815 (Wismar – Neustadt/Dosse) durch den Schweriner Hauptbahnhof.

Aufnahme: Slg. Matthias Hengst

△ **Bild 489** • Mit einem Personenzug nach Wismar steht **110 038** vom Bw Wismar im Jahr 1973 im Rostocker Hauptbahnhof.
Aufnahme: Rbd Schwerin, Sammlung Andreas Stange

pin am 15. April 1977 die 110 691 in Wismar ein. Somit waren zum 1. Mai 1977 insgesamt 14 Vertreterinnen der Baureihe 110 im hiesigen Bahnbetriebswerk beheimatet, von denen neun Loks planmäßig in folgenden Umläufen eingesetzt wurden:

<u>Plan 701 (3 × Baureihe 110)</u>

<u>Tag 1</u>

E 412	Wismar – Rostock
P 9259	Rostock – Güstrow
P 8256	Güstrow – Rostock
P 16129	Rostock – Wismar
P 17120	Wismar – Neubuckow
Lrv	Neubuckow – Wismar
P 8367	Wismar – Bad Kleinen

<u>Tag 2</u>

Üg 72810	Bad Kleinen – Bützow
Üg 72811	Bützow – Bad Kleinen
Ng 63800	B. Kleinen – Schönberg (Meckl)
Ng 63801	Schönberg (Meckl) – B. Kleinen
Ng 63802	B. Kleinen – Schönberg (Meckl)
Dg 46985	Schönberg (Meckl) – B. Kleinen
Dg 46983	Bad Kleinen – Hagenow Land
Dg 59850	Hagenow Land – Wismar
P 15136	Wismar – Rostock

<u>Tag 3</u>

P 3150	Rostock – Stralsund
P 3155 (Vl)	Stralsund – Rostock
E 413	Rostock – Wismar
P 18269	Wismar – Karow (Meckl)
P 18272	Karow (Meckl) – Wismar
P 18275	Wismar – Karow (Meckl)
P 18278	Karow (Meckl) – Wismar

<u>Plan 702 (3 × Baureihe 110)</u>

<u>Tag 1</u>

P 15120	Wismar – Rostock
P 8255	Rostock – Güstrow
P 9258	Güstrow – Rostock
P 18123	Rostock – Bad Doberan
P 18126	Bad Doberan – Rostock
P 15127	Rostock – Wismar
P 18273	Wismar – Sternberg
P 18274	Sternberg – Wismar
P 15134	Wismar – Rostock
P 15139	Rostock – Wismar

<u>Tag 2</u>

Ng 63853	Wismar – Karow (Meckl)
Ng 63854	Karow (Meckl) – Wismar
Lrv	Wismar – Kröpelin

<u>Tag 3</u>

P 18120	Kröpelin – Rostock
P 15123	Rostock – Wismar
Ng 63855	Wismar – Sternberg
P 18266	Sternberg – Wismar
Dg 46815	Wismar – Neustadt (Dosse)
Dg 46186	Neustadt (Dosse) – Wismar

<u>Plan 703 (3 × Baureihe 110)</u>

<u>Tag 1</u>

P 18279	Wismar – Sternberg (Meckl)
P 18262	Sternberg (Meckl) – Wismar
P 18265	Wismar – Karow (Meckl)
P 68850	Karow (Meckl) – Brüel (Meckl)
P 18270	Brüel (Meckl) – Wismar
P 18271	Wismar – Borkow
P 18276	Borkow – Wismar

◁ **Bild 490**
Am 30. Juni 1986 stehen **112 480** vom Bw Wismar und **110 054** vom Bw Wittenberge mit ihren Personenzügen abfahrbereit im Bahnhof Karow (Meckl).

Aufnahme: Volker Lucas, Sammlung A. Zika

△ **Bild 491** • Aus Richtung Wismar kommend erreicht **112 590** (Bw Wismar) am 11. Juli 1986 mit einem Personenzug den Bahnhof Bad Doberan. Die Rauchentwicklung stammt nicht von der Diesellok, sondern von einer Dampflokomotive … Aufnahme: Volker Lucas, Sammlung A. Zika

Tag 2

P 18267	Wismar – Sternberg (Meckl)
Ng 63856	Sternberg (Meckl) – Hornstorf
Dg 59867	Hornstorf – Neukloster (Meckl)
Lz	Neukloster (Meckl) – Wismar
E 416	Wismar – Rostock
Lz	Rostock – Rostock Gbf
Ng 65803	Rostock Gbf – Wismar

Tag 3

P 15122	Wismar – Rostock
Lz	Rostock – Rostock Gbf
Dg 59867	Rostock Gbf – Wismar
P 15130	Wismar – Rostock
E 417	Rostock – Wismar

Im Jahr 1981 begann in Wismar die Beheimatung von Maschinen der Baureihe 112, was zu einer drastischen Reduzierung des 110er-Bestandes führte. Am 1. Januar 1983 waren nur noch drei 110, aber bereits 14 Loks der Baureihe 112 im Bw Wismar beheimatet.

Ab Frühjahr 1983 erhielt Wismar zudem noch Dieselloks der Baureihe 118 zugewiesen, von der sich am 31. Dezember 1985 neun Exemplare im Wismarer Bestand befanden. Die Maschinen verdrängten die Baureihen 110 und 112 zunehmend aus dem Reise- und Güterzugdienst, sodass zum 1. Januar 1987 nur noch eine 110 (110 017) und sieben 112 (112 326, 329, 425, 437, 489, 590 und 606) in Wismar beheimatet waren. Interessanterweise hielt sich 110 017 noch bis November 1993 weitestgehend als Einzelgängerin im Bw Wismar. Erst im Januar 1993 bekam sie mit 201 704 eine Schwesterlok an ihre Seite. Wenn auch nur kurzfristig …

Im Sommerfahrplan 1989 kamen im Plan 01 vier Loks der Baureihe 112 vor Personenzügen nach Rostock, Blankenberg (Meckl), Karow (Meckl) und vor Nahgüterzügen zwischen Wismar und Karow (Meckl) zum Einsatz. Eine weitere 112 leistete im Plan 04 gemeinsam mit zwei Maschinen der Baureihe 118 ihre Dienste vor Reisezügen nach Borkow, Sternberg (Meckl), Schwerin und Bad Kleinen.

Zum 1. Dezember 1993 wurde das Bw Wismar dem Bw Schwerin unterstellt. Entsprechend wechselten alle noch in Wismar vorhandenen Fahrzeuge an diesem Tag in den Schweriner Bestand, darunter die letzten sechs 202 (202 057, 437, 449, 489, 509 und 590) sowie 201 017.

△ **Bild 492** • **112 449** des Bw Wismar steht am 13. März 1990 mit einem Personenzug nach Rostock im Bahnhof Wismar. Der Wagenpark kam zuvor „elektrisch" aus Schwerin. Aufnahme: Andreas Stange

Bild 493
Vor dem heimatlichen Lokschuppen präsentiert sich **110 017** am 13. Mai 1989. Das „Namensschild" an der Frontseite des Vorbaus verrät, dass die Lok auch im Rangierdienst zum Hafen eingesetzt wurde. Rufname von 110 017: „Rusalka 16".

Aufnahme: Hartmut Michler

Bw Wismar (I)

Lok-Nr.	vom Bw	beheimatet von – bis	zum Bw
110 016	Rostock	19.05.72 – 06.08.82	Güstrow*
110 016	Güstrow	21.08.82 – 10.10.84	Güstrow
V100 017	Rostock	30.09.69 – 01.11.86	Güstrow*
110 017	Güstrow	25.11.86 – 30.11.93	Schwerin[1)]
110 029	Wittenberge	29.01.85 – 26.02.85	Wittenberge
110 033	Neuruppin	04.05.80 – 26.10.80	Wittenberge
110 033	Wittenberge	29.01.85 – 26.02.85	Wittenberge
V100 038	Rostock	23.09.69 – 31.10.71	Bitterfeld*
110 038	Hagenow Land	14.01.72 – 22.03.80	Wittenberge*
110 068	Reichenbach (V)	29.09.72 – 03.10.72	Karl-Marx-Stadt
110 075	Stendal	01.10.76 – 22.01.77	Hagenow Land
110 113	Wittenberge	01.07.77 – 27.07.77	Wittenberge
110 143	Rostock	01.07.79 – 27.04.82	Wittenberge
110 143	Wittenberge	15.10.82 – 29.04.86	Hagenow Land
110 148	Rostock	07.08.76 – 19.03.79	Hagenow Land
110 148	Hagenow Land	24.04.81 – 02.05.81	Rostock
110 269	Glauchau (Sachs)	23.02.79 – 08.05.80	Schwerin
110 326	Schwerin	24.11.78 – 31.12.80	umz in 112 326
110 329	Schwerin	14.05.80 – 31.12.80	umz in 112 329
110 353	Bitterfeld	01.11.71 – 31.01.72	Hagenow Land
110 408	Güstrow	07.02.72 – 09.05.77	Hagenow Land
110 414	Wittenberge	.03.76 – 15.06.76	Hagenow Land
110 420	Schwerin	22.06.79 – 31.12.80	umz in 112 420
110 437	Schwerin	30.12.78 – 31.12.80	umz in 112 437*
110 472	Neuanlieferung	13.05.72 – 31.12.80	umz in 112 472
110 480	Hagenow Land	20.03.79 – 31.12.80	umz in 112 480
110 488	Wittenberge	20.09.76 – 10.05.77	Wittenberge
110 488	Wittenberge	28.02.80 – 31.12.80	umz in 112 488
110 489	Güstrow	.03.78 – 31.12.80	umz in 112 489
110 491	Rostock	02.09.72 – 26.02.79	z, a 27.02.79
110 549	Rostock	13.04.81 – 01.06.82	Güstrow
110 553	Schwerin	05.09.73 – 20.10.73	Hagenow Land
110 553	Hagenow Land	05.11.73 – 26.11.78	Schwerin
110 606	Roßlau (Elbe)	01.10.76 – 23.01.81	umb in 112 606
110 674	Neuanlieferung	14.06.74 – 17.11.80	Schwerin
110 691	Neuruppin	15.04.77 – 22.05.82	Frankfurt (O)
201 704	Neuruppin	07.01.93 – 23.05.93	Schwerin
110 706	Güstrow	30.01.76 – 11.02.76	Güstrow
110 717	Wustermark	10.10.74 – 25.12.74	z, a 26.12.74 unf

[1)] Zurückstellung aus Reserve am 11.02.92 a = abgestellt unf = Unfall
umb = Umbau umz = Umzeichnung
* Lok war während der Beheimatung kurzzeitig in einem anderen Bw.

Bw Wismar (II)

Lok-Nr.	vom Bw	beheimatet von – bis	zum Bw
110 726	Neuanlieferung	18.10.74 – 28.02.80	Wittenberge
110 751	Rostock	12.01.75 – 04.05.82	Dresden
110 755	Neuanlieferung	20.12.74 – 29.12.78	Schwerin
110 768	Neuanlieferung	23.01.75 – 27.06.79	Schwerin
110 774	Neuruppin	17.03.78 – 14.04.78	Neuruppin
110 854	Schwerin	1x.01.79 – 30.01.79	Stendal
110 896	Neuruppin	26.06.81 – 01.07.82	Wittenberge
111 018	Rostock-Seehafen	21.03.90 – 23.03.90	Rostock
202 057	Hoyerswerda	25.06.93 – 30.11.93	Schwerin
202 276	Güstrow	06.04.93 – 19.05.93	Schwerin
112 326	umz	01.01.81 – 07.08.91	Wittenberge
112 329	umz	01.01.81 – 20.07.91	Wittenberge
112 420	umz	01.01.81 – 28.11.84	Schwerin
112 425	Haldensleben	20.12.85 – 16.09.89	Hagenow Land*
112 436	aus Umbau	30.04.82 – 11.05.83	Rostock
112 436	Rostock	02.07.83 – 21.06.84	Wittenberge
112 436	Güstrow	01.02.85 – 30.05.85	Haldensleben
112 437	umz	01.01.81 – 30.11.93	Schwerin
112 443	Schwerin	26.10.88 – 05.04.89	Rostock
112 443	Rostock	18.04.89 – 25.05.89	Magdeburg
112 447	Haldensleben	20.12.85 – 16.01.86	Stralsund
112 449	Schwerin	30.06.87 – 05.12.87	Güstrow
112 449	Schwerin	03.02.88 – 30.11.93	Schwerin*
112 472	aus Umbau	01.01.81 – 19.12.85	Haldensleben
112 480	umz	01.01.81 – 20.01.87	Hagenow Land
202 480	Hagenow Land	04.08.92 – 30.11.93	Schwerin
112 488	umz	01.01.81 – 01.06.86	Görlitz
112 489	umz	01.01.81 – 27.01.84	Neuruppin
112 489	Neuruppin	11.02.84 – 30.11.93	Schwerin*
112 509	Elsterwerda	23.05.82 – 27.01.84	Neuruppin
112 509	Neuruppin	11.02.84 – 17.03.85	Rostock
112 509	Rostock	25.08.89 – 30.08.89	Schwerin
202 509	Rostock	27.02.92 – 30.11.93	Schwerin
112 532	Luckau	21.05.82 – 18.06.85	Rostock*
112 532	Rostock	16.08.85 – 19.08.85	Neuruppin
112 532	Schwerin	24.10.85 – 30.12.86	Rostock*
112 532	Güstrow	22.04.88 – 11.05.88	Neuruppin
112 537	Neubrandenburg	05.05.82 – 19.04.85	Güstrow*
112 571	aus Umbau	29.06.82 – 19.12.85	Haldensleben
112 590	Güstrow	04.03.86 – 30.11.93	Schwerin
112 606	aus Umbau	24.01.81 – 22.09.92	Neuruppin*

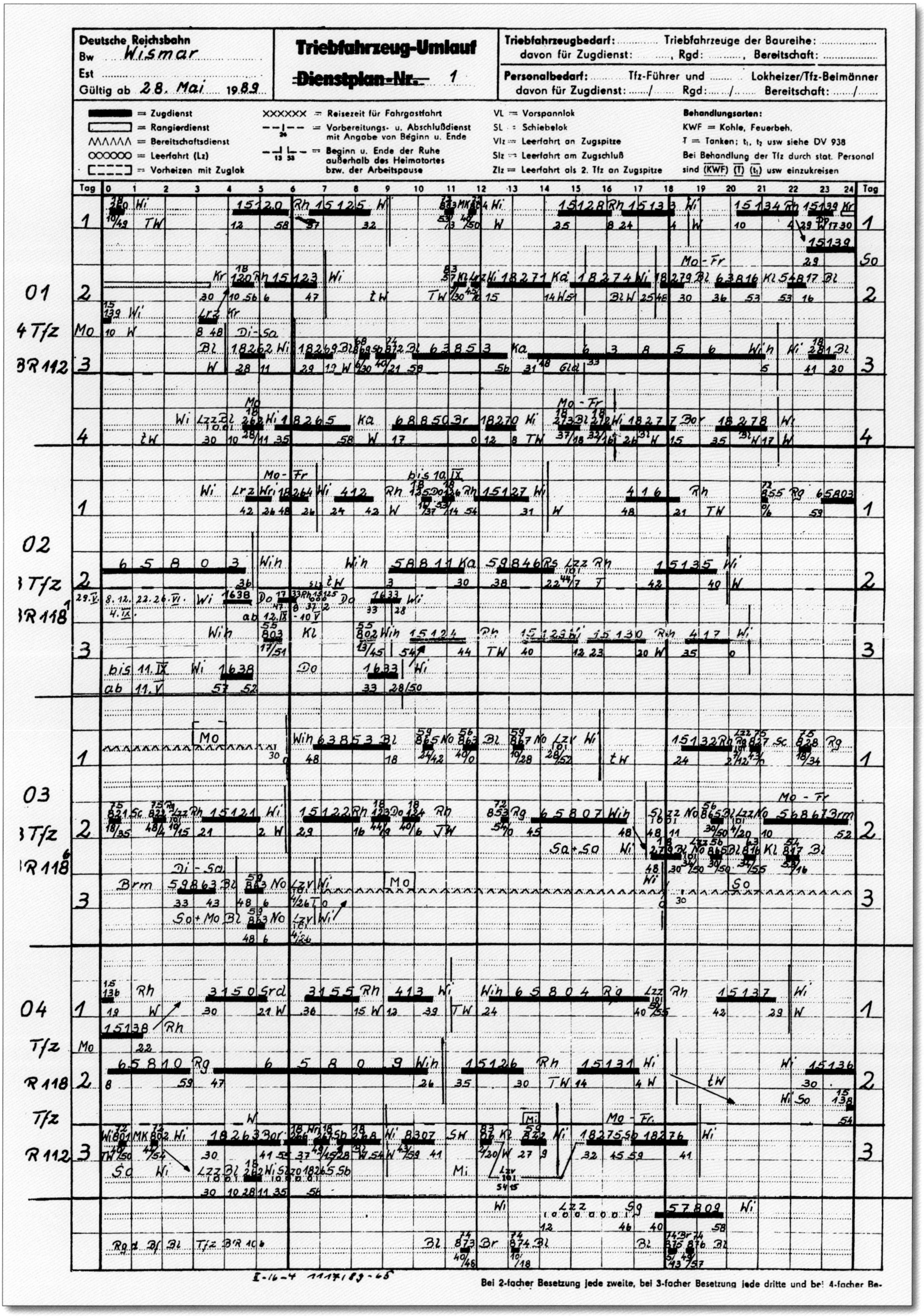

△ **Bild 494•** Umlaufplan des Bw Wismar, gültig ab 28. Mai 1989. Die vier 112 im Plan 01 kamen vor Personen- und Güterzügen nach u. a. Rostock, Blankenberg (Meckl) und Karow (Meckl), während die Lok im Mischplan 04 (mit 2 × 118 und 1 × 112) bis Stralsund fuhr.

ABBILDUNG: SAMMLUNG ANDREAS STANGE

◁ **Bild 495**
Mit einer „Donnerbüchsen-Garnitur“ am Haken ist die Wittenberger **110 355** am 14. August 1973 unterwegs bei Pritzwalk.

Aufnahme: Detlef Winkler

9.8 Bw Wittenberge

Wittenberge – die Stadt an der Elbe liegt nahezu mittig an der Magistrale Berlin – Hamburg. Durch die dort zusammentreffenden Strecken aus den Richtungen Berlin, Ludwigslust, Stendal, Pritzwalk und Salzwedel entwickelte sich Wittenberge zum wichtigsten Eisenbahnknotenpunkt der Prignitz. Entsprechend ausgedehnt waren die Anlagen sowohl des dortigen Bahnhofes als auch des ansässigen Bahnbetriebswerkes. Letzteres erhielt im April 1971 mit der fabrikneuen 110 356 seine erste Lok der Baureihe 110 zugewiesen, der am 1. Juni desselben Jahres noch 110 355 aus dem Bw Güstrow folgte. Zu dieser Zeit waren im Bw Wittenberge noch Vertreterinnen folgender Baureihen beheimatet: 01, 01^{5}, 35^{10}, 44, 50^{35}, 50^{0}, 50^{40}, 64, 120 und zwei LVT.

Eine 110 kam in den Umlaufplänen der Baureihe 64 mit Personenzügen nach Wittstock (Dosse) zum Einsatz. Zum Sommerfahrplan 1972 erhöhte sich der Bestand an 110 durch die Zugänge von 110 136, 110 422 und 110 443 auf fünf Lokomotiven, von denen täglich vier ihre Dienste vor Personenzügen nach Neustrelitz, Parchim, Güstrow, Schwerin und Salzwedel leisteten und dabei die Dampflokbaureihen 50^{40} und 64 ablösten. Auch die Wittenberger Einsatzstelle in Wittstock besetzte eine 110.

Im Winterfahrplan 1973/74 setzte das Bw Wittenberge bereits acht 110 im Plandienst ein. Der Bestand lag damals bei zehn Maschinen dieser Baureihe, davon waren zwei in der Est Wittstock stationiert.

Der Bestand zum Stichtag 31. Dezember 1973:

110 113	132	136	355	356
422	443	501	523	534

Innerhalb der folgenden zwei Jahre erhöhte sich die Anzahl der in Wittenberge beheimateten 110 auf 22 Loks, sodass sich zum 31. Dezember 1975 folgende Maschinen in den Bestandslisten befanden:

◁ **Bild 496**
Am östlichen Hausbahnsteig des Bahnhofs Wittenberge steht **110 726** am 4. Juni 1985 mit einem Personenzug bereit.

Aufnahme: Andreas Stange

110 113	132	136	335	356
414	422	443	488	501
523	534	666	684	745
801	807	808	809	815
817	823			

Der tägliche Bedarf an 110 lag zu diesem Zeitpunkt bei 17 Maschinen. Dabei wurden in den Umlaufplänen erstmals drei 110-Pärchen in Doppeltraktion im Güterverkehr als Ersatz für die Baureihe 50^{40} eingesetzt. Wie von den Bahnbetriebswerken Güstrow und Neuruppin, kamen auch die Wittenberger 110-Pärchen hauptsächlich vor Ganzzüge von und zu den Seehäfen in Rostock und Wismar zum Einsatz. Neben der Est Wittstock besetzte nun auch die Einsatzstelle des Bw Wittenberge in Neustadt (Dosse) zwei 110 und bespannte damit Reisezüge zwischen Nauen und Wittenberge sowie nach Neuruppin.

Zwischen Juni 1981 und März 1982 bekam Wittenberge insgesamt zehn fabrikneue Loks der Baureihe 111 zugeteilt:

- 111 006 und 007 am 27. Juni 1981,
- 111 008, 009 und 010 am 1. Juli 1981,
- 111 012 am 17. Februar 1982,
- 111 014 und 111 015 am 24. Februar 1982,
- 111 016 am 2. März 1982,
- 111 020 am 12. März 1982.

Von diesen Maschinen kamen vier Loks (2 × 2) in Doppeltraktion vor Güterzügen auf der Strecke Güstrow – Neustadt (Dosse) – Brandenburg sowie in Richtung Priort zum Einsatz und lösten dabei die 110-Pärchen ab. Da sich für die dadurch freigewordenen 110 keine neuen Aufgaben anboten, ging ab 1982 der Bestand an Loks dieser Baureihe im Bw Wittenberge auf 17 Exemplare zurück.

Am 29. Juni 1983 erhielt Wittenberge 114 664 zur Beheimatung zugeteilt. Die Lok blieb anderthalb Jahre eine Einzelgängerin, dann wurden Ende Dezember 1984 auch 114 246 und 114 464 im Bahnbetriebswerk der Elbestadt beheimatet. Zu diesem Zeitpunkt hatte Wittenberge auch seine ersten Vertreterinnen der Baureihe 112 erhalten, sodass sich zum 31. Dezember jenes Jahres folgender Bestand an Loks aus der „V 100-Familie“ ergab:

110 033	038	148*	336	348
501	524	659	666	726
779	807	808	809	817
823				
111 006	007	008	009	010
012	014	015	016	
112 256				
114 246	464	664		

*Lok wechselte zum 1. Januar 1985 zum Bw Neuruppin

△ **Bild 497** • In den siebziger Jahren war die Dampftraktion im Bw Wittenberge noch allgegenwärtig, doch allmählich gewannen die modernen Dieselloks die Oberhand bei den Bestandszahlen. Allerdings war oftmals die Kraft von zwei Dieselloks notwendig, um die Leistung einer Güterzugdampflok zu erreichen. Am 13. September 1976 entstand im Bw Wittenberge diese Aufnahme eines von **110 355** angeführten 110-Doppel neben der ölgefeuerten 50 0052. Aufnahme: Axel Mehnert, Sammlung Andreas Stange

△ **Bild 498** • In Perleberg kamen die Lokomotiven des Bw Wittenberge sowohl mit Reise- als auch mit Güterzügen ständig vorbei, gehörte doch die Strecke Wittenberge – Pritzwalk zu den Haupteinsatzlinien des Bahnbetriebswerkes. Hier ist es **110 779**, die am 8. August 1986 den Bahnhof Perleberg mit einem Personenzug verlässt. Aufnahme: Sammlung Andreas Stange

Bis Anfang 1987 reduzierten sich die Bestände bei der Baureihe 110 auf zehn und bei der Baureihe 111 auf acht Loks, während sich die Anzahl der 112 auf sieben erhöhte. Bis zur Abgabe der drei 114 im Jahr 1988 gab es bei dieser Baureihe keine Bestandsänderungen.

Von der Est Neustadt (Dosse) aus bespannten 110er im Frühjahr 1987 Nahgüterzüge nach Wittenberge, Neuruppin und Fehrbellin, von der Est Wittstock wurden 110 vor Personen- und Nahgüterzügen in Richtung Neuruppin, Neustrelitz und Pritzwalk eingesetzt. Die Wittenberger 112 leisteten Dienste vor Personenzüge auf den Strecken Wittenberge – Nauen, Wittenberge – Pritzwalk – Neustrelitz und Wittenberge – Salzwedel, während die Loks der Baureihe 114 von Wittenberge aus mit Personenzügen bis Güstrow und – als Ablösung von Dampfloks der Baureihe 50^{35} – mit Nahgüterzügen bis Pritzwalk kamen. In diesen Grundzügen blieben die Umläufe in der Folgezeit gleich. Bemerkenswert ist, dass eine 112 der Est Wittstock im Sommer 1988 als Zuglok des P 3303/3306 bis Potsdam Stadt kam.

Im Verlauf des Jahres 1988 verließen die drei Maschinen der Baureihe 114 das Bahnbetriebswerk Wittenberge und wechselten – zuletzt 114 246 am 30. Dezember jenes Jahres – von der Elbestadt zum Bw Halberstadt.

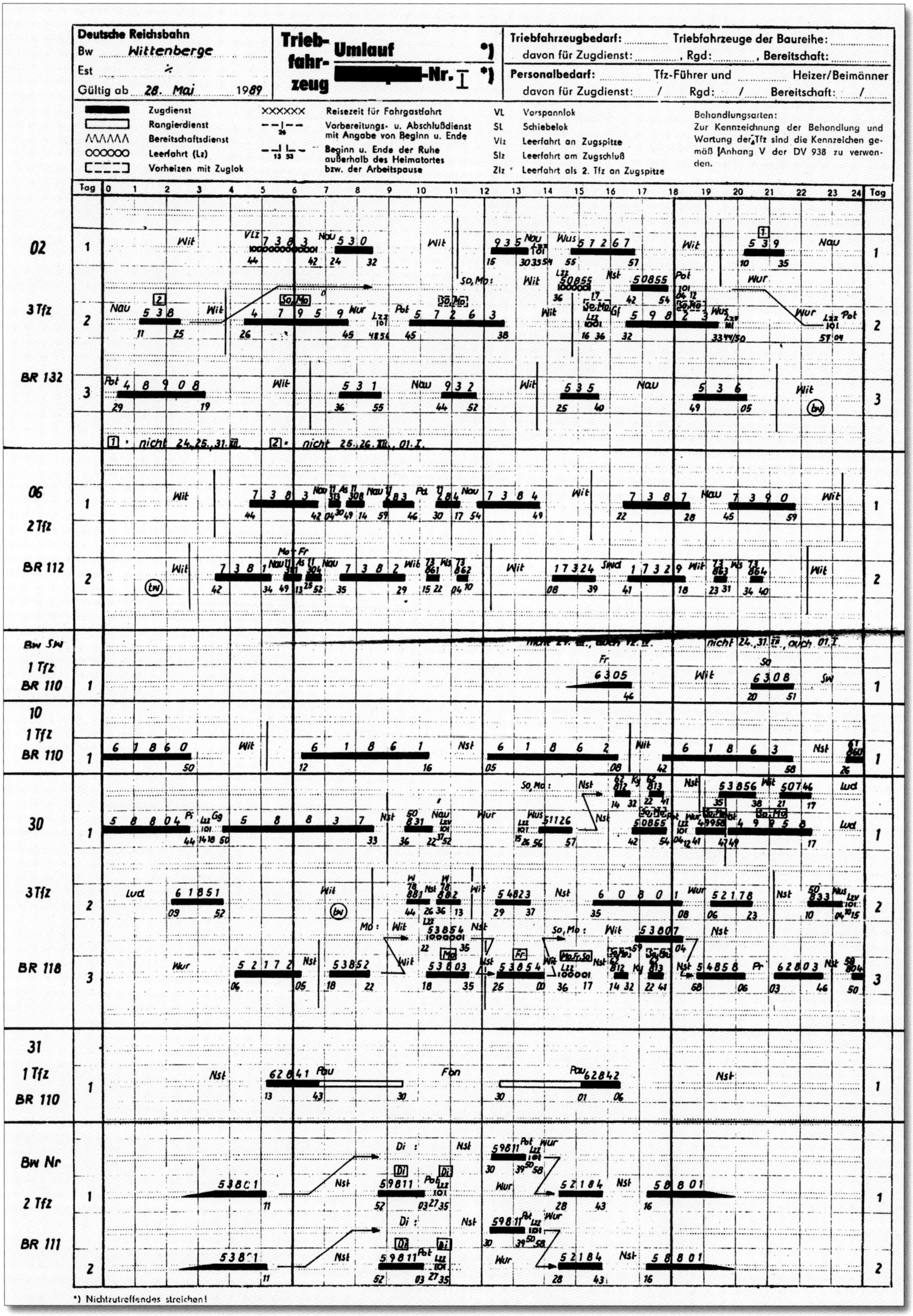

△ **Bild 499 •** Umlaufplan des Bw Wittenberge, gültig ab 28. Mai 1989 mit den Dienstplänen 06 (2 × 112), 10 und 31 (je 1 × 110) sowie für zwei Loks der Baureihe 111. Zudem wurde die Schweriner 110 am Zugpaar P 6305/6308 mit Wittenberger Personal besetzt. ABBILDUNG: SAMMLUNG ANDREAS STANGE

△ **Bild 500•** „Hp 1“ für **110 501** des Bw Wittenberge mit ihrem Personenzug in Richtung Pritzwalk am 1. August 1984 in Perleberg. Zwei Jahre später wird diese Lok zur 112 501 umgebaut und anschließend bis November 1993 weiterhin von Wittenberge aus zum Einsatz kommen. Am Zugschluss ist noch eine weitere 110 zu erkennen.

AUFNAHME: SAMMLUNG ANDREAS STANGE

Zum 31. Dezember 1989 sah der Bestand an Loks der Baureihen 110, 111 und 112 in Wittenberge wie folgt aus:

110 033	035	054	143	210
779	807	823		
111 007	008	009	010	015
016				
112 137	296	501	627	666
808	809	817		

Im Zusammenhang mit dem Rückgang der Güterzugleistungen ab 1990 gab das Bw Wittenberge im Verlauf des Jahres 1991 seine letzten Maschinen der Baureihe 111 zum Bw Rostock-Seehafen ab. Damit waren zum 1. Januar 1992 von der „V 100-Familie“ nur noch die Baureihen 110 (neu: 201) mit zehn und 112 (neu: 202) mit sieben Lokomotiven in Wittenberge beheimatet. Dies waren im Einzelnen:

110 028	033	040	054	075
557	644	779	807	823
112 136	137	256	296	326
329	338	501	627	666
808	809			

Viele der 201 standen allerdings bereits zu diesem Zeitpunkt als Reserve abgestellt. Für drei Loks der Baureihe 202 bestand im Jahr 1993 ein Umlaufplan mit Personenzü-

Bild 501 ▷ Mit einem ansehnlich langen Wagenpark, an dessen Ende noch ein einzelner Doppelstockwagen hängt, steht **110 033** des Bw Wittenberge am Morgen des 19. März 1990 in Neustadt (Dosse).

AUFNAHME: ANDREAS STANGE

△ **Bild 502** • Das Bw Wittenberge erhielt ab 1981 als Neuanlieferung zehn Loks der ausschließlich für den Güterzug- und schweren Rangierdienst beschafften Baureihe 111. Im August 1982 sind **111 007** und **111 008** mit einem Ganzzug unterwegs bei Rhinow. AUFNAHME: DR. WNFRIED KÖNIG

gen nach Neustadt (Dosse) und Neustrelitz. Im Mai 1994 übernahm der nunmehrige Betriebshof Wittenberge den Fahrzeugbestand des ehemaligen Bw Neuruppin. Fortan kamen täglich sechs 202 zum Einsatz: von Wittenberge aus mit Personenzügen nach Neustrelitz sowie von Neuruppin aus mit Personenzügen nach Rheinsberg und mit einem Nahgüterzug nach Paulinenaue.

Nachdem die Loks der Baureihe 201 zunächst noch als Reserve dienten, wurden im Verlauf des Jahres 1994 (fast) alle noch im Bh Wittenberge vorhandenen 201 z-gestellt, lediglich 201 501 hielt sich noch bis Oktober 1995 im Betriebspark.

Die letzten sechs verbliebenen 202 – 202 362, 444, 462, 489, 501 und 606 – wechselten am 28. Februar 1997 gemeinsam zum Bh Schwerin.

Bw Wittenberge (I)

Lok-Nr.	vom Bw	beheimatet von – bis	zum Bw
110 021	Aue (Sachs)	28.11.86 – 13.01.87	Glauchau (Sachs)
110 028	Güstrow	14.02.90 – 29.05.94	z, zr 10.02.92
110 029	Weißenfels	16.01.85 – 28.01.85	Wismar
110 029	Wismar	27.02.85 – 27.03.85	Schwerin
110 029	Schwerin	13.04.85 – 20.04.85	Güstrow
110 033	Wismar	27.10.80 – 31.12.80	Schwerin
110 033	Schwerin	30.10.81 – 28.01.85	Wismar
110 033	Wismar	27.02.85 – 19.01.86	Güstrow
110 033	Schwerin	19.06.86 – 06.06.91	Hagenow Land
110 033	Hagenow Land	13.12.91 – 29.05.94	z, a 21.01.92
110 035	Hagenow Land	01.03.87 – 11.11.88	Güstrow
110 035	Güstrow	12.12.88 – 26.10.90	Heringsdorf
110 038	Wismar	23.03.80 – 18.01.86	Güstrow
110 040	Hagenow Land	30.10.90 – 30.11.93	Neustrelitz[1]
110 042	Glauchau (Sachs)	28.11.86 – 11.01.87	Glauchau (Sachs)
110 049	Weißenfels	16.01.85 – 22.03.85	Güstrow
110 054	Karl-Marx-Stadt	22.09.84 – 28.09.84	Güstrow
110 054	Güstrow	26.08.85 – 11.05.92	umb in 298 054
110 075	Hagenow Land	15.12.88 – 12.01.89	Hagenow Land
110 075	Hagenow Land	26.10.90 – 29.11.92	Neustrelitz
110 081	Karl-Marx-Stadt	18.09.72 – 03.10.72	Karl-Marx-Stadt
110 091	Seddin	20.11.81 – 24.09.82	Reichenbach (V)
110 096	Karl-Marx-Stadt	23.09.84 – 14.10.84	Güstrow
110 096	Hagenow Land	10.09.90 – 06.10.91	Güstrow
201 112	Neuruppin	24.03.94 – 10.04.94	z, zr
110 113	Rostock	31.12.72 – 30.06.77	Wismar
110 113	Wismar	28.07.77 – 08.12.83	Güstrow*
110 113	Schwerin	22.07.89 – 27.07.89	Güstrow
110 125	Seddin	10.06.80 – 03.11.82	Reichenbach (V)
110 132	Rostock	05.01.73 – 26.05.82	Magdeburg
110 136	Rostock	23.06.72 – 03.06.76	Rostock[2] *
110 142	Dresden	22.12.77 – 04.01.78	Dresden
110 143	Wismar	28.04.82 – 14.10.82	Wismar
110 143	Rostock	11.04.87 – 12.06.91	Hagenow Land
110 148	Hagenow Land	29.02.80 – 12.03.80	Hagenow Land
110 148	Güstrow	20.12.84 – 31.12.84	Neuruppin
110 157	Neuruppin	17.07.85 – 08.08.85	Neuruppin

zr = Zurückstellung aus Reserve a = abgestellt umb = Umbau [1] zr 2/93-11/93
[2] umb 20.01.76 * Lok war während der Beheimatung kurzzeitig in einem anderen Bw.

Bw Wittenberge (II)

Lok-Nr.	vom Bw	beheimatet von – bis	zum Bw
201 157	Neuruppin	24.03.94 – 10.04.94	z, zr
110 210	Neuruppin	17.07.85 – 18.03.86	Güstrow
110 210	Neuruppin	25.05.86 – 06.10.91	Güstrow*
110 233	Wustermark	23.10.83 – 26.10.83	Seddin
110 237	Görlitz	19.09.81 – 27.05.82	Magdeburg
110 256	Schwerin	05.09.77 – 02.06.78	Hagenow Land
110 256	Hagenow Land	28.06.78 – 02.08.78	Hagenow Land
110 256	Neuruppin	22.09.78 – 06.08.80	Neuruppin
110 256	Neuruppin	16.09.80 – 02.01.81	Schwerin
110 256	Schwerin	29.08.84 – 31.10.84	umb in 112 256
110 269	Schwerin	17.11.80 – 31.05.81	Schwerin
110 269	Schwerin	01.11.81 – 15.01.82	Neuruppin
110 336	Schwerin	28.04.82 – 14.05.85	umb in 112 336
110 348	Schwerin	05.09.80 – 02.01.81	Schwerin
110 348	Schwerin	01.09.84 – 14.09.84	Rostock-Seehafen
110 348	Güstrow	20.12.84 – 14.01.85	Weißenfels
110 355	Güstrow	01.06.71 – 19.05.82	Leipzig Hbf Süd
110 356	Neuanlieferung	21.04.71 – 20.02.79	z, a 28.11.78 unf
110 370	Pasewalk	28.06.80 – 16.09.80	Eberswalde
110 377	Neuruppin	26.10.77 – 22.07.80	Schwerin
201 391	Stralsund	05.06.93 – 15.07.93	Neustrelitz
110 414	Rostock	02.09.74 – .03.76	Wismar
110 414	Hagenow Land	04.08.76 – 21.11.79	Güstrow[3]
110 422	Neuanlieferung	04.01.72 – 27.02.76	Neuruppin
110 443	Bln Ostbahnhof	06.04.72 – 20.10.75	Neuruppin
110 443	Neuruppin	08.11.75 – 02.01.81	Schwerin
110 449	Rostock	02.03.76 – 02.01.81	Schwerin
110 453	Neuanlieferung	31.03.72 – 09.04.72	Halle P
110 453	Güstrow	07.03.75 – 18.03.75	Güstrow
110 480	Rostock	.09.74 – 11.10.74	Hagenow Land
110 488	Rostock	01.10.74 – 19.09.76	Wismar
110 488	Wismar	11.05.77 – 27.02.80	Wismar
110 501	Neuanlieferung	23.11.72 – 24.07.73	Neuruppin
110 501	Neuruppin	07.08.73 – 01.07.85	Neuruppin
110 501	Neuruppin	19.07.85 – 13.08.86	umb in 112 501
110 508	Karl-Marx-Stadt	21.12.77 – 04.01.78	Karl-Marx-Stadt
201 510	Neustrelitz	01.06.94 – 25.10.95	z-Park
110 523	Neuanlieferung	30.03.73 – 23.01.80	Güstrow[4]

unf = Unfall [3] umb 21.11.79 [4] umb 23.01.80

Bw Wittenberge (III)

Lok-Nr.	vom Bw	beheimatet von – bis	zum Bw
110 524	Magdeburg	15.07.76 – 28.03.78	Hagenow Land
110 524	Hagenow Land	10.05.78 – 20.02.81	Güstrow*
110 524	Güstrow	21.05.82 – 11.10.83	Schwerin
110 524	Schwerin	25.11.83 – 14.01.86	Güstrow
110 534	Neuanlieferung	28.04.73 – 12.07.76	Magdeburg
110 557	Heringsdorf	14.11.90 – 28.07.92	Neustrelitz
110 559	Rostock	20.04.82 – 26.05.82	Magdeburg
110 571	Güstrow	22.11.79 – 28.06.82	umb in 112 571
201 609	Neuruppin	24.03.94 – 10.04.94	z, a 01.12.92
110 630	Neuruppin	06.03.87 – 18.04.87	Neuruppin
110 636	K-M-Stadt	06.01.79 – 19.03.79	Güstrow
110 644	Neuruppin	05.08.91 – 24.02.92	Neustrelitz
110 659	Güstrow	23.12.79 – 26.01.86	Hagenow Land
110 659	Hagenow Land	22.03.86 – 29.08.86	umb in 112 659
110 660	Hagenow Land	17.10.84 – 02.11.84	Rostock
110 664	Güstrow	23.04.80 – 05.05.80	Neuruppin
110 664	Hagenow Land	05.07.80 – 28.06.83	umb in 115 664 **
110 666	Neuanlieferung	30.05.74 – 20.02.84	Rostock-Seehafen
110 666	Rostock-Seehafen	31.05.84 – 29.10.86	umb in 112 666
110 684	Neuanlieferung	05.07.74 – 20.04.82	Magdeburg
201 704	Schwerin	01.06.94 – 31.12.94	Neustrelitz
110 706	Schwerin	16.09.77 – 02.01.81	Schwerin
110 726	Wismar	29.02.80 – 10.09.83	Schwerin
110 726	Schwerin	29.10.83 – 01.06.87	Neuruppin
110 726	Neuruppin	06.09.88 – 27.09.88	Neuruppin
110 729	Neuruppin	06.03.87 – 24.05.87	Neuruppin
110 745	Neuanlieferung	01.12.74 – 04.05.82	Karl-Marx-Stadt
110 755	Neuruppin	11.12.84 – 27.12.84	Schwerin
110 768	Schwerin	15.04.85 – 21.04.85	Güstrow
110 774	Güstrow	11.03.80 – .06.80	Neuruppin
110 779	Güstrow	21.07.86 – 29.05.94	z, zr 10.02.92
110 801	Neuanlieferung	20.06.75 – 26.02.79	z, a 27.02.79 unf
110 804	Güstrow	05.10.79 – 31.10.84	Rostock-Seehafen
110 804	Rostock-Seehafen	29.11.84 – 30.09.85	umb in 112 804
110 807	Neuanlieferung	28.06.75 – 29.11.92	Neustrelitz
110 808	Neuanlieferung	01.07.75 – 11.11.85	Hagenow Land
110 808	Hagenow Land	08.12.85 – 29.01.87	umb in 112 808
110 809	Neuanlieferung	01.07.75 – 30.06.89	umb in 112 809
110 815	Neuanlieferung	19.07.75 – 02.01.81	Schwerin
110 817	Neuanlieferung	19.07.75 – 23.07.86	umb in 112 817
110 820	Schwerin	13.02.80 – 31.05.80	Schwerin
110 823	Schwerin	24.10.75 – 29.05.94	z, zr 10.02.92
110 848	Güstrow	13.08.81 – 04.12.81	Güstrow
110 890	Halle P	01.01.79 – 09.01.79	Schwerin
110 896	Wismar	02.07.82 – 29.12.84	Frankfurt (0)
111 006	Neuanlieferung	27.06.81 – 25.07.88	Rostock-Seehafen
111 007	Neuanlieferung	27.06.81 – 11.08.86	Rostock-Seehafen*
111 007	Rostock-Seehafen	31.08.86 – 17.12.91	umb in 108 307
111 008	Neuanlieferung	01.07.81 – 12.09.91	Rostock-Seehafen
111 009	Neuanlieferung	01.07.81 – 11.12.91	umb in 108 309
111 010	Neuanlieferung	01.07.81 – 21.01.90	Neuruppin
111 010	Neuruppin	20.02.90 – 02.12.91	umb in 108 310
111 012	Neuanlieferung	17.02.82 – 16.03.85	Rostock-Seehafen
111 014	Neuanlieferung	24.02.82 – 24.05.88	Rostock-Seehafen
111 015	Neuanlieferung	24.02.82 – 24.05.90	Halle G
111 016	Neuanlieferung	02.03.82 – 06.12.91	umb in 108 316
111 020	Neuanlieferung	12.03.82 – 25.09.82	Rostock-Seehafen
112 136	Neuruppin	05.08.91 – 05.06.92	Güstrow
112 137	Rostock	07.06.84 – 01.10.84	Rostock
112 137	Rostock	26.05.88 – 30.11.93	Neustrelitz

** Lok wurde später in die Baureihe 114 umgenummert.

△ **Bild 503** • Im Bestand des Bw Wittenberge befanden sich auch drei Exemplare der Baureihe 114, darunter die hier am 17. August 1985 in Bahnhof Wittenberge aufgenommene **114 464**. Aufnahme: Volker Lucas, Sammlung A. Zika

Bw Wittenberge (IV)

Lok-Nr.	vom Bw	beheimatet von – bis	zum Bw
112 256	aus Umbau	01.11.84 – 26.05.88	Rostock
112 256	Rostock	20.12.91 – 30.11.93	Neustrelitz
112 280	Rostock	12.05.87 – 31.05.87	Rostock
112 296	Rostock	21.10.86 – 10.01.93	Güstrow
202 316	Schwerin	15.06.93 – 30.11.93	Neustrelitz
112 326	Wismar	08.08.91 – 16.06.92	Güstrow
112 329	Wismar	21.07.91 – 31.03.92	Rostock
112 338	Güstrow	12.08.91 – 01.06.93	Neubrandenburg
112 353	Hagenow Land	19.12.85 – 11.05.87	Hagenow Land
202 362	Pasewalk	30.05.94 – 28.02.97	Schwerin
202 381	Neuruppin	30.05.94 – 20.06.94	Leipzig Hbf Süd
202 381	Leipzig Hbf Süd	08.07.94 – 25.03.96	z, a 25.07.95
112 436	Wismar	22.06.84 – 06.10.84	Güstrow
202 444	Schwerin	29.09.96 – 28.02.97	Schwerin
202 460	Neuruppin	01.06.94 – 08.09.96	z, a 15.09.96
202 462	Neuruppin	29.05.94 – 28.02.97	Schwerin
202 489	Schwerin	11.03.96 – 28.02.97	Schwerin
112 501	aus Umbau	14.08.86 – 30.11.93	Neustrelitz
202 501	Neustrelitz	30.05.94 – 28.02.97	Schwerin
202 511	Rostock	04.08.92 – 12.10.93	Stralsund
112 512	Schwerin	12.01.85 – 24.03.85	Schwerin
112 532	Rostock	19.02.88 – 05.03.88	Güstrow
202 532	Neuruppin	29.05.94 – 03.01.95	Pasewalk
112 564	Güstrow	17.11.87 – 18.11.87	K-M-Stadt
202 569	Stralsund	03.02.92 – 31.05.92	Rostock
112 590	Rostock-Seehafen	31.10.84 – 27.11.84	Schwerin
202 606	Hagenow Land	03.03.93 – 20.05.93	Neuruppin
202 606	Neuruppin	29.05.94 – 28.02.97	Schwerin
112 627	Röblingen a.S.	27.05.88 – 03.08.92	Rostock
202 629	Rostock	03.07.95 – 26.05.96	z, a 16.01.96
202 630	Neuruppin	29.05.94 – 09.06.95	Rostock
112 659	aus Umbau	30.08.86 – 21.02.87	z, a 04.11.86 unf
112 666	aus Umbau	30.10.86 – 30.11.93	Neustrelitz
202 726	Neuruppin	29.05.94 – 14.02.96	Pasewalk
112 804	aus Umbau	01.10.85 – 01.06.86	Zittau
112 808	aus Umbau	30.01.87 – 30.11.93	Neustrelitz
112 809	aus Umbau	01.07.89 – 30.11.93	Neustrelitz
112 817	aus Umbau	24.07.86 – 14.09.90	Hagenow Land
114 246	aus Umbau	28.12.84 – 30.12.88	Halberstadt
114 464	aus Umbau	28.12.84 – 26.10.88	Halberstadt
114 664	aus Umbau	29.06.83 – 30.05.88	Halberstadt

10 Literatur- und Quellenverzeichnis

Literatur

Autorenkollektiv; Vom Heizhaus der Leipzig-Dresdner Eisenbahn zum Bw Leipzig Hbf Süd; Bw Leipzig Hbf Süd (Hrsg)

Kühne, Klaus-Jürgen; Bahnbetriebswerke der DDR; Stuttgart 2017

Lorenz, Daniel/Schlegel, Dietmar/Werner, Sebastian; Die Baureihe V 100 der Deutschen Reichsbahn – Band 1: Entwicklung, Technik und Umbauten; Freiburg 2023

Müller, Wolfgang; Das Bahnbetriebswerk Leipzig Hbf West; Freiburg 2008

Schlegel, Dietmar/Werner, Sebastian; Das Bw Falkenberg (Elster) – Eine Dienststelle mit zwei Bahnbetriebswerken; Freiburg 2021

Schlegel, Dietmar/Werner, Sebastian; Das Bw Nossen – Chronik einer 100-jährigen Dienststelle für Regel- und Schmalspurlokomotiven, Freiburg 2023

Weber, Lothar; Die Baureihe V 100 der Deutschen Reichsbahn; Stuttgart 2015

Weisbrod, Manfred; Baureihe V 100 der Deutschen Reichsbahn; Stuttgart 1999

EK-Themenheft „Die DR vor 25 Jahren“ – Ausgaben 1967 bis 1998, Freiburg 1993 bis 2023

Quellen

- Ausmusterungsprotokolle der Hauptverwaltung Maschinenwirtschaft der Deutschen Reichsbahn
- Betriebsbücher der Baureihen 110 und 112
- Verzeichnisse der Verwaltungen Maschinenwirtschaft zu Lokumsetzungen in den einzelnen DR-Direktionen
- Lokverwendungsnachweise
- Lokumlaufpläne der einzelnen Bahnbetriebswerke
- eigene statistischen Aufzeichnungen
- Kursbücher der Deutschen Reichsbahn (1967 bis 1993) und der DB AG
- Werkkarteikarten des Raw Stendal

△ **Bild 504** • Am Zugschluss eines (zweigeteilten) Personenzuges sind **110 424** des Bw Hoyerswerda und eine Schwesterlok im Juni 1973 unterwegs bei Brieske (Senftenberg). Zuglok ist eine Maschine der Baureihe 118. Im Hintergrund die Brikettfabrik und das Kraftwerk Brieske. Aufnahme: Günter Scheibe, Sammlung Jörg Leuthardt

11 Die Baureihe V 100 und ihre Varianten in Farbe (I)

Bild 505 ▷
110 852 (Bw Berlin-Ostbahnhof) ist am 26. August 1984 mit dem Personalpendel zwischen dem Lehrter Stadtbahnhof und Berlin Friedrichstraße unterwegs in Richtung Osten.

Bild 506 ▷
202 320 des Bh Berlin-Pankow steht am 6. September 1993 mit einem Personenzug in Basdorf. Rechts daneben 202 465.

Aufnahmen (2):
Bernd Freimann,
Sammlung Jörg Leuthardt

Bild 507 ▷
Die bestens gepflegte **202 295** des Bw Jüterbog steht am 24. April 1993 mit einem Personenzug im Bahnhof Zossen. Die Lok kam noch als 110 295 im Juni 1985 vom Bw Wustermark nach Jüterbog, erhielt im Juli 1989 einen 1.200-PS-Motor und wurde entsprechend in die Baureihe 112 eingereiht.

Aufnahme:
Georg Dollwet

◁ **Bild 508**
110 352 (Bw Bautzen) am 3. Mai 1975 in Cunewalde.

Aufnahme:
Harald Tschirner,
Sammlung Jörg Leuthardt

◁ **Bild 509**
Blick ins Bw Bautzen am 7. März 1977. Anzutreffen waren an jenem Tag (v. l. n. r.): **110 857**, **110 593** und **110 568**. Die 110 857 wurde erst im September 1976 in Dienst gestellt, während dies bei den anderen beiden Maschinen bereits im November 1973 (110 593) bzw. Juli 1973 (110 568 im Bw Görlitz) der Fall war.

Aufnahme:
Frank Ebermann

◁ **Bild 510**
Eine 202 des Bw Bautzen ist am 4. Oktober 1992 auf der Fahrt von Bautzen nach Löbau (Sachs) unterwegs zwischen Cunewalde und Mittelcunewalde.

Aufnahme:
Georg Dollwet

Bild 511 ▷
Im Jahr 1980 ist **110 331** vom Bw Bautzen mit einem Personenzug bei Cunewalde unterwegs in Richtung Löbau (Sachs).

Aufnahme: Slg. Matthias Hengst

Bild 512 ▷
110 700 gehörte zum Zeitpunkt dieser Aufnahme, am 18. Mai 1981, zum Bestand des Bw Kamenz. Hier ist sie mit einem Personenzug bei Dresden-Klotzsche unterwegs in Richtung Arnsdorf (b Dresden).

Bild 513 ▷
Über den Dächern von Obercunnersdorf ist eine 112 am 27. Mai 1987 auf der Fahrt von Zittau nach Löbau (Sachs).

Aufnahmen (2): Georg Dollwet

◁ **Bild 514**
In der Einsatzstelle Luckau des Bw Cottbus standen am 20. Februar 1993 u. a. **298 122** sowie 346 229 und warteten auf ihre kommenden Einsätze. Hinter 298 122 „versteckt" sich noch **298 055**, während 346 229 den Blick auf 65 1008 verdeckt.

Aufnahme:
Gunter von Hartwig

◁ **Bild 515**
Von der Cottbuser Einsatzstelle in Wilhelm-Pieck-Stadt Guben aus kam **112 530** zum Einsatz. Am 17. Mai 1988 verlässt sie mit dem P 8962 nach Guben den Cottbuser Hauptbahnhof.

Aufnahme:
Andreas Stange

◁ **Bild 516**
Erst durch die Übernahme der 202 vom Bh Berlin-Pankow in den Bestand des Betriebshofes Cottbus kamen (buchmäßig) Cottbuser Loks dieser Baureihe bis Werneuchen. So am 8. Mai 2000 die **202 751** und eine mächtig qualmende Schwesterlok.

Aufnahme:
Gunter von Hartwig

Bild 517 ▷ Zum Bestand des Bw Hoyerswerda gehörte zum Zeitpunkt der Aufnahme dieses Bildes die **110 532**. Hier steht sie am 19. April 1976 mit einem Personenzug im Bahnhof Ruhland.

Aufnahme: Dietrich Richter, Slg. Jörg Leuthardt

▽ **Bild 518** • Die Zittauer **110 500** begegnete am 27. Oktober 1987 in Neugersdorf der dort rangierenden 52 8148 vom Bw Bautzen. Aufnahme: Joachim Volkhardt

◁ **Bild 519**
Der Betriebshof Senftenberg beheimatete eine größere Anzahl an Lokomotiven der Baureihe 298. Am 1. April 2004 fährt **298 081** mit einem Güterzug durch den Bahnhof Klitten.

Aufnahme:
Gunter von Hartwig

◁ **Bild 520**
110 009 des Bw Görlitz hat am 23. August 1986 mit einem Personenzug den Haltepunkt Großschweidnitz an der Strecke Zittau – Löbau (Sachs) erreicht. Die Lok gehörte nur drei Monate – von Juni bis September 1986 – zum Bestand des Bw Görlitz.

Aufnahme:
Henning Folz

◁ **Bild 521**
Auf der Drehscheibe in ihrem Heimat-Bw Zittau präsentiert sich **112 500** am 6. Oktober 1991 dem anwesenden Fotografen. Links ist noch der Vorbau von **112 568** zu sehen.

Aufnahme:
Peter Krückels

△ **Bild 522** • Zu den Einsatzstrecken der Loks der Baureihen 110 und 112 des Bw Aue (Sachs) gehörte auch die Verbindung Schwarzenberg (Erzgeb) – Annaberg-Buchholz, in deren Verlauf der bekannte Markersbacher Viadukt überquert wird. Am 14. Oktober 1986 rollt eine 110 mit einem Personenzug aus Richtung Annaberg-Buchholz kommend talwärts.
Aufnahme: Joachim Volkhardt

▽ **Bild 523** • Wenn die Zeit auf der Bahnsteiguhr stimmt, steht 110 681 des Bw Aue (Sachs) am 5. September 1982 mit dem P 18765 (Flöha – Bärenstein/Kr Annaberg) im Bahnhof Annaberg-Buchholz Süd. Ankunft: 15:38 Uhr. Abfahrt: 15:50 Uhr. Die Lok wird ein Jahr später zur 112 681 umgebaut.
Aufnahme: Georg Dollwet

Bild 524
V 100 047 kam am 2. April 1968 als Neuanlieferung zum Bw Dresden und wechselte am 2. September 1969 zum Bw Aue (Sachs). Während ihrer Einsatzzeit im Bw Dresden entstand am 13. April 1968 diese Aufnahme der zu diesem Zeitpunkt wahrlich noch werksneuen Lok mit einem Personenzug im Bahnhof Rathen.

Aufnahme:
Georg Otte,
Sammlung Matthias Hengst

Bild 525
110 244 des Bw Gera leistet im März 1973 der 118 033 Vorspanndienst vor einem Güterzug, aufgenommen an der Blockstelle Oberndorf zwischen Gera und Hermsdorf-Klosterlausnitz (Strecke Gera – Göschwitz – Weimar).

Aufnahme:
Eckhard Ebert,
Slg. Gunter von Hartwig

Bild 526
Die Muldetalbahn Glauchau (Sachs) – Rochlitz (Sachs) gehörte zu den Haupteinsatzgebieten der Glauchauer 110 bzw. 112. Am 31. März 1993 ist dort **202 452** mit einem Güterzug unterwegs und hat den Göhrener Viadukt, auf dem die Strecke Leipzig – Chemnitz verläuft, durchfahren.

Aufnahme:
Henning Folz

Bild 527 ▷
Am 2. November 1975 hat **110 635** im heimatlichen Bw Karl-Marx-Stadt Dienst am örtlichen Hilfszug.

AUFNAHME: HANS-DIETER RÄNDLER

Bild 528 ▷
Am 31. März 1974 fährt **110 574** vom Bw Reichenbach (Vogtl) mit einem u. a. aus alten Eilzug- und Schnellzugwagen gebildeten Reisezug in den Bahnhof Muldenberg ein.

AUFNAHME: W. SCHOLZ, SLG. MATTHIAS HENGST

Bild 529 ▷
Die Anlagen des ehemaligen Bw Pockau-Lengefeld im Erzgebirge befinden sich „unterhalb" des Streckengleises nach Marienberg (Sachs). Am 8. Juni 1975 steht dort **110 552** vom Bw Karl-Marx-Stadt am 8. Juni 1975 und wartet auf die nächste Leistung.

AUFNAHME: HARALD TSCHIRNER, SAMMLUNG JÖRG LEUTHARDT

◁ **Bild 530**
110 118 des Bw Eisenach hat im Juni 1985 die Beförderung eines Güter- und Postexpresszuges in ihrem Umlaufplan. Mit diesem steht sie im Bahnhof Gräfenroda.

Aufnahme: Wolfgang Ziemert, Sammlung Jörg Leuthardt

▽ **Bild 531** • Mindestens 7.000 PS bewegen hier am 27. März 1994 den N 14814 (Bad Salzungen – Dorndorf/Rhön) aus dem Bahnhof Merkers heraus. Zuglok ist **201 053** des Betriebshofes Eisenach.

Aufnahme: Henning Folz

Bild 532 ▷
Am 7. Juni 1982 steht **112 515** vom Bw Erfurt mit einer interessanten zweiteiligen Doppelstockgarnitur am Haken im Bahnhof Erfurt Nord. Dies war zugleich eine typische Erfurter „S-Bahn-Garnitur".

Bild 533 ▷
Von einer der berühmtesten Straßenbrücken im Land aufgenommen: **110 738** verlässt am 20. Juni 1978 mit einem aus einer vierteiligen Doppestockgarnitur gebildeten Personenzug den Bahnhof Saalfeld und passiert dabei ihr Heimat-Bw.

Bild 534 ▷
Die Nordhäuser **202 313** beschleunigt am 3. Mai 1992 einen Personenzug aus dem Bahnhof Worbis heraus in Richtung Leinefeld.

Aufnahmen (3): Georg Dollwet

◁ **Bild 535**
Als noch richtig „Koffer schleppen" angesagt war und mit der Bahn in den Urlaub gefahren wurde, entstand diese Aufnahme der **110 339** des Bw Seebad Heringsdorf im Bahnhof Heringsdorf. Sie hat am 20. Juli 1974 einen Personenzug aus Wolgaster Fähre in das Seebad befördert, setzt nun an das andere Zugende um und wird den Zug noch nach Seebad Ahlbeck bringen.

Aufnahme:
Harald Tschirner,
Sammlung Jörg Leuthardt

◁ **Bild 536**
Sprung auf die andere Ostseeinsel: **110 391** des Bw Stralsund verlässt am 19. Juni 1980 mit einem Personenzug nach Bergen (Rügen) den Bahnhof Putbus.

Aufnahme: Sammlung Andreas Stange

◁ **Bild 537**
Mit einem Personenzug aus Rostock zur Weiterfahrt nach Stralsund erreicht **110 385** des Bw Stralsund am 27. September 1978 den Bahnhof Velgast.

Aufnahme: Georg Dollwet

Bild 538 ▷
Der Bahnhof Wesenberg befindet sich an der Strecke Pritzwalk – Neustrelitz Süd. Am 13. Juni 1993 ist dort **201 669** des Bw Neustrelitz mit dem E 3926 (Neustrelitz Süd – Wittenberge) eingefahren.

Aufnahme: Gunter von Hartwig

Bild 539 ▷
Am 23. August 1974 kam es im Bahnhof Senftenberg zum Nebeneinander von der kohlenstaubgefeuerten **52 9195** des Bw Senftenberg und der mit einem Reisezug einfahrenden **110 698** des Bw Falkenberg (Elster).

Aufnahme: Detlef Winkler

Bild 540 ▷
110 303 des Bw Leipzig Hbf Süd hatte am 20. April 1983 zwei in Blau und Gelb lackierte Lowa-Mitteleinstiegswagen der Leipziger S-Bahn am Haken, als sie in Leipzig Hbf aufgenommen wurde. Der Zug fuhr vermutlich nach Merseburg.

Aufnahme: Georg Dollwet

◁ **Bild 541**
In Lutherstadt Eisleben entstand im Februar 1975 diese Aufnahme der **110 156** des Bw Halle P.

Aufnahme: Deiter Nagel

◁ **Bild 542**
Am Ostberg des Rangierbahnhofes Leipzig-Engelsdorf gab es am 26. Mai 1990 dieses Zusammentreffen der 254 056 (Bw Engelsorf) vor einem endlos erscheinenden Ganzzug und der **111 032** des Bw Leipzig hbf Süd.

Aufnahme: Olaf Martin

◁ **Bild 543**
Auch ein Mitglied der „V 100-Familie“: **201 999** – von Adtranz modernisiert und dabei u. a. mit einer elektrischen Heizung ausgerüstet – hat im Probeeinsatz bei DB Regio den P 7305 am Haken und ist hier bei Leipzig-Sellerhausen am 24. April 1997 auf der Fahrt nach Geithain. Die Lok war zu diesem Zeitpunkt im Bh Leipzig Hbf Süd beheimatet.

Aufnahme: Gunter von Hartwig

Bild 544 ▷
Im Bahnhof Meitzendorf gab es im Spätsommer 1981 diese Zugkreuzung eines mit 41 1185 vom Bw Oebisfelde bespannten Güterzuges und der S-Bahn Magdeburg – Haldensleben mit „Schiebelok" **112 446** des Bw Haldensleben.

Bild 545 ▷
110 141 des Bw Roßlau (Elbe) ist am 11. Oktober 1985 bei Lutherstadt Wittenberg West unterwegs in Richtung Roßlau (Elbe) und passiert dabei einen Oberleitungsmontagezug mit „Bügel-V 60".

Aufnahmen (2): Joachim Volkhardt

Bild 546 ▷
112 481 des Bw Hagenow Land ist hier im März 1984 im Bahnhof Ludwigslust unterwegs.

Aufnahme: Ralph Sauer, Sammlung Rolf Diesler

◁ **Bild 547**
112 338 des Bw Schwerin erreicht aus Richtung Parchim kommend am 5. Juli 1985 mit einem Personenzug den Bahnhof Ludwigslust.

Aufnahme: Detlef Radke

◁ **Bild 548**
Winter in Norddeutschland: Mit einem Personenzug Wismar – Rostock fährt **112 489** des Bw Wismar im Dezember 1991 in den Bahnhof Hornstorf ein.

Aufnahme: Heiko Seidel, Sammlung Detlef Radke

◁ **Bild 549**
Schnell rein in den Schuppen und auftauen! Am 21. Februar 1993 rückt **202 532** des Bw Neuruppin in den Lokschuppen der ehemaligen Einsatzstelle Rheinsberg (Mark) ein. Noch gab es auf den Nebenbahnen derartige Möglichkeiten zur geschützten Abstellung der Loks.

Aufnahme: Matthias Röseler